U0582103

世界上
最经典的
500道
思维名题

达夫　主编

北京联合出版公司
Beijing United Publishing Co.,Ltd.

图书在版编目（CIP）数据

世界上最经典的 500 道思维名题 / 达夫主编 . — 北京：北京联合出版公司，2015.6
（2018.11 重印）

ISBN 978-7-5502-5109-0

Ⅰ . ①世… Ⅱ . ①达… Ⅲ . ①思维训练—通俗读物 Ⅳ . ① B80-49

中国版本图书馆 CIP 数据核字（2015）第 082621 号

世界上最经典的500道思维名题

主　编：达　夫

责任编辑：张　萌

封面设计：施凌云

责任校对：李华凯

美术编辑：盛小云

北京联合出版公司出版

（北京市西城区德外大街83号楼9层　100088）

北京市松源印刷有限公司印刷　新华书店经销

字数520千字　　720毫米×1020毫米　1/16　30印张

2018年11月第2版　2018年11月第3次印刷

ISBN 978-7-5502-5109-0

定价：68.00元

前言

　　爱因斯坦说过："人们解决世界的问题，靠的是大脑的思维和智慧。"思维创造一切，思考是进步的灵魂。如果思维是石，那么它将敲出人生信心之火；如果思维是火，那么它将点燃人生熄灭的灯；如果思维是灯，那么它将照亮人生夜航的路；如果思维是路，那么它将引领人生走向黎明！

　　思维控制了一个人的思想和行动，也决定了一个人的视野、事业和成就。不同的思维会产生不同的观念和态度，不同的观念和态度产生不同的行动，不同的行动产生不同的结果，而不同的结果则昭示着不同的人生。只有具有良好的思维，才能升华生命的意义，收获理想的硕果。成功者无一不具有创造性思维，而失败者总是困于僵化的思维之中。人的命运常常为思维方式所左右，创造性思维就是打开命运之门的金钥匙。

　　当今世界的发展日新月异，我们面临着一次又一次的重要变革，挑战无处不在。越来越多的人意识到，思维训练不只是专家和高层管理人员的事情，它对于一个普通人的学习、生活和工作也起着至关重要的作用。一个人只有接受更多、更好的思维训练，才能有更高的思维效率和更强的思维能力，才能从现代社会中脱颖而出。

　　人的一生可以通过学习来获取知识，但思维训练从来都不是一件简单容易的事情，也不可能一蹴而就，许多心理学家和社会学家都认为思维命题训练是一种最好的方式。美国著名心理学家米哈伊·奇克森特米哈伊把思维命题训练称为"使思维流动的活动"，它不但能够帮助发掘个人潜能，而且能使人感到愉快，是一种通过轻松有趣的游戏训练思维、提高智力的方式。

　　本书精选了500道兼具挑战性、趣味性与科学性的思维名题，列举了求异思维、急智思维、迂回思维、发散思维、转换思维、逻辑思维、形象思维、博弈思维等类型，每一个类型都经过了精心的选择和设计，每个命题都极具代表性和独创性，荟萃了古今中外众多思维大师的思维方法，同时将许多思维名题融于名人的轶事趣闻中，让读者能够更深切地体会到这些人类思维长河中大浪淘沙后的智慧沉淀。

　　书中500道思维名题难易有度，有看似复杂但却非常简单的推理问题，有让人迷惑不解的图形难题，有运用算数技巧及常识解决的谜题，以及由词语、数字组成的字谜等。书中的思维名题丰富多彩，无论大人、孩子，或是学生、上班族、管理者，甚至高智商的天才们，都能在此找到适合自己的题目。在解决思维名题的过程中，你需要大胆地设想、判断与推测，需要尽量发挥想象力，突破固有的思维模式，充分运用创造性思维，多角度、多层次地审视问题，将所有线索纳入你的思考。你会发现，每一个命题都能让你的思维能力在潜移默化中改变，从而在轻松解答时体味到自信，在一筹莫展中体味到坚持，在曲折离奇中体味到惊奇……

本书适合利用点滴时间进行阅读和练习，既可作为思维提升的训练教程，也可作为开发大脑潜能的工具。无论你是 9 岁，还是 99 岁，对于任何一个想变聪明的人来说，它都是不二的选择。阅读本书，能让你思维更缜密，观察更敏锐，想象更丰富，心思更细腻，做事更理性，心情更愉快。

目录

💡 第三章 转换思维名题

第五章 迂回思维名题

第八章 逻辑思维名题

第一章

发散思维名题

1 女孩的选择

一个南方女孩和一个北方男孩相爱了，有一天晚上男孩向女孩求婚。女孩有点不知所措，她说："让我想想。"她回家后拿出一张纸，左边写上"不嫁"，右边写上"嫁"。在不嫁的那一栏，她写下：

他工作不稳定，收入不高。

南、北方生活习惯不一样，将来会有麻烦。

他学历不高。

他有体弱多病的母亲和上学的妹妹，家庭重担靠他一个人承担。

……

在右边那一栏，她写下了一个字——爱。

女孩会做怎样的选择呢?

2 洞中取球

北宋的宰相文彦博小时候是个聪明可爱的孩子，不仅书读得好，而且活泼好动，经常和小伙伴们一起踢球。

有一天，文彦博又和村里的小伙伴们在打谷场上踢球。大家你来我往，踢得兴高采烈，文彦博更是厉害，一个人就踢进了两个球。大家正玩得高兴，不知是谁一不小心把球踢出了场外。只见那球刚开始力道很大，后来没有劲了，滚着滚着，正好滚到一颗大白果树的树洞里去了。大家笑着说："这是谁啊，脚法这么好，一脚就把球踢到那么小的树洞里去了，太厉害了吧。"说着，大家纷纷跑过来捡球。

树洞里黑黝黝的，大家睁大了眼睛，也看不到球在哪里。有个胳膊长的小朋友自告奋勇来够球。只见他趴在地上，手臂使劲往树洞里伸，半个身子都快伸进去了。但是树洞太深了，他怎么也够不到底。看来用手是够不到了，只有

想别的办法了。

又有一个小朋友说："我有办法了，我去拿个竹竿来够。"于是他找来了一根长长的竹竿。可是树洞竟然是弯弯曲曲的，竹竿是直的，不会拐弯，所以也够不到底。

大家都着急起来，骂这讨厌的树洞："破树洞，坏树洞，怎么偏偏长在这里，把我们好好的球给吃进去了。"如果树洞会说话的话，肯定会很委屈："怎么怪倒我啦？是你们自己踢进来的呀，要怪也只能怪你们自己。"

想到以后没有球踢了，大家都很沮丧。忽然，文彦博一拍脑袋叫道："有了，我有办法了。"

文彦博想出的是什么办法呢？

3 于仲文断牛案

于仲文是隋朝的大将军，他足智多谋、英勇善战，曾经率领 8000 人打败了对方 10 万人的大军，小时候他就是一个聪明伶俐的孩子。

于仲文 9 岁的时候曾经面见皇帝，皇帝见他聪明可爱，就有意考考他："听说你爱读书，那么书里写的都是哪些内容呀？"

于仲文从容地回答："奉养父母，服务君王，千言万语，只'忠孝'二字而已。"

皇帝听了连连称赞："说得好，说得好！真是一个聪明的孩子！"

从此于仲文的名声就传扬开来了。

有一回，村里的任家和杜家都丢失了一头牛，两家都倾巢出动，分头寻找，但是后来只找到一头牛，两家都抢着说牛是自己家的，争执不下，就把官司打到了州里，州官接到这个案子也难以判断，愁眉不展。

这时候，手下的一个官员向州官出主意："于仲文聪颖过人，连皇上都夸奖他，何不让他来试试断这个案子呢？"

州官摇摇头说："嘴上无毛，办事不牢，于仲文只是一个乳臭未干的毛孩子，凭借一句巧话，赢得皇上开心，徒有虚名而已，未必有什么真才实学。"

官员说："大人这样说就不对了，自古英雄出少年，我觉得于仲文还是有过人之处的，反正有益无弊，就让他试试吧。"

州官觉得有理，就派人请来了于仲文。

于仲文来到州府，问明了情况，就笑着说："这个案子不难断。"说着，他就让任家和杜家都把自家的牛群赶到大操场上，分别圈在操场的两边，然后叫人牵来那头有争议的牛。州官和围观的群众都不知道他葫芦里卖的是什么药。

4 山鸡舞镜

山鸡是南方珍贵的飞禽，它爱站在河边，看着河里自己的影子翩翩起舞。有一回，南方派人给曹操送来了一只山鸡。

曹操非常想看山鸡跳舞，但是宫殿里没有河流，山鸡不肯跳舞。曹操就让身边的大臣们，想个办法让山鸡跳舞。大臣们挖空了心思，也没有想到好办法。曹操见了，长叹一声说："我是没有缘分看到山鸡跳舞了。"

曹操六岁的小儿子曹冲看到父亲不高兴，他想了想，就跑到曹操面前说："父亲，你不要苦恼，孩儿有办法让山鸡起舞。"

曹操知道曹冲是个机灵鬼，但是满朝文武都没有什么好办法，他不太相信曹冲能想到好办法，就将信将疑地问："哦，你有什么办法？"

曹冲调皮地说："其实办法很简单，父亲只管观看山鸡起舞就是了。"

曹冲想出了什么办法？

5 假狮斗真象

汉朝日南郡有一个林邑县。东汉末年，天下大乱，林邑县的功曹趁机杀了县令，自立为王，改林邑县为林邑国。魏晋时期，依然内战不断，朝廷就一直没有派兵去征讨。这样又过了 200 年，林邑国已经发展起来，国力比较强盛了。

南北朝时期，宋文帝封宗悫为"振武将军"，命令他带领 5000 人马，去征讨林邑国。宗悫率领大军辞别了宋文帝，就浩浩荡荡地来到了林邑国。

宗悫刚指挥军队排成阵势，准备战斗。林邑国的国王就亲自擂鼓，他手下的将士们拼命地摇旗呐喊，气势非常惊人。宋军以为他们要冲过来了，都全神戒备。忽然，从林邑军后面的树林里跑出 1000 多头大象，发疯似的向宋军冲过来。大象的皮厚力大，宋军的刀枪根本伤不了它，它们在宋军阵营里左冲右突，如入无人之境。宋兵死伤无数，宗悫赶紧收拾残兵退回大营，一边挂出免战牌，拒不出战，一边召集谋士商量对策。

一个谋士说："一物降一物，只有狮子能对付得了大象，如果我们能弄到几百只狮子，就能破了对方的大象阵。"

另一个谋士说："这倒是，不过我们到哪里去找这么多狮子呀，就算找到了，还得花时间训练，否则它连自己人都吃了。"

宗悫听了谋士的议论，忽然眼睛一亮，大声说："我有办法了！"

宗悫的办法是什么？

6 鲁班造锯

鲁班是春秋时期本领最高超的木匠，有一个成语"班门弄斧"，意思就是说，谁要敢在鲁班面前卖弄木工手艺，那就是自不量力！鲁班不仅是一个技艺高超的木匠，还是个发明家，相传锯子就是他发明的。

有一回，鲁国的国君命令鲁班建造一座宫殿，必须按时完成，否则就要严厉处罚鲁班。接到任务后，鲁班立即着手准备原材料，其中需要最多的，当然是木材了。鲁班就叫徒弟们上山砍树。

就好像和鲁班作对似的，山上的树特别难砍，徒弟们一天忙到晚，累得腰酸背痛，还是砍不了几棵树。鲁班见了非常着急，他想：照着这样的速度进行下去，肯定会延误工期的，不行，我得想个办法提高速度。

一天，鲁班又忧心忡忡地到山上去察看。为了节省时间，他抄近路从一个很陡的土坡上往山上爬。树木茂盛，杂草丛生，鲁班就抓着树根和杂草，一步一步奋力向山上爬去。忽然鲁班感到长满茧子的手上一阵轻微的疼痛，低头一看，原来手掌已经被草划伤了，冒出血来。"什么草这么厉害？"鲁班一面小声嘀咕着，一面好奇地拔起那棵划伤他的小草，他发现小草的叶子是锯齿状的，刚才划伤他厚厚的茧皮的就是这些锯齿。鲁班若有所悟，他又把草在手上拉了拉，手上就又添了几道细小的划痕。

"没想到这些细小的锯齿，竟然有这么大的力量，如果我照着草叶子的样子，做成一把铁的工具，那么伐树不就又快又省力了吗？"鲁班自言自语着，于是他决定立即回去试制一下。

鲁班发明了什么工具？

7 小小智胜国王

一年夏天，热爱冒险的三兄弟，来到了 X 王国，看到城墙上贴着一张布告，上面写着：凡是能完成国王三道难题的，国王将奖赏他 500 两黄金，但如果做不到，他将面临终身监禁的惩罚。

大哥大大看到奖赏 500 两黄金，就美滋滋地跑进宫去了。结果，X 国王的三道难题，大大连一道也没做出来，被关进了监牢。

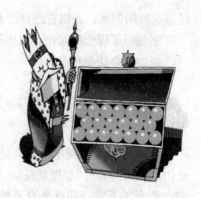

二哥中中决心救回大大，就坚定地走进皇宫，可是他也失败了，和大大关在了一起。

最小的弟弟小小，在家等了三天三夜，也没等到二哥回来，他知道二哥也被抓起来了，就怀着悲愤的心情，走进皇宫，对 X 国王说："尊敬的陛下，如果我能做出您的三道难题，我不要您的 500 两黄金赏赐，我只要求您能放了我的两个哥哥。"

国王听了，就说道："好，如果你能做出三个难题，我就放了两个哥哥，还会给你 500 两黄金，但是做不出来，我就不客气了。"说完，就让小小开始做题。

只见侍卫拿过来一个装满水的玻璃杯，一个空盆子和一个铁丝编成的筛子。第一道题是用筛子盛水，只要把玻璃杯里的水倒进筛子，而不漏出来，就算完成了；第二道题目是把鸡蛋放在纸上煮熟；最后一道题目是：从一个盛满水的大盘子里，取绿色的玉片，前提是不能沾湿了手。

……

测试结果是小小出色地完成了三道题目，连国王都暗暗佩服，他立即放了大大和中中，还送给他们 500 两黄金。兄弟三人高兴地拿走黄金，又到别的地方冒险去了。

小小如何做对这三个题的你知道吗？

8 忒修斯进迷宫

海神波塞冬为了惩罚雅典国王的不忠诚，就在雅典城降下了一个牛头人身的怪兽。怪兽名叫弥诺陶洛斯，它凶残成性，每顿都吃童男童女的肉。

国王不能奈何它，只好叫一个技艺高超的工匠建了一个迷宫，把怪兽关在迷宫里。据说迷宫造得非常精巧，当初那位工匠建好迷宫后，自己都找不到出来的路了，只好又做了一个翅膀才飞出来。但是，因为惧怕海神，国王还是命令雅典臣民每九年给怪兽弥诺陶洛斯进贡七对童男童女，一时间，人心惶惶，有儿女的人家纷纷背井离乡。

转眼又过了九年，又该给怪兽弥诺陶洛斯进贡了。这时候出现了一个英雄——忒修斯，他决心救雅典人民于水火。于是，他就装扮成一个童男，身上藏着锋利的宝剑，打算混进迷宫去，趁弥诺陶洛斯不备，一举杀了它。

美丽的公主阿里阿德涅看出了忒修斯的意图，非常欣赏忒修斯的勇气，她已经暗暗地喜欢上了眼前这个英俊的年轻人了。就关切地问："弥诺陶洛斯凶猛无比，一般人根本伤不了它，你打算怎么对付它？"

忒修斯胸有成竹地说："怪兽来吞吃童子的时候，是最没有防备的，我会趁机用锋利无比的宝剑，刺穿它的心脏，这对于我来说，不是什么难事，我所担心的是迷宫，只怕进去后就出不来了。"

聪明的阿里阿德涅低头想了想，就有了一个好主意……

 9 除雪

20世纪70年代，加拿大北部地区因为地处高纬度，又是山地地形，气候寒冷多雪，电话线经常会被厚重的积雪压断，给人们的生活带来很大的不便，而电信公司不得不频繁地修复断掉的电话线。后来，为了防止这种情况，电信公司经常要在大雪过后乃至是下雪期间派人清扫电线上的积雪，而这样的事做起来繁琐而缓慢，需要投入巨大的人力，十分麻烦。一次，一场罕见的大雪过后，两个电信公司的员工又赶往现场清扫电话线上的积雪，当看到电话线上十分厚重的积雪后，其中一个人无奈地感慨道："哎，这么厚重的积雪，恐怕只有上帝才能尽快将其清扫完毕了！"说完便开始干自己的活了。

但是，说者无心，听者有意，另一个一向爱动脑筋的同事在听了同伴的这句话后开始动起了脑子：是啊，如果上帝肯帮忙清扫的话，那就快多了！如果上帝清扫的话，他会怎么清扫呢？对他来说，他肯定不用拿着扫把一点一点地清扫，而是在空中……顿时，他想到了一个主意，于是将这个主意上报给了其上司。最后，经过层层认真研究之后，电信公司果然采用了他的这个办法，使得清扫积雪的工作变得简单而高效。

你能猜出这个电信公司的员工想出的办法是什么吗？

10 泰勒的特殊兴趣

马克斯韦尔·泰勒上尉1937年底被美国派往中国担任驻华武官。当时，由日本挑起的"七七"卢沟桥事变刚刚爆发，于是美国也加紧了对于日本的情报收集。因此就在泰勒上尉前往中国前夕，他受到了美国中央情报局的召见，并被赋予了一项特殊使命，就是秘密调查侵华日军的编制及其番号。

泰勒之所以被授予这项任务，是因为他其实是个日本通，早年他曾在日本

帝国大学留学多年，对日本的文化和各种习俗都十分熟悉。正因为此，他在读书期间以及之后都结识了许多日本朋友，但是由于中日战争爆发之后，美国一直是站在中国一方的，因此他和他的朋友不得不选择站在自己的阵营里。来到中国后，泰勒一边以驻华武官身份作掩护，一边秘密搜集情报，但经过一番苦思冥想，很难有机会接触到日军的他也未能找到一个完成任务的锦囊妙计。

这天，泰勒又一个人在房间里苦苦思考该如何完成自己的任务，他一边想，一边开始回忆自己在日本的生涯，试图从中得到一些启发。在经过一番思索之后，他的目光被挂在墙上的一幅贴在镜框里的相片所吸引。照片上是全副戎装的三个青年，风华正茂，左右两个是日本人，中间的那个则是泰勒自己。泰勒回忆起，这是自己留学东京时与大学里最要好的两位朋友田木与竹浦利用休假日一起到名古屋游览时，在名古屋最大的一座寺庙里照的。

于是，泰勒不禁又回想起了当时的情景。泰勒记得，当时，两个朋友还带着自己到寺庙中签名留念，自己刚开始并没有当做一回事，只是草草签上了自己的名字。但是，竹浦和田木还专门提醒泰勒，不仅写名字，而且要注明自己的身份，并十分严肃地对他说："泰勒君，在我们日本，签名留念是一桩十分虔诚严肃的事。"而后来在世界各地的许多名胜古迹，泰勒都发现有日本人的签名留念，的确如两位朋友所说，日本人有这个癖好，并且他们也往往会注明自己的身份，以显示自己的诚意。

想到这里，一个奇妙的主意在泰勒头脑里产生了，他觉得自己找到了完成自己任务的一个绝佳的方法……

你能猜出他的方法是什么吗？

11 井中捞手表

有个名叫柯岩的七八岁的小孩，一天，他在课本上学了《司马光砸缸》的故事。之后，他便也决心做个像司马光那样的爱动脑筋的小孩，遇事积极去想办法。

一天，柯岩到乡下的姑妈家去玩耍。姑妈给他拿出了一些好吃的之后，便

让他在屋里看电视，然后自己到井边洗衣服。柯岩正在看电视，突然听到姑妈"哎呀"一声，他于是赶忙出去问是怎么回事，原来姑妈因为洗衣服时不方便，要将自己的一块手表摘下来，没想到不小心失手就掉进了井里。柯岩一想，手表掉进水里，不就坏了吗？但是姑妈告诉他那是块防水表，捞上来还可以用的。因为井并不是很深，姑妈找了一根竹竿，并在竹竿上安了一个铁钩，想将手表勾上来。但是，

虽然竹竿的长度够得着，但是因为井下面黑咕隆咚的，看不到手表的位置。因此姑妈勾了一通之后，并没能捞出手表，因为那是自己在外地读大学的儿子送给自己的表，姑妈十分珍惜。费了一番劲勾不出来后，姑妈因为担心防水表在水里久了也会损坏，开始有些着急了。

在一旁看着的柯岩一看姑妈急成这样，心想，这不正是需要自己发挥聪明才智的时机吗？于是脑袋便开始转动起来。他想，现在的问题是光的问题，该怎么解决呢？他一边想，一边抬头看到了天上光芒刺眼的太阳。于是，他眼睛一亮，便赶紧跑进屋里，从屋里拿出一面镜子出来。他一边走一边说："姑妈，您别着急了，我有办法了！"他于是拿着镜子试图将太阳光反射到井里去，但是，因为太阳在上面，不论他怎样调整角度，都无法将太阳光反射到井内。

最后，姑妈慈爱地抚摸着柯岩的手说："行了，太阳在上面，镜子怎么摆，光线也只会反照在上面啊，姑妈再捞捞看吧！"

柯岩于是挠挠头败下阵来，但是，突然，他眼睛又一亮，想到了进一步的办法。最后，果然，他成功地将光线反射到了井里，帮姑妈捞出了手表，并且手表还好好的。于是，姑妈十分高兴，直夸柯岩是个爱动脑筋的好孩子。

想一下，柯岩是如何使得光线成功地反射到井里的？

12 绚丽的彩纸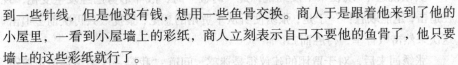

1901 年，荷兰轮船"塔姆波拉"号因为雾大，在东印度群岛触礁沉没。附近小岛上的居民纷纷划船出海打捞东西，其中有一个人因为来得晚，看好东西都被别人捞完了，只好捞了别人不要的一大捆花花绿绿的纸。他觉得这些纸挺绚丽的，可以用来当壁纸装饰他的小屋子。

几个月后，有个外国商人带了许多商品来到岛上做生意。这个打捞了彩纸的人告诉外国商人，他想从他那里得到一些针线，但是他没有钱，想用一些鱼骨交换。商人于是跟着他来到了他的小屋里，一看到小屋墙上的彩纸，商人立刻表示自己不要他的鱼骨了，他只要墙上的这些彩纸就行了。

猜一下，商人为何对这些没用的彩纸感兴趣？

13 加一字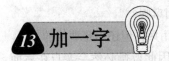

南宋末年，蒙古铁骑在扫除了南宋外围的一系列障碍之后，开始南下灭宋。公元 1271 年，蒙古建国，国号为元。1276 年，元朝军队攻占南宋都城临安（今杭州），俘虏 5 岁的宋恭宗，灭南宋。后来，南宋光复势力陆秀夫、文天祥、张世杰等人连续拥立了两个幼小的皇帝（宋端宗、幼主），在广东南崖山建立南宋流亡朝廷。元军对这个流亡朝廷穷追不舍。1279 年，在崖山海战中，陆秀夫保护着 9 岁的小皇帝赵昺拼死与元朝军队战斗，终因寡不敌众而失败。陆秀夫宁死不屈，抱着小皇帝投入大海，在历史上留下了可歌可泣的一页。

可恨的是，当时追杀陆秀夫和小皇帝的正是南宋降将张弘范。这个投敌叛国的败类逼死小皇帝，不仅没有感到惭愧，反而恬不知耻地在当地树起了一块石碑，上刻"张弘范灭宋于此"，意思是以元朝开国功臣留名后世。

崖山的百姓看到这块碑后怒火中烧，要将石碑推倒。但是一位当地的书生却说，不用推倒石碑，只要加上一个字就可以了。

于是，乡民们便按照读书人的意见加刻上了一个字，一下子，这个记功碑便成了张弘范的耻辱柱。

你能猜出这个字是如何加的吗？

14 贾诩劝张绣

三国时期，曹操率军南征，讨伐宛城割据军阀张绣，张绣与刘表结盟抗击。曹操攻打张绣的过程中，因后方有事，突然主动撤兵。张绣一见，便要亲自带兵追击曹操。其谋士贾诩劝阻张绣道："不要去追，如果去追必定要吃败仗。"张绣却认为这是击败曹军的好机会，不肯听从贾诩的建议。结果果然吃了败仗回来了。

张绣吃了败仗回来后，十分懊恼当初没有听从贾诩的建议，当面向其赔礼。但没想到此时贾诩却说道："现在正是追击曹操的好时机！"张绣一听，以为贾诩是在讽刺自己，说道："先前没有采纳您的意见，以至于吃了败仗。如今已经失败了，先生您怎么又让我追击呢？"

贾诩说道："现在来不及细说，此一时彼一时，战斗形势已经发生变化，现在追击，定能取胜！"于是，张绣便听从了贾诩的意见，聚拢败兵再次前去追击。这次果然击败曹军，得胜而归。

张绣回来后，对于贾诩的建议很是迷惑，问道："我第一次用精兵追击曹军，您说肯定会失败；第二次我用败兵去追击刚打了胜仗的曹军，您却断言肯定会胜利。而两次结果都应验了您的话，这究竟是怎么回事呢？"

贾诩回道："这其实很容易理解。您虽然很善于用兵，但还不是曹操的对手。曹军刚撤退时，他肯定已预料到您会在后面追击，因此曹操必然会亲自在后面压阵，并做了充足的准备。因此我知道，我军虽然精锐，也必然失败。曹操先前进攻到了一半，没有任何缘由地突然撤军了，因此我料想必定是他的后方出了什么紧急的事情。曹操既然已经击退了你的追击，便必然会放下心来，自己轻装快速往回赶，只留下一些部将在后面断后。而这些部将必然不是您的对手，因此我断定您虽用败兵，也能取胜。"张绣听了，十分拜服。

后来，袁绍和曹操在官渡展开激战。袁绍为了孤立曹操，便派人去诱降张绣，希望他能归附自己，同时还给贾诩写信示好。

张绣看袁绍势力强大，便想归附他。但是贾诩却直接对袁绍的使者说："请您回去转告袁绍，不是我们不愿意归附。试想，他们兄弟之间都反目成仇，不能彼此容忍，还如何容纳得了天下豪杰？"张绣一听，也暗自点头，当即对袁绍的使者表示了不愿意归附的意思。使者只好怏怏地回去了。

袁绍的使者走后，张绣问贾诩："我到底应该归附谁呢？"贾诩说道："不如归顺曹操。"张绣于是充满顾虑地问："袁绍的势力比曹操要大得多，同时我又和曹操结了仇，为何要归顺他呢？"

假如你是贾诩，你会说出一些什么理由？

15 牛仔大王

当年，李维斯和很多年轻人一样投入到了西部淘金热潮之中。在前往西部的路途中，有一条大河挡住了去路，人们纷纷向上游或下游绕道而行，也有人遇到阻碍就打道回府。李维斯对自己说："凡事的发生必有助于我。这是一次机会！"他想到了一个绝妙的创业主意——摆渡。很快他就积累了一笔财富。

后来摆渡的生意冷淡了，他决定继续前往西部淘金。到了西部，他发现那里气候干燥，水源奇缺，人们纷纷抱怨："谁给我一壶水喝，我情愿给他一块金币。"李维斯又告诉自己："凡事的发生必有助于我。这是一个机会！"他又看到了商机，做起了卖水的生意，渐渐地卖水的越来越多，没有利润可图了。

这时，他发现淘金者的衣服都是破破烂烂的，而西部到处都有废弃的帐篷。李维斯再次告诉自己："凡事的发生必有助于我。这是一次机会！"由此他又想到一个好主意。

他想到了什么好主意？

16 苏格拉底的追问

苏格拉底是古希腊著名的哲学家，这位哲学家不喜欢呆在书斋里研究问题，而是喜欢到热闹的雅典街头发表演说或与人辩论，在这个过程中使自己的思维得到发展，使自己的学问得到提高。而苏格拉底与人辩论的方式也很奇特，往往是他在不停地追问对方，直到对方和他达成一致。

有一天，苏格拉底像往常一样，来到雅典闹市的中心，伺机寻找人辩论。他看到一个过路的年轻人正要从自己身边经过时，他上前一把拉住这个年轻人说道："对不起，先生，我有一个问题搞不明白，想向您请教一下。大家都说我们应该做个有道德的人，可是道德究竟是什么呢？"

年轻人回答说："忠诚老实，不欺骗别人，就是有道德了。"

苏格拉底装作低头想了一会儿，然后又问道："那为什么在战斗中，我们雅典的将领设计欺骗敌人，我们非但不骂他没有道德，反而却称颂他呢？"

年轻人一听，便说："欺骗敌人是符合道德的，只有欺骗自己人才是不道德的。"

苏格拉底又继续问道："那么，当雅典的军队身陷重围之中，将领为了鼓舞士气，欺骗士兵说援军就要到了。于是，大家在这个好消息的鼓舞下，奋力突围了出去。这种欺骗也不道德吗？"

年轻人于是说道："那是在战争中，将领出于无奈才那样做，如果在日常生活中这样做就不符合道德了。"

苏格拉底于是又问道："如果一个老人患了不治之症，医生和家人为了不给其造成心理阴影，使其能够快乐地度过最后的一段日子，从而瞒着他这件事，难道这也是不道德的吗？"

年轻人只好承认："这种欺骗也是符合道德的。"

苏格拉底于是总结道："这么说来，不骗人是道德的，而骗人有时也是道德的。就是说：'道德不能用骗不骗人来说明。'那么，究竟用什么来说明它呢？您能告诉我吧！"

你能试着回答苏格拉底这个问题吗？

17 小孩与大山

有一个小孩子第一次到山里的外婆家去玩，吃过饭后一个人跑到外面去玩。当他看到对面的大山时瞪着很好奇的大眼睛，不知道这个奇怪而巨大的东西是什么，于是他试着和对方打招呼，轻轻地喊了一声："喂！"

结果小孩发现对方也回了一声："喂！"

小孩于是很高兴，便又喊道："你是谁呀？"

对方也同样问了一句："你是谁呀？"

小孩于是回答道："我叫小明，你呢？"没想到对方这次还是回应了同样的话。小孩于是便不高兴了："你怎么老是学我说话！"又是同样的回应。小明这下干脆恼火了："你真讨厌！"对方也同样不客气地回应了同样的话。接着小明便将对方使劲骂了一顿，自然，对方也一点不漏地奉还给了他。

小孩最后感到又气愤又难过，正在这时，一个山里的老人从旁边经过。他正好看到了小孩的举动，于是便对他说了一句话，要小明按照自己的做法去和对方沟通。结果，小明果然和对面大山成了很好的玩伴。想一下，假如你是那个老人，你该对小孩怎么说？这个故事反映了什么样的哲理？

18 两个高明的画家

古时候，在苏州城里住着两位高明的画家，一个姓黄，一个姓李。两个人的画都十分高妙，受到人们的追捧。但总体来说，似乎人们对李画家的评价要略微高于黄画家。于是，黄画家便觉得很不舒服，终于有一天，他向李画家提出比试画作。李画家无奈，只好接受了比试。

这天，苏州城里的名流和李画家一起来到了黄画家的家中，欣赏他专为此次比试所作的画。黄画家早已等在家中，等所有人都到齐了，他便走到墙边，扯开画布。没想到画面刚一露出来，一条蹲在地上的猫便扑了上去。大家仔细一看，原来是因为黄画家所作的是一幅山水画，在水中有一条鱼正在游动，看上去栩栩如生，猫以为是真鱼，便扑了上去。名流们一看，纷纷对黄画家赞不绝口，对其精湛的技艺表示叹服。黄画家再一看李画家，只见他只是微笑而已。

第二天，又是这一干名流和黄画家一起来到了李画家家中。只见其画同样是挂在墙上，并被一块幕布所挡。李画家客气地请黄画家将幕布揭开，黄画家一听，便走上前去，伸手要揭开幕布。但是，就在那一瞬间，黄画家感到十分惊讶，并惭愧地对李画家说："先生画术高明，小弟甘拜下风！"名流们也一个个赞叹不已。

你猜这是怎么回事？

19 吹喇叭

有这样一个笑话。

有个人在星期天到朋友家去玩耍，到了下午，他估摸着该回去了，于是问朋友道："现在几点啦？"朋友于是走到窗口，伸出头看了看外面的太阳，便说道："现在是三点十五分。"

这个人奇怪地问："怎么，你没有手表？"

朋友笑着说："太阳就是我的手表。"

这个人惊讶地问："这样判断时间能准确吗？"

"再没有比太阳更准的表了！"

这个人心想，可能看习惯了太阳，也的确没什么问题，但是他又一想，便继续问道："那要是你夜里醒来，想知道时间的话，该怎么办呢？"

没想到朋友回答说："没事的，晚上我有喇叭。"

"喇叭？喇叭如何告诉你时间？"这个人好奇地问。

朋友于是解释了一下，这个笑话便结束了。你能将这个笑话说完整吗？

20 老人与小孩

有这样一个故事。

有个老人在湖边钓鱼，老人的技术很高明，半天下来，他钓的鱼装满了他带来的背篓。而在老人钓鱼的时候，有个小孩一直站在旁边看他钓鱼，半天时间没有离开，也没有乱说话打扰老人。老人一看这小孩又有耐心又懂事，便很喜欢他，说要将自己钓的一篓鱼送给他。

但是，小孩却摇了摇头。

老人奇怪地问："你为什么不要呢？"

小孩回答："因为一篓鱼很快就会吃完了，之后我就又没有鱼吃了！"

老人便问："那你想要什么呢？"

"我要你的鱼竿，那样等没有鱼了，我就能自己钓鱼了。"小孩答道。

老人一听，觉得小孩真是聪明，于是便高兴地将鱼竿送给了小孩。

这个故事就这么讲完了，其主题显然是夸赞这个小孩的聪明。同时，其隐含的结局便是这个小孩从此一直有鱼吃了。不过，如果仔细想一下的话，会发现这个故事是有漏洞的。可以想象，从此以后，这个小孩未必就真的一直有鱼吃了。

你能指出这个故事的漏洞吗？

21 阿基米德退敌

阿基米德是古希腊伟大的数学家及科学家，他在物理学、数学、静力学和流体静力学等诸多科学领域都做出了突出贡献。阿基米德之所以受到异常的尊

崇，是因为他不仅长于理论，而且还善于将科学理论应用于实践中，被科学界公认为是"理论天才与实验天才合于一人的理想化身"。公元前240年，阿基米德回到自己的出生地——位于地中海的西西里岛上的叙拉古，当了赫农王的顾问，利用自己的科学知识和智慧帮助赫农王解决难题，解决生产实践、军事技术和日常生活中的各种科学技术问题。

在阿基米德担任赫农王的顾问期间，他帮助赫农王解决了许多难题，其中最耳熟能详的便是阿基米德利用浮力原理帮助国王测试王冠是否是纯金的故事。除此之外，阿基米德还发明了许多非常实用的东西。例如，他利用杠杆定律设计制造了举重滑轮、灌地机、扬水机等，给人们的生产生活实践带来了方便和效率。

公元前213年，古罗马帝国率军攻打叙拉古，已经74岁高龄的阿基米德为保卫祖国，设计出了投石机把敌人打得哭爹喊娘，他还制造了铁爪式起重机，能将敌船提起并倒转。此外，关于阿基米德在这场战争中的作用，还有一个有争议的传说——

据说，在古罗马前来侵略时，叙拉古王国先是派出了海军在海上阻截古罗马军队。但几次海战下来，叙拉古海军败下阵来，于是只好退回城中固守。不过，经过海战的失败后，城中的兵力已经不多了，很难长久固守。于是，赫农王便将希望寄托在阿基米德这位智者身上，询问道："听说您最近叫人做了许多奇怪的大镜子，这里面有什么名堂呢？"

阿基米德指着远处的敌舰说道："古罗马军队的后备物资全都在战船上，只要我们将他们的战船消灭，他们就彻底失败了！而今天中午，就是他们灭亡的时刻，因为有太阳神会帮助我们。"他指着头顶热辣辣的太阳兴奋地说，显然，现在是上午，到了中午，太阳肯定还会更耀眼。

"您不是从来不相信神灵的吗，怎么现在突然信奉起太阳神来了？"赫农王奇怪地问。于是，阿基米德便将自己的主意跟赫农王说了。赫农王一听，有些将信将疑，但是他亲眼目睹了阿基米德之前的发明的威力，便按照阿基米德的部署试一下。

果然，到了中午，太阳正毒辣的时候，阿基米德利用自己的新发明给古罗马军队的船队造成了巨大损失，使得他们以为是太阳神在帮助叙拉古，吓得慌忙撤退了。

你能猜出阿基米德是如何击退古罗马船队的吗？

22 瓦里特少校计调德军

第二次世界大战期间，德军动用重兵对苏联发动了突然袭击，在很短时间内占领了苏联大片领土。

1944年中，随着英美盟军转入战略反攻阶段，苏联红军也开始部署战略反攻。其经过周密的部署，准备发动利沃夫—桑多梅日战役。苏联红军准备在利沃夫方向实施重兵突击，打开一个缺口。但是在当时，德军无论在人员还是装备上，都占有巨大的优势，如果硬打，苏联红军很难取得胜利。因此，苏联高级指挥部经过商讨，认为要想取得该场战役的胜利，便是在别处制造佯攻，将德军的兵力吸引一部分过去。但是，如何吸引德军离开呢？指挥官们想了许多方案，最终都被否决了，眼看进攻的日子马上就要到了，苏军高层很是焦急。

正在无计可施之际，一位名叫瓦里特的少校找到高级指挥官们，主动请缨。"我只需要30名士兵和30辆汽车，就可以调动敌人的部队！"指挥官们一听，觉得他在吹牛，但是，当认真听了瓦里特的计划之后，便觉得这个办法可以试一下。

于是，在接下来的某天晚上，德军夜间侦察机在斯塔尼斯拉夫地区突然发现，似乎有一支苏联军队在夜间悄悄移动，并立即报告了德军指挥部。德军指挥部十分重视这个情

报，要求侦察部门加强侦查，密切关注这支移动的苏联军队，并搞清楚他们的目的。于是，接下来的几天，德军侦察机每天晚上都密集出动，观察这支苏联军队的动向。德军侦察机连续在多处发现了苏军部队的踪迹，尽管这支苏联部队似乎行军很隐蔽，在巧妙地躲避着自己的侦查，但是德军还是找到了他们的蛛丝马迹。最终，德军侦查部门经过一段时间的侦查和分析一致认定：苏联红军正在悄悄地向斯塔尼斯拉夫地区大规模集结兵力，并将这个结论上报了德军高级指挥部。而德军高级指挥部则对该情报进行分析之后，得出结论：苏联红军将会以斯塔尼斯拉夫为进攻的突破口。于是，德军也立即采取应对措施，将德军的一个坦克师和一个步兵师火速调往斯塔尼斯拉夫地区。

而实际上，这一切不过是瓦里特少校利用他的30个士兵和30辆汽车布置出来的一个假象罢了。通过瓦里特的计策，苏军成功地将德军的许多兵力调离了利沃夫，为此后苏军打赢利沃夫—桑多梅日战役奠定了基础。

那么你猜，瓦里特少校是怎样利用区区 30 个士兵和 30 辆汽车制造出这一假象的？

23 炼金术

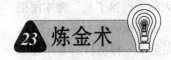

从前，在南美洲地区有一个年轻人，一心想要发财。在他的脑海中，最快的发财手段莫过于学会炼金术了。于是他便投入了几年的时间和自己仅有的金钱到炼金实验中。这样折腾了几年，也没有什么成果，而他变得一贫如洗，连饭都吃不起了，靠邻居们的施舍度日。一次，他听一个过路的人说在某山的一个智者会炼金术，于是他又燃起了希望，生磨硬泡地跟人借了一些盘缠便出发了，去向那个智者学习炼金术。

几个月后，他来到了智者面前，诚恳地向其请教炼金术。智者听他讲述完自己的经历之后，便认真地说："的确如人们所传言的那样，我已经学会了炼金术，但是，我一直并未能炼出金子。"

年轻人迷惑地问道："那是为何？"

"因为炼金的材料还不齐。"智者答道。

"那么还差什么呢？"

"现在唯一缺的就是三公斤香蕉叶下的白色绒毛。而这些绒毛必须得是你自己种的香蕉上的。如果你能够收集到这个东西，到时我们便一块来炼金。"

其实，我们知道，世界上哪有什么炼金术！但是，在遵照智者的嘱托去做之后，这个年轻人真的得到了许多金子，并因此成了富翁。你猜这是怎么回事？

24 梦的两种解法

有一个穷秀才进京赶考，连续两次都没考中，他心有不甘，第三次进京赶考。这次他住在京城的一家小旅店里。

第一天夜里，他做了个很奇怪的梦，梦见自己在墙上种白菜。第二天夜里他又做了个梦，梦见自己在下雨天戴着斗笠，还打着伞。秀才感到很奇怪，但是因为忙于复习功课就没有多想。谁知第三天晚上，秀才又做了个更离奇的梦，梦见他和自己心爱的表妹脱光了衣服躺在床上，但是却背靠着背。

秀才忧心忡忡，觉得这三个梦似乎预示着什么，于是找了一个算命先生给自己解梦。算命先生一听这三个梦，就摇头叹息说："你还是别考了，赶紧回家吧！你是不可能考中的！你想想，在墙上种菜不是白费力吗？下雨天你戴着斗笠还打伞，这不是多此一举吗？你和你表妹脱光了衣服却背靠着背，这不是没戏吗？你这次考试是不可能有什么结果的，我看你还是趁早回家吧！"

秀才一听，心灰意冷，想到自己前两次落榜的经历，越想越觉得算命先生说得有道理。于是，他沮丧地回到旅店，收拾包袱准备回家。店老板一看，感到非常奇怪，问道："你不是明天才考试吗？怎么今天就要回家了？"秀才便把自己的三个梦和算命先生的解析向店老板说了一遍，店老板听后大笑道："哦，我也会解梦呢，可我的解法和算命先生的解法可是完全不一样啊！"秀才连忙请教，于是店老板又给秀才做了一番完全不同的解释。

秀才听了店老板的话，觉得也很有道理，就决定留下来继续考试。等到揭榜那天一看，秀才竟然中了个探花。

你猜店老板是怎么给秀才解梦的？

25 "赔本"经营

一条街上有两家电影院，由于市场不太景气，两家电影院的老板都使出浑身解数招揽顾客。路北的电影院刚推出门票八折优惠，路南的电影院就跟着来个五折大酬宾。对于顾客来说，同样情况下当然都愿意去价格便宜的影院，于是，路南的电影院生意兴隆，路北电影院顾客逐渐减少。路北电影院的老板当然也不甘心坐以待毙，于是一赌气，干脆将门票打两折。按照当地的消费水平和行业常规，影院门票五折以下其实已经没有利润了。路北影院打两折的目的是为了把对手彻底挤垮，然后再进行价格垄断。谁知他们刚刚才把顾客拉过来，路南的影院接着就推出了门票一折的优惠活动，并且每人还另送一包瓜子。路北影院的老板经过一番考虑，觉得自己做不了这种赔本生意，便关门了。

自从推出送一包瓜子的活动后，路南的影院顾客纷至沓来，场场爆满，大家都以为路北影院会恢复竞争之前的价格，没想到的是，这个送瓜子的"赔本生意"却一直坚持下来。并且，半年多的时间过去了，路南影院的老板不仅没有赔钱，反而赚了很多钱，不仅买了奥迪轿车，房子也换成了高档别墅。

猜想一下，这是为什么？

26 剩余的杏子

一位数学老师正在给一年级的小朋友们讲减法。

为了吸引小朋友们的注意，让他们对问题更感兴趣，老师便以杏子为例子提问学生。老师看麦克斯这节课听得特别认真，就把他叫起来问道："麦克斯，你想一想，如果桌子上放着四个杏子，你的姐姐拿走了一个，这时桌子上还剩下几个杏子？"

"几个姐姐，老师？"麦克斯认真地问道。

"不是，你认真听！我把这道题再重复一遍，桌子上放着四个杏子……"老师把题目又重新说了一遍。

"老师，这是不可能的，现在是冬天，没有杏子。"麦克斯依旧很认真地说道。

"麦克斯，我是假设桌子上放着四个杏子，你的姐姐来了拿走了一个………"

"哪个？"

"什么哪个？当然是你姐姐！"

"啊，可是我有两个姐姐，莫尼卡和英格。"麦克斯解释道。

"这是一样的！听好，是一个姐姐拿了一个杏子……"老师很无奈。

"莫尼卡和英格是不会只拿走一个杏子的，她俩总是什么东西都拿完。"

"但是，麦克斯，你爸爸只允许她拿走一个！"老师有点生气了。

"可这是不可能的，老师。"

"为什么？"

"我爸爸出差了，他一个星期后才回来。"

老师发火了："注意，麦克斯！我现在把这道题再重复一遍！如果你再打断，就在座位上站着。桌子上放着三个杏子，不，是四个杏子，你姐姐从中拿走了一个杏子，还剩下几个？"

"没有了！"麦克斯毫不犹豫地回答道。

老师大惑不解，不过，很快她又从麦克斯那里得到了"合理"的解释。

最后，老师无奈地笑了。

你猜这次麦克斯是怎么给老师解释的？

27 聪明的小达尔文

达尔文是19世纪英国著名的生物学家。他小时候很调皮，对大自然有强烈的好奇心，凡事总喜欢问个为什么。

一年春天，小达尔文家的花园里，长满了报春花，它们有白色的和黄色的，在阳光下开放着，漂亮极了。小达尔文跟在爸爸身边，一边帮爸爸整理花草，一边不停地问这问那。

"爸爸，报春花只有白的和黄的吗？"

"是的。"

"要是红的、蓝的、黑的，什么颜色的都有，那该多好啊！"

"那是不可能的。花的颜色是大自然决定的，人是无法改变的。"

可是小达尔文并不放弃，他一心要弄出一束不同颜色的报春花来。

第二天，爸爸在河边钓鱼，小达尔文兴冲冲地跑过来，拿一束红色的报春花给爸爸看。爸爸非常惊奇地睁大眼睛看了又看，觉得这太神奇了，因为不光在自己的花园里，就是整个英国也找不到红色的报春花。

猜猜看，达尔文是怎么弄出红色的报春花的？

28 三个面试者

某一知名企业要招聘一名高级女秘书，因其待遇丰厚，一时应聘者如云。经过一番筛选之后，还剩下贞子、杨子、文子三人，但三人中只能留一个人。三个人都是名牌大学的毕业的，不仅漂亮，而且气质优雅，她们条件不相上下，不知道谁会成为最后的胜利者。

这天早上八点，公司给三个人每人发了一套白色制服和一个黑色公文包，要她们穿上公司的制服，带上公文包，到总经理室参加最后一轮面试。人事部李部长对她们说："总经理是个非常注重仪表的人，而刚才发给你们的制服上都有一小块黑色的污点，但当你们出现在总经理面前时，必须是一个着装整洁的人，怎样对付那个小污点，就看你们的了。你们只有十分钟的时间，八点一刻的时候你们必须出现在总经理办公室。"

听完李部长的要求，三个人立即行动起来。

贞子用湿毛巾反复去擦那块污点，结果污点越弄越大。她请求李部长给她再换一套制服，但李部长对她说："这是不行的，我觉得你的考试已经结束了。"贞子伤心地离开了。

与此同时，杨子飞奔到洗手间，她拧开水笼头，用自来水清洗那块污点。很快，污点就没有了，可是制服湿了一大片。于是，杨子迅速打开烘干机。烤了一会儿，她一看表，约定的时间马上到了。于是，杨子赶紧往总经理办公室跑。

杨子赶到总经理办公室门口的时候刚好八点十五，这时，白色制服上的湿润处已经不再那么明显了。杨子推开门，文子已经到了，看到她白色制服上的污渍还是很明显，杨子心里自信了很多，心想，自己一定能比过文子。但出乎意料的是，最后总经理却宣布录用文子。杨子很不理解，听了总经理的解释后，才心悦诚服，你知道总经理是如何解释的吗？

29 聪明的渔夫

一天，渔夫在海边捕鱼时捕到一条很奇怪的鱼，这条鱼很好看，渔夫从来没见过这种鱼。渔夫想，如果把这条鱼拿到市场上去卖，就算能卖个好价钱，

恐怕也得不到多少钱，不如把它献给国王，如果国王喜欢的话，说不定会给我很多赏钱。

主意拿定后，渔夫就把鱼带进宫，献给了国王。国王见看到这条既奇怪又美丽的鱼，很喜欢，便下令赏给渔夫两百枚金币。

有个大臣，看到渔夫拿了那么多钱，心里很不高兴，就对国王说："陛下，为这么一条鱼赏给渔夫两百枚金币，这太不值得了！"

"可是，君无戏言，我已经答应给了，就不能不给。你叫我怎么办呢？"国王对大臣说。

大臣想了想，说道："我有个主意，陛下可以问问这个渔夫，看这鱼是公的还是母的。如果他说鱼是母的，您就要说是公的；如果他说是公的，您就要说是母的。无论怎么说，您都可以把账赖掉。"

听完大臣的建议后，国王觉得是个好主意，便召渔夫过来，问他："这条鱼是公的还是母的？"

你知道渔夫是怎么回答的吗？

30 要不要赶走猫

从前，有个农家，家中老鼠泛滥成灾，墙壁上到处是老鼠洞，家具、衣服也都被老鼠咬破，更要命的是家中的粮食也被老鼠糟蹋了很多。

父亲想，猫是老鼠的天敌，如果有一只擅于捕老鼠的猫，鼠患或许可以消除。于是，父亲在外地买到了一只猫，据说，这只猫抓老鼠的本领很强，但它还有一个不好的习惯，就是喜欢吃鸡。

两个月后，家里的老鼠基本上被猫吃完了，可是，鸡也所剩不多了。

儿子对父亲说："猫把家里的鸡吃完了，我们把它赶走吧！"

父亲坚决不同意，并分析了一下其中利弊，儿子听后再也不提把猫赶走的话了。想象一下父亲是怎么分析其中利弊的？

31 小和尚取水

一天，一对僧人师徒经过一片树林，那天烈日当空，特别热，老和尚觉得口渴，就告诉小和尚说："我们不久前曾经过一条小溪，你回去帮我取一些水来吧！"

小和尚回头去找那条小溪，但小溪实在太小了，再加上有一些车子经过，溪水被弄得很脏，水根本不能喝了。

于是小和尚返回来告诉师父："那条小溪里的水已经变得很脏了，我们还是继续往前走吧，我知道前面不远有一条河。"

老和尚说："不，你再回到刚才那条小溪去。"小和尚表面上遵从，但心里不服气，他认为水那么脏，只是浪费时间白跑一趟。

小和尚在去往小溪的路上，心想：为什么水那么脏，师父还要坚持要那里的水，明明我就没错嘛！不行，我要去找师父理论。走了一半路，他又跑回来对师父说："您为什么一定要那个小溪里的水呢？"

老和尚不加解释，语气坚决地说："你再去。"小和尚觉得师父太固执了，但只好遵照他的吩咐。

当他再来到那条小溪边时，却发现那溪水已经又像它原来那么清澈、纯净了。泥沙已经流走了，小和尚挠挠头，笑了。他提着水跑着回到师父身边，对师父说："师父，通过这件事情，我明白了一个道理。"

猜猜看，小和尚明白了一个什么道理。

32 罗丹的惊骇之举

法国著名的大艺术家罗丹，一生为人们留下了很多珍贵的艺术品。

有一次，为了完成法国大作家巴尔扎克的雕塑，他走访了巴克扎克的家乡，搜集了巴尔扎克大量的照片，阅读了巴尔扎克全部的作品，甚至还亲自找到了一个曾经为巴尔扎克做过衣服的裁缝，了解了巴尔扎克衣服的具体尺寸。罗丹经过无数个日夜的辛勤劳动之后，终于完成了法国大作家巴尔扎克的雕塑。他最后一项工作完成之后，已经是凌晨4点了，但是他却没有丝毫的睡意。他高兴地欣赏着自己的大作。当自己终于完成了这么一项很庞大的任务之后，看着眼前的逼真的巴尔扎克的塑像的时候，心里是无尽的喜悦。

此时的他特别想和身边的人一起分享完工后的喜悦心情，于是迫不及待地叫醒了自己的一个学生。学生来到塑像面前之后，罗丹目不转睛地看着学生，等待着他对自己作品的评价。那个学生全神贯注地盯着罗丹的雕塑，很快就被眼前那个粗犷、勇敢并且富有智慧的"巴尔扎克"吸引住了。看了一会儿，眼睛的目光不禁被那双手吸引去了，他情不自禁地赞叹道："多么富有生命力的一双手啊。"

听了这句话之后，罗丹的笑容忽然消失了。他什么都没说，再次叫醒了另一位学生起来，他想听其他人对雕塑的评价。只见这个学生凝视了雕塑片刻之后，目光竟然也落到了那双手上，只听见他赞叹道："只有上帝才能造出这么一双有灵性的手。"

这样的评价让罗丹的脸色忽然阴沉了下去。他急忙叫来第三个学生。谁知道这个学生一样把目光停留在了那双手上，他激动地对罗丹说："老师，那双手，只是那双手就足以让您不朽了。"

这样的夸奖没有让罗丹高兴。只见听完学生的这些夸奖后，罗丹像是一头被激怒的老虎，在房间里不停地走来走去。时间在那一刻突然变得特别凝重，他的学生不明白为什么老师会有这样的反应，更让他们感到意外的事情是：过了一会儿，罗丹从工作室出来，手里多了一把斧子，只见他对着刚才被夸数次的巴尔扎克的那双手砍去。

只听一声"咔嚓"，那双精妙的手瞬间消失，巴克扎克的雕塑也就那样的失去了一双巧夺天工的手。学生们都深深地为那双手感到惋惜，他们对罗丹的做法感到莫名其妙。

当你看到这里，也一定为巴克扎克这么一双精致的手的消失而惋惜，但是罗丹这么做自然也有自己的理由，那么他的理由又是什么呢？你能想出来吗？

33 找"妈妈"

有一个年轻人非常聪明，但是他家里很穷，读不起书，所以就到王爷府里当佣人。

有一年皇帝要为小公主选驸马，王爷府里的二公子也刚好赶上结婚的年龄，王爷很希望二公子能够娶到公主，所以一直忙着给儿子张罗，但是皇帝这次选驸马非常严格，出了各种各样的题目难为大家。

年轻人也听说了这个消息，他暗自嘀咕："机会来了，我这么聪明，那些题目一定难不倒我。"于是年轻人也去报了名，准备参加竞选。

经过两轮的比赛，最后还剩下五个人参加决赛。这次的题目是找出小马的"妈妈"。太监们牵出了一百匹母马和一百匹小马，让选手们找出每匹小马的妈妈。这可难倒了大家，他们都抓耳挠腮，想尽了各种办法。有的人把毛色相同的马凑在一起，有的人试图将栅栏打开放出小马，让小马去找自己的"妈妈"，但这些方法都以失败而告终。最后，只有年轻人成功地找出了小马的"妈妈"。

你知道年轻人是怎么找出小马的"妈妈"的吗？

34 一个"错误"的故事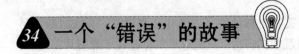

每晚临睡前，教授都要给孙子讲个故事，这已经成了一种习惯。但有一次，教授看到了一个名为《三个猎人》的故事，他百思不得其解，怎么也没法讲下去了。

这个故事讲的是：有三个猎人一起去打猎，他们中两个没带枪，一个不会打枪。他们碰到了三只兔子，两只兔子中弹逃走了，一只兔子没中弹，却倒下了。三人提起一只逃走的兔子往前走，来到一个没有门没有窗户，也没屋顶和墙壁的房子跟前，叫出房子的主人，说道："我们要煮一只逃走的兔子，能否借个锅？"

主人说："我有三个锅，两个打碎了，另一个掉了底。"

"太好了！我们正要借掉了底的。"三个猎人高兴地说道。

后来，他们用掉了底的锅，煮熟了逃走的兔子，美美地吃了一顿。

教授思考了很多天，也没有弄明白这个故事究竟说的是什么。他觉得这个故事有着明显的逻辑错误：其一，中了弹的兔子怎么能逃走，没中弹的兔子如何会倒下？其二，既然兔子逃走了，猎人如何能把它提起来煮着吃？其三，没有底的锅怎么能煮熟逃走的兔子呢？

一年之后教授突然明白了其中的含义。大家猜一猜这个故事到底有什么寓意呢？

35 季羡林看行李

又是一年秋天到，北京大学又一个新学期开始了。整个校园在这个秋天因为又多了那么多的新面孔而显得更热闹了。来自全国四面八方的学子都高高兴兴地来到这座全国知名的学府报道，每个人都是无比兴奋。

一个外地的学生急匆匆地背着好几个大包小包走进了校园，一路奔波之后的他实在是太累了，加上自己带了太多的包，于是他就把包放在路边，暂时歇息一会儿。就在这个时候，他看到对面走来了一位老人，老人看起来很慈祥。这个学生就走上前去很有礼貌地问老人："请问，您能不能帮我看一下我的包呢？我是新来的学生，现在要去办入学手续，但是带的包太多了，实在是太累了。"老人听后，笑了笑，他见这个学生确实是带了不少的包，二话没说就答应了学生的这个请求。

就这样，这位学生轻装地去办理了所有的入学手续。各种手续办完以后已经是一个多小时以后了。他回到自己放包的地方，那个老人尽职尽责地完成了自己的任务，帮助这位学生看好了包。年轻学生非常高兴地向老人表达了自己

的感谢，然后二人各自离开了。

几天以后，北大的开学典礼盛大举行了，新入学的所有学生还有学校的领导和各位老师都如约参加了这次典礼。典礼开始，主持人首先一一介绍在坐的各位领导。在这个时候，年轻学生惊奇地发现，主席台上那位北大副校长季羡林先生竟然就是那天帮助自己看了一个多小时行李的老人。

对于这样的一件事情，如果让你写一篇自己的感想，可以有多个立意，你能写出几个呢？

36 吉尔福的大胆猜测

美国著名的心理学家吉尔福教授的专业研究领域是人类心理领域，多年来，他在该领域颇有建树，研究出了很多很有成就的思想和理论，在心理学界有着很高的地位与成就。

有一次，他在英国一所著名的博物馆里面看到了一具4万年前的尼德人的颅骨。经过观察，他了解到这个颅骨是在非洲罗德西亚的布罗肯尼希尔铅矿附近发掘出来的。经过仔细观察，他发现颅骨的左颧骨上面有一个小圆洞，可是奇怪的是它与被长矛、弓箭或者动物的利爪等袭击而留下的裂洞不一样，它的形状更像是玻璃上的弹眼一样，边缘平滑。据此有人推测这个圆洞很有可能是因枪伤留下的。但是4万年前，处于旧石器时代的人类根本不会制造火器，也更不可能是现代人类用手枪朝埋在地下的颅骨射击的，所以那样的猜测是绝对不可能的。

碰巧，吉尔福教授曾经在苏联科学院的古生物博物馆里面，也看到过一具4万年前一种野牛的颅骨，其额头上也有一些类似枪伤的痕迹。后来经过研究发现，其实这些类似枪伤的圆洞是在动物生前被束状高压气体冲击而形成的，但是当时受到条件的限制，人类根本还没掌握这种技术。

这头野牛在遭"袭击"后未被杀死，因而在"枪伤"的周围还可以看到后来新长出来的颗粒状骨质结构物，形成这种骨质物大约需要1年多的时间。

依据以上的两个材料，吉尔福教授就提出了一个大胆的猜测，这样的猜测让所有人听到后都非常吃惊，你能想出来教授的猜测是什么吗？

37 以驴找鞍

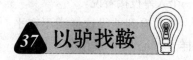

唐朝时，在河南省河阳县有一个商人。有一次他去县城赶集，那天的生意非常好，一个上午他就把自己带的商品卖完了，商人在中午时高高兴兴地准备去附近一家小饭店吃饭。

到了饭店门口，商人把驮商品的毛驴拴在了外面的树桩上，进饭店美美地吃了一顿，又喝了一杯茶，然后休息片刻之后，就准备回家了。

酒足饭饱之后的商人走出饭馆后却发现自己的毛驴不见了。自己拴毛驴的那个树桩上面现在只剩下了半截被割断的缰绳。看到这个场景，商人非常着急，赶紧四处奔走去寻找自己的毛驴。但是，整整找了一个下午，商人一无所获，于是不得不找个旅馆暂时住下，准备第二天继续去找自己的那头毛驴。

第二天，商人一大早就四处去寻找自己的那头毛驴，只可惜找了一天之后依旧一无所获。商人非常着急，却只能干着急。就这样，商人连续找了两天之后，依旧没有找到自己的毛驴。无奈之下，商人就跑到了县衙去报案了，他请求县官能够帮助自己找到毛驴。

河阳县当时的县令名叫张坚，他是一个非常聪明的县官。接到商人的案子之后，就立即命令自己手下的差役去寻找商人的小毛驴。差役接到命令之后四处张贴小毛驴的告示，大街小巷全部都是寻找商人小毛驴的告示。告示中严肃警示偷驴的人把小毛驴赶紧送回来，否则找到毛驴之后将对偷毛驴的人进行严惩。

告示贴出的第一天，没有什么动静。第二天，县官张坚命令自己手下的差役加紧张贴告示为商人寻找毛驴。并且，第二天告示中加上了这么一条："假如再找不到商人的毛驴，就将对附近的人家进行挨户搜查，一定要找出小毛驴的下落。"看到寻找毛驴的风声越来越紧，偷驴的人害怕被抓，便趁晚上没有人的时候悄悄地将毛驴放了出来。

第二天早晨，天才悄悄放亮，商人惊喜地发现了自己的那头小毛驴。他高兴地跑过去牵住自己的小毛驴。但是他发现在好不容易找回来的小毛驴身上缺少了一件东西：毛驴身上的驴鞍竟然不见了。商人心想一定是偷驴的人给藏起来了。

商人把这个消息告诉了两个差役，一个差役听后不耐烦地说："驴都找回来，还在乎鞍干吗？一个驴鞍又不值几个钱！"

"那个鞍又不像驴一样会自己走回来，再说驴鞍那么小，一旦被藏起来之后就很难会被找到。"另一个人差役接着说。

商人看到差役这样满不在乎的样子，心里非常生气。于是，商人又到了县衙，找到了张坚，请求张坚能够帮他找到驴鞍。张坚听后，非常认真地回答商人说："既然找到了毛驴，我就一定会帮你找到驴鞍，放心吧！"这次，差役们都不知道要怎么办才好了。张坚却命令两位差役从现在开始就专心地看住商人的毛驴，并且命令差役一定不许给毛驴喂料。差役们听到吩咐之后虽然不明白张坚要做什么，但是依旧按照张坚的说法去做了。

到了第二天，张坚果然帮商人找到了鞍子，而帮其找到鞍子的正是这头毛驴，想象一下，县令是如何利用毛驴找到商人的鞍子的？

38 三个金人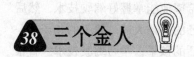

从前，有一个小国为了处理好与邻国之间的关系，特意向邻边的一个大国进贡了三个一模一样的金人。三个小人金光闪闪地出现在大国国王的面前。国王看到后非常高兴。但是此时小国的使臣给国王出了一个难题：三个金人之中，哪个最有价值呢？

因为从表面看起来，三个小人都是一模一样的金光灿烂，很难分辨，国王冥思苦想了好久，依旧没有想到答案。国王于是请来了国内最有名的珠宝鉴定专家，专家们称重量，看做工，用了很多的办法，结果也没有找出问题的答案。国王有些着急了："自己这么大的一个国家，竟然找不到可以解答这个问题的人吗？小国的使臣还在等着我的答案，难道要就此丢脸吗？"

就在国王无计可施之际，有个退位的老臣前来对国王说他有办法解决这个问题。国王高兴地赶紧将这位老臣请到了大殿，让老臣用自己的办法找到最有价值的金人。

退位的老臣不紧不慢地拿着三根稻草来到三个小人面前，只见他不慌不忙地把三根稻草分别插入了三个金人的耳朵里面。过了一会儿，只见插进第一个金人嘴里的稻草又从它的耳朵里面掉出来了，插进第二个金人耳朵里的稻草从它的嘴巴里掉了出来。而第三个金人，老臣把稻草插进去之后，稻草则直接掉进了金人的肚子里面，然后什么响动也没有。老人于是走到国王面前说："国王陛下，第三个金人最有价值！"小国的使臣听后也点点头，老臣的答案是正确的。

你能谈谈为何第三个金人最有价值吗？

39 想不通的船长

从前，有一位驾驶技术非常高超的船长。他年轻时便具有一流的驾驶技术，曾经驾驶着一艘简陋的帆船在台风肆虐的大海中独自漂泊了半个月，最后死里逃生。后来，他有了自己的一艘大船，整天都率领几十名水手驾驶着那艘大船

在浩瀚的海洋中航行，往往敢于去别人不敢去的地方探险。因此，渔民们都尊敬地称他为"船王"。

船王有一个儿子，在父亲的熏陶下，从小就学习驾船技术。他也是船王唯一的一个继承人，所以船王对儿子的期望很高，希望他能掌握好驾驶技术，然后继承自己的那条大船。船王的儿子是一个很听话的孩子，学习驾驶技术一直很用心，到了成年的时候，他驾驶帆船的技术在船王看来已经很好了，于是船王就很放心地让儿子一个人驾船出海了。

然而世事难测，船王的儿子在第一次出海的时候竟然出事了，死于航海的路途中的一次台风。那次台风对于渔民来说实在是微不足道的一次，没想到偏偏船王的儿子就出事了。

船王得知这个消息之后，非常伤心，同时又感到很迷惑，他说："我真不明白，他怎么会出事呢？我的驾驶技术这么好，并且一直在悉心教导他，从他懂事开始，我就从最基本的教他，告诉他如何对付海中的暗流，如何识别台风前兆，如何采取应急措施。我把我这些年来积累的经验都毫不保留地教给他了，没想到，他却在一个很浅的海域中丧生了。"

大家都对于船王儿子的丧生感到很悲伤，听到船王的哭诉，渔民们纷纷安慰他。这时，有位老人问船王："你一直是手把手地教儿子驾船吗？"

船王回答说："是的，为了让他能得到我的真传，我一直手把手仔细地教他。"

"那么他一直跟着你吗？"老人又问。

"是的，他从来没有离开过我。"

老人说："这样看来，你也有过错啊！"

船王听后深感疑惑。

接下来老人说了一段话，船王听后恍然大悟，你能看出船长错在什么地方吗？

40 商场怪招止偷窃

在国外一个大型商场，有一件非常头疼的事情一直困扰着商场经理，那就是——商场中经常会有商品或者顾客的财物被盗。

为此，商场的经理伤透了脑筋，他想出了好多的办法想去解决问题，比如，在商场安装摄像头，增设防盗设备，以便能及时发现小偷的行踪；增设警卫力量，组织一批保安人员每天在商场巡查；增加奖励机制，对于抓到小偷的保安或者是消费者都给予一定金额的现金奖励……但是可惜的是，效果不是那么的理想，商场中商品被盗事件依旧接连不断地发生。

商场经理无奈之下，选择亲自向顾客征询办法。多数顾客想到的办法和经理想到的大相径庭，但是其中有一个顾客对经理说的办法让经理有点吃惊，同时也很纳闷。他提出的办法是：让经理花钱雇两名小偷来商场偷东西，偷到的东西归小偷所有。经理听后大为惊讶地说："你不是开玩笑吧？"顾客却自信地对经理说："你就按照我说的办法办吧，我保证过不了多久，商场商品被盗的事件就不会再发生了。"

虽然经理有点怀疑，但是依旧按照这个顾客的办法花钱雇来了两位小偷，让他们去商场偷东西。没想到，没过多久，商场中失窃的事件真的就再也没有发生过了。

聪明的你能想出来这是为什么吗？

41 智慧的妻子

东汉时期，在一个叫做扶风的地方，有个叫袁慈阳的人，他的妻子是当地富裕人家马季长的女儿。因为马家在当地是大户，在袁慈阳和妻子结婚的时候，妻子娘家陪嫁的嫁妆特别丰厚，从衣食住行各个方面都尽可能让女儿得到满足，当然嫁妆里面最多的就是父母精心为女儿选的衣服、配饰之类女孩子的东西，在父母眼里，女儿每天都应该打扮得漂漂亮亮的。

袁妻因此每天都喜欢精心地打扮自己，每天早晨起床后，她都花费很长的时间梳妆打扮。对于妻子这样的行为，袁慈阳感觉很不舒服，于是打算好好杀杀新婚妻子的威风。

一天，袁慈阳问新婚不久的妻子："你现在已经做了我的媳妇，已为人夫的媳妇每天只需要把家里打理干净整洁就好了，何必每天都这样精心打扮自己？"

妻子听出了这话里的火药味，便耐着性子回答道："父母精心为我选了这么多的嫁妆为我陪嫁，这是他们对我的慈爱，我如果将它们放起来不用，岂不辜负了父母的一番心意？假如夫君你想效仿汉朝的鲍宣、梁鸿那样的高尚情操，然后也想让为妻也像他们的妻子一样，每天只在家操持家务，每天都把做好的饭菜高高地举到眉间伺候你，我也可以那样做。"

袁慈阳一听，顿时语塞。但他不甘心，过了一会儿，他又说道："自古以来弟弟先于哥哥结婚会被世人耻笑，你的姐姐现在都还没出嫁，而你却先于姐姐出嫁了，这样好吗？"

这时候，袁慈阳的妻子回了他一句话，这句话让袁慈阳家里偷听他们讲话的人都为袁慈阳感到惭愧。你能想出他的妻子是如何回击袁慈阳的吗？是如何智慧的一句话让偷听的人感到惭愧呢？

42 陈细怪改诗

古时候有个人叫陈细怪，自幼喜欢读书，虽然家里贫苦，但是他性格很好。天生幽默的特点让他身边的人在心情不好的时候总喜欢找他聊天。

陈细怪自幼天不怕地不怕，不成想长大后却怕老婆。他的老婆是一个非常厉害的人，每次陈细怪不小心做错了一点小事，回家都要被老婆体罚。

有一天，陈细怪一个不小心又得罪了老婆大人，老婆这次罚他跪在床前，并且这次还附加了一个条件，非要陈细怪做出一首诗才肯让他起来。

陈细怪从小读过不少诗词，所以让他作诗不是一件很困难的事情，但是此时的他既害怕严厉的老婆，又想偷懒，于是他想起了这么一个点子，临时改诗。他想起的是《千家诗·春日偶成》，原诗是这么写的：

云淡风轻近午天，傍花随柳过前川。

时人不识余心乐，将谓偷闲学少年。

当陈细怪跪在地上把这首诗改完之后，他的老婆看完后感觉既好气又好笑，一下子气全消了，让他起来了。

你猜陈细怪是如何改诗的？

43 小孩难住铁拐李

八仙过海的故事相信你肯定听说过，今天的这个小故事讲的就是八仙中的其中一仙被一个小孩子难倒的故事。

八仙中的铁拐李总喜欢背着他的那个宝葫芦云游四海。一次，他来到了峨眉山，峨眉山风景秀丽，铁拐李玩得不亦乐乎。他在山上逛到一个地方后，遇到了一个小孩，小孩对铁拐李身上背的那个宝葫芦非常感兴趣，他好奇地问铁拐李："你的葫芦里面装的是什么东西呢？"

铁拐李非常自豪地对小孩说："小孩，我这宝葫芦里面全是好东西啊，灵丹妙药，包治百病，一般人我可不给的。"说完哈哈大笑。

谁知那小孩异常淘气，听后很不以为然地回了一句："既然这样，那你怎么不先把你自己的瘸腿治好呢？"

这样的一句话让铁拐李顿时憋得满脸通红，感觉很没面子，于是他非常生气地对那小孩子说："小小年纪，竟然如此无礼！快告诉我你姓什么，几岁了！"

哪里知道这个小孩子不是一般的淘气，他没有老实回答铁拐李的问题，而是给他出了一个谜题。只见他回答说："我的姓刚好就是我的年纪，我的年纪加起来就是我的姓。"

铁拐李听后一下子被难住了，心想眼前的这个小孩子一定不是个简单的角色，于是赶紧腾云驾雾离开了。

铁拐李回去后就和吕洞宾说了这件事情，吕洞宾听完小孩的谜题后马上给出了答案。铁拐李顿时恍然大悟，更觉得不好意思。

你能猜出这个小孩的年纪和姓到底是什么吗？

44 带"女"旁的"好字"和"坏字"

相传在很早的时候，世界上每种东西都有一个人在掌管着。在那个时候，掌管造字的是一位男子。这个男子一生都不喜欢女子，他自己觉得天下许多事都坏在了女人身上，所以在他造字的时候，特别运用形声法则，将一些贬义词都与女人联系了起来。

比如"心胸狭隘，乃女人通病也！"想到此，他便信手将"女"字旁和"疾"合在了一起，于是就有了这个"嫉"字；"大凡私情越轨之事，十有八九为女人所为也！"这样，他又一次造出来一个以"女"字旁造的"奸"字。接着，他又接着造出了"婢"、"嬷"等一系列的带"女"字旁的"坏"字。

后来，这个男子由于种种原因，不再掌管造字这项工作了，接任他工作的是一位女才子，她不仅博学而且多才。当他看到男人所造的"嫉"、"奸"等字之后，非常生气，决心要为天下所有的女子正名，于是她就用"女"字作为偏旁造出了一系列褒义字："少女，妙也"，通过这句话，她造出了一个"妙"字；"姿美者，女人也"，于是她又造出"妩"、"媚"等歌颂女子的一系列字。

据说以"女"字为形声旁的字，不管是好还是坏，就这样地被造出来了。那么你能举出5个以"女"字为形旁，表示褒义和贬义的形声字吗？

45 "加法"创造法

在创造技法中，通过对事物的增添扩充补充，往往能使其性能更加完备，使其功用更具特色。

比如我们常见的铅笔、橡皮，这两件是我们生活中很普通的两件东西，它们原本是分开的两件东西，但是有一位美国人威廉用自己的聪明才智将这两个东西圆满地加在了一起，发明了橡皮头铅笔。

在我国的某个小城市，有一家铝制品工厂。针对水壶倒开水的时候容易掉盖子烫伤人的这个缺点，他们在水壶盖子的后部增设了一个小挡片，这样一来，就解决了壶盖容易烫伤人的问题，人们以后再倒开水的时候就不用害怕翻盖烫人了。

类似的故事还有许多，总之，一个看似简单的举动，在现实生活中往往会给人们带来很大的方便，进而带动产品销售量的猛增。所以这种加法创造法不管是在工作中还是在生活中都是非常值得提倡的。

那么你是否也能在我们日常生活中，用自己的智慧找到这样类似的"加法"创造出来的产品呢？你还能列出几种这样的日常用品吗？

46 穷人的笑话

从前，有一位国王，脾气十分暴躁。一天，国王处理完几件不顺心的事情之后，心情益发烦躁不安，于是他就下了一道命令："寡人现在整天都不开心，因此现在全国征集讲笑话的高手。如果谁能讲一个笑话，逗得国王哈哈大笑，那么这个人就能获得一百两黄金；但是，假若笑话不能逗笑国王的话，就要'享受'一百大板的惩罚。"

听到这个命令，很多老百姓都经受不住这一百两黄金的诱惑，纷纷勇敢地到国王那里讲笑话。可令人遗憾的是，这些笑话中竟然没有一个能让国王发笑的，这些想得到金子的人不仅什么都没得到，反而每个人都挨了一百大板。

正当所有的大臣为这件事发愁的时候，有一个名叫伊美扎尔德的人主动要求进宫为国王讲笑话。伊美扎尔德十分聪明伶俐，却是个贫民，那时候普通老百姓是不能随便进宫的，不过伊美扎尔德运气很好，他碰到了一位朝廷大臣马吉德提克里特，这是一位喜欢贪小便宜的大臣。马吉德提克里特就跟伊美扎尔德商量："我把你领进宫很容易，但是你怎么样也得感谢我吧！作为报酬，你得把你得到的赏赐分一半给我。"

伊美扎尔德满口答应了马吉德提克里特。于是他就顺利地见到了国王。

但是令伊美扎尔德无奈的是，无论他讲的笑话有多好笑，配合他笑话的那些肢体动作与表情有多丰富，国王身边的人都忍不住笑了，但国王就是根本不为所动。不仅不笑，国王反而表现出一副不耐烦的表情。最后，就在伊美扎尔德准备讲下一个笑话的时候，国王再也忍受不了，他拍案而起，大声命令侍从把伊美扎尔德抓起来，要重重地打他一百大板。

但是，当打到五十大板的时候，伊美扎尔德突然大喊一声："住手。别打了，我有重要的事情要跟国王您讲。"

国王很疑惑，命令侍从停了下来，让伊美扎尔德说出他的理由。伊美扎尔德于是讲了几句话，国王听后，突然哈哈大笑起来，还高兴地奖励了伊美扎尔德一百两金子。

你知道伊美扎尔德跟国王讲了什么吗？

47 聪明的砖瓦工

1945 年 8 月，第二次世界大战终于结束了。在这次战争中，美国是最大的受益国，战后美国的经济超过了英法等欧洲国家，处于蓬勃发展的态势，特别是建筑业发展迅速。因为战争的原因，无数的房屋、楼宇被摧毁。而建筑业的发展急需砖瓦工，于是，大量的招聘职位都是提供给砖瓦工的，而且待遇与以前相比大幅提高。

急需砖瓦工的消息迅速传遍了美国各个城市的大街小巷，一夜之间，这个看似最不起眼的职业成了美国最吃香的职业之一。

由于乡下的消息没有城里那么灵通，过了一个月之后，这个消息才被一个乡下的小伙子知道。他以前曾经做过砖瓦工，有丰富的经验，如果他去城里找工作，应该能应聘到薪水不错的岗位。

于是，他决定离开乡村去城里找工作。在简单地收拾了行李之后，他就乘着汽车去城里了。

经过了长途的跋涉，他终于来到了城里。他发现到处张贴的都是招聘砖瓦工的广告，铺天盖地，这么多的需求超出了他的想象。他想：原来需要这么多的砖瓦工啊！但是，在美国会有这么多人会这个行业吗？肯定没有。既然需求这么多，供给这么少，那么那些公司很可能找不到合适的人选。而且，肯定有很多人想从事这个行业，只是没有技术。突然一个念头出现在他的脑海中，他马上决定不再找工作了，而是在城里租了一个门面，做起了另一种营生。结果，他很快发了大财，成为了一个大富翁。

想一下，他租的店面是用来干什么的？

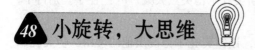

48 小旋转，大思维

在我们日常的生活中，假如你够细心，那么会发现很多事情值得我们认真仔细去研究。对于旋转这样的现象就能启发我们的思维围绕着旋转展开。

美国麻省理工学院机械工程系主任谢皮罗就在一次洗澡中发现了一个很有意思的现象：每次洗完澡把水放掉的时候，水总是按着逆时针的方向旋转。这一个奇怪的现象引起了谢皮罗的极大兴趣，这里面到底隐藏着什么秘密呢？他决定要好好地研究一下。

为了弄清楚这个现象背后的原因，谢皮罗开始了自己特制的操作实验。他亲自设计了一个底部有孔的蝶形容器。实验开始，他先用塞子堵上了漏孔，然后把那个容器灌满了水，再把塞子拿出来，让容器中的水流出来。他一遍遍地重复演示着这个实验，他注意到，每当拔掉碟底的塞子的时候，容器中的水总是会自然地形成逆时针的漩涡。于是他得到一个结论：每次洗完澡之后放洗澡水的时候水自然向左旋转并非是一个偶然的现象，而是一个很有规律的现象。那么，这背后的原因是什么呢？

谢皮罗经过长期不懈的实验和研究，终于揭开了这个现象的秘密。针对这个现象，他写了一篇论文。在论文中指出：水流的漩涡方向是一种很自然的物理现象，它的旋转方向与地球的自转有关。假如地球停止自转的话，那么拔掉塞子的话，水流将不会有漩涡现象产生。众所周知，地球是自西向东自传，而美国处于北半球，地球自转产生的惯性促使洗澡水倒掉的时候会逆时针旋转。

在谢皮罗的论文中他还由这个现象得出了另外一个结论：北半球的台风都是逆时针方向旋转的。台风旋转方向一样是和地球自转有关。

论文发表之后，在科学界引起了很大的轰动。科学家们对此现象都产生了极大的兴趣，他们也纷纷进行研究，结果纷纷证明谢皮罗教授得出的这个结论是完全正确的。谢皮罗用自己的细心发现与勤奋钻研得出这样一个很有价值的结论。

生活中小小的旋转现象，最终却得出了一个大结论，并对以后科学的研究产生了很大的影响。这个故事提醒我们，面对司空见惯的事情，我们要善于打破惯性思维，没准便能有重大发现！

那么，现在来问你一下，假如你在中国重庆，水怎么旋转？在赤道呢？

49 电熨斗的改进

日本松下电器公司是一家非常著名的生产电器类产品的公司。其中，他们的熨斗事业部在电熨斗生产领域极具权威性。

20世纪80年代，电器市场开始高度饱和，电熨斗在这个时候也不可避免地面临着滞销的命运。熨斗事业部的科研人员急需研制一种功能更好的熨斗来打开市场。

熨斗事业部部长名字叫岩见宪，人称他为"熨斗博士"，他在熨斗的改革方面拥有非常出色的成就。一天，他把几十名不同年龄的家庭主妇请到公司，想让她们对"松下"所生产的电熨斗提出自己的意见和建议。他想通过这种方式改进现有的熨斗生产技术。

在会上，很多家庭主妇提出了自己的想法与意见，其中一个主妇的突发奇想引起了很多人的注意，她说："假如电熨斗能够无线使用那样就会方便多了。"

"这个想法太妙了！无线熨斗，这个主意好！"岩见宪听完这位主妇的提议，非常高兴。于是事业部马上成立了专门攻关小组，专门研究这项技术。

一开始，他们采用的办法是用蓄电的办法取代电线。这样的办法实施以后，做出来的熨斗重量达到了5公斤重，使用起来非常笨重。为了克服这个难题，攻关组把家庭主妇熨烫衣服的画面特意拍成了录像片，科研人员通过看录像逐步分析她们动作上的规律。经过几天的研究，他们发现：主妇们并不是一直拿着熨斗在熨衣物，而是会经常把熨斗竖起来放在一边，等调整好衣物的位置之后再开始熨衣物。攻关小组受此启发，修改了蓄电的方法，不久之后，最新的无线熨斗便向顾客亮相了。这款产品也成为日本当年最畅销的电器产品之一。

你知道，攻关小组修改的蓄电方案是什么吗？

50 燕子去了哪里

在18世纪的瑞士北部城市巴塞尔，有一个美丽的故事。

在这个城市中有一个年轻的补鞋匠，他在街角搭起了一个简易的棚子，以为来往的人们补鞋为生。这个年轻人因为穷困，也没有姑娘愿意和他交往，但是这个年轻人一直很乐观快乐。在他的棚下面不知什么时候搬来了一个燕巢，有一只燕子栖息其中，年轻人和这只燕子便成了很好的朋友。他每天自顾做自己的生意，而燕子则飞进飞出地忙活自己的事情。但是，一到秋天，这只燕子便要离开这个鞋匠的棚子，到暖和的地方去过冬。直到明年春天，它才会准时回来。

每到秋冬季节的几个月里，补鞋匠便没有了燕子的陪伴，觉得有些孤单，因此他很想知道燕子到底在这几个月里去了哪里。于是，有一天，他前去请教了住在附近经常来找他补鞋的一个渊博的老学者。

老学者听了他的问题后说道："关于这个问题，你其实不是第一个好奇者。早在 2100 年前，古希腊哲学家亚里士多德就思考过这个问题，他最后得出一个结论，认为家燕是在沼泽地带的冰下过冬的。因此许多年来人们都将他的这个结论当做真理。但是，就在前些年，有个名叫布丰的学者，他曾经专门捉了五只燕子放到冰窖里，结果它们全冻死了。因此现在人们对亚里士多德的结论又产生了怀疑。"

补鞋匠也根本不大知道亚里士多德是何许人也，更别提什么布丰了，他于是有些不耐烦地问道："老先生，您说的这些人我都不认识，我只想您告诉我，燕子到底在哪儿过冬？"

老学者一听只好耸耸肩，对鞋匠说道："关于这个问题，我只能回答你四个字——去向不明！"

补鞋匠只好离开学者的家。他回来后，还是不停地琢磨这个问题，越琢磨他就越想知道答案。最后，他忽然想到：燕子既然每年都会准时回来，那么它每天去的地方应该是固定的吧！ 会不会燕子在那边也同样有一个像我这样的朋友呢？于是，他灵机一动，想到了一个主意。通过这个主意，他果然得到了他问题的答案。

你能猜出补鞋匠是如何得到自己问题的答案的吗？

51 巧运物资到前线

在二战时期，苏德之间展开了具有重要战略意义的斯大林格勒战役。在战争期间，德军为了这场战役的胜利，每天出动大量的轰炸机，在连接斯大林格勒和内地的铁路沿线上空，不间断地进行狂轰滥炸，妄图切断苏军的交通运输线。如此一来，斯大林格勒附近进出站的火车都被迫全部滞留在站内，而前线则因为接不到急需的物资而十分吃紧。

战争中，时间就是生命，苏军高级指挥部面对着这种情况心急如焚，他们不断加强防空炮火的力量，但一直收效甚微。

后来，一名名叫拉宾的负责在车站调控军方车辆的苏联军官，对德军的轰

炸规律进行了分析。他通过总结发现，德军每次轰炸的目标总是很准确，他们并不轰炸开往内地的列车，而只是轰炸开往前线的列车。而因为飞机的飞行速度比火车快得多，通过速度无法判断火车前进方向。因此，德军判断列车是否开往前线的方法是根据列车机头的位置。

于是，这位苏联军官想到了一个简单而十分有效的办法，使得斯大林格勒的火车顺利地开往了前线。你猜，这位苏联军官的办法是什么？

52 小孩难孔子

我们知道，孔夫子学问很高，很多有学问的人都拜在他的门下。尤其在他带领弟子周游列国期间，因为在各地讲学，宣扬儒家思想，其更是获得了很高的声誉。不过，一天，孔子周游到燕国时，却被一个小孩子难住了。

这天，孔子刚进燕国都城的城门不多远，就有一位看上去十分聪明伶俐的少年拦住马车说："我叫项橐，听说孔老先生很有学问，因此特来拦路求教。"

孔夫子一见是一位小孩拦住去路，心里松了口气，觉得小孩子的问题应该不是太难，于是就笑着对小孩说："小孩儿，你遇到什么难题啦？说来听听吧。"

项橐于是问道："敢问孔老先生：什么水里没有鱼？什么火里没有烟？什么树上没有叶？什么花儿没有枝？"

孔夫子听后沉吟片刻，然后随口说道："你提的问题太简单了，让我来告诉你吧。按照常理来说，江河湖海，什么水里都有鱼呀；不管柴草灯烛，什么火都是有烟的；至于植物，没有叶根本不能长成树，没有枝很难开花的。"

一听到孔子的这个回答，项橐就晃着脑袋直喊："你说得不对！"接着高声说出了四样东西。

孔夫子听到孩子说出的答案，仔细一品，确实都在理，于是就对项橐说道："后生可畏啊，老夫拜你为师！"

聪明的你知道项橐说的是哪四样东西吗？

53 巧妙的字谜

北宋时，著名诗人、"唐宋八大家"之一的文学家苏东坡的一大家人都十分有才华，因此，其日常生活中也处处充满着诗情画意与"智力比拼"。

有一次，苏轼到妹婿秦观家里去做客。苏小妹见哥哥来了，十分高兴，她和丈夫秦观大摆酒席，在席上频频举杯祝酒，热情招待苏轼。

诗人喝酒，自然少不了吟诗，这不，秦观在给大舅子苏轼祝酒时便来了兴致，顺口吟出一首绝句，同时，这首绝句也是一则字谜："我有一物生得巧，半边鳞甲半边毛，半边离水难活命，半边入水命难保。"

苏轼一听，觉得这首诗做得妙极了，他也想用一首诗来回敬自己的妹夫，可是想了半天却对不出工整的诗句。饭后，秦观陪苏轼准备到书房小憩片刻，苏轼一走到书房，忽然，灵感来了，于是他提起笔来，随手也写了一个隐藏字谜的诗句："我有一物分两旁，一旁好吃一旁香，一旁眉山去吃草，一旁岷江把身藏。"

写毕，秦观拍手道："妙！真是太妙了！"

苏小妹听到了两人的应和声，便好奇地跑进书房，说："你们说什么东西如此之妙？"俯身看罢，文思敏捷的苏小妹也不甘示弱，她也脱口而出："我有一物长得奇，半身生双翅，半身长四蹄，长蹄的跑不快，长翅的飞不好。"

一听苏小妹说完，苏轼、秦观异口同声地说："妙极了！妙极了！"

其实，他们三个人说的是同一个字谜，请大家猜猜，这字谜的谜底是什么呢？

54 猜字谜

唐朝开元、天宝年间，有一位姓李的秀才十分爱喝酒，在喝酒的时候他也善于猜字谜。而李秀才喝酒猜谜的地点一般选在离他家不远、生意红火的"太白楼"酒楼上。

一日，李秀才照例来到"太白楼"喝酒，这次，依旧有一位老朋友在那儿候着他。这位老朋友就是酒店的王老板。王老板和李秀才一样，也十分喜欢猜谜，他一见是李秀才来了，便笑道："我想出了个好字谜，就等你来猜呢！"说罢便吟道："唐虞有，尧舜无；商周有，汤武无。"

李秀才一听便乐了，他沉吟片刻，便道："我将你的谜底也制成一谜，你看对不对：'跳者有，走者无；高者有，矮者无；智者有，愚者无。'"

李秀才说完这个还不过瘾，又接着说："这个谜也可以这样解：右边有，左边无；凉天有，热天无。"

王老板一听，就知道李秀才已经破解了自己的谜，又接着道："对呀，哭者有，笑者无；活者有，死者无。"

李秀才也会心地笑着又道："哑巴有，麻子无；和尚有，道士无。"

王老板哈哈大笑，摆出丰盛酒菜，请秀才开怀畅饮。

你知道这两人猜的这同一个字是什么吗？

55 丈夫的信

魏、蜀、吴三国争雄时期，战争频繁，百姓们的生活艰苦极了。在徐州一带，有一对勤劳的夫妻，丈夫名叫李大宝，他身体健壮，吃苦耐劳；妻子叫赵阿秀，她心灵手巧，十分体贴丈夫。但是，尽管他们拼命劳动，由于当时兵荒马乱，战争不断，因此他们的生活过得仍然十分贫困。

为生活所迫，丈夫李大宝决定到外地去谋生。临别时，妻子阿秀叮咛他：一找到工作，就马上写信过来，免得自己挂念。丈夫连忙答应。

李大宝出去几天后，安顿好了，就立即给阿秀写信报平安。妻子阿秀收到了丈夫的来信后特别兴奋，连忙打开信，见大宝信中说他找到的工作是"日行千里，足不出户"。看到这里，阿秀的眼泪夺眶而出，因为聪明的她通过这几个字立刻猜出丈夫所干的是很苦的那种活。

过了几个月，眼看新年就要到了，阿秀特别盼望大宝能从外地赶回家团聚。这时候，正巧大宝又来了信，在信中他告诉阿秀："若有便船，步行回家。"

阿秀一见了信的内容，不禁又凄楚地哭了起来，因为她知道丈夫已经换了另一种更艰辛的工作。

聪明的读者，你知道她丈夫两次做的是什么工作吗？

56 巧改对联勉浪子

明朝万历年间，有一个姓朱的大户人家，家境颇好，可是美中不足的是这对夫妇年过半百还没有孩子。于是他们求神拜佛，吃斋行善，也许是真的感动了神灵，最终求得一子，夫妻高兴极了。

孩子生下来之后，夫妻二人给孩子取名为朱天赐，意为是上天给了他们这个儿子。由于老年得子，夫妻二人十分疼爱这儿子，因此，天赐在父母的宠爱之下挥霍无度，并不知道节俭为何物。一开始父母并不以为意，等长大后想再管，就已经来不及了。

等父母死后，朱天赐变得更加放肆，原很富裕的家境在他挥霍无度之下，等他父母去世的这年底就败落了。

眼看就要过年了，天赐心里十分难受，他现在没吃没喝，缺柴少米，而且没有朋友。贴春联时，为了自欺欺人，他堂而皇之贴了这么一副对联："行节俭事；过淡泊年。"接着，朱天赐便饥肠辘辘地睡下了。

大年初一，朱天赐的叔叔来了，他知道天赐这时已经穷困潦倒，就带了几斤肉，背了一袋米和一些熟食过来。他一见到天赐贴的对联，顿时感慨万千，便对自己的侄子说，你这对联写得好，但是如果加两个字会更好！说完，天赐的叔叔就让天赐端来笔墨，在门帘上添了两个字。

朱天赐一看，更加羞愧了，这时他下定决心改邪归正，并从此开始自力更生，艰苦创业，成了一个回头浪子。你知道那个好心的叔叔在对联上各加上了一个什么字才让天赐反思自己的行为的吗？

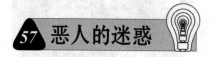

57 恶人的迷惑

两个臭名昭著的恶人死后都入了地狱，受尽折磨之后，他们终于大彻大悟了。于是他们开始忏悔，开始对自己以往的种种恶行表示痛悔，发誓说如有来世，一定会改过自新，做个好人。

他们的诚心诚意终于感动了上帝，上帝从天堂往地狱里垂了两根细细的蜘蛛丝。两个弃恶从善的人大喜过望，赶紧奔过去抓住蜘蛛丝往上爬。地狱里其他的恶鬼见状，也纷纷跑过来抢着蜘蛛丝，一个接一个，恨不得马上离开这个地方。这样一来，本来不粗的蜘蛛丝就岌岌可危了。

左边的那个人想：我既然已经改过向善了，就应该善良地对待他们，让它们和我一起上去吧。所以他就小心翼翼地接着爬。

右边的那个人想：我现在是好鬼了，当然应该进天堂，如果这些恶鬼们也随我而去，天堂里一定会大乱。所以他果断地掐断了自己双手以下的蜘蛛丝，让那些恶鬼掉了下去。

最后的结果是，左边那个人的蜘蛛丝被坠断了，他又重新回到了地狱里，而右边这个人爬上了天堂。

"我这么善良，连恶鬼都不忍心伤害，你怎么能让我又重新回到地狱呢？"左边那个人委屈地问上帝。

如果你是上帝，你会如何回答恶人的问题？

58 最高智慧的一句话

某天，伟大的所罗门王做了一个梦。在梦中，一位仙人对他说了一句话，并希望他永远谨记这句话，因为它涵盖了人类所有的智慧。可是第二天早晨醒来时，所罗门王怎么想也想不起那是一句什么话来了，于是他召集群臣，令大家一起和他想。

一位大臣问他道："陛下，仙人有没有告诉你那句话的用途呢？你还记得吗？"

"记得。"所罗门王答道，"他告诉我，这句涵盖人类一切智慧的话能够让人在高兴时，不会忘乎所以；忧伤时，能够及时自拔。从年轻到年老，始终保持着勤勉平静和兢兢业业。"

"哦，如此说来，请陛下给我们一点思考的时间。"大臣请示道。

"好吧，"所罗门王答应了，随后，他命侍从拿来一枚大钻戒递给那位大臣，"等你们想出来了，就把它镌刻在这枚戒指的戒面上。到时候，我会把它天天戴在手上，以便时刻警示自己。"

几天后，那位为首的老臣毕恭毕敬地给所罗门王献上了那枚戒指，戒面上，刻了一句极简单的话，所罗门一看，大臣们猜对了，感到十分满意。

你来想一下，这句话会是什么呢？

59 独到的商业眼光

20世纪70年代，有个名叫西格弗里德的奥地利青年，在女儿出生三个月后，深切地体会到了婴儿所带来的麻烦。同时，西格弗里德通过与朋友们的接触了解到，许多年轻的父母都有相同的苦恼。婴儿到来后，原本甜蜜的二人世界往往会被搅得一塌糊涂。经常发生这样的情况，在周末的晚上，夫妻两人本来做了一系列的准备，想要渡过一个温馨浪漫的夜晚，可是婴儿的哭闹声使得浪漫的情调频频被打断。并且，许多年轻夫妇因为这个原因干脆不敢要孩子。

了解到这些情况后，一向爱动脑筋的西格弗里德突然感到自己看到了一个绝妙的商机。于是，他便将自己的想法告诉了自己的朋友。但是，朋友们都觉得他的想法是异想天开，根本不会有盈利的市场。尽管如此，敢想敢做的西格弗里德还是勇敢地按照自己的想法去实现了自己的商业构想。结果，西格弗里德的想法大获成功，很快发了大财。

你猜西格弗里德的商业构想是什么？

60 野草与命运

　　南非少数民族布须曼，几十年前还过着原始般的狩猎生活。他们的捕猎技术很高，能通过观察动物在地上留下的痕迹，判断出是什么动物以及动物的性别、年龄、是否受伤等等。可是，随着自然环境的退化，猎物们越来越少，这使得布须曼全族陷入了一场空前的灾难中。他们不识字，除了打猎也没有什么其他技术，在愈来愈激烈的社会竞争里，他们要想寻找一个立足之地确实是难上加难。

　　哈里是南非某科研机构的研究员，一次偶然的机会他来到了布须曼族的领地，见识了穷苦之至的布须曼人的生活，深感震惊的他决心拯救这个即将没落的民族。

　　在当地生活了一段时间后，哈里发现了一个重大秘密：尽管布须曼已经到了穷途末路的危急时刻，可是族里却从未有过饥饿至死的人。这是怎么回事呢？原来，被逼无奈之下，族人们会去吃一种沙漠中生长的野草。那种草虽然难吃，可是经验告诉他们，它有很强的抗饥饿作用。

　　怀揣着这个重大发现，兴奋不已的哈里回到了研究所，他觉得这种草具有重大的商业价值，凭借此，自己完全能够拯救这个可怜的民族。

　　猜一下，这种草该如何用到商业上来赚大钱？

第二章
求异思维名题

61 亚历山大解死结

传说，上帝在造就了世间万物之后，还在苍茫的大地上留下了一个巨大的绳结，并许诺：谁能解开这个绳结，谁就会成为亚洲之王。这个绳结是由无数条绳子纠缠在一起形成的，人们称它为"高尔丁死结"。

无上权力的诱惑，像磁石一样把四面八方的英雄豪杰吸引到"高尔丁死结"面前来。他们围着死结左拆右解，个个都使出了全身"解数"，可是令人沮丧的是，这个死结就像一个活物一样，刚扯松一点，马上又抱成死死的一团。不要说解开死结了，人们甚至连它的一个小小的结头都没有找到。

转眼千万年过去了，无数英雄无功而返，死结依然如故！渐渐地所有人都认为："高尔丁死结"不过是上帝给人类开的一个玩笑，仅凭人力是无法解开死结的。虽然去尝试解开死结的人仍然络绎不绝，但是没有人会天真地以为自己会解开它。

又过了无数年，一个名叫亚历山大的气宇轩昂的年轻人来到了"高尔丁死结"前，刚开始，他像前辈一样想尽了各种办法去解开它，结果还是意料之中的失望。屡次失败的这个年轻人忽然明白了什么，他拔出了自己无坚不摧的宝剑，大声说："我不能跟着别人亦步亦趋，就算错了也不知悔改，我要创立自己的解法！"

他是如何解开高尔丁死结的呢？

62 核桃难题

核桃好吃而富于营养，又不容易坏，因此人们在喜欢吃的同时，也喜欢拿它作为拜访亲友的礼品。而我们知道，核桃虽然好吃，但吃起来有些麻烦，需要先将外壳砸烂，然后慢慢掏出里面的仁来吃。鉴于此，一个食品企业便想找到一种事先将外壳去掉，使人们直接得到核仁的办法。当然，如果是碎掉的核仁，估计人们不会欢迎，因此必须是完整的核仁。并且，这去掉外壳的方法还要方便高效。这显然是个难题！

但是，一旦这个难题解决，该企业必将能一举占领广阔的市场。为此，该企业专门召开了一次集思广益的员工大会。在会上，员工们听到这个奇妙的想法后，也都热情地各抒己见。例如，有个员工提议做一个夹子，比有壳核桃小一点，比核仁大一点，将核桃壳给夹碎；有个员工提议将核桃放在笼里蒸10分钟，再取出来放入凉水中冷却，然后再砸开，就能得到完整的核仁；甚至还有人提议用高声波密封的机器震碎外壳，等等。厂长听了这些办法后，都摇摇头，觉得要么可操作性太差，要么效率太低。

就在将要散会之际，一个新来的年轻的员工提出了一个想法，即培育出一种新品种的核桃，让其在成熟之后，外壳自动裂开。厂长一听，觉得这个主意比较有创意，一旦成功，将完全符合自己的要求。不过，这显然具有相当的难度，因为要做成这件事需要请来顶尖级的生物学家。最终这个主意因为太没有把握，还是被否决了。但是，这个主意虽然被否决，它却提出了一个崭新的思路，即打开核桃不一定要从核桃壳外面着手，也可以从内部着手。正是沿着这个思路，有人最终想到了一个核仁被完好无损取出的简单有效的好方法。

你能猜出这个办法是什么吗？

63 充满荒诞想法的爱迪生

我们知道，一旦说某人的想法比较荒诞，一般而言，便是说他的想法违背常理，乃至令人感到好笑，甚至会对持有这种想法的人进行嘲笑。但事实上，历史的进步很多时候都是由一些荒诞的想法推动的。比如牛顿刚提出"苹果为什么会落地"的问题时，在当时的人们看来，这便是一个傻问题；富尔顿在发明蒸汽机船的过程中，曾提出用钢材替换木材的想法，这也遭到了当时人们的嘲笑……但是，我们知道，最终事实证明，这些荒诞想法却是天才的想法。下面我们来讲一讲另一个著名的充满荒诞想法的人的故事，这便是爱迪生。

爱迪生从小脑袋里充满各种奇怪想法。5岁那年，他问大人小鸡是如何产生的，在得知是母鸡用鸡蛋孵出来的之后，他竟然拿了许多鸡蛋，放在干草上，然后自己一动不动地蜷伏在上面，试图也孵出小鸡。只是最终没能成功。

后来，爱迪生10岁时，因为看到小鸟在天空中自由地飞翔，他就想：人能不能也像小鸟那样飞起来呢？经过一番想象和"研究"，他用柠檬酸加苏打制成了"沸腾散"，认为人喝了这个之后，便能够像鸟那样飞起来了。于是，他找了个小伙伴做试验，这个小伙伴以"为科学献身"的精神喝了大量的"沸腾散"，看能不能飞起来。当然，这也没有成功。

而到了爱迪生15岁那年，他则开始认真研究起"炼金术"来，他试图把一块铜熔化，然后再加点其他什么金属，

使它变成金子。可惜又失败了。

但是，爱迪生的荒诞想法并非全都失败了，比如他试图把声音留下来的想法，把电码传到千里之外，把开水烧到120℃，等等，他都成功了，并由此为人类提供了许多伟大的发明。

事实上，直到老了以后，他还一直琢磨着许多稀奇古怪的荒诞想法。比如有一次，他拿出一张宽1英寸、长1英寸（1英寸 =2.54厘米）的小纸，问他的小孙子："有什么巧妙的方法能够把这张纸剪出个洞,使你能够从中钻进钻出呢？"

这看上去似乎又是一个不合常理，不可实现的荒诞想法，但是，联想到爱迪生之前曾经使那么多的荒诞想法变成了现实，或许这也是可以实现的。现在你来想一下，爱迪生的想法有没有办法实现呢？

64 毛毛虫过河

在一个小学课堂上，一个年轻的女老师为了开发同学们的思维，给大家出了一个智力题目。题目是这样的：在一条河边的草丛中，住着一条毛毛虫。一天，毛毛虫爬到一棵比较高大的草上后，发现河对岸的草十分丰茂，各种鲜花争相斗艳，并且还有一片漂亮的小树林，风景十分诱人。于是，毛毛虫便想要到河对岸去定居。可是，大河却挡住了它的去路。问题是，你能帮毛毛虫想一个过河的好办法吗？

下面的小学生们于是开始议论纷纷，给出了各种各样的答案，有的说可以乘船过去，有的说可以爬在过河的大动物身上过去，有的说可以将一片树叶当做船划过去,还有的说干脆等河干了再过去。老师对于同学们的回答不住地点头。最后，等没有人再提出新的办法时，女老师提醒同学们道，其实毛毛虫还有一个好办法，这个办法不仅又快又安全，而且还不必借助外物，你们能想出来这是什么办法吗？同学们想了很长时间，最后都摇摇头，但是，其中一个聪明的小朋友突然想到了，并说了出来。女老师高兴地点了点头，并趁机教育同学们不要被惯性思维所束缚，要学会一种求异思维。那么，现在你来想一下，女老师所提示的这种办法是什么呢？

65 蛋卷冰激凌

哈姆威原本是西班牙的一个制作糕点的小商贩。在二十世纪初，随着美国经济的繁荣，世界各国的人掀起了一股移民美国的高潮。哈姆威也怀着发财的

心理移民到了美国，他原本的心理是，自己的这种手艺在西班牙并不稀罕，而在美国则可以凭借物以稀为贵而受到欢迎。但是，到美国之后，他才发现，美国也并非如他所想象的那样轻易便能发财，他的糕点在美国并不比在西班牙时多卖多少。

不过，哈姆威倒并没有因此而灰心，只是心态平和地依旧做着自己的糕点生意。1904 年夏天，在得知美国即将举办世界展览会时，他认为这可能是个向大家推广他的糕点的机会。于是，他将他的所有家什都搬到了举办会展的路易斯安那州。并且，经过一番努力后，他也被政府允许在会场外出售他的博蛋卷。

但是，他的博蛋卷生意又一次令他感到失望，并没有多少人对这种陌生的食品感兴趣。倒是和他相邻的一个卖冰激凌的商贩的生意非常好，甚至连他带来的用于装冰激凌的小碟子也都很快用完了。哈姆威在羡慕之余，灵机一动，突然想到另一个主意。正是凭借这个主意，他的博蛋卷也很快卖完，更重要的是，他的博蛋卷也从此找到了一个更好的销售途径。

猜想一下，哈姆威想到了什么主意呢？

66 图案设计

英国伦敦的一家广告公司面向全国招聘一名美术设计师。该公司开出了丰厚的薪酬。当然，他们的要求也比较高。在对应聘者的要求中，该公司不仅要求应聘者具有扎实的美术功底，而且要求其具有开阔的思路和别出心裁的创意。为检验应聘者的这几点，公司要求应聘者先寄来三幅自己满意的近作：一幅素描、一幅写生和一幅图案设计。

公司招聘广告登出后，很快收到了来自全国各地的许多应聘邮件，但招聘主管最终没有发现令他满意的。一天，公司又收到了一封应聘邮件。来人在信封中放了一幅素描和一幅写生，从这两幅作品来看，这个人的美术功底是比较扎实的。但是，令招聘主管感到奇怪的是，信封里却没有寄来图案设计作品。

最后，招聘主管在信封里又找到了一张小纸条，看了那张纸条上写的一行字之后，招聘主管立刻决定录用这个人。

你猜纸条上写的是什么？

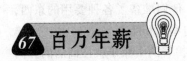

67 百万年薪

两个年轻人一起开山，一个人把石头砸成石子运到路边，当做建筑材料卖给别人；另一个则直接把石块运到码头，卖给花鸟商人，因为他发现这里的石头形状比较奇怪，很适合卖造型。三年后，第二个青年成为村里第一个盖上瓦房的人。

后来，政策改变，政府严禁开山，鼓励种树，村子周围全都变成了果园。每年秋天，漫山遍野的各种苹果吸引了远近的客商，他们成筐成筐地将这些原生态的水果运往全国的各个大中城市，有的甚至直接运往了国外。村民们都为有了这么一个发财的机会欢呼雀跃，他们一个劲地栽种果树。但是此时那位第一个建瓦房的年轻人却卖掉了果树，在另外的荒地上栽柳树。因为他发现，村里不再缺少苹果，而是缺少盛苹果的筐子。六年以后，他成为村里第一个在城里买房子的人。

再后来，村里通了铁路，村民可以更加方便地往来于各大城市之间。由于对外开放政策的实施，乡镇企业开始流行，有了资金并长了见识的村民们纷纷积极准备建厂，发展水果加工产业。这个时候，那个做事与众不同的年轻人则在铁路旁建造了一条 3 米高，百米长的墙，这面墙面向铁路，背依翠柳，两边则是一望无际的万亩果园，来往的旅客在欣赏美景的同时，会看到忽然闪现的四个大字——"可口可乐"。据说这是铁路沿线百里之内唯一的广告，那个年轻人凭借这道墙每年可以获得 4 万元的收入。

20 世纪 90 年代末，日本丰田公司亚洲区的代表山田信一来华考察，当无意中听到这个故事后，他立即决定要去找到这位罕见的商业奇才。

当山田信一找到这个人的时候，发现这个人正在自己的店门口与对面的店主争执，因为他的店里一件衣服标价 600 元的时候，对面的店里就将同样的衣服标价为 550 元，而等他标上 550 元的时候，对面就标

价为 500 元，这样一个月下来，他仅仅卖出去 5 件服装，而对面的那家店却卖出了 500 套。看到这个情况后，山田信一感到非常失望，他以为自己被那些故事骗了。但是很快他就了解到了事情的真相，之后当即决定以每年百万的年薪聘请那个人。

你能猜出日本商人弄清的真相到底是什么吗？

68 聪明的小路易斯

父亲要带着小路易斯去郊外野餐。出发前，他们准备了各种要用的东西，父亲发现自家的油和醋都没了，就让小路易斯去打些油和醋来。

小路易斯一听说要出去野餐，非常高兴。他拎着两个瓶子就往商店的方向飞奔。脚下一个不留神，他摔了一跤，把用来装醋的瓶子打碎了。这可怎么办呢？

回家去取吧，又太远了。聪明的小路易斯想了想就带着一个瓶子去了商店。

到了商店，他对店主说："给我打半斤油和半斤醋。"说着就把一个瓶子给了店主。店主很奇怪，问道："你到底是要油啊还是要醋啊？"小路易斯说："都要半斤，打到一个瓶子里就行。"店主倒也没多想，照着小路易斯的做法做了。

小路易斯高高兴兴地回家去了。他把瓶子悄悄地放在了自己的包里。

父亲带着小路易斯去了郊外。郊外的景色很迷人，小路易斯在郊外玩得很开心。

到了中午饭的时间了，父亲问："小路易斯，你把油和醋放在哪里了？"小路易斯答道："在我的包里呢。"父亲拿到瓶子时，说："这是怎么回事，怎么都放在一个瓶子里了。"小路易斯说："您要什么，我给您倒出来就是了。"父亲心想肯定是小路易斯将钱打游戏玩掉了一半，并且将瓶子也忘在了游戏机房一个，所以才想出这个鬼主意来，心里有些生气，并想趁机教训一下他。于是，父亲不动声色地说道："好吧，我现在要油！"

小路易斯于是拿出瓶子来，因为油浮在上面，所以小路易斯很容易便将油倒了出来。

父亲于是又不动声色地接着说道："好吧，现在我要用醋，你也给倒出来吧！"父亲心想，看你这下怎么做！

没想到，小路易斯只是做了一个简单的举动，便将醋倒了出来。父亲一看，也觉得自己的儿子真是聪明，不仅不再生气，而且感到很高兴。

你猜小路易斯是如何倒出醋的？

69 聪明的马丁

美国科普作家马丁·加德纳在少年的时候就很聪明。一次，在数学课上，为了活跃气氛，老师带领同学们做起了游戏。游戏内容是这样的：桌子上摆好10只塑料杯，左边5只盛的是红色的水，右边5只是空的。要求只允许动4只杯子，形成10只杯子中盛红色的水和空着的杯子交错排列的局面。

聪明好学的同学们在底下一边想，一边用文具摆来摆去。不一会儿，就有很多同学举手了。正确的答案就是：将第2只杯子和第7只杯子，第4只杯子和第9只杯子换个位置，就能得到不同的杯子交错排列的局面。

老师还想考考同学们，于是，又出了第二个题目。老师先把杯子放回最初的位置。然后问同学们："如果我只允许你们动两只杯子，那么你们该怎么动呢？"

这个题目比上个难点，过了很久，教室里一直都是静悄悄的。大家都在冥思苦想。这个时候，马丁·加德纳站了起来，向大家演示了一遍他的做法。果然，只动两只杯子就达到了要求的局面。

你猜他是如何做到的？

70 银行的规定

在某个国家的某城市的一家银行，有着这样一个规定：如果客户所取的钱在 5000 元以下，就必须到自动取款机上去取，柜台不予办理。

有一个人急着用钱，就准备去银行取出 3000 元，但是他不知道银行的这个规定。银行的人很多，已经排了长长的一队，他只好排在了队尾。然而等了很久，好不容易排到他时，营业员却告诉他："5000 元以下的必须到自动取款机去取。"那个人向营业员解释自己很着急用钱，希望这次能通融下，可是营业员说这是规定，不能为了一个人就改变规定。看到营业员那么坚决，他想只好去取款机取钱了。然而看到取款机前同样长长的队伍，他决定仍然在这里取，因为他突然想到了一个好主意。在营业员并没有通融他的情况下，他在那个窗口取到了他要用的钱数。

你知道他是怎么做的吗？

71 购买"无用"的房子

火车驰骋在荒无人烟的山野中。由于长期的旅行，大部分旅客都很疲惫，有的已经睡着了，有的在打哈欠，还有的在无精打采地看窗外的风景。

在火车即将要驶向一处拐角时，速度慢了下来。这时候，一座简陋的平房吸引了乘客们的注意。因为这里是荒山老林，没有人烟，所以看到一座平房，大家都觉得很吃惊。这座平房成了大家眼中一道特别的风景。一些人就开始谈论起这房子来。大家都在猜测这房子的主人在哪？这房子是什么时候建的？

从房子简陋的外表，可以看出这是一座废弃的房子，应该很长时间都无人

住了。事实上，这房子的主人本来在此居住，但是由于过往的火车噪音太大，严重干扰了主人的生活，所以，主人就搬走了。然而房子却一直没人买，至今闲置在那里。

后来，火车上的一位乘客居然花高价买下了这座房子，并因此发了大财。你知道这是怎么回事吗？

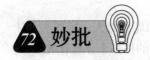

72 妙批

俗话说"再高贵的人也有几个穷亲戚"。这话一点也不错，就连清朝的中堂大人李鸿章，居然也有一个胸无点墨的"穷"亲戚。这个亲戚，不学无术，胸无点墨，却总想做官。他曾经多次去找李鸿章，想要个小官做，可是每次都遭到中堂的拒绝。看到李鸿章这样，他就想通过科举考试这一条路来实现自己的目的。

于是，那年开考时，他就去参加科举考试了。考场上，他一个问题也答不出来。对于这样一个不学无术的人，那些题目确实犹如天书。但是他又不甘心交白卷，这时，他突然想起自己是李鸿章的亲戚，就想让主考官知道。于是，他就在卷子上，用颤抖的手写下了歪歪斜斜的几个字："我是中堂大人李鸿章的亲妻（戚）。"他以为写下了这几个字后，阅卷老师不会不给中堂大人的面子，定能给他个官做做。但是，就这么几个字，这个笨蛋还把"戚"字写成了"妻"字，以至于后来闹出了笑话。

主考官在阅卷时，看到了这句话，哭笑不得。聪明的主考官灵机一动，将错就错，给了他一个幽默至极的批复。

你知道主考官是如何批复的吗？

73 有创意的判罚

20 世纪 60 年代，美国许多少年不喜欢读书，而早早到社会上去"闯荡"。这些少年为了能够获得工作，往往去找制造假证件的人制造一些假的学历证书。一次，一个墨西哥州的少年因为伪造高中学历，被雇主发现，以欺骗罪将其告上了法庭。按照通常情况，这个少年会被判处三个月的监禁或者缴纳几百美元的罚款。审判此案的法官了解情况后，却并没有依照法律条文判处，而是做出了一个令所有人都感到意外同时又会会心地一笑的判罚。同时，这个少年也对该法官终身感激。

你猜，法官是如何判的？

74 鬼谷子考弟子

战国时期的纵横家鬼谷子在教学中非常善于培养学生的创新发散思维，其方法也与众不同，别出心裁。他的两个学生孙膑和庞涓在他的引导与点拨下迅速成长，十分聪明。

一天，鬼谷子又要训练自己的弟子了。他给孙膑和庞涓每人一把斧头，让他俩一起上附近的山上砍柴。不过，作为考题，这次砍柴的任务十分具有挑战性，他要求孙膑和庞涓每人所砍的"木柴无烟"并且"百担有余"，而且两人都必须要在 10 天内完成这个任务。

庞涓是个十分勇敢、踏实的学生，他接到任务后，未加思索，一大早就扛起扁担，拿着斧头到山上去完成老师所交代的任务去了。他每天一大早出门，直到天黑时才回来，努力砍柴。而孙膑的做法却和庞涓不一样，他并没有急于完成老师交给的任务，而是过得十分悠闲自在。他每天先是从容自若地吃过早饭，再认真地从书房中挑出一些自己以前想看而没有时间看的书，之后到后山上找了一处适合读书的地方，一读就是一整天。孙膑每天的生活都是这样，这样一直持续到第 9 天。

庞涓看到孙膑竟然不急于打柴，虽然搞不清楚孙膑葫芦里到底卖的是什么药，但还是感到幸灾乐祸。庞涓心想，自己身强力壮，孙膑在体力上根本比不过自己，马上老师规定的时间都要到了，孙膑竟然还在偷懒，这次，孙膑肯定不是自己的对手！

想到这里，庞涓又加紧了手中的活儿，一点儿也不放松，以前他总是输给孙膑，他下定决心这次一定要比过孙膑。

师徒约定的第 10 天快到了，庞涓劳作不止，直到天黑才砍了 99 担柴火。而孙膑呢？天快黑了，他才收起书本，砍了一根粗壮的柏树枝做扁担，又砍了两捆榆树枝，之后，他就从容地下山了。

天完全黑了，师父鬼谷子来了，他看到庞涓砍来的那 99 担木柴，就皱起了眉头。庞涓看到师傅的表情，心里暗叫不妙，果不其然，等师傅"检查作业"之后，并没有夸奖自己，而是夸奖了只砍了一担柴的孙膑，你知道这是什么道理吗？

75 复印机定价过高

20 世纪中叶，在美国有个著名的企业家名叫威尔逊，他是靠研制出新的干式打印机而发财致富的。

其实，刚开始，威尔逊只是一个小工厂的厂长，每天都在自己的工作岗位上兢兢业业地工作着。但是，随着自己工作阅历的增加，他发现原来收集各类信息是一件非常重要的事情，而且对自己的工作也很有帮助。有了这个发现之后，威尔逊就努力地寻找更加简单快捷的收集信息的方式。但是，由于受当时技术水平较低的限制，市面上广为使用的湿式复印机使用起来相当不方便，因为这种老式复印机必须要使用特殊的复印纸才行。所以，这就阻碍了信息的传播。威尔逊左思右想，再加上长期的研究和实践，终于研制出了一种新型的干式复印机。

新发明的复印机不仅没有老式复印机的缺点，而且复印的速度也特别的快，只需要三四秒钟的时间，就能复印一份。为了保护自己的劳动成果，威尔逊专门申请了专利，这样他便可以正大光明地生产大量的干式复印机了。

但是，由于当时威尔逊对干式复印机的定价过高，以至于美国法律不允许他以这样高的价格出售复印机。结果，生产出的大量新型复印机一台都没有卖出去。但是，即使是在这样的情况下，威尔逊公司所获得的利润却并不比出售复印机所得的利润少，反而多出了好几倍。这样的情况一直持续到20世纪60年代，最终，干式复印机可以以高价在美国出售了。

你知道为什么即使没有出售复印机，威尔逊还可以赚到那么多的钱吗？

76 绝妙的判决

20世纪50年代，法国南部省份有一对夫妇要离婚。但是，这对夫妇却比较钻牛角尖，他们一共有两个孩子，按照常理，一人得一个孩子就是了，但是他们却都坚持要得到两个孩子的抚养权，并且要求得到原来的住宅。两人态度都十分强硬，寸步不让。最后，两个人对簿公堂。在法院，两个人都坚持自己的要求，不肯相让。最后，法官和陪审团经过协商后，当众严肃地宣读了判决书。而这份判决书一公布令当事人和公众都大吃一惊，但是，仔细一想，这又是十分绝妙的判决，令当事人双方都无话可说。

你猜法官是如何判的？

77 用一张牛皮圈地

古代的腓尼基有个美丽的公主狄多，她从小聪明伶俐，深受国王喜爱。但是，长大后，她的国家发生了叛乱，父王也被人杀掉，狄多公主带领着一些随从和金银细软逃离了自己的国家。他们背井离乡，辗转奔波，一路坐船来到了富饶的北非。狄多因为喜欢那里的自然风光，便决定在此定居下来，并创立自己的新事业。于是，狄多公主将自己的经历告诉当时非洲的雅布王，恳请雅布王给她一些土地。雅布王也很同情这位美丽的公主，但是一旦涉及到土地，便有些舍不得，于是他眼珠子一转想到了一个妙计，既答应了公主又要留住自己的颜面，又不会损失太多的土地。他给了狄多公主一块牛皮，说："你们用这块牛皮圈土地，我会把圈到的土地给你们的。"公主的随从们一听，一张小小的牛皮能圈多大的土地？都觉得这是在故意刁难他们，其实是不想给土地，大家都很生气。但是，狄多公主却没有生气，而是想了一下，便带领随从们拿着牛皮圈地去了。雅布王心下暗喜，心想这下不

会损失太多的土地了。但是，不一会儿，仆人来报告："狄多公主在海边圈起了一大片土地，看上去已经有整个国家的三分之一大了。"雅布王一听大吃一惊，急忙赶去看是怎么回事，一看，果然如随从所说。雅布王一言既出，驷马难追，并且他也十分佩服狄多公主的智慧，便心甘情愿地给了狄多公主圈起来的土地。最后，狄多公主在那块土地上建立了牛皮城。

你能猜测出狄多公主是如何用一块牛皮圈起一大块土地的吗？

78 智取麦粒

有个农民在用脱粒机对麦子进行脱粒时，不巧有一粒麦粒崩进了他的耳朵眼里。本来，麦粒也不是很深，但是农民因为着急把它弄出来，用手去抠，结果，麦粒反而越进越深，进入耳朵眼深处了。农民被弄得十分难受，无奈之下，尽管十分害怕进医院花钱，他还是不得不去了医院。

接待农民的是一位年轻医生，没有经验的他先是用特制的镜子对着农民的耳朵研究了半天，什么也没有看到。后来则是用各种器具对着农民的耳朵捣鼓起来，总体上跟农民原来的办法差不多。最后，也没有将麦粒弄出来，农民倒是疼得呲牙咧嘴，哇哇直叫。

隔壁一个医生听到声音后走进来，了解情况后赶紧制止了年轻医生的举动，并告诉他，这样不仅弄不出来，弄不好还会导致耳膜被弄破，变成聋子。

年轻医生一听，再也不敢轻举妄动。农民一听，更是着急："哎呀，我可不想变成聋子，被人在背后骂都不知道！"

老医生于是笑着说："别急，我有个办法，既不会这么疼，也不用费劲，就让麦粒着急出来。"接着他便说出了他的办法。

年轻医生一听，说道："理论是倒是这样，但这真行吗？"

老医生笑着说："放心，就这样，保准管用。"

几天后，农民耳朵里的麦粒果然自己出来了。

你能猜出老医生的办法吗？

79 问题呢子

在20世纪初期，一家呢子工厂在生产过程中，因为工人操作不当，生产出来的纯色呢子面料上出现了许多白色小斑点。

因为这批问题呢子面料数量相当大，因此对于这次生产事故，厂领导很重视，开了专门的会议对这件事进行研究。

在会议上，厂长表现得十分生气，可以说是大发雷霆，下面的人也都噤若寒蝉。不过，大家心里明白，在厂长震怒过后，如何处理这批问题呢子才是无可回避的问题。最后，一位一向富有想象力的年轻副厂长做了总结报告。他说道："各位，请恕我直言，追究责任并不是问题的关键，责任人反正也跑不掉，现在的问题是如何处理这批数量不小的问题呢子。关于此，我总结了一下，大致有三种办法：第一种，产品报废，然后追究当事人的责任。这种办法最简单，但损失巨大；第二种，则是对这批呢子设法补救，看能不能尽量减少损失。当然，具体的办法还要再研究讨论，不过我估计不太容易，并且最终呢子终究要降价销售；还有第三种，则是打破常规思路，想办法败中求胜。"

"败中求胜？"厂长意味深长地看着这位他一向很欣赏的年轻副厂长，"好了，我知道你已经有主意了，别卖关子了！"

于是副厂长便说出了自己的办法，大家一听都表示认同，而这种办法果真实现了败中求胜，不仅没有造成损失，反而提高了厂里的收益。

猜一下，副厂长的主意是什么呢？

80 聪明的小儿子

从前，在印度住着一位老庄园主，他一共有三个儿子。一天，老财主觉得自己要不久于人世了，便将自己多年积攒的钱财一分三份，留给三个儿子。但是对于自己凭借其致富的庄园，老人有一定的感情，他希望能够将他留给最聪明的儿子，以使庄园能够长久地经营下去。于是他将三个儿子叫到了自己房间里，然后给他们说明了情况。然后，老人对三个儿子说："现在，我给你们出一个题目，你们谁能够最先回答出来，我就将这个庄园留给谁。"三个儿子点点头。

于是老人问道："题目是这样的，现在你们看，我的这间房间，除了一些床和家具之外，还有很大的空间。你们想一下，用什么办法能够最快将这些空间填满？"

三个儿子一听都陷入思考。其中大儿子心想自己是老大，不能让两个弟弟抢先了，于是回答道："我知道了，爸爸，棉花比较松软，用棉花最

快！"结果老人摇摇头。

于是，二儿子又回答道："用鹅毛，它比棉花更松软！"老人还是摇摇头。

最后，小儿子没有回答，而是采取了一个举动，立刻便将屋子填满了。老人满意地点了点头，最后将庄园留给了小儿子。

猜一下，小儿子是用什么使房间充满了呢？

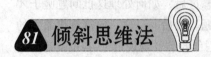

81 倾斜思维法

有这样一道思维名题：

王老师在一个乡村小学的实验室里做实验时，需要量出 10 毫升的一种溶液，但是他却一时找不到量杯。他最后只找到了一个容积为 20 毫升的没有刻度的玻璃杯，他想了一下后，用这个玻璃杯大致准确地量出了 10 毫升的溶液，你猜他是如何做到的？

82 检验盔甲

一次，印度国王准备御驾亲征，因此命令一个工匠为自己打造一副盔甲。自然，事关国王安全，工匠自然不敢怠慢，非常精心地为国王打造出了一副盔甲。但是，在工匠奉上盔甲的时候，国王为检验盔甲的质量，令人将盔甲穿在一件木偶身上，然后他亲自举起宝剑向木偶砍去。结果，盔甲立刻出现了裂痕。国王一看，便十分不满，他命令工匠再去打造一副，如果还是不堪一击，便要杀掉工匠。

工匠于是满心心事地回来了，他心想，国王手里拿的是稀世罕见的宝剑，又是这样尽力一砍，恐怕再厉害的盔甲都要出现裂痕。感到危难之际，工匠前去求见印度智者比尔巴，请他给自己出个主意。了解了有关情况后，比尔巴立刻给工匠说了一个主意。

于是，工匠打造好新的盔甲后，又去奉给国王。国王这次要身边的卫士拿上自己的宝剑去像上次那样检验盔甲。但是，这次工匠却按照比尔巴所出的主意，请求国王让自己代替木偶穿上盔甲进行检验，而果然，这次工匠通过了检验。

猜测一下，比尔巴给工匠出了个什么主意？

83 巧装蛋糕

苏联作家高尔基小时候家庭贫困，曾在一个蛋糕店里工作。因为这个新来的小孩看上去呆头呆脑，没有顾客时只爱看书，也不和其他店员交流，于是大家都

经常取笑他。但是高尔基似乎并不在意大家
对他的看法，只是我行我素。

一次，有个刁钻古怪的顾客来到店里，
声称要订做九块蛋糕，但是他有个奇怪的
要求，就是要求将这九块蛋糕装在四个盒
子里，并且每个盒子里至少要装三块蛋糕。
说完，他不顾伙计满脸的为难表情，说了句：
"好了，就这样，我下午来取。"说完诡异
地一笑，便走了。看来这是个喜欢捉弄人
的顾客，但是，顾客就是上帝，伙计们也
不能置客人的要求于不顾。无奈之下，大家将这件事回报给了老板。老板一听，
也没辙，只是说："那就试着装吧！"

但是，这样摆弄来摆弄去，弄坏了好几块蛋糕之后，也没能按照顾客的要
求装好蛋糕。最后，从外面送货回来的高尔基回来了。他看到大家都在忙活，
便打听是怎么回事，一听，便说道："我来试试吧！"大家本来不看好高尔基，
但是也没有其他的办法，看他那胸有成竹的样子，便让他试一下。没想到，只
一会儿便解决了这个难题。

你猜高尔基是如何装的？

84 张作霖粗中有细

我们知道，北洋军阀头子张作霖是个目不识丁的大老粗。但是事实上，张
作霖是粗中有细的。下面的这个故事便是明证。

张作霖刚当上北洋军政府陆海军大元帅时，大帅府的所有开销都是先由账
房先生将票据填好，交给大帅秘书送张作霖审批。张作霖批示的时候，既不签
字，也不盖章，而是用一支朱砂笔在签名处随便一戳。然后秘书拿着这张张作
霖戳过的票据就可以到银号取钱了，无论几十万、几百万，都没问题。时间长了，
秘书看取钱如此简单，便打起了鬼心眼，想要找机会捞一把。

一次，秘书串通账房先生，一起填好了一张假票据，然后秘书找了支朱砂
笔学着张作霖的样子在票据上戳了一下，就悄悄拿着票据到银号取钱去了。到
银号后，秘书假称奉大帅命前来取钱，银号掌柜的接过票据看了一下后，让秘
书稍等，称这就去取钱。掌柜的一走，秘书心想："原来张作霖的钱是如此好骗，
看来张作霖虽身为大帅，毕竟是一介武夫啊！"秘书正在洋洋得意之际，没想
到从门外冲进来几个全副武装的军人，不由分说将秘书按倒在地，绑了起来。
秘书生气地大叫："瞎了你们的狗眼，知道我是谁吗？我是张大帅的秘书！"几

个军人却回骂道："抓的就是你，你好大的胆子，竟敢伪造大帅府票据！"秘书一听这话，顿时泄了气，当即瘫软在地。

秘书至死也没明白事情为何会败露。你能猜出这是怎么回事吗？

85 韩信画兵

我们知道，后来对楚汉之争起了决定性作用的韩信一开始并不被刘邦重视，于是在一天夜里悄悄逃离了汉营。深知韩信才能的谋士萧何知道后连夜追赶，将韩信追了回来，并极力向刘邦推荐，建议刘邦让其挂帅统兵。

刘邦心里却不以为然，只是碍于萧何面子，才说道："好，你先叫他来，我倒先要看看他到底有多大的智谋！"

萧何将韩信找来后，刘邦拿出一块几寸大的布递给韩信说："萧何说你十分有智谋，所以我准备让你统兵打仗，现在我给你这块布，你用一天的时间，在这块布上能画多少士兵，我就让你统领多少士兵！"站在一旁的萧何一看有些着急，心想这一块布能画几个兵？因此担心韩信一气之下又要逃走了，正要出面劝说刘邦，却看到韩信毫不迟疑地接过布就告退了，似乎胸有成竹。

如果你是韩信，你该如何画？

86 莎士比亚取硬币

英国著名戏剧家莎士比亚出身低微，在他成名后还有一些贵族瞧不起他。在一次社交宴会上，有个贵族想让莎士比亚当众出丑。他对莎士比亚说："人人都说你很了不起，不过在我看来，你智力平平，不信，你敢和我做个游戏吗？"

莎士比亚知道对方不怀好意，但当着众人的面，他也不甘示弱地回答："请吧！"

于是那个贵族让仆人提来半桶葡萄酒，并将一块硬币放在了里面，硬币浮在酒面上一动不动。然后，贵族对莎士比亚说："不准向桶内扔石头之类的重物，不准用东西拨弄硬币，也不准左右摇晃酒桶，你能在桶边口处将硬币取到手里吗？"

围观的人一听都摇摇头，觉得这根本不可能。但是莎士比亚想了一下，很快便将硬币取到了手里。你猜，莎士比亚是如何做到的？

87 汉斯的妙招

1933年，世界博览会在美国芝加哥举办，其规模巨大，广受关注。全球各大生产商争相购买展位，将自己的产品送去展览。当时美国赫赫有名的罐头食品公司经理汉斯先生，自然也不愿放过这次在世人面前扩大影响力的机会。他奔波了几个星期，花费了很大一笔钱，最终在博览会会场中得到了一个位置。不过，这个位置却是在一个相当的偏僻的阁楼上，这使他颇为失望。

博览会开始后，世界各地的人们纷纷前来参观，现场十分拥挤。但是，尽管如此，到汉斯先生阁楼的人，也是寥寥无几。汉斯先生对此感到十分沮丧，但是，这位在商场上奋斗了多年的商业奇才并没有因此宣布放弃，将展位撤下，打道回府，而是开始积极想办法。因为他知道，商业的成功最终靠的是点子。

你能帮汉斯先生想出一个好点子吗？

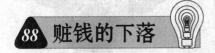

88 赃钱的下落

清嘉庆年间，安徽某地遭遇罕见的涝灾，洪水泛滥，成千上万百姓流离失所。朝廷于是下拨赈灾银子60万两，修复河堤，赈济灾民。但是，没想到知府贪得无厌，贼胆包天，竟然连赈灾银子都敢中饱私囊，私自扣下了一半。该知府辖境内的几个知县早就看不惯此人的贪婪暴虐，借机联合向朝廷检举了这个知府，并连带将其平时的贪污行为——举报。朝廷于是派钦差前来查办此案，将该知府羁押在了牢中。但是，这个知府自知罪孽深重，认定一旦老实交代必定难逃死罪，而拒不交代还可能有一线生机，于是摆出一副死猪不怕开水烫的架势。他避重就轻，声称自己虽然平时有贪污的行为，但绝对不敢打赈灾款的主意，并一口咬定赈灾款已经用于修补河道，赈济灾民，并且还拿出了假账目给钦差看。钦差几经审讯，都撬不开知府的口，又找不到罪证，就此判知府死刑对上不好交代，对下也不能令知府心服，因此感到十分犯难。

一天，知府的妻子前来牢中探视，该知府最后递给妻子一张纸片，声称这是他最后的遗言。看守人员照例检查了内容，见是一首悔过诗：

黄水涛涛意难静，彩虹高高人难行？
笔下纵有千般言，内心凄凉恨吞声。
帐面未清出破绽，单身孤入陷囹圄。
速去黄泉无牵挂，毁却一生悔终身。

看守人员见没有什么特别内容，就要交给知府妻子。就在这时，躲在一旁的钦差走了出来，要过了这首悔过诗。原来，钦差因为无法定案，知道知府妻子今天前来探视的消息后，便偷偷躲在一旁观察偷听，试图从他们夫妻见面的过程中找到破绽。钦差拿起这首悔过诗，皱着眉头反复看了几遍，最后，眼睛一亮，高兴地喊了出来"这下有了！"说完转眼严厉地看了一眼知府，知府也瞬间瘫软在了地上。

你猜钦差从知府的悔过诗里看到了什么？

89 安电梯的难题

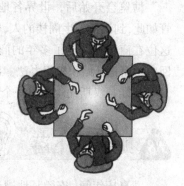

20世纪初期，在美国西部的一个城市里，有一家酒店生意特别好，每天都有络绎不绝的顾客光顾。但是，由于顾客太多，乘坐电梯成了一个难题，很多顾客要等很久才能乘上电梯。

于是，顾客就向饭店的老板反映了情况。为了解决电梯拥挤的问题，酒店的老板打算增加电梯。几天后，这家饭店就请来了两名建筑师，讨论该如何增加电梯。

讨论的结果是，大家一致认为应该在每层楼打个洞，然后才能装电梯。虽然耗费的成本高，并且会占用酒店内部的空间，但是酒店老板"两害相权取其轻"，同意这样做。不经意间，楼层的清洁工人听到了两位建筑师的谈话，知道了要在每层打洞安电梯的事。出于本职工作考虑，清洁工说道："如果在每层都打个洞，那会有很多尘土落下来的，环境也会弄得很脏。"建筑师对清洁工说，只能这么办，至于对他的清扫工作带来的不便，他表示万分抱歉。但是，清洁工却仍旧不满意，他皱了一会儿眉头后，说了一句话，建筑师一听，茅塞顿开，想到了一个绝好的主意。酒店老板也开心地手舞足蹈，并奖励了清洁工。

你知道清洁工说了什么吗？

90 聪明的乌苏利亚

在乌拉尔山里，住着一位老猎人乌塞里尔斯和他的三个儿子。三个儿子都跟着老猎人学习打猎的技术，都身怀绝技。不过，老猎人却经常教导儿子们，要想成为一个好猎人，技术固然重要，但更要善于动脑筋。

一次，老猎人在盘子上放了一盘苹果，放好后，他问自己的三个儿子："你们谁能够用最少的箭将苹果全部射掉呢？"

三个儿子都跃跃欲试。

大儿子苏塞纳想了一下，回答道："禀告父亲，我数了下，盘子里共有六个苹果，我可以做到箭无虚发，因此只需要六支箭便能将盘子里的苹果一一射落。"

二儿子苏斯拉尼奇听了大哥的话后，有些得意地说道："禀告父亲，我能够一箭串两个，因此我只要用三只箭就可以了。"

小儿子乌苏利亚一向最聪明，他想了一下后，回答父亲说："我觉得自己只要用一只箭就足够了。"

老猎人听了很高兴，夸奖小儿子聪明，让大儿子和二儿子向小儿子学习，不仅要有技术，还要善于开动脑筋。大儿子与二儿子听了不服气，认为小儿子在说大话。

于是小儿子一箭射出，果然六个苹果都落在了地上。

想一下，猎人的小儿子是怎样射的？

91 巧运鸡蛋

一个夏天的下午，初二学生贾风波约了几个同学到操场去打篮球。运动一会儿之后，大家都汗流浃背，想要回去了。可贾风波还想再玩一会儿，于是他一个人又在操场玩了一会儿，直到天快黑了，才抱着篮球往回走。

在回家的路上，贾风波遇到了在菜市场的邻居张阿姨。张阿姨看到贾风波十分高兴，赶忙走上前来说道："哎呀，风波啊，我正着急找人帮忙呢！我厂里临时出了点事，需要赶回厂里去，可是我刚刚买了一些鸡蛋，想带回家去，现在正想找个人帮我带回去呢！好孩子，你帮阿姨将鸡蛋带回去吧！"说着就将一方便袋鸡蛋放在了地上，然后就急匆匆地走了。

正当贾风波要提起鸡蛋走的时候，他遇到了问题，原来装鸡蛋的方便袋的提手因为承受不住鸡蛋的重量，已经快断了。再冒险提着的话，万一中途断掉，二十几个鸡蛋可就全报废了。想到这里，贾风波犯难了，他看下四周，没有什么人可以帮忙，而自己手里除了一个篮球，只从口袋里摸出一个给篮球打气的气针。这可怎么办呢？

不过，贾风波一向是个聪明的孩子，他经过一番沉思后，突然眼睛一亮，想到了一个好主意，最后，他顺利而轻松地将这些鸡蛋帮张阿姨带回来了。你猜，他是用什么办法将鸡蛋带回来的？

92 简单的办法

在江浙沿海一带，有很多家工厂从事商品生产加工贸易，行业之间的竞争十分激烈，一些产品的加工技术也需要做好保密工作。其中，一家名为"威盛泰隆"

的工厂便遇到了保密工作上的挑战。

现在，有一买家要来考察他们的商品———一台已经制造好了的大型机器。可是，从工厂大门到这台机器的路线上有许多其他绝密产品，如果这些绝密产品被泄露出去，可能会给公司造成巨大的损失。

于是，厂长使劲来发动全厂上下的人出谋献策，看谁能想出一个比较好的办法来解决这一难题。不过，这个问题很不好解决，因为威盛泰隆工厂的产品成本很高，无法搬动，买主前来考察的线路也无法改变。威盛泰隆工厂总结了一下全厂上下人的建议，其中最好的一个就是：做个帐篷，把从工厂大门到这台机器的路线上的绝密产品一个个全盖起来，可是这样做很是费事，而且成本将会非常昂贵。

正在全厂对这个问题无计可施的时候，买主听到了这个消息，他们出于对买方的尊重与合作精神，就提出了一个既不花钱又不费事的好办法，威盛泰隆工厂听到这个解决方案之后对买主十分感激。你知道买主提出的这个好办法是什么吗？

93 聪明的摄影师

在一个阳光明媚的夏天，明明一家祖孙三代一起去照全家福。他们一家人欢欢喜喜来到一家照相馆，由于明明家的人非常多，这家照相馆立即被他们一家挤满了。

照相馆老板一看一下子来了那么多顾客，赶紧出来招呼他们。老板先把他们让到会客室里，让他们稍稍休息一下，然后再进行拍照。

过了片刻之后，老板就把他们领到了摄影室，让他们按照长幼辈分依次坐好，然后就调整距离准备拍照。可是，当老板数了一、二、三，要为他们拍摄的时候，突然发现他们的表情一个个都僵硬了，原来脸上挂着的非常自然的笑容，一下子不见了。于是老板停止了拍摄，对明明一家人说："你们一个大家庭今天能够聚集在一块，热热闹闹地来拍全家福，是一件多么值得高兴的事情呀，怎么一个个脸上没有一丝笑容？这样拍出来的照片多不好看呀，你们各位都要面带笑容，这样才够喜气！"

听了老板的话，明明一家人感到很对，于是就说："恩，对对，我们一家三代聚到一起不容易，是件值得高兴的事儿，大家都笑笑才对！"

但是说归说，当让他们去做的时候，效果却不那么理想。他们有的笑得非常不自然，有的根本笑不出来。老板看到这种情况，也有一丝为难。他扫了一眼这一大家子人，忽然间眼睛一亮，想到了一个主意。只听他说了一句话，就逗笑了明明一家人。

你知道老板说了什么吗？

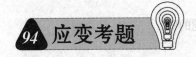

94 应变考题

一次，一家大型的上市公司要招聘重要职位，由于所给的待遇优厚，吸引了众多的求职者。公司一共收到了200多份简历。这么多的简历真是让公司人事部门很头疼，看着那么多优秀人士，舍掉哪个都不忍心，但是职位只有一个，所以，必须从这些简历中选出一个人来。

为了考察应聘者的随机应变能力，该公司为面试者准备了一道题目。这是一道选择题：在一个大雨滂沱的晚上，假如你开车路过一个车站，这时候，正好有三个人站在车站旁，他们都是由于当晚的大雨被阻隔在车站的。其中，一个人是曾经救过你命的医生，一个是奄奄一息的病人，一个是你最心爱的人。问题是，你的车只能载一个人，你会选择谁来坐你的车呢？

这的确是非常难以选择，众多的求职者都被难住了。大家的答案都不一样，有的说先把病人送到医院，然后再来接那剩下的两个人；有的说先把医生送到医院，再让他开救护车前来接病人，自己则再回来载走心爱的人；有的说当然选择自己爱的人了……所有的答案都被考官一一否定了。这个时候，一个年轻人出现了，他的回答让考官和其他应聘者都感到意外，但又觉得他的答案十分精彩。自然，最终这个年轻人就成功获得了这个重要的职位。

想一下，如果是你，你该如何选择？

95 挑选总经理

只要是商人，总是希望自己赚的钱越多越好，开了一家店，老想着再开一家连锁店。下面就是一个这样的例子。

一位老总拥有一家生意不错的酒店，这家酒店为他带来了巨大的财富，现在他又想要再开一家分店了。由于精力有限，这位老总不可能事必躬亲，也不可能一个人同时管理好两家酒店。于是，他想从自己的员工中选出一位出类拔萃的总经理。

自己的员工那么多，精明能干的也不在少数，该选谁做这个职务合适呢？他左思右想，用了整整一个晚上的时间，选了三个员工作候选人。这三位员工头脑都很精明，能力也很强。老总把三位叫到了自己的办公室，向三位问了同样的一个问题："你们三位能告诉我是先有鸡还是先有蛋吗？"其中的一个很快就回答道："我认为先有鸡。"另一个也不甘示弱，很自信的回答道："还是先有蛋。"对于这二位的回答，老总都很失望。

第三个人又做出了自己的回答。他的回答得到了老总的赞赏，并成了新酒店的负责人。

那么，你猜第三个人是如何回答老总的问题的呢？

96 聪明的农家小伙

从前，一个国王有一位漂亮的女儿。国王特别疼爱自己的女儿，一直视她如掌上明珠。随着时间的流逝，国王也渐渐老去了，女儿也渐渐地长大了，于是，国王就想趁着自己在世的时候，给女儿物色一位好驸马。

次日，国王就命人下了一道诏书：本国国王要为公主挑选一位驸马，所有本国的未婚男士都有机会娶公主为妻。但是有一个条件，城堡前面将会设置障碍，只有连续三次通过障碍的人才能进入城堡，并最后与公主完婚。需要特别说明的是，一旦选择穿越障碍，就必须要坚持到底，如果不坚持，就失去了这次选驸马的机会。

看到了国王的诏书后，很多未婚男子都去报名参选驸马。其实国王设置的障碍不是别的，只是在城堡前用砖墙砌起了乱如蜘蛛网的迷宫，其出口十分难找。因为这个迷宫十分复杂，前来参选的男子找来找去，找不到出口后，都一个个放弃了。最后，来了一个农家小伙，这个小伙采用了一个看上去既笨又聪明的做法，走出了迷宫，进入了城堡，成为了合格的驸马人选。

你猜，这个农家小伙是如何走出迷宫的？

97 智力竞赛

在一个地方有这样一个风俗，那就是在每年的固定时间都要举办一次智力竞赛。

这一年，又到了智力竞赛的时间，报名来参加的人也很多。经过层层的选拔，最终有八名选手进入了决赛。到了最后的关键时刻，题目也就比前几轮难多了。今年的决赛题目是这样的：所有进入决赛的选手都将被分别关进八间屋子里，门外派有专人看管。问题就是要选手们向守卫说一句话，如果守卫能自愿放选手出去，并且不跟随选手，那么选手就赢了这次智力竞赛。选手们要注意，不能采用强制性的手段威胁恫吓守卫，要通过语言，让守卫心甘情愿放选手离开房间。

时间一点点地过去了，还是没有选手走出房间。终于，在最后的时刻，一个选手成功地摆脱了守卫的看管，走出了门，赢得了智力竞赛的胜利。

你知道这个人对守卫说了什么吗？

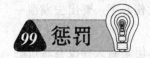

98 智斗刁钻的财主

在一个小镇上，有一个刁钻狡猾的财主，他仗着自己有钱，喜欢愚弄镇上人，很多人都被他愚弄过，大家对他也恨之入骨。

一天，财主又想要愚弄镇上的老漆匠。财主让漆匠把一个新的方桌的颜色漆得和旧的方桌一模一样，不能有半点差错。如果漆匠能把新的漆得和旧的一样，那么财主就会给漆匠双倍的工钱，如果漆匠做不到这点，那么财主就不会给漆匠一分钱的工钱。憨厚老实的漆匠没日没夜地干了整整两天，才把方桌漆完，漆完后的方桌非常漂亮。和旧的相比，几乎没有任何差别，唯一的差别就是一个是新的，一个是旧的。但财主就抓住了这点不同，非说新的和旧的不一样，说什么也不给工钱。老实木讷的老漆匠也拿财主没有办法，也没有收取这次的工钱，无奈地走开了。

刁钻的财主并没有满足，他还想要愚弄漆匠。过了没多久，刁钻的财主又来找漆匠了，又想要漆匠为他去工作。漆匠想起上次的事，自然不愿再去。但是，漆匠有个徒弟，他想起师傅上次被财主愚弄的事，心里就一肚子气，早想为师傅出出这口气了。于是，徒弟就表示自己愿意替师傅去财主家，不过要求双倍的工钱。财主奸诈地在内心盘算道：反正你又拿不到，不妨许给你！就答应了漆匠徒弟的要求。结果，财主又拿出上次的办法来对付漆匠徒弟，但漆匠徒弟却完全满足了财主的要求，拿回了双份的工钱。

你猜漆匠徒弟是怎么做的？

99 惩罚

上课的铃声已经响了，在外面玩的学生都回到了自己的座位上。老师正在黑板前讲课，同学们也都在认真听讲，只有两个男生一直在窃窃私语个不停。老师发现后，并没有马上就把他俩叫起来，而是希望他俩能自觉点。然而，他们的声音越来越大了，老师这才把这两个小男孩叫了起来。原来是落在窗户上的小鸟吸引了他们的注意，他们正在议论这只小鸟。

为了让这两个小男孩吸取教训，下次不要再走神，同时也为了警示班里其他的同学，老师决定要惩罚这两个孩子。

"你们两个上课不认真听课，要受到惩罚。你们愿意接受惩罚吗？"老师说。

两个孩子答道："我们不该在上课的时候走神。我们愿意接受老师的惩罚。"

老师想了想，就说："我要你们把豌豆放进鞋子里，穿上装有豌豆的鞋子走一个星期。我想这样就能提醒你们下次不要再犯同样的错误了。"

两个小男孩很听话，他们就按照老师说的去做了。没过几天，这两个男孩相遇了。其中一个男孩走路一瘸一拐的，看起来很痛苦，但是另一个男孩走路却像往常一样方便，似乎鞋里没有豌豆。那个男孩就以为这个走路轻松的男孩，没有按照老师的要求在鞋里放豌豆。于是，他说道："你是在接受惩罚吗？我觉得你根本就没有把豌豆放进鞋里，你不按照老师的话去做！"

另一个男孩的回答很简单："我确实已经放了豌豆，我并没有违背老师的意思。只不过……"你知道这个男孩是怎么说的吗？

100 有智慧的商人

有一个地方经常发洪水，每次发水，地势低的地方都不能幸免。有一个做纸品批发的商人，为了搬运的方便，他一直把自己的纸存放在一楼。

有一次，这个城市下了一场大暴雨，河水像猛兽一样肆虐。整个城市都处于一片汪洋之中，商人的店铺也不例外。商人看着雨水慢慢地渗入了门槛，由于没有事先准备，一点补救的办法也没有。店里的员工都很着急，大家都在抓紧时间抢救纸张。但是，哪还来得及，纸很快被水一层层地渗湿。

店员们都在抢救纸张，唯独商人站在那里不动。过了一会儿，商人却不顾外面的瓢泼大雨跑了出去。对于商人的这一举动，店员们很吃惊。现在这个时候，还有什么比抢救纸张更重要的事情吗？或许他是由于太伤心了，要出去发泄一下吧。这只是店员们的猜测。

等到商人回来的时候，店里的纸已经全部报废了。但是商人并没有难过的表情，他收拾完残局，就把店面搬到了另一个地方去了，这次商人也是选择把纸放在一楼。和以前不同的是，这次商人进了比以前多两三倍的货，做的依旧是纸张生意。

过了一段日子，这个地区又遭受了水灾，而且比上次严重得多。人们都跑到屋顶去躲避洪水了。奇怪的是，几乎城里所有的地方都遭受了水灾，但是商人的店铺却安然无恙。他的纸当然也没有被毁坏。但是由于城里其他的纸商的货都被水淹了，一时间，纸的价格就上涨了。

很多出版社也急着出书，需要纸张，大家都拿着现款来找他，出高价买纸。

大家都感到很奇怪，纷纷问商人："你怎么知道这个地方就不会被水淹呢？"

商人说了一番很有哲理的话，使人们十分佩服他，你猜他说了什么？

101 巧取银环

王冕是元代著名的大画家，他的作品非常受人们的欢迎，当时连明太祖朱元璋都慕名前去找他作画。王冕小时候家里穷，没有钱去读书，只能靠着给别人做工来糊口过日子。

有一次，他给一个非常贪婪的有钱人家做事，双方谈好的条件是：每个月一个银环的工钱。王冕第一个月很勤劳地给有钱人家做完苦工之后，这家有钱人并没有马上给他这个月的工资，而是拿出一条7个银环连在一起的链子给王冕说："这个银环只准断开一个，你每个月底从这里取走一个作为你的工钱。假如你违反了这个规定，那么你不但得不到应得的工资，还要把以前我付给你的工资都还给我。"

王冕听后，知道有钱人是在故意考验他，想了一下之后就爽快地答应了。

时间不知不觉地过了7个月，他在这个有钱人家也一连做了7个月的劳工，并巧妙地按照有钱人的要求，取走了自己应该得到的7个银环的工钱。

开动脑筋想想，王冕是如何做到的呢？

102 四面镜子的屋子

法国著名诗人拜伦，写过很多著名的诗词。

关于想象，他有过这么一句名言："想象是人类大脑中孕育智慧潜能的超级矿藏。想象力，能使人的思维充满无尽创造活力。"在拜伦眼里，人类所有的才能中，与神最接近的力量就是想象力。

拜伦这么说过："诗好比人类的一面明镜，那是人们心灵的真实写照"，但是他同时也承认，在面对镜子的时候，映出来的不见得都是人的真实容貌。

为此，他特意做了一个假设：一个人站在两块对应摆放的光镜中间，那么镜子中会出现一连串的影像。按照这个理论，假设有一间小屋，屋里屋内，上下左右，前前后后，都会铺满无缝隙的镜片，有一个芭蕾舞演员在这个屋子里，那么他看到自己的影子一定是无数个了。

拜伦却警告说："思想上的延续和逻辑上的延续，并不一定在所有的问题上都有存在的必要。"

那么，按照拜伦的这个思想，这位芭蕾舞演员看到的到底会是怎样的影像呢？

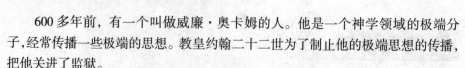

103 奥卡姆剃刀思维

600多年前，有一个叫做威廉·奥卡姆的人。他是一个神学领域的极端分子，经常传播一些极端的思想。教皇约翰二十二世为了制止他的极端思想的传播，把他关进了监狱。

但是没想到的是，奥卡姆竟然逃跑了，并且投靠了教皇的死敌——德意志的路易皇帝，他对路易皇帝说："你要用剑保护我，我会用笔保护你。"

奥卡姆喜欢写作，他一生写了大量的文字，其中最有名的一句是"如无必要，勿增实体。"意思就是：假如没有必要就不应该去增加与其相对应的实体。他强调的意思是只要我们承认了一个东西的存在，那么就要竭尽全力排除一切阻碍它的因素。这样的思维有点独断也有点偏激，后来我们称之为"奥卡姆剃刀思维。"

当时德意志皇帝最大的爱好之一就是收集名画，因此皇宫到处都挂满了历代名家的名作。有一次德皇专门出了有奖竞猜，其中的一个智力题目是：假如德意志最大的博物馆意外发生了火灾，当时情况非常紧急，博物馆里面有无数名画，在这个时候你会选择抢救哪幅画呢？这次竞猜的奖金数额不少，很多人绞尽脑汁想给德皇一个最满意的答案。

最终，德皇收到了成千上万不同的答案。在这些答案中，有的说要抢救价值最高的，有的说要抢救最著名的，还有的说要抢救德皇最喜欢的，最后选出来的最佳答案却是奥卡姆的，他因此也获得了那笔巨额奖金。

那么，请问你知道他要抢救的是哪幅画吗？

104 炮车过桥

硝烟弥漫的战场上，士兵们正在经历着枪林弹雨。

战争中，武器的及时到位自然是非常重要的。法国此时正在增援大炮的数量，一辆辆炮车载着大炮正急匆匆地开往前线。

炮车在行进的过程中，遇到了一座桥梁。只见桥梁的标志牌上很明显地写着：最大载重量25吨。然而当时法国的每辆炮车重量是10吨，大炮重量是20吨，这样加起来之后，总重量明显超过了这座桥的载重量。如何才能让炮车平安过桥呢？

负责这次运输的总指挥员纳西将军苦思了好久都没有结果，最后只好把这个情况报告给了拿破仑。拿破仑沉思片刻之后，告诉了纳西将军一个简单而有效的办法，使得载重量超过桥的炮车平安过了大桥。

那么请问，拿破仑想出的办法是什么呢？

105 巧过沙漠

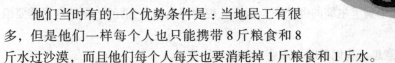

中国工程院院士翟光明是著名的石油勘探专家，他带领队员为我国的石油勘测事业做出了巨大的贡献。有一次，他率队要到新疆塔里木盆地进行石油勘测，路上要经过一片荒无人烟的沙漠，穿越这片沙漠最少需要 10 天的时间。当时每个队员随身却只能携带 8 斤水和 8 斤粮食，而按照当时的情况看，每个人每天最低要消耗掉 1 斤水和 1 斤粮食。

他们当时有的一个优势条件是：当地民工有很多，但是他们一样每个人也只能携带 8 斤粮食和 8 斤水过沙漠，而且他们每个人每天也要消耗掉 1 斤粮食和 1 斤水。

如何才能平安地度过这片沙漠，这个问题难住了很多人，但是在翟光明那里，却轻而易举地被解决了，你知道他是用什么办法帮助队员穿过沙漠的吗？

106 奇怪的成功条件

美国大名鼎鼎的钢铁大王卡内基在小的时候，家里很穷，但他一直很勤奋好学。在读小学的时候，有一件事情对他以后的人生产生了很大的影响。

有一天，在放学回家的路上，卡内基经过一个很大的建筑工地，小小的他不是很能看明白工人们都在做什么。这时，他看到有一个身着西装，很像老板的人在那指挥着工人们干活，于是他很好奇地走上前去问道：

"叔叔，请问你们在盖什么啊？"他问那个很像老板的人。

"小朋友，我们在建一座摩天大楼，给我的百货公司和其他公司的员工用。"那人回答他。

这样的回答让小小的卡内基很是羡慕，因为在他心里，能建造一座房子就是一件很了不起的事情，更别说一座摩天大楼了。

"那我长大后，怎么才能像你们一样建造一座大楼呢？"卡内基羡慕地继续问。

"要想建造一座大楼，第一需要勤奋工作。"老板模样的人很认真地回答他。

"这个我们老师说过，我知道的，那么第二需要的是什么呢？"

"买一件红色的衣服穿！"

这样的回答让卡内基感到非常奇怪，因为他怎么也想不通红色衣服和成功之间有什么必然的联系，"买件红色衣服与成功有关系吗？"他问。

看到卡内基满脸的疑惑，老板模样的人示意卡内基看他对面的那些工人，他们几乎都是穿着统一的蓝颜色的衣服，只有一个人穿的是红颜色的衣服。这个时候他指着那个穿红颜色衣服的工人说了一段话。卡内基听后顿时明白了买件红色衣服与成功之间的关系。

那么，你能想出来其中的奥秘吗？

107 如此求职

一个大学生，在毕业之后急着去找一份自己喜欢的工作。他大学所学的专业是新闻，很希望能找到一份与所学专业相关的工作。

这天，他来到了一家杂志社，想看看他们是不是有招聘计划。

他直接来到了主编的办公室，很有礼貌地问主编："请问，你们这里需要编辑吗？"

"不好意思，我们暂时不需要！"主编回答说。

"那记者呢？"大学生继续问。

"也不需要！"主编回答。

这个学生依旧不死心，他继续问道："那么排版、校对的工作呢？"

"实在不好意思，我们现在什么职位都不缺人，需要的时候我们再和你联系吧。"主编继续平静地回答了他的问题。听到这样的回答，这个毕业生并没有立即离开，而是微笑着对主编说："那么，你们一定需要这个！"他边说边从公文包里面拿出一个自己特别制作的小牌子，上面简单地写着几个字。

总编一看，不禁莞尔一笑，既折服于这个求职者的创意，又赞扬他的机智与耐心，于是当场决定录取他。你能猜出这个求职者牌子上所写的内容吗？

108 马先生的创意

生活中很多时候我们每个人的能力都是差不多的，有时候需要的只是一个与众不同的创意而已。

一天，马先生去一家广告公司面试创意总监的职位，这是一个待遇非常好的职位。那天前去应征的人不计其数，最后胜出却只有他自己。

回到家之后，他的妻子急忙问他：

"亲爱的，今天的面试怎么样了呢？"

马先生自豪地回答妻子说："完全没问题，明天就能去上班，待遇非常好，月薪10万，不包括福利和奖金。"

妻子听后很高兴地说："这么好的待遇，那么去面试的人一定很多吧？"

"今天去面试的有好多人，经过三轮的面试，最后剩下的只有二十几个人，

个个都是广告界的精英。"马先生得意地说，"但是最后他们录用的只有你老公我一个人。"

妻子更加高兴地说："哇，老公你太厉害了，那么他们最后的面试题目是什么呢？"

马先生说："最后的面试只有一个问题，总经理给每个参加面试的人一张白纸，随便我们在上面写些什么，最后他把所有的纸都通过窗口撒向大街，过往的路人先捡起谁的考卷，谁就胜出了。"

妻子好奇地继续问："一张白纸能写什么呢？路上那么多人，会有人注意吗？"

马先生说："他们有的在上面写动情的文字，有的在上面画好看的漫画，还有的在上面画上了裸体的女人，有的还把纸折成了漂亮的艺术品扔下去，但是最后都没有我的办法有效。"

妻子一听很是好奇，急忙问："那么你是怎么做的呢？"

那么假如你是马先生，你会怎么做呢？

109 智拔桥墩

一场突如其来的山洪冲毁了森林旁边的一座小桥，连钢筋水泥做的桥墩也被冲到了河的下游了。

森林负责人于是想在原地重新再建一座小桥，这样的话就需要把冲走的桥墩再弄回来。

相关人员找来两只大船，准备把冲到下游的桥墩给拖回来。几个工人把绳子系在了桥墩上面，可是因为桥墩太重，所以绳子根本就拉不动那么沉的桥墩。

如何才能把那么沉重的桥墩从下游的泥沙中顺利拔出来呢？大家冥思苦想了好久都无计可施。后来一个很有经验的老工人想到了一个办法，成功地把冲到下游的桥墩拖到了上游，这样就把被洪水冲毁的桥重新建好了。

那么，老工人想的是什么办法呢？

110 三个司机

一家很有实力的公司最近想招聘一个小车的司机，前去面试的司机很多。

经过相关人员的层层筛选，进入最后一轮面试的只有三个司机，他们都是驾驶经验很丰富的司机，行车技术也很高。三个司机共同接受了面试，主考官

71

最后的面试只给他们提出了一个问题。

这最后的考题就是："假如在悬崖边有一块金子，而你们要做的就是开着车去捡回金子，那么以你们的技术能把车停在距离悬崖多远的地方？"

第一个司机说："我能把车停在距离悬崖2米的地方。"

第二个司机这时候自信地说："我可以把车停在距离悬崖半米的地方。"

第三个司机却给了一个完全不同的回答。

最后，第三个司机被录取了，你能猜出他是如何回答的吗？

111 智力题

一个周末，罗宾逊夫人与几个好朋友在自己家里聊天，气氛相当融洽。有一人提议让罗宾逊夫人给大家出个谜语猜猜。这个提议得到了在场朋友的一致通过。罗宾逊夫人说："我不善于猜谜语之类的游戏，但是我丈夫却非常喜欢猜谜语。"罗宾逊夫人一边说一边想着，突然想起了一道难题，她感觉那应该是这些朋友们没有见过的，于是就说出来给大家猜了。

题目是这样的：有一天，她正坐在房间里面缝衣服，她8岁的儿子走了进来，就在这个时候，她的儿子听到了一个声音在说：

"退回房间去，我的宝贝儿子，现在我在忙，不要打扰我。"

儿子听后说道："我确实是您的儿子，但是您却不是我的母亲，所以我希望您能给我解释清楚这到底是怎么一回事！"

朋友们听到这里，都陷入了沉思，他们搞不明白，怎么儿子说是您的儿子，而您却不是母亲呢？在读这个故事的你，能想明白这是怎么回事吗？

112 考学生

古时候有一个私塾先生，一生兢兢业业地教书育人，后来，私塾先生慢慢老了，因为无儿无女，他便想把自己的私塾留给他的学生。

私塾先生有两个心爱的学生。这两个学生都很勤奋努力，私塾先生很喜欢他们，于是想从这两个人中选出一个来继承他的私塾。两位学生在学习上同样勤奋，在品格上也一样正直，一时之间，私塾先生很难决定选择谁作为继承人。最后，私塾先生想到了一个办法来考察一下哪个徒弟更聪明一些，让聪明的那个当他的继承人。

这天，他拿出两本同样厚的书和两支笔分别给了这两个学生，他考验这两个学生的方法是：让每个学生在给他们的书的每一页上都点一个点，每一页都必须点上，谁先点完整本书，谁就将继承私塾先生的私塾。

学生甲接到书之后就老老实实地开始用笔一页页地在书上画点，学生乙思考了片刻之后，换了一个办法，很快就完成了任务，私塾先生一看满意地点了点头，最后也就将自己的私塾给学生乙继承了。

你能猜出来学生乙是如何做的吗？

113 火灾带来的"灾难"

约瑟夫的祖父在去世后为他留下了一座美丽的森林庄园。约瑟夫非常喜欢那座美丽的庄园，每天都精心地打理着庄园里面的一草一木。

然而世事难料，美丽的庄园在一次火灾中化为了灰烬。森林大火是由雷电引发的。看到那片茂密的森林被大火无情地烧毁了，约瑟夫心里非常难过，他决定向银行贷款，用以恢复那片美丽的森林。但是，当他满怀信心地向银行提出了申请之后，得到的却是银行的拒绝。

约瑟夫看着化为灰烬的森林，非常难过。他茶不思、饭不想地在家里过了好几天。他的太太看着他那样，非常担心，就劝他出去走走。

约瑟夫听从太太的建议，来到了一条热闹的街上闲逛。

在街道的一个拐角处，他看到一家店铺门口非常热闹，禁不住好奇上前去看是什么情况，原来是好多家庭主妇在排队购买冬季取暖和做饭用的木炭。约瑟夫看到那家店铺箱子里面的木炭，忽然眼前一亮，想到了一个好的主意。

你能猜出他想到的是什么主意吗？

114 奇怪的票价

有一天，约翰逊带着自己亲爱的儿子去公园游玩。在他去买门票的时候发现了一个很奇怪的问题，公园定制的门票价格为：乘缆车游玩，每人25美元；通票（包含乘缆车）游玩每人20美元。这个价格让约翰逊很是奇怪，他认为可能是公园的工作人员不小心将这两个价格弄错了。他没管那么多，继续带着儿子在公园游玩。

当约翰逊带着儿子游玩到中午时分，儿子玩了大半天也饿了，约翰逊就带着儿子进了公园的一家小餐馆吃饭。很凑巧的是，他的好朋友吉姆也在这里吃饭，两人很久没见了，就找个地方坐下开始边吃边聊。当他们聊到公园的门票价格的时候，约翰逊说："我想肯定是公园的工作人员将这两种门票的价格弄错了，这样公园的损失估计会很大！"

吉姆是个大学里的经济学讲师，他笑了笑对他说："其实公园不仅不会有很大的损失，反而会盈利不少。"

这样一说，约翰逊就更加奇怪了，然后吉姆和他道出了公园这么做的原因所在，约翰逊听后恍然大悟，那么你能想出公园制定这样奇怪票价的原因吗？

115 违法建筑

邻居家里在建造新房子。他们在建筑地以外的地方树立起了一块很厚的木板，按照当地规定，这块模板是违法建筑。

麦克看到这种情况以后，非常生气，和邻居沟通了但是依旧没有结果，于是他用粉笔在木板上写了大大的四个字"违法建筑"。但是第二天，那个木板上面的字就被擦去了。麦克于是又换成了用笔在纸上写，然后将那张纸贴在了木板上，但是第二天，那张纸就又被撕掉了。

麦克左思右想，终于想到了一个好的办法，这次无论他们怎么擦，或者怎么撕，都没有办法让"违法建筑"这四个字消失。

猜想一下，这次他想到的是什么办法呢？

116 故事接龙

在一次很著名的选美比赛中，美女云集。大赛经过几轮激烈的角逐，最后只剩下了4位佳丽，4人不论从外貌还是才华都非常优秀。

最后一轮是智力比赛，这将关系到最后的结果。主持人笑盈盈地走到话筒面前，温柔地对台下观众说："现在将要进行的是最后一轮比赛，此轮比赛是智力比赛，现在请4位佳丽轮流来为我们串讲一个故事。故事的开始是这样的：'今晚的月光很好'，那么从我们的第一位美女开始。"

第一位佳丽接过话筒，很快地答出了下面的一句："演出很圆满地结束了，我心情很舒畅，独自一人愉快地走在回公寓的路上，身后忽然传来一声枪响……"

第二位佳丽接过话筒笑容满面地说："我慌忙回头看是怎么回事，只见一位警察正在奋力追赶一名歹徒……"

第三位佳丽继续着这个话题说："经过一番激烈的搏斗后，这位警察最终将歹徒制服了。"

故事讲到这里似乎已经结束了，大家都为第四位佳丽捏一把汗，看她如何接着讲。

话筒已经到了最后一位佳丽的手里，第四位佳丽灵机一动，又接上了一个精妙的结局，并明显高出前三位一筹，她也因此赢得了比赛。

你帮她想一下，她该如何往下接？

117 最短的道路

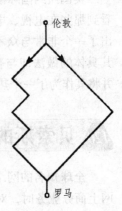

在许多年前，英国的泰晤士报曾经出了这样一道题，公开征求答案，题目即：从伦敦到罗马，最短的道路是什么？最佳答案提供者将有一份奖品相赠。在问题的下面，还附有两行说明：这道题是没有固定答案的，所以大家可以大胆地去考想象，谁的答案合情合理，能让其他人都感觉非常恰当，那么他的答案就将获奖。

这个有趣的问题吸引了许多英国人的参与，他们有的从地理位置上找答案，有的去翻阅《旅游指南》一类的书籍，然而，他们的答案都落选了。最终，一个小伙子获了奖，人们都认为他的答案非常机智巧妙。

你能猜出这个最佳的答案吗？

118 酱菜广告

1997 年，老李退休后用自己攒了半辈子的钱开了一个酱菜场，虽然注册资金只有十几万块钱，但干了一辈子营销管理工作的老李却蛮有信心做成全城第一品牌。

为了迅速挖到第一桶金，老李寻思着在酱菜上市之前先打个宣传广告。问过当地电视台的相关人员以后，他发现电视广告实在不是一个好选择，不但价格太贵而且自主性太小，看来只好选择广告牌位了。

可到哪里才能寻找到既便宜又实惠的广告位置呢？琢磨来琢磨去，老李灵机一动想出了一个主意，他用了整整三天的时间转遍了城中城郊的大街小巷，终于找到了一个让他非常满意的广告牌位——在进城的高速路口处，各种车辆和行人总是川流不息。

就是它了，老李心想，虽然这里路人皆行色匆匆，很难保证广告的良好效果，但只要他们看上一眼，我的酱菜就能印到他们的脑子里了，要知道在这之前上百公里的高速公路上可都是没什么广告的。

决心一下，老李立刻行动起来，第二天，他的广告便登上了那个位置，但是令人惊讶的是，那并不是他的酱菜广告，而是一个"广告的广告"。原来，老李想到了一个大大放大自己的广告效果的点子，你猜他具体是怎么做的？

119 沉默时间

美国纽约国际银行开张了,为了打开局面,银行负责人决定给自己打个广告,看到那些在电视、电台上反复播放的广告并没有起到太大的实际效用,他们想出了一个非常与众不同的办法。该银行同样在电视、电台上播放了广告,但是其具体的做法却与普通的广告截然不同,人们一下子记住了国际银行的名字,并将其作为了一个热门话题讨论。想一下,该银行的广告是如何做的呢?

120 贝索斯的选择

全球知名的网络商务公司"亚马逊"的创始人贝索斯刚刚创办公司,经营网上商务业务时,对在自己的商务网上首先出售什么商品,赚取第一桶金,进行了一番思索。当时,他的选择有两个:音乐制品和书籍。按照当时的市场需求,出售音乐制品,所赚取的利润显然会更大一些,但是,贝索斯最后还是选择了出售书籍,这是为什么呢?

121 令人意外的战术

在一次世界男子篮球赛中,保加利亚队和捷克斯洛伐克队遭遇了。在离比赛结束只有 8 秒钟的时候,保加利亚队领先两分,而且还是保加利亚队开球,应该说,保加利亚队已经稳操胜券了。但事实上,如果从整体形势来看,事情对于保加利亚队并不利。因为,在前面的几场比赛中,保加利亚队的积分不如捷克斯洛伐克队。在这场比赛中,保加利亚队只有在此场比赛中胜出捷克斯洛伐克队 5 分才能出线,而捷克斯洛伐克队即使在这场比赛中以现在的比分输了,其仍可以出线。

就在这时,保加利亚队教练要了一个暂停。接下来,他对自己的队员面授机宜,采用了一个令所有人都感到匪夷所思的战术。凭借这个战术,保加利亚队最终如愿以偿地出线了。如果你是保加利亚队主教练,你会采用何种战术?

第三章
转换思维名题

122 把谁丢出去

20世纪末，一家英国的报纸为了提升自己报纸的知名度，曾经举行了一个高额的有奖征答活动：说在未来的某一天，人类遭遇了大的灾难，眼看就要灭绝。而在一个热气球上，载着三个事关人类命运的科学家，前去拯救人类。但是，热气球由于充气不足，无法承受这个重量，于是眼看就要坠毁。而能扔的东西已经都扔掉了，下面再要减轻重量的话，只能是将科学家中的一个扔下去了。在这三个科学家中，一个是核武器专家，他有能力阻止全球性核战争的爆发；一位环境专家，他可以消除现在已经严重的环境污染，给人类建造一个新的家园；还有一个则是粮食专家，他能够解决目前正陷入饥饿中的数十亿人口的吃饭问题。问题就是，在这个危机关头，究竟该把谁丢下去呢？这个题目的奖金高达10万英镑。

于是，全英国各地乃至其他国家的许多读者纷纷给该报社写信寄去自己的答案。其答案可以说是众说不一，有的人甚至写了长长的论文证明自己的答案的合理性。但是，最终赢得奖金的却是一个英国的10岁小男孩。

你猜他的答案是什么呢？

123 自动洗碗机的畅销

解放战争时期，有人想把一批银元从武汉运往上海。那时，长江一线匪盗猖獗，他害怕有什么闪失，苦思冥想也想不到万全之策。后来，一位姓吴的先生愿意帮他把钱运过去。吴先生把那批银元全部买了洋油，洋油装船运输，就比直接装银元运输安全多了。洋油运到上海之后，立即转手卖了，把洋油换成钱，这样就把问题轻而易举地解决了。当这批洋油运抵上海时，碰巧遇上洋油大涨价。这样吴先生不但把全部银元安全"运"到了上海，而且还大赚了一笔。

有时候，用直来直去的方法很难解决问题，如果遇到"此路不通"的情况，我们就需要运用目标转换的思维方法另辟蹊径，借助一个间接的目标来实现最终的目标。推销也一样，有时直接推销很难达到目的，如果进行目标转换之后，通过另外的渠道间接推销反而能如愿以偿。

美国通用公司发明了一种全自动洗碗机，本以为这种先进的电器会很受欢迎，但是摆上货架之后却无人问津。公司的策划人员以为是宣传不够，于是通过各种媒体大力宣传这种洗碗机的好处，但是人们还是对洗碗机不感兴趣。

眼看这种新型洗碗机就要夭折了，策划专家会如何运用转换思维呢？

124 狐狸的下场

狼和狐狸是好朋友，经常在一起捕食。一天，两位好朋友又一起外出打猎，很不巧地，它们遇上了凶猛饥饿的老虎。

怎么办？狡猾的狐狸眼珠一转，想出了一个馊主意。它回头对狼说："狼大哥，我原来跟它打过几次交道，还算有点交情，让我去求一下情吧，也许它能放过我们。"

狐狸满脸堆笑地走到老虎面前，压低声音道："老虎先生，如果我们两个联合起来对付你，很可能你不但吃不了我们，还会落个两败俱伤。所以，我看不如这样，咱们两个联合起来，我负责把狼引入一个陷阱里头，然后你吃掉狼，放掉我，怎么样？"

老虎想了想，点点头道："好，那你去引狼吧，如果你敢耍花招，我会立刻把你给吃掉。"

就这样，在狐狸的引诱下，狼被困到了一个陷阱里面。但是这时候，藏在旁边的老虎却突然窜出来把狐狸给抓住了。

狐狸大惊："大王，我们不是说好了吗？再说，我对您可是忠心耿耿啊……"你猜老虎会怎么说？

125 神圣河马称金币

很早以前，非洲大陆上生活着很多个部落，其中一个叫土也胡特的部落，以河马为图腾，视之为神物。而这个部落的酋长还专门养了一匹河马,对其精心照料。

不过，酋长也没有白养这匹河马，这匹河马对酋长有一个特殊的作用。每年在酋长生日这天,酋长和他的收税官都要用王室的船载着河马，沿河游览到收税站去。到了那里以后，当地的税官就要根据当地的习俗供奉给酋长金币，而称量金币时，正是让这匹河马站在一个巨大天秤的一端，另一端则放金币，直到金币的重量达到了河马的体重为止。

不过对于交税问题，百姓们十分头疼，因为他们发现自己要供奉给酋长的金币一年比一年多。这是为什么呢？原来酋长的河马因为被精心喂养，越来越膘肥体壮，每年体重都要增加许多。因此百姓们每次都要供奉比上年多许多的金币才能等同于河马的体重。

这一年，酋长又带着收税官前来收税了。可是，正在称量金币时，意外发生了。因为那匹河马经过一年后，体重又增加了许多，只见收税官不停地往站着河马的天枰的另一端放金币，金币已经放上去很多了，可是秤依旧偏向河马的那边。等又放上去一些金币的时候，称杆"啪"的一声折断了。这下麻烦了，要修好称杆，至少需要几天的时间。

过来收税的酋长一见到这种情况非常气愤，他告诉收税官："今天我要得到我的金币，而且必须是准确的数量。如果在日落前称不出金币，我就砍掉你的脑袋。"说完，酋长就怒气冲冲地走了。

可怜的收税官这时脑袋中一片空白，吓得几乎不能想问题。等他缓过神来，酋长早已走远了。这时，收税官强打精神，苦苦思索起来。经过几个小时的思考后，他突然有了一个好主意。你能猜出是什么主意吗？

126 熬人的比赛

有个原始部落，虽然整个世界已经进入了现代，但这里的人凡事都做得很笨拙，甚至有些好笑，从下面这个故事便能看出来。

这个原始部落的首领有两个儿子，首领对他们都很喜欢。随着自己渐渐老去，首领想要在两个儿子中挑出一个人来接替自己的位子。但是，他迟迟拿不定主意究竟将位子传给谁。一天，首领想来想去，终于想到一个自以为高明的办法，那就是让两个儿子各自骑上一匹马，跑向一个地方。谁的马后到达，首领就将位子传给谁。于是，两个儿子依照规矩，各自骑上马出发了。两个人谁也不敢走得快一些，都想尽办法拖延时间，甚至走走退退。

如此一来，本来一天可以走完的路，两人走了三天，也都没有到达，首领及部落的人也都等得很不耐烦。

显然，这样的比赛方法，可能再过一个月，也不会有结果。看来这个原始部落的人的确笨得出奇。

那么，你作为一个现代聪明人，假设你正好旅游到了此地，并在路上遇到了两兄弟，你能否给他们出个主意，在不违反首领的比赛规则的情况下，尽快结束这熬人的比赛？

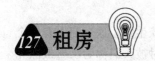

127 租房

　　沙窝村的老王家一家三口准备搬到城里去住。可是城里的房子并不是那么好找，老王带着妻子和一个 5 岁的孩子跑了一天，腿都跑细了，可不是环境不好，就是房价太贵。直到傍晚，才好不容易看到一张高级公寓廉价出租的广告。他们赶紧跑去看了看，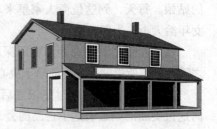房子周围的环境出乎意料地令人满意，"如果能够将这套房子租下来就好了"，老王心里暗想。

　　于是，老王一家就前去敲门询问。房东出来了，他是个六十多岁的老人，看起来很和气，不动声色地对这三位客人从上到下地打量了一番。王先生鼓起勇气问道："我看到了招租启事，请问是您这房屋出租吗？"

　　房东遗憾地说："是的，不过实在对不起，我的这栋公寓不找有孩子的住户入住。您还是到别的地方再看看吧！"

　　老王和妻子听了，感到很无奈。虽然跟房东商量了半天，但是看到房东没有让步的意思，觉得没有指望了。最后，他们终于默默地走了。

　　不过，他们那 5 岁的孩子可是把事情的经过从头至尾都看在了眼里。这孩子十分聪明，他跟着父母没有走出多远，就挣脱了父母的手，跑回去又去敲房东的大门，他想帮自己的父母住到这栋公寓里。王先生和妻子都不明白怎么回事，还以为孩子相中了这栋公寓，想要跟房东闹呢！

　　孩子已经敲响了房东的门。门开了，房东又出来了。这个孩子就对这位房东说了几句话，房东一听，哑口无言，觉得这孩子说的话十分在理，让他无法反驳，又看孩子十分聪明伶俐，就决定把房子租给他们住。

　　你能猜到这个孩子跟房东说了什么，让房东改变了主意吗？

128 驼子的爱情

　　大家都知道费烈克斯·门德尔松是德国著名的作曲家，即使在世界乐坛上，这位音乐天才也同样享有盛名。然而，关于他的祖父墨西·门德尔松的爱情故事，虽然无比有趣，然而却鲜为人知。

　　墨西·门德尔松的相貌极其平凡，身材则非常矮小，连中等都算不上，他鼻子格外的大，在他的那张脸上显得极不协调。这一切还都无所谓，最让人难以接受的是，他竟然是一个驼子。然而就是这样一个其貌不扬的驼子，却娶到了当时汉堡最美丽的一位姑娘！

事情是这样的。一天，墨西到汉堡去和一个商人谈生意。这个商人有一个心爱的女儿，名字叫弗西。弗西长得十分漂亮，在当时被人们称为汉堡最漂亮的姑娘。每天，到这位商人家里来求婚的小伙子络绎不绝，然而商人都以"小女年龄太小"为理由拒绝了。

墨西第一眼看到弗西，就深深地爱上了她。他知道自己已经被弗西的爱情之箭射中，所以就在心里面暗下决心：一定要娶弗西为妻。

在这位商人家里吃过午饭之后，墨西鼓起勇气，一个人来到弗西的房间，向这位美丽的姑娘表达了自己的爱意，并且希望能够娶她为妻。

然而，对于这位其貌不扬，甚至可以说无比丑陋的陌生男子的表白，弗西毫不犹豫地拒绝了。之后，无论墨西再怎么表白自己有多么发自内心地爱她，弗西都没再正眼看他一眼。墨西看到这种情形，只好伤心地离开了心爱的姑娘的房间。

在即将离开这里的时候，墨西决定再去试一次，因为他不甘心就这样和自己爱上的女子擦肩而过。正巧，他看到弗西一个人在花园里散步，就走了过去。

弗西看到这个丑八怪又过来了，就坐在花园的秋千上一言不发，也不去招呼他。墨西只好主动向前答话，他问这位漂亮的富家小姐说："你相信天底下有缘分这种东西吗？"

弗西回答说："相信。"然后她出于礼貌，又反过来问墨西说："那么您相信吗，先生？"

墨西说："怎么会不相信呢？我相信一切美好的姻缘都是上天注定的。而且我还听说，在每一个男孩子出生之前，上帝就会告诉他，将来会娶哪一个女孩子作他的妻子。不管你信或不信，在我出生时，上帝就这样告诉过我，他已经为我定下了一位女孩做我的妻子，而且不瞒你说，上帝还透露给我，我的妻子将会是一个驼子。"

弗西听墨西一本正经地讲完，又看了看他的外貌，不由地脸上露出迷人的微笑。

墨西看到形势有所好转，心里感到非常高兴，于是他接着对这位千金小姐说："其实，你不知道，我本来并不是一个驼子，后来，因为一件事，我才变成了这个样子。"

弗西听了，好奇地问墨西："那您是怎么变成驼子的呢？"

听完墨西的一段胡编乱造的"谎话"，这位漂亮的小姐心动了，她的缕缕情丝开始在心头颤动，当墨西去牵她的手时，她并没有拒绝。就这样，这位相貌丑陋的驼子娶到了一位如花似玉的富家小姐。

想想看，墨西对弗西编的"谎话"是什么？为什么它会有那么大的魔力呢？

129 萧伯纳与喀秋莎

萧伯纳是世界著名的大文豪、诺贝尔文学奖的获得者，出名之后，各地的邀请函如同雪片一般飞来，都是请他前去演讲的。

这一次，萧伯纳是到苏联来做演说。结束之后，满身轻松的他准备好好玩几天，没想到刚走进一个小公园，一个长相可爱的小姑娘便出现了。于是萧伯纳便和这个聪明的小女孩玩了起来，不知不觉，太阳已经快落山了。分手时，萧伯纳对小姑娘说："回去告诉你妈妈，今天和你一起玩的是世界著名的萧伯纳。"没想到小姑娘好像小大人一般，模仿他的口气说了一句话。

喀秋莎的话顿时让萧伯纳又吃惊又羞愧，他突然意识到，自己刚才那句话其实包涵着一种不尊重对方的味道，自己是"世界著名的"，而小姑娘只是一个再普通不过的小女孩，无形之中，他似乎暗示了自己比小姑娘"高出一等"，但是喀秋莎天真无邪的回话却重重地打击了萧伯纳的傲气。

后来的日子，这件事一直被萧伯纳铭记在心，无论何时何地，他都不忘以此为鉴，提醒自己要懂得尊重对方。

你猜喀秋莎对萧伯纳说了一句什么话？

130 石头的价值

他很普通，没有什么大作为，因此一直觉得活着没有什么意义。

一天，他向一位哲学家请教道："你能告诉我，像我这样的人，活着有什么意义吗？"

哲学家想了想，便随手拾起树底下的一块石头来，递给他说道："你把这块石头拿到市场上去卖，但是记住，无论别人出多少钱，你都不要卖。"

他这样做了，没想到的是，由于坚决不肯出售，人们反而认为他的石头里藏着什么秘密，因此价越出越高。

第二天，按照哲学家的意思，他又把石头拿到了玉石场来卖，结果，由于还是不肯出售，价格又是一路飙升，已经远远超过了石头本身的价值。

第三天，哲学家又告诉他到珠宝市场

去卖这块石头。最终，奇迹出现了，这块本来一文不值的普通石头成了整个珠宝市场价格最高的商品，人们甚至以为它是千年不遇的珍奇化石。

"怎么会这样呢？"这人非常奇怪地问哲学家，"这明明是一块再普通不过的石头嘛。"

你猜哲学家会如何回答？

131 除杂草

一群即将出师的弟子正坐在草地上等老师出考题，只见老师挥手指了指四周说："我们的周围是一片杂草丛生的旷野，我想问大家的是：要除去这些杂草，用什么办法最好。"

弟子们一听考题如此简单，立刻眉开眼笑地各抒己见了：

"只要有恒心，用一把铲子就足够了。"
一个学生说。老师点点头，没有说话。

"我觉得用火烧最好了，又快又干净。"
又一个学生接着回答道。老师还是点点头，
不说话。

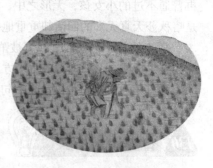

"你们那些办法都不足以保证草完全被除掉，俗话说'斩草除根'，挖掉草根才是最好的办法。"
……

等弟子们静下来，一直没说话的老师开口了："你们都回去按自己的方法试试，明年的今天我们再在这里相聚讨论这个问题。"

一年后，弟子们都如约来到了这片庄稼地边——没错，原来的那片草地已经再无一棵杂草，取而代之的是满眼的庄稼。他们一边谈笑一边等着老师，可是不知为何，等了好久都不见老师，正在纳闷间，忽听大师兄指着那片庄稼道："我明白了，大家不必再等下去了，因为老师已经以这种方式告诉了我们答案！"

你明白了吗？除去杂草的最好办法是什么呢？

132 淘金者

19世纪初，美国开始了势不可挡的"西进运动"。这一运动，使美国的边疆从密西西比河不断向太平洋西岸推进，并促进了大批人从东部向西部涌动。1848年，来到加利福尼亚的人们在这里发现了金矿，这立刻引起世界的轰动，并迅速引起了规模空前的淘金热，这对美国西部的开发产生了极大的刺激。当时的美国，是人人向往的天堂，一处发现金矿就有成千上万的人过去淘金。

发财的梦想一直驱动着人们前去淘金，淘金也成了冒险家眼中最快的致富手段。大家都希望通过这种方式一夜暴富，成为富翁。

愿望总是美好的。可是事情却往往不按照人们预期的那样发展。有的人能淘得到金，那是少部分幸运儿，多数人却没有淘到金。

一天，传来消息，某处又发现了金矿，许多淘金者纷纷前去。但是，在通向金矿的路上，有一条大河挡住了淘金者的去路。河水很凶猛，也很深。大家都很着急，如果过不去这条河他们就无法淘金了，就这样，这条河阻碍了他们的发财梦。面对滔滔的河水，很多人都退缩了，大部分人都叹气，走开了。还有一部分人不甘心就这么回去，就妄想着游过去，只是河水太急，根本游不过去。还有的人想绕道走。但是有一个人的想法和大家不一样。

这个人选择了自己的道路，结果发了大财。

你知道这个人为什么能发大财吗？

133 潦草的解雇通知书

马克·吐温是美国的非常著名的幽默大师、小说家，也是著名演说家，其作品向来透露出幽默、机智的风格。其实，不仅在作品中，马克·吐温在日常生活中也同样表现得十分机智和幽默。下面这个故事就是明证。

在没有成名前，马克·吐温只是一名报社的小雇员，这家报社叫《密苏里州报》。马克·吐温在那里工作的时候有着自己独特的思维方式和特立独行的性格特征。报社主编霍金斯·柯里利对这样性格的雇员很不满意，一气之下就亲手写了一封解雇信给马克·吐温。由于当时主编很生气，所以在写信的时候字迹很潦草，只有最后的亲笔签名比较清楚。

马克·吐温接到主编的解雇信以后，二话没说就离开了报社。数年之后，马克·吐温出版了自己的成名作《黄金时代》，从此以后，名声大起，成为了美国一位伟大的作家。《密苏里州报》的主编霍金斯·柯里利在这个时候开始后悔当初不应该解雇马克·吐温，当时的一时气愤让他失去了一位好的员工，为此他一直想找个机会向马克·吐温当面道歉。

让他没想到的是，马克·吐温竟然主动回到了报社。他直接来到了主编的办公室，然后非常高兴地对主编说："霍金斯先生，我今天是特意来向您道谢的。"

"道谢？"霍金斯先生看到马克·吐温心里就感觉不安，更何况听到这位著名的大作家向他说道谢，他一脸疑惑地问："真的对不起，我一定给您造成了不小的伤害，我为自己当时的激动向您道歉，从我这里走后，您还好吗？"

想不到的是马克·吐温高兴地回答说："我好极了，当初多亏了您给我的那封推荐信，我才找到了一个比这里更好的工作。"

"推荐信？"霍金斯更加奇怪地说，"那是我亲手写的一封解雇您的通知书，怎么会变成推荐信了呢？"

那么，你知道这是怎么回事吗？

134 触龙巧说皇太后

赵国惠文王突然去世了，惠文王的儿子孝成王继承了王位。但是孝成王那时还太小，根本不懂事，所以只能让他的母亲赵太后暂时掌权治理国家。因为领导人进行了更替，赵国国内一片混乱。

赵国的情况，引起了秦国的注意，他们认为进攻赵国的机会到了。于是秦国组织了大批的军力来疯狂进攻赵国。当时，秦国的实力是所有国家中最为强大的，凭借赵国一个国家的力量根本抵挡不住秦国的进攻。为了生存，赵国只好派使者向东边的齐国求救，希望齐国能派兵帮助赵国度过难关。当时两个国家之间如果要结盟的话，通常都把诸侯王的儿子送到对方国家中作人质。果然齐王对赵国的使者说："要齐国出兵帮你们也可以，但是必须以赵太后的儿子长安君作人质。"

赵太后爱子心切，舍不得把长安君当作人质送到齐国，大臣们苦苦劝告赵太后："如果不答应齐国条件的话，赵国不久就要亡国了呀！"赵太后不但不听大臣们的劝告，还威胁他们说："以后谁要再敢提把长安君送到齐国当人质的话，我老太婆就向他脸上吐唾沫！"

大家听了赵太后的话，看着强大的秦军，都一筹莫展。

触龙听说了这个情况就过来求见赵太后，赵太后知道他是来劝告自己的，勉强答应了接见。

……

生死存亡的关头，只有把太后的亲生儿子长安君送到齐国去做人质，才能搬来救兵，解脱困难的处境。赵太后爱子心切，怎么也舍不得把儿子送入虎口，态度决绝，水泼不进。然而触龙一番体己的话，却使赵太后迅速转变了态度，从而也拯救了整个国家。

那么，到底触龙是如何说服赵太后的呢？

135 保护花园

　　玛·迪美普莱是法国著名的女高音歌唱家，她有一个非常美丽的私家花园，花园里是她精心挑选的各色各样的鲜花、蘑菇、小草……这个花园非常漂亮。可是，每到周末，总会有一些人去她的园里采摘鲜花，捡拾蘑菇，有的还会搭起帐篷，在草地上野餐。原来漂亮整洁的花园被那些人践踏之后会变得又脏又乱。花园的管家曾经无数次地让人在园里四周围上篱笆，并且竖起"私人园林禁止入内"的牌子，但是这些做法都无济于事。花园依旧是经常被那些采花的人践踏，破坏。管家实在没有办法，只好向主人迪美普莱请示。

　　迪美普莱听完管家的汇报之后，没有说太多，只是让管家再去重新做一个木牌树立在各个路口，牌子上面写上了一句话。管家按照主人的话去做了，之后，再也没有人闯进花园了。

　　那么请你设想一下，木牌子究竟写的一句什么话，才能起到那么一个好的效果呢？

136 只借一美元

　　一天，一位商人来到一家银行贷款部。他对贷款部经理说："你好，尊敬的经理，我想在贵行借点钱。"

　　贷款部经理看到眼前的这个人，身上穿着名贵的衣服，手腕上带着昂贵的手表，领带夹子上镶着一颗耀眼的宝石。显然，这是一位富豪，也许他急需进行一项重要的投资，贷款部经理想：这将是一笔大业务。于是，他殷勤地回答道："好的，尊敬的先生，很荣幸您能选择我们银行，不知道，你打算借多少呢？"

　　犹太商人说："我只打算借一美元。"

　　"什么！一美元？"贷款部经理开始怀疑自己的耳朵。

　　"是的，只借一美元，怎么难道贵行不借吗？"

　　贷款部经理证实了自己的耳朵没有问题，只借一美元，为什么呢？他想着富豪借一美元的意图：他一定是在试探，因为他需要一大笔钱，所以，他要事先了解银行的工作质量和服务态度，也许接着他就会说"好的，其实我是要借一亿美元"。

　　经理立即装出非常热情的样子，说："当然，当然可以，只要你有足够的担保，借多少钱都可以。"

　　"好吧，我会给你足够的担保的。"说着，商人从豪华的皮包里取出一堆股票、

债券、国债等："这些票据价值 50 万美元，
这些就是我的担保物。"

经理目瞪口呆，他赶紧把这些票据整
理好，忙说道："够了，这些担保足够了。"

经理热情地帮商人办完手续，犹太人
拿到一美元，转身就要离开银行。经理赶
紧说："尊敬的先生，我们的服务是全市
最好的，如果您还有什么需要的话，我们
随时为您效劳。"

"是的，你们的服务确实很周到，但是，我没有什么需要。"

经理糊涂起来，他问道："那您为什么只借一美元呢？"

为什么呢？

137 巧换主仆

战国时期，一次一个公子和他聪明的仆人鸱夷子皮一起逃亡去燕国。主仆
二人一路风餐露宿，披星戴月地赶了几个月的路，眼看就要到燕国了。但是，
两人风尘仆仆的样子，一定会被客栈老板所冷落的，怎么办呢？忽然，鸱夷子
皮想到了一个办法。

鸱夷子皮对公子说："我想到一个故事，不知你愿不愿意听？"

公子知道鸱夷子皮向来鬼点子就多，这次不知又想到了什么主意，就说："好，
我愿意听，是什么故事，你快讲吧！"

鸱夷子皮笑着说："从前，在一条小河里住着很多蛇。有一年，天气非常干
燥，小河里的水也快干枯了，蛇们为了生存，不得不迁徙到远处的一条大河中去。

一条大蛇和一条小蛇打算结伴而行，为了安
全，临行前小蛇出了一个主意：让大蛇背着
它走。因为如果大蛇在前面走，小蛇跟在后
面的话，人们就会把它们看成是非常普通的
蛇，肆无忌惮的伤害他们。但是，如果大蛇
背着小蛇走，人们会认为小蛇很有权威，连
大蛇都听命于它，甚至还会以为小蛇是水里
的蛇王呢，这样人们非但不会伤害它们，还
会主动给他们让路。大蛇觉得小蛇的主意有
道理，它们就按照小蛇的办法做。结果，它
们果然安全地抵达了目的地。这就是我要讲

的故事了。"

公子听了，若有所思："你的意思是：你就是那条小蛇，而我就是那条大蛇？"

鸥夷子皮一拍大腿说道："就是这个道理！"接下来，他说出了自己的主意，公子一听，觉得可行，于是，两人按照鸥夷子皮的主意采取了一个举动。结果，主仆二人得到了人们的热烈欢迎。

你猜，鸥夷子皮的主意是什么呢？

138 父亲的深意

很久以前，一位虚弱的富翁又病倒了，他预感到自己就要死去了，但是唯一的儿子还在遥远的城市求学。

"看来，我是见不到儿子最后一面了。"富翁长叹一声，他叫来了贪婪的奴隶，写下了一封简短的遗书就去世了。

遗书上写着："我要把我所有财产都留给我的奴隶，但是我的儿子可以挑选一个他想要的东西。"

看到富翁留下的遗嘱，贪婪的奴隶高兴极了："没想到这个老头对我这么好，这下我可以成为自由人了，而且还是一个大富翁。好吧，就让他的儿子随便挑选吧，就算挑选一件最为珍贵的东西，那又算得了什么呢！"奴隶立即把富翁去世的消息通知了富翁的儿子。

儿子操办完父亲的葬礼，就来找父亲生前最知心的朋友拉比。"父亲并不喜欢那个奴隶，但是他却把自己所有的财产都留给了奴隶，只让他心爱的儿子挑选一样东西，这到底是为什么呢？"拉比看完遗书，意味深长地说："你父亲让你挑选一样东西，真是用心良苦呀！"

你看出那位父亲的良苦用心了吗？

139 最重要的动作

一个10岁的日本小男孩，在一场车祸中，不幸地丧失了左臂，但是小男孩并不打算放弃自己热爱的柔道，他下定决心，一定要学好柔道。

小男孩刻苦地训练，再加上天资聪颖，进步很快。但是令小男孩非常困惑的是：半年以来，教练只教过他一个动作，尽管这个动作难度比较大，但是小男孩已经练得非常熟练了。

一天，小男孩鼓起勇气问教练："老师，你能不能多教我几个招式？我想成为优秀的柔道选手。"

教练回答说："记住，孩子，这是你最重要也是唯一的动作，只要你努力练习，你会成为优秀的选手的。"

虽然小男孩对教练的话将信将疑，但是他不敢违背教练的要求，只好继续坚持不懈地练习，渐渐地，小男孩把这个最重要的动作练得炉火纯青了。

又过了几个月，教练带着小男孩参加了一个全国性的柔道比赛。令小男孩感到意外的是，他的前两个对手，根本不堪一击，接不了两招就败下阵去。

第三场，对手更为高大和强壮一些，但是他面对小男孩唯一的动作，似乎总是找不到破解的办法，渐渐地他焦躁起来，被小男孩抓住机会，打败在地。

后来的比赛，小男孩打得非常顺利，他一路闯进了最后的决赛。

决赛的对手是著名的柔道选手，他身体强壮，技术高超，更为重要的是，他经验非常丰富。

决赛开始了，前几个回合，小男孩打得非常吃力，对手总能轻松躲过他那最重要的一个动作，渐渐的小男孩开始体力不支了，他的动作明显缓慢下来。裁判觉得这样下去小男孩很容易受伤，应该让比赛暂停一会儿。但是教练坚决不同意，他大声说："不用暂停，他可以继续比赛。"

比赛继续进行，对手似乎着急起来，他总是下意识地去抓小男孩的左臂，当然他不可能抓到小男孩的左臂，当他再一次试图去抓小男孩的左臂时，小男孩趁机用他唯一的一个动作把对手踢下擂台，小男孩赢得了这场比赛，他成了全国冠军！

回去的路上，小男孩忍不住又问教练："老师，你为什么只教我一个动作，而我怎么凭借一个动作就赢得了冠军呢？"

140 张齐贤妙判财产纠纷案

张齐贤是宋代著名政治家，其人深有谋略，并多有奇计，被认为是一个奇才。

北宋立国之初，宋太祖赵匡胤西巡洛阳，张齐贤在洛阳街头拦住太祖的坐骑要求奉献治国之策。赵匡胤把他带回行宫，张齐贤指天画地，上策十条，皆是关系到国家统一和富国强兵的大计。宋太祖对于其中四条表示认可，但是张齐贤却坚持十条都很重要，最后竟然与赵匡胤争吵起来。赵匡胤无奈之下，叫卫士将其拉了出去，但心里很佩服这个人。赵匡胤回到开封后告诉其弟赵光义："我此次外出在洛阳遇到一个奇士，叫张齐贤。现在不给他官做，将来你可任他为相。"

宋太宗时期，张齐贤进士及第，开始为国效力，到宋真宗时，其已经官至兵部尚书，同中书门下平章事，相当于宰相。一次，皇亲国戚中有两兄弟因为家庭财产分割起了纠纷，都认为对方分的家产多了，于是打起了官司。地方官府的官员对于这两兄弟，谁也惹不起，不敢接这个案子。于是两兄弟干脆闹到了宋真宗这里。真宗也是清官难断家务事，对两兄弟调解了十多天，也没有效果，无奈之下来找张齐贤商量。张齐贤听了，便说道："这样的事御史台和开封府自然都比较难办，这样吧，陛下就把这事交给臣吧，臣亲自为他们了断。"

张齐贤审理此案当天，把诉讼双方叫来后问道："你们都认为对方分得的财产多于自己的，是这样吗？"

"是的。"两兄弟都点头。

"好，既然如此，你们就将各自的理由写成文字，签名画押。"收到两兄弟各自的字据后，张齐贤当场便宣布了他的判决结果。两兄弟一听，当场你看看我，我看看你，都无话可说。后来张齐贤将自己审判的结果告诉宋真宗后，宋真宗笑得前仰后合，连声称妙。

你猜，张齐贤是怎么判的案呢？

141 牙膏促销创意

一家著名的生产牙膏的企业一连几个月销量无法按照预定的比例增长，销售总监十分头疼，采用了各种各样的促销手段，但因为牙膏行业竞争激烈，其效果都不明显。于是，销售总监放出去一个消息，只要谁能想出好的促销点子，奖励 10 万美元。

几个月过去了，虽然许多人都尝试提出建议，但这些建议要么是一些老掉牙的促销手段，要么虽然新颖却没有实际的效果，因此谁也没有拿到这笔数额不菲的奖金。一天，该企业一个基层的年轻员工声称自己有一个好的办法，并称只肯当着销售总监的面才肯说出。于是，销售总监便破例接待了他一次。销售总监看着这位其貌不扬但看上去却胸有成竹的年轻人说："年轻人，说说你的办法！"年轻人回答道："我的办法十分简单。"接着他便说出了自己的点子。销售总监一听，立刻兴奋地喊道："太棒了！"立马便让秘书兑现了 10 万美元的奖金。后来凭借这个点子，这个企业的牙膏销量果然蹭蹭蹭地往上涨。而这个年轻人也因此被该企业从生产部门调到销售策划部门担任重要职务。

猜一下，这个年轻人的促销点子是什么？

142 国王的难题

很久以前，一个国王和大臣们到野外散步时，看到一个形状怪异的池塘。

他突发奇想，问大臣们道："你们都
是这个国家里的聪明人，那么你们能
说出这个奇怪形状的池塘里有多少桶
水吗？"

大臣们一听，你看看我，我看看
你，谁也回答不出来。

国王一看所有人都回答不出，
便有些不悦："这么简单的问题都回
答不出，还怎么靠你们处理复杂的
国家大事！"最后，国王限令大臣们三天之内回答出这个问题，不然，都要
受到处罚。

于是，平时关系不是很融洽的大臣们此时也变成了一条线上的蚂蚱，都纷
纷聚集在一个大臣家里商量办法，但是最终还是没有结果。

在大臣们商量时，这个大臣有个聪明的小儿子在一旁玩耍，看他们最终也
没有商量出个办法，便对他们说："哎呀，这么简单的问题你们怎么就回答不出
呢？"大家一听，便好奇地问他该如何回答。小孩却不肯说，声称自己没有见
过国王，自己要当着国王的面才肯说。

大家一听，认为可能是这孩子在调皮，不愿意带他去，尤其孩子的父亲担
心调皮的孩子惹怒国王，更不愿意。但是，一向和孩子父亲交好并和孩子很熟
的一个官员说："这孩子从小就一直精灵古怪的，经常有一些别人意想不到的好
点子，反正我们也没有办法，不妨带他去试一下。"最后大家都同意了，孩子父
亲也勉强同意了。

于是，到了第三天，大臣来面见国王。国王问道："三天时间已到，你们
可想出问题的答案？"这时，有位大臣站出来说，我们大家虽然没有想到答案，
但是有位大臣的儿子声称自己知道答案，我们将他带来了。

国王一听，感到很惊奇，便问那个孩子道："小家伙，你可不要吹牛哦，你
真知道答案？"

小孩也不怯场，满不在乎地说："陛下，这个问题太简单了！"

于是国王说："那好，那么想必你已经去过那个池塘了吧，现在你告诉我答
案吧。"

没想到小孩说："陛下，我并没有去看过池塘，也不需要看，但是我知道它
有多少桶水。"说完，他便说出了答案。国王一听，感到十分满意，直夸小孩聪明，
重重地赏赐了他，并让他以后经常来宫里玩耍。

你猜，小孩是如何回答国王的问题的？

143 农民和三个商人

16世纪，在挪威的某个小城里，住着三兄弟。兄弟三人的职业都是商人，他们一起做买卖，然后将挣来的钱放在一起，准备将来平分。不过，三兄弟虽然能干，在这个城市的名声却并不怎么好，因为他们出了名的吝啬，人们都不太愿意和他们打交道。

有一天，三兄弟听说在遥远的边境地区的某城市的人们急缺某种商品，于是便决定到那里去贩卖这种商品。但是，三兄弟却面临一个难题，就是他们多年积累下来的一笔财富无法带在身上。因为在当时，并不像现在这样有银行，可以很方便地为自己的财产找到安全的存放处。正在无计可施时，老三说话了，他对两位哥哥说："我认识一个住在城郊的农民，他很穷，但是人非常诚实，是个可靠的人。我们可以将钱先放在他那里，等我们做完这笔生意回来后再取回来，你们觉得怎么样？"老大和老二对这个主意表示同意。老实的农民也同意了他们的请求，答应替他们保管。同时，为防止意外情况，三人和农民约定，将来取钱时，只有同时当着兄弟三人的面，农民才可将钱交出。

于是，兄弟三人出发去了边境。他们在边境的生意也做得很成功，又赚了不少钱。一年后，兄弟三人回到了家乡。回来后的当天晚上，三人便开始商量去农民那里取回存在那里的钱。同时，三兄弟也在想着如何感谢那位帮了他们大忙的农民。最后还是老三提出了建议："每天早晨，我们尊敬的农民都喜欢坐在家门口晒太阳。明天早上，我们兄弟三人一到农民的家门口，远远地脱帽向农民致敬，以表达我们的感谢，二位哥哥以为如何？"两个吝啬鬼一听，正中下怀，这样自己就一个大子儿都不用花费了。

可是，老三却打起了自己的私人算盘，他想独吞那笔钱。于是，当天晚上，他一个人悄悄摸到城郊农民家中，他告诉农民："我们兄弟都从外面回来了，这次我们亏了钱，因此我们决定不再经商了，想要在附近买些地做个地主过日子了。明天早上我们就要去和卖地的人谈判，到时我们兄弟三人会路过您的家门口，我们会一块向您脱帽致敬。不过因为匆忙，我们就不到您身边问候了，跟您打个招呼后我们就会离开去和卖地的谈判。过一会儿呢，我们谈好了价钱，就会由我来到您这儿取钱。这是我们三兄弟商量好的，您看行吗？"老实的农民一听，表示同意。

于是第二天早上，农民像往常一样坐在大门口晒太阳，过了一会儿，果真看到三兄弟远远地在脱帽向他致敬，之后，他们就离开了。又过了一会儿，老三果然来到了农民家中，要取钱。农民看情况果然如他所说，便将钱交给了老三。老三拿了钱，便逃跑了。

但是没想到的是，到了中午，老大和老二一起来到了农民家中，称要取钱。农民于是将情况告诉了他们。两个哥哥这才醒悟过来，原来那天他们给农民脱帽敬礼后，便各自分开了，说好到了中午再一起来到农民家中取钱。但没想到两位哥哥都被狡猾的弟弟给耍了。两位哥哥心想，弟弟既然拿钱跑了，恐怕这辈子也别想再找到他了。于是他们便指责农民没有遵守当初的协议，才造成了他们的损失，坚持要农民赔偿他们的钱，并将农民告到了当地法院，择日就要开庭审理。

农民好心帮忙却引火烧身，自然十分伤心，心想自己肯定赔不起这笔钱，于是感到十分愁苦。农民有个邻居，是个聪明而有正义感的青年。这个青年看到一向乐呵呵的农民变得十分愁苦，便询问情况。在了解情况之后，他便自告奋勇要替农民辩护，并打包票肯定能打赢官司。

到了开庭这天，两兄弟专门请了当地有名的律师来为其打官司，而农民则带着自己的邻居来到了法庭。在法庭上，先是控方发言，那个有名的律师口若悬河，滔滔不绝，愣是将好心纯朴的农民说成了见钱眼开，收受了老三的贿赂才将钱交给了老三的奸猾之人，因此要他负责赔偿全部损失。这时，轮到农民的辩护人发言了，只见那个青年微笑着站起来，只简单地说了几句话，便使得两兄弟和他们的知名律师哑口无言，法官也当庭宣布农民无罪释放。

你能猜出那个青年说了什么话吗？

144 妙计保春联

我们知道，王羲之是中国晋代的大书法家，在当时他便已经名冠天下了。但是，名扬天下固然好，有时却也会给自己带来意想不到的麻烦。王羲之遇到的一个大难题就是贴春联的问题。有一年，王羲之一家从山东老家移居到浙江绍兴居住。此时正值年终岁末，王羲之一家人安定下来之后已经是大年二十八了。看到周围一片祥和欢快的气氛，王羲之也不禁来了兴致，命儿子磨墨，然后挥笔写下一副春联，命家人贴在新家大门两侧。对联内容是：

春风春雨春色，新年新岁新景。

果然是好书法加上好内容。但是因为王羲之的书法在当时为天下人所敬仰，因此没想到此对联到了第二天早上，竟然被人偷偷揭走了。家人于是将此事告诉了王羲之，王羲之只是莞尔一笑，并不责怪。只见他提笔便又写了一副，让家人再次贴上去。这回是：

莺啼北星，燕语南郊。

但是没想到的是，到了第二天早上，对联又被人揭走了。今天已经是大年三十了，眼看着周围的邻居都已经贴上了春联，唯独自己家门前还没有一点过年的气氛，王羲之的夫人开始着急了，急着催王羲之想办法。王羲之于是想了一下，微微一笑，提笔又写了一副对联，但是这次他让家人先将对联剪去下半截，只将上半截贴在门上。只见这次写的是：

福无双至，祸不单行。

到了半夜，果然又有人来偷对联。但是，来人借着灯光一看，见对联的内容竟然如此不吉利。纵然王羲之的书法如何了得，也不能大过年的搞一副这样的对联挂在门上啊，于是只好摇摇头回去了。

而到了第二天大年初一，天还没有完全亮，王羲之便命家人将昨天剪下来的下半截对联贴上了。而周围的邻居也都知道王羲之家因为丢对联而故意贴了张不吉利的对联的事，料想他家会在今天贴上完整的对联，因此都很好奇。于是天亮之后，许多人都围过来看王羲之家的对联。大家一看，只见昨天的不吉利的对联后面各添上了几个字，对联的不吉利气息一扫而光，成了一副非常吉庆的对联，众人拍手称绝。

试着猜一下，这副对联该如何变？

145 狄仁杰巧谏武则天

武则天作为中国历史上唯一（为历史学家所承认）的一位女皇帝，可谓名不正言不顺，不过其总算凭着自己的政治才干得到了天下人的认可，当了十几年的皇帝。但是，在其当政的最后几年，作为一个女皇帝，她遇到了又一个非常麻烦的难题，那就是继承人的问题。其实，这个问题在她登基之初便开始困扰她，但当时她身体强健，政事处理起来得心应手，也便暂时将这个问题搁置起来。但现在，她身体已经衰弱，随时有可能归天，这个问题是非考虑不可了。

按说，既然现在天下已经姓武，按照规矩，自然应该是传给武姓娘家子弟，才算是保住了自己的江山。因此，她考虑将江山传给自己的娘家侄儿武承嗣或武三思，这样这江山便永远姓武了。但是，他的这两个侄儿却都不怎么争气。武承嗣头脑简单，没有教养，毫无谋略，只是行事鲁莽、头脑简单的一介武夫。而武三思虽然比武承嗣机智一些，但因自幼没有受过良好的教育，所以只是有些小聪明而已，对国家治理、历史鉴戒等事情则一窍不通。再加上他给武则天的情夫冯小保当了多年随从，学了不少坏毛病，所以在长安城名声极臭。

武则天的第二个选择便是传给自己和唐高宗所生的儿子李显或李旦。但是，这两个儿子毕竟是跟随父姓，他们一旦登基，必定将她的武姓江山改回李姓江山。事实上，这两个儿子早先也曾经被自己先后扶上过皇位，而他们一上台都试图从自己手中夺回大权,建立"李氏天下",儿子长大后的确是向父不向母啊！而且，

自己当皇帝几十年来，已经建立起了一个新的稳定的政治秩序，一旦李姓重掌江山，势必又要对原来的政治秩序进行大的改动，政治毕竟又要动荡。最终，经过一番反复考量之后，武则天还是决定将江山传给武姓子孙，以保住自己辛苦建立的武氏天下。

就这样打定主意后，武则天便想将自己的想法告诉自己最信任的智囊人物狄仁杰，顺便也听取一下他的意见。但是，这样的事情有些敏感，不方便在太正规的场合询问。并且，对于这样敏感的问题，在太严肃的场合，作为臣下，可能不敢直言，以免因此罹祸。而在比较随和的气氛中假装不经意地提起，臣下便不会那么紧张，另外突然发问，也来不及编造谎言，最容易说出自己的真实想法。这一向是精明的武则天套取臣下真实想法的手段。于是，一次，武则天便约狄仁杰到宫中和自己对弈。就在双方的弈局十分紧张的时候，武则天突然问狄仁杰："你说是立武三思等为太子好呢？还是立李显兄弟为太子好呢？"

狄仁杰是何等的精明！他近来见武则天经常眉头紧缩，心事重重，就猜到她在为何事犯难。并且他也早已猜到武则天早晚会向自己询问这个问题，于是他提前已经想好了自己如何作答。狄仁杰假装仍旧专注于棋局上，然后似乎是不经意地回答道："自然是李显兄弟了。"狄仁杰也十分了解武则天的脾性，知道她喜欢听别人猝不及防的回答。

武则天一听，便继续问道："那么你的理由是什么呢？"

接下来，没想到对于这个复杂的难题，狄仁杰只是很轻巧地说出了一个简单的道理，便让武则天改变了主意，你能想出这个简单的道理吗？

146 数学和苍蝇

约翰·冯·诺伊（1903～1957）是20世纪最伟大的数学家之一，他在青年时期就表现出了很高的数学天赋。据说在一次宴会上，有人向在场的人提出一个数学问题：说有两个人各自骑一辆摩托车，从相距40英里（1英里合1.6093千米）的两个地方以每小时20英里的速度同时开始沿直线相向而行。在两人起步的一瞬间，一只蜜蜂开始从其中一个人处飞向另一个人处，然后又马上折回往另一个人这里飞。如此往返，直到最后两个人在中间碰面。那么请问，假设蜜蜂的速度是每小时10英里，到两个人碰面时，蜜蜂总共飞行了多远的路程？

在场的人都感到十分有趣，同时也为了在众人面前展现自己的聪明，纷纷开始苦思冥想起来。他们先是计算蜜蜂在两个人之间第一次飞行时的路程，然后又开始计算蜜蜂往回飞了多少的路程……如此依次累加，但是，其后面的路程越来越短，这便涉及了无穷数列求和问题。这是相当麻烦的高等数学问题，不是一时半会儿可以解决的。因此，虽然在场的很多人都进行了思考，但是最终没有人给出答案。并且有人也有些显摆地告诉其他人，这涉及到高等数学，不是站立之间能够得到答案的。正在这时，约翰·冯·诺伊却直接该给出了答案：10英里。出题者一听，也立刻表示答案正是如此。

你知道约翰·冯·诺伊是如何这么快地解决这个难题的吗？

147 炼丹的副产品

在我国古代，一直存在着一个特殊的群体，那就是炼丹术士。因为那些帝王乃至将相们都十分留恋人间的荣华富贵，所以总妄想这世间能有一种使其长生不老的丹药。于是，炼丹术士便有了一个极大的市场。

一般而言，炼丹术士都是道教人士，这些人中当然不乏骗子，但也的确有人是怀着一种真正探索的态度试图真的能够找到这种药的。并且，虽然一直没能找到长生之药，但这些术士们却可以凭借自己的中医药方面的知识为帝王提供一些壮阳补肾方面的药物和建议，这可算作炼丹的一种副产品。因此，虽然大部分帝王都对这种丹药抱一种姑妄试之的态度，但他们仍然给这些炼丹术士以很大的支持。

炼制这种"长生"丹药，经常要用到硫磺、硝石、木炭这三种物品。其中，硫磺是一种砂物，其早在春秋战国时期就被人们所利用了。西汉时期，在我国湖南地区发掘出了丰富的硫磺矿。后来，又在山西、河南等地，也陆续发现了硫磺矿。硫磺因为化学性质活跃，能和多种金属发生化学反应，还能和方士眼中神奇的水银（汞）发生反应，所以成为方士炼丹的必需品。

硝石同样是一种矿物，其主要出产于四川、甘肃等省份。它是一种强氧化剂，受到加热后能放出氧，并且容易发烟发火，所以也被人称为烟硝或火硝。由于硝石的化学性质活泼，能和许多物质发生反应，所以也被炼丹术士用来改变其他药品的性质。

虽然炼了一千多年，长生之药也没有炼出来，但是在这种长期的实践过程中，炼丹术士们还是找到了一些规律。比如，他们就发现，硫磺、硝石、木炭这三种东西混在一起时，一不小心便会引起燃烧乃至爆炸。这种情况出现的次数多了，便引起了术士们的注意。于是有人干脆对这种现象进行了专门的研究，最终发明了一种东西，成为了一千多年炼丹的最重要副产品。

你能猜出这种副产品是什么吗？

148 打赌

　　明朝时期，在苏州城里住着两个狂放的书生，一个姓郑，一个姓黄。两个人颇有才智，又都喜欢打抱不平，在苏州城里都颇有名声，各自在身边聚集起了一帮朋友。但是，两个人都十分孤傲，虽然对对方都有所耳闻，素未谋面，但谁也瞧不上对方。一天，两人碰巧都和朋友到同一茶楼中喝茶，经人介绍之后认识了。两人见面后，都有些不服气对方，于是客套一番之后，郑书生便直言挑衅道："阁下的名声郑某早有耳闻了，素闻阁下才智胆识过人。不过所谓耳听为虚，眼见为实，今日得见，不知敢否和在下打一个赌，好让在下见识下。"

　　黄书生一看对方要和自己过招，便回道："只是朋友吹捧的虚名罢了，不足为信，不过倒是愿意听一下你的赌局。"

　　郑书生道："苏州城内最大官就是知府了，在下不才，有本事将知府的官帽给取来。我取来后，如果阁下能够将官帽还给他，并能得到一张收据，我就十分佩服。"

　　黄书生听了想了一下回道："好，只要阁下有本事将帽子取来，小弟自有办法还回去！"

　　显然，知府的帽子乃是其官职的标志，每天都离不了，即使回到府中，也会有专人保管，加上知府府中戒备森严，想要偷出来是不容易的。因此郑书生想要取得官帽并不容易。而如果郑书生有本事将官帽弄到手，知府必定大发脾气，如果黄书生将帽子不清不白地还回去，并且讨要一张收条，更是不可想象。

　　这天，苏州知府正在府中闲坐，忽然有人通报："老爷，有个自称提督大人的亲随的人在府外求见。"

　　"唤他进来。"知府命令道。

　　来人参见总督后禀道："刚才有个从京城来的珠宝商，拿着许多珠宝来卖，要价也很高。提督大人说如果能够有一颗像知府大人帽子上缀的那颗一样大小圆润就好了，因此差小人前来借大人的帽子前去比较一下。"说完，来人便呈上了提督大人的帖子。

　　苏州城中，知府乃是最高行政长官，而提督则是最高军事长官，两者平起平坐，互不干涉，也并无多少往来。从来没有事情劳烦自己的提督因为这件小事儿派人前来，知府自然不好拒绝，便命人将帽子取来借给来人带走，说好马上送还。但是，此人走后半天，也不见回来。知府便只好派人前去提督府讨要，但是提督竟然声称并无此事。这下，知府才慌了手脚，立即传令县令、捕头等一干人寻找贼人，并限令他们三日破案，否则革职查办。

　　原来，前来骗走帽子的正是郑书生。郑书生将帽子弄到手之后，便将帽子送到黄书生处，将烫手的山芋丢给了他。但是，黄书生也一点都不着忙，只是很从容地说："兄台果然好胆识，下面小弟也自当履行诺言，将帽子还回去！"于是，他便果然也很轻易地将帽子还了回去，并且还讨到了知府的收据。

想一下，黄书生是如何做到的呢？

149 爱迪生与助手

我们知道，爱迪生是美国著名的发明家，其完全通过自学而成为科学巨子。但是，在早期的美国社会，人们很重视传统的门第，许多贵族对于出身低微的爱迪生总心存藐视。爱迪生的科研助手阿普顿就是这样一个人，其出身贵族，又是美国名校普林斯顿大学的高材生，毕业后因为成绩优异而被分派给大科学家爱迪生当助手。正因为此，他对于爱迪生十分轻蔑，经常找机会讥讽爱迪生。但是，有一件小事使得他改变了对于爱迪生的傲慢态度，变得毕恭毕敬起来。

一次，爱迪生在研究一个项目时，需要一个数据，于是对阿普顿说："麻烦你把这只梨形玻璃泡的容积计算一下，我马上要用。"阿普顿点了点头，便拿着梨形玻璃泡去了自己的工作间。在工作间里，他先是用尺子上下量了几次玻璃泡的几个数据，然后又按照其式样在纸上画出草图，最后便开始列出了一道算式，开始计算起来。但是事情并不像他想象的那么顺利，他一连换了十几个公式，算得满头大汗，最后也没有得出结果，他急得满脸通红，狼狈不堪。

两个小时过去了，爱迪生见助手还没有将数据交给自己，感到很奇怪，于是便来到阿普顿的工作间。看到阿普顿满脸窘迫地看着自己，同时桌子上则放着几张写满了算式的纸，爱迪生便拍了拍阿普顿的肩膀，然后笑着说："这样算就太浪费时间了。"

阿普顿一听很不高兴，他挑衅性地反问爱迪生："不这样算，请问该怎么算呢？"

爱迪生什么也没说，而是做出了一个举动，果然十分简单地便算出了这个玻璃泡的体积。你能猜出爱迪生是如何算出玻璃泡体积的吗？

150 苏小妹看吵架

苏东坡的妹妹苏小妹生性聪颖机智，聪颖如苏东坡，也经常上她的当。

一天，她正在家中看书，忽然听到街上吵闹异常，便好奇地跑出家门来一看究竟，原来是有人在吵架。

这时，从外面回来的苏东坡看到妹妹在那里看人家吵架，便走上来对苏小妹说："一个女孩子家，怎么在这里看人家吵架，赶快回家去！"

没想到苏小妹却说道："要我回去也行，我出个上联，只要你能对上下联，我就回去！"

苏东坡说："好，你出吧！"

苏小妹于是吟道："闺阁闷，闻闾闹，开门闲问。"

苏东坡一听，这对联比较偏，一时被难住了，于是琢磨了好一会儿，才想出了下联："官宦家，窈窕容，宜室安宁。"说完，苏东坡便催促妹妹回去，"好了，现在对出来了，你该回去了！"

没想到这时苏小妹说了一句话，苏东坡一听，才知道自己又上了妹妹的当了。

你猜，苏小妹说了句什么话？

151 三个推销员

有一家生产企业大张旗鼓地招聘推销员，前来应聘的人很多。公司经理对前来参加应聘的人说道："推销嘛，说起来也很简单，就是想办法说服别人买我们的东西。当然，对于需求迫切的顾客来说，你不用怎么费劲，就可以说服他买了我们的东西。但最难的是，将产品推销给需求并不迫切甚至是根本没有需求的顾客，而我们所需要的推销员正是具备这种能力的人。下面，为了检验你们的能力，我给诸位出一个题目，即到寺庙里去向和尚推销梳子，以十天为限，推销成功者我们就会予以录取，并给以优厚的待遇。"

"什么，向和尚推销梳子，谁都知道，和尚一根头发都没有，怎么可能会买梳子，这不是开玩笑吗？"许多应聘者忿忿地议论开了，有不少人当场表示放弃。但是，也有一部分人留了下来。于是，公司经理便给这些人每人分发了一批梳子，让他们各自出发了。

十天后，应聘者们纷纷回来了，其中的多数人都垂头丧气，他们一把梳子也没有推销出去，这些人将梳子交还给公司便一声不吭地离开了。只有三个人成功地将梳子推销了出去。

公司经理问第一个人："你卖了几把梳子？"

"我只卖了1把。"这个人不好意思地回答。

"你是怎么卖的呢？"经理问道。

"哎，为了卖出这把梳子，我可是费了大劲了。我跑了附近的许多寺庙，和尚一看我是来推销梳子的，都直接将我赶了出来。"这个人苦着脸说道，"最后，我好不容易找到了一个好心的老和尚，请求他买一把梳子，好说歹说了半天，他才肯买了1把。"

"老和尚买了梳子也没什么用啊！"公司经理笑着说。

"所以才难推销啊，他基本上是为了帮我才买的。"这个人只好承认。

"你卖了多少呢？"公司经理又问第二个人。

"我还不错，卖出去了10把！"这个人略微有些得意。

"那么，说说你是如何推销的吧。"公司经理笑着说。

"我只去了一家某名山的寺庙，这座寺庙由于位置较高，寺庙里山风很大，前来烧香拜佛的人们的头发都被风吹乱了。我就对寺里的住持建议说：'人们头发这样蓬乱着拜佛，是对佛的不敬。如果在大殿门口放几把梳子，让他们先将头发梳理一下，想必会显得更虔诚吧！'于是，住持接受了我的建议，买下了我10把梳子。"

公司经理听完第二个人的讲述，也没说什么，将目光转向第三个人，问道："请问你卖了多少把呢？"

"500把。"第三个人说道。

"说说你的经过！"公司经理眼睛里闪露出一丝光芒。

你能想象出第三个人是如何卖了500把的吗？

152 聪明的苏代

我们知道，苏秦是战国时期著名的纵横家。其实，苏秦还有个弟弟，名叫苏代，也是当时有名的纵横家。下面这件事便能够体现出苏代的智慧。

一天，楚襄王的宰相昭鱼前来拜访苏代，对他说："我想请你看在老朋友的分上帮我一个忙。"苏代问是什么事情。昭鱼讲道："魏国的宰相田需刚刚死去了，我担心张仪、薛公、公孙衍这三个人有人做了魏国宰相。因此我希望你能去说服魏王，让魏国太子做宰相，这样对楚国是很大的帮助，我会记着你的好处的！"

苏代答应了昭鱼的请求，北上魏国。见到魏王后，苏代凭借自己的一番话果然使得魏王让太子做了宰相。

你猜，苏代是如何说服魏王的？

153 最准的天平

在英国某个村庄里面，有一位面包师和一位卖黄油的老农民是邻居。二人相互之间经常买彼此的东西。

因为二人做邻居已经很多年了，所以在彼此相互买东西的时候从来不去当面称所买物品的重量，对方说是多少也就是多少。

面包师是一位非常细心的人，每次从邻居那里买来黄油之后总会去称一下分量足不足。开始的时候，他觉得邻居还不错，黄油的分量非常充足。但是时

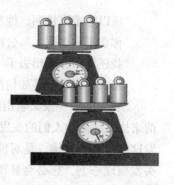

间长了，他发现从邻居家里买的黄油的分量越来越不足了。这就说明，每次他买黄油的时候都多花了一些钱。

这件事情一直被面包师搁在心里放不下，终于有一天，他再也忍不住了，就很委婉地向邻居提出了这个问题。没想到老农民一听，非常生气，他指天发誓说从来没有少给过面包师分量。二人争辩了一会儿，竟然因为话不投机而闹翻了脸，面包师一气之下将这位卖黄油的农民告到了法官面前。

法官于是开庭对这个事情进行审理。法官问这位农民："你每次卖给面包师黄油的时候都仔细称过分量吗？"

农民很自信地回答说："当然，我有一架最准的天平，每次都称准了分量。"

"天平？"法官继续问，"那你有标准的砝码吗？"

"不，我不需要砝码。"

这样的回答让法官很吃惊，他继续问："没有砝码，你怎么去称黄油的重量呢？"

农民于是就将自己的办法告诉了法官。法官听后立刻明白了是怎么回事，农民当场被判无错。面包师自认倒霉地付了所有的诉讼费。

你能猜出农民不用砝码如何测出黄油的分量吗？

154 商人转换思路取货款

眼看着新年就要到来了，一个商人辛辛苦苦地做出了一批货，交给一个新客户。交货之后，本来以为客户很快就会付款的，但是左等右等就是不见客户的汇款信息过来，商人有点着急了。

又过了两个星期，客户依旧没有将应该付的钱汇过来。商人终于等不及了，于是连夜赶火车亲自来到了客户的公司要钱。

客户是一个非常狡猾的人，商人在苦等了几个小时之后，客户才肯露面。商人与客户磨了半天才勉强拿到了一张8万元的支票。商人拿到支票就立即赶往所在银行，希望能尽快提出现金，以用来准备年货。

然而事情却没有他想的那么顺利，在商人将支票交给银行工作人员的时候，对方却告诉他，那个账号的户头已经好久没有资金往来了，而且更糟糕的是，那个账户现有的存款已经不足，商人的支票根本没有办法立即兑现。

商人忽然明白了，这是客户的一个小动作，客户想用这个办法来为难他。因此他很想立即赶回客户所在公司，与他理论一番。

但是商人做事一向谨慎，他仔细思考了一会儿之后，他先向工作人员说明了自己此时的困境，然后问是不是可以告诉他那个账号的具体存款情况。他想知道到底对方的账户里面有多少钱。

看到他的诚恳，考虑到他现实中遇到的困境，工作人员很热情地帮助他查到了结果：那个账号户头目前有存款 77500 元，与他的支票相差了 2500 块钱。

商人脑子灵活，天生聪明，灵机一动想到了一个办法，最后顺利地取走支票上的 8 万块钱，那么你知道用的办法是什么吗？

155 馆长催书

加拿大卡尔加里市有一家历史悠久、规模宏大的图书馆。很多居民都喜欢来这里借书看。其中有一个叫卡尔的学者，便是这里的常客之一。

卡尔是做学术研究的，经常要查阅很多资料，这家图书馆自然就成了他喜欢的地方。但是遗憾的是：卡尔经常会借不到他想要的书。书单上的书图书管理员经常会说没有，为此，他非常失望。

一次，卡尔为写论文急需查阅一些资料，他把自己需要的书名列了清单交给了图书管理员。过了一会儿，管理员过来抱歉地对他说道："先生，不好意思，你要借的书，我们这里暂时都没有。"

卡尔非常生气，他心想，这么大的图书馆怎么会有这么多书找不到？于是就直接找到了这家图书馆的馆长提意见。

馆长是一位和蔼可亲的老头，听完卡尔的叙述后赶紧打电话叫来了图书管理的负责人来询问情况。

负责人仔细看了一下卡尔所列的图书清单，然后说："其实这些书，我们图书馆都有，但是现在都在别人手中，很多书借了好多年了，到现在都没有人还。"

馆长听后非常生气地问："那么长时间，你们为什么不催借书的人？"

图书负责人低下头说："我们一直在催，但是想了好多办法都不奏效。"

馆长感到这个问题挺严重，于是便问图书负责人究竟有多少书逾期没有还回来，结果发现这样的书竟然多达 7000 多册。

馆长对此很是吃惊，决心要想出办法解决这个问题，于是他转身对卡尔说："先生，今天十分抱歉，没能让您借到想要的书。您先回去，我向您保证，一个星期以后，您再来一定能借到所有您想要的书！"

卡尔听到馆长这么保证就不好再说什么，转身离开了。卡尔走后，馆长冥思苦想了半天，最后终于想到了一个催书的好办法，他将图书负责人再次叫来，如此一般地交代了一番。

果然，短短几天内，图书馆众多逾期未还的书都回来了。人们争先恐后地都跑图书馆还书。一个星期之内，大部分书都完璧归赵了。结果发现，有的书竟然已经逾期了十多年之久。

一个星期之后，卡尔抱着怀疑的态度再次来到了图书馆，这一次，他果然如愿地借到了所有他想要的书。卡尔很好奇地向馆长询问催书的办法。馆长笑了笑，递给了卡尔一张报纸广告，卡尔看完后恍然大悟。

你能猜到那个广告上面写的是什么吗？

156 卖猫的农夫

有一位古玩商，非常喜欢收集古玩。因为在城里转遍了，很难再收到比较有价值的古玩，于是他就决定去乡下碰碰运气。

这天，他来到了一家农舍前，观察了一会儿，忽然眼前一亮，他看到了一件很有价值的东西。那是一件非常别致的小碟子，凭着对古玩这么些年的研究和高超的鉴赏力，他断定那是一个值大钱的古董。但是好像这家主人对此一无所知，因为主人竟然拿它喂猫。

古玩商此时心中狂喜，但是他极力忍住了。他假装随意地走到了这家主人的身边闲聊起来，并假装一副才发现小猫似的样子对小猫表现出了极大的兴趣。古玩商先对那只猫大肆赞扬了一番，然后编造了一个非常动听的故事。

他告诉小猫的主人，他的太太非常喜欢小动物，尤其喜爱小猫。前几天因为精心养的一只猫死去了，妻子正伤心不已，而此时眼前的这只小猫，竟然和太太死去的小猫出奇的像。

古玩商说着说着不禁流出了动情的泪水，木讷的农夫听后也跟着伤心起来。这个时候，古玩商问农夫："我想买下这只小猫送给太太，你这只小猫卖不卖？"

农夫干脆利落地回答说："当然卖了，既然你的太太这么喜欢小猫，我就卖给你好了，希望她早点恢复心情。"古玩商听了心里暗喜，为了表示自己的诚意与感谢，他还特意出了两倍的价钱给农夫。

就在他抱起小猫准备走的时候，他才开始引入正题。他故作若无其事的表情对农夫说："你们是一直用这个小盘子喂小猫的吧？我怕小猫以后不习惯，所以我还想继续用这个盘子喂它。请问您可不可以顺便把这个盘子送给我呢？"

古玩商心想，农夫不知道这个盘子的价值，肯定会很爽快地送给他。可是，他怎么也没想到，农夫的回答让他的美梦一下子破碎了。

你知道农夫究竟是怎么回答的吗？

157 吴用智赚卢俊义

　　我们都知道,明朝小说《水浒传》中讲了梁山好汉的一系列精彩故事,而"吴用智赚玉麒麟"的故事就是其中著名的一个。

　　这个故事中的"玉麒麟"就是卢俊义,卢俊义乃河北俊杰,他不仅急公好义,乐善好施,济人危困,而且武艺高强,名闻四海,人称"河北玉麒麟"。梁山泊义军头领宋江久慕他的威名,一心想招卢俊义上梁山坐一把交椅,以借助他的威名扩展梁山的事业。但是,偏偏这个卢俊义有钱有势,有名有位,吃不愁,穿不愁,而且满脑袋的忠君思想,要他上山造反谈何容易,宋江常常为此苦恼。

　　为了拉卢俊义入伙,宋江便找军师吴用商量办法。说起来这军师吴用,人称"智多星",他为人机敏,善于谋略,凡事一经他策划,没有办不成的。所以,当宋江与他议起此事时,吴用很快就想了一个好主意。

　　这天,吴用扮成一个算命先生,悄悄来到卢俊义的庄上。吴用故意口出狂言,引起了卢俊义的注意,将其邀至府中。在卢俊义府中,吴用先是用一些危言耸听的话赚取卢俊义的信任,等到卢俊义相信他是一个非常"神机妙算"的算命先生了,吴用就说卢俊义最近肯定有血光之灾。他利用卢俊义正为躲避"血光之灾"的惶恐心理,口占四句卦歌送给了卢俊义,并让他端书在家宅的墙壁上。这四句卦歌的内容是:

　　　芦花丛中一扁舟,
　　　俊杰俄从此地游。
　　　义士若能知此理,
　　　反躬难逃可无忧。

　　当时的卢俊义正想着如何消灾解难,根本没有细细看这首诗,便按照吴用的嘱咐到远处避难去了。可是,这首诗仔细一看,就有很大的问题。当吴用走后不久,官府就来了,说卢俊义想造反,而证据正好就是这首诗。官府以这卦歌为罪证,大兴问罪之师,到处捉拿卢俊义,终于把他逼上梁山。你知道这首诗的玄机在哪里吗?

158 三个不称职的工人

　　马老板和张老板是生意上的合作伙伴,一次,两人聚在一起聊天,聊着聊着就聊到了各自的员工身上去了。

　　马老板很头疼地说起了自己的三个做技术的员工小崔、小刘和小赵。他说他们三个人不务正业，不专心研究技术，反而老喜欢管其他的事情。

没想到张老板对于这个竟然很感兴趣，他就让马详细地把那三个员工的情况说一下。

马老板就继续对他说："小崔喜欢对别人生产出来的产品评头论足，每次总能挑出这样那样的毛病。你想啊，谁愿意自己的产品老被挑出毛病？因为这个，同事经常和他吵架，这不就影响整体的团结了嘛；小刘整体一副忧心忡忡的样子，他老担心车间会发生事故，一会儿说这里缺少东西，一会儿又说那里该换了；最气人的是小赵，他从来不关心车间的事，一下班就去街上闲逛，还老喜欢去问商家什么物品好卖、哪种东西卖不出去等莫名其妙的问题！"

介绍完之后，马老板生气地说："像他们这种不安分于本职工作的员工，就应该把他们辞退了！我真不想要他们了，最近就打算把他们辞退了。"

张老板听后笑了笑说："你把这三位技术人员给我行吗？"

马老板二话没说就把这3位员工给了张老板，自己心里还暗自高兴走了3位不好好工作的员工呢。

谁知道这三个工人在另一个老板那里都做得很出色，并受到重用，你知道是为什么吗？

159 如何使线变短

在一家武术馆里面，约翰正在认真地进行着训练。

接下来的训练内容是两人对练。约翰分到的对手实力比较强，他自知真的打起来之后，自己绝对会输给对方的，于是他心里盘算着是不是该用其他的办法赢一次。

比赛开始，约翰老是想用一些投机取巧的办法，频频突然偷袭或者利用比赛规则占便宜，但是很可惜，对手始终沉着冷静，没有让约翰讨到多少便宜。

结果，比赛结束后，约翰不仅失败了，而且在积分上竟然没有得到1分，他心里非常恼火。

教练看完他们的比赛以后，把约翰叫到了办公室。他没有批评约翰，而是什么都没说，先在地上画了一条大约长4英尺的线，然后问了约翰一个莫名其妙的问题："如何才能把这条线变短呢？"

约翰很奇怪教练为什么这么问他，他仔细看了一下那条线以后给出了好几个答案，其中包括把线截成小段，把线折叠起来等，但是教练均摇摇头，认为不可行。

最好，教练又拿起笔，做了一件事。然后约翰一看，看起来线果然变短了。
你能猜出他是如何使线变短的吗？

160 不一样的说法

阿拉贡是20世纪法国著名诗人，有"20世纪的雨果"之称。一天清晨，阿拉贡出门散步，在经过一个广场的时候，他看到一个孩子正坐在门口的台阶上面乞讨。孩子手里捧着一个破旧的帽子，面前放着一张纸，纸上歪歪斜斜地写着这么几个字：

"我是盲人，无父无母，请好心的人帮帮我！"

阿拉贡低头看了一下这个孩子面前的帽子，发现里面只有很少的几枚硬币，于是他赶紧掏出钱包来想帮帮这个可怜的孩子，却发现自己忘记带钱包了。想了一下之后，他拿出一支随身携带的笔在小孩子面前的那张纸的背面写了一句话，并将纸反过来放下，然后便离开了。

等阿拉贡走了以后，小孩子奇怪地发现往他帽子投钱的人突然多了起来，到了傍晚，帽子竟然已经满了。

阿拉贡再次经过的时候，笑着对小孩子说："看来这个世界上有爱心的人还真不少！"

小孩子听出来这个说话的就是早上那位好心帮助他的人，于是连忙问道："好心的先生，请问您早上在纸上写了什么字呢？为什么那么多人看了之后都来帮助我呢？"

阿拉贡笑着说道："我写的话和你原来的意思一样，只是换了种说法而已。"

那么，你知道阿拉贡在纸的背面写了什么吗？

161 制度变换

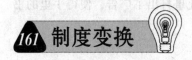

17~18世纪时，英国政府经常运送犯人到澳洲去，类似于中国的流放。当时，在运送这些犯人的时候，都是雇用私营船主运送这些犯人，政府按照犯人的人头数付给私营船主运费。

这样的运送犯人的方式便导致了这样的现象：私营船主为了从运送奴隶的过程中获得更多的运费，往往会不顾犯人的死活，每次拼命地增加运送犯人的数量。这样一来，经常会由于船上运送人数过多，导致船上生存环境非常恶劣，再加上许多私营船主还想尽办法克扣犯人的粮食，等到了目的地之后再拿出来卖钱。这样一来，许多犯人就在中途因营养不良或疾病而死去了。甚至于，有些黑心的私营船主为了节省开支，在船只出海不久就把一些犯人活活地扔进海里。

对于这种不人道的现象，英国政府十分着急，想要降低犯人的死亡率，但是却一直想不出什么比较好的办法。因为假如增强医疗措施，多发食物和改善犯人营养，那样就会增加运输成本，同时也无法保证船主真的将这些东西用到犯人身上；而如果在船上多增派管理员监视船主，那样不仅会增加政府开支，而且也很难保证监管人员不会在暴利的诱惑下不与船主合谋。

那么，你能给他们想出一个好的办法吗？

162 书商与总统

一个做出版的经销商库房里面积压了一大批书，这个出版商就想找个办法把积压的书赶紧卖出去。很快，书商想到了一个办法，他设法将其中一本书送给了总统，然后多次询问总统看了此书后的感想，总统因为忙于公事所以一直都没有时间去看那本书，但为了让这个出版商不要再来纠缠，就对他说："这本书还不错。"这位出版商得到这个答案以后，便借题发挥，大力宣传，他不断地在各大媒体上刊登广告："本店现有总统喜欢的书出售！"人们看到这个广告后，纷纷前去书店抢购这本书，很快，这本书就被人们抢购一空。

过了一段时间后，出版商又遇到了同样的情况，他手里再次积压了一批滞销的书。于是这位经销商又送了一本书给总统。这次总统收到以后，想起上次被经销商利用的事情，就很气愤地说："这本书实在糟透了！"出版商听了以后，再次去刊登了这么一则广告："本店现有总统讨厌的书出售！"令人想不到的是这样的一则广告带来了同样的效果，那批滞销的书很快又被抢空。

第三次，经销商又来找总统时，总统拿着出版商第三次送来的书，吸取了上两次的教训，什么都不说。但是书商同样借此事打出了广告，使得手里的书同样销售很火。

你猜经销商这次是如何打广告的呢？

163 老住持考弟子

在一座高山上有一座新建的寺庙，庙里有一个住持和几个和尚。因为附近没有其他寺庙，所以这座寺庙在当地的影响相当大，来庙里烧香拜佛的人都很多，十里八屯的都专程跑来这里上香。寺庙建成之初，是一个中年和尚担任住持，许多年过去，寺庙被风雨冲刷得已经失去了往日的"容颜"，中年住持也老了。

住持知道自己年事已高，剩下的日子不多了，在离开之前，他决定要选一个新住持接替他。寺庙就这么几个弟子，习性也都了解，可是住持还是想考考他们。于是，住持给众多弟子们出了一个问题。

一天，他叫来了众弟子们，对他们说："我的日子不多了，现在我要从你们之中选出一人做住持。你们到南山上去，各自去打一担柴回来。谁第一个打柴回来，我就让谁做本院的新住持。"弟子们听了住持的话后，都往南山的方向跑去了。但是，非常不如人意的是，就在他们快到达南山时，前面出现了一条大河。这条河的河水从山上奔涌而下，气势非常吓人，根本无法穿行过去。看来南山是去不成了。

于是，很多弟子就放弃了去南山打柴的想法，纷纷掉头回去了。只有一个小和尚没有立即回去，等到他回去的时候，住持就让这个小和尚做了下一届的住持。你知道小和尚是怎么做的吗？

164 智解难题

在一个小城里，只有一家电影院，而这个小城的娱乐场所并不多，人们都喜欢到这家电影院看电影，因此电影院生意非常好。这家电影院虽然座位很舒适，环境也很优雅，不过，这家电影院却有一个问题一直让观众不满意。

由于观众多，电影院的厕所的蹲位有限，每次散场后，厕所前面都要排很长很长的队伍。对于这个问题，观众已经向电影院多次提建议，怨声载道。

但是，电影院也有难题。电影院所占的空间有限，无法扩大厕所的面积。如非要扩大厕所的面积，那么电影院的经营成本上也是个问题。但是，如果一直不解决观众排队上厕所的难题，相信总有一天，观众将不再愿意来了。因此，这确实是一个很棘手的问题。

经营商在困扰之下，请来了一位有名的专家，希望能讨教到解决问题的方法。专家不愧是专家，给经营商出了一个几乎没有成本而又十分见效的主意，从此以后，虽然没有修建新的厕所，但是观众的怨声却魔法般地消失了，再也没有观众抱怨过厕所的问题了。

你猜这位专家的主意是什么？

165 不开心的老人

从前有一位老妇人，有两个女儿，都很孝顺。大女儿嫁给了一个做浆布的商人，小女儿嫁给了一个修伞的商人，两个女儿都嫁了好夫婿，按理说老人

该过得幸福才对。可是情况却并非如此，相反，老人每天过得都不开心，脸上很少有笑容，总是愁眉苦脸的。邻里乡亲都觉得很奇怪，可也不知道是什么原因。

其实，老妇人不开心的原因主要是天气。如果是晴天，那么她就觉得她的小女儿的丈夫的生意就会受到影响，赚不到钱；如果是阴天，那么她的大女儿丈夫的生意就会受到影响。而天气不是晴就是下雨，所以，无论是哪种天气，她都很担心。

于是，自从她的两个女儿都出嫁后，她就整日的愁眉苦脸，从未开心过。

处于这样的状态，老妇人也觉得很难过。她极力说服自己不要为女儿们担心，她想要摆脱这种担忧的状态，但是无论她怎样努力，都没有办法解脱。

某天，她听说山上有一位智者，能解决各种困扰人的难题。于是，她找到了智者，把自己的烦恼告诉了他，希望智者能够解除她的忧愁。果然，智者和老妇人聊了后，老妇人的脸上又出现了久违的笑容。

你知道智者是怎样开导老妇人的吗？

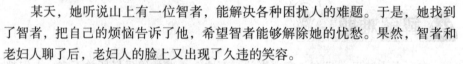

166 一句话解决问题

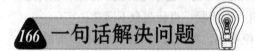

有一次，保罗·盖蒂在田里挖水井时，发现了地下竟然有黑色的石油冒出来。于是，他决心开始做石油的生意，一开始，他只是自己挖石油来卖，后来攒了一些钱后，他就开始雇工人开采石油。

一开始，工人都很认真地工作。但是，时间久了，保罗·盖蒂发现有些工人有浪费原料的现象，更可气的是还有工人在工作期间偷懒。看到这些现象，保罗·盖蒂非常生气。他也曾经多次找负责的人，和他们说要严格管理好工人。但是，每次保罗·盖蒂说后不久，工头还会监督工人，可是时间长了，也就会重蹈覆辙了。这样，几次三番下来，保罗·盖蒂依旧没有杜绝浪费的现象。

保罗·盖蒂并不死心。他很纳闷，为什么那些工头就不能一直尽职尽责地管理工人呢？为什么会导致工人如此散漫呢？于是，他就去找了一位德高望重的管理学家。管理学家帮保罗·盖蒂分析了一下，保罗·盖蒂顿时恍然大悟。他回来后，仅仅对工头说了一句话，上面的现象就都销声匿迹了，石油的产量大大提高，企业利润大大提高。

保罗·盖蒂对工头说了什么呢？

167 罗斯福的连任感想

我们都知道，美国的罗斯福总统一共连任了三届，这在美国历史上，是绝无仅有的。当罗斯福第三次当选总统后，一个记者就想采访罗斯福，请他谈谈连任三次总统的感想。面对记者的采访要求，罗斯福很爽快地答应了。记者开门见山就问起了他此时的感受，罗斯福并没有马上回答记者的问题，而是请记者吃三明治。被总统请客，记者感到很荣幸，当然很爽快地就答应了。记者很高兴地吃了第一块三明治。吃完后，总统又要请他吃第二块，记者本来就不饿，但是这是总统的邀请，也不好拒绝，于是，就勉强吃了这第二块。当吃完第二块，记者的肚子已经很撑了。没想到这个时候，总统又要请他吃第三块，记者无奈，只好硬着头皮吃了下去。

最后，总统又对记者说："再吃一块吧。"记者表示实在吃不下去了。

这个时候，总统简单地说了句话。记者听后，连连点头，满意地回去了。你知道罗斯福总统说了句什么话吗？

168 "雅诗·兰黛"的成功

雅诗·兰黛是国际上知名的化妆品品牌，是美国500强企业之一。但是，在最初开拓市场方面，雅诗·兰黛却并不是那么顺利的。

1953年，雅诗·兰黛推出的"青春之泉"香水在美国市场上大获全胜，一夜之间成了家喻户晓的品牌香水。具有敏锐洞察力的创始人埃斯·泰劳德并不满足只占领美国市场，她还要进一步抢占欧洲市场。突破口就选在了法国。

法国人的浪漫是举世公认的，同时，他们的挑剔也是举世公认的，他们对于这个新事物并不感兴趣。只是有几个爱占便宜的小市民，经常到店里来试用，把自己浑身喷了个遍，到最后也不买。这样的市民很多。更可恶的是，一个市民隔三差五地就到店里来试香水，却也不买。

看到这样的情形，店里的员工都气不过了，对埃斯·泰劳德提议要在店内贴些警示语，例如"法国是文明的国家，法国人是有教养的人"、"请勿起贪婪之念"、"天下没有免费的午餐"等等。对于员工的好意，埃斯·泰劳德却没有采纳，而是愿意继续让顾客试用香水，她"好心"地声称"就让她们把香味带走吧！"没想到，正是因为这份"好心"，雅诗·兰黛很快赢得了市场，在法国迅速流行，你知道这是为什么吗？

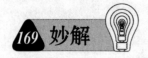

169 妙解

　　商人的一个朋友要过生日了，商人想给朋友买张画作为生日礼物。于是，他就走入了一家画店。商人咨询了画店老板该买哪种画，老板看来人衣着光鲜，器宇轩昂，心想其朋友也必定是富贵之人，就说道："牡丹代表大富大贵，很符合您朋友的身份，不如就买张牡丹图吧！"商人觉得老板说的有道理，就买了张牡丹图回家去了。

　　在朋友的生日宴会上，他把自己送给朋友的生日礼物当众打开了。众人都夸这礼物选得好。正在大家夸赞画画得好时，一个客人惊讶地说："你们看，这张画没有画完。这幅牡丹最上面的那朵花，竟然不完整！"旁人一看也都议论开了，有不懂事的人忍不住议论道："这不是代表着'富贵不全'吗？"

　　商人也看到了那残缺的部分，也很懊悔自己买的时候没有认真看。现在，不但他的好意没了，而且还在那么多人面前出了丑。正在商人不知道如何是好的时候，主人来了。主人是个很有学问的人，他了解情况后，哈哈大笑着称这是个好礼物。在众宾客惊诧之际，主人笑着给出了新的解释，正好和"富贵不全"完全相反，是十分吉祥的意思。全场嘉宾无不称赞主人的智慧。你知道主人是如何解释的吗？

170 私塾先生的批语

　　蒲松龄是清朝有名的文学家。于是，一介武夫胡守备想请他做自己儿子的老师。看在胡守备望子成龙的份上，蒲松龄就答应了他的请求。胡守备的儿子生性拙笨，进步很慢，蒲松龄则实事求是地在作业本上写了评语。但是，胡守备看到蒲松龄在儿子的作业上的批语都是不好的话时，却感到很不高兴，于是就把怒气撒到了蒲松龄的身上。他埋怨说蒲松龄教学无方，并非自己儿子愚笨。听到胡守备这样说，蒲松龄心里很不是滋味，他想，应该给胡守备点颜色看看，既然你要听好话，那我就成全你。

　　胡的儿子文章的错别字太多，蒲松龄就用笔在旁边醒目地批作："唯解漫天作雪飞。"

　　他儿子的另一篇文章字迹潦草，蒲松龄就批作："草色遥看近却无。"

　　还有一篇文章内容空洞，蒲松龄就批作："两个黄鹂鸣翠柳，一行白鹭上青天。"

　　胡守备大老粗一个，只识得几个字而已，一看都是些唯美的诗句，以为蒲松龄说的都是夸赞之词，哪知道这些诗词背后的讽刺意味。于是，他问蒲松龄道："最近我儿子的学业看来大有进步，想必已经将四书五经都贯通了吧？"

蒲松龄笑着回答道："人有七窍，令郎已通六窍。"

你能猜出这些批语的背后的含义吗？

171 巧捉野猪

一个村子因为靠近山林，经常受到山上野猪的袭击。下山的野猪毁坏庄稼、袭击家畜，有时还伤害村民。村里的人都想把野猪打死，可是野猪凶猛而狡猾，打死它可不是一件容易的事情，村里人多次行动都失败了。无奈之下，村长把大家召集起来，想要集思广益，想出一个捉野猪的好办法。正当人们都表示无可奈何之际，一位老人站了起来，说道："我愿意去抓野猪，只要你们提供给我所需要的东西，我就一定能办到。"虽然大家还是不太相信老人的话，但是既然老人这么说了，就按照老人的要求，为他准备了需要的东西。

第二天，老人就独自跑到深林中了。老人先是找到了野猪经常出没的地方，并在那个地方放了玉米饼。野猪闻到了玉米饼的香味，就循着味道走了过来。最初野猪不敢靠近玉米饼，可是禁不住香味的诱惑，最终还是慢慢向玉米饼走近了。翌日，老人还是在那个地方，又多放了一些玉米饼，同时在玉米饼旁边竖起了一块木板，结果野猪又去吃了。接下来的几日，老人每天都在原地放玉米饼，不过每次都多竖起一块木板。野猪对此并不在意，依旧大摇大摆地每天去吃玉米饼。你猜最后的结果是什么？

172 以退为进

一位富翁把自己收藏多年的三枚邮票拿来拍卖，拍卖师刚讲明邮票的年代与种类，一位识宝者便意识到了它们的珍贵，所以立刻开出了一个高价。只是很遗憾，他叫出的价离富翁的底价还差一点点。

富翁坚持的同时，识宝者也在坚持着，你来我往几番讨价还价之后，富翁竟然从兜里掏出一个打火机，镊起一枚邮票烧掉了。看到如此珍贵的邮票被毁，识宝者心疼极了，不得不把叫价抬高了点，可是仍然跟富翁的底价有一段差距。看着识宝者又一次陷入坚持，富翁又缓缓地镊起第二枚邮票点燃了。这一下，识宝者终于忍不住大喊道："好好好，我给你那个价钱。"

"不，"富翁摇了摇头，"剩下的这枚邮票你需要出四倍于原价的价钱。"

"凭什么？刚才你三枚邮票一共也没卖到这个数。"识宝者大喊道。

你猜富翁的理由是什么？

173 巧搬图书馆

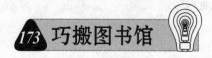

在英国，曾经有一家大型的图书馆要搬迁。但是，由于这家图书馆藏书非常多，新馆又有一段距离，所以搬运这些图书不但花费特别高，也特别的麻烦。

一天，馆长召开全馆工作人员会议，让大家一起动动脑筋，看有没有省时、省力又省钱的办法，来搬运这些图书。图书馆所有工作人员想了很久很久，一段沉默之后，一位入职不久的图书管理员突然说："你们看，我们可不可以这样做，就是……"

听完他的话，大家都鼓掌叫好，于是，馆长下命令，就按照这位图书管理员的办法做。果然，这件原本费力费时又费钱的工作，轻轻松松地完成了，而且图书馆基本上没花钱！

你能猜出这位图书管理员想出的办法吗？

174 名师出高徒

在古代的欧洲，有一个名叫欧提尼的聪明人，他曾经拜在当时著名的学者普罗塔哥拉斯门下，向他学习法律和诡辩术。在当时，跟从普罗塔哥拉斯学习有一个不成文的规矩，那就是在没有学习之前，学生和老师之间要签一份合同：入学前，学生要先交付老师一半的学费，等到学成之后，再付另一半学费。不过有一个条件，那就是学生出庭的第一场官司必须打赢，这样才证明学业有成。

欧提尼当时很穷，但是为了跟从普罗塔哥拉斯学习法律和诡辩术，他还是毫不犹豫地签约了。交了一半学费之后，他就身无分文了。在跟随普罗塔哥拉斯的几年内，他学习非常用心，很快，普罗塔哥拉斯的知识他已经学到了十之八九。就这样，欧提尼比他的同学提前毕业了。然而，他却迟迟不肯去出庭打官司。因为他知道，如果他打赢了的话，他必须交付另一半学费，而他当时依旧身无分文。

普罗塔哥拉斯看到这种情况，感到有些不太高兴，他心想："欧提尼为什么不肯出庭打官司呢？难道他想赖掉另一半学费吗？"想到这里，他决定向法院提出诉讼，而被告正是他的学生欧提尼。因为他想："如果我打赢了，按照法庭的判决，我可以得到另一半学费；如果欧提尼赢了，按照我们当时的合同，他也要交付我另一半的学费，何乐而不为呢？"

就这样，普罗塔哥拉斯把欧提尼告上了法庭，可是他万万没想到的是，他的学生也用同样的诡辩术，巧妙地"赖"掉了他的另一半学费。普罗塔哥拉斯虽然没有得到另一半学费，但是却非常高兴，因为他看到他教出了一位真正的"高徒"。

你能猜到，欧提尼在法庭上怎样为自己辩护的吗？

175 爱迪生的看法

美国的爱迪生是一位伟大的电学家和发明家，他一生发明了许多对人们有用的东西，极大地推动了人类社会的进步和发展。然而这一切，都是他刻苦钻研，锲而不舍工作的结果。

有一次，一种新发明需要天然橡胶作为原料，为了寻找一种比较适用的天然橡胶，他试用了许许多多种植物。然而，实验结果总是以失败告终，因为从这些植物中提取的天然橡胶没有一种是匹配的。

后来，在试过了多达五万多种材料，均告失败后，爱迪生的助手泄气地对他说："亲爱的先生，我们都已经失败过五万次了，看来可能世上不存在这种原料，我们还是放弃吧，再这样坚持下去，有什么意义呢？"

爱迪生听了助手的话，停下了手中的工作，平静而坚定地对他说了一番话。之后，助手就再没有什么怨言，他们两个又开始忙碌起来了。又经过了无数个失败以后，爱迪生终于完成了那项发明。

你知道爱迪生对他的助手说了什么吗？

176 双面碑的启示

有四个人一路同行，前往麦哲伦遇难的马克旦恩岛游玩。他们四人中一位是菲律宾大学生，一位是西班牙的海员，一位是批判主义学者，还有一位哲学大师。

来到马克旦恩岛之后，他们看到了一块用英文写成的双面碑。在碑的正面，记载着这样的文字：

1521 年 4 月 27 日这天，拉普拉普率领族人在此地击败了一群西班牙侵略者，并杀死了他们的首领斐迪南·麦哲伦。菲律宾人英勇顽强地成功抵御了一次欧洲人的入侵。

在碑的附近还塑有一尊拉普拉普的铜像和他砍杀麦哲伦时的勇武画面。而在石碑的另一面，也有一段文字，这样写道：

1521 年 4 月 27 日这天，伟大的航海家斐迪南·麦哲伦在马克旦恩岛与当地居民发生冲突，他率领随从与众人交战，最终寡不敌众，身受重伤而殒命于此。之后，他的船队由助手埃尔卡诺率领，于第二年 9 月 6 日到达圣罗卡尔港，完成了人类历史上首次环球航行。

西班牙的那位海员看到了雕塑和碑文，愤愤不平地说："这是多么大的一个历史的悲剧啊，一个愚昧的酋长，在狭隘的地方保护主义的冲动下，竟然把一位伟大的航海家杀死了。要知道，这位航海家为人类的文明和进步作出了多大的贡献呀！更可气的是，在这里竟然还塑有那个可恶酋长的铜像，真是岂有此理！"

菲律宾的那位大学生一看他攻击当地居民，就很不以不然地反驳说："你好像不了解当年的情况吧。当年麦哲伦和他的随从下船来到岛上，受到了当地居民的盛情款待，当地居民不仅让他们在岛上吃好睡好，而且在他们临走时，还为他们的船队补充足够的粮食。可是麦哲伦呢，却强制当地人放弃自己长久以来的宗教信仰，去接受他的传教和洗礼！当地人当然不愿意！然而麦哲伦竟然凭借他们手中的武器杀戮无辜的岛民，这样做文明何在？公理何存？这不是恩将仇报又是什么呢？"

批判主义学者听了笑了笑说："这两种截然不同的观点竟然写在同一块石碑上，是很滑稽可笑的，因为他没有是非，没有善恶的明确态度；同时，这块石碑又是非常有深意的，它做出了两种态度迥异的评价，显示了一种辩证的批判视角，这一点是难能可贵的。这究竟是麦哲伦的悲哀还是拉普拉普的不幸呢？谁是谁非，谁功谁过，千百年后，自有后人评说！"

哲说大师看到这位批判学者故做高论，早就不耐烦了。他如同在高处俯瞰一般地评价道："据我看，这块石碑，就是历史唯物主义的典范代表。一方面他缅怀了人类社会伟大而又艰难的文明进程和这位伟大的航海家的生死荣辱；另一方面，他又维持了民族的尊严，还历史以本来面目。历史，在这里聚焦在了一处！"

四个人于是唇枪舌剑地争论起来，都自认为自己的言论很高明，然而却谁也说服不了谁。其实，可以想象，也许拉普拉普和麦哲伦两人的英灵此时正在地下暗笑不止呢。

看完了这个故事，对你有什么启发？

177 真正的男子汉

有这样一位父亲，他希望自己的儿子是一个充满阳刚之气的铁血男儿。然而，令他苦恼的是，儿子如今已经十六七岁了，却仍然没有一点男子汉气慨，遇到一点小事就畏首畏尾。为了把儿子培养成一个堂堂正正的男子汉，他去拜访了一位拳师，希望他能够帮助儿子成为一名真正的男子汉。

拳师对这位父亲说："你就放心好了，只要你把儿子留在我这半年，我用心调教，半年之后保证你的儿子是一个真正的男子汉。只是有一条，半年之内你不许来看望他，半年后，你才能来接你的儿子。"

父亲听完，连声道谢，并答应了拳师的要求，表示半年内儿子任凭拳师调教，自己绝对不会干涉。

半年很快过去了，这位父亲按照事先的约定过来接儿子回去。拳师为了向儿子的父亲展示这半年的训练成果，就特意安排了一场拳击比赛。而这位父亲呢，也很想看看半年的时间内儿子能有什么样的改变。

拳师给这位儿子安排的对手并不是一般人，而是一个很有名气的拳击手。所以，刚打了不到三个回合，儿子就被击倒在地。这时，儿子立即爬起来，继续向拳击手还击。然而，毕竟他的水平有限，技不如人，接下来又一连被击倒二十余次。可是，他仍然坚持着站起来，迎接对手猛烈的拳头，直到他实在无力爬起来了，才一动不动地躺在了地上。

比赛结束后，拳师问这位父亲说："怎么样，你觉得刚才你儿子的表现够不够男子汉？"

父亲伤心地回答："我简直是无地自容了，这样的儿子太给我丢脸了，竟然连连被别人击倒了那么多次，他太不经打了！"

拳师听了，意味深长地对这位父亲说了一番话，父亲听了，顿时恍然大悟——原来自己的儿子，已经成为了一位了不起的男子汉了！

猜猜看，拳师对这位父亲说了些什么呢？

178 柏拉图开导失恋青年

一位青年因为失恋，痛苦万分地坐在与恋人初遇的河边，准备投河自尽。恰逢大哲学家柏拉图走过来，问他是怎么回事。

"我失恋了。"青年目光呆滞地说道，"我爱她，把她当成我自己的生命来看待，没有了她，我一分钟都活不下去。反正没有了爱情我活着也是具行尸走肉，还不如死了好。"

"你们处了多久？"柏拉图问。

"两年，在这两年里，我无时无刻不……"青年喃喃着。

柏拉图打断了他的话："那你能告诉我两年前，在还没有遇到她的时候你是怎么过的吗？"

青年的眼里有了一丝光彩："那时候，我是个自由自在、无忧无虑的青年，每天我都会活力四射地生活、工作，领导和同事们都很喜欢我，我还好几次被评为优秀员工呢，光奖状都得到好几张。那时候，我还有过关于爱情的甜蜜幻想，那种幻想真美啊，可惜从今往后再也不会有了。"

但是，柏拉图却不同意青年的说法，他断然说道："不，你当然可以有。"接下来，他从另一个角度说了一番话，青年一想果真如此，于是便放弃了寻死的念头。

你猜柏拉图是如何说的？

179 作家的反击

这是一次专门为慈善家准备的舞会，参加者都是些曾经捐出巨款的成功人士们。据说，他们之中，最少的都已经捐过百万元以上了。

灯火辉煌间，某千万富翁正在与新认识的朋友们谈笑。忽然，他瞥见房间角落处坐着一个沉默不语且无人陪伴的人，于是他端着酒杯走了过去。

"嗨，你好，我的朋友，"富翁向那个人打招呼道，"你也是这次舞会的客人吗？"

"是的。"那个人看他一眼，很礼貌地笑笑答道。

"哦，那我们可以认识一下，请问你是做什么的？"富翁又问。

"我是××报社的专栏作家。"那人答道。

"哦？"富翁惊讶地睁大了眼睛，"那你一定非常成功吧？能来参加这个晚会，捐款可是不能少于一百万的。"

"我除外，"专栏作家淡淡一笑，"我只捐了五万元。"

"什么？"富翁先是一愣，继而有点鄙视地哈哈大笑了起来，"我还以为你是个成功人士，谁知你只捐了区区五万块钱。"

"我当然是个成功人士，先生！"专栏作家不卑不亢，站起来说出了一番话。千万富翁一听，顿时哑口无言。

你猜专栏作家是如何进行反击的？

180 墙角的金币

安德鲁是个穷小子，他最大的梦想就是哪天能够发笔大财，改变一下自己潦倒至极的生活。淘金大潮起来之后，一心发财的他加入了这个行列。可是不远千里来到目的地，又辛苦劳作了半年之后，运气欠佳的他不但一无所获，还把来时带的一点钱也花光了。沮丧之下，安德鲁打算打道回府了。看，他的行李都装好了，就等着明天上路呢。

"安德鲁，安德鲁。"安德鲁忽然听见有人在叫他，待转过头去，他发现是那位靠门站着的老人。

"有事吗？"安德鲁问老人道。

"告诉我你最大的愿望是什么，我可以帮你实现。"老人微笑着对他说。

"愿望？"饱受打击的安德鲁摇了摇头，"原来我还梦想着哪天能得到一批金子，现在看来一切都是做梦而已，算了吧，以后我再也不敢谈'愿望'二字了。"

"哈哈哈，"老人突然大笑了起来，"如果你真的只想要金子的话，你又何必跑这么远呢？你家中房屋的墙角处，就埋着一罐金子嘛。"说完，老人就消失了。

一急之下，安德鲁醒来了，哦，原来自己是做了个梦。在清晰梦境的刺激下，异常兴奋的他再也睡不着了。"难道这暗示着什么？难道自己家的墙角处真埋藏着金子？"他翻来覆去地想着，结果没等到天亮，他就背上包裹朝家的方向出发了。

后来，安德鲁成了当地最有名的富翁。因为按照神的指示，他真的在自己家的墙角处挖出了一罐金子。

得知这件事之后，有人半是嫉妒半是惋惜地对他说："早知道这样，还不如不跑那么多路去淘金呢，吃了那么多苦，原来金子就在自己的脚底下。"

但是对于这个说法安德鲁并不同意。你猜他的理由是什么？

181 竿上取物

听到人们都夸赞徐文长是个聪明伶俐的孩子，大伯将信将疑，就决定来考考他。

一天，大伯想到了一个难题。他提着两只小木桶，把徐文长领到一座小河边，河上有一座又矮又小的破竹桥。

大伯对徐文长说："如果你能提着两桶水过桥，而且途中水不洒出来，我就送你一件礼物。"

徐文长看了看竹桥，心想：竹桥的桥身很软，弹性很大，人空身走上去，还摇摇晃晃的呢，别说再提两桶水了，水不洒出来才怪！再说了，凭我现在的这点力气，别说两桶水了，就是一桶水也提不动呀！大伯分明是在难为我。不

过他会给我什么礼物呢？也许是我最想要的画笔呦。

徐文长拍着小脑袋瓜子，看着眼前潺潺的流水，忽然冒出了一个想法。他立即找来了两根长绳，拴在两个木桶上，然后把木桶灌满水放在河里，他自己走上竹桥，拖着两个木桶，很轻松地到了对岸。水桶里的水，一滴也没洒出来。

大伯见了，暗暗叫声"好"，脑子里又想到了一个题目，他不以为意地说："这个题目太简单了，你做出来也没什么了不起的，不过，我说话算话礼物已经给你准备好了，喏！在那儿呢！"大伯指了指。

徐文长看到不远处竖着一根长竹竿，竹竿顶端系着一个包裹，就兴冲冲地跑过去解。

"慢着！"大伯说道："你拿礼物，我还有两个要求：第一，你不能把竹竿放倒；第二，你不能爬竹竿，也不能垫着凳子去够。"

徐文长听了，一对小眼睛滴溜溜一转，就想到了一个好办法，他笑着说："放心，我一定满足大伯的要求。"

徐文长想到了什么好办法？

182 神箭手

从前有一个射箭手，他的技艺十分高超，百发百中，方圆百里之内无人能及。箭手喜欢经常和别人切磋技艺，以弥补自己的不足。但是，附近的善于射箭的都和他切磋遍了，也都败在了他的箭下。一日没有对手，神箭手一日不得安生。

俗话说："山外有山，楼外有楼。"这个范围内是神箭手，并不代表其他的地方没有人可以胜过你。射手相信在别的地方一定有自己的对手存在，于是，他决定自己出去找对手。

就这样，射手离开了家乡。他边走边问有没有射箭的高手。可是，大家都说没有。这让他很失望。但是，他没有放弃寻找高手的想法。他走了很多地方，连驮他的马都疲惫了。但是，一天不找到对手，射手就不甘心。

一天，射手来到了一个村子里，发现村子到处都有被命中的红心。他想："这个村子里一定会有一个射箭高手，我一定要和他较量较量，也不枉我这么远跑来。"他边走边按照靶上的箭寻找"高手"。过了几个时辰之后，终于，他在村子东头的一个小树林里发现了那个"高手"。这个"高手"和他想象中的相差甚远，他既没有高大挺拔的身姿，也没有的深邃坚毅的眼神，他只是一个十来岁的小男孩。神箭手正在纳闷："难道这个小男孩就是高手吗？"

正巧，这个小男孩正在射箭。于是，神箭手悄悄地躲在一棵树后，看这个小男孩到底是如何次次射中靶心的。但是，这个小男孩的"命中"红心的过程却让神箭手感到又可气又可笑，并由此知道这只是个顽皮的孩子罢了。于是，神箭手又开始了自己寻找对手的路。

你猜那个小孩是如何"命中"红心的？

183 寻找葡萄酒保鲜术

巴斯德是法国著名的化学家，生物学家。有一段时间，他一直都被葡萄酒在贮存的过程中会变酸的问题困扰，他想了好多的办法，最终都失败了。但他没有放弃，而是选择继续研究这个问题。经过反复的研究他发现，葡萄酒变酸的原因是发酵器中的一种细菌在悄悄起作用。但是，如果按照常规的杀菌方法，通过将葡萄酒用火煮沸的办法来杀菌，那么肯定会影响

葡萄酒的质量。所以，如何才能既消灭细菌，又不影响葡萄酒的质量便成了问题的关键。

为了研究这个问题，巴斯德实验了好几种办法，但是最后都没有得到比较理想的结果。他不断变换抗菌药物进行实验，但是很遗憾最后都没有达到预期的目的。一次又一次的失败对于巴斯德来说是一个很残酷的现实，他有点丧失信心了，于是决定暂时放下这项研究。

一个冬日的下午，几个朋友前来拜访巴斯德，在吃饭的时候，大家依旧选择了最爱喝的葡萄酒。巴斯德是个非常细心的人，因为天气冷，出于对大家健康的考虑，他把葡萄酒放在炉子上稍微加热了一下，然后再让朋友喝。巴斯德热了不少的葡萄酒，尽管大家开怀畅饮，但是依旧没有全部喝干净。等朋友走后，巴赫德没有把剩下的葡萄酒全部倒掉，而是将它们重新装进了瓶子里，然后就那么放着了，自己也慢慢地忘记了这件事情。

直到第二年春天，巴斯德无意中看到了被自己放置好久的那瓶葡萄酒，他想，时间过了这么久，葡萄酒肯定早就变质了。但是让他感到惊奇的是，当打开那些葡萄酒后，发现这些葡萄酒居然一点也没有坏，巴斯德惊喜万分。

你能预测一下接下来发生的事情吗？

第四章
形象思维名题

184 "动者恒动"定律

伽利略曾做过这样一个实验，使一个小玻璃球在两个并列的斜面上滚动，小球会呈抛物线的路径滚下，当它从第一个斜面上滚到第二个斜面上的时候，水平位置会降低。观察到这个现象之后，伽利略用已有的力学知识断定这是由斜面和小球之间的摩擦力造成的。这时，他给自己提出了这样一个假设：如果小球和斜面之间没有摩擦力会产生什么结果？

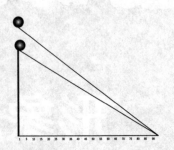

伽利略有办法证明自己的假设吗？

185 "东来顺"的设想

北京"东来顺"涮羊肉是非常著名的老字号小吃，最初是一家小羊肉馆，从1914年正式挂牌经营涮羊肉以来，至今已有九十多年历史。

东来顺的的创始人丁德山，是一个追求完美、精益求精的人。当他的羊肉馆有了一定规模之后，就不满足"买进原料卖出成品"这种传统经营方式了。他设想了一整套全新的经营模式：要有自己的牧场和羊群，为"东来顺"提供优质羊肉；还要有自己的加工作坊，为"东来顺"提供涮羊肉的各种调味料；还要有自己的酱园，为"东来顺"提供风味独特的酱油；甚至还要有自己的铜铺，为"东来顺"生产适合涮羊肉的火锅。这种想法在那个时代是非常新颖而且大胆的。

丁德山的设想能实现吗？

186 南茜的妙想

当今时代以瘦为美，无论是胖的还是不胖的女人都在忙着减肥。肥胖的女人在买衣服的时候都不愿意对售货员说"我要大号的"，"我要特大号的"。如果不识相的售货员向她们推荐大号或特大号的服装也会引起她们的反感。美国的一位女企业家南茜运用取代想象为肥胖的女性着想，想到了一个避免尴尬的办法。

她想到的是什么方法呢？

187 女佣的简单方法

美国哲学家、诗人爱默生有这样一件趣事：

有一天，他和儿子想把一头放养在牧场上的小牛犊赶回牛栏。他们好不容易把小牛犊赶到牛栏旁边。但是任凭爱默生在后面如何使劲推，他的儿子在前面用力拉，小牛犊就是死死地抵住地面，不向前迈一步。父子俩急得满头大汗，还是奈何不了它。

这时，他们家的女佣出来看到了这个情景，笑了起来。

她有什么好办法吗？

188 安慰剂效应

世界各地都有巫婆和神棍给人治病的现象，他们在病人面前表演一番，弄一些香灰、神水，或说几句咒语，就声称能把病治好。至今仍有不少人迷信巫婆的神药。这种现象之所以能存在这么久，是因为有的时候它真的奏效。但是，

这和香灰、神水、咒语没有关系，巫婆实际上是运用了"引导想象"的方式来治病的。巫婆通过各种手段让病人想象她的巫术是有效的，因为巫术起不起作用关键在于患者是否相信巫术可以治愈他的病。

现代医学使用的"安慰剂"起作用的原理与古老的巫术是一样的。

你知道是怎么回事吗？

189 成功学大师的形象思维

成功学大师陈安之有过这样一次经历：他想买一辆汽车——奔驰S320，但是当时根本买不起。于是，他把那辆汽车的图片贴在书桌前面，后来觉得这辆车有点贵，就换成了奔驰E230。

要想实现目标必须付出行动，为了得到自己想要的汽车，他努力工作，几个月之后，他的收入大增。当他挣到足够多的钱的时候，决定去买汽车了。在购买的前一天，他碰巧看到了他的学生，得知他们也要买汽车——奔驰 E800。陈安之觉得自己不能输给学生，临时决定买奔驰 S320。这个戏剧性的变化，竟然使他实现了最初的目标。

陈安之的老师安东尼·罗宾的经历更加神奇。你知道他是怎样运用形象思维成就梦想的吗？

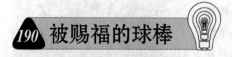

190 被赐福的球棒

欧雷里拥有一支优秀的棒球队，选手们都有过卓越的比赛记录，人们都认为这是一支最具潜力的冠军队伍。

但是在一次比赛中，他们表现得很糟糕，接连输了 7 场比赛，比赛时队员的情绪非常低落。欧雷里仔细分析了情况之后，认为问题的关键不是技术的问题，而是队员普遍缺乏自信，没有必胜的信心，消极的态度使他们的水平受到了限制。

欧雷里听说一位著名的牧师正在附近布道演讲。很多人相信他拥有神奇的能量，当地人纷纷前去等待他赐福。欧雷里想出了一个绝妙的办法，你知道是什么吗？

191 厂长的联想

改革开放初期，报纸上报道了这样一条消息：国务院已同意各地开设营业性舞厅。上海某家幻灯仪器厂的厂长正在为拓展市场发愁，看到这则消息之后，他展开了联想。

他想到了了什么？

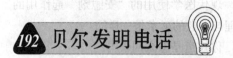

192 贝尔发明电话

"电话之父"贝尔做过这样一个实验，相连的两个带铁芯的线圈前面分别放一个音叉，当一个音叉振动的时候，就会使线圈产生电流，导致另一个音叉也振动，并发出同第一个线圈一样的声音。由此他联想到如果把音叉换成金属簧片，说话的声音引起金属簧片的振动，另一端金属簧片的振动又会转化成声音，这样不就可以通话了吗？

真的是这样吗？

193 充气轮胎的发明

苏联心理学家哥洛万斯和斯塔林茨，发现任何两个概念或词语都可以经过四五次联想，建立起联系。比如桌子和青蛙，似乎是两个风马牛不相及的概念，但可以通过联想作媒介，使它们发生联系：桌子——木头——森林——水塘——青蛙。又如书和小麦，书——知识——精神食粮——粮食——小麦。每个概念可以同将近 10 个概念发生直接的联想关系，那么第一步就有 10 次联想机会，你可以从 10 个词语中选择一个接近目标对象的词语，第二步就有 100 次机会，第三步就有 1000 次机会，第四步就有 1 万次机会，第五步就有 10 万次机会。因此联想为我们的思维提供了无限广阔的空间，经过五次联想之后，你就能把两件事物联系起来了。

将两个看似毫不相干的事物联系起来之后，总能给你带来意想不到的点子。比如自行车充气轮胎就是运用联想思考发明的。

你知道是怎么回事吗？

194 利伯的设想

精神病学专家利伯，有一次在海边度假的时候，看到了涨潮的现象，海水波涛滚滚涌向岸边，没多久又悄然退去。他知道这是月球引力的作用，每到农历初一、十五就会有大潮涨落。由此他联想每到月圆之夜，新入院的精神病人会增加，精神病院里的病人会变得情绪激动，病情加重。

真的是这样吗，月球的引力会不会对病情有所影响呢？

195 番茄酱广告

有这样一则获奖的广告作品：夜里一个男人正在黑暗的卧室里看枪战片，电影情节非常刺激，他看得非常着迷。突然间一声枪响，电影结束了。再看那个男人，他躺倒在床上，胸前有一摊血……观众看到这里会纳闷，怎么回事？那个男人遭到袭击了吗？

196 费米发现核能

1934 年后，意大利物理学家费米，用中子轰击铀，发现了一系列半衰期不同的同位素。1938 年下半年，一位德国化学家用中子轰击铀时，发现铀受到中子轰击后得到的主要产物是钡，其质量约为铀原子的一半。1939 年初，一位瑞典物理学家阐明了铀原子核的裂变现象。

由于铀-235 裂变后会释放出大量的能量和中子，费米由此联想到……

197 引狼入室

在澳大利亚有一个引狼入室的故事。澳大利亚草原上经常有狼群出没，吃了不少牧民的羊，使牧场受到很大的损失。牧民们于是向政府求救，政府为了牧民的利益派军队将狼群赶尽杀绝。没有了狼的威胁，羊群的数量不断增加，牧民们非常高兴。可是，几年之后，羊的数量开始锐减。羊群变得体弱多病，而且繁殖能力也大大下降。羊毛的质量也大不如从前。

牧民们只好再请政府帮忙。这一次，政府会怎么做呢？

198 蔡伦造纸

在京城洛阳的皇宫里当宦官的蔡伦，当时主管宫中用的各种器物的制造，同时还担任中常侍（侍从皇帝的官员）一职。蔡伦看到皇帝每天要批阅堆积如山的简牍，非常不方便，他就琢磨着要制作出一种既轻便好用价格又低廉的书写材料，来取代笨重的简牍。从此，蔡伦就时时处处留意，脑子里一直想着这个问题。

有一天，蔡伦闲来无事，就带着几个小太监来到城外游玩。这是一个十分幽静的山谷，一条小溪从山谷中缓缓流过，溪边长着各种各样的树木和花草，景色十分漂亮。

小太监们一路打打闹闹，嘻嘻哈哈，好不快活。只有蔡伦一副心事重重的样子，一路上不住地东张西望，好像在寻找着什么。

忽然，蔡伦眼前一亮，只见他快步走到小溪边，蹲下身去一动不动了。

"蔡大人在干什么呢？"小太监们觉得非常奇怪，都停止打闹围了过来。只见蔡伦手里捧着一堆湿湿漉漉的、破破烂烂的、像棉絮一样薄薄的东西发呆。

这时，一位农夫扛着锄头走了过来。蔡伦见了，双手捧着那团东西，三步并作两步走上前去问道："老人家，您知道这是什么东西吗？"

农夫看了看，笑着回答说："这个呀，是漂在小溪里的树皮、烂麻布、破渔网什么的，它们被水冲呀、泡呀，又被太阳晒，时间长了就成了这个模样。你看，这小溪里漂的到处都是呢！"

这个东西对蔡伦真的会有帮助吗？

199 毕达哥拉斯定理的发现

有一次，毕达哥拉斯到一位朋友家做客。这天来了很多客人，其他客人们都在滔滔不绝地高谈阔论，而毕达哥拉斯却一个人安静地躲在墙角，低着头不说一句话，好像在思考着什么。

原来，他是在观察朋友家用花砖铺砌的地面：一块块等腰直角三角形花砖，有黑的，也有白的，交替着铺成了一个美观大方的方格图案。而在这美丽的方格中，似乎有一种模糊不清的规律在他面前时隐时现。

毕达哥拉斯想着，看着，不知不觉地用手指头在花砖上画起图形来。

他究竟发现了什么？

200 瓦特改良蒸汽机

在瓦特还是少年的时候，有一次，瓦特的妈妈带他到外婆家玩。外婆见到小瓦特来了，十分高兴，连忙打了一壶水放在灶上，为他们烧开水喝。十几分钟过去了，水开始沸腾起来。这时，水壶的盖子被水蒸气顶了起来，不停地往上跳，还发出"啪啪啪"的声音。瓦特听到声音，急忙跑过去看发生了什么事。他的两只眼睛直愣愣地盯着水壶观察了好半天，感到很奇怪，不明白这是怎么回事，就问外婆说："外婆，壶盖为什么会跳动呢？"

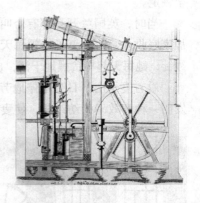

外婆微笑着回答说："傻孩子，这有什么好奇怪的，水开了都是这样啊！"

可是瓦特并不满意外婆的回答，又追问起来："为什么水开了壶盖就会跳动啊？是什么东西在推动它吗？"

可能是外婆太忙了，没有工夫答理他，便不耐烦地说："不知道。小孩子问那么多干什么？"

瓦特在外婆那里不但没有找到答案，反而受到了批评，心里很不舒服，可是他并没有灰心，他决心一定要弄清楚到底是怎么回事。

回到家后，连续几天，每当妈妈用壶烧水时，瓦特就蹲在火炉旁边细心地观察着。刚开始，壶盖安安静静地一动不动，过了一会儿，水快烧开的时候，水壶就开始发出"哗哗"的响声。瓦特心里开始紧张起来，他两眼一眨不眨地盯着水壶看。

突然，瓦特看到，壶里的水蒸气冒了出来，推动壶盖往上跳动。水蒸气不住地往上冒，壶盖也一个劲地往上跳，好像里边藏着个魔术师，在变戏法似的。瓦特高兴极了，他兴奋得几乎叫出了声来。他把壶盖揭开再盖上，盖上又揭开，反复进行验证。他还把杯子罩在水蒸气喷出的地方看水蒸气喷出的情况，一会儿又在数杯子上蒸汽凝结成的水滴。瓦特终于弄清楚了……

201 哈格里夫斯发明珍妮纺纱机

在 18 世纪以前，人们都是用手工纺车来纺纱的。这种纺车一次只能纺出 1 根纱，生产效率很低。1733 年，约翰·凯伊发明了飞梭，使织布的速度提高了两倍，棉纱更加供不应求。

为了解决这个矛盾，英国皇家艺术学会于 1761 年公开宣布：谁要是能发明一种新型纺纱机，"一次纺出 6 根毛线、亚麻线、大麻线或棉线，而且只需一个人开机器或看机器"，谁就能得到重奖。可是两年过去了，仍然没有人将这笔奖金领走。

当时，英国兰开夏郡有个叫哈格里夫斯的纺织工，他的家里很穷。为了增加家庭收入，他的妻子珍妮每天坐在纺车前忙个不停。因为纺车上只能放 1 个纱锭，她每天起早贪黑地干活，也只能纺出 1 锭棉纱。

看着妻子由于日夜不停地劳作而消瘦下去，哈格里夫斯非常心疼。他决心发明一种高效率的纺纱机，使妻子能轻松一点。萌生这个念头以后，他每天都在想着这个问题。

1764 年里的一天，哈格里夫斯很晚才回家，而珍妮还没有休息，仍坐在纺车前纺纱。也许是因为太累了，他开门后不小心一脚踢翻了纺车。他赶紧弯下腰，想把纺车扶起来，这时他突然愣住了。

"珍妮，你快看！"哈格里夫斯惊喜地叫起来。

"看什么？"妻子有点莫名其妙。

"原来平放着的纱锭现在变成直立的了，可是它仍然转得那么快！"哈格里夫斯解释道。

"那又怎么了？"妻子还是不太明白。

是啊，那又怎么了？

202 蜘蛛的启示

法布尔是 19 世纪末法国著名昆虫学家。他从小就喜欢和各种小昆虫打交道，在他的眼中，那些小家伙们是那么可爱，那么有趣，跟它们在一起真是有不尽的乐趣。

出于研究的需要，法布尔饲养了 6 种园蛛。他发现，只有条纹蜘蛛和丝光蜘蛛经常停留在网中央，不管外面的太阳多么毒辣，它们也决不会轻易离开蛛网去阴凉的地方歇一会儿。而其他的蜘蛛在结好网后就把网往那一张，自己却跑到一个隐蔽的场所躲了起来，直到晚上才出来。

然而，令法布尔感到奇怪的是，虽然那些蜘蛛并不停留在网上，但是只要网上一有动静，比如当一些蜻蜓或蚂蚱不小心碰到网上被粘住的时候，躲在暗处的蜘蛛就会像闪电一样马上赶到，将猎物用丝网死死地缠住。

它们是怎么知道网上有了猎物的呢？

203 贾德森发明拉链

19 世纪时，人们穿的衣服和许多皮靴及鞋子都要用扭扣扣牢。有的外衣背面或皮靴的边沿有几十个钮扣，扣起来非常费事而且浪费时间。

能不能想个简单点的方法呢？这个问题让发明家伤透了脑筋，很长时间过去了，人们仍然没有得到满意的结果。

有一次，一位叫惠特康布·贾德森的美国人到铁匠铺买饭勺。他发现铁匠铺的饭勺放得很整齐，而且非常巧妙：在一根水平放置的细铁杆上，上下吊着两排饭勺，上面的饭勺用细铁杆直接穿过勺柄孔，下面的勺柄朝下，通过勺头与上面的勺头紧紧地咬合在一起。

"真是太奇妙了！这样，下面的饭勺就掉不下来了。"贾德森看着看着就入了迷，把买饭勺的事忘了个一干二净。

他联想到什么了？

204 祖冲之测算圆周率

一天深夜，祖冲之躺在床上翻来覆去睡不着觉，就披上外衣坐起来看书。他翻阅着刘徽给《九章算术》作的注解，不禁被他高度的抽象概括力和"割圆术"精巧的计算方法所折服，不住地点头称赞。他看着刘徽计算出的圆周率数值，陷入了沉思："能不能把圆周率的精确度再提高一步呢？"

第二天一大早，祖冲之就蹲在地上画起了圆圈。原来，他还在想着计算圆周率的事情。突然，祖冲之兴奋地喊道："有了！有办法了！"

祖冲之的办法是什么呢？

205 善于联想的企业家

一位善于运用相关联想的企业家同时了解到了以下四件事：

重庆万州食品厂积压了大批罐头食品；四川航空公司由于缺乏资金，没有属于自己的飞机；俄罗斯古比雪夫飞机制造厂生产的大批飞机滞销；俄罗斯轻工业发展缓慢，基本生活用品供不应求。

企业家发现这四件事之间有相关性，可以联系起来。

他是怎么做的呢？

206 杜朗多先生的"陪衬人"

左拉的小说《陪衬人》中描写了一个杜朗多先生的故事。杜朗多先生是个经纪人，对美学一窍不通。有一天，他居然贴出广告，声称专为小姐和夫人们开设一个"陪衬人代办所"。

他有什么目的呢？

207 绷带到输油管的联想

日本的一支南极探险队在基地遇到了一个难题，他们需要把基地的汽油输送到探险船上，但是输油管的长度不够。面对这个问题，大家一筹莫展。这时，队长西崛荣三郎展开了联想……

他想到了什么好办法了呢？

208 水银矿的发现

20 世纪 50 年代，苏联的绘画艺术兴起，很多青年都投身于绘画事业。那时一位叫普法利的学生放弃了自己所学的地质工程专业，决定学习油画艺术。为了增加见识、开阔眼界，他经常参观各种油画展。在参观一个油画展时，他被一幅风景画深深吸引住了，画面是一片光秃秃的山峦，整个画面透出荒凉、神秘、诡谲的气氛。普法利觉得这幅画似乎隐藏了什么。

他到底发现了什么？

209 保险柜的密码

乔丽娜是二战期间的德国间谍，她奉命搜集法国的机密军事情报。

在一次私人宴会上，年轻貌美的乔丽娜认识了法国军方的军事要人雷丹将军。通过一步步的交往之后，乔丽娜也逐渐和雷丹将军成了很好的朋友，对于雷丹将军的一些比较私密的事情也都有所了解。乔丽娜了解到，雷丹将军经常将一些军方重要文件带回家中，并锁进保险柜里。乔丽娜很想得到这些机密文件。

机会终于来了，一次，乔丽娜被雷丹将军邀请到家中做客。她趁雷丹将军不注意，悄悄地在他的酒中放了安眠药。雷丹将军喝过之后，呼呼睡去了。当时已经是深夜两点了，乔丽娜于是赶紧进入将军书房，寻找保险柜。最后，在一座古老的柜式大钟的后面，乔丽娜找到了保险柜。但是，接下来的问题便是，如何打开保险柜。保险柜是有密码的，而乔丽娜却并不知道。于是她随机地试了几个密码，都没有奏效，显然，靠这种排列组合的方式一个一个地试，是不可能赶在雷丹将军醒来之前打开保险柜的。

乔丽娜先是想到，雷丹将军已经上了年纪，记忆力不好，因此很可能会将密码之类的东西记录在记事本之类的东西上。但是，经过一番查找之后，乔丽娜并没有如愿。于是，正在她无计可施，在房间里来回踱步的时候，她的目光突然停在了那架古钟上。她发现，那架古钟的指针一直都指向一个时间，即九点二十五分十九秒，这会不会就是密码呢？乔丽娜想。但是根据钟表所指示的时间得到的数字是92519，只有五位数，而保险柜的密码显然是六位数的，乔丽娜陷入了困惑。不过，直觉告诉她，密码肯定就在这古钟之中，她开始挖空心思进行进一步的猜想。最终，乔丽娜灵机一动，找到了问题所在，最终，她成功地窃取了法国的军方机密情报。

你知道乔丽娜是如何得到保险柜的密码的吗？密码是多少？

210 建筑师的联想

环球航空公司请建筑大师伊罗·萨里在纽约肯尼迪机场建造一座风格独特的建筑。伊罗·萨里构思了很长一段时间，也没想到满意的方案。有一天，他正准备吃早餐，突然看到桌子上的一只柚子……

211 拼地图的小孩

因为下午有一个布道会，牧师早早地就起床了，端坐在书桌旁，他想准备一篇精彩的布道词。但是，整整坐了两个小时，牧师还是没有写一个字，他满脑子都是那些陈词滥调，没有一句话不是以前重复说过很多遍的。牧师开始烦躁起来，他在笔记本上胡乱地划着杂乱无章的道道。

这时候，牧师九岁的儿子，可爱的约翰起床了。他非常活泼，只要他在屋子里，你就别想安静了。你看他，一会儿抱起电动手枪，"嗒嗒嗒…"地打几枪；一会儿抱着玩具熊胡言乱语地嘟囔着；终于他安静地坐在电视机旁了，他在专心致志地看着动画片，哦，我的天哪，那电视的声音简直可以把屋顶掀掉。

可怜的牧师终于忍受不了了，他随手把一张世界地图撕得粉碎，然后把约翰叫了过来，"约翰，爸爸来和你做个游戏，你看我把这张地图撕碎了，只要你能把它重新拼起来，我就给你1美元，怎么样？"

约翰想了想，终于抵挡不住1美元的诱惑，就答应了牧师。约翰抱着那堆碎纸回到了自己的房间。牧师想：那幅地图就算一上午也别想拼完，这下我可以安心地写布道词了。

但是，刚刚过了10分钟，约翰就来敲牧师的门，他兴奋地对牧师说："爸爸我拼完了，给我一美元吧。"

牧师连头也没回就说道："你一定拼错了，回去再检查一遍。"

约翰坚定地大声说："我拼得没错，你看一下吧。"

牧师将信将疑地拿过地图，果然拼得丝毫不差，他不解地问约翰："你怎么拼得这么快？"

212 王冠的秘密

很久很久以前，一个国王想做一顶新的王冠。于是国王找来王国里最心灵手巧的，同时也是最狡猾的金匠，给他一块黄金，让他去做一顶纯金的王冠。

没过多长时间，金匠就把王冠做好了，他把精致的王冠献给国王："伟大的陛下，我已经按照您的吩咐做好了王冠，请您过目。"国王接过王冠，那王冠太漂亮啦，全身闪烁着金色的光芒，王冠的周围雕刻着美丽的花纹。国王立刻就喜欢上了它，他把王冠拿在手里，看来看去，就是不肯放下来。国王重赏了工匠，让工匠回去了。

但是，过了一会儿国王就高兴不起来了。原来，多疑的国王，怀疑狡猾的工匠克扣了他的金子，在王冠里掺了其他的材料。于是，国王偷偷地称了称王冠，重量和作为原料的金块的重量是一样的。但是，国王还是不能确定王冠是不是纯金的，他太喜欢这顶王冠了，舍不得打开王冠，检验里面的金属成分。这时候，国王想到了科学家阿基米德，他立即派人找来了阿基米德。

"阿基米德，你是王国里最受人尊重的，最有才干的科学家。现在，我要求你在不弄坏王冠的前提下，检验王冠是不是纯金的。你尽快给我一个结果。"

阿基米德接到国王的命令，开始想检验王冠的办法。但是，这个任务太难完成了，阿基米德从来没有遇到过这样的问题。他走在路上不停地想啊想啊，不知不觉就回到了家里，但是还是没有想到解决问题的方法，连一点线索都没有。阿基米德沮丧地打开房门，习惯性地来到浴室，也许洗个澡能让他更清醒一些吧。

阿基米德一边往浴缸里放水，一边继续思考着问题。水慢慢充满了浴缸，阿基米德完全沉浸在思索当中了，直到水开始溢到地面上，他才发现。"哦，真该死，我真是个大傻瓜。"阿基米德自言自语地嘟囔着。他迅速关上水龙头，脱掉衣服，当他一脚跨进浴缸的时候，浴缸里的水开始"哗哗"地溢出来。阿基米德看到这种情况，突然灵光一闪，一个念头从他的脑海里一闪而过。当他整个人躺到浴缸里的时候，更多的水溢出来了，阿基米德若有所思地漂浮在水里，忽然，他兴奋地大叫起来："我有办法啦，我有办法啦。"就像一个孩子忽然得到了他心爱

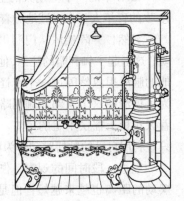

的玩具一样。

　　阿基米德想到了什么办法？

213 盟军的"笨"办法

　　第二次世界大战期间，盟军通过声东击西的办法，巧妙地实现了诺曼底登陆，使得盟军对法西斯的战争进入了战略反攻阶段。但是，盟军在诺曼底登陆后，并没有如原来所设想的那样迅速对德军构成强大的攻势。原来，在盟军前进的必经之路上，密密麻麻、纵横交错地分布着高出田埂一米多的灌木树篱，这些东西成为了德军的天然屏障。盟军的机械化部队根本无法前进，因为坦克和装甲车前进不到数十米便会被这些灌木所卡住，从而成为德军的活靶子。在前面几次的强行突袭中，德军往往只用小分队便能将大队的盟军如数消灭。如此一来，盟军登陆已经50多天了，但基本上没有对德军构成任何威胁。

　　为了解决这个问题，盟军高级统帅紧急召开了指挥官联席会议。在会议上，各指挥官纷纷发表意见，提出了各种各样的方案，但最终都被否决了。

　　最后，农民出身的美军第二师师长站起来说道："我想到了一个比较笨的办法，但也许是最有效的办法，不知可行不可行？"

　　在听取了第二师师长的"笨"办法后，盟军统帅立即决定采纳。而这个"笨"办法也果真有效地解决了这个问题，盟军很快顺利地通过了这个德军的天然屏障。德军做梦也没想到盟军突然解决了这个大麻烦，仓促应战，但已经抵挡不住盟军海陆空联合作战的强大攻势，很快土崩瓦解。

　　你猜那位师长的"笨"办法是什么？

214 伽利略发明钟摆原理

　　1582年的一个星期天的上午，在意大利比萨城的一个天主大教堂里，一位18岁的青年人正在虔诚地做着礼拜，他的名字叫伽利略。

　　突然，一阵疾风从门洞里吹来，悬挂在教堂半空的一盏吊灯被吹得来回摆动。这引起了伽利略的注意，他眼睛一动也不动地盯着吊灯看了起来。看着看着，他的脑海里忽然闪过一个奇怪的念头：吊灯每次摆动的时间是不是相同的呢？为了搞清楚这个问题，伽利略一边用右手按着左手的脉搏，一边目不转睛地看着天花板上摇摆不定的吊灯。因为那时还没有时钟和手表，正在学医的伽利略只好利用自己的脉搏跳动作为测时工具，来测量吊灯摆动的时间。

　　经过一段时间的观察，伽利略发现，吊灯的摆动虽然是越来越弱，每一次摆动的距离也越来越短，但是吊灯每完成一次摆动所需的时间却是一样的。

这说明吊灯来回摆动一次需要的时间与摆动的幅度大小没有关系，无论摆动的幅度大小如何，摆动一次需要的时间都是相等的——吊灯的摆动具有等时性。

伽利略为自己的这一发现感到惊喜。但他并没有就此停止思考，他的脑子里又冒出来两个问题："吊灯要是大小不一样，摆动一次需要的时间会有什么不同吗？挂吊灯的绳子要是有长有短又会怎么样呢？"

215 肩章轮廓的启发

1944 年 4 月，二战中的盟军进入战略反攻的攻坚阶段，而法西斯国家则转入战略防御。苏联红军为了彻底消灭德军，解放克里木半岛，在彼列科普与德军展开了对峙。因为德军的负隅顽抗，战斗进行得并不顺利，加上突然降临的大雪，双方进入了暂时的休战状态。这天，苏集团军炮兵司令正在掩体内思考破敌之计，他无意中看到刚刚从外面进来的参谋长肩上的雪花因为室内温度高的缘故开始融化，并很快勾勒出肩章的轮廓。于是，炮兵司令灵光一闪，产生了一个念头。正是凭借这个念头，苏军很快摸清了德军的兵力部署，并调整了进攻力量，一举突破了德军的防线。

你猜炮兵司令想到了一个什么念头？

216 绑架案

劳拉·赫尔是美国一位著名的侦探家，但是很多人不知道在做侦探家之前，她只是一位普通的图书管理员而已。那么这位漂亮的女孩如何从一名普通的图书管理员变成今日著名的女侦探的呢？用她自己的话来说，那完全是出于自己的好奇心。

在劳拉·赫尔做图书管理员时，她还是一位漂亮的金发美女，每天，她都会接触众多的图书借阅者和还书者。有一天，图书馆里面来了一位很特殊的妇人，她穿着褴褛地过来归还一本名叫《曼纽拉获得如意郎君》的书。

劳拉像往常一样，检查归还的书是否完整无缺。结果却让她很不高兴，因为那本书明显的出现了问题，书中的第41和42页不见了。

发现这个情况之后，妇人就向劳拉解释说："小姐，那两页真的不是我撕掉的。"

劳拉很为难地告诉这位老妇人："你是第一位借这本书的人，而每本书都是经过严格检查之后才上架的。"

那位老人听到劳拉这么说，也不好意思再解释什么了，因为这本书毕竟是在她那里被撕掉两页的。她对劳拉说："假如真的是这样的话，那一定是我的那个调皮的儿子干的。那么我需要赔多少钱呢？只是我现在工资很低，所以能不能分期付款呢？"

劳拉是一位特别好心的姑娘，听到妇人这么说，就很同情地告诉妇人说："这样吧，我先给你垫上。"

妇人很感激地向劳拉道谢之后离开了。劳拉又拿起那本书，随意地翻阅着。忽然，她无意间发现在那本书的第43页上面有几处细小的刮痕，看刀痕的样子应该是做雕刻用的刀之类的利器划的。

劳拉很自然地被这些划痕吸引住了，仔细地看了一会儿之后她找来一支铅笔，一边看一边用铅笔把划痕给勾画出来。当线条一点点地显示出来，她发现这些划痕并不是完全在字下面，还有一部分是在空白的地方。

看着这些划痕，她突然醒悟了，真正有价值的应该是丢失的那两页，43页上面的印痕应该是前一页印上去的。想了一会儿，她自言自语道："我知道该怎么做了。"说完急匆匆地离开了图书馆。

她跑到外面的一家书店又买来一本一模一样的书，回来之后，她急忙把书中的第41和42页小心地撕了下来，然后把它夹在了原来那本书的第44页后面，把页码对齐之后，在两页中间加上了一页复写纸。做完这些之后，她拿起铅笔小心翼翼地把在第43页上面的划痕又重新描了一遍，描完之后，她抽出夹进的那张纸，充满期待地等着看这些痕迹之后的秘密，她兴奋地注视划过痕迹之后复原的文字：如万要50你备女速儿命的性，珍妮。

看了一会儿，劳拉失望了，难道这些痕迹只是某个人无聊的举动吗？她依旧不甘心地盯着这些字，突然她神经一点点紧张起来了，一个火花忽然闪过她的脑海，她赶紧拿起了电话，给刑事侦探局的哈代博士打了过去。

"喂，哈代博士你好，我想问一下，最近有没有一个叫珍妮的女孩失踪呢？"劳拉着急地问。

"是的，我们刚刚接到一个报案，有个名叫珍妮的女孩失踪了。"博士回答她说。

劳拉听到博士这么说，非常兴奋地把她的发现告诉了哈代博士并且自信地说："请你们找一位名字叫卡勒的人吧，他会帮助你们找到失踪的女孩。"

侦探按照劳拉提供的线索，很快就将这起案件破获了，顺利地解救了被绑架的小姑娘珍妮。

哈代博士很高兴地赞扬了劳拉的好奇心："这次案件如此顺利快速地破解，完全得益于劳拉小姐的帮助。"哈代博士继续说，"侦探必备的两项品质就是探索的愿望和聪慧的联想及推理，这些你都已经具备了。"

就这样，劳拉慢慢地走上了侦探的道路，后来成为了美国著名的女侦探家。

那么请问，你知道劳拉是如何知道被绑架的珍妮的吗？那几个字究竟藏着什么秘密呢？

217 鸡蛋变大了

在美国，有一个穷小子，为了维持生计，他向朋友们借了点本钱，开了一家杂货店。杂货店里物品齐全，除了必备的日常生活用品之外，还卖鸡蛋。开张没几天，生意很好，来往的顾客很多。只是每次他都能听到顾客抱怨他的鸡蛋太小。

为此，他还特地在进货的时候，嘱咐了一下要些大的鸡蛋。可是顾客依旧抱怨鸡蛋太小。他怎么也想不通，鸡蛋都是差不多大的啊，自己店里的鸡蛋不会比别人店里的小啊！于是，每次顾客来店里买鸡蛋的时候，他都仔细地观察，琢磨着是哪里有问题。苍天不负有心人，经过一段时间的观察和琢磨，他似乎发现了问题的所在。他决定让妻子把鸡蛋搬到前台去卖，不再由自己卖鸡蛋了。

经过了他的这一小小的调整，果然，买鸡蛋的顾客再也没有埋怨过鸡蛋小。相反，大家都觉得鸡蛋大了呢。

这个穷小子就是以后的美国金融巨头约翰·皮而庞特·摩根，由于他两次拯救美国的经济，因此被誉为"华尔街的拿破仑"。你知道为什么顾客认为鸡蛋变大了吗？是鸡蛋本身真的变大了吗？

218 极大思维

居里夫人是波兰物理学家，最早获得诺贝尔奖的女性科学家。其和科学家皮埃尔·居里结婚后，夫妇两人一直为科学做出自己的贡献。可惜的是，在他们结婚后的第十年，丈夫不幸遭遇车祸，死于马车下面。

居里夫人的科学研究，没有因为丈夫的去世而终止，她在皮埃尔·居里老父亲的大力支持下，自己带着两个孩子继续埋头研究科学。

作为一位杰出的女性科学家，居里夫人在短短的 8 年的时间里，就两次摘取了科学史上的最高桂冠——诺贝尔物理学奖和诺贝尔化学奖。她一生中获得了无数的科学荣誉，用自己的智慧和勤劳换取了人们对她的敬仰。

不仅如此，居里夫人的两个女儿同样也很著名。

长女伊伦娜是著名的核物理学家，她与丈夫一起发现了人工放射性物质，并因此一起获得了诺贝尔化学奖；次女艾芙则是著名的音乐家、传记作家，其丈夫曾以联合国儿童基金组织总干事的身份接受瑞典国王在 1965 年授予该组织的诺贝尔和平奖。

作为一个科学家，居里夫人有着最伟大的奉献精神。那么作为一个普普通通的母亲，居里夫人是如何培养自己的子女的呢？如何让自己的子女一个个都在不同的领域有了不同的但是同样优秀的成就呢？关于这个话题还有一段小故事：

一次，在居里夫人的两个女儿向母亲讨教成功的奥秘的时候，这位伟大的科学家亲切地对她的女儿们说了下面一段话：

我们在考虑问题的时候，首先要走出自己生活的那个圈子，然后去探索我们看到的物理现象的一些极致状态，比如："极大"和"极小"等，假如研究我们每天都居住的地球，那么我们就不能只立足于地球这一个东西，而是要看到它外面的世界还大得很，比如银河系，比如整个宇宙。地球和银河系相比，真是像沧海一粟，就像是浩瀚海洋里面的浮游生物一样渺小。所以在以后你们研究问题的时候一定要把眼光放得远一点，思维拉得开一些。

最后她说："孩子们，这个话题是训练你们思维的一个很好的话题，现在就让我来考考你们，迄今为止，你们见过的最大的影子是什么物体的影子？"

聪明的你，假如你有一双善于发现自然，观察自然的眼睛，那么这个问题就会很简单，搜索一下你的记忆，想想这个问题的答案吧！

219 摆直角

大家都知道瓦特是蒸汽机的改良者。当他获得了蒸汽机的发明专利之后，从一名普通的大学实验员，变成了一位公司老板，而且成为了英国皇家学会的会员。

一次皇家学会举行一次盛大的音乐会。很多著名的人物都应邀参加了这次活动，瓦特同样也出席了此次音乐会。

音乐会上有一个贵族以非常嘲讽的口吻对瓦特说："乐队指挥手里的指挥棒在物理学家手里仅仅只是一根棒子而已。"

瓦特回答他说："是的，那在物理学家手里只是一根棒子而已。不过，大家都知道用这样普通的三根棒子,可以组成 5 个直角。但是我却可以组成 12 个直角，而你，最多也就只能组成 6 个直角。"

瓦特这样说让这位贵族很不服气，他找来 3 根棒子不断地摆出各种直角，但是很可惜的是无论怎样都摆不出 12 个直角来。

那么假如你来摆，用三根棒子你能摆出几个直角来呢？

220 踏花归来马蹄香

北宋皇帝宋微宗赵佶喜欢绘画，他本身也是一个善于画花鸟的能手。他在位的时候，广为搜集历代名人书画墨宝，并亲自掌管宣和画院，经常考查宫廷画师的技艺。宋徽宗自己绘画时特别注意构图的立意和意境，因此在朝廷考试画家的时候常常以诗句为题，让应考的画家按题作画择优录用。

有一次，朝廷决定考试天下的画家，择优录取为宫廷画家。诏命一下去，各地的画家都纷纷来到京城。到了考试那天，主考官出了一个命题："踏花归来马蹄香"，让画家以这句话为主题，画出一幅画，这幅画要把这句诗的内容体现出来。

一见到这个题目，画家们个个在考场中抓耳挠腮，一筹莫展。试想，花的香味如何通过画面表现出来呢？况且还要和马蹄联系起来，着实很难。因此，许多参加考试的画家虽然画功十分了得，一个个有丹青妙手之誉，但面对这样的题目却无从下手。

眼看着考试时间都快到了，无奈，这些画家只好先后硬着头皮动起笔来。有的画家绞尽脑汁，在"踏花"二字上下工夫，在画面上画了许许多多的花瓣儿，一个人骑着马在花瓣儿上行走。可这显然太生硬，完全没有意境，看上去活脱一副游春图，却无法表现出"香"；有的画家煞费苦心在"马"字上下工夫，画面上的主体是一位跃马扬鞭的少年，在黄昏时候疾速归来，这显然更是跑题；有的画家运思独苦，在"蹄"字上大下一番工夫，结果在画面上画了一只大大的马蹄子，特别醒目。

等考卷交上来以后，宋徽宗一幅一幅地亲自审看。他抱着期待，看了一张，不满意，放在一边；又看了一张，还是不满意，又放在了一边……翻了一会儿，宋徽宗几乎不耐烦看下去了。正当他准备放下画准备休息的时候，却有一幅考卷令他脸上立时现出了喜悦的微笑。他抚掌连连称赞："好极了！好极了！"于是他选中了这一幅，还下了评语："此画之妙，妙在立意，妙在意境深厚。把无形的花'香'，有形地表现在纸上，令人感到香气扑鼻。"这才心满意足地休息去了。

第二天，宋徽宗告诉宫廷的众画师说自己发现了一幅好画，众画师一听，连忙跑过去欣赏。一看到这幅画，这些画师们也连连称是，觉得自愧不如。你能猜出这幅画是如何巧妙地体现了"踏花归来马蹄香"这个主题的吗？

221 西红柿和青椒有联系吗

农民雷安军是栽培大棚蔬菜的能手。有一天他给塑料大棚培土的时候，看到快要拉秧的西红柿冒出了几个小腋芽。由此他联想到青椒老了以后，去掉老枝叶，还能发芽开花结果，这种栽培方法叫做残株再植。西红柿和青椒都属于茄科植物，是不是也可以残株再植呢？

他的设想可行吗？

222 太阳为什么能持久发光发热

虽然太阳每天东升西落，是我们再熟悉不过的事物，但是直到20世纪30年代人们才弄明白太阳为什么会持续不断地发光发热。

大概100年前，科学家们根据能量守恒与转化定律提出，太阳中的分子在引力作用下向中心坍缩，在坍缩过程中分子的动能转化成光和热。但是经过计算之后，人们发现这种假设并不成立，如果是因为分子运动释放热量，太阳只能发光发热几亿年，事实上太阳已经存在了几十亿年了。

20世纪30年代，随着对原子核认识的加深，人们发现很轻的原子核在极高的温度下互相靠近的时候会发生聚变，形成新的原子核并释放出巨大的能量。美国物理学家贝特联想到核聚变的现象，找到了太阳能够持久发光发热的原因。你知道是什么吗？

223 伞的发明

传说雨伞是鲁班发明的。木匠的祖师鲁班曾在路边建造很多亭子，方便过路人在亭子里休息，雨天的时候可以避雨，晴天的时候可以遮阳。有一次，他在雨天遇到一个急着赶路的人，他身上淋得湿漉漉的，怕耽误时间，只在亭子里呆了一会儿就又冒雨前行了。鲁班心想，如果有一种能够随身携带的亭子就好了。

鲁班是如何发明会移动的亭子——伞的呢？

224 "构盾施工法" 的发明

19世纪20年代，英国要在泰晤士河下面修建地下隧道。传统的地下施工方法是"支护施工法",这种方法施工进度非常慢,而且经常遇到塌方事故。工程师布鲁内尔为解决如何更好地在地下施工的问题大伤脑筋。

有一天,布鲁内尔无意中看到一只至木虫在挖橡树……

他想到什么好办法了吗?

225 听诊器的发明

19 世纪的某一天,一位贵族小姐来找雷内克医生看病,只见她面容憔悴,手捂胸口,好像病得不轻。听她讲述症状之后,雷内克认为她可能得了心脏病。但是要想确诊,还得听心肺的声音。那时的做法是隔一条毛巾把耳朵贴在病人的胸廓上进行诊断,但这种方法显然不适合用在贵族小姐身上。

雷内克心想,能不能用别的办法呢?

他想到好办法了吗?

226 薄壳结构的应用

你能用一只手把鸡蛋捏碎吗?也许你想象不到薄薄的蛋壳却能承受很大的力。英国消防队员为了试验鸡蛋的受力,曾把一辆消防车停在草地上,伸直救火梯子,消防队员从离地 21 米高的救火梯顶端向草地扔下 10 个鸡蛋,出乎意料的是只破了 3 个。有人做试验发现当鸡蛋均匀受力时,可以承受 34.1 千克的力。鸡蛋具有如此大的承受力,是与它特有的蛋形曲线和科学的结构分不开的。一个鸡蛋长为 4 厘米,而蛋壳厚度只有 0.38 毫米,厚度与长度之比为 1 : 130。

奇妙的蛋壳引起了建筑学家的关注。

建筑学家都做了什么?

227 "理雅斯特号"潜水器的发明

阿·皮卡尔本来是研究大气平流层的专家,他设计的平流层气球曾飞到 15690 米的高空。后来,他想到大气和水都是流体,大气的原理应该也能使用于海水,于是他想用平流层气球的原理改进深潜器。那时的深潜器既不能自由行动也不能自行浮出水面,必须依靠钢缆吊入水中,这样就使它的活动范围大大受到限制,最深只能达到水下 2000 米。

阿·皮卡尔是如何成功的?

228 杠杆原理的管理学应用

世界上很多道理都是相通的，某一领域的经典原理同样适用于另一个领域。运用联想思维我们可以打开思路，从一个崭新的角度看待我们熟悉的问题，从而获得解决问题的新方法。比如物理学中的惯性原理运用在乐器演奏中，可以更加自如地运气，使口腔和手指的动作更加轻松流畅，演奏出更加精彩的乐曲。

阿基米德曾说："给我一个立足点和一根足够长的杠杆，我就可以撬动地球。"这是物理学上非常简单的杠杆原理。我们可不可以把这个原理应用在企业管理中责任、权限和利益的关系中呢？

229 变电器的发明

有一个物理学家正在研究如何发明能够扩大电压的变压器。一次偶然的机会，他看到了传说中雷公的画像，画像中的雷公身穿虎皮、背负大鼓、手持铁锤，形象非常威武庄严。

他看到虎皮的花纹是黄色杂有黑色的条纹，忽然头脑中有了主意……

230 冥王星的发现

业余天文学家威廉·赫歇尔 1781 年发现了天王星，但是进一步的观测显示天王星的实际运行轨道与预测的轨道存在偏差。1846 年天文学家发现了海王星，但是海王星的存在只能部分解释天王星实际轨道与预测轨道的差异。

接下来，天文学家又会有什么发现呢？

231 人工牛黄

牛黄原是一种昂贵的中药，它是牛的胆结石，只能从屠宰场上偶然得到，产量很小，所以非常珍贵。

后来人们利用产生胆结石的原理，把牛、羊、猪的胆汁提取出来研制人工牛黄，但是这种人工牛黄的临床医疗功效很差，医学专家不得不继续寻找新的解决办法。某药品公司的科研人员想到，河蚌经过人为的"插片"植入砂子，会分泌出黏液将砂包住慢慢形成珍珠，如果……

他们联想到什么了？

232 "蝇眼照相机"的发明

苍蝇是细菌的传播者,似乎对人类没什么用,但是我们应用形象思维之后,可以把苍蝇身体的独特结构和功能应用起来。苍蝇的楫翅(又叫平衡棒)是"天然导航仪",人们模仿它制成了"振动陀螺仪"。这种仪器安装在火箭和高速飞机上,可以实现自动驾驶。苍蝇的眼睛是一种"复眼",由 3000 多只小眼组成……人们模仿复眼又制成了什么呢?

233 日光灯的发明

如今电灯让我们的夜间生活变得丰富多彩,但是普通的灯泡只能将一小部分电能转换为可见光,大部分都以热能的形式浪费掉了,而且电灯发出的热射线对眼睛有害。于是人们试图寻找只发光不发热的光源。当人们向大自然求助的时候,发现许多生物都能发光,如细菌、真菌、蠕虫、软体动物、甲壳动物、昆虫和鱼类等,而且这些动物发出的光都不产生热,所以又被称为"冷光"。

在众多的发光动物中,萤火虫发出冷光不仅具有很高的发光效率,而且发出的冷光一般都很柔和,很适合人类的眼睛,光的强度也比较高……科学家是怎样将萤火虫的发光原理应用到日常照明中的呢?

234 一箭双雕

春秋时期,卫国美男子弥子瑕得到卫灵公的宠爱,逐渐开始专权于卫国。卫国有个身材矮小的贤人对此感到很忧虑,于是便想讽谏卫灵公。

这天,这个贤人求见卫灵公,得到了接见。他见到卫灵公后说道:"看来我昨晚做的梦应验了!"卫灵公于是好奇地问:"你梦见什么啦?"贤人回答说:"我梦见了灶——这正说明我今天能够受到您的接见啊!"卫灵公听了勃然大怒,说:"我听说一个人将要见到国君的时候,往往梦见的是太阳,你要见寡人的时候却梦见了灶,你这不是戏弄寡人吗?"

这个贤人听了却不慌不忙地进行了解释,不仅使得卫灵公不再发怒,而且成功地达到了自己讽谏的目的,使得卫灵公从此开始疏远防范弥子瑕。

你猜这个贤人是如何对卫灵公解释自己的梦的?

235 门客的比喻

战国时期，齐威王的小儿子田婴，因功被封于薛（今山东滕州东南），号靖郭君。到达封地之后，田婴要在薛地构筑城墙，门客纷纷劝阻。田婴不耐烦之下，便干脆不再接见前来拜见他的人。

这天，有个门客又前来求见田婴，他保证自己只说三个字，如果多说一个字，情愿被抛进锅里煮死。田婴于是才破例接见了他。

这个人见到田婴后，果然只说了三个字——"海大鱼"，说完便转身就走。田婴见此人说了这没头没脑的三个字，便感到十分奇怪，派人将其叫回来问道："您这话究竟是什么意思呢？"来人却说："我可不敢拿性命当儿戏！"田婴于是说："没关系，你继续说就是了。"

于是这个人便对自己先前所说的三个字进行了解释。原来，这三个字乃是他打的一个比喻，目的是用来劝阻田婴修筑城墙的。没想到田婴一听他的比喻，立刻停止修筑城墙。

你能猜出，门客究竟会如何以"海大鱼"这三个字劝阻田婴修筑城墙吗？

236 邹忌抚琴谏威王

战国时期，齐侯田午不听神医扁鹊的劝告，病入膏肓死掉了。其子继位，是为齐威王。齐威王即位后，整天沉迷于酒色，不理朝政。以致韩、魏、鲁、赵等国都来入侵，齐国出现了"诸侯并伐，国人不治"的局面。

一天，平民邹忌抱着一把琴前来求见齐威王，他自称能够弹奏高妙的音乐。齐威王素来喜欢音乐，于是接见了邹忌。

邹忌行过礼之后坐定，认真地调好琴弦，摆出一副马上要弹奏的样子，只是手放在琴上一动不动。齐威王一看很着急，问道："先生调好了琴弦，怎么不弹？"邹忌回答说："大王，在我弹琴之前，请允许我先谈谈弹琴的道理。"

齐威王便让邹忌讲讲，邹忌于是指天画地地谈了起来，刚开始齐威王还能听懂，到后来便越讲越玄，越讲越空，齐威王逐渐听不懂了。但邹忌讲了很长时间，仍旧滔滔不绝，没有停下来的意思。齐威王感到有些不耐烦了，打断邹忌道："好了，道理您已经讲得很透彻了，还是请弹奏一曲来听听吧！"

邹忌于是停止了长谈阔论，将手放在琴弦上，但是仍旧一动不动。齐威王于是火了："怎么还不弹？"邹忌接下来说了一番话，齐威王一听便明白了邹忌原来是来讽谏自己的，并且他也接受了邹忌的讽谏。

你猜邹忌接下如何借弹琴之事讽谏齐威王？

237 荀息巧谏晋灵公

春秋时期，晋灵公生活奢侈无度，残暴专横。一次，他征发大量百姓，耗资巨大，建造豪华的九层之台，以供自己娱乐。因为担心大臣们反对，晋灵公事先放出话来：若有人劝阻，格杀勿论。

身为相国的晋国大臣荀息，知道此事后非常担忧，前去觐见晋灵公。晋灵公一看荀息此时进宫，便知道他所为何事，于是毫不客气地命令卫士搭建拉弓，箭头对准荀息，只要荀息开口劝阻他建造高台，就一箭射死。荀息一看这架势，心知自己若直言讽谏，必将遭致杀身之祸，于是他便想了一个办法。他假装以一副轻松愉快的样子对晋灵公说："大王，不必这样，我此次前来，并非为规劝您什么，而只是来为您表演一个小技艺，供您开心。"

晋灵公于是问道："不知爱卿要表演什么技艺呀？"

荀息答道："我能够将十二个棋子堆起来，然后在上面加九个鸡蛋。"

晋灵公一听，十分感兴趣，便让卫士撤了弓箭，让荀息开始表演。

荀息于是定了定神，果真开始严肃认真地将十二个棋子堆起来；然后，他又将鸡蛋一个一个地加上去。旁边观看的人，看着荀息将鸡蛋越加越多，眼看就要掉下来，都紧张得屏住了呼吸；晋灵公也同样紧张地瞪大了眼睛，并不时地叫嚷道："危险！危险！"

荀息听到晋灵公说危险，于是便顺势开始了对晋灵公的讽谏，并最终成功地说服晋灵公停止了高台的建造。

你能猜出荀息是如何借自己的游戏讽谏晋灵公的吗？

238 丘吉尔严守秘密

英国著名首相丘吉尔在担任首相之前，曾任英国海军大臣。一次，一个朋友想私下里向丘吉尔打听一些有关英国海军的私密消息。一向讲究原则的丘吉尔不肯告诉他，但是这个人有些不甘心，软磨硬泡地向丘吉尔一再打听。最后，丘吉尔盯着他的眼睛说："这是很机密的消息，你能保证我告诉你后你不告诉别人吗？"

那个人一听有戏，立刻信誓旦旦地说："绝对不会的，您放心吧，阁下！"

丘吉尔于是一副就要告诉他的样子，但在说之前，他又谨慎地向四周望了一圈，似乎是害怕有别人会偷听到，然后他才回过头又对这个人问道："你真的能保证你能保守这个秘密？"

那个人于是又诚恳地保证道："放心吧，我能！"

没想到这时丘吉尔却微笑着看着对方的眼睛，然后说了一句话，那个人再也不再提这件事了。

猜一下，丘吉尔说了句什么话？

239 富兰克林讲故事

18世纪70年代，处于英国殖民地下的美国人民准备采取斗争，争取独立。这天，北美十三个殖民地的代表聚在一起，协商美国脱离英国宣布独立的大事。代表们经过商议后，推举富兰克林、杰弗逊和亚当斯等人负责起草一个宣布美国独立的宣言。几天后，几人便将这个《宣言》起草好，并交给了委员会，等待审查通过，起草者则在门外等候。

在几个《宣言》起草者之中，年轻的杰弗逊才华横溢，因此其他起草者只是将自己的意见陈述，而执笔者正是杰弗逊。应该说，杰弗逊的功劳是最大的。正是因为此，他便格外在意该宣言能否被通过。在外面等了许久，见委员会还没有传出消息之后，年轻的杰弗逊便有些坐不住了。他几次站起来又坐下去，或者干脆踱起步来。这时，老成持重的富兰克林很了解杰弗逊的心思，想要劝一劝他。但是，他知道像杰弗逊这样才华卓越又年轻气盛的人来说，直接劝说他，恐怕他很难接受。于是，富兰克林便想绕个弯子来劝说他。

如果你是富兰克林，你会如何劝说杰弗逊？

240 心理学家"解决问题"的地方

在一个酒吧里，一个商人独自坐在一个角落里喝闷酒。他一杯接一杯地喝，看上去心情十分糟糕，似乎充满了绝望。这时，一个邻座的心理学家走上前去，对这位商人说："朋友，有什么我可以帮你的吗，看上去你似乎遇到了十分难缠的事。"

"你帮不了我！"商人抬头冷冷地看了一眼心理学家，干脆地回答，同时将一杯酒一饮而尽。

"不妨说来听听！"心理学家微笑着说。

"我的问题太多了，说都不知道从何说起！"似乎是感激于对方的好意，商人苦笑着解释。

"这是我的名片，有兴趣的话可以来找我。"心理学家放下名片就要离开，临走时他又加了一句，"相信我，我帮过比你问题多得多的人。"

第二天，商人出于好奇，不怎么抱希望地来到心理学家的办公室。心理学家友好地接待了商人，并一直微笑着静静地听商人说完了自己的问题。

"我早说过，我的问题你帮不上忙的，是吧？"商人说完后，苦笑着看着心理学家。

"不，你的问题并不复杂，很容易解决！"没想到心理学很轻松地说道。

"怎么解决？你在逗我吧？"商人好奇地问。

"绝对不是逗你，我带你去一个地方，到了那里，你的这些问题马上就会消失。"心理学家很认真地看着商人说。

"那好，如果能解决我的问题，去哪里都行！"商人越来越好奇。

于是，心理学家带着商人去了一个地方。到了那里之后，商人果然感到自己的问题不再是问题了，很高兴地回家了。

你猜，心理学家带商人去了什么地方？

241 刘伯温的巧妙比喻

朱元璋登基不久，需要处理很多国事，其中一件就是对自己的部下和亲戚朋友封官行赏。这件事令朱元璋十分为难：对于那些跟随朱元璋打天下，立下了汗马功劳的文臣武将进行封赏，理所应当，很容易决断。但是，对自己沾亲带故的亲戚朋友，朱元璋却不知怎么办了。这些七亲六戚的，人数众多，如果都封个一官半职，岂不成了见者有份，无功受禄了吗？而如果将这些亲戚置之不理，势必背后有人说三道四，搞不好自己会落个六亲不认的骂名。为此，朱元璋拿不定主意，心中闷闷不乐。

这时，军师刘伯温体察到了朱元璋的矛盾心理，他想帮助朱元璋分忧，却不便直言进谏，担心惹怒朱元璋。左思右想之后，刘伯温便画了一幅画进献给朱元璋。

朱元璋接到刘伯温的画后，只见画面上画着一个身材魁梧的男子，他的头发乱蓬蓬的，而他那一束束的头发上顶着一只只小帽子，除此之外，并无其他。朱元璋并不理解刘伯温为何送他这样一幅画，但是他知道，刘伯温足智多谋，做事稳重，送他此画定然大有深意。夜深了，朱元璋仍在灯下仔细琢磨着，可想了一夜仍是百思不解，于是决定第二天当面向刘伯温请教。

可是第二天，刘伯温并没有上朝，于是，朱元璋命令手下把那幅画展开给众大臣看。

众大臣看完这幅画之后，都在小声议论。

朱元璋问众大臣："这是刘伯温老先生送给朕的一幅画。这画中有个谜，众爱卿谁能解开呢？"

众大臣面面相觑，都表示不知道画谜的意思。其实，其中的聪明人已经明白了画中之意，但都怀着和刘伯温同样的心理，不愿直接点破。

这时，在一旁的皇后马秀英因为和朱元璋是患难夫妻，并不避讳，她已经看出了画中之意。于是，她主动对朱元璋说："皇上，臣妾倒有一解。"

朱元璋一听马秀英的解释，觉得很有道理，就当机立断，只封有功之臣，不再封亲戚朋友为官了。

你知道刘伯温这幅画谜的意思吗？

242 智者点醒青年

从前，有一个很有抱负的青年，他曾经确立了很多目标，但是结果却是一事无成。对此，他很困惑，但又找不出问题所在。于是，他就去找一位智者给他解惑。

智者居住在深山老林之中，断绝了与外界的联系。这位年轻人用了很长时间才在一个小河边找到了智者。年轻人把自己的经历与困惑对智者说了。智者听后，并未正面回答青年的问题，而是望着墙角放着的水壶对年轻人说："你去给我烧壶水来。"

于是年轻人就去烧水，不过当他想要生火时，却发现智者的家里已经没有柴火了。于是，他就去山上砍了柴。终于，年轻人把柴火弄回来了。开始烧水了，可是烧了很长时间，水依然未开。柴火这时已经烧光了，年轻人只好再去山上打柴。

这一切智者都看在眼里，等待年轻人砍柴回来，智者问道："如果你这次砍的柴，还是不能把水烧开，你怎么办呢？"年轻人摇了摇头。

智者接着便对年轻人进行了点拨，结果，年轻人一下子就知道了自己问题所在了。你知道智者是怎么点拨年轻人的吗？

243 小太监讽谏

明宪宗时，太监汪直擅权专横。他仗着宪宗对他的宠爱，肆意妄为，百姓生活在水深火热之中。

汪直有两个心腹分别是左都御史王越和辽东巡抚陈钺，两人狐假虎威，作恶多端。朝中大臣也都受够了汪直等一干人的罪恶行径，每每向宪宗进谏。可是，宪宗偏听偏信，对那些进谏的人一概拒绝或怒斥，时间长了，也没有人愿意进谏了。

当时，宫中有一个会唱戏的小太监，名叫阿丑。虽身份低贱，但是看不惯汪直的专横跋扈，于是阿丑也想要向宪宗进谏。

一天，宪宗要听"阿丑"的戏。这一次阿丑的装扮倒有点像是汪直，原来，他要扮演的就是汪直。在戏台上，只见他双手各拿着一把锋利的斧头。问旁边的人说："这是什么？"大家说是斧头，阿丑却说不是斧头，而是钺。大家都无奈地问："你拿着钺干什么啊？"阿丑说："我能走到今天，全仗着这两钺呢，这可不是一般的钺啊！"大家都笑了，都说这有什么不同的啊。阿丑就回答了"路人"的疑问。

听完戏后，宪宗就下诏革去汪直及其两个同党的职位，并将其发配到边远地方去了。

你知道阿丑在戏中是怎么回答的吗？

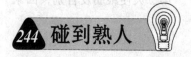

244 碰到熟人

罗西尼是意大利 19 世纪著名的歌剧作曲家，他特别注重作品的独创性，厌恶抄袭。

一次，一个年轻的作曲家邀请罗西尼去听自己新创作的曲子。一开始，罗西尼觉得这个曲子不错，可是听着听着，他觉得曲子似乎在哪里听过，有种似曾相识的感觉。他知道这首曲子一定不是年轻的作曲家的原创，而是他抄袭了好几个著名作曲家的作品。

罗西尼本来就很厌恶抄袭，加之年轻人又欺骗了他，这下原本的喜悦之情，顿时消失了。他越听越不高兴，没等到演出结束就开始坐不下去了。但是，他又不能上台去制止别人的演出，他忽然想到了一个好办法。

作曲家每每演奏一小会儿，他就站起来，摘下帽子，点下头，再把帽子戴上，再坐下。就这样他重复了好几次，终于那个年轻的作曲家也注意到了这点，就自己停了下来，不解地问罗西尼这么做是什么意思。

你知道罗西尼是怎么回答他的吗？

245 暗示

朋友之间虽然是可以无话不说的，但是有的时候，为了避免伤害感情，也是需要含蓄委婉一些的。

从前，有个人老喜欢到朋友家去喝酒。本来去朋友那里喝酒是无可厚非的事情，可是他每次去都要在朋友家里住很久。

有一次，他又跑到朋友家去了，这次，他又在那里住了很久，酒也已经喝了很多，可是他却没有要走的意思。每天都招待这位客人，他的朋友也已经有点厌倦了。但是，又不能直接赶他走啊，这话该怎么说呢？这可难倒了主人。

一次，俩人正在喝酒，喝得正高兴的时候，主人给他讲了一个故事："有一段山路，经常有老虎出来伤人，已经有很多人被老虎咬死了。一天，有一个贩卖陶器的商人从这段路上经过，正巧老虎等在路边，商人还没来得及跑，老虎就向他迎面扑来。商人急中生智，赶紧拿起一个瓶子，向老虎砸去。但是，老虎并不退却，瓶子一个个地快砸完了，老虎仍旧不罢休。只剩下最后一个瓶子的时候，商人便大声呵斥了老虎一句……"

故事讲到这里，那个人就明白朋友的意思了，第二天便跟朋友告别，回家去了。猜一下，商人是怎么呵斥老虎的？

246 苏格拉底的妙喻

苏格拉底是古希腊著名的哲学家，同时他也很幽默。苏格拉底的妻子很彪悍、泼辣，经常与苏格拉底吵闹，是出了名的悍妇，经常当着众人的面让苏格拉底处于窘境之中。但是，苏格拉底每次都能用他的幽默化解困境。

有一次，他在和他的学生们讨论问题。正在大家都很激动的时候，苏格拉底的老婆冲了进来，不分青红皂白就对苏格拉底进行了一顿破口大骂，还未等苏格拉底开口解释，他的妻子就离开了。大家都以为"灾难"就此结束了。可是，没过一会儿，他的妻子又进来了，这次她还提了一桶水，一句话不说就泼了苏格拉底一身。苏格拉底浑身都湿透了。

看到这样的场景，学生们都惊呆了，不知道老师会如何处理这件尴尬的事情。只见苏格拉底的脸上并没有生气的表情，而是摸了摸自己身上湿了的衣服，不慌不忙地说了一句风趣的话。顿时，全场都笑了起来。这一次又是苏格拉底的幽默和风趣为他化解了尴尬。

你知道苏格拉底说了什么吗？

247 农民的理由

有一个班主任老师在一所乡村小学任教。一天，铃声响了很久，孩子们都已经就坐了，只有一个学生没来上学。接下来的几天，这个学生依旧没有来学校。

班主任觉得很奇怪，于是，他决定下班后去家访。

到了学生的家里，在了解了情况之后，班主任才知道，并非孩子自己不想读书，而是学生的父母不让孩子上学了，理由就是学费太贵。班主任极力劝说家长："您得让他去上学啊，否则他以后可能会是一个愚蠢的人，您这样做是断送了孩子的前程啊！"可是无论班主任怎么苦口婆心地劝说，家长还是说："您说的道理我们都知道，可是一个月要交 100 块钱的学费，实在太贵了。100 块钱可以够我买头驴呢！"听了这话，班主任一气之下，便说出了句气话，将这个家长巧妙地骂了。没想到憨

厚的家长一听这话，忍不住笑了，同时也觉得这句气话说得有道理，最终同意让孩子继续读书了。

你知道这个班主任包含着道理的气话是什么吗？

248 父亲巧妙教子

从前，有一位著名的画家，他举办过数十次个人画展，参加过数百次的绘画评奖比赛。然而，无论画展举办得是否成功，无论他是否能在大赛中获奖，人们总会看到他脸上露着开心而从容的微笑。

有一次众多同行一起聚会，大伙聊着聊着，就聊到了这位画家。有人就问这位画家："你为什么每天都能够那么开心呢？难道每天真有那么多值得高兴的事发生？还是你有什么开心的'秘诀'呀？说来大家学习学习呀！"

画家说："这样吧，我给大家讲一个我自己的故事。在小的时候，我的兴趣非常广泛，篮球、游泳、画画、吉他我样样喜欢。可是，我有一个毛病，那就是非常争强好胜，只要是我喜欢的爱好，哪一样我都非争一个第一不可。然而一个人的时间和精力是有限的，你不可能样样都优秀，何况是第一呢？所以我就每天闷闷不乐。

"我的父亲非常了解我的这种性格。有一天晚上，他来到我的房间，告诉我说，今天我们来做一个小游戏，只见他一手拿着一个小漏斗，一手拿了一玻璃杯玉米籽。父亲让我把手放在漏斗下面，过了一会儿，他将往小漏斗里放了一些玉米籽，并让我用手在下面接着。刚开始，父亲放了一粒下去，玉米籽一下子就滑到了我的手里。接下来，他放了几粒在里面，麦粒也很快滑到了我手里。最后，他抓了一大把玉米籽放了进去，结有玉米籽都在漏斗的尖端堵在了一起，再也下不来了。

"游戏结束之后，父亲意味深长地对我说了几句话。听完父亲的话，我的心情就释然了，再也不为那些事而耿耿于怀了。直到今天，我还一直铭记着父亲

那天的教诲。"

那么现在你猜猜看，这位父亲对画家说了些什么呢？

249 墨子教徒

我们知道，春秋时期的孔子是个大教育家，但他并非是
当时唯一的教育家。其实当时的许多思想家都有自己的关
门弟子，墨子便是其中著名的一位。而且，墨子教授弟子
也相当有一套，请看下面这个故事。

墨子的众弟子中，数耕柱子的学问最大，可是
墨子偏偏对他要求最严。

有一次，耕柱子来到墨子房间，满腹委
屈地说："如果论才智和聪明，论学习的态
度和悟性，不是弟子夸口，其他的师兄弟
都比不上我。可是您为什么对我那么严格，而对他们却那么宽容呢？"

墨子听耕柱子这么说，就放下手中的书，对他说道："如果我现在要去
昆仑山，坐的是一辆由快马和黄牛共同拉的车，你说我应该拿鞭子抽快
马呢，还是黄牛呢？"

耕牛子听完，就说："当然你应该抽快马了，而不应该抽黄牛，因为马是越
打跑得越快，而黄牛你打它几下，可能就会站着不动了。"

墨子接着说："好了，既然你这样想，就可以去用功读书了，以后就不要来
找我抱怨了。"

到这时候，耕柱子才恍然大悟，明白了老师所讲故事的寓意。他向墨子深
深鞠了一躬，高高兴兴地出去了。

现在你来说说看，墨子所讲故事是什么寓意呢？

250 老子释疑

传说老子骑青牛越过函谷关后，曾在函谷府衙为府尹大人作洋洋五千言的
《道德经》，正当他奋笔疾书之时，一位年逾百岁却鹤发童颜的老翁前来府衙找他。

老翁对老子略略施礼后道："老朽向闻先生博学多才，故特来向您请教一个
问题。"

听到老子的谦词和问询之后，这位老翁得意地扬了扬眉毛道："老朽我今年
已经106岁了，与我同龄的人都纷纷作古而去了。你看他们，耗尽心血修筑起万
里长城却不能享受鳞鳞华盖，殚精竭虑建设好四舍屋宇却落身荒野孤坟，而辛劳

毕生开垦出百亩沃田死后也只得一席之地。而我呢？从少年到现在，一直都是游手好闲地轻松度日。可虽然不稼不穑，我依然能吃上五谷杂粮；虽然不置片砖只瓦，我仍然可居于金碧房舍。所以我想问先生：现在我是不是可以嘲笑他们徒劳一生，却只换来一个早逝呢？"

听了这番话，老子微微一笑，然后吩咐侍童道："去找一块砖头和一块石头来。"然后，老子借用转头和石块打了个比方，老翁一听，惭愧地离去了。你猜，老子是如何打这个比方的？

251 坚持真理

学生们向大哲学家苏格拉底请教怎样才叫坚持真理。

苏格拉底反问学生道："你们真的想知道什么叫坚持真理吗？"学生们点头称是。

"那好，"说着，苏格拉底从抽屉里拿出一个苹果放在讲桌上，然后说道，"请大家集中精力，注意空气中的味道。"

十秒钟之后，他问道："现在，请你们告诉我，你们闻到了什么？"

好几个学生举起手回答说闻到了苹果的香味儿。

"好，请你们再集中精力，仔细闻一闻空气中的味道。"说完，苏格拉底举着那个苹果走下了讲台，围着学生慢慢地走了一圈。

"这次，你们能回答我是什么味道吗？"回到讲台上以后，苏格拉底又问学生道。

下面更多的学生举起了手，都回答说闻到的是苹果的香味儿。

于是，苏格拉底第二次走下讲台，把苹果放在每位学生的鼻子底下让他们仔细闻了一回。

这一次，除了一位学生之外，其他所有学生都举起手说是苹果香味儿。

"那你闻到的是什么味道呢？"苏格拉底看了看那位没举手的学生，微笑着问道。

顿时，那位学生意识到了什么，慌忙也举起了手，回答说自己跟大家一样，闻到的也是香味儿。

这时，只见苏格拉底高高举起了那个苹果，笑着对学生们说了一句话。学生们一听，顿时明白了什么叫坚持真理。

你猜，苏格拉底对学生说了什么？

252 演讲家的比喻

这是一次很特别的演讲，场中的一个镜头震撼了每一个人，足够他们用一生去记忆，尤其当遭遇挫折艰难时。

据说，这位演讲家经历过无数磨难，当人们问起他是怎么走过来的时候，他伸手从兜里掏出了一百块钱，环顾一下在场的观众问道："我想把这一百块钱送给你们当中的某一位，有谁想要？"

下面的观众一下子都举起了手。

演说家把那一百块钱揉了揉，攥成一团，又问道："现在有谁还想要？"

观众们再一次举起了手，看样子，人数一点也没变。

这时候，演说家把那个钱团扔在地上，使劲儿踩了一脚，然后捡起来问："现在呢？还有谁想要？"

观众依然高高地举着手。

接下来，演说家说了一段意味深长的话，之后，下面立刻爆发了雷鸣般的掌声，观众从中都颇受启发，并对于自我的价值有了更坚定的自信。你猜演讲家说了一番什么话？

253 装杯子的顺序

学生时代马上要结束了，同学们个个眉开眼笑。看看大家的浮燥劲儿，教授决定给学生们上最后一堂课，一堂比较特殊的课。

看教授手里拿着这么多东西，同学们意识到这将是一堂与众不同的课，所以都安安静静地坐下来，等着聆听这位著名教授的最后教诲。

教授把手里的东西一一放在讲桌上，一只大敞口杯、一瓶水、一袋石子、一袋沙子。然后便开始往敞口杯里放石子，等到石子都堆出杯口时，他问大家："杯子满了吗？"

"满了。"大家异口同声地答道。

这时，教授抓起细沙，小心翼翼地往装着石子的杯子里填着，几分钟之后，那一小捧沙子都被装进了杯子。

"杯子满了吗？"教授又问。

"满了。"回答的人还剩下一半。

于是教授又拿起水往杯子里倒，渐渐地，水开始往外溢。

"杯子满了吗？"教授再次问道。

下面一片沉寂，谁都不敢再说话了。

"这回杯子才确实是满了。"教授接着问了一个问题，"之前你们多次都认为杯子满了，但是后来却又装进了其他的东西，你们知道之所以能如此的关键吗？"

你能回答出教授的这个问题吗？教授问这个问题是想向学生阐述一个什么样的道理？

254 命运在哪里

从小到大，我一直被一个问题缠绕着：世界上到底有没有命运之说？

一天，我偶然遇到了一位事业上颇有成就的朋友，便跟他闲侃了起来，不知不觉中，我们谈到了"命运"，于是我趁机问他：你认为这个世界上有命运之说吗？

"有！"他不假思索地说道。

他的肯定把我吓了一跳，我条件反射般地问道："大学的时候咱们宿舍可数你最唯物了，怎么？工作了几年，难道就全变了？"

"开玩笑，我还是老样子，不过我现在相信一定有命运存在。"他很认真地说。

我糊涂了："如果真有命运存在的话，也就相当于一切都已经是注定的了。既然如此，那你还奋斗什么？看你现在兢兢业业、努力奋斗的样子，可一点也不像信命的。"

朋友笑了，拉过我的手说："我来给你看看手相。"

接着，他就生命线、事业线、感情线地给我讲了一大通。讲完后，他突然将我的手握成了一个拳头，并对我说了一番话，我瞬间明白了命运的意思。

你猜朋友是怎么说的？

255 绝无错误的书

随着社会的发展，人们越来越发现旧的生物学著述中错误百出，在人们络绎不绝的指责声中，生物学权威拉塞特教授决定出版一本内容绝无错误的生物学巨著。

几个月后，人们引颈期待的拉塞特著作终于问世了，书名是《夏威夷的毒蛇》。当人们看到那部上千页的巨著时，都惊讶地感叹着教授的速度与丰富学识，然后，他们就迫不急待地翻开了墨香犹存的书，打算一睹这本"绝无错误"的作品。

但是让所有人大吃一惊的是：除了封面上的书名外，上千页巨著居然页页空白，从头到尾没有一个字！

惊愕不已的人们纷纷大惑不解地把目光投向了拉塞特，不想教授却像毫不知情似地继续他的研究。

"教授，你总该给我们一个解释吧。"有人实在忍不住了，于是上前打断了拉塞特的实验。

"怎么了？难道有什么问题吗？"拉塞特故作惊讶地反问道，然后又以一种极为轻松的语调说道，"对生物学稍有研究的人都会知道，夏威夷根本没有毒蛇，所以这本书当然应该是空白的。"

"可是,可是这也太……"问的人张口结舌,不知道应该如何表达自己的心情。

"正因为整本书是空白了，所以我才敢说，它是有史以来，唯一一本没有任何错误的生物学巨著！"拉塞特教授两眼闪烁着古怪的光芒说道。

众人一愣，顿时领会了教授的幽默。

你知道教授的意思吗？

256 丑陋的兔子

他是位养兔大户，日子过好了，也就有闲情逸致去关心别的了。仔细观察之下，他发现附近寺院里有个和尚不地道，不但花天酒地，还贪图女色。

于是，这件事便成了他饭后茶余的嚼资。有钱人势头大，人们多喜欢靠近有钱人，所以经过他添油加醋的"和尚事件"在当地迅速传开了。当人们都知道了"和尚没一个好东西，都是说一套做一套的假仁假义者"时，原本香火旺盛的寺院一下子冷清了许多。

经过调查，寺里的方丈知道了原因，便派出两个和尚来以买兔子为名解决此事。养兔大户瞧不起和尚，懒得亲自动手，便让他们自个挑，不一会儿，他们拎着一只奇丑无比、兔毛脱落的老兔子出来了。

"我们把这只兔子拿回去养，如果有人问起，我们就说是从你这里买的，也相当于给你做宣传了。"两个和尚说。

"不行不行，"养兔大户赶紧摇头道，"我这里的兔子个个皮毛干净、漂亮无比，你拿这么一只快死的老兔子会让别人误会我的。"

接下来，和尚便说了一句话，使得养兔大户顿时明白了和尚此次来的目的，并为自己的之前制造的"和尚事件"感到不好意思。

你猜和尚说了句什么话？

第五章

迂回思维名题

257 特洛伊木马

很久以前，遥远的希腊半岛上有很多城市国家。爱琴海东岸，有一个美丽的城市，名字叫特洛伊。特洛伊城里有一个非常英俊的王子，他叫帕里斯。

一次，帕里斯到爱琴海对面的希腊游玩，来到斯巴达王国。他拜见了斯巴达国王墨涅拉俄斯和王后海伦。海伦长得非常美丽，帕里斯被她深深地迷住了。回国时，帕里斯偷偷地把海伦带回了特洛伊。

斯巴达国王墨涅拉俄斯回来后，发现美丽的王后海伦和帕里斯逃走了，非常气愤。他召集了希腊半岛上所有的国王，组成了庞大的希腊联军，浩浩荡荡地去攻打特洛伊城。

特洛伊城周围有坚固的城墙，城里所有的男青年都参加了军队，对抗希腊联军。所以，战争一直持续了整整十年，还没有分出胜负。希腊联军的战士们开始思念故乡的亲人了，不愿意继续战斗了。希腊联军的统帅阿伽门农看到这种情况，一筹莫展，这时候一个聪明的国王奥德修斯给阿伽门农献上了一条计策……

一天清晨，特洛伊人发现城外的希腊军队一夜之间消失得无影无踪。于是他们欢呼着奔出城门，载歌载舞庆祝着胜利。这时候，人们发现海滩上矗立一

匹巨大的木马，都感到非常惊奇。忽然，有人大叫："抓住了一个希腊奸细！"大家把奸细带到特洛伊国王面前。奸细说："木马是希腊人用来祭祀女神的。特洛伊人如果毁掉它，就会引起天神的愤怒。但如果把木马拉进城里，就会给特洛人带来神的赐福。"特洛伊人信以为真，高兴地把木马带回了城里。这一天，全城的人们杀猪宰羊庆祝胜利，一直狂欢到深夜。

真的这么简单吗？当然不是，否则就不会有"小心希腊人的礼物"的俗语了。你能说出"希腊人礼物"背后的玄机吗？

258 三夫争妻

乾隆二十八年，宋通判被皇上派遣到温州任知府，哪知他才上任就遇到了一件非常难办的案子：三个男人共同争夺一个姑娘。

案子的审理马上开始了，此时公堂前跪着一位非常漂亮的姑娘，她的身后是三个男人，一个是英俊帅气的青年人，一个是身材有点臃肿的商人，还有一个是个子矮小的瘦青年，这是一位小财主，在另外一侧则跪着的是姑娘的母亲。

经过调查，通判了解了一些事情的来龙去脉：原来跪着的这位女子叫小娇，是本县县民刘某的女儿。刘某与武官陈某曾经是多年的好朋友，陈某有个儿子名叫大通，两位父亲在儿女很小的时候就给他们订下了娃娃亲。

几年以后，陈武官带着儿子返回了老家，从此以后音讯全无。刘某不久因病去世了，等小娇长到了18岁，母亲就把她许配给了一位商人，商人送完聘礼后外出经商了，一去就是两三年，在这期间音讯全无。

母亲看着女儿一天天长大但是一直没有嫁出去，非常着急，就又把女儿许配给了同县的一个小财主。在小财主很是高兴地准备迎娶小娇的时候，商人竟然回来了，并派人前去刘家确定婚期。事情凑巧的是：好多年没有音讯的武官的儿子陈某也备好了聘礼在这个时候赶来了。

就这样，三家为了小娇而一起来到了公堂上。宋通判琢磨了好久却一直想不出来一个比较好的解决问题的办法，于是就请来了好朋友范西屏前来帮忙。

范西屏对他说了一句话："你听说过玲珑棋局其实就是死而后生吗？"一句话点醒了宋通判，他把所有的人都叫来，重新开堂审理此案。

宋通判对小娇说："人长得漂亮，怪不得这么多人争着要。你一个人不能同时嫁给三个男人吧？同时接受了三家的聘礼，本官又不能偏袒某一个人，所以我看这三个人中间，还是得由你自己选择好了。"

小娇是个害羞的姑娘，还没出嫁怎么能自己选夫婿呢？在外人看来是会被笑话的，就算别人不笑话，其余的两个男人也不会轻易就饶了她，所以她非常为难地对通判说："我宁愿去死！"

通判装作同情地说："看来也只能这样了，只有你死了，才能平息这场官司！来人，快去拿毒酒来！"差役按照通判的吩咐拿来了一杯毒酒，小娇接过来一口气喝了下去，不一会儿就躺在了公堂前面。差役上来对通判报告说："大人，她已经死了。"

宋通判对小财主说："好了，你现在可以把她的尸体领回去了。"

小财主很不乐意地说："我的轿子怎么能装个死人回去呢？既然她以前有过婚约，那么我还是成全他们吧！"那商人同样撇了撇嘴说不愿带着一个尸体回家。

这个时候，只有陈武官的儿子大通含着泪对通判叩谢说："谢谢大人，小人一定遵循先父安排，娶小娇为妻。即使她死了，我也不会背弃夫妻情义，我愿意领她回去，然后按照妻子的礼节好好安葬她。"

就这样，大通把小娇背回了自己的家里，但是想不到的是过了没多久，小娇竟然又醒了。于是他们就很快结了婚，然后非常幸福地生活在一起。

你知道宋判官是如何运用范西屏所说的那个高招的吗？

259 诸葛亮出师

据说诸葛亮小时候就聪明过人，家乡的私塾先生们都被他的聪慧所折服，纷纷表示自己的学问不足以做诸葛亮的老师。所以，诸葛亮的父亲，还为给他找老师发过愁呢！

后来，听说水镜先生是个博学之士，学问无人能比，父亲就带着诸葛亮到水镜庄拜师。水镜先生早就听说过诸葛亮的名声，这次见了，果然是一幅聪明伶俐的样子，就收下了他。没过多久，诸葛亮就在众多学生中脱颖而出，成为水镜先生的得意弟子。

寒来暑往，转眼三年就过去了，在水镜先生的悉心调教下，诸葛亮更加博学多才了。一天，先生对学生们说："你们都已经学习三年了，现在我出一道题，谁能在中午之前想出办法，经我同意，走出水镜庄，谁就算出师了。"

想骗过水镜先生，可不是一件容易的事情。学生们都抓耳挠腮地思考起来。

不一会儿，一个学生大喊起来："不好了，先生，邻居家着火了，我要出去救火了。"先生微笑着摇摇头。

又有一个学生说："先生，家里给我捎来一封书信，说我老母亲已经病入膏肓，临死之前，只想再见我一面，恳请先生放我出庄！"说着，他真的放声大哭。先生皱皱眉头，仍然没有点头。

另外一个学生说："先生的题目太难了，我要到外面的树林里去呼吸一下新鲜空气，清醒一下大脑，再好好思考先生的题目。"这次，先生连眼皮也没抬。

……

眼看就要到中午了，大家想出的借口都被先生否决了。这时候，诸葛亮灵机一动，怒气冲冲地跑到屋里……

你知道诸葛亮想出什么办法了吗?

260 别具匠心

宋湘是清朝著名的诗人和书法家，据说嘉庆皇帝曾封他为"广州第一才子"。有一个他写"心"字故意少写一个点，却挽救了一个小店的故事，被当时的人们传为佳话。

那是一个穷苦的夫妇开的一个小饭店。小饭店开在人来人往的路边，夫妻俩待客热情周到，饭菜也做得香甜可口，按理说小店应该生意兴隆才对呀，但是因为无力置办像样的店面，小店显得过于简陋，所以很难引人注意，客人寥寥无几，生意冷冷清清。夫妻俩也只能愁眉相对，没有好的办法。

一天，宋湘路过此地，感觉饥饿难耐，看到路边的小店，虽然店面简陋，倒也干净朴素，就进店来用饭。没想到，小饭店饭菜居然非常可口，宋湘不知不觉就吃得杯盘狼藉，吃完后还满口余香。但是，从进店到吃饱饭，正是午餐的好时候，小店居然没进来一个客人，这与店里可口的饭菜是不相称的呀。

宋湘很奇怪，就问两夫妻："你们如此好的手艺，怎么招不来客人呢?"

夫妻俩回答道："实在是小店太过简陋，客人见了，根本不进小店，所以我们夫妇的手艺还只是'养在深闺人不知'啊。"话语中透出些许的无奈。

宋湘听了点点头，他沉吟了片刻，说道："这样吧，我给你们写副对子，或许能对你们有所帮助。"夫妻俩虽然不知眼前的客人是何方神圣，但是他是出于一片好意倒是真的，于是赶紧端上了文房四宝。

宋湘提笔，一挥而就，只见上联是：一条大路通南北，下联是：两窗小店卖东西，横批是：上等点心。

对联上的字写得是铁画银钩，龙飞凤舞。小店的夫妻见客人的字写得如此漂亮，赶忙请教尊姓大名。听说眼前的客人就是鼎鼎大名的才子宋湘后，夫妻俩手足无措简直不知说什么好了，宋湘笑了笑，就告辞走了。

……宋湘的对联真的有帮助吗?

261 毛姆的广告

毛姆是英国著名的小说家和戏剧家，他的作品深受人们的欢迎，不仅小说一再脱销，他的戏剧作品也为人们所称道。曾经有一段时间，他的四部戏剧作品同时在伦敦上演，一时传为佳话。但是，像许多伟大的作家一样，毛姆在成名前也过着穷困潦倒的生活，他的作品也无人问津。

有一次，毛姆饿着肚子写完一部很有价值的小说，但是出版以后却根本没人买。毛姆连买面包的钱都没有了，他不得不厚着脸皮来到一家报纸的广告部，找到主任后，结结巴巴地说："先生，我想推销我的小说，想来想去只能在报纸上登广告了，你可不可以帮我在各大报纸上登个广告。"

"什么？各大报纸！"广告部主任吃惊地瞪大了眼睛："亲爱的毛姆先生，你现在真是财大气粗啊，你知道要多少钱吗？"

"其实，我现在还正在挨饿呢，我连一英镑的钱都没有。"毛姆惭愧地说："但是主任先生，广告刊登后，我的小说一定会销售一空的，到时候我给你双倍的广告费。"

面对广告部主任哭笑不得的表情，毛姆递上了自己的广告词。广告部主任飞快地看了看，猛地一拍桌子，兴奋地说："真是一个绝妙的广告！可以试一试。"

到底是什么绝妙的广告呢？

262 孔子穿珠

一次，孔子出门旅行，在路上遇到了几个流氓。流氓听说孔子是一个知识渊博，很有名望的人，就故意为难他："这里有一颗珍珠，上面有一个珠孔，如果你能用线把珍珠串起来，我们就放了你。如果你不能办到，哼！说明你是一个浪得虚名，没有什么真才实学的人，你就得把身上的财物全都交出来！"

真是秀才遇到兵，有理也说不清。没有办法，孔子只好拿过珍珠看了起来，但是，珠孔是弯曲的，他试了几次都没有成功地把线穿过去。

"哈哈！这个珠孔有九道弯，你这样做是没用的，大学者！还是抓紧把财物交出来吧！"流氓们开始起哄。

孔子没有理睬流氓们的讥笑，而是开动脑筋仔细想了起来：妇女心细，也许这种事让她们来做，更容易一些。

于是，孔子拿着珍珠来到附近的一位采桑的妇女身边，谦虚地说道："大嫂，我手拙，您能不能帮我把珍珠串起来呢？"

采桑的妇女拿过珍珠，仔细看了看，笑着说："噢，这很简单，记住'密尔思之、思之密尔'，你也能做到的。"

"密尔思之、思之密尔"能帮上孔子的忙吗？

263 别具一格的说服

在第二次世界大战爆发前夕，德国总理希特勒开始疯狂地在国内推行法西斯主义，并积极准备对外发动战争。为增强军事实力，1939年初，希特勒开始组织科学家研制原子弹。这时，包括爱因斯坦在内的一批流亡美国的科学家得知这个消息，因为深知原子弹的可怕威力，无不忧心忡忡，如果纳粹抢先研制出原子弹，那么，人类将面临史无前例的核灾难。

他们经过一番考虑，认为阻止这场灾难的唯一办法，就是反法西斯国家抢在德国前，制造出原子弹。为此，爱因斯坦等人到处奔走，呼吁美国尽快开始研制原子弹。但是，美军高层却难以理解这个新生事物，并不重视科学家们的呼吁。

最后，没有办法的科学家们准备绕开军方，直接向美国总统罗斯福递交联名信。为了保证能够说服罗斯福，科学家们最后商定由既懂得核理论又是罗斯福密友的科学家萨克斯出面。

于是，深感责任重大的萨克斯丝毫不敢怠慢，经过一番精心的准备后才去找罗斯福。他先是将爱因斯坦等人的联名信递交给罗斯福，然后，他开始严肃地对罗斯福详细讲解有关原子弹的巨大威力和有关原理。

但是，因为有关理论过于艰深晦涩，对于萨克斯的严密理论讲解和慷慨陈词的说服，罗斯福听了半个小时候便哈欠连天。最后，等萨克斯终于说完之后，一脸疲惫的罗斯福有些无奈地摆摆手说道："你说的东西听起来似乎很有趣，不过，我认为政府现在就干预此事，为时过早。"

罗斯福给萨克斯兜头一盆冷水，使得他不得不沮丧地离开。不过就在萨克斯要离开时，罗斯福为了表示自己对于这位多年老友的歉意，表示明天要请萨克斯在白宫共进早餐。

于是，萨克斯怀着复杂的心情离开了白宫，他对自己今天无功而返感到有些沮丧的同时，又因为明天还有机会和罗斯福见面进而说服他的可能而兴奋。于是，萨克斯回到自己的住处，开始总结自己失败的原因。

他发现，自己今天之所以失败，原因在于总统对于物理一窍不通，跟他讲看不见、摸不着的核技术，无异于对牛弹琴，因此必须换个思路。为了寻找说服罗斯福的办法，萨克斯苦思冥想了大半夜，最终他想到了一个思路，并且在第二天早上，正是按照这个思路，他很快便说服罗斯福听从了他的安排，开始组织科学家着手研制，赶在德国之前研制出了原子弹。应该说，萨克斯的成功说服可以说是改变了历史，挽救了世界。

那么，想象一下，假设你是萨克斯，你会如何去说服罗斯福呢？

264 巧妙的劝阻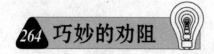

第二次世界大战期间，英美盟军决定在 1944 年 6 月渡过英吉利海峡，在法国的诺曼底登陆，展开对法西斯德国的全面反攻。经过商定后，进攻的日子定在 6 月 6 号。而就在这前一天，英国首相丘吉尔突发奇想，认为诺曼底登陆这一天必将具有重要的历史意义，因此如果能够要求英国国王和自己一起乘坐舰艇，随同部队一起渡过英吉利海峡，亲眼目睹这一历史瞬间，将是难得的人生经历。

显然，这是一个浪漫却不理智的决定。尽管丘吉尔是一个成熟而冷静的政治家和军事家，但是，在这样一个激动人心的历史时刻，他也有些把持不住自己的浪漫遐想，忘掉了自己肩上的责任。他竟然真的向国王发出了邀请信。当时的英王乔治六世更是一个浪漫主义者，一直都很羡慕那些率领军队战斗的古代国王，一接到丘吉尔的邀请信便立刻欣然答应了。如此一来，英国的两位最高领导人就要共同参加一场出于浪漫目的的冒险了。

当时，英王有一个秘书，名叫阿南·拉西勒斯，他是个十分冷静的人。他得知这一消息后，感到万分震惊。他清楚地知道，这次登陆战，虽然之前已经做出了周密的安排，又是大规模的军事行动，相对比较安全。但是要知道，这说到底是真正的战争，而不是军事演习。万一出现什么意外，在这么紧要的历史关头，英国的两位最高领导者都出现不测，那是英国所承受不起的代价。于是，阿南·拉西勒斯一刻也不敢耽搁，火速前去面见乔治六世。在路上，他心里盘算着，乔治六世是一个天生的浪漫主义者，此时又正处在兴头上。自己直言劝阻，恐怕他未必听得进去。因此，最好能够想到一个巧妙的劝阻办法。

如果你是阿南·拉西勒斯，你会如何劝阻英国国王？

265 郑板桥巧断悔婚案

郑板桥是我国清代著名画家、书法家，因画风怪异被称作"扬州八怪"之一。不过其怪异的不仅是画风，而且其做事也经常是不拘泥于常规，而且这种做事风格也体现在了其做官判官的过程中。郑板桥在乾隆年间曾中进士，因后来弃官卖画，他只做了一段时间潍县县令。下面这个故事便是他在做潍县县令时巧妙地判断一桩悔婚案的事情。

一天，郑板桥接到了一桩案子。事情是这样的：当地的一个财主原本将自己的女儿许配给了一个县令的公子。后来这个县令因故被革职归家，并抑郁而终，不久妻子也故去，只剩下县令公子孤苦拮据度日。这个财主见女婿变穷，便想要赖婚。而这个公子则不同意，双方于是对簿公堂。郑板桥先是审问了一堂，大致了解了一下情况，然后声称需要再核实一下双方所言，宣布退堂，择日再审。

没想到到了第二天，这个财主因为自知理亏，又想赢得官司，悄悄地给郑板桥妻子送了一千两银子，让她劝说郑板桥判他赢。郑板桥做官一向清白自律，知道这件事后，对财主十分愤怒。并且，他一向痛恨财主这种嫌贫爱富的行径，况且，郑板桥还发现这个县令公子虽然家道中落，但他本人知书达理，颇有才学，前途无可限量。

于是，他便决心做成这一门婚姻。直接将财主叫来训斥一顿，将银子退给他，然后判公子赢得官司？这样做似乎并非最完美的办法，因为公子也实在是太穷，可能即使赢了官司，还没有钱迎娶财主女儿过门。如何才能想到个两全其美的办法呢？郑板桥在屋里来回踱步，突然，他的眼光落在桌子上财主送来的一千两银子上。眼睛一亮，计上心来。

郑板桥当即将财主找来，假意对他说："你的银子我收到了，俗话说，无功不受禄，既然收了你的银子，我一定要为你效劳的。因此呢，这事我要管到底，想认你的女儿做干女儿，这样一来，就可以提高她的身价，我亲自为她找个乘龙快婿。"财主虽然有钱，但毕竟无势，现在县太爷既然要收自己的女儿做干女儿，自然是巴不得的事情，于是满口答应了。

你猜郑板桥接下来是如何做的？

266 记者装愚引总统开口

美国第三十一届总统胡佛，不喜欢在公共场合发表自己的政见，对于记者的采访，也一向采取一种沉默是金的策略。不过，曾经有一次，有一位记者却通过自己的巧妙策略撬开了这位沉默总统的嘴。

就在胡佛就任总统前夕，有一次坐火车外出考察，随行记者和他坐在同一节车厢里。这位记者想趁机对胡佛进行采访，从而了解一下这位即将就任的未来总统的政见。但是，无论这个记者怎么询问，胡佛始终一言不发地看着窗外。这位专以探听政界要人言论的记者感到十分沮丧。

这时，火车经过一片农场的时候，车窗外出现了一片新开垦的土地。这位记者灵机一动，想到一个办法，使得胡佛开口发表了长篇大论。他也得以写成了一篇很详尽的报道。

你猜这位记者想了个什么办法？

267 东方朔劝汉武帝

一代雄才大略的皇帝汉武帝步入晚年后，因为贪恋荣华富贵，逐渐失去理智，开始宠信起方士来，希望方士们能够帮他找到长生不老的神药。大臣们就此事多次劝谏汉武帝，无奈他根本听不进去。

太中大夫东方朔也决定劝一劝汉武帝，但他知道直言劝谏汉武帝很难听进去，便琢磨出了一个主意。这天，他对汉武帝说道："陛下，据我看来，长生之药并非没有，但是决不是那些方士所能找到的。"

"你何出此言哪？"汉武帝问道。

"因为方士们所找的药都是在地上，其最多只有治病康体、延年益寿之效，而真正的长生之药则只有天上才有。"东方朔解释说。

"那怎么才能到天上得到这药呢？"汉武帝急切地问。

"实不相瞒，臣就可以上天去找这药。"

汉武帝一听，不大相信，因为东方朔一向性格诙谐，滑稽多智，常在武帝前谈笑取乐。但既然东方朔这么说，汉武帝又求药心切，便命令东方朔立即上天取药，一个月内取不来，便要砍他的脑袋。

东方朔一听，立刻表示答应了。环顾了一下四周之后，东方朔又说道："陛下，我已经拿脑袋做了担保，但是这些人却在这里交头接耳地议论，看上去并不相信我的话。为了向大家证明，我希望您能派一名方士和我一块上天，也好监督我。"汉武帝一听，觉得有理，便批准了。

于是，一个一向受到汉武帝宠信的方士住到了东方朔的府上。但是，东方朔回府后，似乎并没有将上天取药的事挂在心上，每天只是像往常一样到王侯家中轮流宴请作乐，高谈阔论。方士自己虽然受到皇帝宠信，但其官职并不高，而东方朔则身居要职，因此方士也不敢多言。

眼看一个月的期限已到，方士看东方朔依旧不做一点上天的准备，这下才着急了。他也不顾自己的地位卑微了，不停地催问东方朔何时上天，又干脆问他到底能不能上天，而东方朔则干脆躲着他。实在被问得紧了，东方朔才应付他道："神仙经常云游四方，又不会在家里等着我们去拿药，要看机缘的。不过，这事情已经有了眉目了，就在几天之内，神仙就会前来接我去的。你也准备好上天吧！"

就这样，到了规定期限的最后一天，方士还是没有从东方朔那里得到准信，于是气愤地上床睡觉了。这一夜，他翻来覆去睡不着，因为他知道，伴君如伴虎，一不小心，不仅东方朔被砍头，自己的小命也得搭进去。于是，他直想了一夜，第二天见到皇上时如何交代，如何将自己撇开责任。如此辗转反侧了一夜，到天快亮时，他才终于迷迷糊糊睡着了。

而方士刚刚入睡，东方朔却突然进来将他喊醒，告诉他马上要上天了。方士迷迷糊糊地便跟着东方朔来到了一个凉亭里，告诉方士准备好，马上神仙就会来接他们。说完，东方朔便闭上眼睛盘腿坐在了地上，一动不动。如此过了大约一个时辰，方士也不见神仙来接，只觉得困得要命，便身子一歪，靠着凉亭的柱子睡着了。

就在这时，东方朔开始用扇子在方士的耳边轻轻地扇动，同时嘴里轻轻地发出呼呼的声音，这个耳朵扇一会儿，则又换到另一个耳边。这时正好凉亭里也有凉风吹过。东方朔一边扇风，一边轻轻地喊着方士的名字，听上去仿佛是来自遥远的天上的呼喊。最后，东方朔收起扇子，将方士叫醒，大声对他说："我刚才在天上喊你，你怎么不答应，好了，我已经上过天了，刚从天上回来！"

方士一听大吃一惊，但坚决不信。东方朔于是说："你这人到底有没有脑子！刚才不仅我上了天，而且还带着你一起上了天。我们一起腾云驾雾，一路上耳边都是呼呼风声，你忘了吗？你刚才没有听到呼呼的风声吗，你没有听到我喊你的名字？"

方士这时才猛然想起，刚才自己迷迷糊糊好像是听到了风声，回想起来，还真像是在腾云驾雾；并且，他也的确听到有人叫自己的名字，听上去仿佛是来自天上。想到这里，方士不仅感到目瞪口呆，自己真的已经上过天了！

这时，一旁的东方朔继续说道："不过，也不是每个人都能随我上天的。只有那些深谙道术的人才能够随我上天，凡是对道术一窍不通的人，或者是假冒道术的人，就不能随我上天。"

方士一听，慌忙辩驳道："不是，不是，我刚才的确在梦里听到了风声，并听到了你喊我的名字。看来我们都已经上过天了！"

"你不是为了假装自己懂道术而说谎吧？"东方朔故意严肃地问道。

"绝对不是！我可以对天发誓！"方士严肃地保证。

"那好，我们一起进宫，你跟皇上说一下情况吧！"东方朔狡黠地笑了一下说道。

东方朔于是带着方士一起进了宫，他不仅没被杀头，而且还达到了自己组织这场闹剧的目的——成功地使得汉武帝放弃了追求长生之药。

你猜东方朔是如何做到的？

268 诸葛亮智激周瑜

三国时期，曹操基本统一了北方之后，开始着手南征，统一天下。建安十三年（208），曹操先是建造了玄武池训练水军，派遣张辽、乐进等驻兵许都以南；同时为了解除后顾之忧，对可能动乱的关中地区采取措施，上表封马腾为卫尉，封其子马超为偏将军，继续代替马腾统领部队，令马腾及其家属迁至邺作为人

质，以减轻西北方向的威胁。该年七月，曹操亲率大军二十万，号称八十万，南征荆州。

本来寄居于荆州刘表篱下的刘备被曹操一路追赶，狼狈不堪，眼看有被曹操灭掉的危险。此时，诸葛亮对刘备说："事急矣，请奉命求救于孙将军。"然后，诸葛亮便只身来到吴国游说，想让其和刘备一起抗击曹军。

诸葛亮知道，孙权在得知曹操南征之后，已经将正在鄱阳湖训练水军的大都督周瑜召回商议。因此要想说服吴国和刘备联合抗曹，除了吴主孙权之外，最为关键的人物便是周瑜。如何才能说服周瑜呢？要知道，曹操来势汹汹，吴国大臣多数都倾向于投降，而吴主孙权本人也是举棋不定，尚在观望，周瑜自然不可能不受这种大气氛的影响。况且，以周瑜的才能，投降曹操后，不愁不能身居要职，享受荣华富贵。因此要想说服周瑜，显然是相当不易的。坐在前往东吴的船中的诸葛亮烦恼之下，开始翻阅书卷。突然，他无意中翻阅到曹操之子曹植所写的《铜雀台赋》。诸葛亮知道，铜雀台是曹操建立的一座高台，声称要将天下美女置于台上，供自己晚年时享乐。在该台落成之际，其曾召集文武大臣在台前庆祝，并令其几个儿子登台做赋。其中曹植下笔成章，做出这部文笔华美的汉赋。

在这篇自己早就熟读过的汉赋中，诸葛亮看到了其中的"立双台于左右兮，有玉龙与金凤。连二桥于东西兮，若长空之蝃蝀"几句，顿时眼睛一亮。诸葛亮联想到，曹操向来以好色著称；而江南的乔公之女大乔、小乔二人并称"二乔"，其美丽名闻天下，其中的大乔嫁给了孙策，小乔则嫁给了周瑜。想到这里，再看看那两句赋文，诸葛亮想到了一个绝好的点子，正是凭借这个点子，诸葛亮成功地使得周瑜坚定地站在了抵抗曹操的阵营中。

你猜，诸葛亮是用什么点子说服周瑜的？

269 新知府"絮叨"问盗

清朝时，山东莱州地区有个强盗，其犯案累累，又狡诈异常，说话反复无常。官府将其捉拿归案后，其常常翻供，使得审讯的官员很是犯难，不知该如何对其定罪。

这个强盗的案子还没有定下来，老知府因事调走，新到任了一个知府。新知府到任后，翻阅卷宗，看到这件案子拖了这么久，便感到很奇怪。询问师爷，才知道是因为盗贼屡屡翻供所致。于是，他笑了一下说道："这种案子，本府三天即可审问清楚！"

于是，第二天一早，新知府在衙门的客厅里放了一壶茶，自己在上面一坐，然后命人将强盗带来，竟和他闲谈起来。不过，知府命书吏在一旁记录下闲谈的内容。新知府边品茶边漫不经心地问道："你是哪里人氏？"

"小人是郯城人。"

"你多大年龄了？"

"今年 38 岁。"

"你父母可还健在？"

"小人不幸，父母双亡了。"

"你家是住在乡下还是城里？"

"小人家住城里。"

……

半天下来，新知府所问的都是这些家长里短的事情，对于案件本身却并未询问一句。盗贼看这个新知府态度和气，也就十分放松，很配合地回答。不过，由于他经常被抓起来审问，这些问题的答案也就随每次的情况而变，并不一定。而旁边负责记录的书吏则心里想：问这些与案情无关的琐事有什么用，看来这个新知府不过是个草包罢了。

到了第二天，新知府仍旧是摆出昨天的架势，和强盗聊其琐事。强盗心想，你这么问案，恐怕永远也别想定我的罪，只是暗自得意地回答这些"没什么用"的问题。书吏今天则更是觉得困惑，今天所问的依旧是类似昨天的那些无聊的问题，而且，一些问题昨天都已经问过了，但他也不敢多言，只是一五一十地记录下内容。

没想到到了第三天，新知府又是前两天那一套。只是到了最后快要结束时，新知府让书吏将这三天来所记录的内容拿给自己，然后，突然宣布正式升堂。

在大堂上，新知府对强盗说道："从案宗上看，你犯罪事实确凿，为何屡屡翻供？"强盗回答："小人实在是冤枉的，有时不得已招供，是遭到刑讯逼供所致，请大人明察！"

这时，新知府一反前几天的温和，将惊堂木一拍，呵斥道："大胆刁徒，还敢狡辩，从我与你接触的三天，便可看出你是个出尔反尔，满嘴谎话的刁徒。"接着，新知府便翻着书吏记录的案宗说了一番话，将强盗驳斥得哑口无言，当场服罪，并保证不再翻供。这时，书吏和衙役才明白了新知府三天来如此"絮叨"地问案的目的所在，并对其十分佩服。

你猜，新知府是如何驳斥强盗的？

270 魏徵巧劝唐太宗

唐太宗的皇后长孙皇后死后，被安葬在昭陵。唐太宗因为和她感情甚笃，十分思念她，于是便令人在宫中搭建了一座很高的楼台，经常登台眺望昭陵。这件事如果搁在普通人身上，可能并非坏事，但是搁在皇帝身上，便有些不合适了。因为一个皇帝将自己过多的心思寄托在一个死去的皇后身上，便必然对国事有所荒疏。即使实际上没有荒疏国事，这种事传出去，人们也会以为皇帝重视私情，而不重视国事，影响不好。魏徵知道这件事情后，便决定找个合适的机会劝谏唐太宗。但是，这次他并没有直言进谏，而是采取了迂回的策略。

一次，唐太宗带领魏徵一起登台观看陵墓，他问魏徵看到陵墓没有。魏徵假装看了很久后，说道："臣年纪大了，眼睛昏花，没有看见。"唐太宗于是用手指给他看，魏徵故意问："这个是昭陵吧？"太宗回答说是。魏徵于是说了一句话，唐太宗一听，便感到十分惭愧，立即下令拆除了楼台。

你猜，魏徵说了句什么话？

271 长孙皇后劝唐太宗

唐太宗算得上是中国历史上难得的虚心纳谏的好皇帝了。但是，到晚年时期，因为国家已经在他的治理下进入了著名的"贞观之治"，国家强盛，政治清明，百姓富足，因此唐太宗也不免有些志得意满，虽然还能够听进别人的意见，但已经不像以前那样虚心了。

一次，著名的谏臣魏徵在向唐太宗进谏时，唐太宗便有些不买账，但是一向耿直的魏徵也同样不买唐太宗的账，只是一味地争辩。结果双方言辞都十分激烈，最后不欢而散。回到后宫后，唐太宗感到十分恼怒，恨恨地说："岂有此理，朕怎么说也是皇帝，岂容你如此态度。等我将来有了机会，非杀了你这个乡下人不可！"长孙皇后这时正好进来，见状大吃一惊，慌忙问唐太宗："陛下，究竟是谁惹您生这么大的气，您要杀了谁？"唐太宗回道："还不是魏徵这个老儿！"长孙皇后一听赶紧问道："老臣魏徵忠直敢言，您经常在我面前夸赞他，怎么今天反而要杀他呢？"唐太宗带着火气说道："这个老东西，每次进谏，我都洗耳恭听，并认真考虑他的意见。但是，他就以为朕好欺负，得寸进尺，竟然当着众多大臣的面顶撞我，一点面子都不给我留，使我完全下不来台。不杀他，我这个皇帝没法当了！"

长孙皇后一向深明大义，她往往能够在唐太宗使性子的时候以自己的温柔和智慧对唐太宗进行规劝。最近以来，他也发现唐太宗因为自己的功绩有些飘飘然了，不再像以前那样能够听得进别人的意见。于是，她也早有心对唐太宗进行一番规劝。但是，此时的唐太宗正在气头上，如果再给他来一番虚心纳谏的大道理，恐怕不仅他不会接受，反而会火上浇油，使自己从此不好再开口规劝。于是，经过一番思考之后，长孙皇后想到了一个好办法。

只见长孙皇后一言不发地回到自己的寝宫，整整齐齐地穿好自己的朝服，这是在平时有盛典时她才会穿的衣服。然后，她重新来到太宗的寝宫中，用很正规的礼节向唐太宗请安。太宗见长孙皇后刚才不见了，现在又以这样一副打扮来拜见自己，感到十分纳闷，于是问道："你这是干什么，无缘无故为何以这身打扮来见我？"长孙皇后满脸堆笑地说道："我给陛下贺喜来了！"唐太宗一听更加迷惑了："喜从何来？"于是，长孙皇后一本正经地说了一番话，实际上是变着法地拍了一通唐太宗的马屁。唐太宗一听，马上转怒为喜，同时还感到有些惭愧，不再怪罪魏徵了，并且从此又像以前那样虚心纳谏了。

试想，长孙皇后对唐太宗说了一番怎样的话呢？

272 劝章炳麟进食

1914 年，窃取了辛亥革命果实的袁世凯在北京实行了独裁统治。时任共和党副理事长的著名学者章炳麟对袁世凯的倒行逆施十分愤慨，经常在报纸上撰文讥讽他。袁世凯对其是又恨又怕，总想将他软禁起来。无奈章炳麟在上海，势力范围在北京的袁世凯鞭长莫及。

一次，袁世凯买通了一些共和党人，借口请章炳麟到北京主持党务会议，将章炳麟骗来了北京。章炳麟一到北京，袁世凯便派人将其下榻的公寓控制起来，章炳麟的文章、信件都无法发出，完全与外界失去了联系。后来，为了能长期控制章炳麟，袁世凯派陆建章将章炳麟诱骗到龙泉寺，摆下了长期幽禁的架势。并且，袁世凯密令，对章炳麟的策略就是：特殊优待，不得非礼，但不许越雷池一步。失去了自由的章炳麟感到十分愤怒，无奈之下，他宣布绝食，以此抗议。

章炳麟绝食几天之后，袁世凯有些慌了，他害怕自己担当逼死名士的骂名，遭到舆论界的讨伐。为此，他专门召集自己的左右询问："你们有谁能够劝章炳麟进食？"

就在大家都默不作声之际，王揖唐回答道："我能！"

这个王揖唐原是章炳麟的门生，两人后来又一起在上海组建过统一党，交情甚好。但是，他来到龙泉寺见到章炳麟后，章炳麟当头第一句话便是："你是来给袁世凯当说客的吧！"

王揖唐一听，立刻回答道："老师，我知道您的脾气，哪里敢呢？"接下来，两人便一起聊起了一些往事。等聊了一会儿，气氛缓和下来后，王揖唐试探着说道："听说老师您要绝食而死，这又何必呢？"

章炳麟于是愤怒地说道："与其被袁贼杀死，不如我自己饿死！"

王揖唐却接道："老师您如果这样做，正中了袁世凯的圈套了！"

章炳麟一听，十分不解。

王揖唐于是说了一番话，章炳麟马上表示要进食了。

如果你是王揖唐，根据当时情势，你会如何说？

273 林肯迂回拆谎言

林肯当律师的时候，有一次，他的一个朋友前来找他求救。原来，这位朋友的儿子小阿姆斯特朗被别人诬告为谋财害命，并且已经初步判定有罪。林肯于是担任了朋友儿子的辩护律师，前往法院调查卷宗。在查阅了所有有关的卷宗之后，林肯意识到，被告被控有罪的关键在于原告方的一个名叫福尔逊的目击证人。此人一口咬定说在 10 月 18 日的月光下，清楚地看到小阿姆斯特朗开枪打死了死者。林肯仔细分析了一下证人的言辞，并查阅了一下历法知识后，找到了这个证人的漏洞。于是，林肯向法院提出申请，要求复审。

在复审中，林肯和这个目击证人展开了一场精彩的对话。

林肯：请问证人，你说你当天晚上看到小阿姆斯特朗开枪杀死了死者，并且对你的证词发誓？

福尔逊：是的。

林肯：那么，你自称当时是在一个草垛后面，而小阿姆斯特朗是在二三十米远之外的大树下，你能看清吗？

福尔逊：我看得非常清楚，因为当天晚上的月光很亮。

林肯：你确定自己不是从衣着方面进行判断的？

福尔逊：绝对不是，我清楚地看到了他的脸，因为月光刚好照在他的脸上。

林肯：那么，具体时间呢？你在证词上说是 11 时，你能肯定吗？

福尔逊：完全可以肯定，因为我回屋时专门看了看钟，那时是 11 时 05 分。

林肯问到此处后，转过身来，面朝法官和陪审团，底气十足地说道："那么现在，我可以肯定地告诉大家，这个证人是个十足的骗子！"法官和陪审团以及听众席上的人顿时感到十分惊愕，并开始交头接耳。不过接下来，当林肯说明了他的理由后，所有人都心服口服，福尔逊也顿时哑口无言。

你能猜出林肯是如何辩驳的吗？

274 孙宝充称馓子

汉朝时，民间流行一种叫做油炸馓子的面食，其由许多环形细条组成，香酥可口，但比较脆，很容易碰碎。很多货郎担着这种食品走街串巷叫卖。

一天，一个名叫王二的货郎，挑着油炸馓子叫卖。走至一个拐角处，突然拐出来一个走路慌慌张张的青年，一下子和王二撞在了一起。王二猝不及防，担子一下子掉在了地上，所挑的油炸馓子一下子碎掉了，显然无法再卖。王二一看，便一把揪住撞他的青年道："你赔我的油炸馓子！"

青年一开始坚持说是王二自己走路不小心，撞上了自己，不肯赔。后来，围观的人越来越多，大部分人认为青年应该对王二有所赔偿，青年自知理亏，便答应赔偿。他看了看货担里碎掉的油炸馓子，问王二共有多少枚。

王二看对方服了软，便起了贪念，想敲诈一下对方，一咬牙说道："出门前我专门数了下，不多不少，正好 300 枚。"

青年一听，坚决不信，表示自己最多只肯赔 50 枚的钱。

现在，馓子已经碎掉，除了王二心里有数外，谁也说不清到底有多少枚馓子。因此，两人再次吵了起来。这下，众人也都不知道该帮谁说话了。

就在两人吵得不可开交之际，新任京兆尹的孙宝充路过此地。他见这里聚拢了一群人，便派人过来询问是怎么回事，得知情况后，他走过来表示自己给两人做个评判，两人自然不敢不同意。孙宝充先是朗声说道："王二乃是小本经营，青年人撞碎了馓子，赔偿是应该的。不过，究竟赔多少，王二也不能趁机讹诈。"

孙宝充问王二究竟被撞碎了多少馓子，王二见大官在此，心知刚才所喊数目过大，于是改口说是 200 枚。

孙宝充于是笑着说道："你刚开说是 300 枚，现在又说是 200 枚，让人如何信你的话。这样吧，我来帮你弄明白到底有多少枚馓子吧！"说罢，孙宝充果然很快便算清楚了王二的馓子数目，与实际的数目分毫不差，王二心服口服。青年于是也心服口服地如数进行了赔偿。

想一下，孙宝充是用什么办法得出碎馓子的数目的？

275 神甫的答案

在意大利的萨丁岛上，有两个傻瓜，整个岛的人都叫他们是傻瓜。一天，两个傻瓜碰到了一起，互报委屈，都认为自己不是傻瓜。最后，两人商定，要向岛上的人澄清一下他们并非傻瓜。可是，如何做呢？两人想了很久，其中一个傻瓜说道："我有一个办法，人们都很相信法官的权威，我们去让法官告诉大家我们不是傻瓜，你看这主意咋样？"

"这主意不好，"另一个傻瓜一边将头摇得像拨浪鼓一样一边说，"我是绝对不会去的！"

"为什么？"

"两个月前，一个坏蛋将水泼在我的头上，我去法官那里控告他，法官却将我赶了出来。"

"那是为什么？"

"我告诉法官，我做了一个梦，梦见一个坏蛋将水泼在我的脑袋上，要法官去惩罚他。可是法官竟然将我赶了出来，所以我对我们找他不抱希望。"停顿了一下之后，这个傻瓜说道："我想我们还是找店老板吧，他天天在那里算账，看上去是这个岛上最精明的人了。"

"不不，我不去！"这次第一个傻瓜不同意了，"有一次我去他的店里买鞋子，他递给我一双鞋子，竟然不是同一个方向。你想，两只脚长得一模一样，鞋子不是也应该一模一样吗？所以，我问他要两只朝着同一个方向的鞋子。他竟然告诉我说：'那样的话，你只能买两双鞋子。'瞧他这话说的，难道我是傻瓜不成？他显然是想多卖出一双鞋子。气得我一句话也懒得再说，扭头便走了。"

另一个傻瓜对于第一个傻瓜的做法也表示赞同。不过，究竟该找谁呢？两人想啊想啊，最后，决定去找神父，因为他们早就听说，神甫代表了神，是最公正的。

于是，两个傻瓜便来到了教堂。他们对神甫说道："尊敬的神甫，岛上的居民都说我们两个是傻瓜，可是我们两个并不这么认为，现在我们想请您来帮我们裁决一下。如果我们真是傻瓜，您就直接告诉我们好了，我们从此也就承认了；如果不是，就请您告诉其他人我们是和他们一样的聪明人。"

神甫听了这话之后，便问两个傻瓜："你们还记得人们第一次叫你们傻瓜时的情景吗？"

"是这样的，"一个傻瓜边回忆边说道，"我记得十五岁那年，我妈妈让我去打水，我于是带上我妈妈经常用来装东西的竹篮便出发了。但是，我用竹篮打水一直打到了天黑，也没有打到水。到了晚上，我妈妈来找我了，她一见我，就骂我说：'哎呀，你这个傻瓜！'从此，人们便都叫我傻瓜了。"

神甫听后，强忍着笑问另一个傻瓜同样的问题。

第二个傻瓜于是说道："有一次，我家附近的枣子熟了，我很想吃，爸爸便让我回家将一根长竹竿拿来，好将枣子给敲下来。但是，当我扛着竹竿要出大门时，那竹竿太高了，我无论怎么弄他，它都过不了那个大门。最后，我爸爸看我老半天不去，便回家来看是怎么回事。他看到我当时的情形后，便骂我是傻瓜。从此，大家便都这么叫我了。"

神甫听完两个傻瓜的述说后，想了一下，然后交给两个傻瓜一个小盒子，并说道："好了，关于你们的问题，我已经有答案了。我的回答就放在这个盒子里了，你们回家后打开盒子就知道了。不过，你们可一定要小心翼翼地打开，别让我的答案跑掉了。如果它跑掉了，你们就是真的傻瓜了。"

最后，两个傻瓜便小心翼翼地带着神甫的盒子回去了。两个人一起来到了其中一个傻瓜家里，决定看看神甫的答案到底是什么。最终，他们两个不得不承认自己真的是傻瓜。

原来神甫是用一种迂回的方式告诉两人他们就是傻瓜。你猜，神甫在盒子里放了什么？

276 拥挤问题

古时候，在印度北部，住着一个智者，附近的人遇到生活上的难题，都喜欢来找他出主意。

一次，附近村庄中的一个妇女遇到了麻烦，于是便忧心忡忡地来到智者家里诉苦。原来，她和丈夫以及自己的两个孩子住在一个狭小的小茅屋里，原本就十分拥挤。但是，最近，她的公婆因为原来的房屋倒塌，搬来和他们一起居住。这下，整个茅屋就显得更加狭小了，她觉得简直就像生活在地狱中。她问智者道："哎，我该怎么活呀！"

智者一听，沉思了一会儿，便问他道："我记得你以前曾经告诉我你有一头母牛，对吗？"妇女点点头，但问道："那又怎么样呢，对于我的难题的解决又会有什么帮助？"智者于是对她说："把这头母牛牵到你的茅屋里住一个星期，然后再来找我。"妇女一听，感到十分不解，但因为知道他是个聪明人，便听从了他的安排。

一星期后，这个妇人又来找智者，一见面她便哭诉道："哎呀，我按照你说的方法做了之后，现在情况更糟糕了。母牛稍微转动一下，屋里的 6 个人都得跟着挪动位置，简直都无法睡觉。"

智者一听，又沉思了一下，便说道："你好像还养了一些鸭子，是吗？"妇女这次比较机灵了："啊，难道又让鸭子也住进来？"没想到智者回答说："是的，如果你要我帮你解决问题，就按我说的做。现在你将这让这些鸭子也都住进茅屋里，一个星期后再来找我。"妇女一听，感到十分怀疑，但是她还是勉强同意了。

结果，一个星期后，这个妇女来到智者这里后，简直是歇斯底里地哭诉："你的建议真是太糟糕了，现在好了，我的茅屋现在完全成了一个动物世界了，我们一家人根本无法呆在里面。为这个，我和我家那口子已经打了两次架了，我再也不听你的了！"

这时，智者又对她说了一个办法，妇女照她说的做了之后，果然一家 6 口人和平安乐地生活在了一起。

猜一下，这次智者的主意是什么呢？

277 富翁教子

从前，有个富翁，他年轻时很穷，完全是凭借着自己的努力发了财，攒下了偌大的家业。这个富翁有个儿子，从小娇生惯养，在蜜罐里长大。长到十六岁时，富翁的儿子还完全是个公子哥，自己没挣过一分钱，花起钱来却大手大脚，而且懒得出奇，不肯吃一点苦。

父亲看到儿子完全不像自己，成了这样一个懒蛋，心里十分失望。同时，他也怪自己没有教育好儿子，太放纵他了。于是，他便想教育一下这个儿子，让他知道挣钱的艰辛，好珍惜财富。

这天，富翁将儿子叫到跟前说："儿子呀，你长这么大了，还没有挣过一分钱呢。我像你这么大时，已经能够养家了。"富翁的儿子听了很不服气地说："爹，你这是在小看我吗？现在是家里有钱，不需要我出去挣钱，如果现在咱们家的情况像你当时那样，我也能挣钱养家！"富翁一听，便说道："年轻人，钱不像你想象的那么好挣的！这样吧，你今天从家里出去，一个月内只要你能挣到一块钱回来，我就信你的话。""这有什么难的！"说完，儿子便出了门。

富翁的儿子出门后，富翁的妻子才得知此事，她到富翁跟前说："你这又是何必呢！"富翁说道："不让他现在吃点苦头，将来就要吃苦头，这是为他好。"妻子听了点点头。不过，她想了一下又充满疑虑地说道："道理是这么个道理，不过这办法未必行。这孩子从来没有吃过苦，又懒，恐怕他不会乖乖地去挣那一块钱，可能用我们以前给过他的钱或者是借来一块钱来糊弄我们呢！"

对此，富翁却只是微笑着看着妻子说道："这个你放心，我自有办法！"

你猜，富翁解决这个问题的办法是什么吗？

278 智断婆媳纷争案

清朝时，浙江湖州地区，有一个姓徐的县令。此人断案往往不拘常规，别出心裁，而又能巧妙地得到真相，令人信服。

一天，一个年纪约60岁的老太太来到县衙告状。其一上大堂便一边放声大哭，一边述说其媳妇的不孝。据她讲，她的媳妇对自己十分不孝顺，从来不肯好好地服侍她。今天，是她62岁大寿，媳妇竟然只给她烧了碗青菜萝卜汤，而媳妇自己却躲在屋里吃鱼肉。老婆婆自称自己平时看在儿子的分上一直忍让，今天实在是气不过了，才来见官，请求徐老爷为她做主，惩治一下这个不孝的媳妇。

徐县令听了老太太的述说后，便将这个婆婆的儿媳妇刘氏带来堂上。徐县令将惊堂木一拍，问道："刘氏，你身为人媳，难道不知道人伦道德吗？为何对你婆婆忤逆不孝？"没想到，刘氏对于县令的询问，置若罔闻，完全像是被吓傻了一样，只是一味地跪在堂下低头啜泣，不肯说话。

徐县令看那媳妇也哭得伤心，并且看她面相，也不像是歹毒之人。但是，再看那婆婆，仍旧在那里哭天抹泪。于是，他便不知道如何判断了。皱着眉头想了一会儿后，徐县令灵机一动，又来了妙计。只见他平心静气地对堂下的婆婆说："你媳妇不孝，实在是不应该。不过，一家过日子，哪有不闹别扭的。我就是将你媳妇打上几十大板，回头她也只会更加嫉恨你，对你们家的和睦没有好处。因此，我看这样吧，今天是你的生日，我已经叫后厨给你做了两碗寿面。你和你媳妇就在堂上一起每人吃一碗，算作我给你们调解了，以后你们就好好和睦相处，老人家你看如何？"老太太看这个县令这么判案，感到有些别扭，但也不敢抗命。只好点头答应了。

于是，过了一会儿之后，衙役们搬来一张长桌子放在大堂上，又在两端各放上一碗面条。婆媳二人虽然感到别扭，你看看我，我看看你，再看堂上的老爷，正笑眯眯地看着她们俩。于是，两人只好端起碗吃起来。

而就在两人吃完条之后，徐县令立刻便知道了事情的真相。然后，据此，他做出了真正的判决。

你猜，这是怎么回事？

279 县令学狗叫

隋朝时，有个读书人去拜访新到任的县令。没想到这个县令看读书人还没有考取什么功名，便对他很傲慢。读书人回来后，感到很生气，于是便和几个朋友打赌说："咱们打个赌怎么样？我有办法让这个新县令学狗叫，我要是输了就请你们吃一桌酒席，如果我赢了，你们一起请我吃桌酒席，如何？"

众人一听，都不服气，表示接受这个赌局。

于是，这天，这个读书人和几个朋友一起来到县衙门口。读书人一个人进了县衙，几个朋友则躲在外面。没想到的是，这个书生上前跟县令交流了一会儿后，县令果然"汪汪——汪汪——"地叫起来。这几个朋友一听，便掩口偷笑起来，同时，也心服口服地请读书人吃了桌酒席。

你猜，读书人是如何使县令学狗叫的？

280 花农的疑惑

荷兰是一个花卉王国，在那里培育着世界上最多的花卉。一年四季，鲜花

盛开，很多美丽的鲜花不断地被运往世界各地，为人们的生活增添了许多色彩。

一位名叫布兰科的荷兰花农，为了能够卖上高价，独辟蹊径地从遥远的非洲引进了一种世界上罕见的名贵花卉，在自己的花园里面精心培育。

第一年，布兰科培育出来的罕见花卉轰动了整个花卉市场，人们争相恐后地购买这种漂亮罕见的鲜花，布兰科取得了巨大的成功，也因此大赚了一笔钱。

如此好的势头让布兰科非常高兴，第二年信心满满地扩大了种植面积，他希望第二年会有更好的收获。

但是让他没有想到的是：这一年培育出来的花卉却没有第一年那么漂亮，花朵上面不知道为什么会有很多杂色。这些花卉上市之后根本没有上一年那么热销。

布兰科百思不得其解，难道这种花只能保持一年，第二年便会退化？但是，在非洲一直是长得挺好，是因为水土还是因为气候？布兰科怎么都想不出来原因。

于是，他去请教了一位植物学专家。这位植物学家特意来到了他种花的地方仔细观察了一番，然后他问了布兰科一个非常奇怪的问题："你周围的邻居都种些什么花卉呢？"

"邻居们？他们都种的是本地的一些花卉。"布兰科疑惑地回答。

"那就对了。"植物学家非常肯定地对他说："你在花园里面种的是从非洲引进的罕见花卉，但是你的邻居还是种的本地的品种，所以你的花已经被邻居们的本地花卉传染了，他们才会出现杂色之类的现象。"

布兰科听后非常奇怪地说："这怎么可能呢？邻居们的花怎么能传染我的呢？"

植物学家对他解释说："是风把邻居那里的花粉传了过来。"

布兰科想了想觉得有点道理，但是却很疑惑怎么才能解决这个问题，他继续问植物学家："但是，谁都没有办法阻止风的传播啊？我要怎么办才好呢？"

植物学家笑了笑对他说："我们是没有办法阻止风的传播，但是人可以变化方法，只要我们动下脑筋就好了。"接着就悄悄地对布兰科说了一个办法。

布兰科听后非常高兴地按照植物家的办法做了。第三年，他培育出来的鲜花依旧那么漂亮，他又再次获得了很多利润。

请问，植物学家到底想到了一个什么好主意呢？

281 吃美金的"芭比"娃娃

美国市场出现过一种价格低廉的"芭比"洋娃娃。每只漂亮的洋娃娃售价仅 10 美元 95 美分。但是就是这么一个小小的洋娃娃，竟然弄得好多父母哭笑不得，因为那是一个会吃钱的玩具。到底是怎么回事呢？请看下面的故事。

有一天，一位父亲在商场为亲爱的女儿买下了一个非常漂亮的洋娃娃，然后把它作为生日礼物送给了女儿。父亲之后就很快把这件事情忘记了。

一天晚上，女儿突然对父母说芭比娃娃需要换新衣服了。原来是女儿在洋娃娃的包装盒里面发现了一张商品供应单，上面提醒小主人说芭比娃娃应该有几套属于自己的漂亮的衣服。

父亲想，女儿在给洋娃娃换衣服的过程中能得到某种程度上的锻炼，花点钱是值得的。于是，父亲就又去了那家商店花了 45 美元买回了"芭比系列装"送给了女儿。

过了一个星期，女儿再次收到了商店的友情提示说应该让洋娃娃当"空姐"，他们还说一个女孩在她的同伴中的地位取决于她的芭比娃娃有多少种身份。女儿回到家之后哭着对父亲说自己的芭比在同伴当中是最没有地位的，父亲不忍心自己的女儿哭泣，于是就赶紧去商场花了 35 美元买了一套空姐制服来满足女儿小小的虚荣心。接着过几天又连续买了护士、舞蹈、老师等几套行头。

然而这样的事情并没有完全结束。有一天，女儿得到"信息"，她的芭比喜欢上了英俊的"小伙子"娃娃凯恩，不想让自己的芭比失恋的女儿央求父亲把凯恩娃娃买回来。父亲有什么办法拒绝女儿带泪的请求呢？凯恩洋娃娃的到来同样要给添置一大批的衣服玩具，父亲没有办法，只得一次次满足女儿的要求。

当父亲以为这次一定是该结束的时候，女儿却眉飞色舞地向爸爸宣布她的芭比娃娃和凯恩准备"结婚"，父亲更无奈了。当初买来凯恩的时候就是为了让他与女儿的芭比娃娃成双结对的，所以更没有理由拒绝女儿的要求了。父亲忍痛再次破费了一大把给女儿的芭比和凯恩把"婚礼"大张旗鼓地完成了，这下子，父亲以为事情总该结束了。

谁知道，过了一段时间，女儿告诉父亲，她的芭比和凯恩有了爱情的结晶，它叫米琪娃娃，父亲很无奈地崩溃了，会吃钱的"第二代"又出来了。

……

你知道"芭比策略"的实质是什么吗？

282 巧立石碑

在南京东郊紫金山南麓的一个叫玩珠峰的下面，有一座非常著名的旅游景点，那就是明太祖朱元璋的陵墓——明孝陵。这个著名的旅游景点吸引了无数的游客前来观光，一是因为那里景色非常优美，二就是因为明孝陵的建筑在当时技术非常高超。

游人沿着台阶拾级而上，一座正方形的城堡建筑就会出现在你的面前，那就是著名的四方城。继续参观，四方城中有特意赞颂朱元璋而写的《大明孝陵功德碑》，石碑高三丈有余，在石碑的开头盘踞着6条巨龙，那是皇族的象征，在石碑下面是一个形似龟状的兽。

这样一座石碑，高约有十几米，高高地矗立在那座龟的背上，很多人看到后都会感到吃惊——在当时的条件下，是如何把这个石碑放到那座龟背上的呢？

据有关专家说，当时明成祖在为父亲朱元璋建造这块墓碑的时候，因为龟身太高，石碑又大，所以如何才能把碑放到龟身上去就成了一大难题。明成祖想了好久也没有想出办法。有一天晚上，明成祖做梦梦到了一位神人，在梦里这个神人对他说："想要立此碑，必须做到：龟看不见碑，碑看不见龟。"

等明成祖醒后，突然灵机一动，想到了一个办法，很顺利地将碑放在了龟的身上。

那么你能想到，明成祖想到的是什么办法吗？

283 特别的广告

美国马里兰州有一位名叫路易斯的女护士，她好长一段时间一直被一件事情困扰着，那就是他的丈夫约翰常年迷恋于狩猎和钓鱼，多数时间都不在家。路易斯对此非常反感，一天，她决定想个办法教训一下丈夫。于是，在1985年8月的时候，路易斯去当地报刊上刊登了一则非常特别的广告，广告的题目是"出售丈夫"，广告内容为：

"今出售丈夫一名，价格优惠。他随身携带良种狗一条，外加钓鱼用具一套。其人品行优良，性格温顺，唯一的爱好就是狩猎和钓鱼，因此，每年在家里的时间不会多于3个月。"

其实，路易斯还是很爱丈夫的，只是因为多次和他沟通都没有起到作用，他依旧是迷恋于自己的活动而忽略了身边的妻子和家庭，路易斯一气之下才会做出这种事情。

此广告发出去之后，丈夫约翰先生惊讶之余，也很想挽回妻子的心。不过，他却不想直接在妻子面前搁下面子，同时也并不想放弃自己的爱好。如何才能既挽回妻子的心，同时又不用放弃自己的爱好呢？

约翰找好朋友格林商量，格林于是给他出了个绝妙的主意。凭借这个主意，约翰不仅成功挽回了自己的婚姻，而且让妻子接受了自己的爱好。

你猜，格林给约翰出的主意是什么呢？

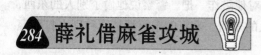

284 薛礼借麻雀攻城

薛礼是唐朝时候的一个将领，一次，他奉命带兵东征岩州城（今辽宁辽阳）。

岩州城内守军粮草充足，所以他们进行了十分顽强的抵抗，一边固守阵地，一边等待援兵的到来。薛礼带领着自己的军队不断进攻，但是都没有成功。

当时正值寒冷的冬季，假如再不赶紧结束战争，那么会对唐朝军队非常不利。薛礼选择了速战速决的战略，不断对守军进行进攻，因为守军实力不弱，所以薛礼损失了不少兵力。

一天，薛礼正在营帐中为此事发愁，这个时候，一位谋士来到了薛礼所在的营帐，只听他对薛礼说："将军如此强攻，绝非良策，守军实力不薄，如此耗下去，必定无法攻下。"

薛礼问："阁下有何良策？"

"麻雀送火种之计可以一试。"谋士接着仔细地对薛礼说明了一下此计谋的操作办法。

薛礼听后，大喜，赶紧按照谋士的计谋开始行动。他命令士兵去捉大量的麻雀，然后将这些麻雀都关在笼子里面不让吃任何东西。薛礼接着又让士兵们去弄来了很多硫磺和火药。

几天后的一个夜里，天空突降白雪。第二天清晨刮起了大风。薛礼立即命令士兵们做了很多的小纸袋，然后把弄来的硫磺和火药分别装到那些小纸袋里面。接着他们用纸条捻成小绳子将小纸袋系在了麻雀的爪子上，最后将已经饿了好几天的成千上万只麻雀放了出去。

薛礼很早之前就下令把自己的草垛全部烧光。此时，城外四处大雪茫茫，也看不到草垛之类的堆积物，麻雀们找不到可以觅食的地方，就开始向城里飞了过去。由于很多天没吃东西，饥饿难忍的麻雀看到草垛就使劲地刨，它们很想能赶紧找到可以充饥的东西。这样拴在麻雀爪子上的小纸袋就掉到了草垛上面了。

那么你来猜一下，下一步该怎么办？如何才能以麻雀为中介，将守军的草垛点燃呢？

285 帅克打赌

在东欧一直流传着这么一个笑话：

有个叫帅克的人非常聪明，他有个爱好是喜欢和别人打赌，奇怪的是他的运气一直很好，因而他打赌每次都会赢。

这天，一位警察找到了帅克，想对他敲诈一把。警察说他偷了别人的东西，帅克一口咬定自己从来没有偷过别人的东西，家里的东西都是他和别人打赌赢来的。

警察却怎么都不相信，他说："除非你和我赌一次，我们来赌一件看起来完全不可能的事情，假如你赢了的话，那么我才能相信你说的话。"

帅克很爽快地答应了警察的挑战："好，那我现在就和你打赌，我赌明天你会长出尾巴。假如你赢了的话，我就心甘情愿地输给你100元，但是假如你输了，你就要输给我100元。"

这样的一个看似很不合理的打赌，警察心想这肯定不可能，于是就满怀信心地答应了帅克。

第二天，警察非常高兴地来到了帅克家里面，得意地对他说自己没有长尾巴，让帅克赶紧把输的100元钱给他。

帅克说："我都没有检查，怎么知道你到底长没长尾巴？你得让我先检查一遍再说。赶紧脱下裤子让我检查。"

警察一想也对，反正现在也没有其他人在，于是就让帅克开始检查。但是他想不到的是此时帅克却高兴地跑到了内屋，大声地叫着"我赢了！"然后数了一张100元的钞票给了警察。

这个时候，从警察内屋里面走出来了警察的父亲、舅舅、叔叔，每个人都狠狠地给了警察一个耳光说："你真是太丢人了，竟然露出屁股来让别人摸！"

你知道这是怎么回事吗？警察的亲人为什么都会出现在了帅克的家里呢？

286 纪晓岚吃鸭

御林兵统领和珅多次被聪明的纪晓岚捉弄，因此心里非常不舒服，总想找个办法报复一下纪晓岚。

有一天，和珅特意把纪晓岚找来，非要和他赌一把。和珅想到的一个赌局是这样的：假如纪晓岚在10天之内能吃掉100只鸭子，那么这些鸭子不但不用纪晓岚付钱，而且和珅还会再送100只给他；假如纪晓岚完不成这个任务，在10天之内吃不下100只鸭子，那么不但要付鸭子的钱，而且还要向和珅负荆请罪。

10天吃100只鸭子也就是说一天要吃10只鸭子，这样的吃法一般人是无论如何都做不到的，纪晓岚知道这是和珅故意在报复他，假如不同意的话就是认输了。这个时候，他突然灵机一动，最后还是和和珅打了这个完全不可能赢的赌。

打赌开始，和珅叫手下的人把日常用品，柴米油盐，和特意买的100只鸭子都一起关在了一个屋子里面，然后又让纪晓岚一个人搬进去住。和珅命令手下把屋子里面所有的门窗都关好锁死，并且派了御林兵在门口严加看守，以防止纪晓岚耍花招。

10天很快就过去了，和珅让御林军赶紧把门打开，结果发现屋子里面100只鸭子全都不见了，只剩下了一堆鸭毛还有一堆骨头，和珅惊呆了，只好认输。

那么，纪晓岚在10天之内是如何吃完这100只鸭子的呢？

287 整治治安的方法

20世纪80年代的美国纽约，处在一个非常混乱的时期，不管是从交通还是治安上看都是一团乱麻，政府对此一直很头疼。

抢劫，杀人，暴力事件的不断发生让好多纽约人白天出门都害怕，其中情况最为糟糕的就是纽约的地铁站，地铁里面先是车厢混乱，继而是随处可见一些淫秽字眼，每个坐地铁的乘客都异常紧张。

提心吊胆的人们非常渴望政府早点制定出一个好的方案改善一下这混乱的状况。美国政府经过商议制定了一系列的改善措施，他们认为应该先从改善社会环境做起。

一个良好的社会环境能够减少犯罪率，回归秩序以后接着便是集中通缉犯罪人员。纽约市先从维护地铁车厢的整洁着手做起，同时将上地铁不买车票白搭车的人用手铐铐住，然后排成一排站在了月台上面。当人们知道这个消息之后，都认为没有用，他们无法理解政府的做法，认为那样只是一种徒劳。

令人感到意外的是，纽约市政府的这种举措真的见效了，很快整个城市的面貌就焕然一新，犯罪率也慢慢降了下来，你能分析一下这其中的道理吗？

288 "傻"老板

在美国，有一家公司专门生产煤油炉和煤油。公司老总以为，这样的产品上市之后肯定会得到广大市民的喜爱，原因是它既方便，又环保。但是，产品上市之后，并没有达到预期的效果，市场反应平平，销售量十分低，甚至有时很长时间都无人问津。这些都是公司之前没有预料到的。

公司老总着急了，这下可怎么办？一件产品都卖不出去，仓库里还有好多存货呢。为了改变这个局面，公司做了大量的宣传工作，把产品的性能、优点都描述得非常详细，非常到位，但是产品的销量还是不尽如人意，连预期数额的一半都没达到。

公司老总怎么都想不明白，这么好的产品为什么就没有人用呢？于是，他决定亲自去考察当时居民的生火方式，想探个究竟。经过一段时间的观察，他发现，原来当时的人们已经习惯了使用木炭和煤，对于新产品，虽然他们都知道，但是却都不太认可。

知道事情的原因之后，他想出了一个办法。他让员工免费为每家送去煤油炉和一定量的煤油，先让当地居民试用。对于老板的行为，大家都觉得不可思议，觉得这个老板太傻了，怎么会白白把自己的产品送给别人呢？

但是，没有人会拒绝送上门来的东西，人们都纷纷接受了，并开始尝试使用新的生火工具。过了不长时间，有趣的事情发生了——居民都纷纷打电话来购买煤油。这时候，不仅煤油的销量翻了好几倍，就连煤炉也连带着卖出去了好多，大大改变了原先的窘迫局面。几天时间，仓库里的存货就全部卖光了。公司的盈利大大地增加了。

这个"傻老板"的行为反而取得了良好的效果，不仅使公司的销售额大大增加，还扩大了自己的知名度，有了良好的信誉。你知道这是为什么吗？

289 纪晓岚不死的理由

我们都知道，乾隆皇帝出于对翰林院大学士纪晓岚的喜爱，经常会故意为难他，以从中取乐。但是，乾隆每次的为难，都能被饱读诗书又机智多谋的纪晓岚给巧妙地化解掉。

一次，乾隆皇帝又想要为难纪晓岚了。当时，他们正在湖边散步，乾隆突发奇想，说道："爱卿，你平日总说自己对朕忠心耿耿，那么，是不是我让你做什么，你都会按照我的意思去做，并且没有异议？"纪晓岚回答道："只要是臣能做到的事情，定当万死不辞。"乾隆大笑道："这可是你说的，不许反悔。我要你现在就跳进湖里去。如果你不跳，就是不忠，那么，你依旧要死。"

纪晓岚这时候才看出了乾隆皇帝的用意，原来是皇帝老儿又想作弄自己了。这次乾隆皇帝的问题确实有点难了，纪晓岚肯定不能因为这个问题就这么白白地送掉自己的性命，但是还不能惹乾隆皇帝不高兴。于是，纪晓岚只好慢慢地向湖边走去。他一边走，还一边在思考着该如何化解难题，而且还能让乾隆皇帝高兴。

乾隆满以为这一次一定可以难倒这位饱读诗书的大学士，可是没想到，没过多久，纪晓岚居然慢悠悠地回来了。乾隆皇帝很奇怪，于是就很生气地斥责纪晓岚，说他对自己不忠，要把纪晓岚处死。等到乾隆皇帝斥责完，纪晓岚才不紧不慢地对乾隆皇帝说了自己不跳湖的原因。结果，乾隆皇帝听完后不但平息了愤怒，反而大笑了起来。这件事情也就算是过去了。

你知道纪晓岚是怎么解释不去跳湖的原因的吗？

290 诗没有被偷走

我们知道，牛津大学是世界最著名的学府之一，有来自世界上各个国家的优秀学子在此求学。但是，即使是在这样的高等学府里，也有有名无实的学生，艾尔弗雷特就是其中之一。

这个名叫艾尔弗雷特的学生，为了表现与其他的学生与众不同，显示他自己特别有才华，平时特别喜欢在同学们面前炫耀自己，尤其喜欢通过作几首小诗来显示自己的文采。有一次，他又想在同学面前炫耀一下自己的才华，想了半天，他还是选择作一首小诗。于是他就在同学们面前抑扬顿挫地读了一首自己精心准备的小诗。他原本以为大家肯定都不知道这首诗，其实啊，这首诗根本就不是他自己写的，是他为了在同学面前显示自己的才华，从书上抄来的。

听了他的诗之后，许多同学一下子便知道这首诗不是他写的，只是碍于面子，并不想使他难堪，也就没有当面戳穿他。大家本来以为艾尔弗雷特读读诗，炫耀一下也就算了。没想到的是，艾尔弗雷特可没有这么想，他看大家都不说话，就以为大家还都沉浸在他美妙的诗作中呢。于是，他就更加努力地炫耀起自己，谈起自己"创作"这首诗时的"灵感"来。

这时候，终于有人沉不住气了，人群中一个叫查尔斯的学生愤怒了，他站了起来，说道："艾尔弗雷特的诗是从一本书上偷来的，我看过这本书！"听完这话，艾尔弗雷特非常震惊，可是他还不肯承认，他大声对查尔斯说："这首诗是我自己写的，你在撒谎！"说着说着，艾尔弗雷特便恼羞成怒，大喊大叫，怎么都不肯善罢甘休，非要查尔斯给他道歉。

大家都知道查尔斯的话是对的，但是令人意外的是，对于艾尔弗雷特的无理要求，查尔斯居然答应了。但是，当听了查尔斯的"道歉"后，大家才明白了查尔斯的意图，纷纷笑成一团。

你猜查尔斯是怎么"道歉"的？

291 管仲买鹿

春秋时期，齐桓公任用管仲为相，把齐国治理得井井有条。没过几年，齐国大治，强于各路诸侯，齐桓公就成为了春秋五霸的第一个霸主。

然而，当时除了齐国之外，国力强盛的还有南边的楚国。楚国仗着自己国土广大，兵多将广，不肯听从齐国的号令。这时候，齐国大将纷纷向齐桓公请缨，要把楚国夷为平地。

齐桓公看到这种局面，就向管仲征求意见。管仲说："虽然我们齐国的实力强于楚，但如果硬拼的话，齐国也免不了要损兵折将，劳民伤财，不如让他们主动俯首称臣的好。"并称自己已经有了好主意。

第二天，管仲就派出大量的齐国商人，让他们去楚国去购买野鹿。当时楚国的野鹿是五个铜币一只。管仲让齐国的商人在楚国四处宣扬："齐桓公爱食鹿肉，不惜重金在楚地购买。"一些楚人得知此消息，觉得有利可图，就进山捕鹿去了。接着，管仲让那些商人一再抬高鹿价，刚开始是十个铜币一只，后来二十个，再后来三十个，一直涨到五十个铜币。

你能猜到管仲一再抬高鹿价的真正用意吗？

292 聪明的妻子

从前，有一个农民，整天在田地里干活，感到非常辛苦。每天他从家到田地的时候，会经过一座寺庙，每次他都会看到一个和尚，悠闲地坐在寺庙门口的大树底下，一边摇着芭蕉扇，一边喝着凉茶，这位农民于是非常羡慕和尚的这种舒适的生活。他在心里想："做个和尚多自在呀！"

有一天，天气非常热，农民在田里干了一天的活，觉得这样的日子太辛苦了。回到家里，他就鼓足勇气，向妻子说了他想做和尚的想法。

妻子听完，就对他说："你做了和尚，以后就没法回来干活了。从明天起，我和你一块去田里干活，等田里的活忙得差不多了，我就送你去。"

于是第二天，农民和妻子就一起下田了。中午的时候，妻子提前回来给农民做好饭，然后带到田地去和丈夫一起吃。太阳落山的时候，他们就一块回家休息。就这样一直持续了十多天，田里的活差不多也忙完了。一天，妻子对农民说："田里的活忙完了，我送你去庙里吧！"就这样，他们俩就一块来到了那座寺庙。到了庙门口的时候，他们遇到了那个和尚。听了和尚的一番话，农民不愿意出家了，你能猜到和尚对他说了些什么吗？

293 转达一下

随着商业社会的发展，公司员工的个人形象已经是一个公司形象的重要体现。如果公司员工在工作中具有端庄的仪表、文明的语言、得体的举止、素雅的服饰等礼仪，那么公司也会给人留下良好的形象。相反，如果员工在谈吐举止方面粗俗，那么该公司的形象就会大打折扣。因此，现在的企业没有几个不重视自己员工的礼仪培养的。

虽然许多公司重视礼仪的培养，在职工入职前也对其进行了培训，可是有些员工却还会出现形象不得体的问题。在一家企业中，有几个女职员经常在上班期间言谈不雅。公司的主管对于这一点很是烦恼，但是又不知道该如何处理。如果当面说出来吧，主管和职员之间的关系就会受到影响；如果不说吧，这个问题任其发展下去，会对公司造成很不好的负面影响。

主管想了很久，终于他想出了一个好办法。一天，他找来了其中一位言语不讲究的女职员谈话。结果这场谈话的作用是显著的，后来再也没有女职员谈吐不雅了。

你知道这位主管对这位女职工说了什么吗？

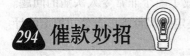

294 催款妙招

从前有位商人，由于他善于经营，所以赚到了很多钱。同时，他也很慷慨，每当他的朋友在经济上有困难的时候，他都会毫不犹豫地借钱给朋友们。因此，他在朋友之中的印象一直不错。

一次，由于资金周转不畅，商人急需要用钱。但是这个时候，他才发现自己手里已经没多少钱了，他的钱都借给朋友们了。这让商人很着急，难道要上门催债？显然不礼貌，而且会伤害到朋友们的自尊，况且自己也不好意思开这个口啊！可是，不去催债的话呢，自己这边又确实需要钱，否则没法经营下去了。这可难为了商人，怎么办好呢？

商人想了很久，都没有想到合适的办法。面对这样的难题，他只好求助于当地的一个聪明人，希望聪明人能帮助他解决问题。聪明人在商人耳边耳语了一翻，商人点了点头。回去后，商人就按照聪明人的指示去做了。果然，短短的几天之内，朋友们就把所借的钱都如数偿还了。朋友们非但没有生气，还非常感激商人。这是怎么回事呢？

295 创意营销

1964年，台湾纺织生产商看到一个有趣的现象：一些去香港等地旅游的台湾人喜欢购买很多的尼龙、特多龙、达克龙的衬衫及女裙，然后带回台湾。于是，这个生产商判断，在台湾市场中很需要这样的一类产品。于是他就和日本的生产厂家合作，进口了很多种原料，加工成各种的衬衫和女裙等来销售，颇受人们的喜爱。

根据当时的市场及消费动态，生产商判断，这种人造纤维产品日后一定会为人们普遍接受，棉织品的市场便会随之缩小。
于是厂商们就开始不断扩大其使用范围。

台湾当时学生人数很多，于是一些厂商就想：
假如学生制服可以用尼龙作为原料的话，那么销
售市场便会随之打开，营销也会随之得到更大的
拓展。所以，学生制服的生产就成了众多的厂商
积极争取的一个待开发的潜在市场之一。

但是，在当时的台湾，学校将尼龙织品作为一项奢侈品看待，学校领导认为，
用尼龙做制服会助长学生讲究穿戴的心理，这样一来就与学校一直推崇的朴素
作风背道而驰。所以当时很多学校都规定学生不许穿戴尼龙料的衣物，很多学
生因为穿尼龙袜子就受到了相关处分。

在这种情况下，如何才能打开学生市场就成了一个非常令人头痛的问题。
相关的生产商与销售商经过多方的协商，最后决定根据台湾广告公司拟定的计
划，准备先从女子学校方面入手。

他们计划所针对的第一个目标是台湾各级女子学校。他们给每个班成绩最
好的女同学免费赠送尼龙百褶裙一件。这种专门给优秀学生的百褶裙也就被定
义为了"荣誉学生裙"，这样一来，学校就相信了厂商此举的目的是为了鼓励
学生好好学习，这样的办法也会激发学生的学习热情。因此，当广告商向各个
学校发出一封要求学校参加此计划的公函时，立即得到了各个学校的同意。每
个学校很快就将每个班级第一名的女孩子的名单及相关信息给他们回复了过去。
广告商收到名单以后立即就和这些优秀的学生开始联系，他们先给这些学生一
人一张兑换券，学生凭此兑换券可以到附近的经销店兑换"荣誉学生裙"一件，
衣服的颜色、尺寸、大小均由学生自行挑选。与此同时，他们还向这些优秀的
学生附加上了一封信，信中首先向得到优惠券的学生表示道贺，然后很清楚地
说明了这种物料的裙子如何保养以及裙子的优点：这种物料的裙子容易清洗，
无需熨烫，穿戴非常方便。这在当时也算是一种生活上的改进。

两周后，几乎所有的第一名女学生都将兑换券兑换成功之后，广告商再次
向这些第一名的女学生发出了第二封信，每封信中送出 10 张优惠券。信中说明，
鉴于最近很多女学生羡慕与喜欢这种荣誉学生裙，于是特意再次寄来一些优惠
券，请学校分发给各个班级中同样优秀的学生，学生可以凭优惠券去购买这种
裙子，同时可以免费获得精美衣架一个。

这样一来，学生穿这种裙子的概率就大大地增大了。事实证明这一举动收
到了很好的效果：首先是学校不许学生穿尼龙物料衣服的规定自然也就被打破
了；再次是很多学校慢慢地将学生制服的原料改为了尼龙一类；再次是男子学
校的制服慢慢的也随之改为了使用尼龙这类物料。几年以后，尼龙物料这类衣
服已经是非常普遍的了，这个时候，假如谁不穿这种原料的制服，反而会被认

为是异类了。

就这样，本来对厂商很不利的环境发生了逆转，一扇原本紧闭的大门被打开了，一个非常广阔的市场出现在了厂商面前。

现在，请你来分析一下厂商们在这件事中所运用的思维。

296 聪明的约瑟夫

约瑟夫今年 15 岁，是一个头脑非常灵活的男孩子。他在一家杂技团工作，其任务就是自己设法在杂技团演出的剧场门口招待观众。因为约瑟夫聪明勤快，又能说会道，杂技团的团长很喜欢他。但是，约瑟夫却并不满足于现有的状况，他想利用自己的聪明才智干出属于自己的一番事业。

这天，他向团长提出了自己的一个想法：他想在为杂技团招揽顾客的同时售卖点自己的东西。团长想了想告诉他："只要不影响杂技团的收入，你可以随便做自己喜欢的事情。"约瑟夫狡黠地对团长保证说："放心吧团长，杂技团的收入肯定会受到影响，不过不是减少，而是会增加！"

约瑟夫接下来非常高兴地准备着他的计划，回到家里之后，他赶紧忙着开始炒花生。约瑟夫炒的花生米非常香，整个屋子都能闻到花生的香味。看着炒好的花生，约瑟夫很有成就感。然后，他的嘴角悄悄地上扬了一下，特意在花生米中加上了一点食盐。弄好之后，他用纸把炒好的花生米包成一个一个的小包，然后兴奋地带着这些包好的花生米来到了剧场门口。

"好消息，好消息，买一张杂技票，送一包花生米！精彩的杂技，喷香的花生米，边看杂技边吃美味，快来买了……"约瑟夫的吆喝引来了不少路人的注意。一看有如此好事，人们纷纷买票，一些不是很喜欢看杂技的人因为有花生米免费赠送，也都买了票。不一会儿工夫，杂技团的票全部卖完了。

对于约瑟夫的这种做法，杂技团里的一个同事感到很奇怪，问他："买一张杂技票，你送一包花生米，你这不是做亏本的生意吗？"但约瑟夫只是狡黠地笑笑，并没有做出回答。

约瑟夫并不傻，其实前面已经交代了，约瑟夫是个非常聪明的孩子，他做这样的"傻事"其实是有他的盘算的。事后团里的人才发现，约瑟夫不仅没有赔钱，反而挣了不少钱，你猜他是如何做的？

297 巧取王冠

读过小说《水浒传》的人，肯定都记得书中有一个名叫时迁的神偷，他凭借自己高超的偷技给读者留下了非常深刻的印象。而在泰国北部的清迈府，也有一名和时迁一样厉害的盗贼，不过，与时迁不同的是，这是个女贼，她的名字叫泰丝蕾·娜尔德媞。泰丝蕾·娜尔德媞是名非常有正义感的侠盗，她扶危济困，救济了不少百姓，后来因为自己在民间的良好名声，她还应邀出席国王的招待会了呢。

在这次招待会上，国王在 15 米见方的豪华地毯正中放了一顶金光闪闪的王冠，然后给出席这次招待会的人们出了一个难题："尊敬的女士们，先生们，这是用钻石制作的一顶上等的皇冠，你们谁能不上地毯就可以拿到这顶王冠？而且只能用手，不准用其他任何工具。谁能拿到，我就把它作为礼物送给谁。"

国王话音刚落，人们全都聚在地毯周围争先恐后地伸出手，但谁也够不到。

正在大家议论纷纷、出谋划策的时候，泰丝蕾·娜尔德媞微笑着站了起来，她向大家说道："如果大家不介意的话，请让我试试吧！"

说着，泰丝蕾·娜尔德媞便轻而易举地拿到了王冠。

聪明的你能猜出泰丝蕾·娜尔德媞是如何做到的吗？注意，泰丝蕾·娜尔德媞是现实中的人物，可没有小说中的时迁那样的飞檐走壁的本领。

298 你需要割草工吗

静静的午后，劳伦太太接到一个电话，对方自称是一位以替人割草为生的男孩。

"请问您需要割草吗？"表明自己的身份后，男孩问劳伦太太。

"哦，谢谢，我不需要了，我已经有了了割草工。"劳伦太太回答道。

"我可以帮您拔除花丛里面的杂草。"男孩说。

"我的割草工已经做到了这一点。"劳伦太太回答。

"我会帮您把草与走道的四周割齐。"男孩又说。

"这一点我请的割草工也做到了，谢谢你。"劳伦太太似乎是微笑着说这句话的。

"那，请问您还有什么割草工没有做到的活儿要干吗？"固执的男孩依然不死心。

"没有了，所有该割草工干的活儿，他都干了，并且干得很好。"劳伦太太说完，就挂断了电话。

男孩放下电话时，恰逢一个伙伴来找他出去玩。

"给谁打的电话？"伙伴问他。

"给劳伦太太，问他需不需要割草工。"男孩回答。

"你不正在给劳伦太太做割草工吗？怎么还会打这个电话呢？"伙伴大惑不解地问。

你猜男孩怎么回答的？

299 林肯的回绝

在林肯任职美国总统期间，一天，他的办公室来了一位老妇人。林肯并不认识这位妇人，但他还是很有礼貌地接待了她。

林肯把她请到接待室，给她倒了杯开水，然后和气地对她说："恕我直言，我真的想不起来在哪里见过您，或者说我有幸是您的什么亲戚，请问您来找我有什么事吗？"

老妇人说："总统老生，我这次来不为别的，是为我的儿子而来的，我想请您给他一个上校的职位！"

林肯听了老妇人的话，感到很突然。他怎么也想不到一位老太太跑到他这来，要为自己的儿子要一个上校的头衔，这听起来似乎有点无理取闹。

于是林肯对她说："谢谢您还想着让儿子出来为国家效力，不过，我们暂时还没有上校的空缺，一旦有了，我一定通知您好吗？"

林肯本想快点把这位老妇人打发走，因为他还有许多公事要忙。没想到这位老妇人并没有那么容易就妥协。她听到林肯推托此事，就理直气壮地对他说：

"总统先生，我今天来到这里，并不是来求你给我儿子一个上校头衔，也不是闲着无聊到您这里无理取闹，因为我知道您公务繁忙，一分一秒的时间都是宝贵的。我有充足的理由，为我儿子争得一个上校头衔。我的祖父曾经参加过著名的雷斯顿战役，并在战场上受了重伤，他的一条左腿被炸掉了。在布拉敦斯堡战场上，我的伯父是唯一一个没有逃跑的军人，直到敌人用机枪把他的身体扫射得血肉模糊，他才英勇地倒下去。我的父亲曾经参加过有名的纳奥林斯之战，因功绩显著而得到了一枚勋章。而我的丈夫，是在曼特莱战死的。因此，我有权利为我儿子争取一个上校头衔，让他也因作为一名军人而感到光荣！"

林肯听完老妇人的那么多条理由，也深受感动。他想："我不能够直言拒绝一个几代军人的家属，得给她一个能接受的理由。"林肯思索了一会儿，对老妇人说了一句话，老妇人听了，就不再要求什么了。

猜一下，林肯会怎么对老妇人说？

300 一则广告

一次，一位教授对一个商人说："上个星期，我的伞在伦敦一所教堂里被人

拿走了。因为伞是朋友作为礼物送给我的，我十分珍惜，所以，我花了几把伞的价钱登报寻找，可还是没有找回来。"

"您的广告是怎样写的？"商人问。

"广告在这儿。"教授一边说，一边从口袋里掏出一张从报上剪下来的纸片。商人接过来念道："上星期日傍晚于教堂遗失黑色绸伞一把，如有仁人君子拾得，烦请送到布罗德街 10 号，当以 5 英镑酬谢。"商人说："广告我是常登的。登广告大有学问。您登的广告不行，找不到伞的。我给您再写一个广告。如果再找不到伞，我给您买一把新的赔您！"

商人写的广告见报了。次日一早，教授打开屋门便大吃一惊。原来园子里已横七竖八地躺着六七把伞。这些伞五颜六色，布的绸的，新的旧的，大的小的都有，都是从外面扔进来的。教授自己的那把黑色绸伞也夹在里头。好几把伞还拴着字条，说是没留心拿错了，恳请失主勿将此事声张出去。

教授把这个情况告诉了商人，商人说："这些人还是老实的。"你知道商人的广告是怎么写的？为什么说这些还伞的人还是老实的？

301 张良用蚂蚁计赚楚霸王

秦朝末年，天下大乱，楚霸王项羽与汉王刘邦两个实力最强的起义军领袖为了争夺江山，整整打了四年仗，演绎出了"楚汉争霸"的一则则生动鲜活的故事。公元前 204 年 11 月，项羽在击败彭越后，寻汉军主力决战不成,屯兵广武（今荥阳北）与刘邦形成对峙。不久，韩信在潍水之战中歼灭齐楚联军，完成对楚侧翼的战略迂回，又派灌婴率军一部直奔彭城。项羽腹背受敌，兵疲粮尽，遂与汉订盟，以鸿沟为界，中分天下，东归楚，西归汉。楚、汉订盟后，项羽引兵东归。这时，刘邦在张良、陈平等人的提醒下，却突然违背盟约，回过头来全力追击楚军。结果刘邦、韩信、刘贾、彭越、英布等各路汉军约计七十万人与十万久战疲劳的楚军于垓下（今安徽灵璧县南）展开决战。最终，楚军寡不敌众，仅剩不到两万伤兵随项羽退回阵中，坚守壁垒。楚军兵疲食尽，又被汉军重重包围。这时，汉军士卒齐声唱起楚歌，歌云："人心都向楚，天下已属刘；韩信屯垓下，要斩霸王头！"致使楚军士卒思乡厌战，军心瓦解，项羽只好率八百人突围。最终，项羽好不容易才冲杀出来，并在一名渔夫的带领下，到了乌江边上。我们要讲的故事便是此时在乌江边上所发生的事。

到了乌江边上后，疲惫的项羽从马上下来，准备休息片刻后渡江。可是就在项羽想着渡江后重整旗鼓卷土重来的计划时，他突然看到江边有一座石碑，这座石碑上竟然写着"楚霸王乌江自刎"这几个字。项羽看到这座石碑之后，十分生气，但当他走近再看时，一下子惊呆了——原来这几个字竟然是由许多蚂蚁组成的！

看到此景，项羽逃出来后的侥幸心理一下子没有了，他非常震惊。项羽沮丧地想，难道真有冥冥之神在主宰着生灵万物，预示着自己必然会失败吗？想到这里，迷信的项羽感到万念俱灰，他长叹一声："此乃天意，非战之过也。"说完就拔剑自刎了。

本来，正如后来的唐代诗人杜牧所说的"江东弟子多才俊，卷土重来未可知"，如果项羽能够渡过乌江，"楚汉之争"的结局或许还有另一种可能性，但是，正是因为这些蚂蚁，项羽放弃了这种可能性。那么，真的是上天在通过这些蚂蚁暗示项羽的灭亡吗？你能猜出这其中的奥秘吗？

302 巧妙的谋杀

比埃尔·拉法兰是一个十分机智、经验丰富的法国侦探。

这天，拉法兰侦探接到警察局的电话，对方让他立即前往呼斯卡尔郊区森林，协助调查一起案子。原来，十分钟前警察局里来了一个男子，他称自己在呼斯卡尔郊区森林中看到一个男子被人绑在树上，当他走过去想把这个绑在树上的人弄下来的时候，才发现这个男子已经死了。于是，他没敢动这名男子，就报了案。

警方和拉法兰侦探到了斯卡尔郊区森林的出事地点。果然如报案的男子所说，等他们赶到事发现场的时候，死亡现场还没有被破坏。死者是一名三十岁上下的男子，其嘴被堵着，脖子被生牛皮紧紧地绕了三圈。法医鉴定后，认定死者的死亡时间是在下午三点左右，死亡原因是窒息。警方经过调查发现，受害人名叫卡尔雷诺，在对卡尔雷诺生前的人事关系进行了一番调查后，警方认定一个人的作案动机很大。于是，警方马上逮捕了这个嫌疑犯。

但是，这个嫌疑犯一口咬定从上午至下午尸体被发现的这一段时间内，自己都不在作案现场，并且有充分的证据。而警方经过调查，也不得不承认此人的确不具备作案时间，因此虽然十分怀疑他，也苦于找不到相关证据，根据法定程序，必须要释放此人。

不料，警方在拘留期限的最后时刻不得不释放这个人的时候，拉法兰侦探给警方提供了一番推理，证明这个人尽管不具备作案时间，却并不一定就不能作案。警方一听，觉得十分有理。于是按照拉法兰侦探的推理，又一次审讯了这名犯罪嫌疑人，此人终于无话可说，乖乖地承认了自己的犯罪行为。

你能猜出凶手在"不具备"作案时间的情况下是如何作案的吗？

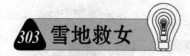

303 雪地救女

这个故事发生在奥地利，看完这个故事后，也许你会深深地被那份伟大的母爱所打动。

有一个 14 岁的小女孩，她的名字叫卡莎林。在她很小的时候，他的父亲就在一次车祸中去世了。从此以后，她便和母亲两个人相依为命。他的母亲玛丽尼用自己的辛勤劳动，把卡莎林抚养长大。

由于从小生活在单亲家庭中，卡莎林性格非常孤僻，她只喜欢一个人静静地呆着，不想与其他同学一块玩。家境的贫寒也让这个弱小的女孩子感到极其自卑，在学校里，她经常受到一些坏孩子的欺负和歧视，这一切，都在她弱小的心灵中投下了不可磨灭的阴影。

然而，卡莎林把这一切都归罪于她的母亲。因为他的母亲是一家公司的清洁工，做的是别人最瞧不起的工作。最让她难堪的是，那家公司老板的儿子与她同班。有一次，那位小少爷当着全班同学的面说："你们知道卡莎林的妈妈是做什么工作的吗？她是我爸爸公司的一个清洁工！"说完，他和全班同学一起对着她哈哈大笑。

从此，卡莎林就在班里抬不起头来，性格越来越孤僻。由于她对自己的母亲有一种隐忍的怨恨之情，所以她们母女之间的关系一直不是很好。

2004 年 2 月下旬的一天，卡莎林的母亲由于在公司里表现出色，公司决定给她一周的假期，让她好好休息几天。玛丽尼觉得这七天她终于可以好好陪陪女儿，缓和一下她们两个之间的关系了，因为他在公司一直很忙，和女儿在一起的时间很少。

休假的第二天，玛丽尼决定带女儿去阿尔卑斯山滑雪。卡莎林听了也很高兴，因为她早就听班里的同学说，在阿尔卑斯山滑雪很好玩。

然而，在滑雪过程中，不幸的事情发生了，由于对雪地环境缺少了解，玛丽尼母女俩一时玩得高兴，竟然在雪地里迷了路。看看白茫茫一片望不到尽头的连绵雪山，她们感到非常害怕。这时母亲说："我们只有拼命向前滑，也许能找到路口。"于是他们母女两个就一边滑雪，一边大声呼救。

两个人的呼喊没有叫来救援人员，反而引起了一连串的雪崩，大雪把母女两个深深地埋了起来。出于求生的本能，母女两个凭借顽强的意志，不停地刨雪，她们刨呀刨呀，经过了很长时间，终于爬出了厚厚的雪堆。

这时候，天已经快要黑了，母女两个站在荒凉冰冷的雪地上漫无目的地寻找着回去的路。正在母女两个无比担心害怕的时候，玛丽尼突然看到了天空中有一架救援的直升机。然而由于她们两个都穿着白色的羽绒服，救援人员根本没有发现她们。

眼看天就要黑了，玛丽尼感到非常着急，而卡莎林又冷又怕，已经昏了过去。

第二天，当卡莎林醒来时，发现自己正躺在医院的病床上，而她的母亲玛丽尼，已经不在人世了。医生告诉她，她的母亲是为了救她而甘愿牺牲自己的生命的。听医生说完母亲救自己的经过，卡莎林泪如泉涌。

现在你来猜一下，这位伟大的母亲是怎样把女儿从冰天地雪救出来的呢？

304 兔子的论文

腹中饥饿的狐狸正在觅食，忽见一只兔子正斜躺在青青的草地上晒太阳。大喜过望之下，狐狸迅速扑了过去，不想兔子却连躲都不躲地继续享受温暖的阳光。

"你为什么不逃跑？难道你就不怕我吃了你吗？"狐狸挑衅一般地问道。

"你不会吃我的。"兔子眯了眯眼睛说道。

"为什么？"狐狸疑惑地问道。

"因为我们兔子实际上比你们狐狸更强大。"兔子回答道。

顿时，狐狸像听到了一个天大的笑话一般放声大笑了起来，笑过之后，它又向兔子扑了过去："做梦吧你，我今天一定要吃掉你！"

"你不相信？"兔子坐了起来，"关于这一点，我已经用一篇论文详细透彻地论述完毕了。如果你不相信的话，我可以证明给你看。"

好奇不已的狐狸于是跟着兔子走进了山洞，去看它那篇论文。

进去之后，狐狸才相信了兔子真的比自己强大，只不过，它再也没机会亲口承认这一点了。

证明完毕的兔子走出山洞，继续沐浴着阳光。

不一会儿，一只觅食的狼也走过来想吃兔子，兔子故伎重演，把狼也领进了山洞里看它那篇自己为什么比狼强大的论文。狼进洞之后也相信了这一点，只不过和狐狸一样，它也没机会亲口承认了。

你猜这是怎么回事？

305 珠宝老板妙招促销

1985 年，英国皇室查尔斯王子与美丽的戴安娜王妃将要举行婚礼的消息传遍了世界的每一个角落，那在当时是整个英国乃至全世界的重大事件。在当时的伦敦，有一个十分精明的珠宝商，他看准了这场婚礼所具有的眼球效应，决定策划一起事件，让戴安娜和自己的珠宝店联系起来，好大赚一笔。

经过一番思考，这位珠宝商首先找到了一位酷似戴安娜的模特儿，让其衣着打扮都和戴安娜一模一样，再加上一段时间的培训，其言行举止也和戴安娜王妃十分相似。这样一来，这个模特几乎可以达到以假乱真的地步了。

这天晚上，这家珠宝店里灯火通明，整个大厅异常整洁。店主衣冠楚楚、神采奕奕地站在珠宝店门口，似乎是在等待着某位大人物的到来，珠宝商这样的举止引起了许多路人的驻足观望。不大一会儿，一辆豪华的轿车就缓缓驶来了，珠宝商老板此时赶忙过去迎接将要从车里出来的客人。此时，人们惊喜地发现"戴安娜王妃"优雅地从车上走了下来，她微笑着向周围的人们点头问好。珠宝商则笑容可掬地把这位高贵的客人引进了她的珠宝店，并且非常礼貌地向她介绍着每一款美丽的珠宝首饰。只见"戴安娜王妃"露出了满意的笑脸，不断称赞着这些首饰，最后还特意亲自挑选了几款自己喜欢的首饰买走了。

所有的这一切，都被珠宝商专门邀请来的一位电视台记者拍了下来。在第二天，这家电视台在黄金时间播出了此段新闻录像，应珠宝商的要求，他们把录像拍成了"默片"，因此，在播这个新闻的时候，人们听不到任何解说。

这样的一则新闻立即引起了轰动，很多年轻人纷纷来到这家珠宝店购买"戴安娜王妃"称赞过的各种首饰，一时之间，这家珠宝店生意异常红火，甚至有的首饰被抢购一空，老板大大地赚了一笔。

此事很快惊动了英国皇室内部，皇家发言人郑重声明："在戴安娜王妃的日程安排中，从来没有过这一项，戴安娜王妃从来没有去过这家珠宝店。"但是，珠宝店老板却向皇室很好地解释了这件事情。

那么珠宝店老板是如何自圆其说的呢?

306 范西屏借店饲驴

范西屏是清朝一位棋艺很高超的人。他自幼聪颖，3 岁时见其父与人博弈，便常在旁边呀呀指划。后来，他拜名棋手山阴俞长侯为师，潜心钻研棋艺。13 岁便开始崭露头角，16 岁随师傅游松江，屡胜名家，成为国手。20 余岁游京师，与各地高手不断较量，均战无不胜，从此以后，他名驰全国，被棋坛推崇为"棋圣"。现在依旧流传着很多关于他的小故事。

有一次，他向朋友借了一头小毛驴去扬州探亲，但是当他来到长江边上，准备上船过江的时候，船夫却不让他的小毛驴上船，因为船太小，只能载着人过江，不能载牲畜。

面对这种情况，范西屏为难了，他不想把朋友的小毛驴丢在岸上一个人过江，万一丢失的话，回来很难向朋友交代，那是朋友非常珍惜的小毛驴。一筹莫展的他在街头闲逛，看到街上一家布店门口有很多人在那里下棋，忽然灵光一现，脑子中立即有了主意。

范西屏走上前去，先把小毛驴拴在了布店附件的一棵树上，然后钻进了热闹的人群。正在下棋的是布店老板和一个年轻人，那位年轻人明显处于劣势，他的棋路这个时候完全被布店老板给封死了，他正在冥思苦想如何才能杀出重围。

范西屏这时在一旁忍不住了，急忙过去给那位年轻人出点子，但是很奇怪的是，他说的都是一些外行话，年轻人对他不屑一顾。俗语有言"观棋不语真君子"，而范西屏此时不仅喋喋不休，而且说的又是一些外行人的话，在场观看他们下棋的人都对他很烦。但是他似乎完全没有自知之明，依旧不停地说着。

终于，布店老板忍不住了，他很生气地教训范西屏说："你会不会下棋？在这里胡扯些什么？有本事来和我下一局？别在这里瞎指挥！"

范西屏听后心里暗喜，于是就借机对布店老板说："下就下，但是我有个条件，假如我下棋赢了，你要输给我一块布；要是你赢了的话，我就把我的小毛驴输给你。"

老板认为这个人一定棋艺不怎样，于是就很爽快地答应了。一局下来，范西屏惨败，布店老板高兴地开怀大笑，范西屏则是以一副很不情愿的样子让布店老板牵走了自己的小毛驴。但是他对布店老板说："我今天是因为有事情，状态不好，所以没有尽全力和你下棋，因而输得很不服气，等一个月以后我再带些钱来与你下一盘，我一定要赢回我的小毛驴！"

布店老板对于范西屏的棋艺水平很不看在眼里，他想：就凭你这样的水平，不管下多少棋，你一定会输，于是就非常乐意地答应了他的要求。

那么，你能猜到接下来会发生什么事情吗？

307 女中学生智擒小偷

滨海某城市的夜晚，一家剧院正要上演非常精彩的演出。

这场演出是特意从北京请来的嘉宾送上的。这次演出的阵容非常庞大，其中很多是当今比较出名的歌星、笑星等。这样精彩的演出自然会吸引观众的注意，一时间，剧场的门口已经被围得水泄不通。

演出马上要开始了，大家都在使劲地朝里面挤，就在这个时候，有一个长头发的青年人也混在人群中一起向前挤。他一边装着被挤得东倒西歪的样子，一边从旁边一个女孩子的口袋里面掏出一个白色小钱包。那个女孩子带着一副近视镜，正在忙着朝剧场里面挤，根本没有感觉到自己的钱包被偷了。

小偷悄悄把偷来的钱包向自己的兜里一放，然后四下看了看，感觉没有被发现就想趁机从人群中溜走。他还故意吼了一声："真他妈的太挤了，老子不受这份罪了！"说完就挤出了拥挤的人群。

但是小偷不知道，他所做的一切都碰巧被一个刚买到票正朝里面挤的女学生看在了眼里。女学生叫小梅，是附近一所中学的学生。小梅看到小偷的举动后一直在思考如何才能抓住小偷。这里现在人很多，此时又是非常拥挤，假如大喊的话，小偷在混乱的人群中很容易逃走；要是直接去报案吧，时间不够，小偷很可能早就不见人影了。

她想，这个时候最好的办法就是能用调虎离山之计稳住小偷，将小偷从一个有利于逃走的地方引到一个不利于逃跑的地方，先稳住他，然后再去附近派出所报案。

那么，这个时候，假如你是小梅，你想到的办法会是什么呢？

308 声东击西

在法国东南部的一个小镇上，本来安静的小镇今天却显得格外的热闹，人们都聚集在一面墙下。这面墙之所以有这么大的吸引力，是因为墙上贴着一枚价值 5000 法郎的金币。然而更让人心潮澎湃的是：谁能把金币从墙上揭下来，金币就归他所有了。

金钱的诱惑果然是不同凡响的，不仅镇上很多人都来了，就连听到风声的邻近镇的人也来了很多，大家都想要把金币揭下来据为己有，毕竟这样的好事不是经常有的。可是，十个人试过了，一百个人试过了，一千个人试过了，还是没人能把金币揭下来。最后，人们纷纷放弃了金币。

就在人们在那里争先恐后地试着揭下金币的时候，站在一旁的一个中年男人却露出了狡黠的微笑，正是他用一种强力胶水将金币粘在墙上的。看到所有尝试者都无法将金币揭下来，并宣布放弃，他站出来说了一番话，众人一听，才明白了这件事背后的目的。而这件事之后，这个中年男子很快发了财。你猜这是为什么？

309 简雍妙谏刘备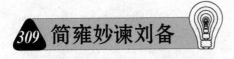

三国时期，蜀国因天气连续干旱，庄稼歉收，国内异常缺粮。因为酿酒要以粮食为原料，于是刘备下令禁止民间酿酒，如发现私自酿酒者，就要判处重罪。但是，正因为禁止酿酒，酒反而成为了稀有品，于是一些人偏偏顶着风险酿酒。对于这种情况，刘备十分恼火，于是干脆下令百姓将酿酒工具全部交公，今后谁家私藏酿酒工具便要受到处罚。显然这个法律过于苛刻，许多大臣都劝刘备废除这个法令，但固执的刘备不听。于是一时之间，许多百姓因为私藏酿酒器具被抓。当时，一向同情百姓的昭德将军简雍看到这种情况，感到十分焦急。

一天，简雍陪刘备一起到野外游玩，远远看到一男一女两个陌生人在路上行走。简雍沉思了一下，想到了一个主意，他忽然指着路上的那对男女说："这两个人要通奸，应该立即将他们抓起来！"刘备一听，十分惊奇，他狐疑地问简雍道："你怎么知道呢？"简雍于是说了一句话，刘备一听便哈哈大笑，然后又恍然大悟，立刻释放了那些因为私藏酿酒器具而被囚禁的百姓。

你能猜出简雍说了一句什么话吗？

310 智者比尔巴

比尔巴是16世纪时印度的一个智者，他因富有智慧而被国王任命为宰相。

一群奸猾之臣一直嫉妒比尔巴受到国王的器重，一次，他们撺掇国王的小舅子去王后那里请求赶走比尔巴，而让自己担任宰相。王后于是去向国王请求这件事。国王知道自己的小舅子根本没有这个才能，为了让王后死心，他便对比尔巴说明了情况，然后宣布小舅子为新宰相。但是，他对这位新宰相提了一个要求，要他在一周之内分别找来一个忠实的朋友和一个不忠实的朋友，以及生命的汁水和味道的根子。新宰相于是派人到全国各处去寻找，最后也没有找到任何一种。无奈之下，小舅子还是去找比尔巴帮忙。

比尔巴于是跟随小舅子一起来到国王面前，对国王说："生命的汁水是水，味道的根子是盐，世界上最忠实的朋友是狗，最不忠实的朋友是女婿。"国王一听，满意地点了点头，然后意味深长地看了一眼小舅子。小舅子感到无地自容，将宰相的位子又还给了比尔巴。

但是，这件事并没有这样过去，国王因为觉得最不忠实的朋友是女婿，便下令要绞死全国所有的女婿。人们听说这件事情后，十分惊恐，纷纷将希望寄托在比尔巴身上。比尔巴于是做了一副金绞架和一副银绞架，带着进宫了。

你猜比尔巴会如何化解这场危机？

311 望梅止渴

一年夏天，曹操率领着大部队到很远的地方去打仗。路程很远，按照原定的计划，时间非常紧迫。如果不能按照原计划到达目的地的话，战争就不好打了。所以，曹操非常着急，一路上不停地催促士兵："大家快走，时间不多了，前面的快走，后面的跟上。"

一天，曹操带领他的大军来到一个大荒原上，天气非常炎热，太阳像一个巨大的火球似的烤得人抬不起头来，将士们汗水不停地冒出来，一滴一滴掉到地上，又马上被太阳烤干了，身上的衣服被汗水湿透了，贴在身上，真是太难受啦。就连路边的小草原本绿油油的叶子，现在都蔫巴了，被太阳烤得"无精打采"。大家低着脑袋，拖着两条腿一步一步艰难地向前挪着。

又走了一段路，将士们已经口干舌燥了，偏偏这时候水壶里的水又没有了。于是大家纷纷抱怨起来："这鬼天气，实在是受不了，又没有水喝，这样下去非渴死不行。"有的人干脆就不走了，坐在地上大口大口地喘着气。

曹操看到这个情况，急得像热锅上的蚂蚁，他赶紧把向导叫过来，问他："这附近，有没有水源，能不能弄点水来，给战士们解解渴。这样走下去，什么时候能走到目的地呀。"

向导摇摇头说："这附近没有水源，只有爬过了前面的一条山，山那边才有一条小河。"曹操听了，无奈地摇摇头。心想：看来，一时是找不到水了，怎么能让士兵们不感到口渴呢？

曹操想出办法了吗？

312 聪明的一休

一次，日本幕府时期的大将军足利义满邀请外鉴法师到府中做客，一休也跟随师傅来到了将军府中。

没想到此次足利义满摆的却是鸿门宴，明知道出家人不吃荤，端上来的却都是鸡鸭鱼肉之类的荤菜，明摆着是为难一休师徒。外鉴法师一看，直皱眉头，不知如何是好。聪明的一休思索了一下，便有了主意，大口吃了起来。这时，存心找茬的足利义满看一休吃起了荤菜，便突然抽出刀来，厉声喝道："喂，小和尚，你身为佛门弟子，怎么吃起了荤，不守戒条，该当何罪？"

没想到一休却一点也不慌张，而是从容地回答道："这不能叫做吃，出家人四大皆空，没有自我，我的肚子只是一条平坦的大道，那些鱼呀、肉呀，只是从我的肚子上路过而已。其实，就连那些卖鱼的卖肉的也可以通过的！"

"哈哈，如果是这样的话，那么手持大刀的武士也能够通过喽！"足利义满自以为抓住了一休的把柄，狞笑着说道，"现在我要手持大刀也要走一走你这平坦大道了！"

外鉴法师一听大惊失色，将军府中的众人也都为一休捏一把汗，心想这下小和尚在言辞上已经输了，只能祈求将军饶他一命了。但是，没想到一休仍然既不慌张，也不求饶，而是通过打比方说出了一个十分合理的理由，使得足利义满无言以对，只好收回自己的刀，放了一休师徒回去。

想象一下，假如你是一休，你该怎么说来自救呢？

313 一把珍贵的雨伞

清朝时期，有一位商人，离乡背井，独自一个人在外地做生意。拼搏了大半辈子，终于事业有成，赚得了不少金钱。便决定回家与家人团聚，享受天伦之乐。但是，当时世道不太平，路上常有劫匪出没。如果背着沉甸甸的金银上路，劫匪见财起意，不仅自己半生心血不保，恐怕连性命都得搭上。

商人想了很久，想到一条妙计。他去特制了一把竹柄油纸伞，把竹柄的关节打通。然后将金银兑换成小巧的珠宝玉器，把珠宝玉器全都塞到竹柄里面，封上口。这把珍贵的雨伞里面藏着珠宝玉器外面却和普通的雨伞没有什么区别。商人穿着灰布长褂，一双普通布鞋，拿上这把伞，一幅落魄的样子，轻松上路了。

商人这幅打扮，盗匪当然不屑于打扰，一路上平平安安地走来，眼看就要到家了。这一天，下起了小雨，商人就来到一家小饭馆中，吃完饭，顺便趴在桌子上打了个盹，珍贵的雨伞就靠在桌子旁边。

醒来后，商人猛然发现雨伞不见了！他顿时急出一头冷汗，那可是他后半生的保障呀。但是，商人很快就镇定下来，他发现自己随身携带的小包袱还完好无损，认定是有人顺手牵羊拿走雨伞遮雨用了，并不是识破了雨伞里面的秘密故意来偷的。

一旦想通，商人就有了主意。

什么主意你知道吗？

314 巧用滑车逃命

在古代印度，有一个势利而暴虐的财主，他有一个女儿，名字叫依娜。依娜十九岁的时候，财主将她许配给了一个贵族的儿子做妻子。但是，依娜却和财主家的一个名叫巴莫的年轻工匠相爱了。两位恋人眼看要被拆散，便在依娜的一个侍女的帮助下，逃了出去。不料，两人并未逃远，便被财主派人追了回来。愤怒异常的财主干脆将两人连同那个侍女一起关在了一个荒凉的高塔顶端，决定将他们活活饿死。

被关进高塔之后，两个女孩子只是害怕地躲在一角等死，但巴莫是个很有头脑的年轻人，他不甘心就这么死去，尤其不愿美丽的依娜为了自己而死。于是，他一被关进来，便开始积极地想办法。他仔细地观察了高塔，发现高塔很高，如果直接跳下去肯定会摔死，而周围也没有什么可以攀援着下去的东西。正在无计可施之际，巴莫看到高塔旁边有两条绳子，顺着绳子往上看，巴莫看到绳子搭在一个生锈的滑车上。而往下看，则能看到绳子的两端各系了一个空筐。出身工匠的巴莫判断，这肯定是当初建筑工人建筑高塔时用来向上运送建筑材料所使用的。他试了一下绳子的结实程度，发现绳子都还是结实的。根据经验，巴莫知道，如果绳子两端所系的重量大约在十公斤左右，那么重的一端便可以平缓地下滑至地面，人借此下降，会是安全的。巴莫又估计了一下，依娜的体重大约在 50 公斤，侍女则大约是 40 公斤，自己的体重则是 90 公斤。然后，巴莫又在塔内找到了一个大约 30 公斤重的铁锤。经过一番周密的测算之后，巴莫终于找到了一个让三个人都借助滑车安全下到地面的办法。

你能想出巴莫是如何利用滑轮使三人下到地面的吗？

315 智破假借据案

明正德年间，蜀中某县有一个难得的好知县，此人思维敏捷，断案公正，因为姓李，人称"李判官"。

一天，李判官正在书房看书，听到外面有人击鼓鸣冤，于是便宣布升堂。原来前来告状的是一个中年男子，此人自称张虎，在城南经营首饰店，前些天借给了在同一条街上开木匠铺的崔二 100 两银子，昨天到期，前去讨要，不成想对方竟然要赖，不仅不认账，还对他破口大骂。

李判官于是上下打量了一番来人，见此人衣着整洁，白面黑须，于是问道："你可有证据？"

来人于是从怀中掏出一份借据呈上。李判官看那借据，倒是写得很清楚，借贷双方的落款也都十分明白，并且还有见证人的落款。"那么，这上面所写的刘老大和孙财旺两位见证人何在？"李判官又问道。

"有；两位见证人已经在外面等候。"张虎说道。

"唤他们进来。"

刘老大看上去50岁出头，瘦削高大，看上去有些贼眉鼠眼。孙财旺则是个胖胖的中年人。两人的说法都和张虎说得一致，并声称愿意为张虎作证。李判官用犀利的眼睛盯着两人问道："你们两个以什么为生呢？"

"小人略识些字，靠给人抄抄写写为生。"刘老大尖着嗓子回道。

"小人是个开饭馆的。"孙财旺大大咧咧地回答。

李判官点了点头，他见现在人证物证都在，符合了立案的条件，便吩咐差人："立刻前去传唤崔二到庭来对质。"

不一会儿，崔二便来到了县衙大堂上。

李判官问道："崔二，你可认识这堂上三人？"

"回禀大人，认识，这些人都和我在一条街上做买卖！"崔二回道。

"那么，张虎告你借他了一百两银子，现在又抵赖不还，可有此事？"李判官询问道。

"大人，绝无此事，是张虎故意伪造了一张借据，想讹我银子！求大人明鉴！"崔二一副十分气愤的样子。

"那么，这人证是怎么回事呢？"李判官又问。

"大人，这是他们串通好了讹诈我，我和刘老大、孙财旺的关系向来不怎么好，所以他们才会如此陷害我！"崔二解释。

"那么，这借据上为何会有你的签名？"李判官继续追问。

"大人，我哪里有过什么签名，一定是张虎伪造的！"崔二着急地辩解。

"那好，现在你拿笔写下你的名字来。"李判官说罢命人给崔二拿来纸笔。

崔二于是毫不犹豫地在纸上写下了自己的名字。差人拿给李判官后，李判官仔细对照了和借据上的笔迹，发现两者完全一致。如此看来，这借据是真的了，李判官心想。但是，他明明知道我要对照笔迹，还这样痛快地写下自己的名字，不是故意证实自己在赖账吗？李判官转念又想。并且，他看崔二此人看上去憨厚老实，说话直爽，不像是奸诈之徒。于是，他便假装大喝一声说道："大胆崔二，你的笔迹和这借据上笔迹明明一样，你还想抵赖！是想要我用刑招呼你吗？"

崔二吓得一下子蹲在地上，这时，李判官偷眼去看堂下的原告方和两个证人。只见三人彼此偷偷互视，并面露不易察觉的微笑。于是，李判官心里明白了。但是，如何戳穿三人的把戏，好让他们心服口服呢？李判官心下开始琢磨起来。不消一会儿，李判官便计上心来，采用了一个十分简单的办法，使得三个人的鬼把戏瞬间被拆穿了。三人老实供认，他们与崔二的关系一向不好，又见他木匠铺里生意兴隆，便心生了讹诈他的念头，由刘老大模仿崔二的笔迹伪造了他的签字，然后到县衙来告他。

你猜李判官使用什么方法拆穿了三人的鬼把戏？

316 哪个是真花

历史上，有一位国王深得人们的爱戴，他就是所罗门王。所罗门的聪明和勇敢是众所周知的，周围临近的国家也都很佩服所罗门王。

一天，一个邻国的皇后为了表示对所罗门王的尊敬，带着仆人和大量的贵重物品前来拜见所罗门王。

皇后带来的珍贵礼物包括：鹦鹉、稀有的动物、罕见的宝石、美味的佳肴等等。看到皇后不辞辛苦，远道而来，而且还带来了这么多的礼物，所罗门王很感激，也很高兴。但是，皇后这次来并不仅是来拜访所罗门王的。原来，皇后早就耳闻所罗门智慧超群，于就想趁着这个机会考考所罗门，看看所罗门是否真如外面传言的那么聪慧。在呈现了礼物后，皇后又为所罗门呈现了两个花瓶，两个花瓶都装着花，只是一个花瓶装的是真花，一个花瓶装的是假花。真花、假花看起来一模一样，很难分辨出来。皇后要求所罗门和花之间保持一定的距离，要他分辨哪个是真花，哪个是假花。

所罗门观察了很久，但还是分辨不出。皇后的题目真是够难的。就连智慧超群的所罗门王似乎都无计可施了。

这个时候，关着的窗子外面传来一阵嗡嗡的声音，原来是蜜蜂在花丛中采蜜。所罗门王一下子有了主意，只见他做了一个举动，之后便很快给出了正确的答案。

你猜所罗门做了个什么举动？

317 侯白的笑话

隋文帝时，侯白因为敏捷善辩，擅长说笑逗乐而闻名。当时，隋文帝便经常召见侯白，给自己解闷。同时，宰相杨素也很喜欢侯白讲笑话，经常将其召到自己跟前逗乐，侯白虽然感到不胜其烦，也只得从命。

这天，侯白又被杨素召到跟前讲笑话，他给杨素讲了许多笑话，离开杨府时天已经快黑了。这时，在杨府门口，他又遇到了杨素的儿子杨玄感。这位宰相公子一向也喜欢侯白的笑话，拉住侯白非要他讲。侯白无奈之下便讲道："有一只老虎感到饿极了，因此在早上到外面去找食物。在一片草丛中，老虎看到一只缩成一团的刺猬。老虎也不认识，以为可以吃。不料，它刚一张嘴，便被刺猬夹住了鼻子，疼痛难忍。老虎以为遇到了什么怪物，吓得转身就跑，一口气跑到了森林深处。此时，他感到又饿又累，趴在地上呼呼地睡过去了。而那只刺猬，其实一直夹着老虎的鼻子，也一并被带到了森林深处。这时，刺猬看老虎睡着了，不会再伤害自己了，便松开了老虎的鼻子，悄悄爬走了。而老虎一觉醒来，发觉鼻子不疼了，很高兴，同时感到肚子更饿了。于是，它便再次开始到处找食物。没走多远，它看到一棵橡树。老虎仔细一看，发现那橡树有许多毛茸茸的果实，看起来跟小怪物很相似，便和声和气地说道'……'"

故事中的老虎最后所说的话听起来既好笑，同时又讽刺了杨玄感父子，杨玄感一听，便不好意思再纠缠侯白了，放他回家了。

你猜侯白所讲的故事中的老虎最后说了什么话？

318 海瑞审石头

明朝嘉靖年间，海瑞新到浙江嘉兴淳安县任县令。因为他为人刚直不阿，为民做主，因此当地的许多恶少都想将他赶走，经常故意寻衅滋事。一天，海瑞乘轿从外面回来，衙门前的一帮恶少便起哄起来，他们挤挤抗抗，将街上的秩序搞得很乱。正在街上担着一担瓷碗的老汉被他们这么一挤，没有站稳，便一下子将担子碰在了衙门前的青石板上，一担瓷碗摔了个粉碎。这下这些人起哄得更厉害了。

海瑞于是便落轿看是怎么回事。那老汉跪下后便哭诉道："我老汉就全靠贩卖这些瓷碗来养活家里的妻子老小，这下子全摔碎了，下个月家里人便要饿肚子了。"这时，其中的一个恶少为了戏弄海瑞，便故意指着那块青石板说："大人，全都怪它，我们都可以作证，请老爷秉公审理！"其他人一听，便轰然大笑起来。

但是海瑞似乎并不在意，而是真的吩咐左右将这块青石板抬到堂上，声称要审问这个罪魁祸首。同时，他也要这些恶少都到堂上充当证人。这些恶少自然十分好奇，纷纷来到堂上，看海瑞玩什么把戏。并且，街上的许多人也都十分好奇，纷纷前来看热闹。

审问石头自然是假，借审问石头惩治那些恶少才是海瑞真正要做的，试想一下，海瑞如何通过审问石头来惩治那帮恶少？

319 马下牛

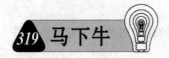

从前有一个县官非常傲慢无理，他自认为自己高高在上，从不把百姓放在眼里。一天，他骑着高头大马，带着几个耀武扬威的随从，到一个地方去办事。

然而，当他们来到一个岔道口时，却不知道应该走哪条路了。

正在县官着急的时候，一个农民从后面走了过来。这位县大老爷骑在马上，鼻孔朝天，对着农民大声喊道："喂，你且站住，我来问你，本大老爷要到平遥县去办公事，告诉我要走哪一条路。"农民看到县官如此无礼，感到非常生气，他心里想："你就在这着急去吧，我才不会告诉你呢！"于是这个农民就继续走自己的路，而且边走还边哼着小调，直当做没听到。

县官看到这个小小的草民竟然没有理睬他，顿时来了怒火，他就派自己的随从过去把那个农民带过来，想问问他是不是吃了熊心豹子胆，竟敢对县官的话置若罔闻！很快，农民就被带到了县官面前。当县官问他为什么不回答县太老爷的问话时，这个农民回答说："当时我正在急着赶路，而且一边走一边在想着一件趣事，所以就没有听到县大老爷的问话。"县官听他这么回答，接着问道："你在想什么事？想得那么入神，连本老爷的话都没听到！"农民回答说："如果说起这件事，那可真算是一件奇事呀！就在我们庄上，一户农民家里的一头马要下崽，结果您猜怎样，竟然下了一头牛！您说这事怪不，大老爷？"县官听完，大惊道："不应该啊，应该下马啊，怎么会下牛呢，我还真没见过这样的怪事呢！"接着，农民顺势便说了一句话，巧妙地骂了县官。你动脑筋想一下，他说了什么呢？

320 幸运的不幸

在一次战争中，有位年轻人所在的战舰被敌军击沉了，全船所有的战士都遇难而死，但幸运的是，他活了下来。

他攀着一截枯木随波漂流，最后漂到了一个荒无人烟的孤岛上。在求生欲望的支配下，他采拾来了水果，并开始狩猎，过起了像是古代野人的生活，但不管怎么说，他毕竟活了下来。后来，他还建了一座能够遮风避雨的茅草屋。

不知不觉中，他已经在这个孤岛上过了五六年。他是多么地思念家人，多么地希望早日回到他们身边啊，可为什么数年来，一直没有从这个岛边经过的船只呢？一直听天由命的他真是越来越感觉无望了。

一天，当他在那个茅草屋里煮食物时，一不小心之下引燃了茅屋。由于当时岛上的风很大，火趁风势，不一会儿，他辛辛苦苦搭成的茅屋便被付之一炬了。想想雨季马上就要来临了，上天却在此时把他唯一可以栖身的茅草屋也夺去，难道他真的注定该命绝于此吗？

谁知，正当他绝望无助的时候，一艘路过此地的轮船居然出乎意料前来搭救他了。

这件事看上去十分巧，这个年轻人处于绝望中时，便正好有船只经过。不过，仔细想一下，这件事真的有这么巧吗？你能看出这背后的逻辑吗？

第六章
急智思维名题

321 弦高救国

    春秋战国时期，郑国是一个小国，受到很多强国的欺负。有一回秦国联合另外一个国家一同来讨伐郑国。郑国打不过他们，就来和秦国讲和："只要你们退兵，我们什么条件都答应你们。"于是秦国就提出了一个条件："让我们退兵也行，但是你们郑国的北门，得让我们秦国的人替你们防守。"郑国人心想：让你们替我们防守北门，那你们以后来偷袭的时候，里应外合一下子不就把我们郑国给消灭了吗？但是没有办法啊，郑国为了生存，只得答应了秦国的无理要求。

    从此以后，郑国的北门就一直让秦国的三个将军和两千名士兵防守。郑国人日夜监视着这伙秦国人，防止他们和秦国沟通，里应外合来袭击郑国。这样过了一年，因为郑国人防得紧，秦国人一直没有得到机会进攻郑国。又过了一年，郑国人的警惕心慢慢就放松了，他们渐渐撤销了对秦国人的监视。这时候在秦国的三个将军赶紧向秦国报告："郑国现在已经放松了警惕，快派兵来攻打吧，我们里应外和，打郑国一个措手不及。"秦国接到报告，就派大将孟明视率军来偷袭郑国。

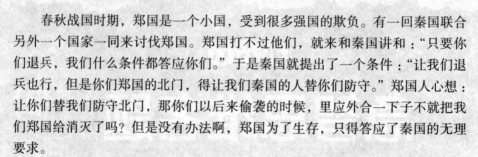

    秦国离郑国很远，秦国的军队走了很长时间才到滑国地界，这里已经离郑国不远了。但是走了这么长的路，秦军也都累了，于是他们决定在滑国休息一下。

    郑国的一个商人弦高赶着牛到别的地方去做生意，路过滑国，正好碰到了秦国的军队。他一眼就看出了秦军的企图，知道秦军一定是去攻打自己的祖国郑国的。于是，弦高一面派人快速去郑国报信，一面想办法来对付秦军。

    对于智者来说，从来都没有什么世界末日。看起来是一个无可挽回的灾难，智者的一个计谋，往往能够轻而易举地扭转局势——你知道弦高想出什么办法了吗?

322 王羲之装睡脱险

伟大的书法家王羲之小时候是一个人见人爱的孩子。他不仅长得可爱:白净的皮肤,圆圆的脸蛋,还有一对有神的大眼睛。更重要的是,他读书用功,知识丰富,没有他不知道的事,就像一个小大人似的。所以,不光是小朋友们爱和他一起玩耍,就连大人都非常喜欢他,经常把他叫到身边,逗他玩。

当时有一个叫王敦的将军就非常喜爱他,经常把他带在身边。有一回,王敦找了一群狐朋狗友在军营喝酒作乐,又叫人把王羲之带了过来。

这群酒鬼,一旦喝上瘾了,就没有个头了。一会儿"三星高照,四季发财"地猜拳,一会儿"咿咿呀呀"地唱歌,一会儿又拿出宝剑了,趔趔趄趄地舞剑。一会儿哭,一会儿笑,把好好的一座军营闹得是乱七八糟。他们不但自己喝酒,还让王羲之喝酒,给王羲之倒了满满一杯酒,叫着"干了,干了",完全忘了王羲之只是个八九岁的孩子呀。没办法,王羲之只好假装喝了酒,然后趁他们不注意的时候,再把酒吐到地上去。

一直闹到半夜,王羲之都困得睁不开眼睛了,这群人也喝得东倒西歪了。他们才口齿不清地叫着:"改日再喝,改日再喝!"散了酒席。王敦摇摇晃晃地把王羲之带到卧室,让他自己上床睡觉,自己也一头栽在床上,不省人事了。

清晨天还没亮的时候,王羲之起来小便,听到隔壁有人在嘀咕着什么,声音很小,但是在这万籁俱寂的清晨,还是能清楚地听到他们谈话的内容。

一个人说:"……王将军,我们老爷说了,事情还是得赶紧办了,以免夜长梦多啊。"

另一个人说:"嗯,事不宜迟,不过这件事确实非同小可,我们不能草率地开始进攻,毕竟一旦失败了,那就是株连九族的大罪啊。所以你回去转告你家主人,千万守住秘密。"

王羲之听出来了,这是王敦的声音。

"是,我一定转告将军的意思,呀! 对了,刚才我看到将军的卧室里还有一个人,不知道他靠得住吗?"

一语惊醒梦中人,"噢,对了,我差点把他忘了,是个小毛孩,我去看看他醒了吗,如果醒了,我就一刀把他结果了,以绝后患。"王敦低沉的嗓音,让人有种毛骨悚然的感觉。说着他就向王羲之这边走来。

王羲之听了,顿时惊出满头大汗。怎么办? 逃走是来不及了,藏起来的话,不要说没有藏身之处了,躲得了初一躲不过十五啊,迟早还是要被他抓住的。王敦的脚步声越来越近了,紧急关头,王羲之急中生智……

323 尔朱敞换衣脱难

南北朝时期，北方各个国家之间互相仇杀。人人都生活在危险之中，只有时刻保持警惕，才能保全性命。

北魏重臣尔朱荣，手握大权，引起皇帝孝庄帝的不满。530年尔朱荣被孝庄帝在洛阳杀死。尔朱荣的侄子尔朱兆带领大军替叔父报仇，杀死了孝庄帝。尔朱荣的旧将高欢，不满尔朱兆的行为，又起兵杀死了尔朱兆，并下令株杀尔朱氏全族。12岁的尔朱敞是尔朱荣的小侄子，面临着生命危险。

高欢的军队来到尔朱敞家的时候，顽皮的尔朱敞一个人正在后花园玩耍。忽然，他听到前院人声嘈杂，好像是官兵正在抓人，明白杀身之祸找上门来了。尔朱敞顾不了许多，就从花园的排水口爬出了院子。

尔朱敞刚想松口气，又发现街上已经被戒严，官兵来回巡逻着，正在搜寻漏掉的尔朱家的人呢。尔朱敞看到这种情况，知道城门也一定被官兵把守着，进出城门都要被盘问。怎么办呢？尔朱敞低头看看自己华贵的衣裳，想：我穿着这身衣服走在大街上，很惹人注目，官兵见了一定起疑心，我得找个僻静的地方换一身衣服。

这时候，尔朱敞看到街上有几个小乞丐正在玩泥巴，心中一喜，想到一个办法。

他想出了什么办法呢？

324 绝缨救将

公元前606年，楚庄王凭借手下将士们地奋勇杀敌，一举消灭了叛军。回到都城后，楚庄王立即开了一个庆功宴，这个宴会的名称叫做"太平宴"，以此来祈求以后天下太平。宴会上楚庄王和将士们都非常高兴，从白天一直喝到晚上，还没尽兴。

这时候，忽然从外面进来一位白衣美女，只见她脸颊就像是三月的桃花，白里透红；一头乌黑的长发整齐地梳在脑后，削瘦的身材好象一阵风就能吹走一样。她款款来到大厅中间，向楚庄王行了个礼，就随着音乐跳起舞来。她一面转动着漂亮的裙子，一面唱出美妙的歌曲，简直就像天上的嫦娥一样，将士们都被她的舞蹈和歌声陶醉了。

她就是楚庄王最为宠爱的妃子，许姬。跳完舞后，楚庄王又叫许姬为在座的每位将军斟酒，她轻盈地像个燕子一样，一会儿飞到西，一会儿飞到东，将军们看到她来斟酒都乐开了花。

忽然，外面刮来一阵大风，吹灭了所有蜡烛，大厅顿时一片漆黑。许姬这时候正在为一位将军斟酒，这位将军居然趁着黑暗来拉她的袖子，捏她的手。许姬也很厉害，她顺手把这位将军帽子上的缨子摘了下来，快步走到楚庄王身边来，小声向他告状。要知道，调戏大王的爱妃，那可是要杀头的呀，现在只要点上蜡烛，一眼就能看出谁的帽子上没有缨子。

楚庄王会怎么做呢？

325 拿破仑救人

一天天气不错，风和日丽的。拿破仑突然心血来潮，带上一个侍卫就到野外去打猎了。

他们正在专心致志地寻找猎物，忽然远处传来"救命啊……救命啊"的呼救声。"不好，有人遇到危险了！"拿破仑立即策马向呼救的方向赶去。

赶到一个小溪边，看到一个士兵正在溪水里扑腾，眼看就要支持不住了，岸边还站着一个士兵，他着急地喊着："救命……救命"。拿破仑看到溪水其实并不深，水流也不湍急，根本不能要了士兵的命。

拿破仑指着落水的士兵高声问岸上的士兵："他会不会游泳？"

岸上的士兵见了拿破仑，赶紧行礼，回答说："他平时总是吹嘘自己多么善于游泳，看来也没有几下子，你看他都快淹死了，怎么办呢，陛下？"

"没关系，我想他自己能游到岸上来。"

拿破仑真的有办法让他自己游上来吗？

326 老太太点房报警

从前，欧洲北海附近的胡苏姆镇有一个风俗，每到冬天的时候，他们都要举行一个庆典。镇上无论男女老少都要参加，他们在海岸与海岛之间的冰面上，搭起帐篷，在冰面上自由地滑冰，随着音乐疯狂地跳舞，也会拿出烈酒，开怀畅饮，这个庆典实际上就是胡苏姆镇的一个盛大的狂欢节，人们对它怀有极大的热情，往往夏天才刚刚结束，人们就开始盼望庆典了。

这一年，庆典的时间又在人们的热切期望中到来了，全镇的人们都迫不及待赶到了庆典现场，在那里尽情地释放出积蓄了一年的热情，庆典要从早上一直持续到半夜，月亮升到半空为止。

只有一个腿脚不灵便的老太太没有去参加庆典，她独自一个人趴在窗口，眺望远处载歌载舞的人们。

到了傍晚，老太太发现海平面上升起了一团乌云。

"不好了，要出大事了！"老太太惊呼起来，她的丈夫曾经是一个经验丰富的船长，从丈夫那里她学到了很多气象知识。

"大家快回来呀，台风来了，马上要涨潮了，再不回来大家就没命了！"老太太一瘸一拐地走出家门，声嘶力竭地喊着，一边挥舞着双手。

但是，庆典上的音乐震耳欲聋，狂欢的人们，根本就不可能听到老太太焦急的喊声。

这时候，乌云更加逼近了，它张牙舞爪，西北风嗖嗖地刮起来了，好像是狞笑："嘿嘿，愚蠢的人们，这回你们可跑不了啦！"

老太太打了一个寒噤，她已经预感到了可怕的后果……老太太有办法拯救胡苏姆镇人吗？

327 与贼巧周旋

像往常一样，幼儿园的舞蹈教师周巧英，放学以后，顺便在菜市场上买了些菜带回家。这个时候，周老师的丈夫陆伟通常还没有下班。

周老师来到家门口，惊愕地发现房门虚掩着。"怎么，难道今天陆伟提前下班了吗？"周老师暗想着，她蹑手蹑脚地推开房门，想给陆伟来个突然"袭击"。

当屋内的景象映入眼帘，周老师不禁惊呆了，屋内的一些杂物乱七八糟地扔得满地都是，一个满脸凶相的彪形大汉手提着一把明晃晃的菜刀，正在翻箱倒柜地找东西。"强盗行窃！"一个可怕的念头顿时从周老师的脑海里跳出来。怎么办？电光火石间，周老师的脑子快速地旋转：

马上高呼"抓贼"？凶恶的强盗近在眼前，把他逼急了，他什么事都能做的出来，这个办法对于瘦弱的周老师来说显然是很不利的。

转身就跑？就算再迟钝的强盗，也会马上警觉，他可能会选择立即夺门逃窜，也有可能会拿起菜刀追杀周老师，无论是强盗选择哪种做法，结果都是周老师所不愿意看到的。

第三种办法就是：运用智谋，巧妙地和强盗周旋，先稳住强盗，然后再想一个万无一失的办法，抓住强盗，这当然是最完美的结局了。

拿定了主意，周老师"怦怦"直跳的心脏也慢慢平缓下来。

周老师用什么办法摆脱危险境地并成功捉贼呢？

328 易卜生智斗警察

易卜生是挪威著名的戏剧家，他勇敢、正直，对黑暗的社会制度深恶痛绝，不仅在戏剧作品里对荒唐的现实进行无情的批判，还用实际行动来帮助革命者，支持社会变革。他经常冒着生命危险收留一些革命者，为他们保存革命文件，给他们提供秘密集会的场所。为此还和许多工人运动领导人交上了朋友，其中就包括著名的阿葛特。

反动当局对易卜生的行为非常不满，但是慑于易卜生在人民群众中的崇高威望，怕引起人们的暴动，不敢贸然抓捕他。多次对他进行"好言相劝"，叫他注意自己的行为，不要轻易"上当受骗"。但是，易卜生才不理会这些假惺惺的"金玉良言"呢，他依然我行我素，对于革命者能帮则帮。反动警察局长看在眼里，恨在心里，多次恶狠狠地扬言："这个不知天高地厚的易卜生，不吃敬酒吃罚酒，早晚被我抓住把柄，好好地收拾你。"

1851 年 7 月的一天，阿葛特在执行任务的时候不幸被敌人抓获，一位同志赶紧过来通知易卜生："抓紧把存放在你这里的文件销毁，敌人随时可能过来搜查！"

话音未落，外面就响起了嘈杂的脚步声，易卜生赶紧从秘密通道送走了这位同志，等他转过身的时候，警察已经来到窗外，怎么办？销毁文件已经来不及了，易卜生看着箱子里和柜子里的文件，急得满头大汗。忽然灵光一闪，易卜生想到了一个大胆的办法，"事到如今，也只有这个办法了"他自言自语地说。

易卜生刚刚收拾完毕，一群警察就破门而入了。

"你们想要干什么！"易卜生大声抗议道。

"闪开！"警察粗暴地把易卜生推倒在一边，开始翻箱倒柜地搜寻革命文件。但是，箱子、柜子、天花板，甚至墙角的一个老鼠洞都被他们搜遍了，还是没有找到一页可疑的文件，全是些普通的书籍和书稿。

"你把秘密文件都藏到什么地方去了！"警察局长恼羞成怒地冲着易卜生吼叫。

"我不知道你在说什么，我这里都是光明正大的书籍和稿件，根本不存在什么秘密文件。你们这种野蛮的做法，实在是让我莫名其妙，也许我的观众们会乐于看到你们的丑态！"易卜生不卑不亢地反击道。

"好，好，"警察局长气急败坏地说："那我们骑驴看唱本——走着瞧！"说完，就带着人灰溜溜地走了。

到底是怎么回事呢？易卜生把秘密文件藏哪了？

329 盟军飞行员脱险

第二次世界大战期间，一天晚上，盟军的几架飞机受命前去轰炸德军的一个机场。但是，盟军的飞机尚未到达机场时，便被德军布置在机场外围的雷达发现了，刹那间，德军的防空炮如雨矢般齐发。盟军的几名飞行员看情况不对，赶紧架机逃离了。但是，其中的一架飞机中弹了，飞机已经无法正常飞行了。这时，盟军飞行员心想，下面是德军的地盘，如果在这里跳伞，肯定很快被抓住。想到此，这名飞行员心一横，干脆勉强将受伤的飞机驾驶到德军机场上空，然后在那里跳了伞。

机场是德军重点布防的区域，但是他们做梦也不会想到敌人敢于在他们的机场上降落，因此德军只是在机场外搜寻跳伞的盟军士兵，在机场内则没有什么警戒。因此，这名盟军飞行员竟然大摇大摆地降落在了德军机场上，然后，他将降落伞卸了下来，隐没在了黑夜之中。

镇定地观察了一下之后，盟军飞行员看到，机场外面漆黑一团，而机场大楼则灯火通明，机场外面则有一家德国客机，里面坐满了乘客，而驾驶舱内则空无一人，可能飞行员因为什么事耽搁了还没到。盟军飞行员知道，自己如果逃出机场，即使凭借黑夜的掩护能够暂时逃脱，等天一亮也必定被抓住。该怎么办呢？他陷入了沉思。

假如你是这名盟军飞行员，身处这种险境，接下来你会如何做？

330 曹操机智脱险

话说东汉末年，西凉刺史董卓乘朝野之乱，以平叛为名，统帅二十万大军入都城洛阳。这厮入京之后，废了少帝，立了献帝，自封为相国，其参拜不名，入朝不趋，剑履上殿，飞扬跋扈，篡位之心毕露无遗。尤其是在收了三国第一

猛将吕布之后，其更是残暴凶狠，恣意妄为。大臣们对于董卓的行径十分愤怒，于是，渤海太守袁绍与司徒王允秘密联络，要他设法除掉董卓。但王允乃一个文官，面对骄横的董卓无计可施，于是便以庆祝生日为名，邀请群臣到自己家中赴宴，商讨计策。

席间，王允突然掩面而泣，众人皆问其故。王允便将想要除去逆臣董卓却又无计可施的想法给说了，众人一听，也都掩面而泣。这时，唯骁骑校尉曹操于座中一边抚掌大笑，一边高声说："满朝公卿，夜哭到明，明哭到夜，还能哭死董卓吗？"王允见曹操口出妄言，便质问他为何如此，曹操于是说道："我之所以笑，乃是笑满朝公卿无一计杀董卓！我虽不才，愿即断董卓之头悬于国门，以谢天下。"王允正色道："愿闻孟德高见！"曹操说："我近来一直在讨好董卓，目的就是想找机会除掉他。现在老贼对我已很信任，听说司徒您有七星宝刀一口，愿借给我前去相府刺杀董卓，虽死无憾！"王允闻言即亲自斟酒敬曹操，并将宝刀交付曹操。曹操洒酒宣誓，然后辞别众官而去。

第二天，曹操佩戴着宝刀来到相府，见董卓躺在小床上，吕布侍立一旁。董卓见到曹操后，便问他今天为何来迟了。曹操回答说："乘马羸弱，因故来迟。"董卓一听，便让吕布去从新到的西凉好马中选一匹送给曹操。吕布于是出去了。曹操见吕布离去，心中暗想，这贼看来合该今日死于我手中。他想要当即动手，但担心董卓力气大，难以在仓促间将其杀死。正在犹豫，却见董卓因身体肥大，不耐久坐，倒身卧在床上并将脸转向内侧。曹操见状，心想这贼看来合该命绝，急忙抽出宝刀，就要行刺。不料董卓却从衣镜中看到曹操在其身后拔刀，于是喝问道："孟德你要干什么？"而此时吕布也已经牵着马从外面回来了。曹操心中一阵发慌，有些不知所措。

假如你是曹操，面对如此险情，你会如何使自己脱险呢？

331 布鲁塞尔第一公民

500多年前的一个晚上，比利时首都布鲁塞尔的中心广场上五光十色，人声鼎沸，人们在这里载歌载舞，欢庆自己刚刚打败了外国侵略者。

但是，就在人们处于欢腾状态的时候，一个邪恶的阴谋却在悄悄实施着。不甘心就此认输的侵略者派出了几个敌人悄悄地潜入布鲁塞尔搞破坏。这几个敌人将目标锁定在了市政府地下室。在那里，堆放着许多火药。一旦有一点火花落在火药上，整个市政厅和附近的建筑物都肯定会被炸得稀巴烂，欢庆的人们也会瞬间被炸死成百上千。这天夜里，这几个敌人乘人们失去了戒备，将一根长长的导火索接到了地下室的炸药堆上，为了方便自己逃跑，另一头则被拉到了院子里。敌人将导火索点燃之后，便赶紧逃跑了。导火索则顺着墙根"呲呲"地飞快燃烧着，火苗快速地向地下室跑去，眼看一场灾难即将发生。

就在这个万分危急的时刻，一个名叫于连的光屁股小孩到院子里来玩耍，他看到了正在燃烧的导火索。这段时间的战争使得这个小男孩提前长大了，他知道地下室里有火药，也知道这不断变短的导火索意味着什么。他立即意识到，现在去喊大人，肯定来不及了，自己必须立刻将导火索弄灭。但是，他身边没有水，而如果这时再去打水，也来不及。该怎么办呢？情急之下，小于连突然灵机一动，想到了一个绝妙的主意，挽救了成千上万的人们。

你猜，小于连想到了什么好主意呢？

332 聪明的丽莎

一次，一家时尚杂志社的编辑丽莎在杂志社加班到晚上十二点才下班。走出办公楼之后，她不禁感到一阵轻松，因为终于将工作上的事情理顺了，接下来几天她的工作将会是轻轻松松的。但是，仅仅是一瞬间的轻松感之后，她便感到了一阵的紧张。因为平时下班时人来人往的办公楼前的马路上此刻冷冷清清，连一个人影都看不到。

丽莎不禁心里一阵发紧。她平时喜欢在业余时间看一些侦探类故事，此刻，一个个描述抢劫、凶杀的故事中的情景都纷纷在脑海中出现，同时，她也努力回忆起那些聪明的侦探们是如何巧妙地对付那些凶犯的。想到这些，她心情稍微平静了一些。毕竟，只要往前走三百米，便会走到大街上，到时就会有出租车了。

但是，侦探故事中的情景最终还是与丽莎的现实交汇了，就在她走过一幢大楼的时候，突然从拐角处出现了一个黑影。这个黑影手持一把寒气逼人的尖刀向丽莎扑了过来。看来跑是跑不掉了，而如果尖叫可能反而被气急败坏的对方捅上一刀。于是，丽莎干脆站在原地一动不动，并询问对方："你想要什么？"丽莎看上去十分害怕。

"小姐，别害怕，把你的耳环摘下来给我就行了。"强盗看这个女人不喊不跑这么听话，倒也和气起来。

听到这个之后，丽莎的脸上似乎露出了一丝释然的表情。只见她努力用大衣的领子护住自己的脖子，然后用另一只手麻利地摘下自己的耳环，并将它扔到地上说："好，这个给你，现在我可以走了吧！"

强盗看她如此爽利地交出了耳环，却拼命护住脖子。心想她一定戴着一条值钱的项链。于是，便又说道："现在我改主意了，我要你的项链！"

丽莎一听，慌忙乞求道："先生，这条项链很不值钱，只是因为朋友送我的，我才十分珍惜，请你把它留给我吧！"

强盗于是说道："鬼才信你的话，少罗嗦，赶紧交给我！"

丽莎于是只好用颤抖的手，极不情愿地摘下来自己的项链。强盗一把夺过项链，便跑了。

这时，丽莎脸上却露出了一丝诡异的微笑，然后弯腰捡起地上的耳环。她心里想，自己的侦探故事还是没有白读，这次智斗歹徒的故事也够自己跟朋友吹嘘一番了。

你能猜测一下这是怎么回事吗？

333 伊丽莎白的暗示

伊丽莎白是一家电视台的女主播。这天，她下班有些晚，疲惫的她打开门进屋之后，正想把门关上，没想到突然从门外插进来一只胳膊卡住了门，紧接着一个中年男子的身子插了进来。伊丽莎白吓得赶紧往身后退。这位不速之客进来后，从口袋里掏出一把匕首，凶神恶煞地要伊丽莎白将自己的钱和首饰都拿给他。

伊丽莎白明白，自己经常在新闻里播报的入室抢劫案今天落在了自己头上了，她吓得脸色煞白，有些不知所措，机械地从手提袋里掏出钱来递给对方。但是，歹徒并不满足，开始在屋里寻找起来，他先是将伊丽莎白放在桌子上的几件首饰放进了口袋，然后又逼迫伊丽莎白摘下戴在手臂上的名贵手表。

就在这时，门铃响了起来，歹徒一听十分着慌，他用匕首抵在伊丽莎白背上，要她告诉外面的人自己已经睡了，让外面的人离开。

"谁呀？"伊丽莎白问道。

"是我，罗伯特警官，伊丽莎白小姐，我巡逻至此，最近这条街上不是很太平，我来看看你是否安好。"听到这熟悉的声音，伊丽莎白感到镇定了许多。

"十分感谢您，我很好。"伊丽莎白回答道，停顿了一下之后她又轻松地说道，"对了，我丈夫对您上次对他的帮助十分感谢，让我向您道声谢。"

"那没什么，只是顺便而已，那么，现在，您早点休息，晚安！"

透过窗户，歹徒看到楼下的罗伯特驾车离开了。"表现得不错，哈哈！"看到这种情况，歹徒完全放松了下来，他毫不客气地到酒柜里拿了瓶酒坐在沙发上啜了一口。休息了一下之后，这家伙开始用色迷迷的眼神打量起伊丽莎白起来，他心里琢磨，自己或许今晚可以在这里过夜。

不料，就在歹徒正在做自己的美梦的时候，突然从阳台上的门口冲进来几名持枪警察，还没等歹徒反应过来，就将手铐拷在了他手上。

"你真聪明，伊丽莎白小姐，你没事吧？"罗伯特警官看着伊丽莎白夸赞道。

你猜这是怎么回事？

334 智取手稿

第二次世界大战的末期，德国法西斯特务组织企图绑架丹麦著名核理论研究者玻尔博士，妄想强迫他帮助法西斯制造原子弹，以进行垂死挣扎。当时丹麦的地下反抗组织得到这一消息后，就立刻想办法把其营救了出来，让他逃往国外。临走时玻尔博士告诉反抗法西斯组织的人，他有四张记着有关核武器的关键公式和重要数据的手稿，藏在他的住所牛奶箱后面的砖缝里。玻尔博士请求反抗法西斯组织赶快想办法把他的手稿取出来。玻尔博士很清楚法西斯分子肯定把守严密，他就给地下反抗法西斯组织出了一个主意。

就在第二天清晨，十三岁的丹尼装扮成送报纸的孩子来到玻尔博士的住所，没费什么周折就取到了手稿。但是，当她抱着报纸走出门的时候，她发现了十字路口有几个德国兵在把守，并对来往的行人进行着严密的搜查。并且，有几个盖世太保已经向玻尔博士的住所走来。丹尼就按玻尔博士说的办法顺势闪进了身旁的邮局。

丹尼在邮局呆了几分钟以后，抱着报纸又走了出来。当她走到十字路口后，盖世太保对她搜查得特别仔细，却什么也没搜到。

三天后，反抗法西斯地下组织，成功地拿到了那四张重要的手稿。

请读者朋友们想一想：玻尔博士给丹尼说出了一个什么妙招呢?

335 林肯的反击

1843 年，亚伯拉罕·林肯作为伊利诺斯州的共和党候选人参与选举该州在国会的众议员席位，其竞争对手便是民主党候选人的彼德·卡特赖特。

卡特赖特是当地有名的牧师，在当地有许多信徒，比当时的林肯有名望得多。而卡特赖特也是靠山吃山，从不忘利用自己在宗教方面的优势，对林肯进行攻击。他大肆宣扬林肯不承认耶稣，甚至污蔑耶稣是"私生子"等。搞得满城风雨，林肯的威信也的确因此受到很大影响。

林肯觉得再这样下去也不是办法，决定反击。一个星期天，林肯获悉卡特赖特又要在某教堂布道演讲了，就随着人群一起走进了教堂，并找了个显眼的位置坐了下来，以故意让卡特赖特看到自己。果然，卡特赖特很快就看到林肯，他很快便想到了一个让林肯出洋相的主意。

于是，正当演讲到高潮的时候，卡特赖特突然对下面的信徒说："愿意把心献给上帝、想进天堂的人站起来!"信徒们都站了起来。显然，如果林肯此时乖乖听话地站了起来，他便在这场博弈中落入下风了。而如果林肯不站起来，便是不想去天堂，正好反映了他对于主的不敬，就更给了卡特赖特以攻击林肯的宗教信仰的口实。如此，林肯便处于一种两难境地，显然，卡特赖特的这招是很阴险的。最终，卡特赖特发现林肯没有站起来。

"请坐！"卡特赖特看林肯已经进入了自己的圈套，心想再加强一下效果，于是他继续祈祷一阵之后又说道："所有不愿下地狱的人站起来吧！"这次，信徒们又都站了起来。但是林肯仍然没有站起来。

卡特赖特看火候已经差不多了，于是用一种神秘而严肃的声调说道："我看到大家都愿意将灵魂推向上帝，从而进入天堂。但是，我看到这里的唯一的例外就是鼎鼎大名的林肯先生，请问你到底要到哪里去？"

林肯这时才从座位上从容地站了起来，他面向牧师，其实是面向选民，先是平静地说道："我是以一个虔诚教徒的身份来到这里的，没想到卡特赖特教友竟单独点了我的名，让我感到不胜荣幸。我认为，卡特赖特教友刚才向我提出的问题很重要，但是我觉得倒也不必和其他人的回答一样，因为我有自己的答案。他刚才直截了当地问我要到哪里去，那么现在我就同样坦率地回答……"结果，林肯的话音刚落，教堂里的人随即忍不住笑了出来，但是这却并不是笑林肯，而是卡特赖特。和这笑声一起响起的，是人们热烈的掌声，人们不禁为林肯的机智和雄辩所折服。而卡特赖特则显得狼狈不堪。

猜一下，林肯的回答是什么吗？

336 越狱犯和化妆师

在中国南方某市曾发生过这样一件富有戏剧性的事情。

一天，该市一名著名的化妆师下班回家，打开门进屋后，还没有来得及将门给关上，突然从外面一下子挤进来一个中年汉子。这汉子进门后，一边一把将身后的门给关上，一边从身后亮出一把明晃晃的匕首。化妆师一看，吓得身子急忙往后面退去。他以为对方是入室抢劫的，战战兢兢地对对方说："钱都存在银行里，家里只有两千多块钱，在抽屉里，你全拿走！"

没想到对方却狞笑一声道："放心，张老师，钱我不缺，我不会拿走你那两千多块钱的。明人不说暗话，我就是昨晚新闻节目里播送的越狱潜逃犯范××。我冒这么大风险来找你可不是想要你的钱，而是有其他事想让你帮我！"

昨晚化妆师因为在电视台加班，没有看新闻节目，于是说道："昨晚的新闻我并没有看，不过，我想你是找错人了吧，我又能帮你什么忙呢？"

"实话告诉你吧，我昨天夜里已经打死了一名警卫，撬了一家银行，搞到了足够我下半辈子花销的钱，只要我能逃出这个城市，就可以舒舒服服地过下半辈子了。不过，现在外面的警察到处在找我，我的照片也已经挂在了各个公共场合的显眼地方。现在我需要你帮我化装一下，好躲过警察的追捕。"

"这个，恐怕你太高看我了，我想我对你帮助不大。"化妆师一边搪塞，一边看着来人放在脚边的帆布包，猜想这歹人抢来的昧良心的钱肯定就在这里面了。

"嘿嘿，张老师你就别谦虚了！谁不知道经过你的手一化装，丑人能变美，美人也能变丑。年轻的可以变成年老的，年老的可以变年轻！帮我这点忙你肯定是做得到的。只要你帮了我这个忙，我不仅不伤害你，而且还高价给你报酬。"这个亡命之徒狞笑着说道，"可是，如果你不肯配合，那么可就不要怪我心狠手辣了。反正杀一个人是死，杀两个也不过是个死！"

化妆师心想看来是躲不过去了，于是脑子在飞快地转动。突然，他眼睛一亮，想到了一个主意。于是，他冷静下来说道："照我看来，你最好还是去自首，因为即使我帮你化了装，也只能起到暂时的作用。"

"废话少说，我只需要暂时逃出这个城市就行，你是化还是不化？"歹徒凶神恶煞打断了化妆师的话。

"好，我帮你化，会使你满意的。"化妆师假装屈服了逃犯的淫威。然后，他开始拿出各种化装工具，认真地为逃犯化起装来。半个小时候，化妆师对逃犯说道："好了，你照下镜子看是否满意？"

歹徒趴到镜子前一照，只见自己的脸已经完全是另外一个人了，就连自己也认不出自己了。于是，逃犯十分高兴，赞叹道："哈哈，果然名不虚传！张老师，你既然对我够意思，我也不亏待你，这些钱你拿去！"说着，逃犯便从帆布包里掏出了一沓钱放在化妆师的桌子上。

"这个——就不用了！"化妆师虚意推让了一下，见逃犯并不理睬他，也就不吭声了。他想，既然歹徒有心行贿，不收钱反而引起他的怀疑。

最后，逃犯正要提着包出门，突然又转回来，放下包，皮笑肉不笑地对化妆师说道："张老师，为防止你报案，还得委屈你一下！"说完就用临时找来的鞋带将化妆师的手脚给捆了起来，又用一块毛巾将其嘴堵上。"张老师，你帮了我的忙，我不会伤害你，你在这里等家人回来就行了！"说完，逃犯提起包，开门走了出去，又随手将门关上，飞快地下楼离去了。

逃犯离开化妆师的家后，刚开始心里还有些打鼓，但逐渐地，他开始放下心来。因为他知道，自己现在已经完全是另外一副面孔了，没必要担心。于是，他大摇大摆地先是去火车站买了一张晚上7点开往广州的火车票。看时间还早，他又在火车站附近找了家饭馆吃了饭。然后，他又买了张报纸，放心地坐在候车室里看起来。等开始检票进站时，逃犯也大大咧咧地拿着票排在队伍里等候检票。但是，令他没想到的是，突然跳出两个便衣警察从背后将他摁住了。

直到被抓回警察局后，逃犯才明白他上了化妆师的当了。你猜，化妆师采用什么办法使得逃犯落了网？

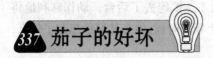

337 茄子的好坏

从前，有一位大富翁在吃饭的时候，感到一盘红烧茄子味道十分鲜美，于是，他一边吃一边赞美："这道红烧茄子味道真是不错，不仅口感香嫩，增加食欲，而且营养丰富，可以说是蔬菜中的极品！"

旁边站着的仆人听到自己的主人一个劲地夸赞茄子，就顺口奉承说："是呀是呀，您注意到了吗主人，每个新摘下来的茄子都戴着一顶王冠呢！说它是蔬菜中的大王，可一点都没说错。"

富翁听了仆人的话，哈哈大笑起来，夸奖他这位跟班的会说话。

厨师听说富翁对红烧茄子"情有独钟"，于是每天都给他做这道菜吃。

一个星期过后，富翁看到饭桌上又是红烧茄子，感到口里的酸水都流出来了，直想呕吐。他生气地说："这是怎么回事，天天吃茄子，除了茄子就没有别的菜可做了吗？我一看到茄子就倒胃口，这个东西吃多了还生痰，以后再也不许做这个菜了！"

仆人听到自己的主人口口声声骂茄子不好，他也就顺着主人的气愤说道："一看茄子就不是什么好东西，你看它长得多难看，没有见一个茄子长得像模像样的，而且头上还长着刺，以后再不许用它做菜了！"

主人听了仆人的话，又感觉心里很舒服。然而过了一会儿，他忽然想起来，上次这位仆人还随声附和地夸赞茄子呢，怎么这次就改口了呢？于是他问仆人说："上次你说茄子是好东西，这次又说他是坏东西，你到底什么意思？茄子到底是好是坏？"

仆人知道主人是在故意叨难和戏弄他，不过既然主人发问，做仆人的必须要作出回答。这位机灵的仆人脑袋瓜子一转，就想到了一个巧妙的答语，逗得主人哈哈大笑起来。你猜一下，他是怎么回答主人的？

338 巧用白手套

法国著名的巴黎大剧院此时正在上演着莎士比亚的名剧《奥赛罗》，奥赛罗的扮演者是法国著名的演员菲利普。

在人们的期盼中，舞台幕布徐徐拉开了，菲力普骑士一身戎装出现在了舞台中。舞台下面观众们在鼓掌欢迎中忽然发现了一个问题：奥赛罗脸黑如漆，但是他的双手却是白白净净的。菲利普在观众的诧异声中低头一看，也发现了这个问题，原来是由于化妆的时候太着急，自己忘记了个给双手涂上黑色。一般遇到这种情况，演员们会下去补上妆再上来，但是菲利普毕竟是老演员了，他沉住气，继续镇定地把戏演了下去。

直到剧情演到中间，菲利普下场后，他才急忙跑去了后台，动作麻利地将自己的双手涂上了黑色的油彩。在转身准备上场的时候，他突然好像想起了什么，转身又戴上了一副洁白的丝质手套。

本来，菲利普只需要将手涂黑，将错误改正过来就行了，但是他却似乎多此一举地带上了副白手套，想一下，菲利普为何要这么做？

339 丘吉尔一语解尴尬

二战期间，为了抵抗法西斯的恶行，很多国家联合起来，形成反法西斯同盟，简称同盟国。其中像英国和美国是同盟国的两个重要成员。为了协商对抗法西斯的政策，当时的英国首相丘吉尔不远万里，跨越大西洋亲自去了美国。

到了美国后，丘吉尔受到了美国总统罗斯福的热情款待。丘吉尔首相住的、吃的都是总统亲自挑选过的。丘吉尔有早晨洗澡的习惯。一天早上，丘吉尔起床洗完澡后，还未穿好衣服，突然想到了一个问题，于是，就赤身裸体地在浴室里踱步。就在这个时候，有人敲门。

丘吉尔还没来得及披上浴巾，敲门的人就进来了。丘吉尔一看，来的不是别人，正是美国总统罗斯福。罗斯福是来和丘吉尔谈论事情来了，没想到却看到丘吉尔一丝不挂。罗斯福总统自知自己开门太快了，脸上表情很是尴尬，正想转身回去，却被丘吉尔叫住了。丘吉尔张开双臂，表示欢迎罗斯福进来。并且，丘吉尔还说了一句话，一下子逗得两人都哈哈大笑。本来的尴尬顿时无影无踪了。

你知道丘吉尔说了句什么吗？

340 约翰逊公寓中的惊魂之夜

珍妮是一家新闻周刊的记者，她今天很高兴，因为大名鼎鼎的约翰逊侦探前两天终于接受了自己的采访，今天夜里，她就要前往约翰逊所住的公寓中采访这位她一直崇拜着的侦探了。

珍妮兴冲冲地来到了约翰逊侦探的公寓，约翰逊侦探在大门口迎接了珍妮。珍妮看到约翰逊之后，首先便感到一种失望，在她的想象中，约翰逊侦探应该是一位长发飘飘，脸色冷峻而深沉的四十岁的魅力男性。但是，她失望地发现，站在她面前的大侦探只是个面目和蔼、还略微有些秃顶的胖老头。只是，其眼睛倒多少透出一丝犀利。寒暄之后，侦探带着珍妮前往自己的公寓，他住在一栋普通公寓楼的5楼。在被带着走在灰暗、不整洁的走廊里时，珍妮更是感到失望了，她原本以为，这里应该是同伦敦贝克街 22 号 A 座福尔摩斯旧宅一样，充满了惊险、神秘与浪漫色彩的。

约翰逊显然也看出了珍妮的失望，他乐呵呵地对珍妮说："看来我令你失望了，你之前大概以为我的房间里应该有神秘的来客、美丽的女郎和放了毒药的香槟酒吧？呵呵，至少今晚可能你要失望了。不过，作为弥补，我待会儿会让你看一份很重要的文件，已经有好几个人为它送了命，也许若干年后，这份文件会影响历史的。"说罢，侦探便打开了门，并请珍妮进屋。

可是，就在侦探关上门，并将灯拉亮之后，珍妮吃惊地愣在了当地。只见屋里的沙发上有个人正拿枪对准着他们。

"罗伯特，"约翰逊侦探吃惊地说，"你不是已经死在东京了吗？"

"哈哈，我这人很敬业，在完成任务之前是不会轻易死掉的，我想你还是将把那份有关新式导弹的文件交给我，好成全我吧。"来人冷笑着回答。

"看来我必须得找隔壁的邻居算账了！"约翰逊侦探突然十分恼火地说，"这是第二次别人通过他的阳台跳到我房间里来了！"

"阳台？"罗伯特奇怪地问，"是吗，如果我早知道有阳台的话，我就省了不少麻烦了。"

"不，不是我的阳台，是隔壁房间阳台，一直延伸到我的窗下。"约翰逊看上去仍旧十分恼火，"我早就要他拆除掉了，但他却一直没有动静，他不知道给我带来了多大的麻烦——不过也许我没法找他算总账了，因为也许今晚我就得去见上帝啦！"

"好了，不妨告诉你，你如果今晚死了，不是你邻居的责任，事实上我是用万能钥匙进来的。"罗伯特说完，又言归正传地说道，"好了，不要再啰唆了，赶紧把文件交给我吧，只要你交出了文件，我想我没兴趣杀你。"

罗伯特的话刚说完，忽然门外传来了"嘭嘭"的敲门声。

"是谁？"罗伯特惊恐地盯着约翰逊问。

"呵呵，你以为这么重要的文件如此容易得到吗？"约翰逊笑着对罗伯特说道，"事实上，政府已经派了警察前来保护这份文件，他们想必是来巡视的，如果我不开门，他们会闯进来毫不犹豫地开枪的。你最好还是想想你自己的退路吧！"

罗伯特一听，又惊又慌，迅速地退向窗口，打开窗户，将一只脚伸向外面漆黑一团的夜色中，想试着找到下面的

阳台。同时，他回头警告约翰逊道："你去叫他们离开，我在阳台上等着，只要你敢暴露我，我立刻就将你脑袋打开花！"说着，他向约翰逊扬起自己手中的枪。

"约翰逊先生！"门外叫喊声更加急促了，同时，外面的人显然已经决定要"破门而入"了，门把手已经开始转动。看到这种情况，来不及够到阳台的罗伯特一着急，慌乱中直接松开双手，往下跳去，试图落在阳台上。

"先生，这是您要的两杯咖啡。"打开门进来的原来是个公寓的侍者，说罢，将托盘放在桌子上，转身离开了房间。

珍妮这时浑身冰冷，本以为有救了，原来却是侍者，她心想，自己今晚可能也要死在这里了。

"珍妮小姐，你的采访可以开始了。"没想到约翰逊侦探突然微笑着对珍妮说道。

"可是，阳台上的那个人……"珍妮紧张地说。

"哦，他不会再来打扰我们了。"约翰逊意味深长地笑了起来。

你猜，这是怎么回事呢？

341 "顺藤摸瓜"

　　一个周末，中学生李茜和王小毛一起到另一个同学家去玩。因为是周末，在回来的公交车上，人特别挤。车刚行驶了一小段之后，李茜想起自己今天可能不回家吃晚饭了，于是想给家里的母亲打个电话。就在她想要从口袋里掏出手机时，才发现装在上衣口袋里的手机不见了。李茜心里咯噔一下，心想糟了，在同学中频发的公交车上丢手机的倒霉事今天落在自己头上了。不过身为班长的李茜毕竟还是能够遇事不慌，她沉着地想，现在如果大喊捉贼，只能是打草惊蛇，那贼没准趁乱跑了；况且这贼还不一定是一个人，万一是团伙作案，到时反倒吃亏。于是她悄悄地对同学王小毛说明了情况，并告诉他如何如何做。于是，王小毛便假装很随意地挤到另一边，然后拨通了110，低声报了案。

　　公交车又往前行驶了一段距离后，突然一辆110警车拦在了前面，几个巡警上了车。这时李茜才站出来说明情况。但是，接下来的难题就是，车上有几十个人，不可能为了一个手机而挨个搜身。并且，那样的话，偷手机的人也可能利用搜身的时间将手机偷偷藏在车上某个地方。

　　你能帮李茜想出一个办法吗？

342 杨小楼机智"救场"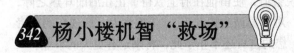

我们可能听说过"救场如救火"这句话，其实这是戏曲行业的一个成语，说的是戏曲开演前或演戏过程中出现意外状况，需要采取相应的紧急措施以使戏曲正常进行的一种情况。

可以说，戏曲行业的人对这种事情是十分紧张的，因为一旦不能对意外状况做出有效的应对，也即"救场"，便很可能使观众感到不满乃至闹场，对于剧场和演员的负面影响是很大的。具体而言，这些意外状况大致可包括两种情况，一种是临开演前需要上场的演员因迟到、病倒等原因不能上场。对于这种情况，戏班一般都会找替补演员进行临时替代；还有一种情况便是在戏台上出现意外状况，即演员忘词儿、唱错词儿、拿错道具等情况。对于这些情况，便往往要依靠演员本身的临时应变能力了。下面便是20世纪我国著名的京剧演员杨小楼（1877～1937）凭借急智巧妙地化解了一个意外的故事。

20世纪30年代的一天，杨小楼在北京第一舞台演京剧《青石山》，他在戏中扮的是关羽。当时因为演周仓的老搭档因家中出现意外而临时告假，于是由一位别的花脸代替。但这位花脸因为在之前喝了点酒，到上场时，昏头昏脑地便上场了，竟然忘了戴上道具胡子。

要知道，这出戏是老戏，观众都熟得不能再熟了，出现这种失误很可能立刻引起观众的倒彩，如此，这场戏也就砸锅了。这时，扮演关羽的杨小楼在戏台上眼看着没带胡子的周仓就这么堂而皇之地走上场来站在了自己身边，心里十分着急，当着观众的面也不好提醒。正在焦急之际，突然灵机一动，杨小楼想到了一个主意，他以关羽的口吻临时加上了一句台词："呔！面前站的何人？"

这时饰演周仓的花脸也感到十分纳闷，台词中没这句啊，关羽怎么会不认识周仓呢！于是他也就顺势一边将胡子一边回答，他本来想回答自己是"周仓"，但他一摸才发现自己竟然没有戴胡子，这演员一下子给吓醒了。但是这个演员也反应很快，一摸自己没有胡子，便顺嘴说了句："我乃是周仓——的儿子！"接下来，"关羽"便又顺势说了句话，巧妙地化解了这场危机。

你能猜出"关羽"所说的这句话吗？

343 机智的相士

唐朝时，有个云游四方的江湖相士，此人颇通三教九流，巧舌如簧，善于察颜观色，见风使舵，因此倒博得了不小的虚名。一天，他来到江西地界。当时镇守江西的乃是千岁王李德诚。这个相士于是便前去拜见。

李德诚见这个相士倒也能说会道，便留他在府上款待。正在酒酣耳热之际，相士又拿出了自己的看家本领，对李德诚吹捧起来："千岁大人，您现在的富贵虽然已经不小，但是据我看来，您的富贵还不止于此，将来定有更大的事业！"

李德诚问道："何以见得呢？"

相士于是吹起牛来："富贵贫贱，与生俱来，小人不才，对于这个一眼就能分得清清楚楚！"

李德诚对于这种江湖人士见得也多了，自然不会轻易便相信。第二天，李德诚想起相士的话来，便有心试他一试。于是他将相士找来，然后指着庭前5个穿戴一模一样也都十分漂亮的女子说："既然你一眼便能辨别出人的富贵贫贱，那么你能够从这五个人中识别出哪一个是我的夫人吗？"

相士一看傻眼了，他昨天不过是习惯性地酒后吹牛，他哪里有这等本事。但是，如果他现在兜了底，面子上不好看还是其次，可能还被当做骗子赶出府去。好歹自己也是在江湖上小有名声的人，栽下这个跟斗，以后还怎么混？于是他心一横，便决定硬着头皮过这一关。并且，他知道，李德诚的夫人是出了名的漂亮，到时指那个最漂亮的大致不会错。于是，他便煞有介事地来到5个女子面前，上上下下地开始反复打量。但是，看起来，这五个女子无论是漂亮程度，还是气质风度，看上去都十分出众，并没有哪一个能截然高出其他人。这下他可犯难了，头上不由得生出了些微冷汗。他偷眼朝旁边瞥去，发现李德诚和身边的随从都在那微笑着，看上去可不是善意啊，可能随时准备奚落他一番。

就在无计可施之际，相士心下一横，心想走这么多年江湖，多少大风浪都闯过来了，就不信今天会栽在这里。于是脑筋一转，一个计策便上了心头。他当即对李德诚说道："千岁大人，头上有黄云的那个就是您夫人。"

正是通过这一句话，相士巧妙地过了这一关。你能猜出他是如何过这一关的吗？

344 村妇智退流窜犯

在云南边境地区的一个山脚下，住着一对朴实的农户。一天，男主人离家到二十里外的县城去办事，第二天才能回家，只剩下村妇一个人在家。

到下午时，村妇透过大门远远地看到一个青年男子一边东张西望，一边朝自己家的方向走来。走近之后，村妇发现来人二十几岁年纪，留着长发，长得贼眉鼠眼，看起来绝非善类，因为知道经常有逃犯逃到这里的山里躲起来，伺机穿越边境，因此村妇心里咚咚直跳。村妇于是便想将大门关上，没想到来人却抢先一步跨进了院子，然后先是将村妇上下打量了一番之后，又机警地在院子里四下打量，村妇心里感到一阵战栗。当发现家里只有村妇一个人时，这个人更是胆大了，他嬉皮笑脸地对村妇说道："大嫂给行个方便吧，这四下里就你们一户人家，今天天色晚了，能不能留我住一晚，我会给住宿费的。"说完他便大模大样地在一个椅子上坐了下来，一副无赖相。

村妇一看来者不善，想赶走他，可她知道那样反而可能将对方惹急了，丈夫又不在家，吃亏的是自己，最好还是想个巧妙的办法为好。她看对方正在往屋里瞧，便也随着他的目光看去，无意中她看到床下放着丈夫的几双鞋子。于是她灵机一动，想到了办法。她马上装出一副热情的样子对来人说道："谁出门也不能背着房子啊，我们当家的本来就是个热情好客的人，经常留宿客人。你就放心地在这儿住吧，也不用给什么住宿费。"听她这么一说，来人十分得意。

接着，村姑先是给他沏了一杯茶说道："你先喝杯茶歇一下，我忙点自己的事情。"说完，她便进屋去了，过了一会儿，只见她从屋里拿出来四五双鞋子，往地上一放，然后又拿一个大脚盆过来，放在鞋子旁，并开始往盆里舀水。来人一看，便好奇地问："大嫂，你拿这么多鞋子干吗？"村妇于是说了一番话，这个人一听，便不敢在这里借宿，悄悄地溜走了。第二天，几个警察追踪到这里，村姑才知道原来这个人是个流窜犯。

猜一下，村姑对这个流窜犯说了什么，将他吓跑了？

345 心理学家智退强盗

20 世纪 60 年代，美国费城的治安十分混乱，每天晚上都会发生数十起抢劫案。以至于人们晚上轻易不敢外出，外出时则不敢带多了钱，同时又要备上几美元，好在被抢劫时交给强盗，以保全自己的性命。

一次，心理学家福·汤姆逊从外面回来，身上带了刚领来的 2000 美元出书的稿费。眼看天色已经黑了，小街上连个人影也没有，他摸一摸放在内衣口袋里的稿费，不禁感到十分担心，于是加快了脚步。正是怕啥来啥，汤姆逊正在疾速往前走，突然听到背后有脚步声，他回头一看，只见一个戴着鸭舌帽的壮汉紧紧地跟着他。汤姆逊一连走了几条巷子，都无法摆脱这条"尾巴"。

正在着急之际，汤姆逊急中生智，想到了一个主意。他突然扭转头朝跟踪他的壮汉走去，并对他说了一句话，使得那壮汉顿时对他失去了兴趣，不再跟踪他。

你猜，汤姆逊对壮汉说了什么？

346 莎士比亚随机应变

我们知道，莎士比亚是英国 16 世纪的大戏剧家，不过，他有时候也亲自走上舞台演戏。并且，莎士比亚演戏时十分投入，从来不被戏外的东西所干扰。

一次，莎士比亚在一出戏剧中扮演一个国王。当时的英国女王伊丽莎白十分欣赏莎士比亚，经常坐在近距离的台侧甚至后台看莎士比亚表演。

这天，莎士比亚的戏快要结束时，伊丽莎白女王因为被莎士比亚的戏所打动，竟然情不自禁地从台侧走到了台上，想要跟莎士比亚打个招呼。而此时的莎士比亚却正投入于自己的角色中，对女王的到来视而不见。女王无奈之下只好又回到了台侧，临离开时女王的目光和莎士比亚相遇了，女王乘机向莎士比亚示意，但莎士比亚仍然没有任何表示。女王简直有些生气了，于是，她乘莎士比亚将要下场之际，再次来到台上，并当着莎士比亚的面故意将自己的一只手套褪下扔在舞台上，给莎士比亚"捣乱"了一下，然后转身离开舞台。这时，莎士比亚却通过一个巧妙的做法使得自己既保全了女王的面子，又没有影响戏剧的演出。

你猜，莎士比亚是如何应付这一局面的？

347 善辩的罪犯

1671 年 5 月，伦敦发生了一起震惊全英国的刑事犯罪案。一个以布勒特为首的 5 人犯罪团伙，采用计谋骗过了伦敦塔副总监，混入伦敦塔中，抢走了英国的"镇国之宝"——英国国王的王冠。

不过，就在这伙罪犯已经冲出伦敦塔，就要得逞之际，国王的卫队包围了他们，经过一番殊死搏斗，五个人全部被擒。接下来，由于事关重大，伦敦塔总监泰尔波特亲自审问了这些罪犯，并最终判处他们死刑。

当审判结果被报告给英国国王查理二世时，这个国王对于这些胆大包天的歹徒产生了兴趣，决定亲自提审罪犯的头子布勒特。在这次审问过程中，布勒特充分发挥了他的辩才，因此，查理二世和他的这场审讯也永远地记入了英国历史，广为人知。下面是其中最精彩的片段：

查理二世："你在克伦威尔（英国著名的资产阶级革命家，以杰出的军事才能和血腥残暴的独裁统治而著称。曾经杀死过一位英国国王）手下时曾通过诱杀艾默思（一个坚决效忠于英王的大臣），换到了上校和男爵的头衔，是吗？"

布勒特："陛下请听我解释，我在家中不是长子，没有继承权，除了本人的性命以外别无所有，所以我得把我的命卖给出价最高的人。"

查理二世又问："你还两次企图刺杀奥蒙德公爵，对吧？"

布勒特："陛下，只是想检验一下他是否配得上您赐给他的那个职位。如果他轻而易举地被我杀掉，这对陛下并非坏事，因为您就能为那个位置找到一个更合适的人选。"

查理二世听他如此回答，便沉默下来仔细打量了一下眼前这个囚徒，觉得此人不仅胆子大，而且伶牙俐齿。接下来，查理二世又问道："到后来你胆子越来越大了，这回竟然打起我的王冠的主意！"

布勒特："我知道自己的这个行为十分胆大妄为，不过我只能以此来提醒陛下，请关心一下生活无着的老兵。"

查理二世纳闷地问："你从来都不是我的部下，而是为克伦威尔卖命，怎么要我关心你？"

布勒特："陛下，我从来都不曾对抗过您，我一直认为英国人之间兵刃相见是件很不幸的事情。如今天下太平，所有的人都是您的臣民，我自然也是您的部下。"

查理二世一听，感觉此人是个十足的无赖，但他还是耐住性子继续问道："你自己说吧，我该怎么处理你？"

布勒特："如果单从法律角度来论，我们是应该被处以死刑。但是，我们5个人每一位至少有两个亲属会感到痛苦。从陛下您的角度来说，我想多10个人赞美您比多10个人痛恨您要好得多。"

查理二世没想到他会如此回答，有些不由自主地点了点头，他又有些机械地问道："你觉得你是勇士还是一个懦夫？"

对于这个问题，布勒特给出了一个绝妙的回答，不仅没有失掉自己的面子，又讨好了查理二世，使得查理二世不仅赦免了他的死刑，而且还赏赐给他一笔不小的年金。

你猜布勒特是如何回答查理二世的那个问题的？

348 聪明小孩贾嘉隐

唐朝初年，有个小孩叫贾嘉隐，从小便机智过人，即使是有学问的大人也往往辩驳不过他。一次，唐朝大臣长孙无忌和徐世勣看到贾嘉隐后，便上前考他。徐世勣将身体靠在一棵槐树上后问他道："你知道我所依靠的是一棵什么树吗？"

没想到贾嘉隐却回答说："松树。"

"这明明是槐树，你怎么说是松树呢？"

"您年纪这么大，我应该称您公公，'公'的旁边是一棵树，不正是'松'吗？"

这时，长孙无忌同样将身体靠在槐树上，问他道："那我靠的是一棵什么树呢？"

贾嘉隐因为不喜欢长孙无忌，于是便说道："槐树。"

"怎么又变了呢？"长孙无忌问道。

接下来贾嘉隐说了一句话令长孙无忌哭笑不得，你猜他是怎么说的？

349 忘了台词

在拍摄电影或者是在舞台上表演的时候，为了预防演员忘记台词的情况，往往会有个人被专门安排在观众看不到的地方为演员提醒台词。一次，德国电影明星克洛普弗在电影拍摄时忘了台词，于是停下来往负责为他提醒台词的弗劳那里张望。但是，弗劳显然也不知道他的台词说到哪儿了，只是茫然地望着他。这时，无奈的克洛普弗为了不出现冷场的情况，便对和他同台演戏的人说："弗劳近来怎么样，还好吗？"他希望通过这样的对话来给弗劳一点时间想起或从别人那里打听到他的台词说到哪里了。这位演员当然明白克洛普弗的意思，但是他也没有办法，只是默然无语地耸了耸肩膀。这时，弗劳仍然没有任何举动，感到绝望的克洛普弗便继续接着刚才的话往下说了一句话，并用这句话向弗劳表示自己正在等待她的帮助，同时，这句话听起来还让人忍俊不禁。你能猜出这句话是什么吗？

350 陶行知改诗

抗日战争时期，我国著名教育家陶行知到一所小学去参观，看到校长、老师们都跑了，孩子们却自行组织起来管理学校。他深受感动，专门写了一首孩子们能看懂的浅白易懂的诗来赞扬他们：

有个学校真奇怪，
大孩自动教小孩；
七十二行皆先生，
先生不在学生在。

陶行知写好后，将这首诗念给孩子们听，大家一听都很高兴。就在这时，一个八九岁的小孩却提出了批评意见："这首诗写得不好，因为不符合实际，大孩自动教小孩，小孩就没有做事吗？况且，如果真的只是大孩教小孩，也没有什么好奇怪的呀！"

陶行知一听先是一愣，仔细一想，觉得这小孩的话又有道理，便笑着说："对！这个小朋友说得很对，应该改正！"但是，陶行知的改动却也是相当的简单，只是改动了全诗中的一个字，便解决了小孩所说的问题，孩子们一看，也都十分高兴。

你知道陶行知改的是哪个字吗？

351 爱因斯坦的司机

爱因斯坦的"相对论"发表之后，在科学界引起了巨大的震动，世界各地的机构和大学纷纷邀请他前去演讲，爱因斯坦感到不胜疲惫。

这天，爱因斯坦又坐在了前去某个大学演讲的小汽车上。在路上，爱因斯坦的司机开玩笑地对爱因斯坦说："教授，我帮您算了一下，您的这个演讲已经整整进行了 40 次了，您肯定感到厌烦了吧！"爱因斯坦无奈地耸耸肩说："哎，就像是让你一连一个月顿顿吃意大利面的感觉！"司机笑着说："我可以想象，哈哈，不仅您讲得厌烦，老实说，就连我听得都有些厌烦了，我敢说，这个演讲我也能做了！"爱因斯坦一听，顿时想出了一个主意，他朝司机眨眨眼睛说："那太好了，那么我有个好主意，这次前去的这个大学没有人认识我，你就替我给他们做次演讲怎么样？到时我自称是你的司机。"司机一听觉得有趣，就答应了。

司机因为十分熟悉爱因斯坦的演讲，因此将"相对论"讲得很好，坐在台下的爱因斯坦也感到十分满意，正在打着主意以后多让他替自己分担些演讲的无聊工作呢。没想到就在这时，有位教授突然站起来提出了一个问题。这个问题相当复杂，不是司机所能应付的。司机先是愣了一下，但随即他便想到了一个解围的好主意，避免了此次演戏的穿帮。

假如你是那个司机，你会如何应付？

352 吟鹤

乾隆皇帝每次下江南巡游时，都要带上一帮文人学士并接见当地的文人才子。巡游期间，乾隆经常要这些文人写诗对对联，以增添游兴。

一天黄昏，乾隆正带着一干人在船上游玩，这时从天际飞来一只鹤。乾隆一看，便要借此考验一下随从的才华，令他们各写一首《吟鹤》诗。这突然之举令随从多少有些着忙，纷纷赶紧低头凝思。不过这些人既然能够伴驾皇帝，自然是有一些水平的，仅仅片刻之后，江南诗人，也是当时的进士冯诚修便不慌不忙脱口而出：

眺望天空一鹤飞，
朱砂为颈雪为衣。

乾隆本来的目的是要难一难这些文人，没想到冯诚修才思如此敏捷，便不甘心，于是故意打岔道："朕要你们吟的乃是黑鹤，你的这首诗不对题，不算才子！"明明这是一只白鹤，乾隆却要人吟黑鹤，明显是故意刁难。

不过，冯诚修却并没有另起一首，而是仍旧不慌不忙地说出了下面的两句，一下子便将前两句咏诵的白鹤变成了黑鹤。

想象一下，他接下来的两句诗该如何写？

353 工程师救小狗

有一个美国工程师因为年轻时爱情受挫，四十多岁时仍然是独身，只是养了一条小狗，以排解寂寞。工程师和小狗的关系非常好，两个朋友形影不离，宛如家人。一次，工程师带着小狗乘船到欧洲去旅行。一天天气晴朗，微风徐徐，人们纷纷到甲板上欣赏风景，工程师也带着自己的小狗在甲板上。小狗在甲板上跳来跳去，不小心掉进了海里。

工程师一看，大吃一惊，因为船行得很快，小狗眼看就要被甩在后面的海里淹死了。工程师于是请求正好也在甲板上的船长立即停船。但是船长却拒绝了工程师，他说道："请您理解，我不可能因为一只小狗而停船的。"

工程师于是焦急地不停请求船长，但船长态度坚决，不肯停船。工程师这时灵机一动，想到了一个主意，于是，他果断采取了一个举动，使得船长不得不立即停船，小狗因此得救了。

你猜，工程师采取了一个什么举动？

354 工人智救画家

从前，在法国有位著名的画家，一次他受国王之托为皇宫宫殿的内墙壁作画。

由于皇宫的墙壁很高，国王为画家搭起了很高的脚手架。画家在脚手架上作画时，除了有几个工人在下面干些粗活外，还有一个工人在架子上帮画家打下手。

大概过了将近一年的时间，画家终于将画画好了。画家很高兴，于是十分满意地站在脚手架上看自己的画，他越看越投入，不自觉地便忘了自己的处境，一边看一边开始后退，以便远距离地看下画作的整体效果。眼看着他已经退到脚手架的边缘了，再后退半步便要掉下去了，从这样高的地方摔下去不死也得残废。这时帮画家打下手的工人看到画家的危险处境，他想大喊一声提醒画家，但转念一想，如果我大喊一声，突然醒悟过来的画家可能会被吓一跳，反而一下子失去重心，摔到下面去。接下来，这位工人急中生智，迅速地采取了一个举动，使得画家条件反射性地赶紧往前走，从而救下了画家。

试想，假如你是那位工人，面对这种情况，你会如何做？

355 消防车警笛寻人

在美国田纳西州，有一个独居的老太婆在一天晚上不慎在家中摔倒，撞在了一个桌子的棱角上，爬不起来了。在绝望中，她勉强够着了放在桌子上的电话听筒，并按了报警号码"06"。

"喂，这里是纳什维尔市警察局，有什么可以帮您！"警察局当班的约翰警长拿起了听筒。

"喂，我摔倒了，疼得厉害，救救我！"从听筒里听到微弱的声音。

"喂，你在哪里，告诉我们你的位置！"约翰警长急促地催促对方。

"我在家中，只有我一个人住……"老太太忍着疼痛艰难地说。

"告诉我们你的住址，我们立刻就去！"

"我，我记不清了……"老太太显然已经有些昏迷。

"是在市区吗？"

"是的，靠马路，快来呀，我快要不行了……"

"哪个区，你能想起来吗？"约翰警长焦急地催问，但是对方已经没有回应，只从未挂断的电话里传来对方显然很痛苦的喘息声。约翰警长于是又对着听筒问了很久，对方都一直未有回应。

显然，情况十分危急，如果去晚了，很可能老太太就没命了。但是，不知道老太太的住址，再着急也没有用啊。约翰警长一边看着警察局院子里十几辆严阵以待的警车，一边思考办法。想着老太太所留下的信息——市区，马路边，突然，一个主意出现在约翰警长的脑子里。

通过这个主意，约翰警长很快找到了老太太的住址，并救下了老太太。

想象一下，约翰警长是如何找到老太太的住址的？

356 聪明的农夫

从前，有个农夫带了一只公鸡来到王宫，把它献给国王。国王被农夫的举动逗乐了，于是对农夫说："可怜的农夫，从来没有人献给我这样微不足道的礼物。不过既然你来了，这样吧，我一家有6口人，我，王后，我的两个儿子和两个女儿，如果你能够将你的礼物公平地分给我们，我就接受你的礼物，并重重地赏赐你。"

农夫很从容地回答说："陛下，这个问题很好办，只要您给我一把刀，我就让你们一家6口都得到自己应得的那部分。"

国王于是让人拿给农夫一把刀。

农夫先是割下了公鸡的脑袋献给国王，说道："陛下是一国之首，所以这个鸡头非您莫属。"然后他又割下公鸡背上的肉，说道："这份我献给王后，因为王后背负着陛下一家的重负。"接着他又割下公鸡的两只脚，说道："这两只脚，我分别将其献给两个王子，因为他们将踏着陛下您的足迹治理国家，造福天下。"

最后，他又割下公鸡的两个翅膀说："两个翅膀分别属于两位美丽的公主，因为她们早晚要出嫁，并随自己的丈夫远走高飞。而这剩下的部分，"农夫顿了一下说，"是属于我的，因为我是陛下您的客人。"

国王听了农夫机智的回答后，感到非常满意，便赏赐了农夫许多金币。这个聪明的农夫从此成了一个富翁。

农夫的事情很快在村子里传开了。在同一个村子里有一个十分贪婪的人，他听说农夫仅仅献给国王了一只公鸡便得到了许多赏赐，于是便带着 5 只公鸡来到了王宫，战战兢兢地对国王说："陛下，我想要献给您 5 只公鸡。"国王一看这个人的神色，便知道了这是个东施效颦者，心里不免有些厌恶，但也不想为难他，于是对他说："好吧，我很乐意接受你的礼物，但我一家有 6 口人，如果你能公平合理地把你的鸡分给我们，我就重重赏赐你。"

这个人一听，心里便没有了主意，他后悔自己不该带 5 只鸡来，而应该带 6 只鸡。国王看这个人没有注意，便派人将上次的农夫请来，让他再次分鸡。

农夫这时略加思索，便解决了难题。国王这次仍旧十分满意，又赏赐给农夫许多金币。而那个贪财的人，则只是白白损失了 5 只鸡，却没有得到任何赏赐。

你能猜出农夫这次是如何分鸡的吗？

357 卓别林的主意

1938 年，针对希特勒在德国的独裁统治，喜剧大师卓别林以此为题材写出了喜剧电影剧本《独裁者》，对希特勒进行了辛辣的讽刺。但是，就在电影将要开机拍摄之际，美国派拉蒙电影公司的人却声称："理查德·哈定·戴维斯曾写过一本名字叫做'独裁者'的闹剧，所以他们对这个名字拥有版权。"卓别林派人跟他们多次交涉无果，最后只好亲自登门去

和他们商谈。最后，派拉蒙公司声称：他们可以以 2.5 万美元的价格将《独裁者》这个名字转让给卓别林，否则就要诉诸法律。面对对方的狮子大开口，卓别林无法接受，正在无计可施之际，他灵机一动，想到了一个绝妙的主意，省下了这 2.5 万美元。

你猜卓别林的主意是什么？

358 英国间谍绝路逢生

二战期间，瑞士因为是中立国，其首都苏黎士成了躲避战争的各国人士聚集的地方，同时，各国间谍也纷纷出没于此，调查各种情报。杰克是一名活跃在苏黎士的英国间谍，其与两名德国间谍都知道彼此的存在，并多次过招。很不幸，在一天深夜，杰克为了保护一名法国知名的反法西斯人士免遭德国间谍的暗杀，自己被德国间谍活捉了。

杰克被两名德国间谍带到了一个酒店里，两个德国间谍先是将杰克狠狠地揍了一顿，直到将其打昏，看从他嘴里问不出什么之后，便将杰克剥光衣服关在了一个浴间里，并将门从外面反锁了。这两个德国间谍可能也累了，将杰克关起来之后，便各自回房间睡觉了。半夜时杰克从昏迷中苏醒了过来，在感到浑身酸痛的情况下，他干脆到浴缸中洗了个澡。躺在舒适的浴缸中的杰克知道，自己如果不能在今晚逃脱，明天等待自己的就是无尽的折磨；而事实上，杰克最害怕的还不在于此，他最害怕的是自己到时会忍受不住折磨而供出了组织，他害怕自己成为那样的懦夫。于是，他开始查看浴室里的环境。他发现，浴室的门很结实，并且已经从外面牢牢地锁死，从里面不可能打开。再看浴室里面，四面的墙壁大约有三米高，并且没有窗户，只在天花板上有一个换气窗。杰克看了一下，换气窗看上去似乎是可以想办法弄掉，并从中逃脱的。但是，由于墙壁十分光滑，杰克试了许多次，都无法上去。

绝望之下的杰克觉得自己今天大概是过不了这关了，想到明天自己将要面对的遭遇，他想到一死了之。其实，自从干这一职业的第一天，杰克就知道，这一天早晚得到来。想到此，杰克的心反倒逐渐平静下来。不过，如何才能自杀呢？在浴室里，没有任何工具可以使用。他开始用头去撞墙，可是，他发现墙是硬橡胶做的，就连浴缸都是橡胶做的。撞在上面只会使脑袋生疼，却不至于丧命。接下来，杰克又想到上吊自杀。他现在身上一丝不挂，根本没有东西可用来上吊。显然，这两个德国间谍之所以敢于放心地去睡觉，是因为他们事先已经将各种情况考虑在内了。无奈之下的杰克忽然想到一种超常规的自杀方法，那就是躲在浴缸里，扭开自来水，让水慢慢地没过他的身子，淹死自己。但是，直到半小时后，水早已漫出浴缸，杰克并没有死去。原来每当他在水里憋得受

不了时，其身体便会出于生存本能，浮上
来吸口气。然后他又躺下去，试图再次尝
试着淹死自己。如此反复。

就在杰克想死死不了的时候，他突然
发现，浴室里的水越来越多了。杰克仔细
一看，才发现原来浴室的门因为是橡胶做
的，一旦关上，便会严丝合缝，水丝毫也
流不到外面去。

杰克本身水性很好，他看到浴室里越来越多的水，顿时眼睛一亮，想到了
一个逃脱的办法。正是凭借这个办法，杰克成功地逃走了。

你能猜出杰克逃走的办法吗？

359 巧妙报案

一天晚上，探员杰克习惯性地来到金星大酒店巡视，他来到酒吧间，看到
一群可疑的年轻人在那里喝酒。杰克仔细打量了他们一番，发现他们正是美国
刑警一直在通缉的走私分子。因为当时杰克穿着便装，所以并没有引起他们的
疑心。

杰克想："如果凭我一人的力量，肯定制服不了这伙人，可是离开这里去通
知其他警员，万一他们离开，这条线索又要断了。"这时，杰克看到酒吧间有一
部电话，于是，他就上前拨了警局的号码，然后故意地大声说：

"亲爱的小宝贝，你还在生我的气吗？我是杰克，昨天晚上因为突然有笔生
意要谈，所以没来得及陪你去看电影。不过，马上就可以搞定了，我现在正在
金星大酒店里等客户，他已经答应今天晚上和我签合约了。亲爱的，不要生气了，
你忘了我们共同规划出来的生活规划和目标了吗？我们分开只是暂时的，我们
会永远在一起的，请你原谅我昨晚的失约，待会儿我会尽快赶到你身边，当面
向您赔罪。再见。"

那伙走私分子听到杰克说的这些
话，一个个大笑不止，他们嘲笑杰克是
一个软弱的男人。

可是在五分钟之后，一群全副武装
的警察突然出现在他们面前，将他们全
部带走了。

你能够想明白杰克是怎样通过电话
报案的吗？

360 急中生智

美国著名的大亨之一鲍洛奇在成名之前是一位食品生产商，以制造罐装食品而出名。

有一次，他应邀去参加一个非常重要的食品鉴定会，会上，他需要打开一罐自己工厂生产出来的食品给所有到会的专家品尝鉴定。

然而就在他刚刚掀开罐口的时候，一个很不好的现象发生了：他看到食品里面的一个青菜叶上明显地卷缩着一个小蚂蚱，那肯定是工人在制作的过程中粗心造成的。

假如专家们看到这样一个看似微不足道的现象，那么很有可能他的产品从此以后会声名狼藉。要如何做才好呢？这个时候的专家还没发现这个小问题。是该和专家们解释那是工人们的粗心，还是把小蚂蚱看做是一个调料物？或者是把它解释为故意放上去的？要不找个借口再换一瓶新的？……鲍洛奇脑子中不断地在想如何处理这个突发情况。

鲍洛奇最后采用的办法很有效地解决了问题，并且让自己的产品给在场的所有专家留下了一个好的形象，从此他的产品也更加受到消费者的欢迎。

那么你知道最后他采取的应急措施到底是什么吗？

361 聪明的诸葛恪

三国时期，诸葛家族人才辈出：诸葛亮当时在蜀汉，他的哥哥诸葛瑾在东吴，堂弟诸葛诞在曹魏，他们每一个人都是位高权重，颇负盛名。当时流传着这么一句话："蜀得一龙，吴得一虎，魏得一狗。"

诸葛恪是当时在东吴的诸葛瑾的儿子，自幼就聪明绝顶，处事机灵，不管在什么场合他都能够随机应变。

一次，孙权请客大宴群臣，很多比较出名的大臣们都应邀参加了此次宴会。因为诸葛瑾长着一张长脸，孙权一时之间兴趣大增，就打算和他开个玩笑。

孙权让下人牵来了一头驴，然后他在上面写了"诸葛瑾"三个大字，很明显他是想讥笑诸葛瑾的长相像驴，诸葛瑾看到后非常生气，但是一时间想不出什么好办法进行回击。

诸葛恪当时年龄很小，在旁陪同的他看到孙权故意取笑自己的父亲非常生气，于是，他在那三个字的下面很快加上了两个字。孙权看后，大笑一声，他欣赏诸葛恪小小年纪就如此聪明，后来就重用了诸葛恪。

那么。你知道诸葛恪在上面加上了哪两个字吗？

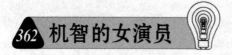

362 机智的女演员

在我们的日常生活中，难免会出现尴尬的场面，即便是再小心再谨慎的人，他也有出丑的时候。即使是世界名人，也可能一时大意，在自己最辉煌的时刻遇到令自己尴尬的事情。

我们都知道，世界上最隆重的电影颁奖典礼是美国的奥斯卡金像奖，那也是全球最盛大的奖项，每年都要在美国的洛杉矶举办一次盛大的颁奖晚会。那时候，典礼会场云集了来自世界上各个国家最著名的电影明星，他们都想登上那个舞台，站在世界的顶端。当然，每个登上舞台的人也都是激动万分的，谁都想让自己在全世界人民地注目下大大方方地走向领奖台，那是多么荣耀的事呀！

有一次，在奥斯卡金像奖颁奖晚会上，当主持人宣布获奖的女演员名字时，台下爆发了雷鸣般的掌声，这时，就看到一位漂亮的女演员面带微笑地向颁奖台走来。就在这时候，意外发生了，在走向领奖台上时，女演员不小心被自己长长的礼服绊住了，结果就是，她重重地摔在了舞台上。当时，全场变得鸦雀无声，这个晚会可是全球直播的，现在世界上不知道有多少观众在观看呢，女演员的尴尬也就可想而知了！

就在大家都为女演员担心的时候，女演员却轻松地站了起来，并且像什么都没发生过一样，还是面带微笑地走到舞台中间去领奖，并发表了获奖感言。

女演员利用这个机会说了一句话，非常成功地化解了刚才摔倒的尴尬。当她说完这句话时，台下观众顿时会心地笑了出来，为女演员的机智和幽默所折服，会场里顿时又一次爆发了雷鸣般的掌声。从此以后，这个女演员的名气也越来越大。

你猜这个聪明机智的女演员说了什么话，化解了自己的尴尬？

363 张作霖妙解错字

我们都知道，民国时期的东北军阀张作霖没有读过多少书，没有多少学问。但是，在胆识和谋略方面，这个人却并不缺少，尤其是在对付日本人上，他更是有办法。这一点，常常令中国人拍手叫好，而日本人对他却恨之入骨。也正是因为他对待日本人的这种态度，才导致了他后来被日本人杀害。

有一次，日本人举行一个酒会，并邀请了张作霖去做客。日本人本想要让张作霖当众出丑，于是就出题为难他。他们说，一个日本名流想请张作霖题字，因为他们知道张作霖出身草莽，识字不多。一向有魄力有胆量的张作霖听到这样的要求后并没有推托，而是很潇洒地拿起笔来，在纸上写了一个"虎"字。按照当时的写字规矩，最后是要有落款的。于是，张作霖写完后，日本人就把写好的字接了过去。日本人看题的"虎"字，虽然不怎么好看，但也工整，不好说什么。可是，就在落款处他们却找到了毛病，原来是出现了一个错别字，张作霖把"张作霖手墨"写成"张作霖手黑"了。日本人看到这个"黑"字就乐开了花，以为终于抓到了可以嘲笑张作霖的把柄。

此时，张作霖并不知道发生了什么事情，只是看到那些日本人在不停地哈哈大笑。后来身边的一位侍从告诉了他这件事。知道这件事情之后，巧于应对的张作霖并没有生气，只是说了一番话，就令在场的日本人目瞪口呆，不敢再发出笑声。而这一句话，令在场的中国人则拍手叫好。也正因为这件事，张作霖的名声更大了。

你想知道张作霖说了什么话吗？

364 王世则殿试

王世则是宋朝有名的才子，只可惜他是个跛子。这一年，他考取了一甲进士，很有希望考取状元。可是，由于他是个跛子，皇帝并不想把状元的位置给他。于是，皇帝就让江南才子谢文魁和他一起进行殿试，最后赢的人就是状元，自然，皇帝心里是偏向谢文魁的。但是，聪明的王世则则通过自己的智慧使得皇帝不得不将状元的称号给了他。下面是这场精彩殿试的过程。

第一道题是这样的，要求两人跑步到达金銮殿击鼓，最先击到鼓的人就是赢家，这显然是为难瘸腿的王世则。号令一响，谢文魁就飞奔向金銮殿，但是还没等他击到鼓，鼓就被王世则掷出去的笔敲响了。这一局是王世则胜。

接着是第二道题：在他们二位面前，摆一堆乱草，谁先把乱草整理好，谁就胜出。谢文魁费了半天劲也没整理好。王世则拿起刀，将草的两头砍掉。旁人都觉得很奇怪，果然砍后的草比整理的整齐多了。这一局也是王世则胜出。

然后是第三道题是：让他们二人把偏殿旁的两桶水提到正殿来。王世则提了一桶就停下了不提了，而谢文魁却还在提第二桶。皇帝斥责道："你怎么不去提第二桶啊？"王世则对皇帝说了一句话。听了这话，皇帝只好又判了王世则胜。

你猜王世则是怎么说的？

365 聪明的死囚

一个人在临刑前，要求见皇帝。皇帝看了看他的案子，觉得判得合情合理，就下令马上执行死刑。

这个时候，这个犯人开口了："皇上，请您不要杀我，我有一项特殊的本领。"一听这话，皇帝很好奇，问道："此话当真？你有什么特殊的本领？"

犯人答道："我能把您的马教得会飞。"在场的文武大臣一听，都目瞪口呆，觉得犯人在说谎。

但是，接下来，犯人信誓旦旦地向皇帝保证："在一年之内，我一定会让您的马会飞，如果做不到，到时您再处死我不迟。"听了犯人的话，皇帝就决定让他用一年的时间训练自己的马。为了起到更好的效果，皇帝还为犯人配了一名死囚，协助他一起驯马。

离开皇宫后，助手问犯人是不是真能把马驯得会飞。犯人的回答让助手不得不佩服他的聪明。

你觉得马真的能飞吗？如果不能飞，那么犯人为何又要许下承诺呢？

366 史都华机智自保

史都华是英国某镇有名的探长。他沉着冷静，机智多谋。不但成功破获了不少案件，保护了受害人的权益，而且曾在一次对自己刺杀事件中巧妙地保护了自己。

一个星期天的晚上，史都华正在事务所办公室里边喝威士忌边翻着资料，突然，一名蒙面刺客闯了进来。"史都华先生，你不需要再忙了，因为你将从这个世界上滚蛋了！"说着刺客将黑洞洞的枪口对准了史都华。史都华不愧是个著名探长，只见他面不改色，端着酒杯，回头注视着刺客，神情镇定自若地问道："哥们儿，何必说得那么难听，能否告诉我，谁派你来的？"

"一个你正在追踪的人。"刺客冷漠地回答。

"那么，说说看，他出多少佣金呢？我出三倍的价钱，如何？"史都华笑着说。

刺客一听，迟疑了一下，看起来有点动心。史都华看他不说话，就倒了一杯威士忌，慢慢地递到刺客面前，又故意用激将法说道："怎么样，不喝一杯？是不是怕喝下去以后手就拿不稳枪了？"

那刺客显然也受到了刺激，于是右手仍然举着枪对准史都华，左手则慢慢伸过来接过史都华递过来的酒杯，一扬脖子喝了下去，然后随手把酒杯放在了身边的桌子上，接着就急切地问道："你真愿意出三倍的价钱吗？"

史都华微笑了一下，转脸看着办公桌旁边墙角的那保险柜，然后回答刺客说："呵呵，不就是钱吗，墙角那个保险柜里有的是！"

为了使对手放心，只见史都华一手端着酒杯，另一只手去开保险柜。史都华打开保险柜以后，慢慢从里面取出一个鼓鼓囊囊的信封，放在了保险柜旁边的桌子上。

看刺客的注意力被信封所吸引，并伸手准备拿起信封，史都华抓住这个机会，迅速把刺客用过的酒杯和保险柜的钥匙都放进了保险柜，然后麻利地关上了保险柜的柜门，并随手把数字键盘拨乱了，整个过程大概只有两秒钟的时间。这样，保险柜就暂时打不开了。

看到这种情况，刺客立刻警觉地又将枪口重新对准史都华，问道："啊！你想干什么？"

史都华依旧微笑着说："其实，那个信封里不过是些完全没有用的旧收据罢了。"

"你说什么？"刺客还没有反应过来，有些疑惑地问。

"好吧，老实说吧，我没有钱，现在你可以开枪了。不过，我要提醒你的是，如果你杀了我，即使你今晚逃脱了，也迟早是要被捕的，因为你已经留下了决定性的证据。"

"什么？我留下了什么证据？"刺客问道。突然，他好像又想起了什么，拍了一下自己的脑袋后，懊恼地摇了摇头，举枪的手也耷拉下去，然后他把枪收起来，迅速离开了。

史都华则微笑着目送刺客离去。

史都华的机智表现在什么地方？是什么原因使得刺客悻悻而去呢？

367 将军与二等兵

一天晚上，一个叫罗伯特的二等兵偷偷走出了营帐，跑到一个小酒馆，在那里舒舒服服地喝了点小酒，然后又悄悄地溜了回来。

在他回到了营地，快要走进自己的帐篷的时候，由于一时匆忙，他在迷迷糊糊的状态下把一个人撞倒了。倒下去的那个人从地上爬了起来，掸了掸裤子上的泥土，然后一言不发地看着罗伯特。

罗伯特定下神来一看，发现这个人的衣襟上有五颗星。他顿时吓得脸色惨白，因为他知道，他撞倒的这位不是别人，正是他们的最高首长艾森豪威尔将军！

这位五颗星的将军愤怒地对二等兵说："你知道我是谁吗？"

"我知道，您是艾森豪威尔将军"，罗伯特战战兢兢地回答。

"那你知道我将会怎么处置你吗？不是因为你撞倒了我，而是因为你违反军纪，竟敢私自出去喝酒，瞧你满身的酒气，太不像话了！"

这时候，这位二等兵灵机一动，轻声地反问了将军一句："那么，您知道我是谁吗？"

艾森豪威尔将军听到一个小兵竟然这样对自己说话，气呼呼地说："像你这种无名小卒，谁会认识你呢！"

听完这话，你猜一下这位二等兵接下来会怎么做？

368 萧伯纳的回应

《巴巴拉上校》出版之后,某剧院为之安排了一场甚为隆重的公演。公演当天,各界知名人士都被应邀前去观赏,当然,作为作者,大作家萧伯纳是必在其中的。

演出相当成功,谢幕时,萧伯纳应观众们的要求上台接受众人的掌声。可是他刚刚走到台上,观众席中便有一人对着他大骂道:"萧伯纳,你的剧本真是糟透了,你简直就是在耽误我的时间。快停演吧,没有谁要看的!"

顿时,全场一片哗然,所有人都为这突如其来的举动吃惊不已,继而纷纷把目光投向了萧伯纳,等待着他的恼怒。不想萧伯纳非但没有生气,还笑着向那个人鞠了个躬,然后彬彬有礼地对他说了一番话。说完,萧伯纳面带微笑地向所有观众挥手致意。现场立刻响起了如雷的掌声,并伴随着接连不断的叫好声。而那个人则脸上讪讪的,一声不吭了。

你猜,萧伯纳对那个人说了什么?

第七章

博弈思维名题

369 华盛顿找马

华盛顿的一匹马被人偷走了，于是华盛顿就找到警察，请求警察和他一起到偷马人那里去索讨。

"你凭什么说，这匹马是你的呢？亲爱的华盛顿先生，这可是我一手养大的马呀。"狡猾的偷马人开始抵赖。

"什么，这是你一手养大的马吗？"华盛顿冷笑着说："昨天晚上它还呆在我的马圈里，今天就变成你一手养大的了，亲爱的小偷先生，你养这匹马恐怕没有超过十二小时吧！"

偷马人生气了，他叫起来："我可不能允许有人在我的家里，这样肆意地诽谤我的名誉，请你赶紧离开我的家，否则我就不客气了！"说着，偷马人挽了挽衣袖，一副随时准备动手打架的样子。

警察看情况不妙，对华盛顿说："这到底是不是你的马？如果没有足够证据的话，我们还是先回去吧。"

华盛顿冲警察点点头，示意他再稍等一会儿。

华盛顿想出办法了吗？

370 蔺相如完璧归赵

一次，赵惠文王得到了价值连城的和氏璧，这件事被秦国国君昭襄王知道了。于是，秦王就派使者来见赵王，说愿意用15座城池来换取和氏璧。

赵王立即召集手下的文武大臣商量这件事，大家都觉得秦王是要骗取和氏璧，但是如果不答应，又怕秦王借机攻打赵国，大家讨论来讨论去，还是没有一个好的办法。

这时候，有一个大臣推荐蔺相如，说他很有见识，做事一向机警，是个能随机应变的人。赵王就招来蔺相如，要他出个主意。

蔺相如说："秦国强，赵国弱，不能不答应。"

赵王就问："如果秦王抵赖，骗取了和氏璧，不割让城池怎么办？"

蔺相如说："秦国拿15座城池换一块璧玉，这个价格已经够高的了，如果赵国不同意，那就是赵国的不对。如果秦国收下了璧玉，不肯交城，那么错在秦国，我们宁愿答应秦国的条件，让秦国担这个错儿。"

赵王听了连连点头，说道："先生说的有理，不知先生能作为使者到秦国去吗？"

蔺相如点头说："臣可以走一趟，如果秦国同意交城，我就把璧玉留下，如果秦国翻脸不认账，我就把璧玉完整地带回来。"

于是，赵王就派蔺相如出使秦国。

蔺相如来到秦国都城咸阳，在离宫章台献上了和氏璧，秦王看了和氏璧，非常高兴，他还把和氏璧传给身边的美人和大臣们看，过了老半天，也不谈割让城池的事。蔺相如明白了：秦王根本无意割让城池，就走上前说……

蔺相如说什么了？他是如何做到完璧归赵的呢？

371 摸钟辨盗

古时候，县城里的一个大户人家，家里失窃了，损失了很多金银财宝。这户人家就告到县衙门，请求县官："青天大老爷，你一定要抓住那些可恶的盗贼啊，草民在这里给您磕头了。"于是县官赶紧派捕头去侦查，没过多长时间，捕头就抓住了几个嫌疑人。

县官升堂审这些嫌疑人："大胆贼人，竟敢在本县眼皮底下干偷盗的事情，实在是无法无天，如果不想受皮肉之苦，就赶紧招了。"

那几个犯罪嫌疑人都不肯招，大声喊冤："小人冤枉呀！从来没干过偷盗的事情。"

结果，县官审了很长时间，也没有找出小偷。渐渐的这个案子就成了积案。

后来，县里来了一个非常聪明的新县官名字叫陈述古。他听说了这个案子，就下定决心破了这个案子。但是，这么多嫌疑人怎么审呢？况且已经过去了这么长时间了，他们一定更不肯招了。怎么办呢？陈述古正在苦苦思索的时候，远处的寺庙里传来一阵钟声，"铛……铛……"声音非常悠远。忽然，陈述古想到一个办法，"就这么办！"陈述古兴奋地叫起来。

第二天，陈述古派人把寺庙里的钟运了回来，他对手下的人说："可别小看了这口钟，它能辨别善恶，只要小偷一摸钟，它就会发出响声。"陈述古小心把钟供奉起来，每天都给它烧香，供奉瓜果。县城里的百姓听到了这件事，都将信将疑，都想看这口大钟怎么显灵。

大钟真的有那么灵吗？

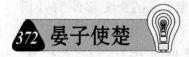

372 晏子使楚

齐王派晏子出使楚国。楚国的国王想找机会捉弄一下晏子，显显楚国的威风。

晏子来到楚国都城的城门前，看到城门的正门没有开，只是在正门旁边开了一个小洞。原来，晏子身材矮小，楚王故意叫人开了一个小洞来讥笑他。晏子不慌不忙地来到小洞旁说："这是狗洞，不是城门，只有出使狗国的时候，才从狗洞进。楚国如果自认为是狗国的话，那我就从狗洞进去好了。"楚王听了，无言以对，只好打开了正门，迎接晏子进城。

晏子到宫廷上来见楚王，楚王轻蔑地打量着他，问道："怎么，难道齐国没人了吗？"

晏子知道楚王是在嘲笑他，就不动声色地回答他："大王您这是什么话！光我们齐国首都临淄就有七千多户人家，大街上的行人挤得肩膀挨着肩膀，脚尖碰着脚跟，如果大家一起展开衣袖就能遮天蔽日，如果大家一起挥洒汗水，就像下雨一样。大王，您怎么能说齐国没人呢！"

楚王听了，嬉笑着对晏子说："既然齐国有那么多人，怎么派了你这样的人来当使者呢？"

晏子说："大王，您不知道，我们齐国有个规矩，就是把使者分为三六九等，如果出访上等礼仪之邦的话，就派最优秀的人去，如果出访下等无赖国家的话就派最没出息的人去。我是使者里面最没用的一个，所以这次出访楚国，就派我来了。"

楚王听了脸红起来，心想：照他这么说，楚国倒成了最差的国家啦。这个晏子实在太厉害了，以后和他说话，还是得小心一点。

一天，楚王请晏子喝酒，正喝到高兴处，有两个士兵押着一个犯人从酒桌

前经过。楚王就问身边的仆人："这个人，犯的是什么罪？"仆人回答说："盗窃罪"。楚王又问："他是哪里人？"仆人回答："是齐国人。"

楚王听了，得意地问晏子："难道齐国人都是小偷吗？"

晏子该如何回答这么难为人的问题呢？

373 郑板桥智惩盐商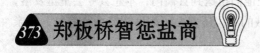

郑板桥是清朝著名的画家和书法家，他曾经在潍县做过县令。

潍县地处渤海边，盛产海盐，当地很多人都做盐的生意。当时官府规定，卖盐的生意只能让大盐商来做，老百姓贩卖私盐是犯法的。但是一些百姓生活非常穷苦，不得不靠贩卖私盐来养家糊口。这些私盐贩子们盐卖得很便宜，每次只能挣到很少的钱。但是，大盐商们为了自己的利益，还是经常欺压私盐贩子。郑板桥很看不惯大盐商仗势欺人的丑恶嘴脸，他非常同情私盐贩子们的遭遇。

一天，大盐商王冉干扭着一个私盐贩子来找郑板桥。他对郑板桥说："郑大人，我抓到了一个私盐贩子，他不顾国家的规定，贩卖私盐，请大人从严办理吧。"郑板桥看到这个私盐贩子，面黄肌瘦，身上的衣服也破破烂烂的，跪在地上一言不发，一看就是一个穷困的老实人。再看王冉干，衣着华丽，满脸横肉，是潍县最大的盐商。他经常囤积食盐，提高盐价，是个人人讨厌的大坏蛋。郑板桥早就想教训他了，一直没找到机会，这次他自己倒送上门来了。

于是，郑板桥对王冉干说："好，既然如此，那本官就按王员外的意思，让这个私盐贩子带着枷在街上站一天，以示惩罚。"

王冉干听了非常高兴，他跪下对郑板桥说："衷心感谢郑大人为小民主持公道，预祝大人早日高升。但是只罚他一天，实在是太轻了。"

"那你要几天？"郑板桥问道。

"至少三天。"王冉干恶狠狠地说。

"好，那就三天吧。"郑板桥痛快地答应了。王冉干没想到事情办得这么顺利，谢过郑板桥，就高兴地走了。

这时候，私盐贩子战战兢兢地对郑板桥说："大人，我实在是迫不得已啊，家里有年老的母亲，有不懂事的孩子，而今青黄不接，家里都揭不开锅了，我无可奈何才……"

郑板桥打断私盐贩子的话："我知道了，你放心，我不会让你受苦的。"

郑板桥会采取什么样的行动呢？

374 县令巧计除贼窝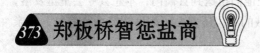

从前，有一伙强盗，自称"死不怕"，他们坑蒙拐骗、打家劫舍，做下无数坏事，搞得百姓人人谈虎色变。县令早想为百姓除掉这个大害了，可是总是找不到他们的黑窝。

一天，捕快抓住了两个强盗，把他们扭送到县衙门，本想县令会重重发落，大快人心。但是县令非但没有治盗贼的罪，还置办了酒席招待两个盗贼，并亲自为他们敬酒。

县令假装兴奋地说："二位大侠，劫富济贫，都是绿林好汉。本官非常仰慕，但是一直无缘相见，今天我一定要和两位大侠喝个痛快！"

两个强盗听了，更是得意忘形，和县令推杯换盏，天黑时都喝得醉醺醺的了，走起路来都东倒西歪的。

县令见了就说："两位大侠喝多了，不如我派两个下人送你们回去吧。"

盗贼虽然喝多了，但是还保存着警惕性，连忙摆手说："不用麻烦大人了，我俩没事，还能自己回去。"

县令见盗贼狡猾，又生一计，他笑着说："既然如此，我就不派人相送了，我为两位准备了竹竿，拿上它走夜路也好有个扶持。"

于是，两个盗贼接过竹竿就告辞而去了。

两个狡猾的家伙，边走还边回头张望，生怕县令派人盯梢，走到岔道口的时候，两人分道扬镳，从两条路回到了贼窝，他们自以为小心谨慎，一定不会出什么差错，就放心地睡起了大觉。

但是，天亮时分，县令带着一群官兵，如神兵天降包围了贼窝，把这群祸害百姓的盗贼一网打尽，看着两个盗贼一脸茫然的样子，县令笑着说："就是两根竹竿给我们带了路呀。"

这是怎么回事呢？

375 墨子退兵

战国初期，楚国的国王楚惠王想成为天下的霸主。于是他扩大军队，要去攻打宋国。

楚惠王手下有一个大夫名叫公输般，是当时最好的木匠。公输般是鲁国人，后来被人们称为鲁班。说到鲁班，大家一定都听说过，一直到现在，他还被木匠尊奉为祖师爷。

公输般到了楚国不久，就为楚惠王设计了一个攻城的工具——云梯。这种梯子非常高，好像顺着它就能爬到云彩上去似的，所以叫做云梯。有了云梯，楚国的士兵攻城掠地就容易多了。楚惠王见了非常高兴，一边叫公输般加紧赶造云梯，一面训练军队，随时准备攻打宋国。其他国家看到楚国的云梯，都很害怕，特别是宋国更是提心吊胆。

当时有一个叫墨子的人，他非常痛恨国家之间互相争战，使百姓遭受灾难。听说楚惠王要攻打宋国，就急急忙忙地跑到楚国来，劝说楚惠王不要挑起战端。

　　墨子先找到公输般，请求他不要帮助楚惠王攻打宋国。公输般没有答应，他推脱说："不行啊，我早已答应楚惠王了，不能言而无信呀。"墨子听了就请求公输般带他去见楚惠王，他要亲自去劝说楚惠王。公输般没有办法只好把墨子带到了楚惠王的宫殿里。

　　在楚惠王面前，墨子非常诚恳地说："大王，楚国有方圆五千里的土地，幅员辽阔，物产丰富，然而，宋国只有小小的方圆五百里的土地，而且非常贫瘠。楚国去攻打宋国，就好比大王您有华丽的马车，却还去偷宋国的破车；有漂亮的新衣服，还要去偷宋国的一条旧短裤。所以大王去攻打宋国没有多少好处，只能给两国的人民带来灾难啊。"

　　楚惠王听了根本不以为然，他想：我有这么好的云梯，能轻而易举地攻下宋国。虽然宋国不是很富裕，但是也能大大增强楚国的实力呀，那么我离霸主的地位就又近了一步。想着，楚惠王得意地笑了笑，他对墨子说："我的主意已经定了，你不要再劝我了。"

　　墨子见楚惠王这么坚决，就对他说："大王有进攻的办法，我就有防守的计策，到时候你也占不到便宜。"说着，墨子找来一条布带，在地下围成一座城市的模样，又找来几块木头当作攻城的工具，叫公输般过来比试一下本领。

　　你知道墨子是如何说服楚惠王的吗？

376 西门豹治邺

　　战国时期，魏国有一个地方叫邺，境内有一条叫做"漳河"的大河。漳河的水流很大，每到雨季来临的时候，就经常冲垮河堤，造成水灾。

　　一次，魏王派西门豹去治理邺县。西门豹到了邺县，发现当地人烟稀少，一派萧条的景象，就连空气也显得非常沉闷。于是，西门豹就找来一些当地的老年人，问问民间有什么疾苦。

　　一位白发苍苍的老人说："都是'河伯娶妻'闹的，河伯是漳河的河神，是个好色之徒，每年都要给他送一位年轻漂亮的姑娘，否则，他就发大水，淹掉房屋和庄稼。"

　　西门豹问："是谁说要给河伯娶妻的？"

　　老人回答说："是本县的巫师说的，县里的官绅每年都以给河伯娶妻为借口，硬逼着百姓出钱。他们每年都能收到几百万钱，其实给河伯娶妻用掉的不过区区二三十万钱，剩余的那些钱都被他们和巫婆们私分了。"

　　西门豹问："河伯的新娘子，是从哪里找来的？"

　　老人回答说："那些都是邺县百姓家的姑娘，巫婆看到谁家的姑娘漂亮，就到谁家要人。有钱的人家只要多花点钱，事情就过去了。可怜，那些没钱的人

家就倒霉了，眼睁睁地看着姑娘被巫婆拉走。"西门豹问："给河伯娶妻真的有用吗？"

老人说："洪水还是发，但是巫婆说幸亏给河伯娶妻了，要不然，洪水发得更大。"

西门豹听了，笑着说："那么看来给河伯娶妻还是有用的，等到下次给河伯娶妻的时候，你们通知我一下，我也去看看热闹。"

又到了给河伯娶妻的时候了，西门豹得到消息就带着卫士来到了漳河边。官绅和巫婆们都赶紧来迎接。

西门豹看到巫婆是个七十来岁的老太婆，她的后面跟着一群打扮得妖里妖气的徒弟。

西门豹说："把河伯的媳妇领过来，让我看看，长得俊不俊。"巫婆赶紧把姑娘领过来，西门豹看到姑娘的眼里满是泪水，回头对巫婆说："不行，这个姑娘长得不俊，河伯看了一定不高兴……"

难道给河伯娶妻真的有用吗？

⑨ 徐童保树

东汉末年，南昌城里有一个姓徐的小孩，才11岁，非常聪明伶俐，善于和别人辩论。

徐童经常到郭林宗老先生家玩。老先生的家里有一颗粗壮的大槐树，槐树的树枝上有茂盛的绿叶，远远地看过去，槐树的树冠就像是一把墨绿色的伞，徐童很喜欢这颗大槐树。

一天，徐童又来到老先生家里，看到一群壮汉正在磨斧头，准备砍树呢！徐童赶紧找到老先生，问他："郭伯伯，这颗大树夏天的时候可以遮荫纳凉，冬天的时候可以挡风雪。它生机勃勃地生长在这里，给这个院子也带来了生气，你把它砍了的话，那么院子里面光秃秃的，多难看呀。"

老先生听了，笑着对他说："我也不想砍呀，前几天我看到一本书，书上说'庭院如井四方方，方方正正口字状，庭院当中如有木，木在口中不吉祥'。你想啊，口中加一个木，是什么字？"

徐童不假思索地说："是困字。"

老先生说："对呀，就是困难，穷困的'困'，你看这个字多不吉祥。"

徐童听了，觉得老先生太迂腐了，就凭一本破书上的一句顺口溜，就要把这么可爱的一棵树给砍了，实在是太可惜了。他眼睛一转，计上心来。

徐童有办法阻止老先生砍树吗？

378 射蒿识敌首

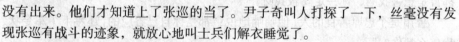

唐玄宗时期，安禄山反叛朝廷，带领军队四处攻城掠地，闹得民不聊生。

一次，安禄山派手下的大将尹子奇率领13万大军来攻打睢阳城。兵临城下，睢阳太守徐招远赶紧召集大将军张巡和神射手南霁云等来商量对策。

徐招远忧心忡忡地说："各位将军，睢阳城里粮草和弓箭都所剩无几了，只有迅速打退敌军，才能解除现在的困难局面。但是城外有13万大军，是我军数量的几十倍呀，实力悬殊太大，实在是没有取胜的把握。如果再相持下去，恐怕大家都要饿死了。"

张巡听了，紧皱眉头，他郑重地说："俗话说'擒贼先擒王'，照现在的情况看，只要先杀了尹子奇，至少也要让他重伤不能指挥军队，这样叛军才会撤退。"

南霁云说："射杀尹子奇，并不难办到，只要我能靠近他，瞅准机会就能成功。但是，问题是我们都没见过尹子奇，谁也认不出他呀。"

张巡低头想了想，说："我有了一个办法。"

这天夜里，张巡叫人在城头上不停地敲战鼓，城外的敌军以为张巡要出城作战，都聚精会神地盯着城门，随时准备迎战。一直等到天都亮了，战鼓也停了，张巡还是没有出来。他们才知道上了张巡的当了。尹子奇叫人打探了一下，丝毫没有发现张巡有战斗的迹象，就放心地叫士兵们解衣睡觉了。

正当叛军睡熟了的时候，张巡和南霁云带领城内的精锐部队杀了过来，叛军营中顿时乱成了一锅粥，死伤无数士兵。张巡和南霁云趁机冲到尹子奇的主帅营前……

你知道张巡是如何设计识别谁是尹子奇的吗？

379 草船借箭

周瑜看到诸葛亮很有才干，甚至比自己还厉害，心里很是嫉妒，暗中想办法陷害诸葛亮。

一天，周瑜请诸葛亮商议军事，问道："先生，我军与曹军在水上作战，用

什么兵器最好？"

诸葛亮说："用弓箭最好。"

周瑜说："对！先生所言正合我意，但是我军中缺箭，恳请先生于10日之内，督造10万支箭，解我军燃眉之急，这是公事，请先生不要推辞。"

诸葛亮说："都督委托，我当然照办，但是交战在即，10日恐怕要误了大事。"

周瑜正色问道："依先生所言，这10万支箭，几日能造完？"

诸葛亮伸出三个指头，说道："只需三日。"

周瑜一惊道："先生，军中无戏言，你不可出尔反尔。"

诸葛亮道："都督放心，我说到做到。"

周瑜心中一喜道："既如此，先生可敢立军令状吗？"

诸葛亮道："有何不敢，三日之内，我若拿不出10万只箭，甘受都督惩罚！"

周瑜大喜，立即叫诸葛亮当面签下了军令状。又摆上酒席，请诸葛亮喝酒，诸葛亮吃了几杯，就起身告辞说："今日天色已晚，做不了事了，从明日起，三天后，都督派人来江边取箭。"

诸葛亮走后，鲁肃来见周瑜："都督，三天时间怎么能造好10万只箭呢，诸葛亮在说大话吧。"

周瑜道："是他自己说的，我可没逼他，三天之后，造不出箭，就休怪我无情了。我得去吩咐军匠们，叫他们故意拖拉，不备齐所用材料，你也到诸葛亮那里打探，看他有什么打算，及时向我报告！"

于是鲁肃就来到诸葛亮的营帐，诸葛亮说："三天之内根本造不出10万只箭，都督是想害我啊，你一定要救我呀！"

鲁肃是个忠厚善良的人，他喃喃地说："都是你自己答应的，还签下了军令状，我怎么帮你？"

诸葛亮说："你借我20只船，每条船上要有20名士兵，用青布幔子遮起来，再扎一千只草人，密密麻麻地排在20只船的两边，我自有妙用。但是这件事你千万不能和都督说，否则我的计划就不能成功了。"

鲁肃见了周瑜果然不提借船的事，只说诸葛亮并不急于造箭，周瑜心里疑惑，也没有细问。鲁肃悄悄地按照诸葛亮的要求，准备了20只船，听凭诸葛亮的调度。

第一天过去了，诸葛亮没有什么动静，第二天，仍然没有什么动静。直到第三天四更时候，诸葛亮派人把鲁肃请到船上，笑着说："请你来一起去取箭。"鲁肃很疑惑，就问道："到哪里去取？"诸葛亮说："不用问，去了就知道。"

诸葛亮弄到箭了吗？

380 练箭突围

深秋的一天夜里，月亮发出清冷的光芒，把整个都昌城笼罩在一片肃杀的氛围中。城外是层层管亥率领的黄巾军，城内已被围困两个月之久的官兵疲惫不堪。都昌城已经弹尽粮绝了，如果三天之内还没有援军赶到的话，恐怕就坚持不住了。

北海相孔融站在窗户边，遥望着天上的明月，满怀愁绪。这时候，大将太史慈来求见孔融，孔融赶紧叫人请进来。

太史慈问孔融："大人，城里的粮草已支持不了几天了，您打算怎么办？"

孔融说："现在这种情况，敌强我弱，如果强行突围的话，正中敌人的下怀。只有让人出城求救，才是最好办法。"

太史慈说："我也这样想，大人，赶紧派人出城求救呀。"

孔融说："不是不想派，敌人非常警惕，前几次派出的人，都被他们抓住了。"

太史慈说："大人就让我出城去搬救兵吧，我有一个计策……"

孔融听了太史慈的计策，不住地点头说："好，那就按将军的计策办吧。"

太史慈想出了什么计策？

381 把鸡蛋立起来

意大利著名的航海家哥伦布，率领船队绕地球转了一周后，又回到了原出发地。这个壮举不仅证明了地球是圆的，而且在航行途中发现了美洲大陆，这对后世产生了深远影响。当时意大利的王公贵族

们，有的非常钦佩和赞赏哥伦布的伟大成就，有的很忌妒哥伦布的成就，千方百计地抹煞他的功劳。

一次，在西班牙的一个宴会上，一些只会夸夸其谈的达官贵人围着哥伦布，用轻蔑的口气挑衅着说："哥伦布先生，你发现了新大陆好像是个伟大的创举，但是在我们看来实在是一件很平常的事，因为无论是谁去环游世界，都会发现这个事实的，美洲，那么大一块土地，只有瞎子才看不见它。"说着，这群人一起哄笑起来。

哥伦布冷静地反问道："诸位真的认为这是件很平常的事吗？"

"不错，因为它非常简单，只要你睁开眼睛就能办到。"

"好的，为了证实'简单的事情，就人人都能办到'这个观点，"哥伦布拿

起一只熟鸡蛋，继续说道："我们来做一个试验，先生们，你们谁来试试把鸡蛋立在桌子上？"

有几个贵族过去试了试，都没有把鸡蛋竖起来，他们叫嚷起来："鸡蛋是椭圆的，不可能把它竖起来，没有人能够办到，这真是一个愚蠢的试验。"

哥伦布能把鸡蛋立起来吗？

382 鱼骨刻的老鼠

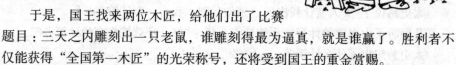

很久以前，一个遥远的国家里面有两位技艺高超的木匠。他们做的东西都很精美，难分高下。

一天，国王心血来潮："到底谁是最优秀的木匠呢？不如，我来给他们举办一个比赛，到时候根据他们的作品，评出最优秀的木匠,并封他为'全国第一木匠'。"

于是，国王找来两位木匠，给他们出了比赛题目：三天之内雕刻出一只老鼠，谁雕刻得最为逼真，就是谁赢了。胜利者不仅能获得"全国第一木匠"的光荣称号，还将受到国王的重金赏赐。

在接下来的三天里，两个木匠都把自己关在家里，没日没夜地雕刻老鼠。三天时间过去了，他们都给国王献上了自己的作品。

第一位木匠雕刻的老鼠，不仅纤毫毕现、栩栩如生，而且憨态可掬，形神兼备，远远看去根本看不出，它是一只木鼠。国王和大臣们见了，纷纷点头称赞。

第二位木匠雕刻的老鼠，只是有一点老鼠的样子，并不逼真，更不用说形神兼备了。国王和大臣们见了，都连连摇头。谁胜谁负，已经很明显了。国王正要宣布比赛结果，忽然，第二个木匠高声抗议："大王，我认为，比赛的评审并不公正。其实，老鼠刻得像不像应该由猫来判断，在这方面，它的眼光要比人锐利得多。"

国王觉得他说得也有道理，就命人抱来了几只猫。这些猫扑向哪只老鼠，无疑就说明哪只老鼠更像真的。仆人们放下手里的猫，没想到这些猫不约而同地扑向那个并不逼真的老鼠，它们疯狂地争夺、撕咬，好像比吃一只真的老鼠都津津有味。而那只公认的栩栩如生的木老鼠，根本没有猫去碰它。事实摆在面前，国王只好把奖励都颁给了第二位木匠。

事后，国王百思不得其解，他问第二位木匠："难道你已经收买了那些猫吗？你雕刻的作品，根本就不像老鼠呀。"

第二个木匠于是说出了自己的秘密，国王一听，十分佩服其智慧。你猜，第二个木匠是如何赢得比赛的？

383 巧计追金印

一天，巡抚大人打开印箱，准备取金印的时候，忽然发现，金印不翼而飞了。巡抚大惊失色，要知道，丢了皇上赐的大印，即使不被杀头，起码也得被革职呀。巡抚急得像热锅上的蚂蚁，在屋里来回地走来走去。

这时候，巡抚夫人走了进来，看到巡抚的样子，就问道："老爷，发生了什么事情？"

巡抚将金印丢失的事告诉了夫人。

夫人听了，也觉得事关重大，但是她知道着急是没有用的，就劝慰巡抚说："既然事情已经发生了，我们还是抓紧想一个补救的办法吧，我想，那偷金印的人必然是老爷身边的人，外人是不可能接近这个印箱的。"

巡抚经夫人一提醒，立即想到了手下的副将，他说："我身边的人，就是副将最为可疑，他一直对我不满，一定是他偷走了金印，借机报复我。但是，无凭无据，我也奈何不了他呀。"

夫人说："你肯定偷金印的人就是副将？"

巡抚不容置疑地说："除了他，再没有第二个人了。"

"既然如此，我有一个计策，让副将乖乖地把金印交出来。"说着。夫人悄悄对巡抚耳语了一番。

巡抚听了，顿时眉开眼笑，连连称赞道："妙计，真是妙计！"

夫人想出了一条什么妙计？

384 最好的和最坏的

一个厨师在一个富人家里工作，富人听说厨师很聪明，很不服气，就想找个机会为难他，让他当众出丑。

一天，富人要宴请一些朋友，他就吩咐厨师准备菜。厨师就问他："主人，都要准备哪些菜呀？"

富人想：就趁这个机会，来考考你。他灵机一动，计上心来，就说道："这次宴会，我什么都不要，只要最好的东西。你把天下最好的东西给我找来就行了。"

萝卜白菜各有所爱，哪有什么东西是公认的天下最好的东西呀！厨师知道富人是故意在为难他，但是他已经有了一个应对的办法。

第二天，客人们都到齐了，主人就命令厨师上菜。第一道菜上的是舌头，第二道菜还是舌头，第三道菜还是舌头，上了满满一桌子的舌头，客人都感到莫名其妙，吃得很不愉快。主人很没面子，送客的时候，就解嘲地说："这些舌头，是我家厨师的拿手菜，下次再来做客，一定不给你们吃这个了。"

送走了客人，富人立即把厨师臭骂了一顿："我叫你做天下最好的东西，你怎么全做的是舌头呀，把我的客人都得罪了，我要扣你工资！"

厨师不慌不忙地说："我正是按照主人的要求做的呀，舌头是人们沟通的工具，人们靠它交流思想、传播智慧，如果没有它，我们的世界将是一片死气沉沉，难道世界上还有比它更好的东西吗？"

富人听了，无言以对，就又想了一个办法为难厨师，他说："好，这次就算你说的有理，但是你做的菜得罪了我的朋友，明天我要重新宴请他们，这次我要你做天下最坏的东西。你抓紧去准备吧。"

厨师听了，答应了一声，转身就走了。

这一次厨师做的是什么菜呢？

385 和什么样的人做邻居

从前，有一个牧场主，养了很多只羊。他爱自己的羊，非常细心地照顾它们，特别是可爱的小羊羔，更是呵护备至，生怕伤了或丢了一只，因为这些羊能给他带来幸福的生活。但是令牧场主头疼的是，他的邻居是个猎人，家里养了成群的猎狗，这些凶猛的猎狗经常跳过牧场的栅栏，进来咬伤小羊。牧场主几次请猎人把狗关起来，猎人总是表面

上爽快地答应，但是根本不采取实际行动。猎狗咬伤羊羔的事情，还是时有发生。

一天，几只猎犬又跳过了栅栏，在牧场里横冲直闯，咬伤了几只小羊羔。这次，牧场主被彻底激怒了，他已经对自己的猎人邻居失望透顶了，决定给他一个教训。于是，他来到镇里，找公正的法官来给他评理。

法官沉吟一会儿，对牧场主说："这件事是猎人做得不对，我可以帮你索赔，并勒令他把猎狗关起来。"

牧场主听了，就高兴地说："那么，就请您立即执行吧！"

法官摸了摸下巴，说道："这样的话，你就失去了一个潜在的朋友，而多了一个现实中的敌人。和自己的朋友做邻居，那将是一件快乐的事情，相反，和敌人做邻居，你将会很痛苦。"

牧场主点点头，说道："是您说的那样，我也曾试图和猎人成为朋友，但是似乎他没有兴趣和我交朋友。"

法官笑着说："既然你希望和邻居做朋友，只要你按照我的办法做，猎人会成为你的朋友的。"法官悄悄告诉了牧场主一个办法。

法官教给牧场主一个什么办法？

386 真假稻草人

从前有一个养鱼人，他拥有一片很大的鱼塘。鱼塘就是他家的聚宝盆，家里的衣食住行全靠卖鱼的钱来维持，所以他像爱护自己的性命一样来爱护鱼塘。

可是，令他非常烦恼的是：鱼塘的附近有很多鱼鹰，总是趁他不在的时候，成群结队地来偷吃鱼。当他回到鱼塘的时候，鱼鹰一下子就飞跑了，气得他连连跺脚。

养鱼人想：如果我整天站在鱼塘边，鱼鹰就不敢来偷吃鱼了，不如，照着我的样子做一个假人，插在鱼塘里，鱼鹰分不出真假，就不敢再来偷鱼了。于是，养鱼人立即找来一堆稻草，扎成一个稻草人，插在了鱼塘里。

这个稻草人，头戴斗笠，身披蓑衣，手里还拿着一根长长的竹竿，简直就和养鱼人一模一样，远远望去，连人都分出真假，更别说鱼鹰了。

稻草人不分白天黑夜，风雨无阻地站在鱼塘里，起初还真的骗了鱼鹰，它们远远地看到稻草人，就慌忙飞跑了。但是，过了不久，鱼鹰似乎看出了蹊跷，发现这个养鱼人总是纹丝不动，就壮着胆子，试着飞到水面上，养鱼人还是纹丝不动；接着，鱼鹰抓了一只鱼，可是养鱼人还是纹丝不动。鱼鹰终于确定这是个假人了，它们又肆无忌惮地开始偷吃鱼了。

更可气的是，鱼鹰吃饱后，也不马上飞走了，而是站在稻草人的斗笠上，或者肩膀上，一边惬意地晒着太阳，一边"嘎嘎"地叫着，好像是在洋洋得意地说："假的，还想用假人来骗我，没门！"这样可怜的稻草人不但吓唬不了鱼鹰，自己还变成了鱼鹰歇脚的地方了。

看到鱼鹰识破了稻草人，鱼塘里的鱼又一天天减少，养鱼人愁得吃不下饭，睡不着觉。

忽然，他又有了一个办法。

他有了什么办法？

387 所罗门判子

"你是个小偷，你想偷走我的儿子，还我儿子！"

"你是个骗子，你想骗走我的儿子，这是我的儿子！"

两个年轻的母亲，各自抱着一个孩子，其中一个活着，另一个昨晚已经死去了。她们拉拉扯扯，吵吵嚷嚷地来到所罗门王的宫殿，请求大王来给她们主持公道。

原来，这两个女人同住在一间房子里，都生了一个儿子。她们搂着自己的儿子甜蜜地睡了一觉，清晨醒来，一个母亲发现自己的儿子死了。她悲痛欲绝，看到另一个女人的儿子还好好地活着。她诅咒老天爷的不公平，为什么要夺走自己儿子的性命，而不是旁边的那个女人的儿子。于是，她心中起了恶念，偷偷地把死去的孩子放在另一个女人身边，而把活着的孩子偷到了自己身边。

母亲永远不会认错自己的孩子，早上醒来，母亲发现死孩子不是自己的，而自己的孩子正在另一个女人手里，她立即撕扯着那个女人来找所罗门王。

听了这个悲哀的故事，所罗门王沉思了一会儿，问孩子的母亲："你说那活着的孩子是你的，有没有什么证据？"

孩子的母亲哭着说："大王请你相信一个母亲，自己的孩子她永远不会认错，孩子是我的心头肉，他的每一声哭喊都牵动着我的心。"

另一个母亲也叫着："说不出证据，你就别想抢走我的儿子。"

无凭无据，两个爱子心切以至于疯狂的母亲，这真是一个难断的案子。所罗门王看了看两个年轻的母亲，说道："我分不清孩子是谁的，为了公平起见，我决定把孩子分成两半，你们一人一半。"说着，所罗门王叫人拿过刀来。

所罗门王真的要杀那个孩子吗？

388 巧计讨工钱

从前，有一个长工在一个地主家做工，他没日没夜、当牛做马地干了一年，年底的时候来向地主讨工钱。

谁知地主见长工忠厚老实，就故意刁难他："要工钱也可以，但是你得帮我做三件事，如果你办到了，我加倍给你工钱，如果你办不到，那么，不好意思，我一文工钱都不给你！"

长工听了就问财主："是哪三件事？"

地主奸笑着说："你听仔细了：第一件，你给我买一头像山一样重的牛；第二件，你给我买一匹能遮住天的布；第三件，你给我买一壶像河里的水一样多的酒。"

这明摆着是要抵赖工钱，没办法，长工只好垂头丧气地回家去了。

长工的媳妇见长工愁眉苦脸的样子，就问道："怎么了，心里有事？那就说出来咱们一起商量商量。"

长工把地主刁难他的事一五一十地说了出来。

媳妇听了，笑着说："没关系，你放心吧！我有办法治这个奸诈的地主。"

长工媳妇是如何对付地主的呢？

389 赶走淘气的小孩

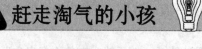

从前，有一对退休了的老年夫妻，在湖滨买了一套房子，想清静地度过晚年。可是，住下了没多久，就发现了这里一点都不清静。原来，附近的一群淘气的小孩，每天都不请自来，在他们门前的草地上追逐打闹，吵得人心烦意乱。

一天，老爷爷实在是受不了了，就走过来，生气地对那群淘气的孩子说："你们这群调皮鬼，整天都在这里吵吵闹闹的，让人不得安宁，从今以后，要注意一点了，否则我把你们赶出去，再也不让你们在这里玩了！"

谁知这群孩子不但没有因为老爷爷的批评而感到愧疚，还故意顶撞老爷爷："我们爱怎么吵，就怎么吵，你清不清静，我们管不着！"

还有的说："老头，你愿意赶，就来赶吧，咱们看谁跑得快！"

老爷爷听了，气得说不出话来。

淘气的孩子们根本没有把老爷爷的话放在心里，还是每天过来吵闹，仿佛是故意和老爷爷做对似的，他们闹得比以前更凶了。老爷爷见了，也只能摇头叹气，拿他们没有办法。

老奶奶看到老爷爷闷闷不乐的样子，就对他说："小孩子天性就爱闹，还很叛逆，听不进别人的批评，我们不能和他们蛮干，要先顺着他们，我有了一个办法，保证能把这群调皮鬼赶出去。"

老太太真的能把调皮的孩子赶走吗？

390 聪明的姑娘

有一个漂亮又好学的姑娘，她温柔善良，待人和气，深受人们的喜爱。有一个年轻的小伙子，非常倾慕她，总是有事没事地来找她搭讪。姑娘很厌烦，又不好当面表现出来，只是礼貌性地敷衍他。

一天，姑娘坐在草地上看书。小伙子又厚着脸皮凑过来，嘴里唠叨着一些无聊的事情。姑娘好像没看见他似的，仍然目不转睛地看着书，根本不理睬他。

小伙子感到很无趣，又不甘心悄悄地走掉，就涎着脸说："我们来做个游戏吧。这样的：我问你一个问题，你答不上来就给我5元钱，你问我一个问题，如果我答不上来，我也给你5元钱。当然，如果一方没有问题问，也可以选择一直回答另一方的问题。怎么样？你知识渊博，一定会赢的。"

"这有什么好玩的？赢来赢去的，不过是区区5元钱，有什么意思！"姑娘不为所动。

小伙子听了姑娘的话，觉得这次有机会，赶紧讨好地说："好，这样吧，你答不上来我的问题，给我5元钱。我答不出你的问题，给你100元钱，怎么样？"

姑娘放下杂志，饶有兴趣地说："好，那你先问吧！"

小伙子高兴地说："光在空气中的传播速度是多少？"

姑娘想了想，没有说话，就掏出5元钱递给小伙子。

小伙子很得意地说："这次该你问了。"

姑娘随口问道："4只眼睛、8个鼻子，还有9个尾巴的是什么动物？"

……

小伙子达到目的了吗？

391 死里逃生的囚徒

一次，希腊的国王决定处决一批囚犯。那时候，处决囚犯的方法有两种，一种是砍头，一种是绞刑，囚犯用什么刑罚，都由法官来决定。这次，国王心血来潮，想出一个奇怪的主意：不如我和囚犯开个玩笑，让他们自己来选择刑罚，看他们能说些什么，这一定非常有趣。

于是，开始行刑的时候，国王就对囚犯们
说道："这次我大开隆恩，让你们自己来选择
刑罚，你们可以随意说一句话，如果这句话是
真话，我就用绞刑；如果是假话，那就砍头；
如果你们所说的话一时难以检测真假，就按假
话论处；如果一言不发，就当作是真话，用砍
头的刑罚！好了，现在你们可以开始选择自己
的刑罚了。"

这样的规则太奇怪了，但是自己的性命都掌握在国王手里，怎么着都难逃
一死，囚犯们也没有多想，都随口就说出了一句话。有的说得慷慨激昂；有的
则充满了懊悔；有的警告后人；有的索性唱一首歌，一个一个地都受了刑罚。

国王听到囚徒们的话，各有各的特色，其中也不乏真心改过的，但是法律
就是法律，不能轻易开恩。只能长叹一声："早知如此何必当初呢！"

难道囚徒中就没有一个逃生的？

392 伍子胥过关卡

我们知道，伍子胥是春秋时期吴越争霸过程中的关键人物，其表现出了非
凡的智慧和谋略，只是可惜吴王夫差并没有听他的，才导致后来为越国所灭。
据说夫差死前以发盖面，自称无颜见伍子胥。实际上，伍子胥早在青年时期便
有勇有谋，表现出了非凡的智慧，下面的故事便是他青年时的故事。

伍子胥的家族本为楚国贵族，其父伍奢乃是太子的老师。周景王二十三年
（前522），因楚平王抢了本来是许配给太子的媳妇，于是担心掌管军队的太子
心里有怨恨而造反，便决定处死太子。楚平王先是将伍奢召回京城，并将其囚
禁了起来，而太子已经得到消息提前逃到宋国去了。于是楚平王便要处死伍奢，
但是楚平王听说伍奢有两个儿子，都很贤能，于是便对伍奢说："能把你两个儿
子叫来，就能活命，不叫来，就处死。"伍奢回答说："伍尚为人宽厚仁慈，叫
他，一定能来；伍员（即伍子胥）桀骜不训，忍辱负重，能成就大事，他知道
来了一块被擒，势必不来。"楚平王不听，坚持派人召伍奢两个儿子，说："来，
我使你父亲活命；不来，现在就杀死伍奢。"哥哥伍尚打算前往，伍员却说："我
们即使去了，楚王也不会让父亲活命，只会把我们一起处死，这不但对父亲没
什么好处，连仇也无法报了。因此，我们不如逃到别的国家去，借助别国的力
量洗雪父亲的耻辱。"伍尚说："我明白，即使去了最后也不能保全父亲的性命。
可要是不去，以后又不能洗雪耻辱，终会被天下人耻笑。你有能力报杀父之仇，
干脆你逃走，我将要就身去死。"于是伍尚接受了逮捕，而当使臣又要逮捕伍子

胥时，伍子胥拉满了弓箭对准使者，使者不敢上前，伍子胥就逃跑了。后来其父兄果然被楚王杀死了。

而在逃亡之后，伍子胥听说太子在宋国，便准备逃到宋国追随太子。但是，在过边关的时候，伍子胥却被守关的斥候给抓住了。当时全国都在通缉伍子胥，斥候自然想藉此邀功，他得意而明白地告诉伍子胥："你是通缉犯，我必须将你抓去见楚王。"但是，素有谋略的伍子胥却临时编造出了一派谎话，竟然愣是威胁得那个斥候不敢将他送交楚王。

你猜伍子胥是如何威胁那个斥候的？

393 狄更斯剃头

一天，一向不注重仪表的英国大作家狄更斯到一家剃头店剃头。剃头师傅是个很势利的人，一看来人貌不惊人，衣衫也不光鲜，于是便对他十分不热情，头也剃得马马虎虎，很快就将活干完了。但是，剃完后，狄更斯什么也没说，只是给了他双倍的价钱之后，便离开了。

过了一个月后，狄更斯又来到这家理发店剃头。店主一看是上次那个出手阔绰的主顾，便立刻堆上笑脸，十分殷勤地接待。这次剃头，他小心翼翼，十分卖力，异常的周到细致，用了很长的时间才将狄更斯的头剃完。他本想，这位阔绰的主顾这次应该会付自己更多钱了。但是，没想到的是，这次剃完头后，狄更斯只是给了他正常的价钱。

这下，剃头师傅有些不乐意了，但是也不好说出来，而是满脸疑惑地看着狄更斯。狄更斯于是笑着说了句很风趣的话，剃头师傅一听便满面羞愧。

你猜狄更斯是怎么说的？

394 半夜电话

有个人新搬家到一间公寓里，一天半夜两点钟，正在熟睡之际，电话铃声突然响了起来。他迷迷糊糊地爬起来接电话，以为是有什么急事，但是没想到却从里面传来隔壁女邻居的声音："麻烦以后管一下你们家狗，别让它在楼里到处乱跑，不是所有人都喜欢那种满身异味的东西！"说完对方便"啪"地一声将电话挂了。这个人一听，感到莫名其妙，因为他根本就没有养狗，于是只好自认倒霉，继续躺下来睡觉。但是更倒霉的是，接下来他再也睡不着了。

这个人第二天还要上班，于是越想越气，到了凌晨四点钟后，他拿起电话

拨回了这位女邻居家。这位女邻居同样睡眼惺忪地
接起电话后，恼怒地问："谁啊？"

这个人便彬彬有礼地回答了对方的话，巧妙地以
其人之道还治其人之身，令那个不礼貌的女邻居哑口
无言。

你能猜出这个人是如何跟女邻居说的吗？

395 机智的女乘务员

在一辆公交车上，有个小孩捡到了一个公文包，于是将她交给了女乘务员。
女乘务员于是检查了一下公文包，发现里面有几千块的现金和一些文件，于是
便对大家喊道："乘客朋友们，有人在车里捡到了一个公文包，现在在我这里，
里面有一些钱和文件，是哪位乘客的请前来领取！"这时，车上的人都左顾右
视了一番，最后也没有人站起来。过了一会儿，一个坐在后排的男青年站了起来，
走到女乘务员面前礼貌地说道："小姐，谢谢您，这包是我的，我刚刚从邮局取
出了朋友打给我的钱。"

女乘务员打量了一下小伙子，心里有些怀疑，因为如果真是他的包，他应
该在自己刚才告知大家时第一时间便来领取了，而不会等了一会儿才来领取。
于是，她便问道："你确定这是您的包吗？"说着将包举到男青年眼前。男青年
看上去似乎是很认真地辨认了一下，然后肯定地点点头说道："是的，这正是我
的包！"

这时，女乘务员看男青年刚才辨认包的时候，明显有些假模假样的，心里
更是感到怀疑了。这时，她急中生智，想到了一个办法，她先是将包口朝向自
己打开包看了一下，然后她突然问了小伙子一个猝不及防的问题，小伙子条件
反射性地回答了之后，便证明他并非是包的主人。

你猜，女乘务员问了小伙子一个什么问题？

396 孙叔敖的遗命

春秋时期，楚国布衣孙叔敖才能出众，被楚国前宰相虞丘子推荐给楚庄王，
担任楚国宰相。孙叔敖担任宰相期间，兢兢业业，身体力行，忠心辅佐楚庄王，
在内政上采取了一系列措施，使得楚国迅速在经济上达到一个国富民强的全盛
时期；而在军事和外交上，孙叔敖通过一系列的变革，最终击败中原霸主晋国，
成为新的霸主，乃是春秋五霸之一。

但是，孙叔敖虽然功勋卓著，受到楚庄王的器重和百姓的爱戴，但是，其

却始终保持谦逊谨慎，没有一点骄傲，同时廉洁奉公，不为自己谋一点私利。据说其妻子身穿粗布衣服，其临死时连棺材都买不起。孙叔敖临死前，曾叮咛儿子孙安道："楚王为表彰我的功劳，曾多次要我选一处地方作为我的封邑，我都谢绝了。我死后，他肯定要给你封官职，你一定要推辞。我了解你，你才能有限，在官场上做不出什么大的成就，反而可能被人陷害，引来杀身之祸。你不肯做官，楚王便可能会要给你封邑，这你也要坚决推辞。但是如果实在推辞不掉，你就请求将'寝丘'封给你。这个地方土地贫瘠，地名又叫'死者停处'的不吉利地名。记住，只能接受这个封地，其他的一定不可接受！"说完，孙叔敖便死去了。

楚王为孙叔敖举行了隆重的葬礼之后，果然要给孙安封官并封地，孙安则依照父亲的遗嘱都一并拒绝了。

几年之后，楚庄王也便将孙安给忘了。但是忽然有一天，宫中的优伶作戏唱道："廉吏高且洁，子孙衣单而食缺。君不见，楚之令尹孙叔敖，升迁私产无分毫，子孙丐食栖蓬蒿……"楚庄王立即问道："孙安真的已经贫困到这个地步了吗？"优伶回到道："不至此，不见前令尹之贤。"

楚庄王于是派人将孙安召进宫，要封给他万户之邑。孙安于是说："大王如果真的非要因为我父亲的一点小功劳封我的话，我只愿得寝丘。这是先父遗命，非此地不敢接受。"楚庄王一听是这个贫瘠之地，十分纳闷，但也没有办法，只好答应了他。

聪明的读者，你能猜出孙叔敖教令儿子只可接受"寝丘"这个封地的原因吗？

397 曹操计除袁氏兄弟

三国时期，曹操在官渡之战中，以少胜多，击败了袁绍。袁绍又羞又怒，逃回后方后大病一场，于建安八年（203年）春二月死去。

曹操知道，袁绍在河北经营多年，树大根深，官渡之战并没有伤到其元气，于是，乘胜出兵攻打袁绍的三个儿子袁谭、袁熙、袁尚。三兄弟大败，弃黎阳而走。

曹操率军追至冀州，袁谭与袁尚在城中坚守，袁熙在离城30里处下寨。谋士郭嘉对曹操说："袁绍当初废长立幼，袁谭、袁尚兄弟争权，各自树党，急之则相救，缓之则相争。不如举兵南向荆州，征讨刘表，以候袁氏兄弟之变；变成而后击之，可一举而定也。"

曹操于是听从了郭嘉的计策，引兵向荆州进发，讨伐刘表。袁谭本为袁绍长子，却没继承父业，心中十分不满，因此，见曹操一走，果然发兵进攻袁尚。不过，袁谭两次进攻袁尚，都遭到了失败，被其追至平原城，走投无路之下，投奔了曹操。曹操也乘机和袁谭联合起来，击败了袁熙和袁尚。

袁尚、袁熙兄弟被击败后，投奔乌桓。曹操又穷追不舍，击败了乌桓。袁氏兄弟便又逃至辽东，投奔辽东太守公孙康。对于这种情况，曹操手下将士都纷纷建议曹操乘胜进军，一鼓作气平服辽东，捉拿二袁。但是，曹操却捋着胡子说道："你等勿动，公孙康自会将二袁的头送上门来。"随后，他便下令从柳城班师回许昌。

没想到，果然不出曹操所料，曹军自柳城班师南还不久，公孙康就杀了袁氏兄弟及苏仆延、楼班、乌延等人，并特地派人送来了这几个人的首级。部下将领对此很是不解，忍不住问曹操："您刚从柳城撤兵，公孙康就把二袁的头斩了送来，这是什么原因呢？"

曹操于是便道出了各种原因，众将一听，恍然大悟。你能根据当时的背景分析出这其中的原因吗？

398 两家杂志的博弈

《新闻周刊》和《时代》是美国最大的两家新闻周刊，一直以来，两份杂志在发行量和影响力上都是旗鼓相当，不相上下。因为彼此是死对头，在每一周，两家杂志都会暗自较劲，力争在本周做出的新闻能够胜对方一筹。而其竞争的一个关键地方，便是在封面专题上。两家杂志都曾聘请专门的心理研究机构做过相关的调查，一个读者是否会决定买一本杂志，或者说买哪本杂志，很大程度上都会凭借对于一本杂志的封面。封面上的故事吸引住了他，他便会掏钱，而如果封面故事没有引起他的兴趣，他便基本没有兴趣去进一步翻开杂志了。因此，在每一周，两份杂志的编辑们都会在办公室里绞尽脑汁为下周的杂志寻找一个吸引人的封面专题。但是，要知道，作为新闻性的刊物，其选题基本上是根据现实中的新闻而定的，而每周最有新闻价值的选题很可能大家都会去选取，因此不仅要考虑自己的新闻选题本身，而且往往还要考虑竞争对手的选题，会不会和对方撞车，如果撞车要如何在同一选题上做出胜对方一筹的新意。因此每当《新闻周刊》的编辑们在编辑部开会选选题并猜测《时代》选题时，他们清楚地知道，就在同时，《时代》的编辑们正在他们的办公室内做同样的事情，而且，他们也知道，《时代》的编辑们也知道《新闻周刊》的编辑们知道这一点。

就这样，两家杂志每周都处在这样一种循环式的互相猜测状态中，并且两者必须依靠对对方的猜测来出招，如果等对方出过招了再采取措施，就来不及了。可以说，这是一种典型的博弈状态，双方都需要根据预测对方下一步的策略来决定自己下一步的策略，与下象棋十分相似。如此，两家杂志便是时刻处于这样一种竞争状态中，至于结果，则一般是这周你占上风，下周我则赢回来。

下面让我们来具体分析一下两者博弈的微观过程。假设在某一周，《新闻周

刊》通过分析，发现美国本周所发生的新闻中有两则是最具有新闻价值的：一则是有关司法部长丑闻一事，一则是有关美国和日本的贸易摩擦的事情。显然，《新闻周刊》的编辑们知道，新闻嗅觉灵敏的《时代》编辑们肯定也已经锁定了这两个新闻。接下来，《新闻周刊》的编辑们开始对这两则新闻的取舍进行了一番分析：

编辑们在作出选择的时候，首先考虑的是最重要的因素，即哪条新闻能够更大限度地吸引读者的眼球。通过调查发现，在这些可能会购买的潜在客户中，因为"司法部长丑闻"的新闻具有更多的故事性，能够吸引人们的猎奇心理，因此有70%的人对其感兴趣。而另外30%的人则对于"美日贸易摩擦"更感兴趣。接下来，两家杂志要考虑的便是对方的选择。假设只要对封面故事感兴趣的人便会掏出钱来购买杂志的话，如果双方所作选题不同的话，便会占有对相关选题感兴趣的那部分客户。如果两者选题相同，则会平分对所选选题感兴趣的客户。

在这种情况下，你作为《新闻周刊》或者《时代》的编辑，该如何做出选择呢？

399 徐盛用计守南徐

徐盛是三国时吴国名将。他本是琅邪莒县（今山东莒县）人，因战乱客居江东，后得到孙权重用。其曾随周瑜参加了赤壁之战、南郡争夺战，后随孙权参加了合肥之战，随吕蒙参加了荆州之战，随陆逊参加了夷陵之战。吴国大大小小的战斗，徐盛多有涉及，屡立战功。后期，徐盛成为驻防吴国东侧的大将。下面所讲的便是他用计智守南徐的故事。

刘备死后，蜀国在诸葛亮的主导下，改变了对吴政策，双方重归于好，共同防御魏国。魏文帝曹丕得知这个消息后，对本已对自己称臣的东吴十分恼火，亲率大军三十万，乘坐龙舟，从水路进攻东吴，并试图先攻下南徐。

孙权见魏军来犯，一面派人前去蜀国请诸葛亮再出祁山，牵制魏军，一面和文武大臣商量退敌之策。在文武大臣面前，孙权自语道："要抵御曹丕，恐怕非陆伯言不可。"顾雍说道："陆逊正镇守荆州不可轻动。"孙权于是有些激将意味地叹道："我也知道荆州重要，但是眼前没有能抵御曹丕之人啊！"这时，徐盛站出来说道："某虽不才，愿领一军御敌，定叫魏军不敢踏入我土一步。若他敢前来，吾必擒曹丕献给陛下。"孙权一看是身经百战的徐盛，便十分高兴，立即封其为安东将军，总领南徐、建业军马，守御南徐。

徐盛得到委任后，立即命令众军，多置器械、旌旗。

曹丕乘舟来到广陵时,前部先锋曹真已经率大军在江北列阵。曹丕问曹真道:"江南有多少人马?"曹真回答说:"远远望去,对岸并无一人,也看不到旌旗营寨,煞是奇怪!"曹丕说听了不信,乘坐龙舟亲自到江面上察看。他在船上向南岸望去,果不见一兵一旗。曹丕见此情景,便询问谋士刘晔、蒋济的看法,两人表示:东吴已经知道我大军来犯,怎么会没有防备,因此不可贸然渡江,最好静观几日,令先锋探明情况后,再渡江不迟。曹丕点头表示认可。

当天晚上,没有月亮,于是,江南岸看上去漆黑一片,没有半点灯光,而江北岸则灯火通明,曹营沿江百里一字列开,甚是壮观。南北两岸形成了鲜明对比。但是,到清晨时,江面上先是起了雾,至一阵大风将雾吹散,江北的曹军突然发现,江南岸一夜之间突然修起了连城,城楼上旌旗遍竖,刀枪耀日。这时魏军探哨向曹丕报告:南徐沿江一带,直到石头城,一连数百里,城郭、舟车连绵不断,一夜之间就列成了阵势。曹丕得知,立刻惊叹道:"幸亏我昨天没有贸然进兵,不然必中吴军埋伏了,看来江南果有能人啊!"曹丕见东吴已经做了充分的御敌准备,便对进退感到十分踌躇。此刻,又有人报告:诸葛亮已经又带兵出了祁山,赵云出兵阳平关,进犯中原。曹丕于是即刻下令班师回许都。

见曹丕撤兵,徐盛大大地松了一口气。原来,那些一夜之间所造的连城,都只是一些假城,"城"上的将士都是一些穿着青衣"拿"着刀枪的稻草人。之前,徐盛之所以命令军士多置器械、旌旗,目的便在于此。实际上,面对曹丕的大军,徐盛并没有足够的实力可以对抗,所以才使用了这种虚张声势之计。

你能通过博弈的角度,说出徐盛的计策能够得逞的关键吗?

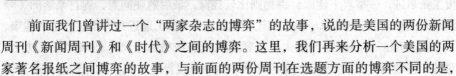

400 两家报纸的博弈

前面我们曾讲过一个"两家杂志的博弈"的故事,说的是美国的两份新闻周刊《新闻周刊》和《时代》之间的博弈。这里,我们再来分析一个美国的两家著名报纸之间博弈的故事,与前面的两份周刊在选题方面的博弈不同的是,两家报纸间的这次博弈是在价格方面。

1994 年初,美国的著名报纸《纽约邮报》考虑到物价上涨等因素,觉得每份报纸的零售价应该提高一些才对,于是将其零售价从原来的 40 美分提高到 50 美分。在当时,《纽约邮报》的主要竞争对手《每日新闻》的零售价也是 40 美分。因为是竞争对手的缘故,《纽约邮报》并没有找《每日新闻》协商一起提高零售价。但是,《纽约邮报》心想,自己提高价格后,《每日新闻》应该默契地同样将价格提高至 50 美分,因为这样对双方都有利。而相反,如果《每日新闻》如果不那么做,他们也明白《纽约邮报》完全可以再将价格回调至原来的价格,甚至调得更低，那样只能是两败俱伤。

但是，令《纽约邮报》感到气愤的是，《每日新闻》竟没有将价格调高，而是仍旧将价格停留在 40 美分上，结果《纽约邮报》失去了一些订户以及由此带来的广告收入。《纽约邮报》心想，这样的局面必定不会持续太久，因为《每日新闻》应该是明智的。但是，没想到，《每日新闻》一直迟迟不肯提高零售价。《纽约邮报》便有些坐不住了，它开始认为自己应该作出警示的行动，好让《每日新闻》知道自己有能力发动一场报复性的价格战。

当然，如果真的发动价格战，最终肯定是双方都遭受损失，因此《纽约邮报》并不想看到那样的结局。于是，《纽约邮报》采取了一个警示性的举动，它将 Staten 岛上的零售价格降到了 25 美分，想通过这种小地区向《每日新闻》展示一下自己的力量。而《每日新闻》也马上领会到了《纽约邮报》的意图。

那么，你猜，在这种情况下，《每日新闻》会采取怎样的应对措施？

401 卢循兵败

东晋时期，桓玄篡位立国之后，任命卢循为永嘉太守。卢循表面恭敬受令，暗中则扩充势力，准备造反。后来宋武帝刘裕平复桓玄之乱，控制大局，他任命卢循为广州刺史，卢循的姐夫徐道覆为始兴相。

义熙六年（410）春，卢循和徐道覆趁刘裕北伐南燕，后方空虚之机，率军造反，北征刘裕。两人先是率军在始兴会合，然后分东西二路北上，进入湘州（治今长沙）与江州（治寻阳，今江西九江西南）诸郡，势不可挡，沿路震恐。后来，徐道覆主张东进，一举攻下建康。卢循则比较犹豫，最后勉强同意，遂自桑落洲（今江西九江东北）进抵淮口（今江苏南京西北秦淮河口），逼近兵力不过数千的建康。

前方的刘裕闻讯后院起火，赶紧自北伐前线撤回京师。他来到长江边上，对各位将领说："叛军来势凶猛，如果从新亭直接挺进，我们只能暂且回避其锋芒了，这样一来，胜负就很难说了。而如果他们回到西岸去休整，那我们就可以一战而胜了。"

在叛军这边，徐道覆主张从新亭进军白石，然后烧掉战船登陆，分路进攻刘裕。而卢循则觉得这样做太冒险，他对徐道覆说："根据敌军慌乱的程度来看，我们只要驻守在西岸，施以心理压力，他们自己就会在几天内不攻自乱。"于是，叛军便在长江西岸驻扎了下来。

起初，刘裕登上石头城，观察叛军动向。一开始，他见叛军向新亭方向进发，刘裕脸色立刻变了，他很害怕卢循趁借其一路胜利的威势，发动突然袭击，尚未部署妥当的自己将措手不及。但是后来他又看到叛军船只回到蔡州停泊下来，便放心了。刘裕命令各路军队立即转移，集中砍伐树木，在石头城和秦淮河口等地树起栅栏。同时，他还命人以最快的速度整修越城，修筑堡垒，并派兵把守。如此一来，刘裕便将自己的防守阵型布置妥当了。而卢循兵临建康近两月，士兵锐气尽失，粮草断绝，不得不于 7 月初退还寻阳，最后兵败投水自杀。

你能否分析一下，本来似乎占有优势的卢循为何会失败？

402 陆逊回兵的原因

在小说《三国演义》中，有这样一段故事。说刘备为给关羽、张飞两位兄弟报仇，率领 70 万大军举国讨伐东吴。但是，东吴新任大都督陆逊先是采用坚守不出的战略，然后又抓住了刘备驻扎军队的弊端，用计火烧蜀军绵延七百里的大营，一举击败了蜀军。刘备也在仓皇中带着一小部分残兵败将往回逃窜。陆逊于是率军趁胜追击，试图一举攻破蜀国。吴军一直追到了一个叫做鱼腹浦的地方，见前方有一堆乱石挡住了去路，充满着一股杀气，却不见一兵一卒。吴军怕有埋伏，未敢轻易进入。陆逊找来一个当地人询问，一位老者告诉他："当年诸葛亮入川时，用石头排列成阵势布于沙滩之上，名曰'八卦阵'。"陆逊心中好奇，带领了几个人到阵中观看，忽然狂风大作，飞沙走石，遮天蔽日。陆逊顿时大惊，赶忙出阵。回寨后，陆逊叹道："这个量真乃'卧龙'也！我比不上他啊！"然后便下令班师。

于是，许多人都认为，当初陆逊之所以没能趁胜长驱直入，灭亡蜀国，乃是因为诸葛亮的神奇本领。但是，这不过是种文学上的说法罢了。在当时蜀国元气大伤的情形下，吴军如果执意要趁势一举攻破蜀国，绝非是一个诸葛亮可以阻挡得了的。实际上，当时吴国之所以放弃这个机会，乃是当时的三足鼎立的形势使然。

你能不能从当时的形势来分析一下，找出陆逊回兵的真正原因？

403 李宗仁灭敌顺序之安排

粤桂战争结束后，广西形成了以陆荣廷、沈鸿英、李宗仁和黄绍陶各为一方的三足鼎立局面。其中，黄绍陶和李宗仁合在一处有两万多人，沈鸿英有两万多人，陆荣廷有三万多人。他们分别以南宁、桂林、玉林为中心展开了一场明争暗斗的历史剧。

陆荣廷与沈鸿英两人乃是世仇，这年，双方在桂林展开了一场鏖战，相持三个多月不分胜负。最终，这两个军阀为避免两败俱伤的结局，开始谈判媾和。

这时，坐山观虎斗的李宗仁得知这个消息后，盘算到，如果陆、沈媾和成功，则广西仍是三分之局；并且，陆、沈可能要合而谋他。于是，李宗仁找到白崇禧及黄旭初商讨对策。白崇禧十分同意李宗仁的看法，说道："陆、沈相急，已经三个多月，我们隔岸观火，现在火势将熄，我们若不趁火打劫，就会失去大好时机。"黄旭初沉吟道："肯定要出手了，不过，李总司令，健生兄，你们认为陆、沈二人，我们先打哪个好呢？"

李宗仁说道："如果从道义上来讲，沈某人反复无常，且久为两粤百姓所痛恨，讨伐他必定大快人心。"

白崇禧则说道："我倒认为应该先打陆，理由有三。其一，陆的大本营在南宁，如今他将兵力都抽调到桂林去和沈打仗，南宁防务空虚，易于进攻；其二，陆与湖南相通，湖南又得到吴佩孚的援助，如果延误时机，等其援助到达，则再谋取他就不容易了；其三，陆、沈之中，陆强沈弱，如若先打沈，即使胜了，陆之力量仍在，广西仍不能统一。而如果先打陆，一旦打胜，则沈就很容易收拾了。因此，目今我们应该联弱攻强。"

黄旭初也进一步附和道："我同意健生的意见，现在陆廷荣已经在桂林被围困三个月，气息奄奄，如果我们攻沈，就等于是救了他的命。"

三人经过一番协商后，做出了"先陆后沈"的决策。

于是，李宗仁当即领衔发出通电，要求陆荣廷下野。紧接着，李宗仁率领左翼军兵不血刃地占领了南宁。白崇禧则指挥右翼军扫荡宾阳、迁江、上林之敌后，即向左回旋进击武鸣，也未遭激烈抵抗，两军会师南宁。被围困于桂林的陆荣廷见南宁老巢丢掉，只得率残部逃入湖南。之后，李宗仁趁热打铁，花两年多的时间将沈鸿英、谭浩明等旧军阀一一剪除，于1925年秋统一广西。

李宗仁消灭陆、沈军阀的过程，包含了很微妙的博弈论，你能分析一下吗？

404 帆船决赛策略选择

1983年，美洲杯帆船赛决赛前4轮结束后，卫冕冠军美国队的丹尼斯·康纳船长的"自由号"在这项共有7轮赛事中，3胜1负，成绩排在首位。如果不出意外，这届的冠军仍将是美国人的。

第5轮比赛即将开始的那天早上，整箱整箱的香槟已经被送到了"自由号"的甲板上。而在一旁的观看船上，船员的妻子们则身着美国国旗红、白、蓝三色的背心和短裤，等待着跟随他们的丈夫一起和奖杯合影，看上去冠军已经是他们的无疑了。

比赛开始后，由于澳大利亚队的"澳大利亚二号"出现抢跑情况，被责令退回到起点线后再次起步，这又使得"自由号"获得了37秒的优势。在这种局面下，澳大利亚队的船长约翰·伯特兰冷静分析之后，果断决定将帆船转到赛道左边，他这样做，显然是在赌风向发生变化，使得他们能够后来居上。但是，一旦赌输了，就完全没有希望了，而且，他赌赢的机会很小。而美国队的丹尼斯·康纳船长则决定将"自由号"留在赛道右边，显然他赌的是风向不变。

结果，没想到约翰·伯特兰这次大胆的举动押宝押对了，后来风向果然出现了偏转，使"澳大利亚二号"以 1 分 47 秒的巨大优势赢得这轮比赛。并且，再赛两轮之后，"澳大利亚二号"赢得了决赛桂冠。

后来，有的美国媒体批评丹尼斯·康纳，说他策略选择失败，没有跟随澳大利亚队调整航向，有的则认为他运气不佳而已；而对于约翰·伯特兰赢得比赛，许多人夸赞他的同时，也有人不以为然，认为他仅仅是因为运气好而已。

你能分别分析一下丹尼斯·康纳和约翰·伯特兰的策略的对错吗？

405 果敢的随何

公元前 204 年，项羽和刘邦在彭城展开了拉锯战。刘邦因在军事上不是项羽的对手，屡次战败。谋士张良分析认为，九江王英布是楚国的猛将，据有九江（郡治寿春，今安徽寿县）、庐江（郡治舒县，今安徽庐江西南）二郡，具有相当实力。但是楚汉之争中，项羽多次要英布出兵相助，他都按兵不动，或者只派几千人虚与应付，项羽对他颇为怨恨，多次派使者责问他。如此一来，英布就更不敢前去见项羽了，因此张良认为可以利用他和项羽的这个间隙拉拢他。于是，谋士随何主动请缨，前去策反英布。

随何带着二十个人来到九江王地盘后，等了三天也没能见到英布，于是他便对接待他的太宰说："这样僵持着也不是办法，我请求见到九江王，如果我说的话要是对呢，大王听我的；如果我说的话不对，则请你们将我们二十几人一起放在砧板上，在淮南广场当中用斧头剁死，以表明大王誓死效忠楚国的决心。"太宰一听，便将此话传给了九江王。九江王于是接见了随何。

随何见到九江王后说道："汉王派我恭敬地来到您面前，我只是感到奇怪，为何您和楚国的关系那么亲近？"九江王说："我现在是以臣子的身份侍奉项王。"随何说："可是，您既然是以臣子的身份侍奉项王，在项王亲自率军攻打齐国时，曾要求您出兵。您本来应该出动淮南全部人马前去效力，却只是派来四千人前去应付。作为别人的臣子，是这个样子的吗？项王与汉王在彭城作战，曾要求您出兵助战。但是您却没有出动一兵一卒，而是垂衣拱手地观看他们谁胜谁败。作为人家的臣子，是应该这个样子的吗？如此一来，项王现在是没有工夫和您算账，一旦等将来各方稳定，您以为项王会不和您算这笔账吗？"此后，随何又对九江王分析了一下战争形势，最终，九江王暗中同意叛楚归汉，但是却不敢将这件事公开。

就在这时，项羽的使者也来到九江，催促九江王发兵援救楚军。九江王于是在传舍中接见项羽的使者。这个消息马上传到了随何的耳朵里，于是随何心想，先前九江王只是口头上答应叛楚归汉，并不坚决，现在项羽的使者到来之后，他肯定又要产生动摇了。他知道，这次能否成功策反九江王，就决定在这一刻了，情况十分紧急。于是,情急之下的随何突然想到了一个快刀斩乱麻的主意。最终，随何正是凭借这个主意使得九江王最终明确地背叛了项羽，投靠了刘邦，为刘邦的最后胜利奠定了战略性的基础。

假如你是随何，面对这种情况，你会怎么做？

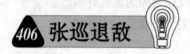

406 张巡退敌

天宝年间，"安史之乱"爆发，叛将令狐潮率军四万包围了雍丘（今河南杞县）。雍丘虽小，但地理位置十分关键，乃是江淮地区的屏障，一旦失守，叛军将可长驱南下，骚扰江淮地区。因此，雍丘守将张巡手头仅有两千兵士，仍决定誓死守卫雍丘。对于来势汹汹的叛军，张巡出其不意，留下一千人守城，自率一千精兵，打开城门冲出杀敌。叛军做梦也没想到张巡敢于冲出城来，措手不及，被杀了个人仰马翻。第二天，令狐潮又指挥士兵架起木制云梯攻城。张巡又使用油浸过的草捆点燃后抛到城下，烧死叛军无数，挫败了叛军的进攻。叛军于是束手无策，双方僵持下来。

在接下来双方对峙的两个多月里，张巡死守城墙，并且一有机会便率军出城偷袭叛军，夺取了敌军的许多粮食和盐。但是，虽然粮盐有了保障，城中的箭矢却已经消耗殆尽。鉴于此，张巡命令士兵扎了许多草人，给它们穿上黑衣，在月光下用绳子将它们坠下城去。城外的叛军以为叛军又要来偷袭，纷纷射箭。射了半天，叛军觉得不对劲，因为他们始终没听到一声喊叫声，而且发现这一批刚被拉上城去，另一批又坠下来，似乎故意让士兵来送死。于是，叛军派人前来探查，方知对方坠下来的全是草人。而这一夜，张巡得箭十万支。

到了第二天深夜，张巡又故伎重演，叛军乱射一阵后，发觉又是草人后，便停止了射箭。以后每天夜里，张巡都是如此，城外的叛军便不再上当了。就在一天夜里，张巡突然发起总攻。他趁夜色将五百勇士坠下城去，叛军依旧以为是草人，并不理睬。五百勇士下城后，喊杀冲天，奋勇冲进敌营。叛军没有一点准备，顿时大乱。接着，叛军营房又四处起火，混乱中也不知来了多少官军，一个个抱头鼠窜。最后，张巡又率军冲出城，追杀叛军十多里，大获全胜。

在这个故事里，叛军之所以失败，是因其策略出现了明显的失误，你能找出其失误的地方吗？

407 空城计

三国时期，诸葛亮首次率师北伐时，由于马谡刚愎自用，失守街亭这块咽喉要地，导致蜀军大势已去，诸葛亮不得不迅速做出战略撤退的部署。他令张翼率兵前去修理归途剑阁；派关兴、张苞布设疑兵，防止魏军追袭；派姜维、马岱断后，作为大军撤退的掩护；同时还安排人把姜维的母亲送到汉中。各方部署完毕后，诸葛亮自己则率领五千军马去西城搬运粮草。

而魏国主帅司马懿也是老谋深算，他对部将张郃说道："如今蜀军丢失了街亭，粮道被切断，诸葛亮必然会退回汉中。否则的话，蜀军便成了没有后方支援的孤军，会被我困死在这里。他们撤军时，必定会以主力断后，以防止我追击。所谓穷寇勿追，我们就不追他的大军了。不过，我们可以将他的粮草辎重截下，也算是不小的胜利了。你率军从箕谷小路去截蜀军的粮草、辎重；我率军去占领西城，那里是通过南安、天水、安定三郡的要津，占领了这里，三郡便可以收复。同时，西城还是蜀军屯粮之地，可以在那里得到许多粮草。"

诸葛亮到了西城，才刚刚将粮食装运好，并命两千五百军兵押送着粮草离开，就接到线报司马懿已经率领十五万大军朝西城杀来了。众人一看，现在城内只有一帮文官和两千五百名军士，如何守得住城？如果弃城而逃，前方所运的粮草必然被追上。因此都感到十分焦急。就在这时，诸葛亮却十分镇定，他走上城头，观察正在奔来的魏军，只见几里之外的魏军兵分两路，正杀气腾腾地朝这边奔来。

诸葛亮果断下令：将城头上的旌旗全都隐藏起来，每个军兵各自藏在原来的位置上，不准露面，不准高声说话，如有违反，立刻斩首；同时，打开四面城门，每个城门口派二十几个军兵扮作普通百姓，在那里洒水扫街，魏兵到时，也不准乱动和表现出惊慌。之后，诸葛亮自己则披上鹤氅，戴上高高的纶巾，领着两个小书童，带上一张琴，到城上望敌楼前凭栏坐下，燃起香，然后慢慢弹起琴来。

魏军先头部队奔驰到西城下，见到这般情景，都感到很诧异，没敢贸然进城，赶紧将情况禀报给司马懿。司马懿听到报告后，不相信这是真的，立即亲自来到城下，只见自己的老对手诸葛亮果然坐在城楼上满面笑容、怡然自得地弹琴，左右两个童子各占一边，一个手持宝剑，一个手持拂尘。而城门内则有二十来个百姓在那里旁若无人地打扫街道。司马懿再仔细听那琴声，发现琴声悠扬，毫不纷乱。司马懿于是当即下令，后军改为前军，马上撤退。

在回去的途中，司马昭问司马懿道："父亲您为何要退兵呢？诸葛亮如此，必然是身边没有军将，才故弄玄虚，哄我们离开的！"司马懿则说："这个你就不懂了，事情没有这么简单。你所说的我自然也想到了，但是根据我的判断，城中必然有重兵埋伏！”司马昭问道："父亲您为何如此肯定呢？"司马懿解释道："我对诸葛亮是十分了解的，此人一生行事谨慎，从不肯冒险。我当时听他的琴声，曲调丝毫不乱，想必他是成竹在胸的，并且曲调中也隐隐含有伏兵千万的韵味。另外，你有没有注意城门内的扫地的百姓，这些人见到我大军就在城门外，却丝毫不惊慌，因此必然是蜀军装扮的。从这几点来看，这一定是诸葛亮的'实则虚之'之计。"司马昭听了，内心十分敬服。

那么，你能分析出诸葛亮的空城计之所以能够成功的关键吗？

408 海涅的还击

在很长的时间里，在德国，犹太人一直受到人们的敌视。身为犹太人的德国诗人海涅尽管声名卓越，但也常常遭到无端攻击。一次，一个旅行家在对海涅讲述他的旅行经历，并借此对海涅进行了攻击。他声称他有一次登陆了一个奇怪的小岛，然后问道："这个小岛上有个奇怪的现象，令我感到不可思议，你猜猜看，是什么现象——那就是这个小岛上竟然没有犹太人和驴子！"说完他便不怀好意地哈哈大笑起来。

如果你是海涅，你会如何来回应这句充满恶意的话？

409 庞振坤戏县令

庞振坤是明末清初时河南邓州人，他才华横溢，秉性耿直，愤世嫉俗，常以嘲弄官宦、鞭挞豪强为乐事，人称混世奇才。

一次，庞振坤路过家乡邻县时，听说该县的县令十分好色，一心想讨个称心如意的小老婆。但是这个县官十分挑剔，挑来挑去，最终也没有定下，老百姓不堪其扰。庞振坤于是便不请自来地前往县衙，声称要替该县令做媒，问县令有什么要求。县令于是便说道："我的要求是：樱桃小口杏核眼，月牙眉毛天仙脸，不讲吃喝不讲穿，四门不出少闲言。"庞振坤一听便说道："巧了，我们村正有这样一个女子，我保定能做成这桩媒！"县令一听，十分高兴地当下和庞振坤商定了娶亲的日子。

迎亲那天，县令派人抬着花轿，放着鞭炮，敲锣打鼓地将新娘接了回来。但是，花轿抬到县令府门口时，司仪喊了许久，新娘也不下轿。县官于是上前揭开了轿帘，一看里面的新娘，县官大怒，找来庞振坤论理，但是庞振坤却同样振振有词，声称这个新娘完全符合了县令的标准。最后，县令也只好放了庞振坤。

你猜，这是怎么回事？

410 郭忠恕作画

郭忠恕是我国五代至宋初的著名画家，其山水人物画十分精妙，远近闻名。但是，郭忠恕为人清高怪异，不肯轻易为人作画，尤其从来不愿为达官贵人作画。

一年，郭忠恕寄居陕西时，有个贪财的古董商久闻他的大名，很想得到他的画，并靠此发一笔。为了能得到郭忠恕的画，想来想去，古董商想了个办法，就是叫儿子天天给喜爱喝酒的郭忠恕送好酒喝。最后，郭忠恕吃人嘴短，在古董商出面告诉他想得到他的画时，只好答应了。但是，没想到这个古董商非常贪心，竟然拿了整整一匹白绢来请郭忠恕作画。郭忠恕一看，也没说什么，只是将白绢全部展开在上面开始作画，很快就将整匹白绢用完了。这个古董商最后一看，大呼上当。

你猜郭忠恕是如何将一匹白绢画满的？

411 赖账案

从前，印度有个无赖，以做买卖为由，找自己的邻居借了10个金币，并承诺到二月时，归还对方20个金币。但是，这个无赖并没有去做买卖，而是将这金币吃喝嫖赌花完了。到了二月份，邻居在一天晚上上门前来要债。无赖却奸笑着回答："现在还没有到二月嘛，你怎么就来催帐了！"

"你会不会算日子？现在不就是二月嘛！"邻居有些生气地说。

"怎么，天上明明只有一个月亮嘛，诺，你看！"说着，无赖指了指天上。

这时，邻居才知道上了对方的当，气得浑身直哆嗦，但也没有办法，只好回家了。

邻居回家后心想，对方可能是一时还不上钱，才使用这招搪塞一下，那就宽限他些日子。于是，过了一段时间后，邻居又上门讨要，没想到无赖仍旧是这个说法。如此多次，都是如此，邻居心里这才明白这家伙一开始借钱时便打定了这个主意，给自己设了个陷阱。但就这么吃了这个哑巴亏，自己又心有不甘，于是他便去找比尔巴告状。

比尔巴是16世纪时印度的一个智者，因富有智慧而被国王任命为宰相。比尔巴听了原告陈述的情况后，传无赖前来对质。听完双方的对质后，比尔巴心下大致有了底。于是，他假装疲惫地说，这件案子看来比较复杂，有一些关键的地方我还没有梳理清楚。我看这样，现在天也快黑了，咱们大家先吃点晚饭。晚上这里比较热，晚饭后咱们一起到外面的湖边继续审问这个案子，那里凉快。原告和无赖都答应了。

后来在湖边，比尔巴成功地让无赖还了邻居的钱，你猜他是如何做的？

412 老实的山里人

从前，在缅甸有一个船主，专门在缅甸第一大河伊洛瓦底江上跑生意。每次跑生意时，这个船主都要雇佣十几个船夫在船上帮忙。一路上，由船主供应船夫伙食，最后等航程结束时付给他们工钱。不过，这个船主狡诈而贪心，每次航程结束时将要付工钱时，他都要看船夫中谁老实，然后找他打赌，骗取他们的工钱。而熟悉这个船主的船夫也

都十分提防他，并私下提醒新来的不要上船主的当。

在一次航程中，船主雇佣了一个山里人来当船夫，这个人身体结实，但看起来有些呆头呆脑，船主就喜欢这样的船夫。这个山里人来到船上后，干活很在行，只是不爱说话，很少与其他船夫交往。因此，其他船夫也就没有提醒他提防船主的事。这天，船只航行到下游之后，船主看这个山里人老实，便想骗取他的工钱，于是他避开其他船夫对山里人说："你看这里的鸡多便宜，而上游的鸡很贵，你买只鸡带回去不是不错的主意吗？"山里人一听，觉得有道理，于是便在当地买了只鸡。

在返程的船上，船夫每天都抓一把米来喂鸡，船主看到了也一直没说什么。到了航程最后一天，船主突然找到山里人说："我说伙计啊，你一路上每天都用我的粮食来喂你的鸡。可是，咱们当初规定的是我要提供你一路上的伙食，可没说要提供你的鸡的伙食啊，现在我可要开账单了。"

"好吧，当家的。"山里人回答说，"我愿意为我的鸡付账。"

于是船主假装低头核算了一会儿，然后抬起头对山里人说："你喂鸡所花费的钱，正好和你的工钱一样多，这样我们就两下抵消啦。"

"那好吧。"山里人表示同意，空着手回家去了。其他的船夫于是都嘲笑山里人傻。

过了一段时间后，山里人又到了船主这儿，声称自己还想跟着船主再跑一趟活。船主一听十分高兴，心想这下可又要省了一个船夫的工钱了。

山里人上船后，上次和他一块跑船的船夫纷纷取笑他："喂，你还想再买一只鸡吗？"山里人却笑着回答说："买不买鸡我不知道，不过我知道，这次我一定会交上好运的，因为这次我带上了父亲的魔刀！"说罢他拿出一把刀给大家看。

船夫们一看，也不过是把普通的刀而已，没什么稀奇，就更加以为山里人傻了。一路上，他们烦闷时便拿山里人开玩笑，要么问他买不买鸡了，要么拿他的魔刀逗趣。但是山里人却始终都脾气很好，并不生气，并且看上去真的将那把平凡无奇的刀当做宝贝似的。

一次，船夫们惊讶地看到山里人严肃地拿着自己的魔刀站在船边上，闭着双眼并念念有词。他们感到很奇怪，不知道这个傻子又在搞什么傻把戏了，于是便想捉弄他一下。他们悄悄地从后面走到山里人背后，然后，突然大喊一声，山里人显然是被吓了一跳，手里的魔刀也一下子掉进了水里。船夫们多少有些惊慌，心想他这么重视的东西被我们吓得掉进了水里，可能要发飙了吧，毕竟兔子急了还咬人哪！但没想到这个山里人一点也不生气，只是赶紧拿起船上的另一把刀，在魔刀落水的船舷部位上做了个记号。大家看他如此荒唐的举动，都提醒他说："你这样是没用的，船是在动的呀，难道你的刀会在水底跟着船移动吗！"

但是，山里人却说："这个我不管，反正我只知道，刀就在这个记号下面，我什么时候只要从这个记号处下水去，就能找到我的魔刀。"

船夫们看山里人说的道理狗屁不通，又听不进大家的意见，便不再理他了。而船主也听说了这件事情，于是他便又想到了一个骗取山里人工钱的主意。他找到山里人说："伙计，我们这样在河上行驶，也怪没意思的，你愿意和我打个赌逗逗趣吗？"

"好的，当家的。"山里人回答说，"我也老觉得没意思呢！"

于是，船主便说："你不是说你的刀是把魔刀吗，我听说你说过，你随时跳下水去都能找到你的刀。明天我们就到目的地了，到时停船后，你就跳下水去找你的魔刀，如果你能找到，我就把我的船输给你；如果你找不到，你的工钱就输给我了，怎么样？"

"好，当家的。"山里人不顾周围的船夫们使劲给他使眼色，接受了船主的打赌。

于是，到了第二天，船到达目的地后，船主便对山里人说："好了，现在船停了，你可以去找你的刀了。"这时其他的船夫也都出来看热闹。

山里人于是摸到船舷上做标记的位置，便跳了下去。过了一会儿，他便露出水面喊道："找到了！"说着便举起了手里刀。

船夫们都感到不可思议，纷纷拿过那把刀来看，还真是原来的那把刀。于是，他们纷纷说道："山里人，看来我们不该取笑你，你的刀还真是把魔刀呢！"

船主不服气地接过刀，仔细看了许久，也没有找出破绽，于是气急败坏地喊道："不对，这里面肯定有花招！"

"那我不知道。"山里人说，"我早就告诉过你，这是把魔刀，我一定会找到的。"

船主还想抵赖，其他的船夫也都早就看不惯他的为人，纷纷力挺山里人，声称愿意为山里人作证。船主无奈之下，只好将船给了山里人。

想象一下，山里人是如何找到他落水的那把刀的？

413 女秘书的回应

某个南方企业的老总因为偶然的机会和另外一个企业女秘书接触了一次，对其才干和风度都十分欣赏，便想用重金将其挖到自己身边。

这天，南方老总自以为财大气粗，竟然趁对方老总不在的机会，径直来到该公司。女秘书接待了他。落座后，南方老总先是对女秘书夸赞了一番，然后便为其抱屈，声称以她这样的才干，现在的薪酬太不合理了。女秘书也大致知道了他的来意，但对于这位显然修养欠缺的南方老总的邀请并不感兴趣，只想借机礼貌地拒绝。

南方老总却并没有看出来，以为以自己开出的优惠条件，肯定一招手，对方便来了。于是，他现在就把女秘书当成了自己的秘书，在趾高气扬地大发一通议论后，便要女秘书给他倒杯水。女秘书心里不是很舒服，但还是耐着性子给他倒了。

在接水后，南方老总又问："你们经理是北方人吧？"

"是的，山东人。"

"哦，怪道看他的样子和街上卖大饼的有点像呢！哈哈！"南方老总无礼地边说边笑，"我想不明白，像你这么漂亮又有才干的小姐，怎么肯去服侍那个愚蠢的草包呢？"

秘书小姐一听，感到十分生气，但也不想撕破脸，于是说了句话，既不显得无礼，又使得这位南方老总感到脸红。

你猜，这位秘书小姐说了什么？

414 巧捉小偷

海因里希·罗斯是19世纪德国著名化学家，一生研究出了众多化学产品，他也因此而成为了一个百万富翁。晚年的时候，罗斯爱上了对于艺术品的收藏，先后买回了许多件珍贵的文物和几幅精美绝伦的世界名画。买回来之后，罗斯将这些价格昂贵的东西布置在客厅里，供自己和前来拜访的客人欣赏。

晚年的罗斯因此而颇得其乐，但不幸的是，这件事不久便被一个消息灵通的小偷给知道了。这家伙知道这个消息后兴奋得不得了，因为他知道，一个老化学家的家里不会有什么特殊的警备措施，自己很容易得手。而一旦偷到哪怕一件艺术品，自己便发了。于是，经过一番精密的计划之后，在一天深夜，小偷便造访了化学家的家。

小偷悄悄从窗户潜进化学家的家之后，发现其家人已经全部睡下，大厅里空无一人，于是他便大摇大摆地来到了客厅。看到大厅上所悬挂的几幅名画和桌子上所摆放的几件艺术品后，小偷眼睛直放光，以娴熟的动作将两幅名画和两三件艺术品收入自己的包裹中，便想离去。这时，他看到桌子上放了一瓶绿色的酒，其看上去晶莹剔透，还散发着扑鼻的香味。小偷也是因偷盗得手，一时高兴，便拿起酒来咕嘟咕嘟灌进了喉咙。喝完，他竟然大摇大摆地离开了化学家的家。

到了第二天，化学家一觉醒来，才发现自己的宝贝一下子丢了好几件，不禁大惊失色，赶紧报了警。麦克警探接到报案后，立刻驱车赶来化学家的家里，并立即对犯案现场进行了仔细搜查，但是，没有发现罪犯留下的任何有价值的线索，看来罪犯是个偷盗高手，必定是带了胶质手套并穿了特制的鞋子。

就在麦克警探感到一筹莫展之际，仆人告诉警探，昨天夜里放在客厅里的酒少了半瓶，一定是那个贼因为一时嘴馋喝的。麦克警探一听，顿时心生一计，他对罗斯如此这般地说了自己的计策。罗斯于是按照麦克警探的办法去做，果然，到了第二天，那个小偷便自己主动找到了罗斯的家里，被藏在暗处的警察当场擒获了。

你猜麦克警探的计策是什么？

415 阿凡提"种金子"

有一年，新疆地区由于长时间干旱，很多穷苦人家都没有饭吃。阿凡提看到这种情况后，十分着急，他看到财主仍旧是过着奢侈无度的生活，便准备来个"劫"富济贫。

一天，财主从外面游玩回来，看到路旁的阿凡提正撅着屁股在田里挖坑，坑边则放着一些金子。财主感到很奇怪，便问阿凡提："阿凡提，你这是在干什么呢？"

"哦，尊敬的老爷，我在挖坑种金子呢！"阿凡提抬起头来回答。

听了阿凡提的回答，财主一下子来了劲，他好奇地问："这样种，会有收成吗？"

"当然了，您一向知道，我可是个聪明人，怎么会做白忙活的事情！"停顿了一下后，阿凡提又补充道，"这样种下去，一个月后，就会有几倍的金子长出来，到时我就会像您一样是个财主咯！"

一向贪婪的财主一听，眼睛里立刻放射出光芒，他陪着笑脸对阿凡提说道："你就这么点金子，即使丰收了恐怕也没多少收成！我看这样，我给你提供一些金子种子，金子长出来后，我七你三分成，你看怎么样？"

"您说的很对，老爷，我正愁金子种子不够呢！就照您说的办法！"阿凡提高兴地接受了财主的提议，并跟着财主回家去取了两斤金子回来。

一个月后，阿凡提提了十斤金子去财主家，说道："老爷，这次的收成不是很好，只有十二斤的金子，我留下了两斤，给您送来了十斤，您看行吗？"

"行行行！就这么分！就这么分！"财主高兴得合不拢嘴，看着这些金子眼睛都笑得眯成了一条缝。最后，阿凡提离开时，财主让他带走了一大箱子金子，并亲自把他送到门口。阿凡提回去后，便将这些金子分给了穷人们。

阿凡提走后，财主焦急地期盼着阿凡提的到来。终于过了一个月，阿凡提又来到了财主的家里。财主在屋里远远地看到阿凡提进院后，眼睛先是突然一亮，接着又笑成了一条缝，他笑眯眯地迎出屋外，大老远便对阿凡提说："哎呀，亲爱的阿凡提啊，你终于来了！运那十箱金子的大车和牲口都停在大门外了吧？"

"老爷，真是太倒霉了！"阿凡提边说边用手去抹眼泪，"老爷您也知道，这一个月来天一直都没有下雨，咱们辛辛苦苦种下的金子都被太阳给晒死了！不仅没有收成，连种子也都搭进去了，现在是一两金子也没有了！"

财主一听，顿时明白阿凡提一开始就在骗他，他指着阿凡提说道："你这是在胡说八道，傻瓜也知道金子是不会干死的！"

这时，阿凡提反驳了财主一句话，财主一听，哑口无言，心知即使告到法官那里，自己也未必能赢，便只好忍下了这口气。

你猜，阿凡提是如何反驳财主的？

416 旅馆经理耍赖

一天，一个旅行团来到了一处事先预定好的旅馆。经过一路的奔波，游客大多浑身是汗，这个时候急需舒舒服服地洗个澡。可是，当他们来到房间的浴室时，却发现没有热水。游客们感觉很生气，找到旅馆的工作人员，问他是怎么一回事。工作人员解释说，由于锅炉工人回家时，忘记了放水，导致事先预定好的房间没有热水，他们对此事感到很抱歉，不过他们也没有办法，并建议客人去公共浴室洗。了解到这种情况后，旅行团的领队就去找旅馆的经理去了。

领队对旅馆经理说明了旅客一路的艰辛，表示需要洗个热水澡解乏，而之前预定房间时说好的，每个房间都可以洗热水澡。但是，经理对他的态度并不好，只是依旧坚持让旅客去公共浴室洗。领队非常生气，他愤怒地对经理说："当然，如果没有别的办法，我们也只好去公共浴室洗，可是我们定的是套房，价钱是80元一晚，现在我们去公共浴室洗澡，就相当于定的是普通的房间，只需要50元。我现在要求你们退回我们剩余的房钱。"

狡猾的经理看到领队要求退钱，态度就有所好转了。不过他依然并不肯采取措施，只是态度更好地表示自己实在没有什么办法，要客人委屈一下，去公共浴室洗澡。

领队当然不肯罢休，他坚持要提供热水，不然就退钱，而旅馆经理还在一直推诿。这个时候，领队说了一句话，经理就马上派人叫来了锅炉工。半个小时后，房间里就有了热水。

你知道领队说了什么吗？

417 诗人的反击

乔治·莫瑞是英国一位伟大的诗人，不过，他出身很低微，来自于一个木匠家庭。在英国，一个人的血统出身非常重要，有的人虽然非常有才能，却由于出身的原因不被上流社会所接纳。

然而，乔治并没有因为自己的出身不好而有过丝毫的自卑感，他从不忌讳自己的出身。事实上，他正是要证明给上流社会看，一个出身低微的人一样能取得让人刮目相看的成就。于是，经过乔治的不懈努力，他终于赢得了上流社会的敬重。但是，还是有些浅薄之人因为嫉妒乔治所取得的成就，经常拿他的出身取笑他。

一次，乔治要去一个地方参加一个研究会，走着走着，一个纨绔子弟忽然跳出来拦住了乔治的去路。只见他嘴里叼着根雪茄，先是故作悠闲地吸了一口，然后对乔治轻蔑地说道："听说你的父亲是个木匠，那么你的父亲怎么没把你培养成木匠呢？你可是没有子承父业呀！"

乔治很清楚，这明摆着是在嘲笑自己的出身不好。但是，乔治并没有感到特别生气，因为他对这种现象早已经司空见惯了。对于他们，他有的只有可怜和鄙视。于是，他停下来，把双手交插在胸前，笑着对那个纨绔子弟说道："我想请问阁下一个问题，你的父亲是不是一位绅士？"

这位纨绔子弟听了，高傲地答道："那当然是了，你可以去打听打听，在英国的上流社会，谁不知道家父的英明！"

乔治听到他这么说，知道这个傻瓜已经进入了他的圈套，于是，他对这个纨绔子弟说了一句话，使他立即张口结舌，灰溜溜地走了。你能猜出这位诗人说了一句什么话吗？

418 作家职业的妙用

狄更斯是英国 19 世纪伟大的批判现实主义的作家。他不仅文笔好，口才也好，是位能言善辩的作家。

有一次，狄更斯在湖边钓鱼，没想到钓了半天，却一条鱼也没钓上来，正在他无奈之时，走过来了一个年轻人。

狄更斯并不认识这个人，但是年轻人却来到狄更斯的面前，对他说道："请问您是在钓鱼吗？钓了几条了？"狄更斯不假思虑地答道："我今天运气不好，钓了半天，一条鱼也没钓到。哎，今天远不如昨天，我昨天钓了 15 条呢！"

年轻人说："您昨天的运气确实很好啊。您知道我是谁吗？"狄更斯说："老实说，朋友，我还真不知道您是哪位。"

没想到年轻人说道："我是这个地方的管理员，此处是禁止钓鱼的。您昨天钓了那么多的鱼，是要罚款的。"于是，年轻人毫不犹豫地就拿出了罚款单。

狄更斯这才明白自己上当了，知道事情十分不妙，然而，他却并不着急，而是微笑着对管理员说："那么请问，您知道我是谁吗？我是有名的小说家狄更斯呀！"

管理员却不买账，不客气地回答说："无论您是谁，只要在这钓了鱼，就要罚款！"

接着，狄更斯又说了一句话，这位管理员就无话可说了。就这样，这位聪明的作家巧妙地逃掉了这次罚款。你猜狄更斯接下来说了什么话呢？

419 县令巧拆大盗阴谋

李明正是宋朝时期汝南县的县令，他一向以刚直不阿，善断奇案著称，因此当地的流氓盗匪们十分仇恨他。

一天，李明正办案时抓住了一个叫李新鬼的大盗。说起李新鬼来，百姓们无不痛恨得咬牙切齿，因为此人十分阴险狡诈，不仅盗窃他人财产，有时候连盗墓他都敢。这次他知道自己性命难保，便想临死前治一治李明正，与其作一次智力较量。这时，他的脑海里已经酝酿出了一个十分阴险的主意。

李新鬼脑子里冒出来的第一个他可以利用的人就是张鲁。张鲁是李明正县衙里的一个狱吏，他凶狠无比，连监狱里最凶残的犯人都怕他三分。除了凶狠之外，张鲁还十分贪婪，他经常收礼受贿，哪个犯人如果不定期送好处给他，他便对那个犯人拳脚相加，绝不手软。李新鬼就是想利用张鲁这种凶残贪婪的天性。

这天，张鲁听说来了一个新的犯人李新鬼，就准备来这里给他点下马威，好让他以后服服帖帖交钱。

而李新鬼早就盼着张鲁来了，当张鲁来到牢中时，李新鬼忙凑上去对张鲁说道："张大哥，您终于来了，我正盼着您呢！我知道自己活不了几天了。不过，临死前想送点东西孝敬孝敬您，但是就怕您不敢要。"

"啥东西？快说吧。"张鲁一听大盗要送东西，脸上立刻呈现出一副贪婪的表情，眼睛都瞪得溜圆溜圆的。

李新鬼眼珠一转，奸笑着对张鲁说："当然是大把大把的财宝喽！不过这财宝不在我身边，假如大哥您想要，肯定会有人给您送来的。您信不信我说的？"

"谁？你就别卖关子了，倒是快说！"张鲁听不得这些绕弯子的话，不耐烦地打断了李新鬼的话。

"别急嘛，事情是这样的。"李新鬼瞅瞅外面没人，慢悠悠地说道，"这财宝现在都在一些富户人家里，我前些日子想盗却没得手，栽进去后就被抓在这里。你只要给我开一个这些富户的名单，我就叫他们把财宝给你送来。"

张鲁越听越糊涂了，忍不住问李新鬼："你不是骗我的吧！这是真的？"

李新鬼看张鲁那贪婪的样子，心里直发笑，但脸上却装出一本正经的样子，说："当然是真的了！你等着吧，等县令老爷再问案的时候，我就把名单上的富户都供出来，说他们都替我窝藏过赃物。到那个时候，老爷会把他们都抓到堂上，审问时，他们肯定都不会认罪。这样，他们就会被押到这个监牢里，由你来看管。你想，他们这些富户有的是钱，一定会纷纷给你送礼，请你照顾他们的！"

"哈哈……这个主意好！太妙了！"张鲁乐得手舞足蹈，咧开嘴大笑。他很快开了个名单，递给李新鬼说道："事成之后，少不了你的好处，我一定亲自买些好酒好肉来犒劳你。"

"小弟理当效力，日后还望哥哥多多照顾。"李新鬼一边回答，一边目送着张鲁离去，禁不住乐出声来。

几天后，李明正开始审理李新鬼的盗窃案子。李明正发现，李新鬼并不惧怕自己，而是表现出一副死猪不怕开水烫的样子。

李明正缓了缓神，盯视着李新鬼问道："你是哪里人氏？"

"启禀老爷，本人流落江湖，四海为家，哪儿都可以是我家。"

"你叫什么名字？"

"江湖之人，没有大名，人称大恶人李新鬼。"

"你知道自己犯了什么罪吗？"

"当然是盗窃了。"

"那么你总共盗了多少财宝？"

"这个不好说，随盗随花，懒得记数，总归是不少。"

"那么总有剩下的赃物吧，这些赃物都被你藏到什么地方了？"

"都藏在我的那些窝主家里。"

"你的窝主都是谁？"

"张新贵、马魁、王鲁……"

李新鬼像背口诀似的，一口气念出了十多个名字。李明正顿时感到十分舒畅，没想到这个盗贼这么配合自己，一件大案就这么轻易地审理清楚了！

李明正看该问的都问清楚了，就命令衙役将李新鬼押下去，听候发落。可一等他们下去，李明正突然觉得不对劲：这李新鬼是个十恶不赦的恶棍，刁钻奸猾是出了名的，今天自己没有用一点刑，他怎么就跟竹筒倒豆子一样地交待了实情呢？这其中一定有诈。怎么办呢？

一直到深夜，李明正都独自一人在书房里徘徊。最终，他想出了一个主意，第二天一早，他便命令捕快将李新鬼供出的窝主全部抓到衙门来。

到中午时分，捕快们已经将那些"窝主"全部抓齐了，并带到了大堂上。这时，李明正早就坐在大堂上等着了。不过，李明正并没有审问这些"窝主"，只是让他们分两排跪在大堂上。然后，李明正命令衙役将李新鬼带到堂上。李新鬼被带到堂上后，李明正指着这些"窝主"，只简单问了李新鬼几句话，便将李新鬼的阴谋给拆穿了，同时也知道了张鲁所做的坏事。

于是，李明正便把这些"窝主"释放了，又将张鲁重打20大板，并革去其职务，之后判决李新鬼秋后问斩。猜一下，李明正是怎样迫使李新鬼说出实情的？

420 巧辩"皮箱"案

20 世纪 30 年代中期，法国巴黎香榭里舍大街一家名为"莉儿"的皮箱专卖店开始兴隆起来。"莉儿"的皮箱专卖店货真价实，童叟无欺，越来越得到大家的认可。到 1927 年的时候，"莉儿"的皮箱专卖店生意兴隆，附近的不少皮箱专卖店都因敌不过"莉儿"而渐渐倒闭了。倒闭的店铺中就有一家名为"伊尔丝"的。

"伊尔丝"皮箱专卖店的老板多尔达尔是个不善交际的人，他的性格有点儿内向，在自己的店铺倒了之后，多尔达尔内心十分苦闷。看着"莉儿"的皮箱专卖店的生意越来越好，不甘心的多尔达尔十分嫉妒，于是，他雇了一个人，让他刁难"莉儿"的皮箱专卖店。

他雇的这个人就是弗朗西斯。弗朗西斯遵照多尔达尔的指示，到"莉儿"的皮箱专卖店里一次性订购 2000 只皮箱。在两方签订的合同中规定，若"莉儿"

的皮箱专卖店不按期按质交货，除退货外，还要赔偿弗朗西斯货款 50% 的经济损失。

"莉儿"皮箱店在签订合同后，积极地准备这这批货，这 2000 只皮箱顺利地按期完工了。可是，在交货的时候，弗朗西斯却说，这 2000 只皮箱中有木料，根本就不是皮箱。弗朗西斯对于"莉儿"的解释，根本不肯听，而是忙不迭地向法院起诉，要求赔偿损失。

"莉儿"皮箱店的店主司洛尔接到法庭传票后，慌了手脚。不过更让司洛尔心慌的是，他听说弗朗西斯已经向法院行贿，法院很有可能偏袒弗朗西斯，要以诈骗罪的名义给司洛尔定罪。

无奈之下，司洛尔请当地有名的律师肖恩耶为自己辩护。肖恩耶律师一听司洛尔的诉说，就当即答应司洛尔，接受了这个案子，而且还胸有成竹地保证能赢。

法院如期开庭了。法庭上，弗朗西斯信口雌黄，气焰嚣张，以为最后赢的一定是自己。而肖恩耶在那儿是神态自如，不惊不慌，一副气定神闲的样子。

等到弗朗西斯讲完，肖恩耶从律师席上从容站起，并从口袋里掏出一块大号金怀表，向听众展示后高声向法官申辩起来。

法官听了肖恩耶的辩词后，也觉得在众目睽睽之下，实在无法判弗朗西斯赢，最后只得以弗朗西斯诬告、罚款 5000 法郎了结此案，而多尔达尔则只好不甘心地付了罚款。你知道肖恩耶是怎么凭借一只金表为司洛尔辩护的吗？

421 治猫有术

由于家族的兄弟姐妹们近期连遭不幸，痛心疾首的鼠王唤来群鼠召开全体大会，决心群策群力，惩罚罪魁祸首——那只大黑猫。

会议伊始，群鼠激情昂扬，纷纷表示愿意贡献自己的智慧，以求一劳永逸，永久性地解决事关自己家族生死存亡的大问题。

一只小老鼠站起来说道："我建议大家想办法培养敌人吃鸡或者吃素食的好习惯。"

不等大家附和声起来，鼠王便否决了这个建议："不行不行，时间太长。"

又一只小老鼠站起来说道："我正在研究一种新型的毒猫剂，一旦成功，那只可恶的大黑猫将再无立足之处。"

鼠王一听，立刻很感兴趣地问道："这倒是个好办法，不过，你还需要多长

时间？"

"这个……"那个老鼠"化学家"立刻没了下文。

又等了好久，一只年龄很大的老鼠才两眼放光，宣布自己想到了一个好主意。

"快说快说。"群鼠异口同声地催促道。

"我们的兄弟姐妹之所以相继被害，并非由于它们警惕性不高，而是由于那只狡猾的老猫走路极轻，没有一点声音，经常能乘我们的不备。"这只年龄很大的老鼠慢理斯条地分析到，看见大家纷纷点头赞同，它晃晃脑袋又得意地说了下去，"所以，我们要想办法让它发出声音来！我的办法就是：在它的脖子上拴个铃铛。这样一来，它一动我们就能听见响声，自然就会迅速躲起来了。"

这位"前辈"老鼠的话音刚落，群鼠便齐呼起"高明、高明"来，然后便一齐把目光投向了鼠王，只等待它一声令下，立即执行。

不想鼠王却再次冷静地提出了质疑，顿时，群鼠皆哑口无言。

你猜鼠王这次是如何质疑的？

422 巧妙的走私

在一条通往边防检查站的宽阔公路上，人来车往，川流不息。但人们要经过国境线之前都必须先接受检查，国境线两边的老百姓你来我往都是很频繁的，因为他们都要买卖日常生活用品，有一些走私贩瞅准了这一点，就冒充买卖东西的老百姓把贵重的物品走私到另外的国家再倒卖出去，这样可以赚到更多的钱。

已经在边防检查站工作了大半辈子的金蒂斯尔森探长，人们都说他有一双火眼金睛，走私物品无论隐藏得多么隐蔽，都会被他给查出来。这一天，金蒂斯尔森探长检查得特别认真，因为明天他就要退休了，这可是他站的最后一天岗啊，他喜欢自己的工作，他怎么不认真仔细呢？

正在这个时候，国境线的对面有一个青年农民模样男子一本正经地推着一辆自行车向这边走来，自行车的后座上捆着一大捆稻草。金蒂斯尔森探长记得，最近一段时间，这个人经常来来往往，每次都是用自行车推着一捆稻草，说是国境线那边有人要用稻草，几个小时之后又空手而归。探长每次都仔细地检查，却都没有发现走私物品。但是金蒂斯尔森探长凭着直觉，总感觉这个农民肯定有问题。但是无论检查得多么认真，就是找不到问题出在什么地方。

这一次，金蒂斯尔森探长再也忍不住了，他要弄个明白。他首先向这个带着稻草的人敬礼，和往常一样认真检查他的证件，依然没发现什么问题。金蒂斯尔森探长说："请您把稻草捆打开。"

这个人把自行车停稳，一边解开扎稻草的绳子一边嘟嘟囔囔地说："每次都要这么麻烦地检查，每次都检查不出什么走私品！"金蒂斯尔森探长在稻草捆里不死心地连续翻了好几遍，确实什么都没有，他又从头到脚仔细地搜查了这个人全身，可还是一无所获。金蒂斯尔森探长无奈挥了挥手放这个人入境了。这个人刚过了边境线突然就回头狡猾地笑了笑。就在这一刻，金蒂斯尔森探长脑袋中灵感一闪，意识到了这个人确实是走私犯。

金蒂斯尔森探长发现了什么走私物品呢？

423 开锁专家走不出的牢笼

胡汀尼，是英国著名的魔术大师。他有一身绝活，那就是能在极短的时间内打开无论多么复杂的锁，并且从未有过失手的记录。最近，他为自己定下了一个非常具有挑战性的目标：要在60分钟内，打开不管多么复杂的锁。但是他加上了一个条件，得让他穿着特制的衣服去开锁，并且不能有其他人在旁边观看。

他的这个挑战吸引了很多人。好多人研制了各式各样的锁向他挑战，但最后都被这位魔术大师很快破解了。

在英国一个小镇里的一个居民听说这件事情以后，决定向这个伟大的魔术师挑战。他特意精心打制了一个非常坚固的铁牢，然后精心配制了一把看上去非常复杂的锁，做好之后，把胡汀尼请来让他看看是否能把那把锁在规定的时间内打开。

胡汀尼是一个很喜欢挑战的人，遇到这样的挑战，他当然非常乐意接受。他穿上自己特制的衣服，然后走进了那个坚固的铁笼里面。只听"哐当"一声，牢门就关上了。胡汀尼从衣服里面取出了自己特制的工具，然后开始忙碌起来。外面的人们都在紧张地等着，大家都遵守了胡汀尼制定的规则，不去看他是如何工作的，大家都非常期待这个挑战的结果。

时间一分一秒地过去了，外面的人们焦急地在等待着。里面的胡汀尼依旧在认真地工作着：他用耳朵贴着那把特制的锁，似乎在寻找着什么声音，但是什么也没听到。

半个小时过去了，他依旧在那里忙碌着；眼看着他自己制定的60分钟就要这么的过去了，他额头上开始冒汗；两个小时过去了，胡汀尼依旧在忙碌着，锁里一直没有弹簧弹出的声音，而小镇居民则露出了狡黠的微笑，你能猜到这其中的奥秘吗？

424 如何证明杰米有罪

在美国墨西哥州的州立法院里正在审理一起杀人案。

在该案件中，公务员杰米被控在三周前谋杀了其朋友布拉德。警察和检察院方面对于此案的调查结果对杰米十分不利，无论是从作案动机、作案时间、作案条件，还是从人证、物证等几个方面来说，都基本可以认定杰米已经有预谋地杀死了布拉德。但是，此案还缺一个关键的地方，那便是布拉德的尸体一直没有找到，因此法院虽然已经两次开庭，但仍然无法做出判决。

今天是第三次开庭，先是公诉方再次向法官展示一系列十分有说服力的证据，并最后认为，虽然被害人尸体暂时还没有找到，但是就目前的证据而言，已经足以证明犯罪嫌疑人的杀人罪了。而布拉德这次则请来了墨西哥州著名的法律专家为其辩护。这位法律专家虽然一向精于辞辩，法律娴熟，但是在公诉方种种十分有说服力的证据面前，他也显得有些捉襟见肘，难以招架。就在气势上已经被对方压倒之际，这位法律专家不愧是专家，他灵机一动，想到了一个击打对方软肋的办法。

只见法律专家定了定自己的精神之后，从容不迫地说道："不错，从目前的种种证据看来，我的当事人的确似乎已经是犯下了谋杀罪。但是我要提醒诸位的是，迄今为止，那位所谓的被害者布拉德先生的尸体都没有出现。当然，我们也可以这样猜测，凶手杀完布拉德后使用巧妙的办法将布拉德先生的尸体藏匿在了永远找不到的地方或者干脆焚烧掉了。但是，猜测毕竟是猜测，万一布拉德先生还活着呢？比如说吧，他突然就出现在了这个法庭上，你们还会认为我的当事人是个杀人凶手吗？"

显然，这是个白痴问题，听众席上有人禁不住窃笑起来。而法官显然也觉得这个问题很无聊，于是对法律专家说："你直接说吧，你到底想表达一个什么意思？"

法律专家于是便清了清嗓子，继续道："我要表达的意思是这样的。"说着，他便走出了法庭和旁听席之间的栅栏，快步走到陪审团旁边的那扇侧门前面，然后用这个大厅里的人都能听到的声音说，"现在，大家请看！"说着，他拉开了那扇侧门。

陪审员和旁听者的目光都不由自主地转向了那扇门，但是，里面并没有如他们想象的那样，看到布拉德先生，而是空空如也。

法律专家然后又轻轻地关上了侧门，走回到律师席中，然后他慢条斯理地说："首先我要解释一点，我刚才并非是在戏弄大家，我刚才所做的只是一个小小的心理测验。这个测验所证明的一个事实便是，虽然公诉方已经提出了种种所谓我的当事人杀人的证据，但是迄今为止，这个法庭上的所有人，包括尊敬的陪审团和检察官先生，谁都无法肯定所谓的被害人已经真的不在人间了。刚才我拉开那扇门的那一瞬间，你们难道不都以为在那扇门内会出现布拉德先生吗？"说到这里，法律专家将目光扫视法庭一圈，下面开始有些嘈杂，显然许多人已经被他说动了，原来一边倒的局面已经得到了扭转。看时机差不多了，法律专家又总结性地说道："好了，我请问在座的各位陪审团先生，对于被害人到底是否被害还存有疑问，就判处我的当事人有罪，这不是很荒唐吗？所以请求你们给出公正的判决，我的陈述完了！"

法庭上开始更加嘈杂起来，现在案件的整个走向已经出现了突然的转变，人们已经被法律专家带进了自己的逻辑。这时的一位坐在旁听席上的新闻记者赶紧跑向公话亭，向自己报社的主编报告案件已经出现了转折，他预言杰米很可能最后会因为律师的巧妙辩护而得到开释。

但是，当这个新闻记者重新回到法庭上时，他听到了陪审团对于案件的令他大感意外的裁决：陪审团认为杰米有罪！

对于这个使大家感到意外的判决，陪审团告诉大家，其实也正是刚才律师的那个心理测验，使得陪审团确认了杰米的罪行。

猜想一下，刚才的心理测验本来是对杰米有利的，却为何使得陪审团对杰米的罪行得到了确认？

425 刘徽戏财主

刘徽是中国东汉时期著名的数学家，其不仅做出了《九章算术注》和《海岛算经》两部在中国数学史上占有重要地位的巨著，而且人格高尚，嫉恶如仇。下面这个故事便是关于他的。

在刘徽的家乡，有一个财主，此人贪婪吝啬，远近闻名。这个财主有一口池塘，一天，一位佃农找到财主，想要租他的池塘种荷花。这位财主一琢磨，池塘闲着也是闲着，租给佃农后，不仅可以有一笔租金收入，而且夏天可以赏荷花，秋天还可以摘莲蓬，于是便答应了佃农。不过，财主不知道池塘的大小，于是便来到刘徽家中，请这位数学家为自己计算一下池塘的面积。

刘徽素来知道这个财主贪婪吝啬，十分厌恶，因此便想借机捉弄一下，于是对他说："好吧，我可以帮你计算，不过你是想你的池塘大一些还是小一些呢？"

"当然是大一些好了！越大越好！这样我就

可以多收一些租金了！"财主忙不迭地回答。

"那好吧，你把池塘的形状画给我。记住，要将池塘画成多边形，边数越多，池塘就越大。"

财主高兴地回去了。第二天一早，他就兴冲冲地跑来告诉刘徽，他画了了个十二边形。刘徽于是帮他算出了池塘的面积。然后告诉财主，池塘还可以更大。财主听了，又回去画图去了。第三天，财主又画了个二十四边形带给刘徽，刘徽又帮他算出了面积。财主一看，果然比昨天的要大，于是又回去重新画图去了。这次，一连几天，他都没有出门，一直在家里兴冲冲地画图。几天后，他又带着他的图来到了刘徽家里，这次，他画了个九十六边形。刘徽算了一下，池塘的面积自然又大了不少。

财主一看，更相信刘徽的话了，他还不满足，又回家画图去了。他画呀画呀，在家里尽量将边长画短，好使得边长尽可能的多，家里人都以为他疯了。这天，财主又在家里苦思冥想地画图时，一个客人前来拜访。看到财主的举动后，便问他是怎么回事，听完财主乐滋滋的述说后，客人马上对财主指出，刘徽是在戏弄他，财主一听也恍然大悟。

你知道刘徽是怎么戏弄财主的吗？

426 懒汉的发财梦

从前，在大海深处的一个岛上，有一个懒汉，他整天都躺在一张草席上，嘴里念念有词地说着什么。

一天，他的一个朋友蹲在他身旁对他说："喂，别人都在辛勤劳动，你却整天在这里躺着叽里咕噜地说些什么呢？你知不知道，你已经成为岛上最穷的人了！"

懒汉回答说："我其实也很着急啊，因此我每天在这里祈祷，祈求神能使我变得富裕一些。好了，我想神现在已经听到了我的祈求，我马上就能得到幸福了！"

朋友看他那副无可救药的样子，摇摇头走开了。

而神最终也没有给懒汉什么启示，他始终是岛上最穷的人，久而久之他自己也感到有些沮丧了。有一天，懒汉听说邻近的一个岛上的人全是独眼，他马上兴奋地找到朋友说："这下好了，神终于听到我的祈祷了，我马上就要脱贫啦，我这就去邻近独眼人居住的岛上去骗一个独眼人回来！"

朋友一听，莫名其妙地问："可是，独眼人怎么能让你脱贫呢？"

"我只要将他关在笼子里，到处去展览，就能赚大钱，人们一定会对这样的怪物感兴趣的！"懒汉兴奋地回答。

第二天，懒汉便乘船出发了。到了独眼人居住的岛上，懒汉悄悄地躲在一棵树下观察，果然看到这个岛上的人都是独眼。
他感到十分高兴，于是，他趁一个独眼人落单
的时候，走了上去。懒汉假装带着友好的笑容
朝独眼人走去，走到独眼人面前后，他又很恭
敬地给对方行了个礼，说道："尊敬的先生，我
是和您相邻的岛上的人，我一眼看到您，就知
道您是一位值得尊敬的好人。"

独眼人于是将懒汉上下打量了一下，然后
同样恭敬地说："看得出，您也一定是一位值得尊敬的绅士！"

"事实上，我到这里来的目的，是想邀请贵岛上一位尊贵的客人到我家里去
做客。我现在荣幸地邀请您，不知您能否赏光？"懒汉口蜜腹剑地说道。

独眼人回答道："对于您的邀请，我感到非常荣幸，不过，既然您已经到了
我们岛上，请允许我首先邀请您光临寒舍，好让我将您介绍给我的家人，让他
们也高兴一下。"

懒汉一听，脑子飞速地转了一圈，心想：那好吧，我就等明天再带你回岛，
晚一天发财我也是等得起的。但表面上他却恭敬地回答："我很高兴到您的府上去。"

独眼人眼睛中露出了一丝狡黠的光芒。聪明的读者，你能猜出故事的结局吗？

427 聪明的哥哥

在古印度有个财主，这个财主十分富有，但唯一遗憾的是，他一直没有自
己的孩子。于是，他和妻子商量一番后，便从一个穷人家那里抱回了一个孩子
抚养。刚开始，财主和妻子对孩子很疼爱，但不成想一年后，财主的妻子竟然
怀孕了，后来生下了一个男孩。财主和妻子感到高兴的同时，也开始讨厌起那
个抱来的孩子，觉得他是一个累赘，对两个孩子总是区别对待。不过，这个抱
来的孩子因为年纪小，也对此没有知觉。后来，两个孩子逐渐长大了，抱来的
孩子便明显感觉出自己受到不公正的待遇，并且从邻居那里，他也得知了自己
并非财主亲生儿子。

而这个财主看两个儿子逐渐长大，便为他们请来了老师，教他们读书识字。
财主发现，这个抱来的儿子明显比自己的亲生儿子聪明能干，学习起来比弟弟
领悟力高得多。于是，财主便担心将来自己的亲生儿子会受到他的欺负，和妻
子商量一番后，决定将这个抱来的儿子给除掉。但是，不巧他们的话被这个抱
来的孩子给无意听到了。

在离城外不远的地方有个心狠手辣的独眼人，一向欠财主不少钱。财主便
给其写了一封信，上面写道："送信的这个孩子是个不祥之人，自从他来到我家，

我家就灾难不断，牛羊遭受瘟疫，庄稼也连年歉收。我请婆罗门占卜过了，原因就全在这个孩子身上。你如果能够帮我把他杀死，你欠我的钱就一笔勾销了！"然后，财主将抱来的孩子叫到跟前骗他说："城外不远的那个地方住着一个独眼人，你知道吧，你去把这封信送给他。他欠我不少钱，他看了信就会把钱还给我，这笔钱要回来后你自己就留着花吧！"

这个孩子一看财主一反平常对自己的凶相，突然对自己这么好，心里便很怀疑，再说自己从来也没听说过独眼人欠他的钱啊，联想到前几天他无意中听到的财主和妻子的密谋，他觉得这次前去肯定凶多吉少。但是他也不能无缘无故地拒绝财主的要求，便迟疑地接了信，出了家门。这时，他看到弟弟正在家门口和邻居家的几个孩子玩游戏，已经输得一塌糊涂了。于是，他灵机一动，想到了一个主意。不仅使自己逃过了这场劫难，而且也使得财主夫妇从此不再敌视他了。

试想，如果你是他，你会想到什么好办法呢？

428 猴子难以模仿的动作

峨眉山上以前住着很多的猴子，这些猴子的体形很大，而且很不老实，经常捉弄人，强抢过往行人的物品，惹得附近山民怨声不已。可是一直找不到好的办法去教训一下这里的猴子。

一个菜农在被抢了几回之后，始终咽不下这口气，心想一定要想办法治治这群淘气的畜生！于是，他去请教当地的一位老者，该如何惩治。那位老者微笑着告诉菜农："知己知彼才能百战不殆，如果你想治猴子，那很简单，你先去观察几天猴子的生活习性吧！"

菜农遵照老者的嘱咐，就到山上去了。经过观察，他发现猴子很喜欢模仿人的动作，而且还很不服输。假如你走到猴子跟前，不经意间用右手抚摸自己的下巴的话，那只调皮的猴子准会用左手抚摸下巴；假如你闭上左眼，猴子准会闭上右眼；你再睁开左眼，猴子也立刻照办。

观察到这些，菜农赶忙回去把这些告诉老者，老者微笑着告诉菜农说："猴子再有本事，有时一个很简单的动作它却永远不会模仿。这不仅是猴子办不到的，人恐怕也办不到。我告诉你这个动作是什么，你去山上做这个动作让猴子模仿就可以了。猴子到时候模仿不来，一定会恼羞成怒的。"

菜农听了老者的话连连夸"妙"，他跑到山上，就依据老者教他做的让猴子模仿。猴子果真模仿不来，急得抓耳挠腮，最后气得下山去，再也不上山欺负山民了。

请问，农夫到底让猴子学什么动作那么难呢？

429 苏秦临终布下车裂计

战国时期，秦、齐、楚、燕、赵、韩、魏七国纷争不断，其中秦国的实力最为强大。秦国想消灭其他六个国家，统一中国。其他国家当然不会束手就擒，但是凭一个国家的力量是根本打不过秦国的。这时候，有一位洛阳学者，他游说齐、楚、燕、赵、韩、魏六个国家联合起来一起抗击秦国。凭借雄才大略和超群的口才，这位学者得到了六个国家君王的信任，六国君王都把本国的宰相大印交给了这位学者。这位威震天下、同时任六个国家宰相的学者就是苏秦。

当时苏秦正在齐国，一天晚上，苏秦正在书房里读书，忽然从窗外闪进来一个黑影。苏秦还没来得及看清来人，那黑影就一个箭步跳过来，拔剑就刺了苏秦一剑。"救命啊！"苏秦发出凄厉的叫声，顿时，苏秦的卫士从四面八方跑过来，刺客赶紧拔出剑，从窗口逃了出去。

听到苏秦遇刺，齐王立即过来看望。当时苏秦已经奄奄一息，齐王见了，顿时悲愤交加，他对苏秦说："先生，你放心，我就是挖地三尺，也要把刺客找出来，为先生报仇！"

苏秦听了，断断续续地说："大王，你不要乱杀人，要找到真正的刺客。"

"你见到那刺客的相貌了吗？"齐王问道。

"没有，那人蒙着脸，只看到他的身材十分高大。但是，大王只要依照我的计策，就能抓住真凶。"说着，苏秦在齐王的耳边，说出了他的计策，说完他就气绝身亡了。

苏秦留下了什么计策？

430 樵夫诱敌

公元前 700 年，楚武王带领大军来攻打绞国。

绞国的都城南门外，楚国的军旗猎猎有声，将士们的盔甲闪闪发光。只听见，一声令下，将士们犹如猛虎下山，扑向城墙。但是，城墙坚固如铁，城墙上的绞国士兵更是拼死守卫，楚军疯狂地进攻，就像海浪拍打在岩石上，被一次次狠狠地击退。一天的战争结束，楚军损失惨重。

楚武王看到这种情况，一筹莫展，就召集文武官员，商议破敌的良策。

一个叫屈瑕的官员上前对楚武王说："我听说绞国的国王做事一向草率，没有谋略，而且一意孤行，听不进大臣们的忠告。我看，要想攻破这座城市，只有靠智谋了。我有一个办法，不知道行不行。"屈瑕把他的计策原原本本地说了出来，楚武王听了，顿时喜上眉梢，立即叫人按照屈瑕的办法行事。

屈瑕的计策是什么？

431 包拯断牛

一天，天长县西村的村民刘全急急忙忙地跑来找包拯报案。他上气不接下气的对包拯说："包，包，包大人，这次你可要给我做主啊，一定要给我找到那个贼人，真是气死我了。"

原来，那天早晨刘全早早起来正要牵牛下地干活的时候，忽然发现，平常最能干活的大黄牛，嘴里鲜血淋漓。他走近一看，原来牛舌头不知被谁割下来了，一头好端端的大黄牛，一夜之间就变成了一头残牛。刘全又心疼又气愤，只希望早点抓到那个偷割牛舌头的坏蛋，狠狠地教训他一顿。

包拯听了刘全的话，心想：这件事一定是刘全的仇人干的，不过不知道具体是谁，我得想个办法把这个坏蛋给引出来。包拯不动声色地对刘全说："放心，我一定把割牛舌的坏蛋给你找出来。现在，你那头残牛恐怕也活不了多久了，我看你还是把它宰了吧。把牛肉卖了，然后添点钱，再去买一头牛回来好干活。"刘全听了，也只能这样了，他回家以后就把大黄牛给宰杀了。

包拯让刘全宰牛是什么用意呢？

432 应聘者的纸条

佛兰克是一个只有 15 岁的少年，在他即将进入高中的暑假里，他想到社会上找一份兼职，好使自己不再仅仅是个"书呆子"，而是具有了一定的社会阅历的人。于是，他将自己的想法告诉了自己的父亲。

父亲对于佛兰克的想法表示支持，同时他提醒佛兰克，由于最近的经济不景气，恐怕想要找一份兼职并不容易。不过父亲认为佛兰克可以去试一试，并给了他一些必要的建议。然后，佛兰克就在报纸上寻找招聘启事。最后，他选择了一个适合他做的公司，对方的招聘对象便是他这种暑假兼职的中学生，该公司要求应聘者在下周一的早上9点钟到公司应聘。

下周一时，佛兰克在8点40分便赶到了该公司。但是，令他感到惊讶的是在公司的门口已经排起了长长的队伍，基本上都是他这种中学生，佛兰克只好排在了队尾。看着前面一个个应聘者进入面试间然后又出来，佛兰克心里十分着急，因为他知道对方仅招聘一名兼职而已。他数了一下，目前为止，在他的前面还有19个面试者。照这样下去，恐怕轮不到自己进去面试，公司已经确定下了人选。

怎么办呢？是在这里坐以待毙，还是采取一些积极主动的策略？一向爱动脑筋的佛兰克脑子开始活跃起来。最后，佛兰克眼睛一亮，想到了一个办法，他快速地从背包里掏出纸和笔，在纸上匆匆地写下了一句话。然后，他走过去，将这张纸交给了在外面负责接待应聘者的秘书小姐，告诉她："小姐，麻烦您将这张纸交给里面的面试官，这很重要！"

本来，这样的举动是不符合规定的，但是秘书小姐看今天前来面试的都是一些中学生，也就没有严格按照公司规定拒绝这个真诚地看着自己的中学生。她笑了一下，将纸条收下了，然后将纸条送了进了面试间。里面的面试官诧异地收下了纸条，打开一看，不禁笑了起来，对于这个递纸条的中学生十分感兴趣。

当然，佛兰克最终之所以得到了这份工作，并不仅仅是因为这张纸条，但是他的纸条确实为他争取到了时间。如果没有这张纸条，对于这份显然并不需要很出色的能力的工作，面试官很可能在佛兰克进去面试之前就已经定下了录取人选。

那么，你来猜一下，佛兰克的纸条上写的是什么呢？

433 师爷诱供

明崇祯年间，在河南洛阳地区曾发生过这样一桩案子。

洛阳城边上的一个村子里有李飞、刘小四两个朋友，相约一起到外地去经商。两人约好在第二天五更天各自带上两百两银子在村外的一个路口碰头，然后一起出发。

到了第二天一早，李飞早早便起了床，然后吃了早起的妻子为自己做的饭，收拾好行装，带好银子，便出门了。李飞的妻子看外面的天还是黑的，就重新上床睡觉了。没想到到了天亮后，李飞妻子听到一阵急促的敲门声，中间还夹杂着刘小四的喊声："嫂子，开门！开门啊，嫂子！"

李飞的妻子诧异地打开门，看到刘小四满脸焦急，气喘吁吁地站在门外对她说："嫂子，我和李大哥约好五更在村外的路口碰头的，怎么我等到天亮他也没去啊？"

李飞妻子一听这话大吃一惊，诧异地说："他不是早就去了吗？"

刘小四更是惊讶地说："啊，我一直等在路口啊，没看见他啊！不会出什么事了吧？"

于是李飞妻子和刘小四便开始到处寻找李飞，结果在村旁的一处树林里找到了李飞的尸体，而其身上的银子则不翼而飞。李飞妻子完全被这个意外给打懵了，愣了一下之后大哭一场。不过她很快转过弯来，一把抓住刘小四说道："一定是你杀了我丈夫！走，我们去见官！"不由分说，便拉着刘小四来到了洛阳城中的衙门。

洛阳府尹于是升堂问案。李飞妻子于是便将自己的丈夫如何出门，自己如何在天亮时听到刘小四的叫门声，两人又如何寻找丈夫等事情的经过一五一十地说了一遍，并一口咬定肯定是刘小四贪图自己丈夫的两百两银子，图财害命。洛阳府尹听了觉得似乎像是这么回事，再看那刘小四长得贼眉鼠眼，确实也不像是良善之辈。但是刘小四一口咬定没见到李飞，现在没有真凭实据，也不能凭借推论和人的长相便定案啊！府尹感到这个案子十分难办。

就在府尹感到不知所措的时候，站在一旁的师爷却已经从前面的原告和被告的陈述中听出了眉目，他心里已经知道正是这个刘小四杀死了李飞，拿走了银子。而事实上也的确是如此，这个刘小四本因为近来赌博输了银子，欠别人一屁股债，说和李飞外出一起经商是假，想外出躲债是真。但因为身上没有一分钱，于是便谎称一起经商，骗李飞和自己一起外出，好找个一路为自己开销的冤大头。他没想到李飞会带那么多银子，于是见财起了歹心，杀死了李飞，偷走了银子。他心里盘算，只要自己一口咬定没有见过李飞，这样即使有人怀疑他，也死无对证。但是，不成想他的言辞其实已经露出了马脚，并被冷眼旁观的师爷听了出来。

你能看出刘小四的马脚露在什么地方吗？

第八章
逻辑思维名题

434 拷打羊皮

一天中午，天气很炎热，一个樵夫背着一大捆柴回家。走着，走着，樵夫就感到又渴又累，看到前面有一颗大树，枝繁叶茂，就想到树底下去休息一下。

樵夫来到大树下，看到树下已经有一个人坐地上休息了。这个人坐在一张羊皮上，身边放着一大袋盐，身上也沾着不少盐粒，一看就知道是个贩盐的。于是樵夫就走上前去对他说："大哥，能不能借借光，把你身下的羊皮让出一块地方来，让我也坐上去歇一歇啊？"

樵夫很爽快地就答应了："来吧，反正羊皮大着呢，就当咱们交个朋友。"说着贩盐人往旁边挪了挪，给樵夫让出了一块地方。樵夫放下肩上的柴，坐到贩盐人的羊皮上。羊皮很柔软，坐上去感觉很舒服，樵夫就想：如果我有一块这样的羊皮就好了，每当我打柴累了的时候，能坐在这么柔软的羊皮上休息休息，那样就太幸福啦，这个贩盐人老实巴交的，不如我从他手上把这个羊皮给夺过来吧。樵夫一边和贩盐人有一句没一句地聊着天，一边想着夺羊皮的法子。

慢慢的太阳开始落山了，天色不早了。贩盐人和樵夫都站起来，准备继续赶路。当贩盐人拿起羊皮的时候，突然，樵夫也抓住了羊皮，并大声说："这张羊皮是我的，不准拿我的羊皮。"

贩盐人知道樵夫想夺他的羊皮，生气地说："你想夺我的羊皮，没门！"两个人就在大树底下争执起来，过路的行人听到他们的争吵，就过来说："别吵了，

这样吵下去也没有个结果，还是赶紧去官府，请刺史大人给你们评判吧。"

这个地方的刺史大人叫李会，是一个非常聪明的好官。他接到这个案子，就对樵夫和贩盐人说："你们俩人有什么冤屈快快说来。"

樵夫抢先说："大人，你要替我做主啊，这张羊皮明明是我的，是我每天打柴

累了的时候，坐在上面休息的。今天中午，这个不知从哪来的贩盐的看上了我的羊皮，非说羊皮是他的，大人，你可要替我做主啊，我讲的每一句都是实话。"

贩盐人看樵夫这么赖皮，气得结巴起来："你你你你，太赖皮了，这这这明明是我的羊皮，是我背盐的时候用来垫背的。"

"是我的羊皮。"樵夫恶狠狠地说。

"是我的羊皮。"贩盐人委屈地说。

两个人又开始闹起来，把刺史李会的脑子都要闹炸了。他一拍惊堂木，大声说："好了，别吵了，你们俩人都说羊皮是自己的，而只有一张羊皮，一定有一个人在说谎。好，既然你们不肯承认，那我就拷打羊皮，让它来说，谁是它的主人。"

樵夫一听，顿时一乐，心想：拷打羊皮，羊皮又不会说话，拷打他有什么用啊，看来这个刺史也是个傻子啊，看来，今天有希望夺得羊皮啦。

只见李会叫人把羊皮拿过来，大声问羊皮："快说，谁是你的主人。"羊皮当然不能说话啦，于是李会使劲一拍惊堂木，大声说："好你个羊皮，竟然敢不理本官，看我怎么收拾你。来人哪，把这个羊皮重打三十大板。"

刺史大人是不是疯了？

435 孙亮辨奸

孙亮是三国时期吴王孙权的小儿子。孙权死后，孙亮就继承了王位，那时候他才刚刚 10 岁。

一天，园丁向孙亮献上了一筐新鲜青梅，孙亮想：青梅如果沾着蜂蜜吃，那味道就更美了。就派身边的太监到内库去取蜂蜜。那个太监和掌管内库的官员有仇，他想利用这次机会报复一下内库的官员。于是，他从内库里取出蜂蜜后，悄悄地往蜂蜜里放了几颗老鼠屎。

太监把蜂蜜送了过来，孙亮把青梅在蜂蜜里浸了浸，刚想把青梅放在嘴里，忽然发现青梅上沾着一颗老鼠屎。孙亮生气极了，他叫卫士去把掌管内库的官员抓过来。

孙亮质问内库官员："好啊，你掌管内库，不尽职尽责，竟然敢把有老鼠屎的蜂蜜拿来给我吃，我要判你个渎职罪，你服不服？"

那个小官员听了，吓出一身冷汗，暗想：如果给我判了渎职罪，轻则丢了乌纱帽，重了就要蹲大牢的。但是，每次采了蜂蜜，我都亲自察看，确保里面没有杂物我才叫人仔细地密封起来，里面根本不可能有老鼠屎，再说了，刚才太监来取蜂蜜的时候，我又仔细检查了一遍，蜂蜜是干净的呀。一定是这个太监想害我。

想到这里，小官员委屈地说："下官掌管内库，兢兢业业，不敢有丝毫马虎，内库里取出的蜂蜜根本不可能有老鼠屎，一定是那个太监在蜂蜜里做了手脚，想来害我。"

太监听了，大声嚷着："我跟你无怨无仇，怎么会害你，你不要诬赖好人。"

小官员回应道："你曾经向我要过几回蜂蜜，我没有给你，一定是你怀恨在心，所以用这个办法来害我。"

旁边大臣们听了两人的话，分不出来谁对谁错，就对孙亮说："这两个人互相抵赖，一时也审不出什么名堂来，还是把他们都关到牢里，慢慢审吧。"

孙亮想了想，说道："不用了，这件事只要弄清楚老鼠屎是什么时候放进去的，就马上可以解决了。"说着，他叫人用刀把老鼠屎切开。

孙亮这招管用吗？结果如何呢？

436 焚猪辨伪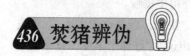

三国时期，张举任句章县县令。

一天，有人来报一个凶杀案，张举赶紧升堂审理案件。原告是死者的哥哥张大伯，被告是死者的妻子刘氏，她身穿素衣，一到大堂就嚎啕大哭。

原告先申诉说："我是死者的哥哥，昨晚我弟弟的媳妇回娘家，正巧夜半时分，我弟弟的房屋突然起火，因为四周没有人家，等我赶到弟弟家的时候，房屋早已烧塌，我弟弟死在床上。平日里，弟媳妇就行为不端，和别的男人勾勾搭搭，这次一定是她伙同奸夫半夜回来，先将我弟弟害了，再放火烧了房屋，造成我弟弟被火烧死的假象，从而逃脱罪责。大人明察秋毫，一定要为我弟弟做主啊！"

那刘氏发疯了似的跳起来，喊道："大伯，你怎么可以这样侮辱我的清白。你说我有奸夫，那么奸夫是谁？你说我杀了亲夫，又有什么证据？"

张大伯说："自己做了什么事，自有天知，我是不是诬赖你，你自己最清楚！"

刘氏听了，更加疯狂了，她凄惨地叫道："我好命苦啊，年纪轻轻，丈夫就死于非命，我独自忍受守寡之苦不说，还要被人诬陷。我活着还有什么意思，不如一头撞死算了。"

说着刘氏真的向柱子上撞去，幸好被衙役一把拦住。

张举听了，一拍惊堂木，说道："都不要吵了，谁是谁非，等我验完尸再说。"

张举通过验尸能判断谁是凶手吗？别忘了，死者的房屋被烧成一片焦土，大火已被扑灭，灰堆里还冒出一缕缕青烟。死者已经被烧得面目全非，就算是生前受到过什么创伤也早已看不出来了。

437　和尚捞铁牛

宋朝年间，黄河发洪水，把河中府城外的一座浮桥冲垮了。这座浮桥原来是用许许多多的空木船并排起来，从黄河的左岸一直排到黄河的右岸，上面再铺些木板架成的。为了不让浮桥晃动，人们又铸了八只铁牛放在黄河两岸，用来拴住浮桥。这只浮桥，平时能用来走人，过牲口和车辆，是河中府的交通要道。谁知，这一年发大洪水，铁牛不但没能牵住浮桥，就连自己也被洪水卷走了。

洪水退后，交通要道要马上恢复通行，朝廷下了一道圣旨，命令河中府马上重建浮桥。河中府赶紧准备了连接两岸的空木船，就缺拴牢浮桥的大铁牛了。再行铸造，费料费力，时间上也来不及，最好的办法就是将冲走的铁牛再捞上来。河中府重金召集了一些黄河岸边熟识水性的船夫水手，下河打捞铁牛，折腾了几天，连铁牛的一根毫毛也没碰到。眼看距离朝廷规定的时间越来越近了，河中府只好在城门上贴出"招贤榜"，想找到能人异士，把铁牛打捞上来。路上行人，见到榜文，无不知难而退。

一天，来了一个浓眉大眼的中年和尚，他看看榜文，就把"招贤榜"揭了下来。守着榜文的衙役赶紧把他带到知府衙门。

知府见了，忙让和尚坐下，问道："不知大师怎么称呼，打算如何打捞铁牛？"

那和尚说："小僧法号怀丙，我认为应该先找熟识水性的人到黄河上游找到铁牛，再想办法打捞。"

和尚说得对吗？

438　路边的李树

历史上著名的"竹林七贤"，就生活在魏晋时期。王戎就是"竹林七贤"中最小的一个，他从小就是一个聪明的孩子。

有一次，王戎和同村的小伙伴们出去玩，他们打打闹闹的，一直跑到了离家很远的地方。大家闹了一阵，都感觉口干舌燥的，就想找点水喝，但是河沟里的水太脏了，附近又没有人家。没有办法，大家只能耷拉着脑袋，慢慢往家走。

忽然一个眼尖的小伙伴兴奋地叫起来："大家快看呐，前面有颗李树，树上有好多李子啊！"

大家顺着他手指的方向，果然看到一颗又高又大的李树，李树上结满了熟透的李子。满树的李子沉甸甸的，把树枝都压弯了，一颗颗李子，红彤彤的，

就像要滴出汁水似的。大家忍不住都流下了口水，一个小伙伴小心翼翼地说："我们吃了李子，如果被主人发现的话，不会打我们吧？"另一个说："这颗李树长在路边，肯定是野生的，你想啊，谁会把李树种在路边呀，那不是便宜了行人了吗？"大家听了，觉得有道理，就欢呼着去摘李子吃了。

大家争先恐后地爬到李树上，拣最大的最红的李子摘，不一会儿就把口袋装满了。

只有王戎站在树下，没有动。他转动着大眼睛好像在思考什么问题。

大家见了，感到很奇怪，想：平时王戎干什么事都是抢在前面的呀，今天是怎么了？就大声喊他："王戎还呆在树下干啥，赶紧上来摘李子呀，李子这么多，反正我们也摘不完。"

"我才不摘呢，这李子一定是苦的，一点也不好吃。"

"你又没吃，你怎么知道李子是苦的呀？"

王戎是怎么知道李子是苦的呢？

439 分粥的故事

从前有七个人住在一起，他们每天分一大桶粥吃。但是，每次分完粥，都有人抱怨分得不公平，于是七个人决定想个办法来解决这问题。

一开始，他们使用七人轮流主持分粥的办法，这样每个人都有机会来分粥，看起来是公平的。

但是一个星期下来，每人只有一天吃饱了，因为无论轮到谁分粥，都给自己分最多最好的粥，这样剩给别人的粥就少了。

接着，七个人推选出了一个公认的道德高尚的人，每天都由这个人来主持分粥，成为专业的分粥人。但是过了不久，其余六个人为了能分到更多的粥，都挖空心思来讨好这个分粥人。慢慢地分粥人就开始凭借自己的喜好来分粥了，谁更会讨好他，他就给谁分更多的粥，形成了很不好的风气。这个办法显然不符合大家的要求。

于是，大家又指定了一个主持分粥的人和一个监督分粥的人，每天由分粥人来主持分粥，监督人来检查分得是否公平。起初这个办法还比较公平，但是时间长了，分粥人和监督人发现，两人联合起来对彼此都有好处。

由此，两人形成了默契，每次两人都能分到最多最好的粥。出现了这种情况，大家只好宣布了这个方法又失败了。

这次，把七人分为两个委员会，其中三个属于分粥委员会，四个属于监督委员会。这样每个人都有权力，谁也做不了弊。但是，两个委员会之间谁也不服谁，互相攻击、互相扯皮，总是不能达成共识。等到大家分到粥的时候，粥都已经凉透了。

最后，大家终于想到了一个好办法。是什么好办法呢？

440 谁偷了小刀

北极探险家朱利安先生突然病逝了。朱利安先生生前是城里最负盛名的探险家，有关他的故事家喻户晓。

参加完葬礼后，一些朋友又跟着老管家回到了朱利安的家中，朱利安的夫人出来招呼大家喝饮料。客人们坐在客厅里，有一搭没一搭地聊着朱利安生前的故事。

朱利安生前的好朋友查尔先生从客厅踱进了书房，这里也是朱利安的陈列室。墙上挂满了朱利安在北极拍的照片，桌子上整齐地摆放着几只爱斯基摩人的石雕像，真是栩栩如生。地上横着一架雪橇，一件爱斯基摩人特有的服装随意地丢在沙发上，旁边茶几上的玻璃罩里是一只企鹅的标本。

客人们聊了不久，就纷纷起身向主人告别，正准备出门的时候，只见老管家匆忙地跑过来在夫人的耳边悄悄地说了几句话。

夫人听了脸色大变，她不好意思地对大家说："很抱歉，大家请留步，刚才老管家来告诉我，一把精致的小刀不见了，可是，在他为大家端饮料的时候，小刀还在书房里。小刀是我丈夫从爱斯基摩人那里买的，是他生前最为心爱的东西，为此他还特地在刀鞘上镶了一块宝石。那也是他留给我们的最重要的纪念品。"

很显然，女主人肯定客人中有人拿走了小刀。查尔说道："那就赶紧请警察来吧，现在只有警察能证明我们的清白。"

很快警察就来到了，按照惯例，他们对客人们进行了仔细的搜身检查。搜查过后，警察摊开两只手，无奈地说："夫人，没有搜到，也许小刀是不翼而飞的吧，没有办法，我们只好放人了。"

小刀到底是怎么失踪的？查尔又环顾了一下书房，忽然他似乎恍然大悟，小声对警长说："窃贼就在这些客人中，而小刀也还在房间里，过不了多久你就能抓住小偷。"接着，他把自己的发现告诉了警长，警长听了半信半疑。

没过几天，警长果然抓住了小偷，他找到查尔，告诉他说："果然有个客人说企鹅标本是他送给朱利安的，现在朱利安已经去世了，想要回标本，我们逮捕了他，小刀果然藏在标本里。"

查尔是怎么确定小偷就是送标本人的呢？

441 伽利略破案

一天，著名的天文学家伽利略收到了一封信，信是他可爱女儿，圣·玛塔依修道院的修女玛丽亚寄来的。玛丽亚没有像往常一样，在信里生动地描述修道院枯燥而又充实的生活。而是叙述了一个离奇的案子，这个案子引起了伽利略极大的兴趣。

"亲爱的父亲，昨晚在我们的修道院发生了一件可怕的案件！"玛丽亚在信中写道："聪明好学的修女索菲娅躺在冰凉的钟楼凉台上，死去了。要了她年轻的生命的是一根很细约五厘米长的毒针，毒针刺破了她的右眼，丢落在她的尸体旁边。看来，她是自己拔出毒针后，毒发身亡的。钟楼下面的大门是拴上的，想来是她进入钟楼后，怕大风吹开大门，自己拴上的，所以凶犯绝不可能潜入钟楼。钟楼的凉台，距离地面约 15 米，它在钟楼的第四层，面朝南，下面是一条河，宽约 40 米。昨晚的风很大，凶犯想从对岸把毒针射过来，且正中索菲娅的右眼，那是根本不可思议的。所以，院长认为索菲娅是自杀的。但是，像她那样虔诚的修女，会违背教规，而且用如此残忍的方式自杀吗？"

看完信后，伽利略也是一头雾水，他决定到女儿的修道院看看。

来到钟楼的阳台上，同时阳台上还有几个勘查现场的警官。伽利略仔细地观察周围的环境，河流确实很宽，排除了凶犯从对面把毒针射过来的可能，这到底是怎么回事？伽利略低头沉思着。

"索菲娅对你的'地动说'很感兴趣，她还偷偷地买来了你的那本禁书《天文学对话》，经常一个人出神地望着夜空，似乎对上帝的住所无限向往，也许案发当晚，她就是去看星星的吧。"女儿玛丽亚继续介绍着死者："索菲娅非常勇敢，你知道一旦院长发现她在偷看你的禁书，那后果是很严重的，很有可能被扫地出门。"

"哦？索菲娅对天文这么有兴趣，也许她很需要一台望远镜。"伽利略若有所思地说着："索菲娅有没有仇家呢，我是说，是否有人想把她置于死地！"

"这个，索菲娅很和善，有很好的人缘，修道院里没人对她怀有敌意。有的话，也许是在她的家里。"玛丽亚沉思着说："索菲娅的家里很有钱，父亲在今天春天刚刚去世，留给她一大笔遗产。索菲娅打算把所有遗产全部捐献给修道院，但是遭到她同父异母的弟弟的极力反对，弟弟认为索菲娅太不可思议了，宁愿

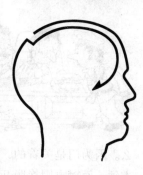

把遗产白白便宜了修道院，也不愿给自己的弟弟。还警告说，如果索菲娅敢这样做，他就向法庭提起诉讼，剥夺索菲娅的继承权。事发的前一天，索菲娅的弟弟还给她送来了一个小包裹，可能是很重要或者很贵重的东西，但是，事后警察整理她房间的时候，那个小包裹不见了。会不会是凶犯为了那个小包裹，而杀了索菲娅呢？"

听了女儿这段长长的叙述，伽利略出神地望着脚下的河流，忽然他转身对旁边的警官说："你们应该把脚下的河流捞一遍，也许你们会找到一架望远镜……"

第二天早上，玛丽亚匆匆赶回自己的家，她手里拿着一架崭新的望远镜，还没进家门，她就喊起来："父亲，找到了，找到了望远镜，是警察潜入河底找到的。"

可是，望远镜和索菲娅的死有什么关系呢？

442 目击者的谎言

科恩警官接到报警电话后，丢下正和他一起在餐馆用餐的妻子，驱车赶到了犯罪现场，他的几名属下已经在那里了。

死者名叫巴特尔，是一名公司高管。其尸体躺在自己落地玻璃门旁边的硬质地板上，其身高看上去有 177 厘米左右，体重约 80 千克，身体四周全都是碎玻璃，显然是他的身体将玻璃门给撞破了。今天是星期天，所以他才会呆在家中，先是站着观察了一下尸体的科恩警官在心中自忖道。接下来，科恩警官又按照自己的习惯，弯下腰去，对尸体进行了更仔细的检查。他发现，死者下巴左侧有一块青紫色的瘀伤，脑后显然是受到了猛烈的撞击。科恩警官进一步推测，死者脑袋上的伤应该是撞击玻璃门导致的。

"看来是有人在死者下巴上狠狠地击打了一拳，死者受到击打后身体失去平衡，撞到了身后的玻璃门上，最后其脑袋重重地磕在坚硬的地板上，导致了其死亡。"

"您分析得非常对，和目击了死者死亡的一个邻居所描述的一模一样。"哈里警官敬佩地对科恩说道。

"有目击者？你怎么不早说？"科恩警官有些责怪地说道，"立刻让目击者前来见我。"

这位目击者是一名中年人，名叫斯诺，住在死者的隔壁。他自称因为两家之间的围墙只是一排矮小的栅栏，因此他看到了死者死亡的全过程。

"大约一个小时前，我在院子里修剪草坪，我见到巴特尔先生先是到门口看了一下，似乎是在等什么人。期间我还和他打了个招呼。之后，他便回屋了，

十分钟后，来了一个陌生男子。巴特尔先生打开屋门，将其迎了进去。来人看上去十分健壮，并且长得有些凶神恶煞，我从来没见过巴特尔先生有过这样的朋友，所以有些好奇，便偷眼瞧了一下他的屋内。只见两人站在屋内的玻璃门前，争论着什么。因为门是关着的，我没听清两人在说什么。突然，巴特尔先生抓起对方的衣领，而对方则挣脱开，然后用一记右勾拳击打在巴特尔先生的下巴上，巴特尔先生则踉跄着撞在身后的玻璃门上，然后脑袋又重重地摔在了地上。陌生人然后打开门飞快地拦截了一辆出租车跑掉了。是我向警察局报了案。"

"好了，斯诺先生，你的戏已经穿帮了！"科恩警官冷冷地看着这个正在讲述的目击者说道，"我想听听事情的真实情况！"

斯诺一听，顿时有些惊慌起来。

你猜，科恩警官为何开始怀疑起这个目击者？

443 猜帽子游戏

在一个暑期思维训练班里，小明、王志、崔闪三个学员在老师的带领下做一个益智游戏。老师告诉他们，总共有三顶黄帽子和两顶蓝帽子。将五顶中的三顶帽子分别戴在他们三人的头上。他们三个人都只能看到其他两个人帽子的颜色，但看不到自己的，同时也不知道剩余的两顶帽子的颜色。让他们通过已有的信息猜出自己所戴帽子的颜色。

老师先问小明："你戴的帽子是什么颜色？"

小明说："不知道。"

老师又问王志："你戴的是什么颜色的帽子？"

王志想了想之后，也说："不知道。"

老师正要问崔闪，只见崔闪已经忍不住抢先回答说："我知道我戴的帽子是什么颜色了！"

当然，这并不能说明崔闪就比小明和王志聪明，因为先作回答的小明和王志的回答本身给崔闪又多提供了两个推理条件。

现在，假设你是崔闪，你能推断出自己戴的是什么颜色的帽子吗？

444 《木偶奇遇记》续

我们知道，19 世纪法国作家科洛迪曾著有一篇著名的童话《木偶奇遇记》。

童话中的小木偶具有生命后，被制造了他并将他当做儿子的老木匠当做儿子送去读书。但他却十分贪玩，卖掉书本去看戏，结果遇到了种种奇遇，其中有骗他金币的狐狸和猫，有强盗，有仙女，后来他还被稀里糊涂的笨蛋法官投进监狱，被捕兽器夹住，被迫当了看家狗……后来，这个小木偶在仙女的帮助下变成了一个诚实、听话、爱动脑筋的好孩子，下面这则故事便是这个变成好孩子后的小木偶的一番遭遇。

这天，小木偶无意中走进了一个森林中，他感觉这个森林里怪怪的，但他不知道怪在什么地方。他不知道，他已经走进了一座"健忘森林"，这座森林因为被一个巫师施了魔法，走进这里的人会忘记了日期。同时，这里的动物除了一只年老的山羊之外，也都爱撒谎。

小木偶不知不觉间便忘记了当天是星期几，却怎么也想不起来。走了一段时间后，他遇到了迎面走来的老山羊。小木偶于是礼貌地上前打听道："山羊公公，您能告诉我今天是星期几吗？"

"不好意思，小木偶，我也忘记了，你可以去问问长颈鹿和斑马。不过我提醒你，长颈鹿在星期一、星期二、星期三这三天爱撒谎，斑马则喜欢在星期四、星期五、星期六这三天撒谎，剩下的日子，他们都说真话。"老山羊告诉小木偶。

于是，小木偶前去找到长颈鹿和斑马。结果，长颈鹿的回答是一样的，都是："昨天是我说谎的日子。"

"健忘森林"虽然会使人忘记日期，但是并不会使人的智慧消失，因此，小木偶根据自己的智慧很快推算出今天是星期几。

那么，今天是星期几，小木偶又是如何算出来的呢？

445 聪明的托雷

1206 年，成吉思汗被推举为蒙古帝国的大汗，统一蒙古各部。这年秋天，心情舒畅的成吉思汗带着自己手下的几位将军和小儿子托雷一起到草原上驰骋打猎。

此时的草原秋高气爽，正是草原上最好的时节，一眼望过去，衰草如盖，满山红遍，北方的狩猎场呈现出一派雄丽、悲壮的情调。成吉思汗看到如此壮阔的大自然景色，更是产生了一种征服的雄心，心想自己绝对不可满足于目前的成功，现在自己仅仅是迈向了成功的第一步而已，下面的目标乃是灭掉金国、西夏、南宋。当然，要实现自己的霸业是需要能征善战的将军的，因此他有意要测试一下将军们的才能。正在这时，天上一只雕远远地飞过来，于是成吉思汗便对将军们说："你们有谁能够将雕射下来，我有重赏！"

将军们一听，谁不想趁机表现自己，于是转眼间已搭弓上箭，只见几只箭嗖嗖地飞了出去，而那只倒霉的雕也应声而坠。成吉思汗一行人拍马奔向雕落下的地点，随从捡起雕拿给成吉思汗看时，只见只有一只箭正中它的身体，其他将军的箭显然是射偏了。成吉思汗正要赏赐那个将军，突然转念一想，要完成征服金国、西夏、南宋诸国这样的大事，恐怕仅仅有勇武是不够的，还需要非凡的智谋。于是，他有心要考一考大家的智谋。因此，他微微一笑说道："刚才，总共射出去了五支箭，你们猜猜看，这是谁射中的？"

孛尔只斤将军说："我感觉是帖良古惕将军射中的。"

汪古惕将军却不同意："不应该是帖良古惕将军射中的。"

帖良古惕将军一听便不高兴地说："肯定是我射中的！"

兀良哈将军说："是谁射中的我不知道，但帖良古惕将军和我肯定都没有射中。"

满楚古得将军却又说："我觉得应该是帖良古惕将军和兀良哈将军中的一个人射中的。"

成吉思汗听了他们的争论后笑着说："五位将军中只有三个人猜中了，其中有满楚古得将军，现在你们能猜出是谁射中的吗？"

众将军打仗可以，论到智谋，便都不在行了，因此一个个抓耳挠腮，得不出答案。就连刚才一口咬定是自己射中的帖良古惕将军经成吉思汗这么绕来绕去之后，这时也不敢再坚持了。

这时成吉思汗的小儿子却突然说话了："是帖良古惕将军射中的。"

成吉思汗一听，顿时十分高兴地说道："托雷说得对，正是帖良古惕将军射中的。现在我封你为神箭手，并赏金一百两。"

帖良古惕将军连忙叩首谢恩。

此时，其他四位将军仍然感到十分疑惑，一齐问道："托雷王子，你到底是如何猜出的呢？"

你知道托雷是如何猜出答案的吗？

446 皮埃尔智抱美人归

19世纪末，波兰女孩玛莉来到巴黎大学，主攻物理，导师波罗教授让她和皮埃尔·居里一同从事研究。

对于这样一位才貌双全的学者，巴黎大学的许多青年都十分爱慕，痴迷于科学的皮埃尔也不例外。但是，玛莉似乎对于众多的追求者并不感兴趣，而是一心将热情扑到了科学研究上。后来，一方面是实在受不了这些这些爱慕者的"骚扰"，另一方面，玛莉已经28岁，也的确需要找一个伴侣了，于是，她便在自己的实验室门口贴上了一张纸条，上面写道：若有哪位男士能够向我提出我回答不上来的问题，难住我，我就心甘情愿地嫁给他。而鲜花、情书我并不感兴趣。

这张具有"挑衅性"的纸条对于巴黎大学那些智商很高又知识广博的先生们颇具刺激性，许多人跃跃欲试。但是，谁也不敢轻举妄动，因为他们知道，要想用问题难住这个女学者，不是件容易的事。一旦失败，自己便会瞬间成为巴黎大学乃至整个巴黎的笑柄。不过，这天，36岁的皮埃尔实在按捺不住自己的热情了，于是挖空心思想出了一个高深的科学问题，前去敲响了玛莉实验室的门。没想到，仅仅一分钟后，皮埃尔便带着沮丧的表情从玛莉的实验室中出来了。同事们刚才看到皮埃尔大着胆子去敲玛莉的门，都对自己没有勇气而感到懊丧，但是，当他们看到皮埃尔的失败后，又都庆幸自己没有前去"冒险"。不然，遭到嘲笑的就是自己了，皮埃尔本人可是著名的物理学家啊！自此以后的好几个月，巴黎大学的先生们都没有人敢再去玛莉的实验室"冒险"。

痴迷于物理的皮埃尔将其在科学上不服输的劲头完全用在了对玛莉的追求上，遭遇上次的失败后，他天天都在琢磨着难住玛莉的深奥难题。终于有一天，他灵机一动，想到了一个绝好的主意。于是，就在一天他和同事们一起走路，看到玛莉从旁边经过的时候，皮埃尔对同事们说："我将赢得这个女人的爱，瞧我的！"说完，他便走到玛莉面前，先是很有礼貌地鞠了一躬，然后向玛莉提出了两个连续性的问题。玛莉一听，当场便愣住了，完全不知所措。而皮埃尔则又将问题重复了一遍，玛莉还是没有做出回答。就这样，玛莉便只好答应了皮埃尔的求婚，成为了居里夫人。

两人后来的事我们都知道了，他们一起经过艰辛的努力，发现并提炼出了人类科学史上伟大的发现——镭元素。而我们所不知道的是，巴黎大学的那些才高八斗的先生们，肠子都悔青了，因为皮埃尔给玛莉提出的难题，其实他们也不难想出，或者说是十分简单的。

你猜，皮埃尔向玛莉提出的问题是什么？

447 一封充满逻辑错误的家信

说起逻辑，可能许多人都觉得这是很深奥的东西，当然，专业的逻辑学是要难懂一些。但是逻辑绝不仅仅是一种课堂上的高深学问，事实上，在人们的日常生活中，都一刻离不开逻辑。下面是一个语言学家设计的一道思维名题，目的在于讨论人们在日常生活中常见的违背逻辑之处。

下面是一位母亲给自己的儿子史密斯写的一封家信，其中有不少地方违背逻辑：

亲爱的史密斯：

来信早已收到，为免你久等，我当即就给你写了这封回信。我知道你读的速度不快，因此，我也写得尽量慢一些。首先要告诉你的事是，你暑假回家之后，将找不到我们家的房子，因为我们已经搬了家。你一定急于知道我们新家的地址，不过，很遗憾地告诉你，我暂时还无法告诉你。因为先前住在这里的那户人家，不想改变他们的地址，把门牌拿走了。

另有一件事需要告诉你，你父亲换掉了原来的工作，如今他的工作很有趣，他下面有一千多人——他在公墓割草。

就在今天下午，你的姐姐生了一个婴儿，他来到这个世界时的动静闹得真大——产房所在的那层楼的整个楼道里的人都听到了他的哭声。不过，到目前为止，我还不知道这是个男婴还是女婴，所以你究竟是当了舅舅还是姑父我现在还无法告诉你。

昨天，我感冒了，你爸爸陪我去了医院，医生将一根小管子放进我的嘴里检查体温，告诉我三分钟不要开口。你爸爸说，如果医生肯卖，他愿意出50美元将那根管子买下来。

还有，最近这边老下雨，上周就下了两场，第一场从周一下到周五，第二场又从周五下到星期天。

就这样吧。另，你父亲让我转告你，暑假回家时记着将你的成绩单带回来。

附言：我本来还想告诉你关于新邻居的事情，但我已经将信封上了。

永远爱你的妈妈

5 月 17 日

你能指出这封信中的违背逻辑之处吗？

448 罗宾逊的解释

罗宾逊是一名州立大学数学系的学生，其学习很刻苦，对于数学很有些天赋，就是人在生活中有些呆头呆脑，简单说，属于那种一根筋的人。

罗宾逊大学毕业后，本打算考取数学系的研究生，不料，他父亲却在此时破产了，没办法再资助他读书。无奈之下，罗宾逊便准备先参加工作攒些钱，再去读书。不过，因为整体经济形势的不景气，他没能找到对口的工作，只是在一家保险公司找了个推销员的工作，每天登门向人推销人寿保险。

罗宾逊工作也很起劲，半年下来，他的保单也签得很多。但是，公司经理在看了他的推销记录和保单后，却皱起了眉头。一天，经理将罗宾逊叫到了自己的办公室，对他说："罗宾逊先生，你来公司已经半年了，我一直也在关注你，看得出你也干得很卖力。但是，我对一件事感到十分不解，就是为何你只向那些年过90岁的老人推销人寿保险？并且还要给他们以优厚的条件？照你这样下去，我们公司迟早得关门大吉。"

"不，先生，您肯定是没有转过弯来，"罗宾逊认真地跟经理辩解道，"我作为一名公司的员工，怎么会做有损公司利益的事情？我之所以这么做，是因为我在参加这项工作之初，专门去了解了我们国家在过去10年中的死亡统计资料，资料显示，每年极少有90岁或90岁以上的人死去！"

罗宾逊的理由站得住脚吗？

449 杰克的怪诞做法

杰克是一家大公司的业务经理，经常要坐飞机去外地。杰克很关心新闻，他通过新闻发现，现在的劫机、恐怖事件越来越多，因此他心里便十分担心自己"常在河边走，不小心便要湿鞋"。思前想后，杰克突然灵机一动，想到了一个使自己遇到这种危险事件的几率大大减小的好主意。

于是，杰克以后每次乘坐飞机，他都会在他的包里偷偷地放一个东西——一枚卸了火药的炸弹。有了这个东西，杰克每次乘坐飞机时，心里便踏实多了。不仅如此，他内心还有一种自豪感，因为他觉得自己使得和他一起乘坐飞机的旅客也都因为他的办法而变得更安全了。

不过，终于有一天，杰克的秘密被一个机场的安检人员给发现了。安检人员十分紧张，立即将其控制了起来，并送往警察局。

但是，警察局的警察在仔细检查了杰克的炸弹后，感到十分不解，因为这是一枚卸了炸药的炸弹，不会对人有任何伤害。于是，他们对杰克进行了审讯。

"警察先生，请相信我，我不是恐怖分子，我是××公司的业务经理，要到××市去谈判一桩生意，我给你们说个号码，你们打个电话过去，事情便立刻清楚了。"杰克信誓旦旦地对警察解释道，并说出了公司的电话号码。

而警察们也拨通了杰克所在公司的电话，结果发现杰克的确是这家公司的业务经理。这家公司是国际知名的企业，很容易联系上，他们也从中了解到，杰克也的确是受公司委派去××市谈判一桩生意。于是，警察们就对杰克的行为更感到不解了。

"那么，杰克先生，你能解释一下你到底为何要在公文包中放上这么一个东西吗？"

"这是个空心炸弹，你们看到了！"

"是的，我们检查过了，这正是我们感到迷惑的地方，你不会告诉我们你是把他当做玩具的吧？"

"好吧，既然你们非要知道，那么我也不妨告诉你们。实话告诉你们吧，不仅是这次，我每次乘坐飞机时都要带上这个东西。之所以如此，乃是为了大家的安全，当然，更是为了我自己的安全——你们知道，现在的劫机、恐怖事件很多。"杰克有条不紊地解释道。

"你的意思是一旦发生劫机事件时，你会用这个炸弹来咋呼那些劫机犯，令他们屈服？"警察顺着他的话推理道。

"不不，我带这枚炸弹倒不是出于这个目的，而是从根本上减少类似的危险事件发生的可能性。"杰克略微有些得意地解释。

警察们一听，更是感到一头雾水，瞪着好奇的眼睛等着杰克做进一步的解释。

杰克见警察先生们都在等他继续解释，他便清了清嗓子继续说道："这是我根据数学知识推测出来的。我们知道，一架飞机上有一个旅客带一枚炸弹的几率是很小的；接下来，让我们设想一下，一架飞机上有两个旅客都带了炸弹的几率会是多大——显然，这个概率就更小了。我们假定一架飞机上有一个旅客带炸弹的几率是 1%，那么有两名旅客带炸弹的几率可能就只有 0.5% 了。因此，如果我带一枚炸弹在飞机上，那么这架飞机发生劫机或恐怖事件的几率就大大降低了，不是吗？好了，先生们，这就是我带炸弹上飞机的原因！"杰克说完，微笑着看着警察们。

警察们一听，面面相觑。最终，并没有多少逻辑学知识的警察们也无法说服杰克，他们在经过进一步调查后，觉得杰克的确不存在犯罪动机，就将他放了。

显然，杰克先生的理由是站不住脚的，那么，你能利用逻辑学的知识指出他的谬误之处吗？

450 母亲与鳄鱼

古希腊的某位哲学家为了向人们展示悖论的存在，曾经编造出了这样一个故事。

说有一天，一个年轻的母亲带着自己的孩子在河边洗衣服，他幼小的孩子一个人在河边嬉戏。没想到，一只鳄鱼悄悄地游到岸边，一下子将这个玩耍的孩子给叼在了嘴里。这位母亲一看，先是一下子惊呆了，然后是苦苦哀求鳄鱼放回自己的孩子："求求你，鳄鱼先生，这是我唯一的孩子，如果您能放了他，我会愿意为您做任何事！"

鳄鱼是种冷酷的动物，它不但没有被母亲的苦苦哀求打动，反而觉得这个母亲的哀求让它觉得很好玩。它心里想，反正现在还不饿，不妨提弄一下这个可怜的女人。于是，它对这个母亲说："你一个女人家，又能为我做什么事呢？不过，看你这么可怜，我倒是可以给你一次机会。下面我给你出个题目，如果你能答对了，我就放了你的孩子。我的问题就是——"说着，鳄鱼的眼睛狡猾地转了一下后，说道，"你猜，我会不会把你的孩子吃掉呢？"

鳄鱼心里得意地想："哼哼，你肯定会说我会把你的孩子吃掉的，到时我就一口将你的孩子吃掉！到时，也正好证明了你的猜测是错误的，你也就无话可说了。而我，既博得了有同情心的美名，又没有浪费一次饱餐！"这位可怜的母亲也一下子被鳄鱼的问题难住了，她站在当地，思量着该如何救自己的孩子。

结果，令鳄鱼没想到的是，这位母亲给出了一个令它始料不及的答案，并最终救下了自己的孩子。你猜，这位母亲是如何回答鳄鱼的问题的？

451 失窃案

某个周末的下午，美国底特律市北部的一幢公寓内发生了一件盗窃案，失主里克松报案后，警察在半个小时后赶了过来。据里克松称，自己住在公寓的318房间，四十分钟前他下楼到超市买东西，因为很快就回来，所以没有锁门。但是当他返回来之后，发现自己房间里的3000美元不见了。

警察于是问里克松公寓里有谁知道他去超市买东西。里克松告诉警察："隔壁房间的卢西奥知道，因为他还要我为他带一些零食回来。"

于是警察来到隔壁的卢西奥的房间，进去之后，发现卢西奥在一边吃零食，一边看当天的报纸。"对不起，刚才隔壁房间出现了盗窃案，我们不得不询问你一下。"警察解释道，"里克松刚才去超市买东西时，你在房间里做什么？"

"我一直在看报纸。"卢西奥回道。

"那么你没听到隔壁有什么动静吗？"警察问道。

"没有，因为刚才有一架直升机一直在楼顶盘旋，噪音很大，我没有听到隔壁的动静。"

接下来，警察又叫来了公寓管理人员询问情况。公寓管理人员称，他一直守在门卫室里，没有看到有外人进公寓，因此肯定是公寓内的人干的。警察经过询问，了解到除了里克松和卢西奥，在三楼只有三个人分别呆在自己的房间里。于是警察准备对这些人进行逐一盘问。

于是，他们一行人先是来到了314房间里，发现房间里的卡斯特正懒洋洋地躺在沙发上看电视。

警察说明了情况之后，询问卡斯特刚才在干什么。

"我一直都呆在房间里看电视，天哪，怎么会出现这种事，真是不可思议。"卡斯特对里克松的遭遇表示同情。

"你一直没有出去过吗？"警察又问。

"是的，因为刚才是我喜欢的歌手在唱歌，所以我一直都看得很起劲。"

"那你有没有听到楼道里有什么动静？"

"我能听到的唯一动静就是那架讨厌的直升机的螺旋桨声。"

"好吧，就暂时问这些吧。"警察说着就要走。但是他似乎是不经意地走到电视机前，看着那台还挺新的电视说道："这台电视不错，和我家里的一样，不过我的那台老出现紊乱或者'雪花'，你的电视有这种现象吗？"

"从来不，这电视机相当棒！"卡斯特笑着轻松地回答。

这时，几个人都已经走到了门口，准备去下一个呆在房间里的人那里询问。这时警察却说道："不用了，小偷就是这位卡斯特先生。先生，你也不必演戏了，交代一下你的偷盗经过吧。"

卡斯特试图进行抵赖，但警察说了一句话，使他哑口无言，不得不承认自己的罪行，并从柜子里拿出了偷盗的 3000 美元。

你猜警察是如何识破卡斯特的呢？

452 约翰的诡辩

约翰是一个高中毕业生，因为不想继续读大学而来到一艘船上当了水手。一次出海期间，他不小心将船长的一套茶具打破了，情急之下，他便将这套茶具扔进了海里。

第二天，他来到船长的办公室，问船长道："先生，我想请教您几个问题，不知道您有没有空？"

"可以呀！"船长回答他。

"我想问您的是，如果您知道一个东西在什么地方，那能说这件东西丢了吗？"

船长说："那当然就没有丢了。"

"哦，这样的话，我要告诉您，昨天您找不到的那套茶具没有丢。"

"那么它在哪里？"

"在大海里。"

船长一听感到瞠目结舌，虽然他明知道约翰的说法肯定是不对的，但是一时也找不到言辞来反驳约翰。

你能帮这位船长指出约翰的说辞的荒谬之处吗？

453 助手的错误判断

科恩是一名著名的大侦探，一天，他接到警察局的电话，请他一同前往一个死亡现场协助勘查现场。但是，科恩因为当时抽不开身，便让自己新来的有些轻浮的助手卡斯特先赶到现场查看下情况，自己一个小时后到。

卡斯特赶到死亡现场后，几名警察和一个妇女等在那里。卡斯特从警察口中得知，他们在上午时接到一个报警电话，是死者的妻子打来的。

她声称自己的丈夫是一名大学物理学教授，昨天晚上他到实验室做实验，一晚上没有回家。于是，妻子在今天上午自己前来实验室找丈夫，结果却发现丈夫将自己反锁在了实验室内，怎么叫也没有回应，她担心出了什么事，所以报了警。

警察知道卡斯特是大侦探科恩的助手，很是尊重他，询问他该如何办。卡斯特看了一下现场后，当机立断，让警察敲碎实验室窗户上的玻璃，打开窗户，从窗户进入实验室。并且，他不忘强调，进屋之后不要轻易用手去摸现场的物品，以保留指纹。

进入实验室后，卡斯特和警察们才发现物理学家已经死在了房间内，看上去是服毒自杀。卡斯特还发现，在门内的钥匙孔上还插着一把钥匙。于是，他立刻在插进的钥匙上撒下了一些白粉，用放大镜来观察。

透过放大镜，钥匙手把的表面和背面都可以清晰地看到旋涡型的指纹。于是，卡斯特在警察的协助下开始将钥匙上的指纹和死者的指纹进行了对比。结果发现，钥匙上的拇指指纹和食指指纹都和死者的相吻合。于是，卡斯特当即下定了结论，作者是自杀无疑了——显然，是他自己将窗户关上，然后又将门反锁上，然后服毒身亡。

得出这个结论后，卡斯特显得有些得意，心想科恩侦探的那两下子也无非如此，自己完全可以自己去开一家侦探所了。最后，按捺不住自己的得意的卡斯特差点给科恩侦探打电话，告诉他不用来了，一切都已经很清楚了。

科恩侦探果然在一个小时候来到了现场，助手卡斯特刚将自己的判断以及依据对他说了一遍，他便立刻摇摇头，他坚定地说："不，钥匙上的指纹恰恰说明，这个人是他杀而非自杀！"接着他便说出了自己的理由，在场的人一听，无不点头，而卡斯特的脸也一下子红了。

你能看出助手卡斯特先前的判断错在什么地方吗？

454 马克·吐温的道歉声明

19 世纪 70 年代，美国著名讽刺小说家马克·吐温和邻居、作家查尔斯·沃纳合写了一部长篇小说《镀金时代》。该小说虽然艺术成就一般，但社会影响深远，以至于从南北战争结束到 20 世纪初叶的美国历史时期也就被定名为"镀金时代"。在内容上，小说深刻揭露了投机商、企业家和政客们串通一气掠夺国家和人民的财富的黑幕。因此，小说在 1874 年一经面世，便在社会上引起了强烈反响，许多媒体争相采访马克·吐温。在一个宴会上，有记者问马克·吐温："马克·吐温先生，大家都很想知道《镀金时代》究竟有多大的真实性？国会议员们真的如同您书中所描写的那样卑鄙无耻吗？"马克·吐温回答道："这么说吧——美国国会中的有些议员就是婊子养的！"这句话立刻在第二天被刊登在各大报纸的头版上。如此一来，美国国会的许多议员十分愤怒，他们纷纷公开指责马克·吐温说话不负责任且粗鲁无礼，要求他公开在报纸上道歉。

马克·吐温开始时并不予以理会，后来迫于各方的压力，不得不决定在《纽约时报》上刊登道歉声明。不过，这位幽默讽刺大家的道歉声明可谓与众不同，他是这样写的："前几日，在一次宴会上，面对记者的提问，我曾经说过这样一句话：'美国国会中的有些议员是婊子养的'，这句话惹怒了许多人，这些人一直在要求我道歉，我经过考虑后，觉得这句话的确有不妥之处，因此今天特意刊登道歉声明，下面，我将我原先所说的那句话修改如下：美国国会中的有些议员不是婊子养的，幸祈见谅！"

这个道歉声明登出后，令那些国会议员们感到啼笑皆非，广大读者看后也忍俊不禁。事实上，这位讽刺大家的道歉声明不仅没让那些国会议员们讨到便宜，而且等于是又用同样的话公开骂了他们一次。你知道这是为什么吗？

455 被害者的提示

一个周末的上午，怀特警探正在床上和妻子缠绵，警察局的一个电话打了过来，原来是该市某酒店发生了凶杀案，要他立即赶过去。怀特骂了句脏话，便满心不高兴地匆匆穿上了衣服，驾车赶往事发现场。

怀特警官达到后，发现另外两名技侦人员已经在现场了。据他们介绍，发现死者的是酒店的服务员，其在今天早上 8 点半到死者客房敲门送早餐时，发现无人应答，感到奇怪，于是进入了房间结果发现死者已经被杀，鲜血流了一地，屋子里的桌子上、地上则到处是散落的麻将。死者名叫珍妮，是本市一家高级中学的数学老师，昨天下午她和另外三个朋友一起住进了该酒店。死者住在了 312 房间，另外的三个人都是死者的大学同学，分别是住在314房间的简、315房间的罗丝和317房间的爱拉。昨天晚上，她们四个人一起在杰瑞的房间里打麻将，一直玩到半夜12点，哈里逊说道："明天还要到外面去玩，今天就到此为止吧。"于是几个人都各自回了自己的房间。根据检查，死者的死亡时间大概是在夜里12点半左右。显然，死者是在麻将散场之后，被人杀死的。而根据死者脑袋上的伤痕可以肯定，死者是被人用钝器击打脑部致死的。

另外，还有一条线索，法医检查时，从死者紧闭的手中发现了一个副麻将牌。说完，侦查员克里斯将一个装在袋里的麻将牌递给了怀特警官。怀特警官一看，发现那张牌是一个"小鸟"。怀特警官拿着那个"小鸟"端详了一会儿，想不出一丝头绪。这时，另一名侦察员巴特说道："这很奇怪，根据现场来看，死者房间的枕头上留下的血迹最多，他应该是在床上遇害的，他为什么要到桌子上拿到一副麻将牌呢？我看这里面肯定有文章。会不会是死者在临死前，拼命爬到桌子旁拿了一副麻将牌在手里，想给我们留下破案的线索呢？不过，这小鸟究竟代表了什么？"这时怀特警探眼睛一亮，想到了什么，他问道："你刚才说死者是一名高中数学老师？""是的。"巴特点点头，"不过，这和'小鸟'也没什么联系啊！"巴特不解地补充了一句。"不，和'小鸟'无关，一个快要断气的人想必也来不及从一百多张牌中找到他想要的那张，可能他只是想通过麻将牌本身给我们暗示！"接着，怀特警探便说出了自己的推测，大家一听，都点点头，于是，将嫌疑锁定在了死者的三个大学同学中的其中一位身上。最后，经过进一步的侦查和审问，果然此人正是凶手。

那么，你猜，怀特警探的推测是什么？凶手又是谁呢？

456 劫持犯逃窜的方向

一天上午11点钟，侦探斯诺接到警局电话，请求其协助破获一起劫持案，被劫持者是国内一名著名的女画家。斯诺于是匆忙赶到了劫持现场，女画家是在其公寓附近的小花园里被劫持的。在劫持现场，斯诺看到一排牵牛花旁边散落着画家的画夹和其他写生用具，其未画完的草稿上画的是几束盛开的牵牛花，有的枝叶还没有来得及画上去。另外，在草丛中斯诺还找到显然是从女画家身上掉下来的一粒上衣纽扣。

接着，斯诺又在离现场二十米远的地方，看到了汽车留下的痕迹，根据汽车轮胎留下的痕迹，斯诺判断出这是一辆"奥迪"越野车。然后据公寓守门员的陈述，当天上午共有两辆"奥迪"越野车通过大门。一辆是在上午8点半出门向南驶去，一辆是在上午10点出门，然后向北驶去。斯诺断定，劫持犯肯定就在这两辆车的其中一辆里。但是因为据邻居说他们最后看到女画家的时间是早上7点钟，因此这两辆车都有可能是劫持犯所乘坐的车。斯诺无法断定究竟是哪一辆，好让警察集中警力往一个方向追寻。而要知道到底是哪辆车，就必须弄清楚劫持犯的作案时间。

正在无计可施之际，斯诺的眼睛落在了女画家留下的草稿上。看着那几束画稿上未画完的盛开的牵牛花，斯诺眼睛一亮，马上判断劫持女画家的那辆车是上午8点的那趟车，因此应该往南追捕劫持犯。

你能猜出斯诺凭什么断定劫持犯乘坐的车是上午8点出门的那辆吗？

457 公园里的凶杀案

在一个春天的下午，万物复苏，天地间一派欣欣向荣的景象，公园里到处是情窦初开的年轻恋人。住在附近的托马斯教授一个人一边在公园里闲逛，一边试图回忆起自己和亡妻在这个公园里共度的幸福时光。

突然，从旁边的树林中传来一声枪响，托马斯教授于是赶紧朝枪响的地方跑去。只见一个年轻男子趴在草地上，后背上一个枪洞，显然有人从背后袭击了他。托马斯教授上前将年轻男子扳起，发现这种子弹威力十分强大，竟然从后穿前胸而出，其前胸看上去血糊糊一片。托马斯于是在其口袋中掏出一个身份证，发现上面写着"罗杰斯"的名字。

"罗杰斯！"就在托马斯教授考虑要报警时，突然听到对面有女孩发出惊讶的喊叫，"天哪，这是谁干的！"

托马斯于是抬起头，发现一个二十几岁的年轻女子站在几米开外，瞪大了眼睛，同时用手捂着嘴，看上去又惊诧又难过。

托马斯掏出了自己的证件，给姑娘看了一下后问道："你是谁，你认识罗杰斯？"

"我是她的女朋友，"姑娘解释道，"我们经常在这里约会，今天是他约我来这里的，我刚到，就看到……天哪，他怎么能这样！"

"谁？谁这样？你知道是谁干的？"托马斯赶紧追问。

"我也不确定，但我猜想一定是他——我以前的男朋友约瑟夫，自从我和他分手后，他就一直很恨罗杰斯。"

"他向罗杰斯发出过警告吗？"

"这个我不清楚，但是他曾经威胁过我。一定是他趁罗杰斯等我的时候，从背后开枪杀死了他，这个懦夫！"

"罗杰斯也许是个懦夫，但至少这件事肯定不是他干的。"

"你怎么知道不是他干的？"姑娘瞪大了惊异的眼睛看着托马斯教授。

"因为杀死罗杰斯的人就是你。"托马斯冷静地注视着姑娘的眼睛说到。

想一下，托马斯教授为何断定是这个姑娘杀死了罗杰斯？

458 嫌犯的破绽

杰拉德因为自己的一些见不得人的事情被大学同学韦斯特知道，便在韦斯特刚刚租下的房子里用绳子将其勒死。为逃脱罪责，杰拉德将韦斯特吊在阁楼的横梁上，制造了韦斯特是上吊自杀的假象。之后，杰拉德又将整个房间上上下下地收拾了一番，抹去了自己曾经来过的所有痕迹。看看现场再也找不到自己的一丝蛛丝马迹了，杰拉德心想，下面需要做的就是将前后门给锁上，就一切天衣无缝了。

但是，令杰拉德有些沮丧的是，在封上后门之后，他发现前门已经损坏，无法锁上，这一点使他感到有些沮丧。但是，此地显然不宜久留，他将前门虚掩上便离开了。幸亏韦斯特的住宅附近有一片茂密的树林，杰拉德一离开房子便闪身进入树林，一会儿工夫便消失掉了，一路上没有碰到任何人，这令杰拉德感到十分高兴，觉得自己这件事干得真是高明极了。并且，左思右想之后，他发现同学前门的锁虽然坏了，但这一点并不像他当初想象的那样麻烦——自杀的人显然没必要非要将门上的坏锁修好后，然后锁上门再去自杀。

想到自己这件事做得如此巧妙，有些得意忘形的杰拉德又想出了一个大胆的设想，他给自己的另一个当警长的大学同学麦克打了电话。两个小时候后，他和麦克坐在了前去韦斯特住所的路上。

在车上，除了询问一下彼此的近况之外，杰拉德也谈到了之所以约麦克一起前去看望老同学韦斯特的原因："自从韦斯特离婚以来，他的心情一直很抑郁。我早就想去看望一下他，但一直也不知道他住在哪里。今天，他突然给我来电话，我才知道他的新住址。在电话里，我感觉得出他对生活已经完全失去了信心，并且有轻生的念头，所以我才想到和你一同来看望他，我们一起来劝劝这位老同学吧！

"他在电话里说，他住在斯特阿里大街214号，一幢黄色的房子里，应该就是这儿了，我们下车吧。"于是，两人一起下了车。

麦克来到房前，发现门是半开着的。他和杰拉德一起走进了房子，视野之内没有看到其他的房门。于是两人一起上了阁楼，惊讶地看到了老同学已经吊死在了阁楼上。两人于是感到十分悲伤，正在这时，门下却突然传来敲门声。于是两人一块下了楼，到前门那里，发现那里没有人，于是杰拉德径直走向后门去开门。

原来是邻居家的一个小男孩来还其母亲前几天借走的一份报纸。杰拉德于是松了一口气，在接过报纸并打发了小男孩离开之后，他转过身来准备假装和麦克一起报案时，却惊讶地发现麦克已经举起了枪对准了自己。还没来得及说话，麦克就抢先说话了："别再演戏了，老同学，是你杀死了韦斯特。"边说他便开始打电话叫自己的警察同伴。

想一下，杰拉德到底是在哪里露出了破绽，让麦克知道了他就是凶手？

459 凶手惯用哪只手

昨天夜里，在市区一个偏僻的旧住宅楼的 5 楼，发生了一起凶杀案。

警探昆德拉和自己年轻的搭档瑞恩警官一起赶到现场后，发现被害人是该房间的男主人，其被人捆在一张靠背椅子上，和椅子一起被置于屋子中央的电灯下方，头部遭到酒瓶子的重击而死。在其头顶上方，悬挂的是一个旧式钨丝灯泡（如图一）。另外，玻璃窗里面的旧窗帘也被是拉起来的。

除了上面的现场情况外，此案还凑巧有一个目击证人。此人是居住于这栋楼对面旅馆 4 楼的旅行画家。

这个画家自称，昨晚深夜，他因为失眠，站在旅馆房间的窗户前眺望夜景。突然，他看到对面居民楼的一个窗户上出现了一个令人感到可疑的投影，看上去是一个人正在举起酒瓶子试图击打什么。画家出于好奇，随手为这个窗户上的投影画了张素描（如图二）。

"看上去凶手似乎是用右手握着酒瓶子的，是个惯用右手的人。"瑞恩警官一边看着画家提供的素描一边判断。

"不一定，凶手也完全有可能是个左撇子。这要看凶手当时是面朝窗户还是背对窗户。如果他是面对窗户，那么凶手举起酒瓶子的手就是左手；而如果他是背对窗户，则举酒瓶的手就是右手。"昆德拉推断。

"对，的确如此！"瑞恩警官一边思考昆德拉的推断一边点头，"这么说来，从这张素描来看，并不能判断出凶手是左撇子还是右撇子。"

图一　　　　图二

"不，如果单独看素描的话，的确是如此，不过，如果将素描结合现场的情况，我们就能够推断出这一点。"昆德拉果断地说。

现在，你来对照一下这张凶杀现场图和素描图，看能否推理出凶手是左撇子还是右撇子？

460 弄巧成拙的"自杀"

一个富商无儿无女，只有一个侄子。富商一旦死去，其财产便会根据血缘关系归其侄子所有。但是，有一天，富商突然从别人那里得知自己一直以来很看好的侄子多年来一直都在蒙骗自己的钱财，然后到外面去花天酒地，而并非如他在自己面前所装出来的那样是个对社会有用的俊才。并且，这个侄子对于富商也并不像他平时装出来的那么爱戴和尊敬，而是经常在背后咒骂他抠门，并且咒他早死，好继承他的财产。富商感到十分气愤，一生靠打拼走到今天的他最瞧不起的就是那种寄生虫。并且，这个侄子还完全是个没有良心的无赖。因此，他将侄子叫到自己跟前，坦率地告诉他所有的一切，然后明确告诉他，他以后休想从自己这里再拿到一分钱。并且，富商也明确告诉侄子，自己死后会将遗产捐献给慈善机构，而不会给他留一个子儿。

这个无赖的侄子听到富商的这番话后，简直急得发了疯，这许多年来，他可是日夜在盼着富商死去好继承他的财产的。这下，竹篮打水一场空，他对于这个结果无法接受。于是，财迷心窍的侄子竟然想到一个狠毒的主意，在富商还没有来得及立出将财产捐献给慈善机构的遗嘱之前，雇用一名杀手前去暗杀自己的叔叔。这样一来，根据法律，自己可以舒舒服服地继承老东西的遗产。

杀手先是摸进富商的办公室里，趁富商靠在沙发上打盹，用装了消音器的手枪在富商的左边太阳穴上开了一枪，完事后杀手又将手枪放在了富商的右手里。然后，杀手又按照富商侄子提前安排给他的指示用富商的打印机打印出了一份遗书，然后又将打印机上的指纹全部擦掉，以造成富商开枪自杀的假象。而遗书的内容自然是富商侄子提前抄给他的。富商侄子很狡猾，在遗书上"富商"并没有提财产留给谁的话，而只是说明了一下自己自杀的原因是因为年老孤独，这是独身老人自杀常见的原因，很合逻辑。这样一来，只要富商没有在遗嘱中特别说明对于自己财产的安排，按照血缘关系，自然便都归富商的侄子了。

富商侄子为自己的完美计策而得意，他先是假装从警察那里得知了自己"亲爱"的叔叔的死亡消息，然后到叔叔办公室假惺惺地伤心了一场。最后，他便怀着按捺不住的心情等待着律师将富商的财产移交给他。但是，令他感到意外的是，警察首先登门"拜访"了他。警察提出，他们根据现场的情况判定富商是他杀而非自杀，而富商的侄子因为富商死后可以继承他的一大笔财产，是富商死亡的最大受益者，因此被认为是杀人嫌犯。

但是，这个无赖将自己的计策从头到尾想了一遍，也没有想出有什么漏洞，让警察认定富商是他杀。几个月后，这个案子被完全告破，杀手也被捉拿归案。这时，警察才告诉富商的侄子，为何他们怀疑富商是他杀而非自杀。简单说，杀手留下了两个破绽，一个是因为太粗心了，另一个则是因为太小心了，以至于弄巧成拙。

你能猜出杀手留下的两个破绽在什么地方吗？

461 陶渊明考子

东晋大诗人陶渊明隐居后，其妻子一共为其生下了 5 个儿子。陶渊明无官一身轻，除了出游去拜访朋友外，在家里则是每天写写诗，与妻子和儿子共享天伦之乐，日子倒是过得十分惬意。一天，陶渊明见几个孩子都越来越大了，便决定考一考他们的智力，给他们出了一个题目，其内容是这样的：每只公鸡值 5 文钱，每只母鸡值 3 文钱，每只小鸡只值 1 文钱。现在如果要用 100 文钱，买 100 只鸡，试问：这 100 只鸡中，公鸡、母鸡、小鸡各多少只？

据说，结果陶渊明的五个儿子都没有能得出答案，陶渊明由此对自己的儿子也颇感失望。他在《责子》一诗中写道："白发被两鬓，肌肤不复实。虽有五男儿，总不好纸笔。阿舒已二八，懒惰故无匹。阿宣行志学，而不爱文艺。雍端年十三，不识六与七。通子垂九龄，但觅梨与栗。天运苟如此，且进杯中物。"意思是长子阿舒，懒惰到举世无双；次子阿宣，对应考没兴趣；阿雍和阿端是双胞胎，谁知笨得不认识六和七；小儿子阿通成天都在找果子吃。老陶我只好听天由命，管他三七二十一，喝自己的酒去。

据此，有现代优生学专家提出：这是陶渊明近亲生育的结果。但是也有人反对这推测，认为这道题目看似简单，实际上相当有难度，要算出来，是需要动一番脑子的。

聪明的读者，你能够算出这道题目吗？

462 福尔摩斯的判断

一天深夜，伦敦的一个出急诊的外科医生刚走出家门，被一辆飞驰而来的四轮马车给撞倒并从身上碾过，当场死亡。马车夫吓得浑身打颤，他看下四周无人，便想逃走。但是转念一想，半夜里出门在外的人很少，警察明天一旦发现尸体，很容易便怀疑到马车夫身上，况且他身上还有明显的车辙印。于是，

马车夫便将医生的尸体以及出诊包放在了自己的马车上，然后赶着马车驶离了现场。如何处置这个尸体呢？如果将其抛到荒野，警察同样很容易根据尸体判断出死亡时间，并顺藤摸瓜，找到自己。盘桓再三，一个主意在他头脑中形成了。

马车夫将医生的尸体拉回自己的家中，然后将尸体和其出诊包一起放在厨房，用近50度的高温对尸体及出诊包进行烘烤，直到第二天夜里才将火熄灭。然后马车夫趁夜色又将尸体和出诊包一起运到了郊外，并将其扔到了荒野中。然后，马车夫慌慌张张地绕道而回。他觉得这样一来，警察们就很难通过尸体断定死者的死亡时间了，自己便可以逃脱罪责。

医生的尸体在第三天上午便被附近的农民发现了，警察很快赶到了现场。伦敦警察对尸体进行一番检查后，认为死者死于两周前。但是，对于如何破案，警察们一筹莫展。后来，这个案子经过新闻界的报道，更是众所周知，人们对这件事充满了好奇。如此一来，警察局便面临着巨大的压力，被上司责令尽快破案。无奈之下，他们只好请来了大侦探福尔摩斯。

福尔摩斯先是对尸体进行了一番查验，然后又对医生的出诊包进行了查验，对于包里所放的听诊器、体温计、注射器以及一些急救药，福尔摩斯都仔细看了一下。检查结束后，福尔摩斯当即得出结论："根据死者的尸体腐烂程度所得出的死者死于两周前的结论，得重新考虑，因为死者的尸体曾受到过40多度的高温的烘烤，在确定死者的死亡时间时，必须要考虑这一点！"

警察听了之后都感到迷惑不解，问福尔摩斯道："您怎么就知道尸体受到了40多度的烘烤？"

你能替福尔摩斯解释一下吗？

463 简单的测试方法

家住英国伦敦的爱丽丝小姐天生丽质，十分迷人。但可惜的是，她却是个又偷又骗的女贼。一次，她又勾搭上了来自瑞士的珠宝商罗伯特，因为罗伯特这次来伦敦携带了一批价格不菲的珠宝，想在当地出手。而爱丽丝则看上了这批珠宝。

一天晚上，爱丽丝和罗伯特一起住进了希尔顿酒店，两人在房间里举行浪漫的烛光晚餐。服务生将一大盘龙虾和一些蘸着酱吃的法制小蛋糕送进房间之

后，便退出了房间。但是没想到，40 分钟后，当服务生再次前去看需不需要自己进去收拾餐具时，竟发现这一对男女双双昏迷在了座位旁的地毯上。服务员于是赶紧叫来了医生，同时，也打电话报了警。

因为警察局就在附近，所以罗茨警探和医生几乎是同时到达了现场。医生在对两人实施了一番抢救后，爱丽丝首先苏醒了过来。只见她张大了嘴巴，露着洁白光洁的牙齿，茫然地盯着四周，不知道发生了什么事。而罗伯特则仰面躺着，昏迷不醒，显然是有人在他的食物里下了蒙汗药。

"肯定是有人盯上了罗伯特的珠宝，在食物里下了蒙汗药！"爱丽丝边揉着眼睛边说道，"我看他吃了食物后，便摇晃起来，我想去扶他，却发现眼前一黑，什么都不知道了！你们快看看，他的珠宝还在不在！"

刚才罗茨警探一直没有说话，只是冷冷地盯着爱丽丝观察，这时他冷冷地说了一句话："如果你也吃了那些龙虾和法制小蛋糕的话，那么你刚才所说的就会是真实情况。"

爱丽丝于是瞪起眼睛惊讶地看着罗茨警探，表示不知道他在说什么。

"而如果你所吃的东西和罗伯特不一样的话，那么在 40 分钟的时间里，是能够做许多事情的，比如，将罗伯特的珠宝偷偷转移走，然后再回到这里躺在地毯上。"罗茨警探显然已经明确表明了自己的看法。

"我发誓我和罗伯特吃了相同的东西！"爱丽丝看上去一副委屈的样子。

"这很简单，关于此我们立刻就有答案！"罗茨警探说。

"难道你们要化验我的粪便？"

"完全不必那么麻烦，也不用对您那么无礼，我的方法十分方便！"罗茨警探冷静地说。

你能分析出罗茨警探为何怀疑爱丽丝吗？你猜他的十分简单的检验办法是什么？

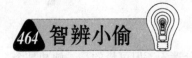

464 智辨小偷

小王刚从警校毕业，被分到一个市的公安局工作，因为初来乍到，没有工作经验，局里安排他和在局里工作了十几年的老警察老张作为搭档，意思是让老张带一带这个年轻人。

一天晚上，小王和老张一起执勤时，看到从马路对面的一处豪宅的大门口走出来一个年轻人，这个年轻人手里拎着一个大提包，看上去步履匆忙，神色也有些慌张。经验丰富的老张便马上对他产生了怀疑,示意小王上前盘问。于是,小王走上前去喊道:"请你站住!"

那个年轻人于是便停了下来,问道:"什么事?"

小王上下打量了一下这个年轻人,发现他虽然故作镇定,实际上眼神却飘忽不定,于是感到更加怀疑。小王问道:"这么晚了,你带这么多东西干什么去?"

年轻人于是便看上去有些不耐烦地回答说:"这是我的家,我从家里拿点东西赶去女朋友家去睡觉,不行吗?"说完,便要走开。

小王一看他不买账,也一下子急了,喊道:"现在宅子里没有开灯,显然里面根本没人,因此我们怀疑你趁主人不在,来偷东西,请跟我们走一趟!"这话显然听上去十分笨拙了。

"笑话,我不在里面住了,还开着灯干吗!"年轻人似乎是很不屑地反驳道,"好了同志,你这样怀疑人也是本着对我的财产负责的态度,我很感激,不过我真不是贼!"似乎是感到局面太僵,顿了一下之后,年轻人又说道。

就在这时,从宅子里跑出来一条卷毛的宠物狗,冲着年轻人直摇尾巴。年轻人也俯下身子摸着小狗的脑袋说:"你看,这是我家的小狗,名字叫'公主'。这下不会错了吧,狗难道会乱认主人?"

小王一看那狗对年轻人这么亲热,觉得自己是真的错了,于是对他说:"对不起,那请你走吧!"

年轻人于是便准备离开,恰在这时,小狗突然跑到路边的小树那儿,抬起一条后腿撒尿。老张一看,突然又喝住了年轻人:"站住,你就是小偷!"

你知道老张凭什么断定年轻人是小偷的吗?

465 女孩智捉小偷

法国记者安娜一次去日本进行新闻采访。在东京地铁的时候,她在车厢里面不小心丢失了一个钱包。

在地铁停稳之后,她赶紧跑出来焦急地对地铁警务人员说自己的钱包丢了,请他们帮忙暂时不要放乘客出站,帮忙查一下。

警务人员对安娜的遭遇非常同情,但是由于来来往往的人比较多,他们很无奈的对安娜说:"这是终点站,我们不放走人没有关系,但是怎么才能帮你找到钱包呢?难道要挨个人搜身吗?"

"当然不是,你们只需要让乘客中的男人

都脱下鞋子检查一下脚背就能找到那个小偷了。"

警察非常奇怪地说："这是怎么一回事呢？"

安娜接着向警务人员解释说当时在车厢里面的时候，她在那个小偷的脚背上面狠狠地踩了一脚，所以一定会留下脚印的。

事情是这样的：安娜当时在车厢里面的时候，觉得身后有个男人的手伸进了自己的腰部，她知道假如在这个时候她大声喊叫的话，说不定小偷手里会有凶器，那样一来，很有可能会受伤。于是，她急中生智假装被前面的人挤了一下，趁势猛地踩了后面的男人一脚。

警务人员按照安娜说的办法，把所有的男乘客都集中到出口处，挨个让他们把鞋子脱下来进行检查。果然，经过检查发现了一个男乘客的脚背上有一块红肿，然后警务人员就对他进行了全身搜查，果然在他的身上找到了安娜的钱包。

警务人员后来奇怪地问安娜："当时，你身后的男人那么多，你怎么就能够判定他就是小偷呢？"

你知道这个问题的答案吗？

466 "拆半仙" 授徒

古时候，有个人善于通过拆字替人占卜，每每应验，于是，人们便赠送他一个绰号，叫"拆半仙"。

"拆半仙"因为十分灵验，找他拆字的人很多，因此他的收入颇丰。有个青人很是羡慕，便登门想要拜他为师，学习他的本领。"拆半仙"看这个青年挺机灵，便收下了他。但是，青年拜师之后，却迟迟不见"拆半仙"传授他占卜的诀窍，只是在有人前来拆字时，要青年在旁边观看。

这样过了一年，青年也没有看出个眉目，只是觉得"拆半仙"的确拆得很准，但对于其中的门道却一无所知。一天早上，"拆半仙"又在街头摆出摊位时，徒弟实在忍不住了，就对"拆半仙"说："师傅，我已经跟随您老人家一年了，您总该教我点什么了吧？"拆半仙一听徒弟如此说，便说道："怎么，我不是天天在教你吗？怎么说我什么也没有教你呢？"徒弟一听愣了，摸着脑袋说道："师傅，我是天天看您拆字，可是，对于这其中的门道我一点也不懂啊！"拆半仙于是说道："我以为你早就看明白了，看来你还需要我点拨你一下。那好吧，今天有人来拆字的话，你还在旁边观看，晚上我给你讲解着其中的门道。"徒弟高兴地点点头。

这天上午，一个小脚老太太颤巍巍地走了过来。老太太眯着眼对"拆半仙"道："先生，我有个东西丢了，想拆个字，烦您帮我找找。"

"老人家，不知道您丢的是什么东西？""拆半仙"问道。"是我祖上传下来的两颗珍珠。因为藏在箱子底很长时间了，我今天早上就把它们拿出来，想到屋外光线亮的地方看一下它们变色了没有。没想到跨过门槛时被绊了一下，手里的珍珠便掉在了地上。我赶紧找，结果找了几遍，只找到了一颗，另一颗怎么也找不着了。所以先生您能不能帮我找一下？""当然可以，老人家，就请您抽一个字吧。"说罢将放字的箱子递到老太太面前。

老太太于是抽出了一个字，"拆半仙"一看，是个"酉"字。"拆半仙"眯起眼，捋着胡子想了一会儿，又装模作样地掐着指头算了算，开口说道："照这个字来看，酉乃是地支，生肖属鸡，因此你丢的东西应该是在鸡肚子里。你回家后将鸡杀掉，想必就可以找到失物。"老太太知道"拆半仙"算得很准，一听这话，坚信不疑，立刻支付了"规矩钱"，便喜滋滋地回去了。

到了中午，老太太上街买菜时路过"拆半仙"的摊位，笑嘻嘻地说道："先生，真亏了您，我那宝贝果然在鸡的肚子里找到了！"

老太太刚一走，城南铁匠铺的铁匠着急上慌地跑来拆字了，原来他的一把干活离不开的榔头不见了。眼看着下午自己没法干活，便赶忙来求"拆半仙"帮忙找一下，好不耽搁下午干活。也巧，铁匠正好也抽了"酉"字。"拆半仙"于是舌头一转，说道："'酉'字嘛，横着放，看起来就像个风箱。你的榔头想必就在风箱旁边。"铁匠也留下"规矩钱"便着急上慌地离去了。没想到过了一会儿，从城南过来的人便捎来信，称铁匠的榔头找到了。这时，青年不得不佩服地看了一眼师傅，而"拆半仙"则并没有说什么，只是微笑了一下。

到了下午，一个邻近小城上的人也因为听闻"拆半仙"的大名，大老远赶来请"拆半仙"给占卜一下。原来，这个人的父亲病了，医治没什么效果，便想请"拆半仙"卜下吉凶。"病人几岁了？""拆半仙"煞有介事地问道。"71岁了。""什么样的症状呢？""总喊胸口疼。""病人饭量如何？""几天时间都只能喝一点粥了。""好吧，你先抽个字，我看看吧。"真是巧了，这次又抽了个"酉"字。"拆半仙"看了抽出的字后，皱着眉头说道："看来令尊过不了这一关了，'酉'字，上下一出头就是个'奠'字，回去给病人准备后事吧！"

到傍晚快要收摊时，又有个小媳妇前来拆字，要"拆半仙"帮她找一找自己头上戴的一只簪子。她称自己下午一直在院子里做针线活，中间只回过两趟屋，并无去别的地方。但是，自己头上的簪子却怎么也找不到了。小媳妇说完抽了一个字，真是无巧不成书，她还是抽了个"酉"字。这次，"拆半仙"没有多加解释，只是眯着眼想了一下，便果断地判断："你的簪子在门帘里挂着。"

打发走了小媳妇后，"拆半仙"便收了摊。晚上回到家里，徒弟忍不住向师傅请教道："师傅您今天拆了4个'酉'字，用四种解法打发了4个顾客，我实在是很奇怪，这里面的奥妙究竟在什么地方呢？"

"拆半仙"于是笑着对徒弟说："实话给你说吧，拆字这个东西，其实并没有什么奥秘，只是需要你善于用脑子分析，同时对顾客察言观色，揣摩对方心理。

说白了，所谓占卜，就是猜。当然，很重要的一点，你要有好的口才，将事情说得很玄乎。如此，就算你有时猜对有时猜错，人们都会觉得了不得，称你为'半仙'。"看徒弟还是不太明白，"拆半仙"继续说道："比如说今天上午的那个老太太。她来打听珍珠的下落，又说了珍珠丢失的过程。你想，被门槛绊了一下，身体必然向前扑倒，所以珍珠必然是落在了屋外了。我看那老太太的脚上有不少鸡粪，她身上也稍微有些鸡的味道，想必她是养了鸡的。老太太养鸡，鸡便往往喜欢绕着她脚跟。珍珠掉下来之后，鸡肯定以为是老太太又给它们喂食了。老太太找几遍找不到，珍珠便很可能被鸡给吞下去了。而'酉乃是地支，生肖属鸡'这不过是我临时发挥，讲一些骗人的行话罢了。即使她抽出别的字，我同样可以将其拉到鸡身上。

"再来说铁匠的榔头。榔头是铁匠干活时时刻离不了的家什，肯定不会放得太远。用罢放在风箱上，是很多铁匠的习惯。而一旦遇到其他的事出去一下，外人来将风箱撞了一下，或者是自己不小心将风箱撞了一下，榔头一下子掉进了风箱旁边的空隙里，是很有可能的。至于'酉'字横倒像风箱，则又是我嘴皮子的临时发挥了。"

"不过师父，您要那个中年人为自己的父亲准备后事，不是太冒险了吗？万一即使他的病治不好，但就是不死，拖上了几年，您的话不就穿帮了吗？"

"你不是已经听了病人的情况了吗？心脏疼，又吃不下饭，这么大年纪的人，恐怕明眼人一听都知道必然活不了多久了！况且，即使他今年不死，拖到了明年，甚至拖到了后年，到时我也可以解释说是'本人年轻时行了善事'之类的话解释，这么好听的话谁会拒绝接受呢？我还是有回旋的余地。"

听师傅这么一说，徒弟这时脑子才开了窍。这个徒弟也的确是机灵，这里刚开了窍，便自告奋勇地对那个找簪子的小媳妇的拆字的情况进行了一番分析。师傅一听，点头称赞道："好了，你可以出师了！"

你知道徒弟是怎么解释的吗？

467 警官课堂上的考题

在警官学校里，一个老警探在给一些年轻的学生授课。

老警探开讲道：要想成为一个优秀的警探，不仅要有卓越的洞察力，严密的逻辑推理能力，还需要有一定的想象力。这是我从警察局里拿来的过时的一份口供，你们看一下，能否通过口供想象出这个陈述人当时遇到了什么样的情况。说罢他给每个人都发了一张纸。

学生们接过纸张之后，看到上面写道：我当时感到非常害怕，以为这次自己死定了。这件事来得太突然了，我没有一点心理准备。我知道，此时的我是完全孤立无助的。我当时别无他法，只能坐在车上，双手紧握方向盘。

我的车是一年前从别人那里买来的旧福特，它的发动机已经熄火了，机体也慢慢停止了转动。我几乎看不到外面的任何东西，只感觉周围又黑又冷。稍微冷静了一下之后，我开始采取行动。我知道，我的速度一定要快，于是，我尽快将雨衣脱下来，要知道，这在车里不是件容易的事。但为了能够为后面的事争取时间，我只能这么做。

车门没有锁，但是此时想将它推开却并不容易。并且，我转念一想，一旦打开车门，可能更不容易逃走。于是，我改变主意，将车玻璃摇下，从窗户洞口爬了出去。最后，我忍受着身上的伤痛开始向市区走去，大约两个小时后，我来到了警察局，并开始写下了这段笔录。

学生们看了这段笔录后，一个个皱起了眉头，并开始议论纷纷："这真是奇怪，这个人到底遇到了什么事情？"

"是不是汽车上藏有炸弹？"一个学生大胆推测道。

"那他干吗要浪费时间脱去雨衣，并且不直接打开车门，而要从车窗里爬出来？"有学生立刻表示反对。

"这是不是一件恐怖袭击的现场？"又有学生自言自语，不过他自己马上觉得这不大像，当即自己否定了。

"在离去前，他是否关上了车窗？"这时，有个一向以聪明著称的学生问老警探。

"不，没有。"老警探微笑着回答。

"那么，我想这个笔录者身上发生了这样的事情。"说完，这个聪明学生便说出了自己答案。老警探一听，满意地点了点头。

现在，根据笔录上的描述，你能够想象出笔录者当时遇到了什么事情？

468 威茨弗格救仆人

威茨弗格是奥地利的一位老上校，其曾在奥地利抵抗外国侵略的战争中立下战功。晚年时，老将军因妻子早早过逝了，又没有给他留下子女，孤独地生活在一个小城里，只有一个叫艾尔玛斯的仆人照顾他的饮食起居。

一天，老上校派仆人去找城里的警察局长司文思，要求他加强自己居住区周围的治安。可是，老上校站在自家门口一直等到中午，也没有见到艾尔玛斯回来。而到了下午，艾尔玛斯仍然没有回来，却来了一位司文思长官的青年下属。这位年轻的下属通知威茨弗格说："艾尔玛斯因有盗窃的嫌疑，已经被逮捕了。"

一听到这个消息，老上校大吃一惊，他知道自己的仆人向来忠厚老实，应该不会做出偷盗之事。于是就陪同年轻人一起，去见司文思局长。

司文思一见到威茨弗格来了，就向他讲了事情的经过："艾尔玛斯来这里见我的时候，我正在处理一些金币，所以就叫秘书让他去等候室稍微等一等。也不知道怎么搞的，艾尔玛斯还没有出门，我的肚子就开始疼起来，于是，我将金币放在这张桌子里的抽屉里，锁上抽屉之后就去厕所了。可是，我因为太大意了，将抽屉的钥匙忘在了桌子上。我去卫生间也只不过两三分钟的工夫，等我回来后，就把放在桌子抽屉里的金币拿出来，继续我的工作。可是，等我数了一遍后，却发现有 10 枚不见了。在这段时间里，我这间屋子并没有别人，只有艾尔玛斯离我最近。"

司文思说着，就指了指他所在的房子旁边的那间屋子，就是艾尔玛斯所在的等候室。司文思继续说道："抽屉钥匙就在桌子上放着，不是艾尔玛斯偷的还能有谁？因此，我就把他抓了起来。"

威茨弗格观察了一下，反驳道："但是，您应该注意才是，等候室通往您所在的办公室的门是上了锁的，艾尔玛斯无论如何也进不来呀。"

"他一定是先走到走廊，再从正中的那扇门进来的。"司文思长官愤愤不平道。

"可是，艾尔玛斯在隔壁根本不可能看到您把金币放在抽屉里，也不可能知道您把抽屉钥匙忘在桌子上。"威茨弗格反驳他。

"他准是透过毛玻璃看到了一切。"

威茨弗格没有说话，而是向房间左边的门走去，他将脸贴近毛玻璃往左边房间仔细地看去，从这里只隐隐约约地看见一些靠近门的东西，司文思长官的办公桌根本就看不清。他又走到左右两扇门前，用手指摸摸门上的毛玻璃，发现这两块毛玻璃的质地完全一样，一面光滑，一面不光滑，只是左边房门上毛玻璃不光滑的面向长官办公室这一边，而右边房门上毛玻璃的光滑面在长官办公室这一边。

威茨弗格问司文思长官："请问您右边的房间是用来做什么的呢？"

"哦，那是秘书室。"司文思长官答道。

威茨弗格转过身来，指着门上的毛玻璃对司文思说道："您过来看一看，从这块毛玻璃上艾尔玛斯不可能看到您所做的一切。应当受到怀疑的是您的秘书。"

司文思将信将疑，叫来秘书质问，金币果然是他偷的。

你知道威茨弗格推断的根据是什么吗？

469 贵妇人的小狗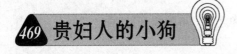

一个相当有地位的英国贵妇喜欢养宠物，特别是小狗，她尤其喜爱。最近这位贵妇特意从法国买回来了一条名贵的小狗。为了将这条小狗培养成世界一流的名犬，贵妇将小狗专门送到了柏林的一家专门的宠物训练学校进行培训。

经过几个月的特殊训练，贵妇人的名狗终于从德国回来了。在送这只小狗回来的时候，柏林校方向贵妇信誓旦旦地保证："小狗经过特殊的训练之后，主人要它做的基本动作全部可以完成。"

贵妇人非常高兴地欢迎小狗回来，她更想验证一下这几个月的训练效果。但是，不管贵妇人发出多么简单的指令，小狗都始终呆呆地站着，没有任何反应。这下子可急坏了贵妇人。但是，这家动物训练学校是世界闻名的，不可能撒谎或者欺瞒顾客，因此，其中必有蹊跷。

你知道这其中的原因吗？

470 县令智判捡钱案

明天启年间，有个乡下人进城卖驴，将驴卖掉，准备回家时，他在一个街上捡到一个钱袋。乡下人很老实，拿着钱袋站在原地等失主。

过了一会儿，有个财主着急上慌地走到乡下人附近的街上，来来回回地盯着地面找东西。乡下人一看，便走上前去问他是不是丢了钱袋。财主慌忙点头称是。乡下人没多想，便将钱袋递给了他，说是自己刚刚在这里捡到的。

这个财主接过钱袋一看，果然是自己的。但是，这个财主却是个贪婪无德之人，他见乡下人这么老实，也不问问他丢的钱袋的样式和颜色，便将钱袋给了他。又见这个乡下人肩上背的钱袋鼓鼓囊囊，显然是有银子在里面。于是，这个财主便起了贪心。他假装翻开钱袋数了数里面的银子，然后便说自己的钱袋里本来有二十两银子，现在只剩下十两了。他一口咬定是乡下人贪财，昧了他十二两银子。乡下人自然不认。于是两人争吵起来。路边很快围了一圈人，大家不知道真相，纷纷指指点点，有的指责乡下人昧银子，有的指责财主诬赖好人。最后，这个财主竟然拉着乡下人到县衙见官。

县官于是审理了此案。在听了两人各自的陈述后，县官心想，乡下人如果有心昧银，便干脆将 20 银子全部昧掉，何苦再将银子归还主人？因此说乡下人昧银，逻辑上说不通。再看堂下的两人，乡下人明显老实巴交，不像歹人；而那财主，则看上去贼眉鼠眼，不像良善之人，并且眼神也总是躲躲闪闪，显然是理亏。于是，县官心里大致有了数，有心惩罚下这个贪婪无德的财主。心下略一思忖，县官想到一个绝妙的主意。

于是，县官问乡下人道："你捡到钱袋之后，可曾离开过原地？"

"不曾离开。"乡下人回答。

"可有人作证？"县官又问。

当时街上的几个人便为乡下人作证。

"那么你可曾打开过钱袋？"

"不曾打开。"

并且又有目击者愿意替乡下人作证。

于是，县官便给出了判决。这个财主一听，哑口无言，自悔因贪心而最终搬起手头砸了自己脚。

你猜，县官是如何判决的？

471 被冤枉的县官

李勉是唐朝中期的名臣，他不仅廉政爱民，而且聪慧过人，尤其擅长断案。在他镇守陕西凤翔的时候，那个地方曾发生了一起非常奇怪的案子，而且被告人不是别人，正是当地的县太老爷。

事情是这样的，有两个当地的老百姓一天到田地里去种庄稼，他们从地里面挖出来了一个瓮子，打开一看，万万没有想到的是，里面装的竟是一瓮金元宝。

这两个农民心地非常善良，他们看到了那么多的钱财并没有起什么非分之心，而是报告了当地知县。知县得知这一情况，就派了两个手下，把这一瓮金元宝抬到了自己家中，因为他担心放在衙门中不太安全。

可是几天过后，奇怪的事情发生了。一天，李勉到这个地方来私访，知县就把当地百姓挖出金元宝的事告知了他。李勉听说此事，感到非常好奇，于是，他就让知县把瓮子打开，想看一看是不是真有此事。然而，当知县命家人打开瓮子时，却发现瓮子里只有几个土块，并没有什么金元宝。这时候，知县可就傻眼了。李勉说："会不会是那两个农民故意在骗你呢？他们挖出来了一瓮子土块，然后说是一瓮子元宝。你把他们传过来，我要亲自审问他们。"

于是，知县就派人把两个农民带到了县衙。可是两个农民说，那天他们把宝物挖出来的时候，乡里的许多有脸面的人都看到了，他们都可以作证。李勉把农民说的那些证人一一传到衙门，他们果然说确有此事，那天看到过一瓮子金元宝。这下就麻烦了，金元宝藏在知县家中，却变成了土块，于是大家都说是县官在暗中做了手脚，把金元宝一个人吞了。

百口莫辩的县官只好承认是自己偷了元宝。可是，他却不能提供元宝的用处或去处。而李勉呢，他根本不相信知县会做出这种事，因为如果知县想一人独吞这些钱财，他又怎么会主动向他提及此事，这不是自我暴露吗，知县再愚蠢，也不会这么做的！

李勉想了一会儿，有了一个好主意。他让人打开瓮子，数了数其中的土块，一共是250块。接着，他让人按照土块的大小制造些金属块，结果才制了一半的土块，就已经300斤重了。

于是，李勉马上就为县官洗雪了冤情。想一下，这是为什么？

472 一桩奇案

明天启年间，在河南信阳地区曾经出现过一桩奇案。

在信阳府光山县县城里，有一个姓张的商人，夫妻二人年届四十始获一子，十分疼爱，专门请了私塾先生教其识字读书。养到十八岁上，夫妻二人又为宝贝儿子娶了亲。新娘子也是美丽贤惠，全家人都很高兴。

事情正是出在这新婚之夜。当天晚上，新娘子听说新郎经常与好友夜间在楼上读书，便出了一个谐音对联考他：

等灯登阁各攻书

在这个上联中，"等、灯、登"、"阁、各"音同，"登、各"又是"灯（繁体字作'燈'）、阁"的偏旁，要想出一个格式相同的下联，显然不容易。新娘子故意将房门关上，并对门外的新郎说："对不出来，就不准进洞房。"新娘本来只是和新郎开个玩笑，没想到新郎竟然当真了，他一时对不上来，心想自己白读了十几年书，一气之下竟然跑到学堂去了。到了第二天，新娘发现新郎愁眉不展，询问之下才知道是他仍在想下联呢。新娘于是奇怪地问："昨天晚上你不是已经对上来了吗？"新郎回答说："我昨天晚上一直在学堂想下联，没有回来啊！"新娘子一听，心知不妙，被人钻了空子了，于是羞愤之下，悄悄上吊自杀了。

不明真相的新娘家人自然不依了，一纸诉状将张老汉一家告到了县衙。这个县令也是个没有多少头脑的昏官，粗粗一问，便断定既然是新婚第二天就上吊死了，定然和新郎有关，于是对新郎严刑拷问。新郎乃是一个书生，自然吃不住，最后只好招认是自己逼死了新娘，被判作秋后问斩。新郎母亲得知消息，受不了这个打击，也上吊自杀了。

事关人命案，此案后来被上报到了信阳府。当时的信阳知府姓刘，是个精细的人，他看了此案后感觉事有蹊跷，于是将此案压了下来。他自己则微服来到光山县城，详细了解了张家和新郎的情况后，他大概也猜出新娘自杀的真正原因定是由于被人用对联钻了空子，羞愤而死。但是，如何能够将这个真正的歹徒找出来呢？刘知府陷入了沉思。最后，刘知府决定仍旧从新娘的对联入手。

这天夜里，他在院子里走来走去，一边琢磨着这条对联一边想着如何破案。因为感到有些疲倦了，他便让手下搬出一个椅子出来，倚坐在梧桐树旁，对月凝思。忽然，他灵机一动，想出了一条公正的下联：

移椅倚桐同赏月

接下来，正是凭借着这副对联，刘知府成功地找到了那个假冒新郎的人。

猜想一下，刘知府是用什么办法找到这个假冒新郎的人的？

473 谁毁的瓜田

宋代时，有一个名叫胡乞买的官员，因体恤民情，精明善断，受到人们的称赞。下面这件事说的是他在担任北寿州下蔡县（今安徽省凤台县一带）县令时的一个故事。

且说上蔡县境内有一个村庄，这个村子里有十几户人都喜欢种瓜。在这十几户瓜农中，有个叫李武的瓜农，是个种瓜高手，每一年，他的瓜不仅比别家的瓜要大一些、甜一些，而且其熟得也比别家要早一些。

这天，李武发现瓜田里的瓜已经熟了一些了，便在瓜田里溜达了一圈后回家了，准备第二天早上摘上一担到集市上去卖。

但是，不成想到了第二天早上，李武到瓜田里一看，发现自己那些熟瓜已经被人摘完了，不仅如此，此人还将瓜瓤都给破坏掉了。李武这一季算是白干了。李武感到又气又急，便来到了县衙告状，请县令为他做主。

胡乞买接到案子后，觉得这人也的确是可气，偷别人瓜也就算了，还将别人的瓜瓤给破坏了，实在可恶！于是，他亲自带人来到李武的瓜田里。胡乞买来到这里后才发现，原来这个村子里的人都喜欢种瓜。再看那些被铲断的瓜瓤的断痕，明显是用铁锹铲断的。

想了一下后，胡乞买心下推测，如果是一般的偷瓜贼，定然没必要毁坏别人瓜瓤，因此此举很可能是村子里的同行所为。想到这里，胡乞买便低头尝了尝铲断了的瓜瓤味道，感觉十分苦涩。然后，胡乞买下令："将村里的种瓜的村民和周围农舍、瓜棚里的方头铁锹全部找来。"很快，几十把方头铁锹都被找了来。为了防止铁锹混淆，胡乞买还吩咐衙役在每把铁锹上都标上主人的名字。

你猜，胡乞买接下来要怎么做？

474 争烟袋

古时候，一个县官遇到名叫王老五、张财旺的两个人为争一个烟袋而来告状。两人都自称这烟袋是自己的，不肯相让。

其中，王老五说道："这个烟袋是我父亲留给我的，我老汉每天都用这个烟袋抽烟，都已经二十年了。今天正在大街上抽，突然来了这么一个人，非说这烟袋是他的。本来一个烟袋也不值什么，要是别的烟袋，我送一个给他都成，但这是父亲流传下来的，怎么能轻易给人？请老爷为我做主！"

县官听了点点头，觉得在理，再看王老五老实巴交，不像是会撒谎的人，于是问张财旺是不是这样。

张财旺说道："大人，他说的全是谎话，这烟袋明明是我在十几年前到外地经商时买回来的。这烟袋是用黄藤所制造，做工精细，我因为特别喜欢才花了二十两银子买来的，已经用了十几年了，在黑夜里一摸都能认出来，怎么会是这老汉的。大人您想，他一个穷老汉买得起这么贵的烟袋吗？"

县官一听，也觉得有理，又点点头。于是，县官便不知如何是好了。于是，他拿起那根烟袋仔细看起来，只见烟袋果然是用黄藤制造，做工十分精细，看上去已经用了许多年了但依旧没有一点损坏的地方，果然是一把好烟袋，难怪两人争抢。

就在这时，县官突然想到了一个主意。只见他假意对两人说道："你们两人说得都似乎在理，本官实在决断不出。不过，所幸这一根烟袋也不值什么，因此我倒是有个好主意，不瞒两位说，本官也是个大大的瘾君子，这根烟袋我看了也是很喜欢。我看这样，我掏二十两银子将烟袋买下来，回头你们两个人分十两银子得了。"

顿了一下之后，县官继续道，"不过嘛，既然二位喜欢这烟袋，本官准许你们每人在堂上抽三袋烟，过把瘾，如何？"

两人见县官喜欢这烟袋，也就不敢再争，于是听从县官的招呼，轮流点上烟开始抽起来。

两人在抽烟时，县官一直在堂上悄悄观察，他看到张财旺每当烟灰吹不出来时，便习惯性地将烟袋在地上磕，将烟灰磕出来；而王老五遇到烟灰吹不出来时，便用一根小竹片将烟灰挑出来。

等二人将三袋烟抽完后，县官将惊堂木一拍，呵斥道："大胆张财旺，你赖掉别人的烟袋，并且公然欺骗本官，该当何罪！"

张财旺一听，大声喊冤，不过当县令说出自己的判断依据后，他便只好老实认罪了。

你猜，县令是如何判断出张财旺是撒谎者的？

475 诸葛亮猜箭数

大家肯定听说过诸葛亮"草船借箭"的故事，当时嫉妒诸葛亮的周瑜为了为难诸葛亮，要他在十天之内造出十万支箭。诸葛亮于是在周瑜面前立下军令状，保证三天内造出十万支箭。但是，诸葛亮并没有真的叫人造箭，而是悠哉游哉地过了两天，直到第三天，他才和鲁肃等人率二十只扎满草人的轻便小舟去曹营那边"借箭"。几乎未费江东半分之力，便得到了十万余支箭，这正是诸葛亮通天文、识地理、善计谋的结果。我们的故事要讲的则是诸葛亮"借箭"回来后的一件趣事。

传说诸葛亮"借"完箭，率船归岸后，命令 500 军兵清点箭数。这些军兵从中拣好的箭数够十万支后，发现还剩下一些多余的箭。军兵们于是便将这些剩下的箭也都清点了一下，正准备报给诸葛亮听，却见诸葛亮轻轻挥了一下羽毛扇，让这个士兵不要报出数来，并对在座的将士们说："今天大获全胜，大家都很高兴，我呢，就来猜猜这些剩下的箭数，给大家助助兴。"说完，诸葛亮微笑着对前来汇报的士兵说："你们都不必说出要报的箭数，但是你们得回答我的问题。你们中间不论是谁，当我问问题时，你们只要回答'是'或'不是'，我只要问够十个问题，我就能知道你们要报的箭数了。"

士兵们一听都不相信，其中的一个士兵迫不及待地站了起来，想尝试一下。诸葛亮问这位士兵："你想报的箭数比 1024 大还是比 1024 小？"士兵答道："比 1024 小。"接着，诸葛亮又向这位士兵依次问了九个问题，等诸葛亮问完，士兵答完，诸葛亮果然说出了个数目。将士们一听，个个称奇不已。因为诸葛亮说的那个数正好是他们想报的箭数，一点儿也不差。

你知道诸葛亮问了士兵哪些问题吗？诸葛亮又如何算出箭数的呢？

476 "阿尔昆过河难题"

阿尔昆是中世纪著名的学者、教育家和作家，他的聪明才智在当时人尽皆知，他曾经编了一本谜题手册，上面的题目让很多人想破脑袋也想不出答案。

当时的天主教势力知道阿尔昆在社会上很有影响力，就想拉拢他，作为宣传神学的工具。可是，阿尔昆像当时的许多进步人士一样，对于当时权力膨胀的天主教势力很是反感。但是碍于神学势力太强大，阿尔昆没有严词拒绝神学势力的拉拢，而是提出了一个条件：自己出一个题，如果过来请他的人当中有人能回答出来，那他就认同天主教的权威。这个题是这样的：

有一个猎人到外面打猎，忙活了一天后，他打到了一只羊，同时还捉到了

一只受伤的狼，他便将两个猎物牵着往回走。在回家的路上，他又捡到一颗大白菜。最后，他带着这三样东西往回走。在途中，猎人要过一条河，他却发现这条河边只有一条渡船，而这条船的承载量有限，猎人一次只能带狼、羊和白菜中的一样。如此一来，猎人便遇到了难题，因为在没有猎人看管的情况下，羊会吃掉白菜、狼会吃羊。

虽然母狼不会吃白菜，因此猎人可以先将羊带到对岸。但是，当猎人第二趟无论是将狼还是白菜运到对岸后，同样的问题便会在河对岸出现。那么，猎人该如何安排才能将所有东西都运到对岸，同时又保证每一样东西都安然无恙呢？

听了这道题，这些自诩为无所不知的神学人士讨论了半天，还是没有人想出答案，只好承认自己的智慧有限，悻悻地离去了，阿尔昆也因此巧妙地化解了一场丧失自己自由的危机。后来，这道题逐渐流传开了，人们也想不出答案，久而久之，就形成了有名的"阿尔昆过河难题"。

聪明的你知道这道难题应该怎么解开吗？

477 死亡原因

这天，在北京海淀区西三环北路的辅路上，发生了一起因前后车辆追尾而导致的车祸。一听到这种情况，警察立刻赶往现场去处理情况。警察赶往现场后，在司机陈三杰的车上发现了一名死者。

于是，警察迅速开始了现场调查，依据这位当事司机陈三杰的说法，那个死亡的人并

不是死于车祸，而是因为肺癌而丧命的。按道理来说，在陈三杰的车上只有他和死者两个人，没有其他的目击者，所以陈三杰的说法很可能是为自己开脱责任。可令人困惑的是，警察在听了陈三杰的一面之词后，没有多做调查，便立刻明白，陈三杰并没有说谎。你猜这是什么原因呢？

478 巧分袜子

在张家界附近的一座村庄里，有两个很要好的朋友张玉成与王全双，这二人十分聪明，但他们的家庭并不富裕。一天，两人商量一番后，决定合伙做点小本买卖。

两人主意拿定之后，就凑钱在批发市场上买了一箱袜子，想带回村子里卖掉，以先找一下做生意的感觉。这个箱子里的袜子一共100双，共有两种颜色——黑色和白色，其中黑色和白色的袜子各50双。

两人购得货物之后，兴致勃勃地抬着箱子走在回家的路上，不巧的是，天公不作美，半路却下起雨来。无奈之下，两人只好找到附近的一座凉亭，在那里躲雨。

不久，天色就渐渐暗了下来，四周没有灯，附近也没有人烟，天也变得越来越冷了。两人又冷又饿，都不想在凉亭里过夜。这时雨也渐渐停了，两人便约定好先把袜子抬到张玉成的家里后，再将袜子分开，留给张玉成一半，王全双则带着另一半回自己家。于是，两人艰难地抬着袜子，磕磕绊绊，终于走到张玉成家。可等到他们把装有袜子的箱子抬回家中后，已经是深夜了，又恰巧赶上家里停电。这时两人犯难了，因为谁也看不清楚袜子的颜色，所以两个人只好在一片黑暗之中考虑着如何将这些袜子平分。

因为黑、白两种袜子的质地没有任何区别，袜子大小一样，质地也一样，这就给袜子的分配工作增加了难度。到底怎样做才能使每个人分到的袜子都是黑、白两种各25双呢？正在十分为难的时候，这时，张玉成突然灵光一闪，对王全双说自己已经想到分袜子的方法。于是，两人很快便照原来的设想分好了这些袜子。并且第二天他们也发现，袜子分得没有一点儿的差错。

想一下，张玉成快速地分好了袜子的方法是什么？

479 兄弟巧过关卡

在民国时期，河北丰宁县的祝家庄有一个人人痛恨的恶霸名叫李玄城。李玄城无恶不作，巧取豪夺，祸害乡里，乡亲们对他是敢怒不敢言。

李玄城有一个习惯，就是喜欢闲着没事就到山上去转。这天，他绕了大半天就到了一个山间小道，这小道一面是陡峭的山壁，一面是无底的悬崖，一次只能容一个人过去。而这儿也是附近村民去集市的必经之地，可谓是村里的交通要道。李玄城在此处站立了一会儿后，眉头一皱，一个生财的坏点子又冒出来了。

李玄城回到自己的宅子后，立马召集自己的家丁，让他们抓紧时间在那条山间唯一的交通要道上设置五个关卡，并巧立名目对过路行人进行敲诈勒索。其中有这么一条规定：凡赶家畜者，每个关卡先扣其家畜的半数，然后退还一只；如果所赶的家畜是单数，则多扣留半只。

附近村民对李玄城的做法深恶痛绝，可只能咬牙忍着，没有人敢出声。一天，附近村庄有兄弟三人赶着五只羊，准备翻山到集市上去卖。当他们从过路行人那里得知上述的规定后，都很生气，又很着急。可这三兄弟很聪明，他们聚在一起商量了半天，最后，终于想了一个好办法，大哥向两个弟弟嘱咐了几句，便扬鞭赶着羊顺利地通过了 5 道关卡，结果一只羊也没有损失。

你知道这兄弟三人是怎样赶着羊通过关卡的吗？

480 高斯算法的进一步运用

这是德国大数学家卡尔·弗里德里希·高斯小时候的一个广为流传的故事。

传说小高斯 10 岁时，数学老师出了一个题目：1+2+3+……+99+100 的和是多少？没想到老师刚把题目说完，小高斯就算出了答案：这 100 个数的和是 5050。

原来小高斯是这样算的：依次将这 100 个数的头和尾都加起来，即 1+100，2+99，3+98……50+51，共 50 对，每对都是 101，总和就是 101×50=5050。

现在，对于高斯的这种算法，只要读过中学的人，都已经知道了。不过，我们知道，对已知知识的掌握，并不能体现出一个人的创造性思维。因此，尽管你如今懂得这个难题该如何计算了，但是并不能说明你就和高斯一样聪明了，而面对一个难题时，你能不借助别人的方法来创造性地解决掉，才是真正的聪明。下面，请你也来算一道题：从 1 到 1000000000，这 10 亿个数的数字之和是多少？

请注意：题目中所说的是"10 亿个数的数字之和"，而非"这 10 亿个数的和"。比如，1、2、3、4、5、6、7、8、9、10、11，这 11 个数的数字之和就是1+2+3+4+5+6+7+8+9+1+0+1+1=48。

面对这个难题，你能够像小高斯那样找到一种快速得出答案的方法吗？提醒一下，上面的小高斯的方法是可以给你一些启发的。

481 自私的五兄弟

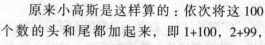

我国著名数学家华罗庚先生曾经出过一道著名的数学题：

说有个财主有 5 个儿子，他们从小冥顽不化，处处惹祸，长大后则不学无术，自私而无赖，老财主看这 5 个儿子如此不成器，活活被气死了。老财主死后，5个儿子更是如脱缰的野马，挥霍无度，很快将父亲留下的财产给挥霍干净了。这 5 个无赖见没有钱财可以花销，便想着如何能够发大财。有一天，他们听人

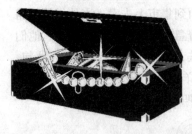

说东海龙宫中有许多珠宝，于是便想去偷回来一些。

于是，这哥儿五个便经常在海边溜达，想着如何能够进入龙宫中。这天，五人正在海边溜达，突然，海上卷起了狂风，同时，黑云压顶。五兄弟十分害怕，纷纷躲进了一个巨大的树洞里。没想到，这个树洞是空的，五个人进入树洞后，只感觉自己的身体不停地往下掉，耳边只有呼呼的风声。好一会儿，他们才感觉自己着了地，睁眼一看，五兄弟高兴坏了，原来他们都已经掉入了龙宫中，满眼都是金光灿灿的珠宝。

还是老大反应快，其他几个兄弟还在那里啧啧称赞，他已经冲上前去将那些珍珠玛瑙往口袋里装了。剩下的几个弟弟看到哥哥如此，这才反应过来，赶紧也上前去将珍宝往口袋里装。

就在几兄弟装得不亦乐乎之际，突然传来一声断喝："喂，你们这帮讨厌的贼，敢来龙宫里打主意！"原来是龙宫的虾兵蟹将前来巡逻，结果它们将五兄弟抓了起来，送给龙王发落。

老龙王自从上次被孙悟空骗走了"定海神针"，心里一直都很不舒服，对于前来向他讨宝的各路神仙都一概回绝，没想到这几个普通的毛贼竟然敢来在太岁头上动土，于是心里就别提多恼火了。尤其是龙王听说其中有个人，偷宝最多，对此人更是恨得牙根直痒痒。

最终，龙王下令，对于其中偷宝最多的那个人，明天处死，剩下的几个则每人痛打一顿，赶出宫去。

再说五兄弟这边，五个人被关在龙宫的监狱中。其中，老大正是那个偷宝最多的人，他也知道偷宝最多的人将要被处死的消息，因此他整夜都没有睡着。看到其他四个弟弟都睡着了，老大眼珠子一转，偷偷起身，将自己口袋里的珍宝偷偷往其他四弟弟的口袋里塞。最后，他塞给每个人的珠宝正好等于这四人原有的珠宝数。老大干完后，才安下心来，睡了下去。

过了一会儿，老二醒了，他一摸自己的口袋，发现珠宝竟然变多了，感到十分恐惧。于是他眼珠子也转了转，同样悄悄爬起来把自己的口袋里的珠宝塞到其余四个人的口袋里，并且，他所塞进的珠宝数也分别等于四个人原有的珠宝数。

接下来，老三、老四、老五也都依次醒来，并采取了和两位哥哥一样的行动。最后，五个自私的家伙都放心地睡了过去，心想自己大不了挨顿打就可以出去了。

到了第二天早晨，虾兵蟹将进来准备看谁偷的珠宝最多，准备首先将其拖出去处死。没想到，它们发现，五个人每个人的口袋里都是32颗珠宝，一模一样！

你能根据前面的条件算出这五兄弟原来每个人各偷了多少颗珠宝吗？

482 辅币制度改革

20 世纪初期，一个曾经在美国留学的某小国的王子回国继承了王位。这位王子新官上任三把火，一上任便决心做出各方面的改革，以使国家的经济政治更加健康有活力。首先，他选择了改革本国的辅币制度。

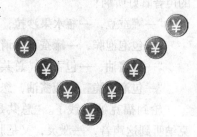

之所以将辅币制度作为自己改革的突破口，是因为这位王子在美国时便深深体会到了美国不健全的辅币制度给人们的生活所带来的麻烦。据他观察，美国在 1 美元以下的辅币仅仅只有寥寥几种，而商品的标价往往出现很多并非整数的价格。有时候，商店里的营业员往往因为无法找零而不找钱了。有时候，为了表示一种并非整数的货币，人们要动用很多枚辅币才能做到。比如，要表示 99 美分这个金额，人们至少需要 8 枚辅币，即：1 只 5 角，1 只 2 角 5 分，2 只 1 角，4 只 1 分。为了避免本国出现这种极不方便的现象，这个新国王找来了负责造币的官员，叮嘱他设计一套更完善的辅币制度，其要求是能够使得 1 元以下的任何零头数，至多使用 2 枚硬币便能表示，而辅币的数量多一些倒无所谓。

这位官员在接到国王的命令后，很快便胸有成竹地给国王送来了自己的方案，声称国王陛下的要求可以完全得到满足。原来他的方案是造出 18 种辅币，分别是 1 分、2 分、3 分、4 分、5 分、6 分、7 分、8 分、9 分；1 角、2 角、3 角、4 角、5 角、6 角、7 角、8 角、9 角。国王一看，哭笑不得，对这个官员说道："如果是这样的方案，小学生都能想得出来，我还要专门找你商量什么？我说的辅币可以多一些，也不是这个多法啊！要知道辅币种类太多，也同样是一种麻烦。"国王发完火后，对这个官员说，"记住，辅币种类越少越好，并且，最大面值不能超过 5 角，三天之后，拿来你的新方案，否则，你就不要再在这个位置上呆了！"

这个官员接到命令后，愁眉苦脸，寝食不安，最终他聪明的儿子帮他想出了一个很好的方案。

你猜，官员儿子的方案是什么？

483 福克纳买东西

福克纳是 20 世纪美国著名小说家，曾在 1949 年获得了诺贝尔文学奖。据说他多愁善感，对美丽的女孩尤其着迷，下面说的便是他一次在商店买东西时遇到了一位迷人的收银员时的逸事。

其实，福克纳对这个女孩心仪已久，不过一直都只是远远地打量，不敢近前。终于有一天，他鼓起勇气，买了两样东西，夹杂在付款的队伍中，以能够近距离地听女孩说句话。

"一瓶水果沙拉，一包香肠，"福克纳听到姑娘在对前面的顾客报价，"27美元！"她的声音真好听啊！

"一罐蚕豆，一瓶水果沙拉，15个半美元。"她的身材真是令人着迷！

"一包泡泡脆，一罐蚕豆，请您付14美元。"她的性格真温柔啊！

"一瓶酱油，一包香肠，总共是35美元。"她的嘴唇也很饱满！

"一包泡泡脆，一瓶酱油，您总共该付28美元。"她笑起来真迷人。

轮到福克纳付钱了。"总共是24美元，先生。"那天使般的声音说道。福克纳听到这声音，一激灵，又是脱帽向她致敬，又是慌乱地伸手到口袋里摸钱，又将小姐找给他的钱给弄掉在了地上。最后，他迷迷糊糊、梦游般地向门口走去时，又差点被一个胖贵妇给绊倒。

"等一下，先生！"那个天使般的声音又响了起来，"您买的东西还没拿呢！"

"什么东西？我买的？"福克纳回头茫然地看着女孩问。经女孩提醒，福克纳才勉强想起自己刚才的确买了两样食品，这两样食品的类型就包含在排在他前面的几位顾客所买的食品类型中，但是，具体是什么，他却怎么也想不起来了。

你能帮咱们这位大作家推算一下他买了什么东西吗？另外，你能推算出前面几位顾客所买商品的价格吗？

484 爱因斯坦的电话

有一天，大物理学家爱因斯坦的女友给他打来电话："我的电话号码换了，你愿意知道吗？"

"当然！"正处在热恋中的爱因斯坦忙不迭地回答。

"这个号码很难记的，我只说一遍，你听好了——24361。"女友娇嗔地说道。

"好的，我已经记住了，"爱因斯坦笑着说，"这一点也不难记，两打和19的平方。"

"上次你不是说你的电话号码也要更换了吗，你不准备告诉我吗？"女友又撒娇了。

"我真希望邮局不要再更换我的电话号码了，我不仅要记住这个新号码，还得通知其他人这件事，当然，除了我的债主。

"不过，幸运的是，这个新号码和我原来的号码有很大的联系，只要知道我原来的号码，便很容易知道我现在的号码：第一，原来的号码和新换的号码都是 4 个数字；第二，原来的号码倒着读正好是现在的新号码；第三，原来的号码正好是新号码的四倍……"

你知道爱因斯坦的老号码和新号码各是多少吗？

485 台历上的线索

史莱特警探匆匆地赶来了西蒙家中，因为刚刚西蒙夫人在电话里告诉他：西蒙在昨天晚上被绑架了。西蒙是这个小城中有名的千万富翁，史莱特和其有着很好的私人关系。西蒙夫人这次给史莱特打电话，并不是以报警的名义，而是以私人朋友的名义，因为绑匪曾在电话里警告过她，如果她报警，就准备给西蒙收尸。

史莱特赶到西蒙的乡村别墅后，西蒙夫人哭诉着求他看在老朋友的份上救救西蒙，但不要惊动警察，他告诉史莱特："昨天晚上，我没在家过夜，去了我姐姐家。没想到今天回来后发现西蒙不在家，问女仆，她说她也不知道，只知道昨天晚上有个不速之客前来拜访西蒙先生，和西蒙先生一起进了书房，之后两人都没有出来。刚才，我才接到电话，对方声称西蒙已经被其绑架，要我准备 100 万美金，不然就要西蒙的命。"

"在什么地方交钱，什么时候？"史莱特警探问道。

"不知道，对方说会再来电话告诉我。"

接下来，史莱特便叫来女仆询问，女仆说："我只知道昨天晚上有个中年人来拜访西蒙先生，对方看上去三十多岁，戴着墨镜，还将帽檐压得很低，我记不住他的脸……但是，从西蒙先生带他去了书房这点，可以断定这个人肯定和西蒙先生事先认识，因为西蒙先生从来不带陌生人进书房。"

史莱特进入了书房，开始仔细搜查，看能不能找到来人可能留下的线索。但是，书房里并没有留下来人的痕迹，即使是对方用过的茶杯，也没有留下指纹，鞋印也是那种经过处理的平底光面鞋，看来对方完全是有备而来。另外，从现场留下的西蒙先生和来人的鞋印来看，是对方挟持着西蒙先生从别墅的后门出去了。最后，史莱特又在桌子上发现了一个台历，并在上面潦草地写着"7891011"一行数字。史莱特问西蒙夫人，你知道这是什么意思吗？夫人摇摇头，说道："不知道，我记得昨天我离开时还没有这行数字，并且，西蒙也从来没有在台历上乱写的习惯。"

"那么，我想这行字就非常重要了，它很可能是西蒙留下的重要线索，或者是罪犯的名字，或者是罪犯的地址，等等。既然我们已经知道来人是西蒙先生的熟人了，那么你能不能提供一份有可能做这件事的熟人的名单给我？"

"迈克尔、罗宾汉、杰森、卡里罗……也许这样说不公平，我觉得这些人不怎么地道，曾一直劝说西蒙不要和这些人来往，但西蒙一直不听。现在好了，终于出事啦……当然，也不一定就是这些人绑架了西蒙。"

"等等，你再说一遍那个名字，第三个！"史莱特一边盯着那行数字一边说道。

西蒙夫人于是又说了一遍。

"好了，我知道罪犯是谁了！"史莱特露出了笑容。

你知道罪犯是谁吗？史莱特是如何知道罪犯是谁的？

486 发财机会

杰瑞的父亲是一名私家侦探，在父亲的影响下，仅 12 岁的杰瑞也具有了很强的分析能力，甚至有时他能够帮助父亲找到案件的关键，于是他自称少年侦探。每到学校有假期，他便在自家大门旁的墙上贴上告示，上写：史密斯·杰瑞侦探事务所很愿意为您提供服务，无论案件大小，杰瑞探长都竭尽全力帮助您破案，每天仅收费 20 美分。地址：斯坦福大街 75 号。

暑假的一天，杰瑞侦探接到了一个案子，于是和助手 11 岁的苏珊一起骑车出门去工作。当他们经过泽维尔高尔夫球场的时候，他们远远地看到少年里奇·史蒂夫在球场内。他们于是便骑车靠近史蒂夫，只见他像往常一样，挽着上衣袖子，袖子还有些湿，长裤也没有穿。史蒂夫一直在附近的池塘和草丛中寻找高尔夫球，他把这些球洗干净后再卖给打高尔夫球的人，以此赚点零花钱。

苏珊问道："嗨，史蒂夫，我听说你最近不想干这个活了，是这样吗？"

"是的，苏珊，今天大概是我最后一次干这个活了，感谢上帝，我再也不用和水蛇、乌龟打交道了！"史蒂夫抬头回答道。

"那么，就是说，你发了一笔横财咯？"苏珊好奇地问。

"那倒还没有，不过，就快了！"史蒂夫回答道。

"到底是怎么一回事呢，说来听听！"苏珊好奇地问。

"是这样，约翰逊说，下午四点他要在那棵长得像一个弯着腰的老人的那棵桉树下召开秘密会议。他保证我们很快都会发财，我们每个人都会有钱开自己的糖果店！"

"约翰逊一定又在骗你们了！"杰瑞接过话茬。

约翰逊是一个退学的高中生，因为懒得读书，已经在家里呆了一年了，他几乎每天晚上都躺在床上，想办法骗附近的孩子们的零用钱。杰瑞经常揭穿他的阴谋，因此两人之间一向有过节。

"约翰逊说了如何让你们发财吗？"苏珊
继续问。

"他还没有说，他只是再三保证这次不会
让我们失望！"

"你还没有被这个骗子骗够吗？"杰瑞忍
不住说道。

"也许这次他说的是真的。"史蒂夫说道。

"好吧，你能带我一起去吗？我想看看他
这次又耍什么把戏！"杰瑞说道。

"当然！"史蒂夫回答。

下午三点半，史蒂夫带着杰瑞、苏珊一起来到了约翰逊约定的地方。他们
远远地看到，附近的小孩子们基本上都在这里了，他们围在那棵粗壮的歪脖桉
树下，约翰逊像个老大似的坐在中间。

"朋友们，都坐过来一点，"约翰逊喊道，"我不想让你们中的任何一个人错
过这次难得的发财机会。"

他看到杰瑞和苏珊也跟着史蒂夫一起来到了这里，便低声咕噜："我可没有
邀请你们两个来！"然后，他从裤子里掏出一张纸，表情诡异地笑着问他身边
的小孩子，"你们猜这是什么？"还没等有人回答，他便解释道："这是藏宝图，
它上面标出了爱德华船长藏宝的位置。"

爱德华船长是一百年前从这个镇上走出去的船长。据说他曾经从海上运回
来一箱子财宝，并在临死前将它埋在了镇上的一个地方，他在埋藏的地方种了
一棵小树作为标记，并在树上刻上了他的名字。

"这张地图是我费了很大劲才搞到手的，通过它我们就能找到那棵树。"约
翰逊解释道。

"不对吧，在小镇的每个礼品店里都能找到这本书，这张地图也都出现在书
的插页上呀！最关键的还是找到那棵刻着爱德华船长名字的树！"有一个小朋
友分析道。

"对，你说的很对，现在这棵树已经找到了，就是这棵！"说着，他拍了拍
身旁的那棵歪脖桉树，"这就是我找你们到这个地方开会的原因，伙计们，我们
找到财宝啦！"

"那还等什么，我们赶紧挖呀！"史蒂夫忍不住兴奋地喊道。

"不不不，不行，"约翰逊阻止道，"这块地现在不是我们的，因此我们从地
里挖出的任何东西都要交给这块地的主人。"看大家开始低声商量办法，约翰逊
等了一会儿，才又开腔，"如果我们能够将这块地买下来，那么我们就能挖财宝
了。现在，你们只要每人肯出 10 美分，就有权分一份财宝。当然，出的钱越多，

分得就越多！"

小朋友们又开始议论纷纷了，最后大家一致觉得，最好还是先看看这棵树上是否真的有爱德华的名字。"我想在我们缴钱之前，你得让我们先看看树杆上有没有刻着爱德华的名字。"史蒂夫建议。

"好吧，根据记载，爱德华在100年前埋财宝时，那棵树还很小，现在它已经长高了，因此他的名字也已经长在了很高的地方了。"说着，他掏出了望远镜，递给史蒂夫，"你们自己看吧。"

史蒂夫接过望远镜便仔细看了起来，他慢慢地将望远镜的镜头沿着树干往上移。"在那儿，我看到了，这果然是爱德华藏宝的那棵树！"史蒂夫一边惊奇地大声嚷，一边指着树干上十几米高的地方。其他小朋友一听，也纷纷拿过望远镜观察，接过他们都看到了，于是最后大家一片欢呼。

"喂，你们小声点，"约翰逊严肃地对孩子们说，"如果这个秘密传出去，这块地皮肯定会疯长，我们就买不起这块地了，那些有钱的大人物就会出手买走这块地，那时财宝就是他们的啦！"

于是，小朋友们都纷纷保证会严守秘密。接下来，他们都纷纷掏钱，交给约翰逊，以在将来能够分得一份财宝。

"你们上当啦！"一直在旁边冷眼旁观的杰瑞这时说话了，"这根本不是爱德华做标记的那棵树！"

约翰逊自然不服气，小朋友们也都怀疑地看着杰瑞。杰瑞于是便说出了自己的理由，大家一听都心服口服。你猜杰瑞是如何识穿约翰逊的骗局的？

487 离奇的火灾起因

众所周知，牛顿是一位伟大的物理学家，许多众人难以理解的物理学现象，他都能轻松地给予合理的解释。但是，实验室中所发生的一次火灾的起因却几乎难倒了这位伟大的科学家，他整整花了几年的时间才解开这其中的谜团。事情是这样的：

一天上午，牛顿正在洗脸，突然想到了一个学术观点，于是他顾不得擦脸，便走到自己的论文旁边拿起笔在论文上做了一点修改。其间他脸上的水珠滴在了稿纸上，他也没有顾得上擦去。

写完之后，牛顿才用毛巾擦了把脸，然后换上衣服到外面办事去了。但是，牛顿办完事回家之后，发现仆人正在自己的实验室里救火。所幸火势不大，仆人很快将火扑灭了，没有酿成大祸。不过，牛顿许多宝贵的论文都被烧成了灰烬。这使牛顿比遭受了物质上的损失更令他难受。

"到底是怎么回事，无缘无故怎么会起火？"牛顿焦急地问仆人。

"不知道啊，先生，是不是您忘了灭掉蜡烛了？"仆人推测道。

"不可能，我明明记得蜡烛是吹灭了的，你知道的，我出去时已经是上午了。"牛顿肯定地说道。

"那么，先生，会不会是您实验室里有镜片之类的，受到阳光的照射，形成焦点，投射在了您的稿纸上，引起了火灾？"跟随牛顿时间长了，仆人谈起科学来也是一套一套的。

仆人这么一提醒，也赶紧去检查了一下起火的桌面。但是，他在上面并没有发现凸透镜或者是凹面镜之类的能够聚焦阳光的东西，而只是看到了一块用来压稿纸的平面玻璃，与烧焦的稿子和书混在一起。

"瞧，先生，这儿还真有块玻璃板！"仆人提醒牛顿道。

"不不，这只是块平面玻璃，不可能引起火灾！"牛顿肯定地说，他想了一下后问道，"是不是有人溜进来放的火？"

"不可能，先生，我一直在院子里除草，如果有人进来，我不可能看不到！"仆人十分肯定地说。

于是，这次火灾原因牛顿便没有找出来，在接下来的几年里，他也因为这次火灾所损失的研究成果而一直感到闷闷不乐。

直到几年后的一天，牛顿又要出门去办事，他在洗脸的时候，突然想起了几年前发生火灾的那天早上他洗脸的情景。突然，他想到了火灾发生的原因，"原来正是那块玻璃的缘故啊！"牛顿忍不住说了出来。

你能推测出火灾发生的原因吗？

488 邮票失窃案

一年夏天，一场著名的邮票展览会在英国伦敦的一个展览馆举行。这次展览会的规模空前，几乎全英国的邮票收藏爱好者都来到了这里，其中展览的邮票也十分丰富，有许多都是价值达数万英镑的珍贵邮票，尤其是其中的一张印着英国女王维多利亚像的稀有邮票，其价值有几十万英镑。因此，对于这次展览会的安保措施，展览方也做了很精心的布置。但是，没想到展览会进行到第二天，还是出现了事，正是那张最值钱印有维多利亚像的邮票不见了。

罗宾逊警官接到报案电话后，立即赶了过来。经过对现场的作案痕迹一番调查后，罗宾逊警官判断这不像是外面的贼所为，而像是内部人士监守自盗。因此，他对现场的两名安保人员罗伯特和哈里斯进行了盘问。

罗伯特声称今天是由自己和哈里斯两人值的班，两人大部分时间都呆在值班室里看电视，每隔半个小时会轮流到放邮票的大厅里来巡视一番。就在二十分钟前，哈里斯出来巡视后，回到值班室对自己说："罗伯特，不好了，那张维

多利亚邮票不见了！"自己便赶紧来到了大厅里，发现那张邮票果然不见了。于是，自己便报了案。然后，自己便和哈里斯一起等警官的到来，两人都没有离开过。站在一旁的哈里斯边听罗伯特的陈述，边在一旁点头附和同伴的说法。

"那么，在哈里斯告诉你邮票不见后，是你们两个一起立即来到大厅中检查邮票的吗？"罗宾逊警官想了一下后问罗伯特。

"不是，是我先出来了，哈里斯随后才跟了过来。"罗伯特回答。

"那么，请问哈里斯先生，你为何没有和罗伯特一起来到大厅中呢？"罗宾逊转而问哈里斯。

"那是因为我已经知道邮票不在了，在值班室里想要停下来稍微冷静一下，想一想究竟该怎么办，所以才晚到了一会儿。提议报警的就是我，不信你可以问罗伯特。"哈里斯解释道。

"呵呵，这个提议并不能说明什么，无论你提不提议，你们都是要报警的，不是吗？最让人难以理解的就是你为何要在值班室里作停留，因为按照一般人的心理，你们两个应该是一起赶紧到大厅中检查邮票才对！"罗宾逊微笑着看着哈里斯说道。

"警官先生，您这是什么意思？您是在怀疑我？"哈里斯瞪大眼睛气愤地看着罗宾逊警官说道。

"哈里斯先生，您不必这么激动，在破案之前，我们警方可能会怀疑任何人。"停顿了一下之后，罗宾逊警官继续说道，"不过，我想，如果——我是说如果——真是您拿走了那枚邮票的话，我想邮票应该还没有离开这个展览馆。并且据我推测，您最有可能藏邮票的地方，便是值班室，是吧？只要我们搜查下值班室，在那里找不到邮票，您自然可以洗脱嫌疑了，不是吗？"

"那么，您就请便吧，这是您的权力！为了我的清白，我也很赞成您这样做！"哈里斯的表情看上去是受到了侮辱，同时又显得心地坦荡。

于是，罗宾逊警官和自己的两名帮手一起对值班室进行了一番严格的搜查，但是，最终一无所获。他陷入了困惑，因为据他对现场的判断，这显然是一起监守自盗的案子。而在两个值班保安中，哈里斯显然是具备了作案时间的。而他故意在值班室里停留的那一瞬间，很可能就是将邮票藏起来。因此，邮票很可能就在这个值班室内。但是，值班室并不大，里面的东西也十分简单，仅仅有一张桌子和两个凳子，桌子上则放着手电筒、两本杂志、一瓶胶水等小东西，再就是墙上挂着的正在吹着的风扇了。邮票如果在这个屋里，不应该找不出来啊！看到罗宾逊警官找不出邮票，哈里斯表现得有些得意。正在不知所措之际，罗宾逊的眼光在屋里的两样东西之间反复看了几次之后，突然顿悟，他做了一个举动之后，那枚价值不菲的邮票顿时便出现了。而哈里斯沮丧地低下了头，果然如罗宾逊警官的推测，是他偷了邮票又藏在了值班室里。

你猜，罗宾逊警官做了个什么动作，找到了邮票？

489 狡猾的银行职员

凯蒂女士是一个独身的老太太，其因为早年恋爱受挫，遭受打击，终生未婚，一个人住在郊外的一幢父母留下来的别墅里。进入老年后，她因没有收入来源，便将别墅空出来的房间租给别人，靠租金过活。凯蒂女士的房客可谓各式各样，有落魄的生意人，有刚毕业的大学生，还有一些正处于人生奋斗期的公司职员。

一天，退伍军官卡斯特先生住进了这栋别墅。因为长期在军营生活，卡斯特仍旧保留着在军营中的生活作息习惯。每天早上6点，卡斯特准时起床，花十分钟时间迅速梳洗完毕，然后穿上军装，用正步在宽敞的房间里走来走去；尤其令其他人接受不了的是，一到晚上10点，他便准时熄灯睡觉，一旦其他房间里的声音影响了他睡觉，他便毫不客气地找上门去咒骂。显然，这样下去，迟早有一天矛盾要爆发。

事实上，仅仅是两个星期后的一个晚上，矛盾便爆发了。那天晚上，刚毕业的大学生吉姆在晚上10点半的时候播放音乐，卡斯特便毫不客气地前去要求吉姆关上音乐，结果对其忍无可忍的吉姆非但不听从，反而又将音量扩大。于是，卡斯特冲上去便是一拳，两人扭打在了一块。当然，吉姆不是卡斯特的对手，最终卡斯特以胜利者的姿态离开了。

看到卡斯特自从搬来以后的表现，凯蒂女士早就感到这样下去迟早要发生今天的事情。她躺在床上想了半夜，到将近凌晨时，她终于决定，为了大家的利益，只能将钱退还给卡斯特先生，让他搬走。想到这里，凯蒂女士才渐渐睡着了，虽然她迷迷糊糊听到从卡斯特先生的房间里传来敲打的声音，她也管不了那么多了，她得抓紧时间睡一觉了。

第二天早上，令凯蒂女士和其他房客们感到惊讶的是，卡斯特先生今天没有像往常那样准时起床。相反，一直到中午，他的房间里也没有任何动静。这时，凯蒂女士感到有些不妙，于是用钥匙打开了卡斯特先生的房门。结果竟然发现，卡斯特已经死了！他直挺挺地躺在地板上，后脑那里一滩血迹。

警方经过现场勘查，认为卡斯特是被钝器击打后脑勺致死。于是，经过一番盘问之后，大学生吉姆成了头号嫌犯。而在吉姆的房间里，也正好发现了一副可以用作作案凶器的哑铃。不过，在这副哑铃上，没有提取到死者的血液。并且吉姆也一再声称自己不可能那么笨，在昨天晚上和卡斯特起了冲突后，半夜就去敲死他，他如果要杀他的话，也会换个时间，好容易摆脱嫌疑。

警察接下来又对其他房客进行了盘问。在这些人中，一位看上去很阴郁的银行职员说自己一直在房间里睡觉，并且自己的房间里根本没有任何可以用来将人击打致死的重物。另一位是一个女青年，她和凯蒂女士因为力气太小被一并排除了。

经过一番分析，警察最后还是觉得从作案动机和作案条件来说，大学生吉姆的嫌疑是最大的。但正如他所说，他不会那么笨，况且看上去他也不像是那种会去杀人的凶残之人。而那个银行职员则自始至终给人一种阴郁的感觉，但是，他房间里并没有可供使用的钝器。并且为了防止房客打架，整个公寓里的具有攻击性的东西都已经被凯蒂女士提前藏了起来。最后，一个经验丰富的警探仔细调查了当天房客们的一举一动，包括他们吃的早饭。最后发现，吉姆吃的热面包，银行职员吃的煮玉米，女青年则吃了个苹果，凯蒂女士则因为起得晚，没有吃早饭。警察这时眼睛一亮，将疑点重点放在了银行职员身上。在警察的心理攻势下，银行职员最终承认是自己因为早就受够了卡斯特，今天凌晨时将其杀死，并企图嫁祸给大学生吉姆。

那么，你能猜出银行职员到底是用什么作为凶器的吗？

490 数学不好的店主

有个开小商店的店主，数学非常不好。一天，有个年轻人前来买了几项日用品，总价值38元。店主一时没有零钱找，便拿了这张假钞到隔壁的彩票销售点兑换成了零钱，然后找给了顾客零钱。没想到顾客走了一会儿之后，隔壁彩票销售点的人赶来小商店里告诉店主，这张百元大钞是假的。店主无奈，只好用一张百元真钞将这张假钞换了回来。

之后，店主开始琢磨自己到底今天损失了多少钱，他模糊感觉自己今天至少损失了两百元钱，于是越想越气，忍不住大骂起来。这时，一个邻居路过，问了他情况后，告诉店主他其实没有损失得那么多。

聪明的读者，你能在10秒钟内想明白店主究竟损失了多少钱吗？

491 商业间谍

某年年底的一天，世界知名的金融财团圣安东尼金融公司正在就公司来年的战略召开董事会。上午10点钟，董事们陆续来到会议室，年老的董事长最后拿着材料走进了会议室，可能因为上了年纪，手脚不太灵便，就在他走到办公桌前准备落座时，他手里的文件掉在了地上。董事长正要弯腰去捡，一旁的女秘书赶紧抢先一步去捡文件。就在女秘书拾起文件要站起来时，她的余光注意到会议桌的背面似乎有个什么小东西，于是她将那个小东西给拽了下来，并放在了会议桌上。

"董事长，这是一种用来窃听的小型录音机。"女秘书解释说。董事们都一下子吃惊地瞪大了眼睛，纷纷开始窃窃私语。年老的董事长更是感到十分生气，他骂道："我在这个公司三十年了，马上要退休了，却遇到这种肮脏的事情，现在会议停止，立即给我找出这个藏在公司里的商业间谍！"

女秘书开始检查录音机，她倒回磁带，将录了音的磁带重新播放。"董事长，这个录音机是在大约9点40分安放的。"最后，女秘书根据录音的开始时间确定了安放录音机的时间。

"董事长，我今天到得比较早一些，出电梯时，我好像看到一个身穿我们公司制服的人在走廊处闪了一下，会不会是这个人？不过我只能确定这是个女员工，却没有看清楚她的面貌。"

"马上通知各部门负责人，在自己的部门里调查一下，把在9点40左右不在科室的女职工全部都带到这里。"董事长当即下令。

不一会儿，三个部门负责人带来了3名女职员。

年老的董事长亲自对她们三个说道："请你们各自解释一下，在9点40分的时候离开岗位的理由。"

第一个回答的是财务部门的史密斯小姐，她声称："我在一楼休息厅，打了一个私人电话，因为公司的电话禁止私人使用。"

"那你为何穿球鞋，而不是按照公司的规定穿皮鞋呢？"

"今天早上上班时，因为人多拥挤，我将脚脖扭伤了，穿皮鞋太疼了，所以换了球鞋。"

接下来回答的是行政部门的苏珊小姐，她穿着一双高跟鞋，她的理由是："我到商店去买了点零食，我早上没吃饭，饿坏了，当然，我知道这不符合公司纪律。"说完她拿出了还未吃完的零食。

第三位回答者是销售部门的凯蒂小姐，她同样穿着高跟鞋，她说："我去献血了。"

"那请你拿出你的献血证让我看看。"

"医生说我贫血，不能献血。"

董事长一听，觉得这个女职员最可疑，于是便想进一步盘问。但是，这时，站在旁边的女秘书突然说话了："董事长，您不必询问了，我已经知道谁是真正的间谍了。不信，你们仔细听一下。"秘书再次打开了录音机的开关。

录音机开始转动，开始时一片寂静，随后传来了轻微的关门声。

三个女职员中的其中一位一听，立即脸色苍白，不自觉地惊叫了一声。

你能猜出这个人是谁吗？

492 草原失火

一次，一个地理考察小组顶着风在草原上考察当地地貌，有个考察成员突然发现前方烧起了大火，于是赶紧大声喊起来："不好了，草原失火了！"大家一看，果然看到几公里外浓烟滚滚，火光冲天，并且倒霉的是，起火的地方正在风向的上端。火借风势，风借火威，行进得非常快，眼看就要烧过来了。考察小组的成员们纷纷赶紧朝顺风的方向跑。

但是，大火借助风势，跑的速度比人要快得多，并且人的体力也有限，很快，眼看大火就要追上考察小组的成员了。人们都感到十分绝望，心想这下要死在这片草原上了。正在危急关头，一位老猎人出现了，他看了一下火势后，果断地说："现在所有人照我说的做，马上动手割掉面前的这一片干草，清出一块两丈见方的空白地面。"

大家看看老猎人一脸沉着，也不细想，慌忙都按照他说的做，一会儿就在眼前清出了一片不大的空地。老猎人接下来让所有人都站到空地上的下风向，然后不慌不忙地点起一束干草，将其扔到了迎着大火那面的草丛里。然后，老猎人回到空地中央对大家说："好了，现在没事了，我们可以欣赏这草原上的大火了！"

考察队员们此时却并不感到轻松，一个个依旧惊魂未定地看着老人放起的火，心里直打鼓，担心这火顺着风向向自己空地这儿烧来。但是，奇怪的是，老猎人放的火并没有顺着风向人们这边烧来，而是飞快地逆着风向从前方烧过来的大火迎上去。只见两把火在离人们几百米外的地方"撞"在了一起，然后又逐渐变小。最终，大火绕开这块空地向人们背后的下风向烧过去了。考察小组的人得救了，一个个激动得热泪盈眶。同时，他们感到很奇怪，为何老猎人烧的火会逆着风向而去呢？纷纷请教老猎人，经老猎人一解释，便茅塞顿开。

你知道这老猎人烧的火为何会逆风而行吗？

493 悬赏启事

历史学教授爱德华心里感到十分烦躁，因为就在他前几天出门之际，家里遭到了窃贼的造访。因为将精力投入到了对于奇妙历史的研究中，爱德华对于物质方面没什么讲究，家里也没什么贵重物品，所以他在经济上倒没有什么大的损失，想必那个窃贼也多少有些失望。令爱德华感到烦躁的是，他的一个怀表被窃贼给偷走了。这块表本身倒不值什么钱，但是那是早年自己心爱的一个女子送给自己的临别礼物，对爱德华来说就不是金钱可以衡量的了。

左思右想之后，他决定要找回那块爱人留给自己的唯一纪念品，如何做呢？

最终，他决定在报纸上刊登悬赏启事。他想，一旦小偷将表卖给别人之后，那块表对于别人来说没什么价值，自己只要出远高于那块表的价钱，持有者是会动心的。最终，他决定不惜花费三百英镑找回那块本来只值三十英镑的怀表。当然，加上刊登启事的费用，已经不止三百英镑了。于是，他派自己的仆人古德利前去报社办这件事。但是，古德利这人脑子一向比较笨，于是他反复交代了这件事该如何做，才放心地让他出门了。两个小时后，古德利回来了，告诉爱德华教授他已经完全按照他的要求将悬赏启事刊登好了，就等消息了。

到了第二天下午，爱德华教授正在家里读书，听到了有人敲门的声音，于是他让古德利前去开门。"请问你找谁？"爱德华听到古德利那憨直的声音在问。

"请问这里是爱德华家吗？我是看到他登的悬赏启事，为了怀表的事来的。"爱德华听到一个略微有些尖细的青年男子的声音。一听到有关怀表的事，爱德华忍不住从座椅上站了起来，径直走到门口去，他看到一个略微有些瘦削的年轻人站在门口。

"请进来谈吧，您有我的怀表的下落？"爱德华禁不住有些兴奋。

"是的，先生，我看这个表并不值那么多钱，因此我想这表大概对您有什么特殊的意义吧，所以就给您送来了。"年轻人似乎略微有些不自在地回答。

"好的，好的，请先进来吧。"

年轻人进来之后，从口袋里掏出一块怀表，递给爱德华："您看，是这块吗？"

爱德华眼睛一下子就亮了，赶紧接了过去，"是的，正是它！"爱德华边看边说，"您是从哪里得到它的呢？"

"实话给您说吧，我在车站附近看到一个小孩在卖这块表，他要十英镑，我觉得这款式不错，就买了下来。"年轻人一边似乎是不经意地随便看着房间里的陈设一边解释道："但是在今天的报纸上，我却看到您在寻找这块表，我推测他对您可能有什么特殊的意义，于是就给您送来了，我都还没有暖热呢！"年轻人开了个玩笑，然后，似乎是为了证明自己的话，他从口袋里掏出了一小篇报纸。

爱德华接了过来，只见上面写道：寻找一块对本人有特别意义的怀表，悬赏300英镑，电话567814，爱德华。

看完这则寻人启事，爱德华的眉头禁不住皱了起来。他抬起头上上下下地仔细打量起眼前的年轻人起来。年轻人被爱德华看得有些不自在起来："怎么了，有什么问题吗？"

爱德华有些无奈地看着年轻人的眼睛摇了摇头，年轻人这下就更有些不知所措了，终于在一阵静默之后，爱德华说话了："年轻人，我看你的外表是个挺不错的小伙子的，为何你要做这种事情呢？"

年轻人一听，脸突然红了起来，但他还是故作镇定地说："您这是什么意思呢，究竟？"

爱德华于是冷冷地说："不要再装了年轻人，是你偷了我的怀表。"

年轻人一听，生气地质问道："你凭什么这么说，我只是好心……"

年轻人还没有说完，爱德华便打断了他，并说出了他怀疑他的理由。年轻人一听，便一言不发，灰溜溜地离去了。

你能推测出爱德华是怎么知道眼前的这个人是偷了自己的怀表的人吗？

494 阿基里斯追不上乌龟

芝诺是古希腊著名的哲学家，他因为提出了一些著名的悖论而广为人知。他的这些悖论被另一位古希腊哲学家亚里士多德记录在《物理学》一书中，后人称之为"芝诺悖论"。在这些悖论之中，"阿基里斯追不上乌龟"是最著名的一个。

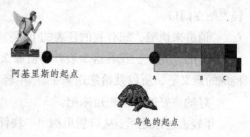

阿基里斯的起点　　　　A　B　C

乌龟的起点

阿基里斯是古希腊史诗《荷马史诗》中的英雄，其跑起来的速度非常快。而显然，乌龟的速度是非常慢的。但是芝诺提出，假设阿基里斯的速度是乌龟的十倍，乌龟在阿基里斯前方100米处，两者同时起跑，阿基里斯便永远追不上乌龟。芝诺的理由是这样的：阿基里斯的速度虽然是乌龟的十倍，但是当阿基里斯跑了100时，乌龟必然便往前又爬了10米；而当阿基里斯又追上这10米时，乌龟则又往前爬了1米；阿基里斯再追上这1米时，乌龟则已经又往前爬了1/10米……如此以此类推，每当阿基里斯追到乌龟原来的位置时，乌龟必然便又往前跑了一段距离，所以说，阿基里斯永远追不上乌龟。

而事实上，根据常识判断，我们知道，阿基里斯显然是能够追上乌龟的。但是，你虽然能从事实上驳倒芝诺的悖论，但是在理论上你却无法将其驳倒，因为他的逻辑是合理的。

聪明的读者，你能解释一下这其中的奥秘吗？

495 约瑟芬脱险

约瑟芬失恋了。她带着她的悲伤和对一个男人的痛恨开车在城市外的公路上狂奔，她想让自己处于这样一种高度紧张的状态中，好忘却自己的伤心事。

等到她狂奔了三个小时之后，天色逐渐暗了下来，她望望窗外，看不出自己到了什么地方，只是在一百米开外看都有间酒吧。此刻，她正需要酒精，于是，她走进了酒吧。两杯酒下肚后，约瑟芬感觉自己好多了，似乎已经不再记得那个可恶的男人的面孔了。就在她双眼迷离之际，她的眼前出现了另一副男人的面孔。

"你好，小姐，一个人独自在酒吧喝酒可不是件愉快的事！"对方微笑着说道。

听到对方说话，约瑟芬才顿悟眼前的人不是幻觉，而是一个真实的人。并且，定睛一看，看上去还是个相当有魅力的男士。

"我叫哈里斯，欢迎来到凯斯特酒吧！"对方友好地自我介绍。

"你好，我叫约瑟芬。"约瑟芬觉得此时她也正需要一个人——坦白说，是正需要一个有魅力的男士，就像眼前的这位一样——来和自己聊天。于是，两人很愉快地聊上了。最后，约瑟芬心情好多了，觉得那个背叛了自己的男人似乎也并没有那么优秀，她决定开车沿着来的路回家了。

"你可能不知道，这条路上可不安全。有个叫罗伯特的人经常在夜里出来拦路抢劫。"最后，约瑟芬要离开时，男士提醒道。

约瑟芬看看外面漆黑的夜色，心里也的确感到咚咚直跳。就在这时，男士自告奋勇，愿意充当她的保镖。

两人一起坐在了约瑟芬的汽车里，约瑟芬觉得自己简直就是正处在一部浪漫电影中。行驶了不到十英里之后，一辆汽车的亮光从后面射过来。

"不好，这正是罗伯特，他的大胡子太显眼了，我一眼就认出来了。"哈里斯回头看了一下，然后对约瑟芬说，"我想我们最好还是拐弯到旁边的那条公路上，那里会比较安全一点。"

但是，约瑟芬隐隐觉得有什么地方不对劲，因此她没有听从哈里斯的建议，毕竟仔细想来，自己和他认识还不到一个小时。那辆车于是从后面超越，向前面驶去了。过了一会儿，哈里斯又说道："罗伯特肯定是想在前面拦截我们，最好还是不要沿着大路走了，我知道有条小路，可以绕过这段路，然后再回到大路上的！"哈里斯似乎越说越激动，完全没有了在酒吧里的风度和从容。约瑟芬不禁对自己刚刚认识到这个"朋友"越来越怀疑了。她不动声色地回想了一下刚才的事情，突然，她发现了一个非常不合逻辑的地方，据此，她判定与自己同车的这个人绝非善类，自己的处境可能十分危险。

意识到这一点后，约瑟芬故意装作什么也没有发生的样子继续开车。就在前面的路边出现一个汽车修理店的时候，她毫不犹豫地将车开了进去。正如她所愿，汽车修理店里的两个修理工人正在那里忙碌。于是，约瑟芬从容地下车，对里面的"朋友"说道："请你马上离开我的汽车，你今天的把戏到此结束了！"车里的哈里斯一听，看到外面站了两个汽修工人，也不辩解，神情沮丧地下车，然后灰溜溜地便离去了。实际上，坏蛋罗伯特并不存在，他才是一个十足的坏蛋，他从看到约瑟芬的第一眼想的就是将她诱骗到一个偏僻的地方，对她实施抢劫。只是，他的计划不够周密，被约瑟芬识破了诡计。

分析一下，约瑟芬是如何识破哈里斯（如果他真叫哈里斯的话）的诡计的？

496 安全位置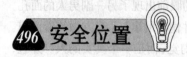

古罗马时期，勇士斯巴达克很不幸地和成千上万的奴隶一起沦为了角斗士。在一场惊心动魄的团体角斗中，斯巴达克的同伴们很不幸地都倒下了，最后只剩他孤军奋战，而且是要对付 3 个对手。按照当时实力，斯巴达克能够赢他们 3 个之中的任何一个，可是，如果是一个人对付 3 个人的话，他很可能因为寡不敌众而失败。

斯巴达克忽然想到了一个办法，他转身立刻就跑开了，三名对手在后面紧追不放，这三个人的速度不一致，所以很快就拉开了彼此的距离。就在这个时候，斯巴达克一转身，打倒了第一个对手，接着很快又把第二个打倒了，等到第三个对手追上来的时候，他很轻松地就战胜了。

本来以为事情就可以这样的结束了，但是奴隶主贵族们却把遍体鳞伤的角斗士们排成一列，然后让他们一一开始报数，每报到 10 就会被拉出去处死。场上连同斯巴达克一共 1000 个角斗士，他们在角斗场围成了一个圆圈，准备开始这场残酷的报数游戏，他们从头开始，每到第 10 个就将被处死，最后只剩下几个人而已。

一位名叫斯迪卡尔的智者非常同情斯巴达克的遭遇，于是就想了个办法，把斯巴达克排在了一个很安全的位置上，从而最后让他保住了性命。

你知道智者让斯巴达克站的安全位置是哪里吗？

497 谁是真凶

警方刚接到一个报案：在一个大雪纷纷的冬夜里，城府路 22 号一位单身女子被人杀害，案发时间约为当天夜里 9 点左右。

警方火速赶往了事发现场，发现在女子的房间中瓦斯炉被烧得通红，室内温度非常高，电灯依旧亮着，房间里面的窗户上面窗帘是半掩着的。

就在这个时候，居住在被害人附近的一个年轻人主动向警方提供了案件情况："昨天晚上 11 点左右，我曾亲眼看到凶案发生，我的房间距离现场只有十几米远，所以我能看清楚凶手是一个银发男子，他面部白皙，蓄着一点小胡子。"

警察很快根据这位年轻人提供的线索逮捕了死者的银发男朋友。很快，这位银发男朋友就被告上了法庭。

法庭上面，死者男朋友的律师为他辩护，他问那个目击者："请问，案发当晚你是偶然从窗户看到了你所说的这位凶手的吗？"

那个目击者很自信地回答说："是的，因为对面的窗帘几乎是透明的，而且那天晚上窗帘都是半掩着的，所以我能清楚地看清楚凶犯的脸。"

听完这些，律师非常肯定地对法官说："法官大人，这位年轻人所说的都是假话，也就是说他在作伪证。以我推测，他杀人的嫌疑最大，很可能窗帘是他自己故意拉开的，后来自己又故意向警察提供证据，目的是掩饰自己的罪行。"

后来，法官经过多方求证，证实了律师的猜测是完全正确的，那个提供证据的年轻人才是真正杀害女子的凶手。

你知道律师是如何得出结论的吗？

498 闭合的郁金香

瑞恩这天参加了一次在日本大使馆举行的盛大宴会。

宴会规模很大，除了美味的食物以外，还有无数的珍宝呈现给大家。瑞恩看到那么多的珠宝，贪心顿起，趁着大家都不注意的时候悄悄地偷走了宴会上的一个古董。古董偷到手之后，瑞恩一个人偷偷地回到了自己的住所。

回到家里以后，瑞恩迅速摘下特意准备的假发与胡须，然后匆忙换上了一件丝绸长袍坐在了书房的沙发上面。一切收拾好了之后，自己松了一口气，在想着是不是会有什么漏洞没有处理。就在这个时候，门铃忽然响了起来。

瑞恩有点慢腾腾地过去把门打开了，门口站着的是一个穿着和服的小个子男人。

"晚上好，先生，我叫金田一耕助，不好意思打扰你一下。"这位男人有礼貌地说。

金田一耕助，这是在日本非常出名的一位侦探的名字。瑞恩对此非常非常熟悉，听到他自报家门地直接找到了他，心里难免有点心虚。但是瑞恩很快就装出了一副笑脸的模样，很热情地把这位侦探请到了书房里面。

瑞恩让这位名侦探在一张桌子旁边坐下，这张桌子的旁边摆放着一个很漂亮的花瓶。花瓶里面有一束鲜艳的郁金香，郁金香所有的花瓣在当时是完全闭合的。

"瑞恩君，请你告诉我你今天晚上都去哪里了吗？"金田一耕助直奔主题。

"呃，我今天晚上一直待在家里，哪里都没去。在你来之前，我一直在现在的书房里面看书。"瑞恩一边回答问话，一边指着桌子上面的一本反扣着的书说道，"你看，就是桌子上的那本书，我才刚放下呢。"

金田一耕助拿过扣在桌子上面的那本书翻开了一下，忽然他发现桌子上面花瓶中的那束郁金香不知道什么时候都绽开了。看到这些之后，金田一耕助于是明白了一切，他非常严肃地对瑞恩说："你别再掩饰了，你刚才说的全部是谎言，还是老实地把在宴会上面偷来的那件古董交出来吧。"瑞恩开始并不服气，试图抵赖，但听了侦探的理由后，便只好承认了自己的罪行，并交出了古董。

那么，名侦探是如何识别瑞恩编造的谎言的？

499 吹牛吹砸了

布伦达是个聪明的小伙子，不过就是有点儿爱吹牛的毛病。他知道自己这个毛病不好，但遇到人就是忍不住就神吹起来。

今年，布伦达在圣诞之夜遇到了他心仪的女孩子——科拉小姐。一天，他终于如愿以偿地得以邀请科拉小姐共进晚餐，却发现对方对自己不大感兴趣，饭后他一个人心情沮丧地在街上闲溜，遇见了自己的老朋友康斯坦丝。

康斯坦丝听了布伦达讲了自己的遭遇之后，就问他在餐桌上同科拉谈了些什么。布伦达说："我给她说，去年圣诞节附近的一天早上，我参加了一个北极探险小组。没想到，在探险途中，我和一个名叫布鲁克的队友和其他同伴们失去联系了，我们两人一起走在冰川上。突然，布鲁克一不小心摔倒了，导致大腿严重骨折。更倒霉的是，不久，我们脚下的冰层也开始慢慢松动了，我们开始向大海漂去。我意识到情况不妙：当务之急，是先生个火，不然我们肯定都会被冻死。但是不巧的是，火柴用光了。于是我取出一个放大镜，又撕了几张纸片，把这些纸片放在一个铁盒子上，接着用放大镜将太阳光聚焦后，就把纸片点燃了。感谢上帝，我的办法成功了。更幸运的是，一天之后，我们的同伴们通过游艇找到了我们。大家都说我临危不惧，能够积极想办法，是个响当当的男子汉！"

康斯坦丝听了布伦达的话之后，大笑起来："你还是改不掉你吹牛的老毛病，科拉小姐没有对你嗤之以鼻，就已经是很有涵养的表现了！"

你能听出布伦达讲的海上遭遇的故事的破绽在哪儿吗？

500 一句话露馅

9月18日的夜里，名极一时的时装模特哈琳达在她郊区的豪华别墅里被人暗害了，负责此案的名侦探奇奥特闻讯，立刻赶到了现场。

奇奥特到了现场之后没有片刻耽误，立即开始勘察起来，他仔细观察了哈琳达的房间以及谋杀现场，并检看了被谋杀在红地毯上的哈琳达的尸体：从伤口上看起来，哈琳达是被手枪柄连续敲击头部而死的。奇奥特还在哈琳达的尸体旁边找到了一支手枪。

"奇奥特侦探，我已经给死者哈琳达的丈夫佩奇打了电话，他还不知道这个噩耗呢。"警长布切斯特对奇奥特说,"唉,这个可怜的丈夫,我可不想传达给他这个坏消息,不想让他在旅途中因这件事而惊惶失措。因此我没有直接告诉他这个坏消息,只是让他赶紧赶回家。等一会儿他回来了就麻烦你告诉他这个消息,你看怎么样?"

"好的,警长先生。"奇奥特边回答边看了看表,又继续说道,"另外,警长先生,能否把那支杀害哈琳达的手枪让我保管几分钟呢?"

"当然没问题。不过,你要保存这个做什么?"布切斯特警长答应了奇奥特侦探的要求,但还是忍不住用奇怪的目光瞧了一眼奇奥特。他见到奇奥特没有应答,也没再多问,就把枪递给了奇奥特。

接着,奇奥特叫来救护车把尸体运走,接着就等待死者丈夫的到来。不多久,死者的丈夫就心急火燎地推门进来,他一见到奇奥特就问:"怎么了,到底发生了什么事?"

"先生,我不得不告诉您一个坏消息,"奇奥特以极其沉痛的语气向这位丈夫说道,"您的太太在两个小时之前被人谋杀了,这个消息是您的厨师莱尔尼在卧室里发现后报的案,对这件事我……"

奇奥特边说边从口袋里拿出那支用手帕包着的手枪,看着这位丈夫,然后说,"可是更坏的消息是,我们在这支枪上找不到罪犯留下的指纹,看来凶手是戴着手套作的案或者毁灭了证据。这个案子看起来很难侦破。"

那位丈夫看着那把手枪,显得十分愤怒,他紧盯着那支枪几秒钟,然后激动地抓住探长奇奥特的手说:"探长先生,我太难过了,您不会明白我此刻的心情,如果你们能抓到那个敲死我妻子的凶手,我宁愿出十万美金酬谢你们。是谁这么凶残,把我最爱的宝贝杀了呢?"

"我想不必你破费了,凶手我已经找到了!"奇奥特突然冷冷地说道,同时吩咐警察,"快将死者丈夫扣起来,他就是杀害哈琳达的凶手!"聪明的读者,你知道为什么奇奥特做出这样的判断吗?

答案

1 女孩的选择

她反复思量这个问题，把左边的理由一条条划去，把右边的理由一遍遍加深，于是她确定了自己的选择。

2 洞中取球

文彦博对小朋友们说："我们大家都回家提一桶水来。把水灌到树洞里，球就浮上来了。"文彦博借着"皮球能浮在水面上"这个属性发散思维想出了一条妙计。

3 于仲文断牛案

牛的身上并没有标记，怎么来判断牛的归属呢？于仲文知道牛是群居的，孤单的牛，一定会非常渴望回到自己的群体。聪明的于仲文就是在这一点上发散思维，想出了好办法的。

事实也是如此：牛群赶到大操场上之后，于仲文大喊一声："放牛！"只见那只无法判断是谁家的牛冲着任家的牛群跑了过去。围观的群众都明白了，他们欢呼着："牛是任家的，牛是任家的。"

4 山鸡舞镜

这同样是一个借动物属性发散思维的解决问题的事例——曹冲叫人拿来了一个大铜镜，把铜镜放在山鸡的身边。山鸡看到铜镜里自己美丽的影子，忍不住跳起舞来。

山鸡爱站在河边跳舞，那是因为山鸡是个顾影自怜的家伙，它只有看到了自己的倒影才翩然起舞。满朝的大臣都是死脑筋，他们都往河的方向去想，要在宫里挖一条河，那可真够麻烦的，所以，他们一筹莫展。其实，要山鸡看到自己的影子，有很多办法，河水和曹冲想到的镜子只是其中两个办法而已。开动思维，看看是否还有更好的办法。

5 假狮斗真象

几天以后，林邑国又派人前来挑战，宗悫接受了挑战。这次林邑国国王神气活现地让大象排在了阵前，只见他彩旗一招，大象就撒开腿威风凛凛地向宋军冲过来。眼看就要冲到宋军阵营前了，忽然从宋军阵营里扑出了几百只张牙舞爪的大雄狮。大象见了，吓得掉头就冲林邑国的阵营跑过来，把林邑国的阵形冲得七零八落。宗悫趁机发动全面攻击，把林邑国的军队打得屁滚尿流，落荒而逃。宗悫乘胜追击，林邑国王没办法，只好投降，归顺了宋国。

宋军从哪里找来这么多训练有素的大雄狮的呢？原来，宗悫找来画师和工匠，三天之内画了500个狮像，铸了500个狮子模型。打仗的时候，让士兵把模型穿在身上，就吓跑了敌人的大象。是假狮子吓跑了真大象——宗悫这一妙计就是在那个谋士的"狮子建议"上生发出来的。

6 鲁班造锯

鲁班在草叶的提示下打造了一把带齿的工具，他把这个工具命名为"锯"。徒弟们用锯来伐木，果然又快又省力，很快就备齐了木料。一直到今天，木匠们还在使用鲁班发明的锯。

无论是在社会上，还是在大自然中，任何事物都是普遍联系着的，而这些联系则会给我们提供很多智慧的线索。

7 小小智胜国王

第一题：小小悄悄地从口袋里掏出石蜡，放在空盆子里熔化掉，然后把铁筛子浸在里面，当把筛子拿出来的时候，筛孔就蒙上了一层薄薄的透明的石蜡，这层石蜡谁也看不到。小小走到国王面前，小心地往筛子里倒水，结果把筛子都倒满了，也没漏出一滴水。第一个题目就算完成了。

第二题：小小不慌不忙地把纸叠成锅的模样，把鸡蛋放在纸锅里加满水，然后放在火苗上烧，奇怪的是，火苗舔着纸锅，但是就是烧不着，没一会儿，就把鸡蛋煮熟了。小小很轻松地完成了第二道题目。

第三题：小小先把纸烧着，放进玻璃杯里。纸烧完了，玻璃杯里充满了白色的烟雾，小小立即把玻璃杯扣在盘子里。令人惊奇的是，盘子里的水长脚了似的，都流进了杯子，小小把盘底的绿玉捡了起来，手一点都没沾湿。

8 忒修斯进迷宫

只要有线索，就算最复杂的迷宫，

也不能把你困在里面——阿里阿德涅找来一团红色的线，然后对忒修斯说道："进去的时候，把线的一端系在迷宫的门上，边走边放线，这样，杀死怪兽后，你就能顺着红线出来了。"忒修斯满怀感激地收下了线，便和其他童男童女们进入了迷宫，他们在迷宫里拐弯抹角地转了好一会儿，终于遇到了令人毛骨悚然的怪兽弥诺陶洛斯，怪兽张开血盆大口向他们扑过来，大家都惊恐地四散跑开了，只有忒修斯冷静地站在那里。就在怪兽就要扑倒他的那一刻，忒修斯把宝剑深深地刺入了怪兽的心脏。怪兽重重地倒在地上，痛苦地喘着粗气，过了一会儿就停止了呼吸。忒修斯长舒一口气，带领其他童男童女，沿着红线出了迷宫。

9 除雪

原来，这个电信员工正是受到上帝从空中清扫积雪的启发，想到人也可以从空中将积雪清扫掉，于是建议用直升飞机绕着电话线飞来飞去，利用直升飞机的螺旋桨旋转时所产生的强大气流将电话线上的积雪刮掉，既简单又高效。

在这个故事里，第一个员工只是感叹了一句之后便停止了进一步思索，而另一个员工则是在人们惯性地停止思维的地方将思维进一步扩展，进而想到了实际有效的办法，这便是一种典型的发散思维。

10 泰勒的特殊兴趣

不久，泰勒便突然多出了一个爱好，便是穿着便衣在北京城的各名胜古迹闲逛。看到名胜古迹处的签名，他便拿起相机将其拍下来，在外人看来，这是个对于签名感兴趣的奇怪的摄影爱好者。但是，身处战争年代的泰勒，可不会真的有这种闲情雅致，他实际上是在利用日本人签名并留下身份注明的习俗来搜集日本军人的信息。一天，他在颐和园万寿山的一尊大佛身后，发现了三个日本军人的签名及所属的师团。后来，他发现类似的签名越来越多，于是，他将自己所搜集来的相关签名整理归纳一番之后，他准确地搞清楚了侵华日军的编制及其番号。

在这个故事里，泰勒利用早年记忆中的一件小事，并通过一个细节联想到日本的一个习俗，进而联想到利用这个习俗来收集情报，并最终完成任务，这便是一种典型的发散思维。

11 井中捞手表
原来，柯岩又跑到屋里找了一面镜子，将这个镜子放在第一面镜子斜上面，经过角度的调整之后，太阳光经过两次反射之后，便照在了井里。

12 绚丽的彩纸
原来贴在墙壁上的是荷兰纸币。

13 加一字
原来，人们在前面加了一个"宋"字，石碑成了"宋张弘范灭宋于此"。

14 贾诩劝张绣
贾诩对张绣分析道："曹操挟天子以令诸侯，名正言顺，这是你应该归顺他的首要原因。其次，袁绍兵强马壮，我们的人马并不多，前去投奔他，肯定不被他看重；而曹操，则兵马不强，正需要扩充人马，因此得到我们肯定很高兴。再次，曹操是个心怀大志的枭雄，他必定不会因为你们之前的恩怨而

怪罪于你；相反，他肯定会借此次机会向天下人表明他的博大胸襟，以吸引天下豪杰前去投奔他。所以我们应该投奔曹操。"张绣于是便听从了贾诩的意见，率领部队归附了曹操。

15 牛仔大王
他决定用那些废弃的帐篷缝制衣服。他从帐篷的特性进行思维发散，并采取行动，缝成了世界上第一条牛仔裤！后来，终于成了举世闻名的"牛仔大王"。

16 苏格拉底的追问
年轻人想了想，说："不知道道德就不能做到道德，知道了道德才能做到道德。"

苏格拉底这才满意地笑起来，拉着那个年轻人的手说："您真是一个伟大的哲学家，您告诉我关于道德的知识，使我弄明白了一个长期困惑不解的问题，我衷心地感谢您！"

17 小孩与大山
老人对小孩说："你这样骂人家，人家当然要回骂你了。你如果用友好的方式跟对方沟通，它便会同样对你友好。"这个故事所反映的哲理便是：与人相处正像是回声一样，你对别人充满善意，自然便能得到别人的善意；你对别人充满恶意，别人自然也会还以颜色。

18 两个高明的画家
原来，李画家的作品正是那块画出来的幕布。黄画家的画只不过骗过了猫而已，而李画家的画则骗过了人的眼睛，当然更高一筹了。

19 吹喇叭
朋友说："我夜里想知道时间时，

只要趴在窗台上一吹，就会有人朝我喊道：'现在是夜里×点钟，你吹什么呀！'我就知道时间了。"

20 老人与小孩

因为一直有鱼吃的关键并非在于鱼竿，而在于钓鱼的技术。这个小孩只是有了鱼竿，却并没有学会老人高超的钓鱼技术，因此未必能钓到鱼。并且，鱼竿早晚是会用坏的，而钓鱼的技术却是永远不会用坏的，老人的钓鱼技术才是小孩真正该向老人索要的。

21 阿基米德退敌

原来，阿基米德叫人制造的奇怪大镜子，是凹面镜。到中午太阳最毒辣的时候，他让士兵抬了几十面这样的凹面镜到城墙上，调整好焦点，将毒辣的太阳光反射到古罗马的船只上。不一会儿，古罗马船只便冒出缕缕青烟，经海风一吹，"呼"地便起了火。几十只船同时起火，再加上海风的帮忙，火势很快蔓延起来，古罗马军队来不及灭火，烧死的烧死，跳海的跳海，损失惨重。他们不知道这奇怪的大镜子是什么东西，还以为叙拉古人借助了神灵的魔法，吓得赶紧掉头逃窜了。

22 瓦里特少校计调德军

原来，瓦里特少校将30个士兵分成两个各有15人的小分队，让他们各自带着手电筒，开着汽车，摹仿机械化部队夜间集结的方法前进。每当德军侦察机出现的时候，他便命士兵们打开手电筒，射向天空；而当德军侦察机真正邻近的时候，他们则故意关掉手电筒；而在敌机再次飞远之后，他则命令士兵们再次打开手电筒，射向天空。如此一来，便给德军侦察机造成了他们在躲避

敌机侦查的假象。如此进行了一段时期后，德军果然上当了。

23 炼金术

这个年轻人一听，便高兴地回家了。他一回家，便立刻将自己已经荒废多年的田地上种上了香蕉。另外，为了尽快收集齐香蕉绒毛，他还开垦了许多新的荒地来种植香蕉。每当香蕉成熟后，他便小心地将白色绒毛刮下来保存好。同时，为了能生活，他也顺便将这些香蕉都弄到市场上卖掉。结果，几年之后，由于卖香蕉，他的日子也逐渐阔绰起来了。一次，当他又一次从市场上带着卖香蕉得来的金币回家的时候，突然间领悟了智者的意思正是点化他通过劳动来获得金子。于是他从此开始更加勤奋地劳动，最终成了当地有名的富翁。

24 梦的两种解法

店老板说："墙上种白菜，不是预示着高种（中）吗？戴着斗笠打伞不是说明你这次有备无患吗？跟你表妹脱光了背靠背躺在床上，不是说明你翻身的时候就要到了吗？"虽然秀才的高中跟店老板的劝慰没有太大的关系，但是如果不是店老板的话，秀才就会放弃考试，又何来高中呢？同样的梦，可以有两种截然相反的解释，这正说明任何一件事也都有它的两面性，关键在于我们从什么样的角度、用什么样的态度去看待它。积极的人，总能在绝望处看到希望，而消极的人，往往只看到阴暗的一面。很多时候，想法和态度决定着我们的生活，有什么样的想法和态度，就有什么样的未来。

25 "赔本"经营

路南影院一折的票价要赔钱，送

瓜子更是赔钱，但送的瓜子是老板从厂家定做的超咸型五香瓜子。看电影的人吃了瓜子后，必然会口渴，于是老板便派人卖饮料。饮料也是经过精心挑选的甜型饮料，顾客们越喝越渴，越渴越买，于是饮料和矿泉水的销量大大增加。放电影赔钱、送瓜子赔钱，但饮料却给老板带来了高额的利润。路南影院的老板实际上是采用了"声东击西"的赚钱术。

26 剩余的杏子

麦克斯是这么解释的："因为我吃了剩下的杏子，我最喜欢吃杏子了。"小孩子的思维是非常活跃的，在他们天马行空的世界里，一个非常简单的问题，都能得出许许多多看似荒谬却又让人无可厚非的答案。作为一个教育工作者，遇到麦克斯这样的孩子不应该粗暴地批评压制，而应该给以适当的引导。

27 聪明的小达尔文

原来，昨天傍晚的时候，小达尔文折了一束白色的报春花，把它插在红墨水瓶里，今天，报春花就变成了红色的了。达尔文不仅善于观察事物、思考问题，而且用于把想法付诸于实践，终于变出了红色的报春花。

28 三个面试者

总经理说："你虽然用水洗去了污渍，但衣服上还有湿迹，而且你是在手忙脚乱中处理这件事的。文子不同，她走进我的办公室时，一直把那只黑色公文包幽雅地放在她的前襟上，没有让我看见那块污迹。她在处理事情时，思路清晰，善于利用手中现有的条件解决问题，把事情做得从容漂亮，所以我们决定录用她。"

29 聪明的渔夫

渔夫回答说："尊敬的陛下，这是一条反复无常的共生双体鱼！"国王无奈，只好把两百枚金币赏给渔夫。实际上，渔夫不仅回答了国王问题，还巧妙地讽刺了国王。

30 要不要赶走猫

父亲说："我家面临的主要祸患是老鼠，而不是没有鸡。你想一下，如果没有猫，老鼠就会偷吃我们粮食，咬烂我们的衣物，破坏我们的房子和家具，这样下去，我们就得挨饿受冻了。而如果家里没有鸡，我们顶多不吃鸡肉了，还不至于挨饿受冻啊！"

父亲站在整体利益的角度上去考虑问题，用长远的目光去权衡事物的利弊，令儿子心服口服。

31 小和尚取水

通过这件事，小和尚明白了世间万物，没有什么是永恒不变的，要用变化和发展的观点来看待一切事物。

32 罗丹的惊骇之举

罗丹自己说："这双手太突出了，它已经有了自己的生命力，这样会吸引观众的特别注意，它已经不属于整个雕塑了，所以我只有把它砍去，记住，任何一件艺术品，部分永远不能超出整体，整体的位置总是高于部分。"

哲学上也有说整体和部分的关系，在日常生活及工作中，同样需要这种精神，整体有整体的功能，部分有部分的功能，而整体的功能无论怎样都会大于部分的功能，这样一来才能让整体和部分都发挥自己应有的作用。

33 找"妈妈"

年轻人让小马独自关上一夜,只喂它们草料不给它们水喝,第二天,再打开栅栏让小马放到母马那里去,小马立刻跑到自己母亲身边去喝奶了。

34 一个"错误"的故事

这个故事就是要告诉孩子们一个简单的道理,有很多可能的事会成为不可能,不可能的事情也会演变成可能的事情。

35 季羡林看行李

不同的角度会有不同的立意:

1. 季羡林先生没有架子,平易近人,以身作则,为学生树立了很好的形象。

2. 学者身上的谦虚、认真的作风,拥有着人性中的闪光点。

3. 在这个世界上,人与人之间是平等的,没有大人物与小人物之分。

4. 北大给人留下的第一个难忘的印象。

5. 关爱身边的每一个人,不以善小而不为。

6. 渊博的知识与高尚的人格,这些是我们应该好好学习的地方。

7. 从学生的角度来说,要有谦虚谨慎的学习态度。

8. 从老师的角度而言,要平等对待每一个学生,在能帮助学生的时候尽力去帮助。

……

36 吉尔福的大胆猜测

吉尔福教授认为,如果那个圆洞是枪伤留下的,那么4万年前就应该有制造火器的工具存在,比如说枪的存在。

还有一个猜测就是那时人类根本还不会制造火器,所以可以假想那些痕迹是外星人路过地球的时候,因为某种原因而留下的。

只要"枪杀"这样的前提成立,很多推论都会是合情合理的,但是那样的前提一直都有待证明,那个圆洞到底是不是被枪杀而存在的一直都有待证明。所以以后的推论都只能说是一个假说。

37 以驴找鞍

原来,毛驴在被饿了一天一夜之后,完全饿坏了,一被放出,便直奔曾经喂养了它几天的偷盗者家中。而张坚则已经派衙役悄悄地跟在毛驴后面,看到毛驴在一户人家的门口停住了,立刻进去搜查,果然找到了商人的鞍子。

38 三个金人

这显然是个寓言故事。三个金人分别象征了听不进别人话的人,不能保守秘密的人和多听少说的人。老天给了我们两只耳朵一个嘴巴,意思本来就是让我们多听少做,因此最有价值的人往往不是最能说的人,而是最善于倾听的人。善于倾听,是成熟的人最基本的素质之一。能够更善于倾听,也是个人不断成长的重要标志之一。

39 想不通的船长

老人说:"你的过错就是只传授了儿子技术,却没有让他学到教训。要知道,对于知识来说,教训是基础,假如没有基础,那么再多的知识也可能只是纸上谈兵。"

40 商场怪招止偷窃

因为商场的职工都认识这两个小

偷，因此在他们一出现，商场职工便开始留意他们。这样，在多次亲眼看了这两个小偷的偷盗过程后，商场职工都对于小偷的偷盗方式十分清楚了，如此一来，他们的警惕性和识别小偷的本领也空前提高。其他的小偷再次来到这个商场后，往往还没行窃就被识别出来并抓住了。时间一长，小偷们再也不敢来"光顾"这家商场了。

41 智慧的妻子

听到袁慈阳这么说，他的妻子不慌不忙地回答他说："我姐姐自幼品德高尚，到现在一直都没有找到和她匹配的品德高尚的好丈夫。哪像我这么卑下，不管好与坏，找个男人随便就把自己嫁了呢？"

其实在这个世界上，总有那么一种人，他们自以为是，从来不反思自己的身上的缺点，反而喜欢处处指责别人的短处。对于这样的人，我们就应该像袁慈阳的妻子那样，给予坚决回击，让他们自己感到惭愧。

42 陈细怪改诗

陈细怪是这么改的诗："云淡风轻近晚天，傍花随柳跪床前。时人不识余心苦，将谓偷闲学拜年。"的确别致，难怪她老婆不生气了。

43 小孩难住铁拐李

小孩子今年11岁，读作"一十一岁"，他姓王，因为"一十一"加起来正好是"王"字。

44 带"女"旁的"好字"和"坏字"

表示褒义的"女"字旁的好字：好，娇，姝，娴，妍……

表示贬义的"女"字旁的坏字：妖，娼，妒，嫌，妄……

45 "加法"创造法

连衣帽的雨衣：把雨具和衣服加在了一起。

电饭煲：把定时和做饭结合在了一起。

药物牙膏：将牙膏和药物组合在了一起。

房车：将房子和车子结合在了一起。

手机闹钟：将手机和闹钟结合在了一起。

……

46 穷人的笑话

伊美扎尔德对国王说："我当初进宫来给您讲故事的时候，就和引荐我的大臣马吉德提克里特说好了，他将和我平分您的赏赐。现在您赏了我一百大板，我已经领了五十大板，我很感激您。剩下的五十大板您就让您的大臣马吉德提克里特领走吧，他也一定会十分感谢您的赏赐的！"

47 聪明的砖瓦工

这个聪明的小伙子能看到市场的变动，他发现了砖瓦工需求看涨的行情。小伙子想，砖瓦工的待遇提高了，自然有很多人愿意从事这一行业，然而并不是每个人都能胜任这个职业的，于是，小伙子就想到了何不培养愿意当砖瓦工的人呢？于是，他租门面是用来开办砖瓦工培训班的。

48 小旋转，大思维

在重庆，水将按着逆时针方向旋转形成漩涡。

在赤道，将不会形成漩涡。

49 电熨斗的改进

攻关小组设计了一种新的蓄电槽，这样每次熨完衣物之后就可以先把熨斗放进槽内进行蓄电。每次蓄电的时间则只需要8秒钟。这样一来，熨斗的重量便会大大减轻了。为了使用人的安全，蓄电槽还特别装了断电系统。

50 燕子去了哪里

原来，在这年秋天燕子将要离开时，补鞋匠写了一张纸条绑在了燕子的腿上，上面写道："燕子，你是如此的忠诚，你能否告诉我，你在什么地方过冬？"

几天之后，补鞋匠眼看着燕子带着自己的纸条飞向遥远的地方去了。然后，鞋匠在做活时，虽然明知道还不到时间，但是他仍然隔一会儿就忍不住抬眼看一下天空，看燕子是否回来了。

终于，在补鞋匠焦急的等待中，这个漫长的冬天被打发走了，又一次春回大地。一天，燕子飞回来了，而补鞋匠在那一刻激动得就像见到了自己久别的妻子一样。他于是一伸手，燕子落在了他的手上，只见它的腿上被缚上了一张新的纸条，上面写道："它在雅典安托万家过冬，你为何要对这件事刨根问底呢？"

第二天，补鞋匠将这件事告诉了老学者，老学者仔细看了那张纸条之后，心里惭愧地说道："我还不如一个补鞋匠呢！"后来，老学者将这个故事写进了自己的书里，这也是我们能够知道这个故事的原因。

后来，一些专业的学者便采用补鞋匠的做法，对燕子进行了标记放飞，逐渐搞清楚了燕子的迁徙路线和规律。就这样，一个看似没有办法得到答案的学术问题得到了解决。

51 巧运物资到前线

原来，苏联军官的办法便是将列车进行了改造，将机头全都挂在列车的尾部，使得机头推着列车前进。这样一来，这些"推"向前线的列车果然再也没有受到德军的轰炸，前线急需的物资被源源不断地从斯大林格勒运来。

52 小孩难孔子

项橐提出的这个问题一时可能真不太好想出答案，但是如果充分发散自己的思维，是可以想出来的：污水里没有鱼，萤火没有烟，枯树没有叶，雪花没有枝。事实上，关于这个问题，答案也未必是唯一的，读者朋友不妨再想想，还有其他答案吗？

53 巧妙的字谜

这三首字谜诗的谜底是同一个字，就是"鲜"。

54 猜字谜

这几则谜语是同一个谜底："口"字。

55 丈夫的信

李大宝的第一个工作是拉磨，第二个工作是拉纤。因为拉磨就是围着磨盘转圈，虽然不停地走，却始终在屋子里，所以是"日行千里，足不出户"。而他在拉纤时，如果正好有开往家乡的船，那么他便需要沿着回家的路线拉纤，到时自然可以顺便回家了，所以叫"若有便船，步行回家"。当然，这种说法有些夸张了。

56 巧改对联勉浪子

朱天赐的叔叔在对联的上联和下联前分别加上了"早"和"不"字，使原对联变成："早行节俭事；不过淡泊年。"

57 恶人的迷惑

"对恶人行善，就是对好人作恶。"
上帝回答道。

58 最高智慧的一句话

这句简单而高深的话就是："这，
也会过去。"

59 独到的商业眼光

原来，西格弗里德从有婴儿的父
母的麻烦中看到了他们的需求，于是他
独一无二地开办了一家专门为携带 3 岁
以下的婴儿的夫妇入住的婴儿酒店。在
婴儿酒店内，每个房间的家具、陈设都
如同家庭中的婴儿房。同时还设有婴儿
餐厅、婴儿酒吧，提供标准的婴儿食品
和饮品。此外设有宽敞的儿童游乐场。
而且，酒店的工作人员都是合格的护士
或儿童教育工作者。他们负责小住客的
饮食起居、洗澡、换尿片，服务周到，
殷勤备至。因此，当年轻的父母们想要
过浪漫的二人世界时，可以放心地将婴
儿交给酒店方。

另外，来到酒店中的父母们也因
为孩子有了共同话题，他们可以聚集
在一起交流婴幼儿培训的心得体会。
同时，酒店方面也会开设一些相关的
培训课程。如此一来，这家婴儿酒店
可以说是全方位地满足了年轻父母的
需求。所以，酒店一开张，就受到热
烈的欢迎，常常爆满，许多房间都被
预定到下一年度。自然，西格弗里德
的财源滚滚而来。

60 野草与命运

回来之后，哈里开始联系各大洲
的一些医药公司，并把他的发现公布了

出去。结果不到一个月，订购这种野草
的合同便堆满了哈里的办公桌。哈里郑
重其事地把这些合同文本交给了布须曼
族的族长，看着族长大惑不解的眼睛，
哈里解释道：这种草是全球科学家们苦
寻了几十年的治疗肥胖症的理想原料，
你们发财的机会到来了，全族有救了。

果然，数年来，靠着这种比金子还
昂贵的药材，布须曼每年约有 640 万欧元
的收入，所有族人都不用再为食物担心
了。其族长曾既欢喜又感叹地说过：真没
想到，在这片祖祖辈辈生活的穷地方，一
种看似普通的野草会改变全族的命运。

61 亚历山大解死结

神秘的高尔丁死结，让无数英雄
豪杰都无功而返。解开高尔丁死结，这
看起来是一个根本无法完成的任务，它
太复杂了！然而，让人想不到的是，这
样一个复杂的问题，居然有一个非常简
单的办法。气概非凡的亚历山大突破了
前人的思路，挥剑劈开了高尔丁死结。

62 核桃难题

原来，这个办法就是，在核桃的
外壳上钻一个小孔，灌入压缩空气，靠
核桃内部的压力使核桃壳裂开。

在取核仁时，人们往往习惯性地
想到要从外面去打开核桃壳，而不会想
到从内部着手。这里的这个办法便是一
种典型的打破常规思维的求异思维。

63 充满荒诞想法的爱迪生

实际上，只要能够打破常规思维，
这个想法是可以实现的：如下图所示，
沿着纸上的线剪开再展开，即可让人钻
进钻出。这实际上是一种把"面"变为
"线"的做法。实际上，这些看似荒诞
至极的想法，往往能够培养一个人大胆

思考的习惯，将其思维充分拉开，具有非凡的创造性。另外，就本题而言，试想一下，在爱迪生的这个办法之外，你能不能找到其他的办法呢？

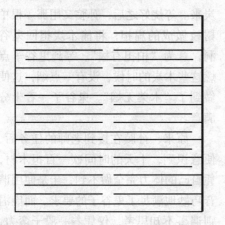

64 毛毛虫过河

毛毛虫可以等自己变成蝴蝶后飞过去。

65 蛋卷冰激凌

原来哈姆威看卖冰激凌的商贩没有盛装冰激凌的容器了，他便将自己的蛋卷卷成锥形，以用来盛放冰激凌。冰激凌商贩一看这个办法挺好，便买下了哈姆威的所有蛋卷，用来制造这种锥形冰激凌，以方便让顾客带走。而人们则发现，这种锥形冰激凌不仅携带方便，外观好看，而且冰激凌和外面的蛋卷一起吃，味道也很好，后来十分流行的蛋卷冰激凌就此诞生。不仅如此，这种蛋卷冰激凌还被人们评为那届世界博览会的真正明星。

66 图案设计

纸条上写着："我的图案设计是信封上的假邮票。"这个人不仅表现出了自己扎实的美术功底，而且也展示了自己的创意思维能力。

67 百万年薪

日本商人弄清的真相是：对面的那家店也是这个年轻人开的。

故事中，这个年轻人总是能够摆脱从众思维，看到别人所看不到的机会，继而通过自己出人意料的举动获得更大的收获。这其实就是一种打破惯性的求异思维。而这种思维在商业上是非常有价值的，所以日本丰田公司亚洲区的代表山田信一才会花百万年薪雇用他。

68 聪明的小路易斯

小路易斯将瓶盖盖上并拧住，然后把瓶子倒过来。这样，油就浮了上去，醋沉了下来，他再将瓶盖松开，醋就流了出来。

69 聪明的马丁

他拿起了第2只杯子，把里面的红色的水倒进了第7只杯子，又拿起第4只杯子，把里面的红色的水倒进了第9只杯子，结果，杯子就成交错排列的格局了。

70 银行的规定

那个人先取出5000元，再把不需要的2000元存进去，结果就得到了他想要的3000元钱。

俗话说："规矩是人制定的。"营业员的做法就是不懂灵活处理规矩的表现。营业员只是按照规矩办事。如果那个人也和营业员一样，循规蹈矩，那么他只能去取款机前排队，说不定会误了他的事。所谓急中便生智，这个人在取钱和存钱之间进行了一种巧妙的转换，便巧妙地解决了问题。

71 购买"无用"的房子

这位乘客考虑到这座房子对于火

车上处于极度无聊之中的旅客的吸引力，将这个房子买下来，用来给各家商家做户外广告。结果，因为其独特的位置，广告订单雪片般飞来，这个乘客于是就发了财。

按照正常人的思维习惯，房子位于火车的道旁，是致命的缺点，所以根本没有价值。但是，这位乘客却反过来看，认为房子位于火车道旁，恰恰是其优点，具有不可估量的价值。这是一种典型的逆向思维。

72 妙批

主考官的批复只有四个字：我不敢娶（取）。

73 有创意的判罚

原来这位法官的判决是：要求这个少年返回学校读书，获得一张真正的高中毕业文凭来交给法庭（当然，只是其复印件）。最后，这个少年果然去读了高中，并在三年后给法庭交来了他的毕业文凭复印件。并且，这个少年接下来还考入了大学。据统计，后来，这个法官对于类似案件以及少年偷窃案等案件的罪犯都采用了这个判罚。在接下来的10年时间里，共有接近600个少年犯重新回到学校读书。

假冒文凭，就判处你去获得一张真文凭来，这的确是一种富有创意的判罚。其不仅需要一种善良，而且还需要一种思维上的灵感。

74 鬼谷子考弟子

原来，鬼谷子给弟子们派出这个任务，是想考考自己这两个弟子的才智，而不是比他们两个的体力。十天之后，鬼谷子先在洞中点燃了庞涓打来的干柴，这些干柴的火势虽旺，但浓烟滚

滚。显然，数量和质量都没有达到老师的要求。而孙膑从山上回来之后，就把自己砍来的榆树枝放到一个平时烧炭的大肚子小门的窑洞里，开始烧起榆树木炭来。等烧好之后，孙膑又用那一根柏树枝做成的扁担，将榆木炭担回鬼谷洞，意为"柏担有榆"。等到鬼谷子点燃这些木炭的时候，没有一点烟，这便做到了"木柴无烟"。鬼谷子一看十分满意。

原来，孙膑在接到老师的任务后，便意识到，十天的时间砍一百担木材，凭自己的体力完全做不到，于是便用谐音巧妙地满足了鬼谷子的要求。而庞涓则遇事不知思考，仅凭着一股子蛮力，结果费力不讨好，自然要令鬼谷子感到失望。

75 复印机定价过高

在当时，美国法律只是禁止以高价位出售复印机，但是，却并不禁止威尔逊出租或提供复印服务。聪明的威尔逊只是稍稍动了一下脑筋，这个问题就解决了。他想到了通过这两种方式依旧可以赚钱，而且需求量会更大，因此他赚的钱也就更多。

76 绝妙的判决

原来法官是这么说的：鉴于父母离婚的最大受害者是孩子，为了保护儿童的权益，并考虑到父母双方的要求，本庭宣判如下：父母归两个孩子所有；原有的住宅的居住权也归两个孩子所有，而不判给母亲或父亲。离婚后的父母定期轮流到原来的住宅中居住并照顾孩子，直到孩子长大成人。

77 用一张牛皮圈地

原来，狄多公主让随从们将公牛

皮切成一条一条的细绳，然后再把它们连结成一根很长的绳子。她在海边把绳子弯成一个半圆，一边以海为界，圈出了一块面积相当大的土地。因为同样周长的平面图形中，圆的面积最大，以海为界，又省下了一半的周长。

78 智取麦粒

原来，老医生的办法便是让农民每天往耳朵里倒一些清水。如此一来，麦粒便在耳朵里开始发芽，因为植物向阳的本性，麦芽自己便往耳朵外面长。结果几天之后，一根嫩芽从农民的耳朵眼里长出来了。农民让自己的妻子用手一拔，便将麦粒拔了出来，不仅没有一点痛苦，而且还省去了再去医院花钱。

79 问题呢子

原来，副厂长的主意便是将错就错，不对呢子做任何变动，而是将这批呢子称作是"雪花呢"，然后投放市场。因为当时市场上全都是纯色呢子，还没有这种杂色呢子，因此"雪花呢"一投入市场，便受到了人们的广泛欢迎。其后，便有许多呢子厂家开始主动生产这种上面有斑点的呢子，直到今天还受到人们的欢迎。

在这个故事里，如果人们始终按照常规的思路，将这批呢子当作一个"错误"来处理，可能永远也不会得到这样的好结果。这位副厂长也是利用了一种求异思维，使得事情出现了转机。

80 聪明的小儿子

原来，小儿子点燃了一根蜡烛，马上，烛光便将整个房间都填满了。

在这个故事中，对于老人的问题，人们习惯性的思维都会去想用某种具体的东西去填空间，而这种东西应该是足够蓬松，以尽量大地占据空间。自然而言地，棉花、鹅毛这些东西会很容易被人想到。但是，小儿子却没有拘泥于常规思路，而是采用了一种创造性思维，很快找到了一种更为简单有效的方式。这便是一种典型的求异思维。

81 倾斜思维法

表面上看上去，这似乎是不可能做到的，但是如果能够充分发散自己的思维，便会找到解决问题的办法。因为10毫升正好是玻璃杯容积的一半，所以将玻璃杯倾斜45度角，其留在杯子里的溶液便正好是10毫升了。

许多人之所以想不到这个办法，是因为在他们的脑海里有一个固有的思路——量液体的容积时，必然是将容器水平放置，然后根据刻度来看液体的体积的。殊不知特殊问题（溶液体积正好是杯子容积的一半）是可以特殊对待的。总体而言，倾斜思维法属于一种求异思维，其关键仍旧是思考者要能够打破惯性思维的束缚。至少，在读了这个思维命题之后，我们应该知道，在思考问题时，物体不一定非要四平八稳地放在那儿，而是可以适当倾斜的，没准儿在倾斜的那一瞬间，答案就出现了。

82 检验盔甲

工匠按照比尔巴所说的穿上盔甲后，站在那里一动不动地等待国王的卫士出场。但是，就在卫士拔出宝剑就要砍下来时，工匠却突然大叫一声扑上去。士兵被工匠的举动吓呆了，他以为工匠要跟自己拼命，于是赶紧跳开了。旁边的国王一看，便恼怒地对工匠说："你想干什么，想要造反吗？"工匠于是说："陛下，是这样的，我的盔甲不是做给木偶人穿的。当有人拿剑砍下来时，穿盔甲的人必然不会站在原地等他来砍，而是会躲开，如此一来，盔甲就不会被轻易砍破了。"国王一听，觉得有理，便收下了工匠所做的盔甲。

这个故事中，比尔巴便是突破了检验盔甲硬度时盔甲一定会被砍到的常规思维，使盔甲的作用得到了更合理的理解。

83 巧装蛋糕

高尔基先将九块蛋糕分装在三个盒子里，每盒三块，然后再把这三个盒子一齐装在一个大盒子里，用包装带扎紧。

有个伙计一看便不服气了，质问道："你怎么能用不一样的盒子装呢？而且还有一个盒子没装蛋糕。"

高尔基反驳道："难道顾客限制了盒的大小，并规定不能套装了吗？"

那个人无言以对。

下午，那个挑剔的顾客来到了蛋糕店，他用挑剔的目光看了一下之后，也无话可说，提着蛋糕走了。从此，老板和伙计们都开始对聪明的高尔基刮目相看。

在这个故事里，老板和其他伙计们之所以想不出办法，是因为他们被惯性思维所束缚，以为四个盒子必须是一样大小，并且根本想不到还可以套装。而高尔基之所以能够想出办法，便是因为他不为常规思维所束缚，能够自由地发挥想象。

84 张作霖粗中有细

原来，秘密全在张作霖的那只朱砂笔中。那支笔看上去和普通的朱砂笔无异，其实藏有玄机，其是张作霖专为批钱特制的，在其笔尖中插了一段钢丝

儿，用笔在纸上戳一下后，红点中间会有一个小洞，不仔细看看不出来。只有银行掌柜的和张作霖两个人知道这个秘密。这次，秘书虽然依葫芦画瓢用朱砂笔戳了一下，红点中间却没有小洞。掌柜的一看，心下便明白了，只是假装没有识破，然后去通报了。

85 韩信画兵

第二天，韩信依时带着那块布来见刘邦，刘邦接过布一看，只见布上并没有士兵，只是画了一座城楼，城门口战马刚刚露出了头，一面"帅"字大旗斜斜地露了出来。

刘邦于是问道："怎么一个士兵也没有？"韩信却回答说："千军万马都尽在其后。"

在这个故事中，韩信便利用了一种求异思维。试想，如果按照常规思维来想，老老实实地画士兵，即使将士兵画得再小，几寸的小布最多也不过画几百个士兵而已，那显然不是韩信所满足的。而通过这样一种暗示的手法，就是千军万马了。

86 莎士比亚取硬币

原来莎士比亚叫人又提来了半桶酒，往桶内倒酒，等到桶里的酒满之后，硬币就浮了上来，并随着溢出的酒流了出来，莎士比亚伸手将硬币接在了手里。

87 汉斯的妙招

汉斯先生想出了一个点子。在博览会开幕几天后，会场中突然出现了一个新玩意儿，前来参观的人们常常会在地上捡到一个小铜牌，上面刻着一行字："凭借这块铜牌，可以到阁楼上的汉斯食品公司换取一份纪念品。"前前后

后，竟然有几千块铜牌出现在会场上。不用说，这是汉斯先生派人抛下的。

如此一来，那间本来几乎无人光顾的小阁楼，每天都被挤得水泄不通，以至于博览会举办方因为担心阁楼被压塌，请木匠加强了其支撑力。

88 赃钱的下落

这其实是一首"藏头诗"，每句开头第一个字连起来便是"黄彩笔内帐单速毁"八个字，最后，钦差果然在知府书房里的黄色笔筒里找到了赈灾款藏匿的清单。

89 安电梯的难题

清洁工说："何不把电梯装在楼的外面，那样既保持了环境卫生，又能方便顾客。"

可能你不知道，在早期时候，电梯都是装在楼宇内部的，没有人想到电梯可以装在外面。也正是因为此，两个建筑师虽然面对代价昂贵、挤占酒店内部空间的弊端，也"执意"要将电梯安装在酒店内部，这正是受到惯性思维的束缚。而清洁工正因为并非专业人士，所以才不会受到惯性思维的束缚，想出了这个绝妙的主意。这体现的正是一种求异思维。并且，正是此件事情发生后，人们普遍开始将电梯装在楼宇外面，以节约内部空间了。

90 聪明的乌苏利亚

小儿子乌苏利亚没有用那支箭去射苹果，而是瞄准放苹果的盘子，一下子将盘子射翻，自然，盘子里的苹果全都落在了地上。在这里，两个哥哥都在射箭技艺上动脑筋，想要如何射得更准，而小儿子则没有沿着这个思路往下想，而是完全从新的思路更巧妙地解决

了问题，这可说是一种求异思维。

91 巧运鸡蛋

贾风波用气针将篮球里的气给放掉，然后将篮球压成安全帽一样的凹陷状，这样，篮球就成了一个装鸡蛋的最好的容器。

92 简单的办法

思考问题的时候，我们要找到牵动问题的各个方面。解决这个问题的关键除了在威盛泰隆工厂之外，还可以在买家一方下工夫。买家主动提出的方案就是在去参观的路上拿布条蒙住自己的眼睛，这样看不见途中的绝密产品就解决问题了。

93 聪明的摄影师

老板看到明明的身边坐着一位老太太，就对明明说："你能不能坐在你妈妈的怀里，让她抱着你，这样显得更亲切。"显然，老板是在巧妙地夸老太太年轻，不过，这种夸法也实在有点夸张了，大家一听，纷纷忍不住笑了出来。摄影师于是趁机按下快门，拍出了一张大家都非常满意的照片。

一个是年幼的孩子，一个是老太太，一眼便能看出来，两人必定是祖母和孙子的关系。但是，老板却硬是故意将其说成是母子关系，从而逗笑大家，应该说，没有一种求异思维，还开不出这样的玩笑呢。

94 应变考题

年轻人的选择是："我会把车交给医生，让他开车送病人去医院，然后我和我的爱人一起等车。"

思维如果受到禁锢，便会失去灵性。那些没被录取的应聘者，便是始

终不能跳出惯性思维的窠臼，他们自始
至终没有想到，在这种危急的情况下，
自己其实完全没必要非要和自己的车
"拴"在一起。而那个年轻人显然是具
有创造性思维的人，被录取是理所当然
的了。

95 挑选总经理

他是这样回答的："这完全取决于
客人的要求，如果客人先点鸡，就先有
鸡；如果客人先点蛋，就先有蛋。"

对于先有鸡还是先有蛋的问题，
估计没人能说得清楚。这是一个让哲
学家争论的议题，至今也没有明确的
答案。

老总选择这个题目显然并不指望
得到确切的答案，而是通过这个题目
测出了他们不同的思维方式。前两个人
思考问题太死板，不会变通，联想能力
太差，只会就事论事。而第三个人能挣
脱惯性思维框架的束缚，联系相关的问
题，所以被老板看中。

96 聪明的农家小伙

这个农家小伙是扛着铁锨和凿子
走入迷宫的，遇到不通的路，他就用自
己手里的工具开辟出一条路来。

这个农家小伙的办法看似笨拙，
实际却绝顶聪明，他没有受到惯性思维
的束缚，而是采用了打破常规的方法，
最终取得成功。

97 智力竞赛

原来这个选手对守卫说："这个题
目真没意思，我宣布放弃比赛！"

98 智斗刁钻的财主

漆匠徒弟是这样做的：把新的和
旧的一起都重新刷一遍，这样就一模一
样了。

老漆匠之所以会被财主愚弄，便
是因为他以常规的思路考虑问题，只想
着将没上漆的新桌子照着旧桌子的样子
漆，这样无论怎么漆，都不可能将新桌
子漆得和旧桌子一模一样。而徒弟则能
够打破常规思维，将旧桌子也漆一边，
这样，两个都是新漆的，自然一模一样
了。他所采用的便是一种求异思维。

99 惩罚

这个小男孩说："只不过我放的是
煮熟的豌豆而已。"

煮熟的豌豆放在鞋里，一踩便碎
了，自然不会使脚难受了。第一个小男
孩按照常理去思考，主观上认为老师让
他放的豌豆就是生的。但是实际上，老
师并没有规定，另一个小男孩却能够跳
出思维定势，寻求更好的解决方式，可
谓聪明。

许多时候，我们之所以会被问题所
困扰，是因为我们被惯性思维所束缚，
一旦跳出窠臼，问题便不成问题了。

100 有智慧的商人

纸商说道："上次，洪水已经进屋，
根本就无法拯救了，所以我才没有去徒
费力气地抢救纸张。既然没法补救，何
不把精力集中在下次，争取下次不让悲
剧重演。我上次冒雨出去，走遍了全
城，只发现了这一个地方没被水淹，于
是就把店铺转到了这里。"

101 巧取银环

王冕的做法如下：

第一个月，他取走的是第三个银
环；第二个月他用第三个银环换下一、
二两个银环；到了第三个月，他再取走
第三个银环；第四个月，他用一、二、
三这三个银环换走了四、五、六、七这

四个银环；第五、六、七个月的做法分别和第一、二、三个月相同。

王冕用自己的聪明智慧拿到了自己应该得到的工钱，有钱人的计策没有得逞，当然只好乖乖地把工钱付给王冕了。

102 四面镜子的屋子

芭蕾舞演员什么都看不见，因为你想啊，各个方向都铺上了镜子，并且镜片是没有缝隙的，这样就没有光线从外面射进来，芭蕾舞演员就站在了一个封闭的空间内，自然什么都看不到。

对于这个问题，许多人之所以想不出答案，便是因为受到前面的定势思维的束缚，而没能用一种全新而自由的思维去思考问题。

103 奥卡姆剃刀思维

奥卡姆的回答是："先抢救距离博物馆出口最近的那幅画。"

成功的目标不是实现最有价值的那个，而是最有可能实现的那个。所以在发生火灾的时候，根本没有太多的时间考虑该抢救哪幅名画，而是要抢救那个离出口近的，因为那是最可行的办法，错过了时机，或许连一幅画都抢救不成功了。

从道理上讲，在人生中，我们要找到那个最有可能实现的目标一步步前进，而不是好高骛远地想那些不切实际的思想，脚踏实地好好实现现实中能实现的目标才是关键所在。

而从思维上来讲的话，大家在看到这个题目之后都纷纷惯性地从画作的价值着眼，而奥卡姆则能够看到抢救画作的紧迫性，这可以说是一种犀利的求异思维。

104 炮车过桥

拿破仑让纳西将军找来一个比桥面长的钢索，然后将这条钢索系在炮车与大炮之间。这样一来，炮车和大炮就能分段开过桥面，过桥的时候炮车与大炮不会同时压在桥上，桥身就不会超过载重量，这样便可以顺利地让炮车过桥。

拿破仑通过这样的办法分担了桥身本来应该承担的重量，把原本不可能通过的桥梁重量分担成了不同的部分，最后巧妙地完成了大炮过桥的任务，这办法看起来似乎很简单，但是纳西将军却愣是想不出来，原因就在于他为常规思维所束缚，不具备拿破仑那样的求异思维。

105 巧过沙漠

当我们现有的条件不能满足需要的时候，我们就需要借助外部的力量来满足自己的需要。翟光明选择的就是这种思路。

翟光明采用的办法是借助当地民工的力量帮助队员们穿过沙漠。他让每两个勘探员雇用当地的一个民工，每一个人带足8斤粮食和8斤水开始上路。等他们走了2天之后，就请当地的民工回去，并给他们2斤粮食和2斤水，够民工回去的路上吃喝。这个时候每两位勘探员那里还有6斤粮食和6斤水，民工携带的粮食和水还各剩下4斤。他们将民工剩下的粮食和水平分，如此一来，他们每个勘探员那里就有8斤粮食和8斤水了，而此时剩下的路程也只有8天了，所以正好能平安地走出这片沙漠。

如果按照常规思路来想，解决此类问题似乎只能是想办法去寻找骆驼了，或者用马匹来替代骆驼，而翟光明这样的办法似乎是只有极少数聪明人才能想到的。其实，只要具有一种求异思维，这办法并不难想到。

106 奇怪的成功条件

老板指着那些穿蓝衣服的工人说："他们都是我的手下，但是他们都喜欢穿着清一色的蓝衣服，所以到现在对于他们我一个都不认识。"然后他又指向那个穿着红衬衫的人说，"但是那个人却和他们不一样，虽然说他们的手艺差不多，但是我却能在这么多人中间一眼就看到他。所以我会更多地注意到他，我准备请他做我的助手。"

成功并不是你想的那么困难，当然也不是你想的那么简单。有时候需要你有异于他人的眼光与智慧，用独特的思想让你在众人中独树一帜。成功不仅仅需要自己的努力，有时还需要你具有与众不同，和众人区别开来的意识。

107 如此求职

求职者的小牌子上面写着："额满，暂不雇佣。"

这个刚毕业的大学生用自己的创意制作了这么一块别具一格的牌子，正是这样与众不同的创意思维让主编眼前一亮，进而为自己赢得了一个非常好的工作机会。

每个人都有独具一格的创意思维，假如你能在需要的时候用好，那么会在生活与工作中赢得更多的机遇，在遇到困境的时候，不要轻易放弃，一个与众不同的创意或许便能使你的处境顿时柳暗花明。

108 马先生的创意

马先生说："我什么都不写，也没

画，只是在那张白纸上面贴了三张100元的人民币。"

其他的应聘者的办法虽然也不乏创意，但是终归都没有打破惯性思维，以为只能在纸本身做文章。而马先生完全突破了这种惯性思维，并运用了一种求异思维，成为了最有创意的一个。

广告行业最需要的就是创意，马先生自然被录取了。

109 智拔桥墩

老工人想到的办法是：先把两条大船装满沙土，然后把桥划到桥墩上方，用绳子将桥墩套牢以后，再卸掉两条船上的沙土。这个时候再利用水的浮力，就能把桥墩从河底的泥沙中拔出来，最后再把桥墩拖到了河流上游。

110 三个司机

第三个司机不慌不忙地回答考官说："我会尽量远离悬崖，越远越好。"

前两个司机都尽量展示他们的驾驶技术，按照惯性思维，第三个司机似乎应该将距离悬崖的位置说得更近些，以显示自己的技术高超。但是，他没有受前两个司机的影响，而是从安全和责任的角度进行回答，这便是一种求异思维。

111 智力题

其实，当时房间里面有两个人，和儿子说话的那个人不是罗宾逊夫人，而是罗宾逊先生。

猜不出这个问题的原因是我们会陷入一种惯性思维，认为罗宾逊夫人坐在那里，便肯定就只有她一个人在房间里。解答这类的问题关键就是要摆脱惯性思维，而这，便需要一种求异思维。

112 考学生

学生乙拿起笔，在那本书的侧页上面画了一道直线，这样一来，整本书的每一页上面都有了一点墨迹，于是，他在最短的时间内成功地完成了先生规定的任务。

113 火灾带来的"灾难"

约瑟夫匆忙赶回家，然后雇用了几个炭工，把庄园里被大火烧焦的树木进行加工。不久，2000箱优质的木炭就加工好了。约瑟夫把这些木炭带到集市上的木炭店里，因为木炭质量非常好，价格也不是很高，所以没过多久，那2000箱木炭便被抢购一空了。约瑟夫用这些木炭换回了一大笔不小的收入。他用这些收入购买了很多树苗，经过一番辛苦劳动，他的那片美丽的庄园又重新建了起来。

当我们生活中遇到不幸的时候，不要垂头丧气，也不要抱怨生活，积极地面对上天赐予我们的一切。用一颗充满热情的心迎接每一个明天，或许变一下思路就会看到希望，记住这么一句话"山重水复疑无路，柳暗花明又一村"。

114 奇怪的票价

吉姆说："公园这么做，其实是负责人刻意安排的。假如每个乘客都只是坐缆车游玩，那么不到两个小时就能将整个公园逛完了，这样的话，公园只能从每个游客那里赚到20美元。但是假如游客买了通票，那么就会慢慢地游玩，时间必定会很长，等有人玩累了，自然会找地方吃饭，购物。

这样一来，每个游客的消费就远远不止20美元了。在不知不觉中，每个人的花费都会提高不少，这样公园盈利必定多。"

看似便宜的价格其实有些时候真的藏有学问。票价虽然便宜，但是藏在里面的还有餐饮和购物的费用，公园通过这些获得了更多的营业额。公园负责人了解到了游人的消费心理，从而使公园不断盈利。

115 违法建筑

麦克用幻灯机的强光把"违法建筑"这四个字强打在了邻居家的木板上面，这样一来，只要是那块木板不被拿走，只要那块木板不消失，那几个字都没有办法消失掉。

116 故事接龙

这位美丽的佳丽接着说道："写到这里，青年作家一把撕去了写满的一页稿纸，自言自语地说：'我怎么会写出如此无聊加俗套的故事！'"

117 最短的道路

这个小伙子的答案是：一个好朋友。有一个好朋友相伴，再长的旅途也会变得轻松愉快。两个人可以一路上说说笑笑，不但不会觉得道路漫长，反而会觉得此路太短。显然，小伙子运用了不同常人的思维方式，给出了让人耳目一新又觉得合情合理的答案，所以，他获得这一个奖，理所应当。

118 酱菜广告

老李先是在广告牌上打上如此一个"招租广告"：好位置，专等贵客，此广告位招租185万/每年。其故意打上这样一个天价，以引起人们的主意。所有看到这个广告牌的人都倒吸一口冷气这样惊呼着，心想这样的天价谁能租得起！一时间，这个贵得离谱的广告位成了人们饭后茶余所津津乐道的新闻，连当地电视台、电台、报纸等各大媒体也纷纷给予了极大的关注。

一个月之后，老李将自己的酱菜广告登了上去。结果没出几天，全城的市场便被迅速打开了，因为那"185万/每年"的广告位早已经家喻户晓。

正当员工们为自己老板的睿智惊叹的时候，老李又在筹划如何将酱菜推向全国了。

拿到一个广告招牌后，不是直接打上广告，而是打上一个天价的"广告的广告"，先引起人们的关注，这实在是一个奇妙的主意，体现出了一种打破惯性思维的求异思维。

119 沉默时间

那天晚上，全纽约所有的电视、电台在统一时间向听众播报道："亲爱的观众（听众）朋友，下面是国际银行特别为你奉上的沉默时间。"然后电视台和电台便都突然中断了信号，在十秒钟内声息皆无。一时间，纽约市民纷纷对这十秒钟的沉默惊讶不已，他们甚至奔走相告，一起猜测着这莫名其妙的"沉默时间"背后的故事。结果没出几天，这短短的十秒钟沉默便成了人们饭后茶余最热门的谈论话题，相应的，"国际银行"这四个字也被迅速传遍了整个纽约，甚至被传到了更远的地方。

许多时候，人的嘴巴是最好的宣传途径，但是并非谁都能利用上这个途径，因为人们只会聊他们感兴趣的东西。反复地、大声地叫喊自己的企业名称或产品名称并不见得就能让人们感兴趣，而且还有可能刺激起人们"讨厌"的神经，而新鲜的、出人意料的东西却

能很自然地引起人们的好奇心，让他们主动去探根究底。这里，国际公司正是通过一种打破惯性思维的求异思维达到了目的。

120 贝索斯的选择

原来，贝索斯在思考分析的过程中，发现了传统出版行业中的一个根本性的矛盾：出版商和发行零售商之间的业务目标相互冲突。

出版商在图书印刷出版之前，总是要先大体确定一个市场需求量。而市场是难以预测的，这个需求量十分不好掌握，于是出版商总是会多印一些，然后发给零售商去销售，为了鼓励零售商多订货，出版商往往会允许零售商把卖不完的图书再退回来。这样，出版商就会承担所有的风险，而零售商却大可以放心赚钱。

贝索斯注意到，这是一种市场需求和生产之间的脱节。而他认为，运用互联网，让顾客直接向出版商下订单，这样就可以消除中间环节的盲目和无序，做到以销定产。这样做，不但会使产销合理化起来，而且更重要的是，这其中隐藏着巨大的利润。

于是，贝索斯锁定了这一市场，全力进行经营，不久之后，"亚马逊"公司的市值就超过了400亿美元，拥有了450万的长期客户，每月的营业额超亿元。

贝索斯的成功，就在于他敏锐的洞察力，看到了表象背后的本质，并充分利用了自己的发现。他用的就是纵向思维法。

121 令人意外的战术

在暂停结束后，保加利亚队开球后，其控球队员将球带到了中场。这

时，捷克斯洛伐克队队员全都回撤到自己的半场进行防守。没想到的是，保加利亚队控球队员突然转身回到自己的半场，纵身一跳，竟然在所有人的目瞪口呆中将篮球放进了自己的篮筐。就在这时，终场的哨子也吹响了，结果是双方战平。如此一来，按照比赛规则，双方要再打5分钟的加时赛。原来，保加利亚队教练的战术就是通过自摆乌龙，赢得5分钟的加时赛时间，这样自己的队员便还有一次拼搏出现的机会。最后，斗志高昂的保加利亚队果然在加时赛中正好以5分的优势赢得了比赛，得到了出线权。

在这个故事中，按照常规思维，保加利亚队肯定应该是孤注一掷，拼命投进一个3分球，或者是投进一个2分球，再造对方一个犯规，罚球再得1分。但是，这样做成功的几率非常小，因为时间太短了！而保加利亚队教练所想出的办法可谓高明，可以说思想中规中矩，缺乏创造性的人决然是想不到这个主意的。

事实上，这就是一种典型的求异思维。在遇到常规方法无法解决的难题时，求导思维往往能够使我们柳暗花明又一村！

122 把谁丢出去

小男孩儿的答案是——把最胖的科学家丢出去。其实这是报纸利用人们的惯性思维设置的陷阱，诱使人们讲道理，摆事实，引用大量数据来分析哪个科学家对人类的贡献最大。获奖的小男孩根本不去理会科学家的价值，而是运用了问题转换的思考方法，从最简单的思路出发，把最胖的科学家扔出去，轻松地解决了问题。

123 自动洗碗机的畅销

策划专家运用了目标转换的思考法，把住宅建筑商作为销售对象。住宅建筑商发现安装自动洗碗机的房子很快就卖出去了，销售速度平均比不按照自动洗碗机的房子快两个月，所以新建住房要求全部安装自动洗碗机。就这样，通用公司的自动洗碗机打开了销路。

124 狐狸的下场

老虎淡淡地答道："在遇到我之前，你对狼不也是忠心耿耿吗？现在，狼已经不可能跑掉了，我不如先把你这个将来的背叛者给吃掉。"

125 神圣河马称金币

其实收税官的主意非常简单，就像曹冲称象一样，收税官先是把河马放在运载河马过来的那艘华丽的船上，接着在船的外侧记下船的吃水线。然后他把河马从船上牵走，再把金币往船上放。当达到相同的吃水线时，船上金币的重量就相当于河马的重量了。

126 熬人的比赛

可以让兄弟俩交换座骑，因为先后到达是以马而论的，这样一来，只要自己骑着对方的马赶在前面到达了指定地点，那么自己的马肯定就在后面抵达了。因此，比赛便变成了谁骑着马跑得快的性质了。

127 租房

孩子对房东说："这一次，是我要租房子，老爷爷，您放心，我没有孩子，只带来两个大人。这样行吗？"

128 驼子的爱情

墨西对弗西说："当时上帝告诉我，我未来的妻子是一个驼子的时候，我向上帝恳求道：'伟大而仁慈的上帝呀，您怎么能让一位女子有那样的外貌呢？女孩子最看重的就是自己的相貌了，您这样做我未来的妻子自尊心一定会受到伤害的。我求求您施展无所不能的神力，把美貌赐还给我未来的新娘吧，我宁愿自己做一个驼子来代替她。'就这样，我就成了一个驼子，而小姐你才会有今天沉鱼落雁般的美貌。"

129 萧伯纳与喀秋莎

喀秋莎对萧伯纳说："回去告诉你妈妈，今天跟你一起玩的是苏联美丽的姑娘喀秋莎！"

130 石头的价值

"但是，"哲学家回答道，"当你非常珍惜它，把它当成稀世珍宝时，它便拥有了无上的价值。生命不也一样吗？"

这人一下子明白了。

131 除杂草

要想除掉旷野里的杂草，最好的办法就是在上面种上庄稼。同样，要想让心灵不被世间的"杂草"所打扰，就必须在心中种满美德。

132 淘金者

这个人看出了来此地的人这么多，如果开展交通运输，肯定能大赚一笔，于是就开起了营运的业务。

那些淘金者都忘记了通向发财的路不是只有淘金这一条，淘金只是一条比较直接、便捷的道路，还有很多方式可以发财。但是，那些人的思维却被惯性思维所堵塞，在脑子里把其他的方式排除在外了。

133 潦草的解雇通知书

马克·吐温给霍金斯解释说："您

的笔迹很特别，敬重您的同行一眼便能认出来。但是当时您因为激动，所以那封信写得很潦草，除了最后的签名比较清晰之外，其余的字迹都不是很清晰。所以，我拿着这封信对其他人说，这是您给我写的推荐信，他们不好意思说看不懂您的字迹，于是就信以为真了。"

本来是一封解雇信，马克·吐温却硬是使其"变成"了一封推荐信，变不利为有利，一般人还真想不出这么个奇妙的主意，马克·吐温的脑子的确与众不同。

134 触龙巧说皇太后

触龙来到了赵太后面前，首先抱歉地说："臣年纪大了，腿脚越来越不灵便了，所以很长时间没有来看望太后，太后您的身体还好吧？"太后双腿已经不能走路了，她说："我只能用车子代步。"

触龙关切地说："那您的饭量没有减少吧？每天坚持活动活动，吃一些自己爱吃的东西，这样对身体是有好处的。"赵太后听他说的都是生活上的事，态度慢慢好起来了。

触龙又说："我有一个孩子叫舒琪，是我最小的一个孩子。我非常疼爱他，现在我年老了，不知道还能活多久，我希望把他送到宫廷侍卫队，做一名侍卫，这样以后他也能有个依靠。"赵太后答应了他的请求，笑着对他说："原来你们男子汉也懂得疼爱自己的儿子啊。"

触龙回答说："其实男人比女人更疼爱儿子，但是父母爱孩子，一定要为孩子的长远打算。比如当年，您把您的女儿燕后嫁给燕王作妻子的时候，拉着她的脚跟，为她哭泣，那情景够伤心的了。但是燕后走后，您不是不想念她，可是您总为她祝福：'千万别让她回来'。您这样做是为她考虑长远利益、希望她能有子孙继承为燕王吧？"太后答道："是的。"

触龙继续说："五代以前，各国诸侯王那些没有继承王位的儿子，大多数都被封为侯，现在他们的后代还有存在的吗？"太后想了想说："没有。"

触龙沉痛地说："难道诸侯王的这些子孙们命中注定不能长久吗？这是因为他们没有功劳，甚至连苦劳也没有，却享受着荣华富贵。他们自己没有能力，一旦失去了靠山，就生存不下去了。现在您给长安君这么高的地位、这么广阔肥沃的土地，还有无数的金银珠宝，却不给他为国建功立业的机会，一旦您不在了，长安君凭什么在赵国生存呢？"

赵太后听了如梦初醒，点头说："好吧，那就凭您怎么派遣吧！"于是，赵国把长安君送到了齐国当人质，齐国就出兵来帮助赵国了。

触龙成功的秘诀在于，他能从赵太后的角度去分析问题，指出了什么才是真正的爱，溺爱只能给孩子带来灾难性的后果。

135 保护花园

迪美普莱让管家在木牌上醒目地写着"如果在园中不幸被毒蛇咬伤，距此处最近的医院在15公里外，开车约半个小时可以到达。"

迪美普莱就是应用了视角转换的思维方法来解决问题的。开始时，他按照常规的思路，从自己的利益出发，和闯入花园的人站在对立面，"禁止"他们入内。这种警告不但起不到积极的作用，反而会激起人们的逆反心理。经过视角转换之后，她站在对方的角度来思考问题，如果花园中有对他们造成伤害的东西，不就可以阻止他们了吗？

136 只借一美元

原来商人想出去做一笔生意，但是随身携带这些票据很麻烦，保存在金库里，租金太昂贵了，可是，把这些票据当作抵押品，贷款一美元，一年则只需要付一美分的利息，这个价钱就便宜多了。

遇到问题，如果从正面去解决，不能得到好的结果，何妨从它的反面去考虑呢？也许最理想的办法，就藏在那里。

把价值五十万美元的证券存放在金库里，租金太昂贵了。这个时候，如果商人继续按照原有的思维去考虑问题，他就会千方百计地去找一个租金最便宜的金库，那样，即使是找到了价格最低的金库，他仍要付出不菲的租金，因为，那毕竟是金库呀。

聪明的商人把思路来了个一百八十度的转变，由原先存钱的思路变成了借钱思路，把保存品变成了抵押品。同样达到了保管证券的目的，但是所付出的代价就少多了，这就是他从事情的反面进行思考，所带来的回报。

137 巧换主仆

鸱夷子皮说道："我相貌平平衣衫褴褛，而你气宇不凡衣服也很华贵，如果我做你的仆人，这是很正常的事，人们丝毫不会感到奇怪。而如果我们的身份换一下，人们看到你这样一个了不起的人也只能给我做仆人，就会认为我的身份非常高贵。这样，我们就会收到意想不到的好处。只是，这样做就委屈你了。"

公子想了想说："你说得很有道理，那么我们调换一下身份吧，这次就便宜你了！"

主仆二人巧换身份后，果然受到了人们格外热情地欢迎。

主人一定比仆人强，从仆人的气度上，可以推断出主人的身份，这是人们公认的道理。鸥夷子皮让气宇轩昂、有贵族气质的公子变成仆人，而自己反而摇身一变就成了主人。人们看到"仆人"都这么高贵，推想到"主人"鸥夷子皮更加不同凡响，所以，城里的人们不敢怠慢，两位原本很平常的主仆，受到了人们格外热情的招待。

鸥夷子皮的智慧之处，就在于转换思维，去迎合人们的习惯思维，给人们造成一种假象，从而自己从中得到好处。

138 父亲的深意

当时的法律规定，奴隶是主人财产的一部分，主人可以拥有奴隶的一切。深谋远虑的父亲，为了稳住奸诈贪婪的奴隶，巧妙地利用这个规定，变相把所有的遗产都留给了儿子。而无知的奴隶显然没有留意这条规定，结果不过是竹篮打水———一场空罢了。

拉比也是这样给富翁的儿子解释的。但是，富翁的儿子还有疑问："父亲为什么不直接在遗书上说明呢？"拉比说："你父亲弥留之际，已经约束不了奴隶了，如果遗书上说明把所有的遗产都留给你，那么奴隶见了，会老实吗？也许他早就席卷你家的财产，逃跑了呢！"儿子听了恍然大悟，他

终于明白了父亲的深意，流下了悲喜交集的泪水。

139 最重要的动作

老师对小男孩说："我教你的动作是柔道里面最为精妙的也是最为难练的动作，并且破解这个动作的唯一方法就是抓住你的左臂，你恰恰没有左臂，而他在抓你左臂的时候，恰恰把他自己的重要部位暴露了出来，所以，你能一击制胜。"

聪明而经验丰富的教练，针对小男孩的缺陷，数月如一日地训练一个动作，而这个动作却因为小男孩的缺陷而变得毫无破绽，成为无往而不胜的动作。小男孩的劣势转变成了巨大的优势，终于获得了成功。

140 张齐贤妙判财产纠纷案

原来，等双方将字据立好后，张齐贤说："好了，现在我有个办法，可以让你们皆大欢喜。"接着，他宣布判决结果是，让两兄弟各自搬到对方家里，互换财产。两兄弟一听，都无话可说。第二天，张齐贤果真派了吏员前去监督双方搬家。双方府上的人都不许携带财物，净身来到对方府中。完毕后，张齐贤又让二人互换了财产文契。实际上，两兄弟也未必就真的觉得自己的财产分少了，但是如果不同意，不是自己打自己嘴吗，并且自己已经写了字据留在那里，也不敢反悔。于是，这件案子就这么了了。

对于这个案子的审理，一般的思路应该是派人分别核算两家的财产。但两家财产多少的问题，实际上很难严格计算，可能最后越算越糊涂。因此，张齐贤干脆来了个剑走偏锋，使得双方无

论苦甜都无话可说，实在是个既简单又很难想到的奇招。

141 牙膏促销创意

原来，他的点子便是将牙膏管口的直径扩大一毫米。这扩大的一毫米对于使用者来说看上去并不起眼，但是因为人们每次挤牙膏时所挤出的长度往往是固定的，所以这样每个人每次其实都多用了一些牙膏，如此一来，反映在牙膏企业的销售量上，便是很大的增长。

在这个故事中，其他的人在想办法提高牙膏销量的时候，肯定都想的是如何在广告上、销售策略上下工夫，殊不知这些东西整天被专业人士琢磨来琢磨去，发挥想象的空间已经不大了。

而这个年轻员工则避开通常的路子，从另一个别人忽略的角度提出了点子，这点子听上去十分笨拙，却又十分管用，堪称奇招。这就是转换思维的妙用。

142 国王的难题

小孩是这么回答的："关于这个问题，我要看陛下您所说的桶是多大的。如果您的桶和池塘一样大，那么这个池塘的水就只能装一桶；如果桶只有这池塘的一半大，那么就能装两桶；如果桶是这个池塘的三分之一，那么便能够装三桶；如果……"小孩还没说完，国王便哈哈大笑起来，并打断了小孩："好了，我明白了，你找到了一个好办法。"

在这个故事中，小孩便巧妙地运用了转换思维。一个池塘的水即使真的通过用桶去装来计量，也肯定是很难严格地算出桶数。因此，小孩将这个问题转化为了对于桶的容量的辩证考虑上，虽然没有给出确定的答案，但也令人无

话可说。

143 农民和三个商人

那个青年说："法官先生，控方刚才所说的话毫无意义，被告人是个十分诚实的人，关于这一点，我可以用我的人格担保。让我来告诉你们真实的情况，那就是，三兄弟的钱其实并没有取走，现在就在诚实的被告人的家里，一直保管得很好。无论何时，只要他们三兄弟能够按照当初的约定，一起到我邻居那里去取，那么被告将立刻如数交出他们的钱。"这样一来，老大老二自然再也找不到他们亲爱的弟弟了。

在这个故事中，农民的邻居青年便是典型地使用了转换思维，将本来赔偿的事情转变回了如约"取钱"的事，从而解救了诚实的农民。

144 妙计保春联

原来对联变成了：福无双至今朝至，祸不单行昨夜行。

145 狄仁杰巧谏武则天

狄仁杰很平和对武则天说道："自古立后嗣的目的，一是为国家将来有人继承大统，二是为先帝宗庙有人祭祀。您想一下，如果武氏兄弟立宗庙，是祭祀他的先祖、祖父母、父母，怎么会祭祀他的姑母呢？"武则天一听，立刻恍然大悟，是呀，这是个乡下的村姑都明白的道理呀，怎么饱读诗书的自己怎么就没想到呢？

狄仁杰看武则天已经被自己的话打动，便又继续道："陛下您想，是自己的侄儿亲呢，还是自己的儿子亲呢？毕竟，儿子身上是流着母亲的血的啊！母子亲情，是任何别的感情都无法替代的。春秋时，郑庄公母亲为帮助小儿子

谋反，被郑庄公囚禁了起来，这可是不可赦的大罪呀，但是最终母子二人还是和好如初了。可见亲情难间啊！"

武则天一听，便陷入了沉思，最终他还是决定宁愿放弃自己的武氏江山，自己只是重新以皇后的身份入庙。于是，她将被自己废为庐陵王的已经十四年没见面的儿子李显召回京师，立为太子。后来李显即位重新做了皇帝，是为唐中宗。

在这个故事里，狄仁杰便是巧妙地利用了一种转换思维，他将武则天所考虑的政治形势、江山社稷等复杂的问题统统绕开，而巧妙地从侄子亲还是儿子亲的角度进行了说服。而实际上，狄仁杰也的确是一下子抓住了问题的要害，这才能够令武则天豁然开朗。可见，许多时候，说服一个人时，雄辩的言辞固然重要，能够找到好的角度更为关键，这便需要一种转换思维了。

146 数学和苍蝇

实际上，约翰·冯·诺伊之所以能够快速得出这个看似复杂的问题的答案，是因为他巧妙地从另一个角度去解决这个问题。一般人往往试图分次计算蜜蜂往返的路程，最后好相加。而约翰·冯·诺伊则简单地将蜜蜂飞行的时间和速度进行相乘。因为蜜蜂在两人相遇之前的时间是很容易知道的，即1个小时，而蜜蜂的速度也是固定的。在这里，约翰·冯·诺伊正是使用了一种转换思维，使得看似复杂的问题简单化了。其实，现实中，我们所遇到的许多看似十分犯难的问题，如果你能试着变换一下思维，也许同样能找到简单的解决办法。

147 炼丹的副产品

这种副产品便是被称作中国四大发明之一的火药。其初步为人们所认识到其性能，并掌握配置方法，是在晚唐时期（大约9世纪），至北宋年间比较成熟。由于这种副产品的颜色接近黑色，所以当时人们称其为"黑火药"。火药发明后，立即得到了广泛的应用，在北宋晚期，其被人们用来制造烟花爆竹，供娱乐之用。到南宋时期，则开始被应用于军事。只是可惜之后便止步了。

火药的发明，便体现出了一种转换思维。显然，硫磺、硝石、木炭这三种东西的混合物具有燃烧乃至爆炸现象是一直存在的，但直到晚唐时期才有人去总结这种现象，并进一步发明了火药。可以想象，有许多炼丹术士因为只想着如何去发明长生之药，对于其他的现象并不关心，直到后来有人能够转换思维，愿意在炼制丹药之外尝试去发明一些其他的东西，才最终发明了火药。这里便提醒我们，考虑事情时不要过于死板，而要善于转换思维。

148 打赌

失帽第三天，正当知府在府中刚刚训斥完知县、衙役等人，并强调如果第二天早上还没有将帽子找到就将革职查办时，突然有人来报："大人，帽子回来了！"原来门外一名武官拿着知府的帽子求见。来人进府见到知府后，跪下回禀："卑职是太仓县营防千总，听说大人帽子被贼人骗走，于是全营出动，捉得贼人，守备大人命卑职将帽子送来，请大人查验。"知府接过帽子一看，果然是自己帽子，非常高兴。这时武官又禀道："现在骗子还被押在营中，请问大人是否将他押来府中？"

"立刻押来，我要仔细审问！"知府沉着脸说道。

"卑职遵命，这就将消息带给守备大人，并押骗子来府。不过请大人赐给卑职一个收到帽子的文书，卑职好回去交差。"

知府便命人拿来一张纸，亲自写了个证明，交给千总。

结果这位千总并没有回营房，而是直接去找郑书生了，原来他是黄书生扮的。

两位书生见对方果然有胆有略，都很佩服对方，从此两人成了很好的朋友。

在这个故事中，两个书生之所以能够将看似很不可能的事情很简单地便做成了，便是因为两者都善于运用转换思维，避开困难，从另外一个思路去解决问题。

149 爱迪生与助手

爱迪生将水倒进了玻璃泡，等倒满后，又将玻璃泡中的水倒进量杯中，通过量杯上的刻度很容易便得出了玻璃泡的容积。

阿普顿看到爱迪生的测量方法后，茅塞顿开，对于爱迪生顿时感到十分佩服。从此，他对爱迪生再也不敢心存藐视了，而是恭恭敬敬、认认真真地给爱迪生当起了助手。

其实，仔细想来，爱迪生的办法也并非有多高明，可能一经他说出，许多人都感到恍然大悟，觉得这十分简单，自己也能想得到。但是，在真正遇到事情的时候，能够懂得转换思维的人恐怕并不多。转换的关键在于"变通"。

《易经》中说"穷则变，变则通，通则久"，当你沿着常规的、传统的道路走不通的时候，就应该换一个思考问题的角度，或者从另一个领域寻找解决问题的办法。

150 苏小妹看吵架

苏小妹说道："好吧，回去吧，我也看够了！"原来，她出对联是在拖延时间。

许多时候，当一件事不能直接达到目的的时候，转换一个思路，也是一个不错的方法，假装让步，实际上是在拖延时间便是一个常用的转换思维。

151 三个推销员

第三个人讲道："我也去了一座名山的古寺，这里的香火非常旺，一路上我看到了许多善男信女，他们都十分虔诚。同时，我一路上也遇到了许多返程的香客，他们有很多是从千里之外的地方慕名而来，只在这里烧一炷香便回去了。于是，我想，这些人从这么老远赶来，又费了这么大的劲爬山，然后就这么回去了。如果寺庙里能够回赠给他们一些东西，作为这次拜佛的纪念，他们回去后，也会因为这个东西而想起自己的这次拜佛经历，从而受到激励，更加虔诚，他们心里不是会很高兴吗？于是我对寺庙住持说，您的书法非常好，您可以在梳子上写上'积善行德'四个字，然后送给那些香客，香客高兴，又宣扬了佛法，同时，这样一传十，十传百，前来拜佛的香客也会越来越多，寺庙的香火也会更旺。住持听了我的话后，觉得有道理，便买下了我 500 把梳子。"

公司经理一听，当即决定让第三

个人进入销售策划部门担任重要职务。而对于前两个人，则只是让他们当上了普通的推销员。

这个故事所体现出的便是一种典型的转换思维。试想，向和尚推销梳子，乍一看，这似乎是一个不可能完成的任务。之所以会这样，那是因为你被惯性思维所束缚，认为梳子卖给谁，就必然是被谁用来梳头的。第一个推销员和那些一把梳子也没有推销出去的推销员们便是因为被这个思维所束缚，所以才导致推销失败。而如果将思维转换一下，将眼光放开，会发现梳子卖给和尚，不一定便非要是和尚用来给自己梳头的，他们可以买来这些梳子供香客们梳头呀！第二个推销员之所以能够推销出去10把梳子，便在于它将思维做了转换。而第三个推销员的思维转换得则更彻底，不仅卖给和尚的梳子不一定被和尚用来梳头，甚至梳子本身都不一定是用来梳头的，而是可以具有另外的功能——即作为回赠香客的纪念品。正是因为第三个推销员的思维转换得更为彻底，所以他才推销出了更多的梳子。可以想象，他如果再到其他寺庙中，以同样的方法推销，他还可以卖掉更多的梳子。因此，可以说，对于第三个人来说，向和尚卖梳子已经完全不再是难题。这就是转换思维的神奇之处。

152 聪明的苏代

苏代见到魏王后，直接说道："我来的路上，曾经遇到楚国的昭鱼，他看上去很忧虑。我问他为何事忧虑，他说他担心田需死后，张仪、薛公、公孙衍三人中有一人会做魏国的宰相。我就告诉他，魏王是个贤明君主，肯定不会这

样做的。"魏王于是问原因何在，苏代便解释道："因为您肯定十分清楚，如果张仪做了魏国宰相，他肯定将秦国的利益放在前面，而将魏国的利益放在后面；而如果薛公做了魏国宰相，他肯定将齐国的利益放在前，魏国的利益则放在后；而公孙衍做了魏国宰相后，则又必然将韩国放在前，将魏国放在后。所以您肯定不会让他们三人中的任何人担任宰相。"

"依你看来，谁出任宰相合适？"魏王好奇地问。

"我觉得不如让太子做宰相。这样一来，这三个人都肯定认为太子做宰相只是暂时情况，不会长久。如此，他们都必然会尽力拉拢自己的国家和魏国亲近，好讨好您，以在有一天能够代替太子充任宰相。如此一来，魏国本来就是大国，与这三个国家万乘之国关系亲密，必然可以长期安全稳固。"

魏王一听，果然让太子做了宰相。

在这里，苏代劝谏魏王的手法便是典型地使用了一种转换思维。本来是他自己想要劝说魏王不要立张仪、薛公、公孙衍为相，而立太子为相，结果他没有直接从自己的角度进行分析，而是站在魏王的立场上分析问题，结果使得魏王自然而然地接受了自己的建议。

153 最准的天平

农民告诉法官说，他的天平砝码就是从面包师那里买回的面包。

农民每次从面包师那里买回多少面包就用来作为给面包师称黄油的砝码。所以，假如这个砝码不准确，那么就只能说明是面包师的面包分量不足，这就不再是农民的错误了。

称东西时，不用砝码，而用和对方交换的物品，这的确是个绝好的办法。许多时候，转换一下思路，事情往往能够做得更好。

154 商人转换思路取货款

商人想既然是客户故意刁难他，那么回去肯定也得不到结果，还不如想办法先把能取的钱取走。他首先把自己身上的 2500 块钱存进了支票上的账户，补足 8 万元金额之后，顺利地将钱取了出来。

因为存款不够，无法取钱，那么换个思路，先将钱存进去，补足金额，再取出来不就行了！虽然比预定的少了 2500 元，但至少要回了一大部分货款。商人的做法体现出了一种灵活的转换思维。

155 馆长催书

馆长报纸上的广告是这样写的："为了鼓励大家的阅读热情，本馆将在一周之内对借阅时间最久的一本书的读者颁发大奖！"看到广告后，那些逾期未还的借阅者纷纷前来归还图书。结果，有一本 1927 年借书的那位读者获得了奖品。

馆长的这个办法其实是换了一种思路来处理事情，为了催书而选择奖励的办法，独具一格，抓住了读者的心理同时也达到了效果。

156 卖猫的农夫

农夫对古玩商说："对不起，这个我不能送你，因为我还得用它来卖猫呢，因为这个碟子，我已经卖掉了一百多只高价猫了。"

商人可谓狡猾，试图用一种迂回的方法通过买猫来骗到农民的古董，只是没想到农民也不笨，同样是在迂回地借助古董来卖猫。总之，这个故事典型地体现出了一种迂回思维。

157 吴用赚卢俊义

这其实是一首"藏头诗"，四句诗中的每一句首字合起来念就是"卢俊义反"四个字。狡诈的吴用正是用这个计谋将卢俊义逼上了梁山。

藏头诗其实在古代是一种常见的杂体诗，例如在电影《唐伯虎点秋香》中也用到了，唐伯虎用一首诗说明了自己去华府的目的："我画蓝江水悠悠，爱晚亭上枫叶愁。秋月溶溶照佛寺，香烟袅袅绕经楼。"其中每句的第一个字缀连起来是："我爱秋香"。从思维上讲，藏头诗所体现的便是一种转换思维，即换个角度看，能够得出另一个意思。

158 三个不称职的工人

原来张老板让他们三个人各自从事自己比较感兴趣的工作：小崔负责检验产品，小刘负责车间的安全生产，小赵则去了销售部负责产品销售。张老板根据三个人不同的性格给他们安排了不同的工作后，他们都干得很出色。

故事中，马老板不懂得运用转换思维，所以才会一味抱怨自己遇到了三名"坏员工"；张老板善于运用转换思维，得到了三名好员工。许多时候，对于一个人的缺点，换一个角度来看，就是优点。

159 如何使线变短

教练在那条线旁边画了一条更长的线。教练进一步解释道："提高你自己的能力，这是战胜对手的最有效的办法。"

许多时候，对于外界的情况，我们无力改变，但是我们并非便完全无能为力，转换一个思路，改变我们自己，问题便迎刃而解。

160 不一样的说法

阿拉贡在那张纸上写的一句话是："今天是美好的一天，而我却看不到它！"

如此能打动人的一句话自然会引起更多人的注意，更能触动人心，因此才会纷纷给可怜的小男孩投钱。的确，同样一个意思，不同的表达方法，便有不同的效果。

161 制度变换

英国政府最后制定的新办法是：他们规定，以后按照最后到达澳洲活着下船的犯人人头数向船长付费。这样一来，私营船主们便绞尽脑汁让尽量多的犯人能够活着下船。这样一来，后期运往澳洲的犯人的死亡率越来越低了，从最初的94%降到了1%。

故事中，英国政府没有改变其他的措施，而只是将按照上船犯人人数付运费变成了按照活着下船的犯人人数付运费，便轻松地解决了问题。

162 书商与总统

出版商这次打的广告是；"本店现有令总统难以下结论的书出售，欲购从速！"

对于总统三次不同的态度，经销商之所以都能巧妙地加以利用，达到自己的目的，便在于他善于运用一种转换思维。

163 老住持考弟子

在无法过河的情况下，小和尚发现了河岸边有一棵苹果树，上面长满了沉甸甸的果实，于是，就摘了几个苹果

给住持拿回去了。

那些中途放弃的弟子们在潜意识中，一直有这样一个逻辑：要想当住持，就必须到南山砍柴，既然无法到达南山，也就失去了做住持的机会。其实，他们的思路太死板了，出家人最忌讳的就是过分偏执。小和尚在不能去南山的情况下，想到了可以带些苹果回去，总比白来一回好啊。他的思维就从去南山转移到了摘苹果。住持正是看出了小和尚遇事能够随性而定，没那么偏执，才把这个位置传给他的。从思维的角度来讲，小和尚体现出的则是一种转换思维。

164 智解难题

专家建议经营商在厕所旁边贴很多海报。这样，这些海报就可以转移观众的注意力，在他们排队等厕所的时候，就不会觉得时间太长了。

厕所小，人多，需要排很长的队才能方便，观众烦躁也是在所难免的。但是，客观环境摆在那里，改造或者扩充厕所是不太现实的，一来没有那么大的空间，二来需要投入大量的资金。按照人们的惯性思维，从厕所入手，看上去是条死胡同，但是，就真的无计可施了吗？未必，把观众的烦躁的情绪转移，不就行了吗？

165 不开心的老人

智者说："你为什么不倒过来看呢？晴天，你的大女儿会挣钱；雨天，你的小女儿会挣钱。无论是晴天还是雨天，你都有一个女儿在挣钱。所以，你应该开心才对啊！"

许多事情，都并不在于事情本身，而在于你看待事情的角度。

166 一句话解决问题

保罗·盖蒂对工头说:"从今天起,你拥有这个企业5%的股份。"之所以工头对于工人的浪费不闻不问,而保罗·盖蒂却那么在意浪费现象,是因为油田是保罗·盖蒂的,而不是工头的。工头并不会因为公司利润提高而加薪。所以,深谙管理之道的管理学家,就告诉保罗·盖蒂要让工头分得公司的股份,这样,工头就会把公司当成是自己的了。所谓谁的孩子谁疼,一味站在自己的角度看别人,往往是隔靴搔痒,只有转换思路,站在别人的角度考虑问题,往往一下子便能挠到痒处,解决问题。

167 罗斯福的连任感想

罗斯福说:"现在我不需要回答你的问题了,因为你已经体验到了。"

有的时候,很多事情只有亲身经历了,才能有深刻的印象。如果总统只是简单地回答记者的提问,那么记者有可能会觉得总统的言语有点假,但是,这样一来,记者就能亲身体会到总统的感受。

168 "雅诗·兰黛"的成功

原来,这些顾客将香味带走后,等于是为雅诗·兰黛做活广告。别人问到这种香水味后,纷纷打听这是什么香水,这样口口相传,雅诗·兰黛迅速知名度大增。

所谓在商言商,显然,埃斯·泰劳德当初的"好心"并非真的是出于简单的好心,而是她善于转换角度看问题,看到了这个"令人恼火"的问题背后有利的一面。

169 妙解

主人说:"各位都看到了,最上面的这朵花,没有画完它的边缘,这不就意味着我的富贵是'无边'吗?你们说呢?"大家一听便连声喝彩,商人也顿时觉得十分高兴。

同样一个东西,从不同的角度进行解释,便可以得出截然不同的结论。

170 私塾先生的批语

"唯解漫天作雪飞"意思是"白字(纸)连篇(翩)";

"草色遥看近却无"意思是"一片模糊";

"两个黄鹂鸣翠柳,一行白鹭上青天"意思是"不知所云,离题(地)太远";

"人有七窍,令郎已通六窍"的意思是"一窍不通"。

许多东西,转化一个思路来看,意思可以截然相反,蒲松龄就是巧用转换思维对胡守备的儿子进行了婉转的讽刺。

171 巧捉野猪

木板越来越多,渐渐地就成了一个只有一个缺口的围栏,野猪最后一次进入围栏中吃玉米饼的时候,老人和几个年轻小伙突然将缺口堵上,野猪被困在了里面。

村里人感到很好奇,问老人如何想到这个办法。老人回答说:"你们以前的办法总是想要直接将野猪打死,但野猪又敏捷又狡猾,很难将其打死。于是,我换了一个思路,先找到这畜生,并使其不能动弹,于是想到了这个办法。"

172 以退为进

"没错,"富翁微笑着,"但是你不要忘了,如果这样的邮票有三枚,它们的价值将会远远不如只有一枚，因为相对'珍贵'来说，人们更喜欢'绝世'。"

没办法，识宝者最后只得以四倍于原来的价钱买下了这枚绝世的邮票。

仅仅从数量来看，一枚邮票比原来的四枚邮票还贵，自然是令人不可理解的，但是换个角度来看，物以稀为贵，这样的事情也就能够让人理解了。

173 巧搬图书馆

这位图书管理员说："我们不妨登出一则告示，上面这样写：各位读者朋友们，为了答谢诸位对图书馆的厚爱与支持，同时也为了满足诸位对于知识的强烈渴求，我馆做出以下决定：本图书馆在限期内将免费向读者提供图书借阅，并从原来的每次限借两本增加到五本，同时还延长借阅时间，只需要您交纳一定数量的押金，并把书还到新建的图书馆。"

读者们看到告示也很高兴，纷纷前来借阅自己喜欢的图书，很快，图书馆里的大部分书都被读者陆续借走了，最后又由读者还到了新的图书馆。就这样，大部分的书都由读者"帮忙"搬运到了新图书馆，而图书馆只需要搬运一小部分读者没有借走的书到新图书馆就行了。

174 名师出高徒

在法庭上，欧提尼对法官说："尊敬的法官大人，这场官司无论是胜是负，我都不应该交付另一半学费。如果我赢了，那么按照您英明的判决，我当然不用交付学费；如果我输了，按照当初我和我老师的合约，我也不应该交学费于他，难道不是这样吗？"

先看一下普罗塔哥拉斯在前面提

出的逻辑，看上去简直无懈可击，似乎欧提尼必定是不得不付给他学费了。但是，欧提尼则从自己这一面出发，同样提出了看上去无懈可击的理由。

175 爱迪生的看法

爱迪生对助手说："每一次失败都有它的价值，经历了一次失败，我们就向成功迈进了一步。五万个实验失败了，然而却告诉我们有五万种东西是不适用的，这也是一种收获，所以我们并不是一无所获，在这个基础上，我想，成功就快到来了，让我们继续吧。"

有时候，我们也要学会换个角度思考问题。比如日常生活中人们总会患得患失，其实他们只是没有看到得中所失、失中所得罢了。

176 双面碑的启示

其实，许多事情都很难下一个定论，没有对错之分。因为在这个世界上，根本不存在绝对的客观，任何事物最终要经过人的主观意识的加工。而每一个人在产生自己的观点时，总是会站在自己的角度，凭借自己的知识体系和价值观，最后所得出的结论必然是有出入乃至截然相反的。正像西方那句名言所说：一千个读者心中有一千个哈姆雷特。因此，在我们看问题的时候，如果能够有意识地跳出自己的"小圈子"，从别的角度来思考一下，我们便往往能够看得更全面，更接近客观，更能令人领首。

177 真正的男子汉

拳师对父亲说："真正的男子汉，不是能够在战斗中一次又一次击败对手，而在于他能够永远不被对手吓倒，永远敢于直面挑战。你刚才只看到自己的儿子一次次被击倒，却没有看到他倒下后一次次毫无惧色地站起来，这一点才是最难能可贵的，因为这只有真正的男子汉才能做到！"

178 柏拉图开导失恋青年

柏拉图大声说，"你看，命运是如此地爱你，它把你又送回了两年前，让你依然可以自由自在、无忧无虑地生活，并可以继续拥有自己美好的梦想，不是吗？"

柏拉图之所以能够点醒青年，便是因为他善于运用一种转换思维，提醒青年换一个角度看问题。

179 作家的反击

作家说道："我虽然只捐了五万，但它却是我全部财富的二分之一。而你呢，捐了一百万，也不过你全部财富的百分之一。相比之下，请问谁更是成功人士，谁更有资格站在这里呢？"

如果从捐钱的总量来说，富翁的确要比作家更有资格站在慈善舞会上。但是，许多事情都并非是绝对的，换个角度看的话，从所捐钱数量占自己财富的比例来说，作家则比富翁更有资格站在慈善舞会上。这里，作家对富翁的反击，显然运用了一种转换思维。

180 墙角的金币

"不，如果我不去淘金，恐怕永远也不会知道这个结果。"富翁安德鲁回答道。

许多事情，都不是绝对的，换个思路，便会持不同的态度。安德鲁的回答正是体现了一种转换思维。

181 竿上取物

徐文长把竹竿举起来，走到一口水井旁边，顺着井口，把竹竿慢慢放下去，等到自己能够到竹竿顶端的礼物的时候，顺手把礼物接了下来。

从高高竖起的竹竿上解下包裹，最直接的办法就是去"够"，但是大伯的条件把这个办法给否决了。徐文长没有被问题难住，而是从"够"的反面去想办法，在不放倒竹竿的前提下，让竹竿自己矮下来，这样问题就顺利解决了。徐文长的智慧之处就在于他运用了逆向思维——背逆着常规的思路去考虑问题。

182 神箭手

小男孩先是射出箭，然后用笔围着扎在树干上的箭一圈一圈地画了靶心。

183 寻找葡萄酒保鲜术

巴斯德对于他放置起来的葡萄酒没有变质的原因进行了研究，最终，他发现，把葡萄酒加热到55℃左右，这样就可以杀菌同时又可以保鲜。不同种类，不同度数的葡萄酒加热程度只要进行研究就能达到精确的标准。巴斯德的这种葡萄酒保鲜技术，一直延续至今，并且，他的这种技术还被应用到其他饮料。

巴斯德开始想要找到保鲜的方法，但是都没能成功，后来由"果"到"因"地逆向思维，便找到了办法。

184 "动者恒动"定律

这个问题不可能凭借实验来证明，只能靠想象了。伽利略发挥自己的想象力，他想到一个无限光滑的小球在无限光滑的斜面上滚动的情景，这时小球和斜面之间肯定没有一点阻力，那么当小球从第一个斜面滚上第二个斜面上的时候，水平位置是不变的，如果把第二个斜面换成平面，而且无限延长，那么小球就会沿着直线以恒定的速度一直滚下去。在这个想象基础之上，经过一些完善和补充，伽利略提出了"动者恒动"这个物理学上的第一定律。

185 "东来顺"的设想

经过不断努力，丁德山实现了他的设想。他买了几百亩地作为牧场，专门放养味道鲜美的内蒙古集宁地区的优质羊。到了卖涮羊肉的季节，"东来顺"就有了最优质的羊肉来满足顾客的需要。羊身上适合涮着吃的那部分，总共不过占一只羊的1/3左右，剩下的就卖给羊肉铺。丁德山还开办了天义顺和永昌顺两家酱园，自己精心调制芝麻酱、辣椒油、卤虾油、黄酒、腐乳汁等各种调味料。他在特制的酱油里加入甘草和白糖，咸鲜中又略带甜味，这是"东来顺"特有的风味。后来，他干脆连大麦、大豆、小米、芝麻和蔬菜都在自己的土地上生产。他还开办了一家"长兴铜铺"，为"东来顺"制造独特的涮羊肉火锅。这种火锅中间放炭火的炉筒比一般的火锅长而且大，因而火力特别旺，羊肉容易涮熟，这样才能保持羊肉的鲜嫩。

丁德山在20世纪初就办起来了农工商牧一条龙的产业，确实是民族商号的骄傲，也难怪它能够在这近一百年的时间里享有盛名，经久不衰。即使在现在，这种把生产的各个环节组合在一起的经营模式也是有现实意义的。

丁德山的这个设想恰恰体现了组合想象的思维方法。他是涮羊肉的行家，对羊肉、调味料、火锅了如指掌，知道什么样的材料能涮出最好的羊肉。要想给顾客提供最好吃的涮羊肉，就需要把各个环节组合在一起，都收在自己的掌控之下。

186 南茜的妙想

她把小号、中号、大号、特大号，分别用玛丽号、玛格丽号、伊丽莎白号和格丽丝号代替，巧妙地消除了消费者的顾虑，大大促进了服装的销售。

没有人愿意被别人提及自己的缺陷，这也是为什么有些人讳疾忌医的原因。比如患有狐臭的人都忌讳听到别人说起"狐臭"二字。有一家药厂考虑到患者的心理负担，给自己的产品起了一个优雅的名字"西施兰夏露"，并用了一句很有人情味的广告语："你的秘密只有'西施兰夏露'和你本人知道。"善解人意的厂家自然得到了丰厚的回报。

187 女佣的简单方法

她把手靠近小牛犊的嘴，她刚才在厨房做饭，手上沾有盐味。小牛犊闻了闻，然后兴高采烈地舔她的手。女佣后退到牛栏里，小牛也甩着尾巴跟着她走去了。

女佣之所以能想到这个简单的方法，是因为她更懂得牛的习性，通过满足牛的需要来达到自己的目的。

188 安慰剂效应

一位女士得了一种怪病，遍访名医也没有治愈。一位非常有名的医生来到女士所在的城市，她慕名前去看病。名医查明病情之后，给她开了药，并告诉她："这药是从美国带回来的，专门治你这种病。"女士高兴地买了药，经过几个疗程之后，真的康复了。其实，医生给她的药只是普通的维生素C，她的病需要的只是良性的暗示和积极的想象。

医学试验表明安慰剂能够达到真正药剂的 60% ~70% 的作用，当医生和病人都相信安慰剂有效时，效果更加明显。这其实是形象思维的一种——引导想象。引导想象是指通过在头脑中具体细致地想象出自己想要实现的目标，实现目标的过程，以及实现之后的喜悦心情。这种想象可以在你的头脑中留下深刻的印象，并调动全身的潜能，促使你向着目标努力。引导想象也可以说是一种心理暗示法，当那位患有怪病的女士拿到"从美国带回来的药"的时候，她就在自己的大脑中描绘了这样一个图景：把这些药吃完之后，我就能恢复健康了。这种暗示可以促使人们在精神和肉体上做出调整，达成我们的愿望。

189 成功学大师的形象思维

安东尼·罗宾二十三岁的时候，向女友求婚许诺美好的未来，但是遭到了拒绝。随后他跑到俄罗斯学习潜能开发。到了俄罗斯，他开始在一张俄罗斯地图的背面设立目标：第一个，在二十四岁，也就是一年之后，他的年收入要超过二十五万美金——当时他连两万美金都赚不到；第二个，他要住在城堡里，城堡上面是圆柱形的，站在上面可以遥望整个太平洋；第三个，他一年之后要结婚，他甚至把未来太太的发型、眼睛、个性都画出来了，结婚之后他打算拥有四个孩子。然后他把自己的目标贴在床头，每天早上起床之后第一件事就是重温一下他的目标，晚上睡觉之前，最后一件事也是看看他的目标。

结果，一年之后，安东尼·罗宾远不是赚到了 25 万美金，而是赚了 100 万美金。那一年，他也结婚了，他结婚当天晚上把他太太和想象中的太太对比，这个图片几乎跟他太太长得一模一样。几年之后，他真的有了四个孩子。

190 被赐福的球棒

欧雷里把选手们的球棒借走，并叮嘱他们在他回来之前不要离开宿舍。过了一个小时，欧雷里满面春风地回来了，告诉选手们牧师已经对球棒赐福了，每个球棒都有了无敌的威力。选手们受到了极大的鼓舞，对获胜充满了信心。第二天，比赛果然打败了对方，在以后的比赛中也是所向披靡。

当我们不自信的时候，可以通过想象模拟成功，或者具体细致地回想自己有过的成功经历，还可以想象自己在性格、作风、能力等方面具有的优势。这种想象可以激发潜能，让我们在实现目标的过程中充满激情和信心。

191 厂长的联想

厂长想到，既然政府放宽了限制，各地的舞厅肯定会像雨后春笋一样冒出来。这时肯定需要大量的舞厅灯具，如果能够抢占这部分市场，肯定能赚大钱。他马上召集了领导班子会议，说了自己的想法，大家都认为这是一个不错的主意。没多久，这个厂子就生产出旋转彩灯、声控彩灯、香雾射灯等不同类型的舞厅灯具，很快就打开了市场。

192 贝尔发明电话

贝尔在助手帮助下进行试验，但是由于线圈产生的电流太小，试验失败了。贝尔没有放弃，他做了一些改进。用薄铁片代替金属簧片，用磁棒代替铁芯，以加大电流。这次他获得了成功，人在薄铁片前说话，声波的节奏变化导致铁片的振动，进而引起线圈中产生相应的电流，通过导线，传递到另一只线圈中，引起线圈前的薄铁片发生振动并发出清晰的讲话声音。1876年3月贝尔通过联想，实现了通过把电流变成声音进行远距离通话的梦想，发明了世界上第一部电话装置。他的发明获得了美国的专利，随后他建立了世界上第一家生产电话的工厂。

贝尔就是运用形象思维把一事物的特定功能或原理应用在另一件事物上发明的电话。

193 充气轮胎的发明

最初的自行车轮胎是实心的，在卵石路上骑车颠簸得非常厉害。有一天，外科医生邓禄普在院子里浇花的时候，感到手里的橡胶水管很有弹性，由此联想到如果发明一种充气的自行车轮胎，应该能够减轻震动。于是，他用橡胶水管制出了第一个充气轮胎。

194 利伯的设想

为了证明这个设想，利伯进行了一系列调查研究，发现月球确实对人的生理和精神有一定的影响。人的身体也像大海一样有"潮汐"，每当月圆的时候心脏病的发病率会增加，肺病患者的咳血现象会增多，胃肠出血的病人病情也会加重，病人的死亡率会比平时上涨。

利伯发现了大海潮汐与人体病变的相似之处——都在月圆之夜有激烈的变化，进而推断精神病人的病情也受月球引力的影响。

195 番茄酱广告

当然不是。下一个镜头，只见那个男人缓缓地撑起身子，用薯条沾着番茄酱吃。真相大白了，原来他胸前的那片殷红不是血，而是不小心滴落的番茄酱。

创意人员正是运用了相似联想，借助番茄酱和血之间的相似点——红色黏稠的液体，耍了一个噱头，给观众留下深刻的印象。

196 费米发现核能

费米由此联想到铀的裂变有可能形成一种链式反应而自行维持下去，并可能形成巨大的能量。1941年3月费米用加速器加速中子照射硫酸铀酰，第一次制得了千分之五克的钚–239——另一种易裂变材料。1941年7月，费米在中子源的帮助下，测定了各种材料的核物理性能，研究了实现裂变链式反应并控制这种反应规模的条件。为了逃避法西斯政权的统治，费米流亡到美国。随后，他在美国芝加哥大学建造的世界上第一座石墨块反应堆，于1942年12月2日下午3点25分，使反应堆里的中子引起核裂变，首次实现了人类自己制造并加以控制的裂变链式反应，也表明了人类已经掌握了一种崭新的能源——核能。

费米由铀原子核裂变现象联想到如果能恰当地控制核裂变就能带来巨大的能量。核能研发过程体现了由已知到未知，由局部到整体的相关联想。

197 引狼入室

政府联想到之前的状况，发现因为羊群没有了天敌，在安逸的生活中失去了活力，变得萎靡不振。再加上羊群的数量太大使草原上的草遭到破坏，羊群没有充足的食物，体质自然会下降。牧民们发现失去天敌之后，羊的繁殖基因也退化了，于是，就又把狼群引进了草原，狼群重又给羊群带来了危险。在危险的环境中羊群又变得健康、活泼了，羊群的数量也有所增加。

狼是草原生物链中不可缺少的一个环节，把狼灭绝之后，就会破坏生态平衡。狼与羊群并不仅仅是敌对关系，狼还能限制羊群的过剩繁殖，迫使羊群提高警惕，保持活力。事物之间的联系是复杂的，开始时，牧民只看到了狼对牧场的破坏作用，就要把狼赶尽杀绝，当他们看到失去天敌之后，羊群并不能长期地健康成长，这时才全面地认识到狼与羊群的关系。

198 蔡伦造纸

蔡伦仔细看了看手中的东西，不由得喜上心头。他叫上小太监们急忙赶回皇宫，马上开始了紧张的试验和制作。他找来大量的树皮、麻头、破布、旧渔网等材料，让工匠们把它们剪断切碎，放在一个大水池中浸泡。过了一段时间，其中的杂物烂掉了，而纤维不易腐烂，就保留了下来。蔡伦又让工匠们把浸泡过的原料捞出来放入石臼中，不停地搅拌。当搅拌成浆糊状的纸浆时，再用竹片把这些黏糊糊的纸浆挑起来放到太阳底下晾晒，等干燥后揭下来就变成了纸。

199 毕达哥拉斯定理的发现

画着画着，毕达哥拉斯突然发现：如果一个等腰直角三角边的直角边长分别为 a、b，那么，以 a 为边的正方形，它的面积就等于这一等腰直角三角形面积的 2 倍；以 b 为边的正方形面积也等于这一等腰直角三角形面积的 2 倍；而以斜边为边长（c）构成一个正方形，它的面积等于这一等腰直角三角形面积的 4 倍。

"那么，进一步就可以推出 $a^2+b^2=c^2$，也就是两直角边的平方和等于斜边的平方。"毕达哥拉斯穷追不放，进一步想道："古人曾提出边长为 3、4、5 和 5、12、13 的三角形为直角三角形，那么，它们是否也合乎这个规律呢？"

于是，他赶紧在地上画了起来。不错，确实是这样的。

毕达哥拉斯并没有满足，他又产生了新的疑问："这个法则是不是永远正确呢？各边都合乎这个规律的三角形是不是一定是直角三角形呢？"

想到这，他猛地抬起头来看看客厅，发现客人不知什么时候都走光了，只有主人站在那儿不解地看着他。他感到非常不好意思，也赶紧跟主人告别，一溜烟跑回了家。回到家里，毕达哥拉斯又搜集了许许多多的例子，结果都证明了他的那两个猜测是正确的。但是，他仍然不满足，决心用更大的精力和更有说服力的证明，来说明这一结论是永远正确的。功夫不负有心人，他终于证明成功了。

后来，西方为了纪念毕达哥拉斯这一伟大的发现，把这一定理称为毕达哥拉斯定理。

200 瓦特改良蒸汽机

瓦特发现水被烧开后变成了水蒸气，是水蒸气在推动壶盖跳动！这个发现在瓦特心中留下了深刻的印象。瓦特由此想到：这蒸气的力量好大啊！如果能制造一个更大的炉子，再用大锅炉烧开水，那产生的水蒸气肯定会比这个大几十倍、几百倍。用它来做各种机械的动力，不是可以代替许多人力吗？后来，瓦特按照这个思路，经过反复研究，对前人的蒸汽机进行了合理改造。他把水蒸气的力量很好地利用起来，终于改良了蒸汽机，使人类社会开始进入了工业时代。

201 哈格里夫斯发明珍妮纺纱机

哈格里夫斯说："如果把几个纱锭都竖着排列，用一个纺轮带动，不就可以一下子纺出更多的纱了吗？"说干就干，哈格里夫斯马上开始试制新型纺纱机。经过反复研制，他终于在 1765 年设计并制造出一架用 1 个纺轮同时带动 8 个竖直纱锭的新纺纱机，工作效率一下子提高了 8 倍。为了纪念自己的妻子，他把这台新型纺纱机取名为"珍妮纺纱机"。

202 蜘蛛的启示

一开始法布尔认为蜘蛛是用眼睛看到网上的猎物的。为了证明这一点，他把一只死蝗虫轻轻地放到有好几只蜘蛛的网上，并且放在它们看得见的地方。可是，不管是在网中呆着的蜘蛛，还是躲在隐蔽处的蜘蛛，它们好像都不知道网上有了猎物。后来，法布尔又把蝗虫放到了蜘蛛的面前，它们还是好像什么也没看见似的，一动不动。看来，蜘蛛不是靠眼睛来发现猎物的。

接着，法布尔用一根长草轻轻地拨动那只死蝗虫，蛛网振动起来。这时，只见停在网中的蜘蛛和隐藏在树叶里的蜘蛛都飞快地赶了过来。

通过这个实验，法布尔断定，蜘蛛什么时候出来攻击猎物，完全要看蛛网什么时候振动。它们是靠一种振动来接受外界信息的。如果真是这样的话，那蜘蛛一定有一种接受振动的装置。这种装置是什么呢？

法布尔对蛛网进行了仔细观察，最后终于发现：在蛛网中心有一根蛛丝一直通到蜘蛛躲藏的地方，被蜘蛛的一只脚紧紧地握住。因为这根蛛丝是从网的中心引出来的，因此不论蛛网的哪个部分产生了振动，都能把振动直接传导到中心这根蛛丝上，然后再把振动立即传给躲在远处角落里的蜘蛛。可以说，这根蛛丝是一种信号工具，是一根电报线。同时他还是一座空中桥梁，沿着这根蛛丝，蜘蛛才能以最快的速度从躲藏的地方奔向猎物。等到网中的工作结束后，又沿着它返回原处。

还有使法布尔感到不解的一点：当有风吹过来时，蛛网也会产生振动。那么，蜘蛛是如何分辨哪些是风吹过时产生的振动，哪些是猎物挣扎时产生的振动的呢？

法布尔认为，蜘蛛握住的那根电报线不是简单地传递各种振动，它还能够传递各种不同的声波。蜘蛛握着电报线的脚有很灵敏的听觉分辨力，能分辨出猎物挣扎的信号和风吹动所发出的假信号。

现在，科学家的进一步研究发现，蜘蛛的脚上有一条小裂缝，能够感知到每秒钟 20~25 次的振动。人们正在设法揭开这种构造的秘密，并模拟这种构造制造出可以供人类使用的音响探测器。

203 贾德森发明拉链

"两排饭勺既然可以紧紧地咬合在一起，如果用这种方法，不就可以把衣服和鞋子扣紧了吗？"想到这，贾德森兴奋起来，他顾不上买饭勺，扭头就往家里跑去。

一到家，贾德森就开始忙活起来。

他把一个个很小的颗粒状元件作为扣子，彼此交错着镶嵌在两条布带子的边缘上，然后通过一个滑片由下往上一拉，两边的扣子就一个个依次扣紧。这就是现在拉链的最初形式，贾德森把这种新玩意儿叫做"可移动的扣子"，并申请了专利。

这个设计非常出色，但遗憾的是，这种"可移动的扣子"并不好用。早期的扣件经常卡住，安在服装、靴子上，穿着它在大街上走动时经常会突然自动爆开，闹了不少笑话。

"怎样才能不让扣子爆开呢？"贾德森在心里不停地琢磨着。

不久以后，贾德森与沃尔特一起组建了拉链制造公司，不断地对这种扣件加以改进，并且发明了制造扣件的机器。但效果始终不能让人满意，制造出来的扣件还是不够可靠，很长时间都没有人大量购买。

1908年，瑞典工程师桑德贝克来到贾德森的公司工作。于是，沃尔特就请他对贾德森的发明进行改进。桑德贝克重新设计了扣件的链节，经过多次反复试验，最后终于设计出一个理想的方案：将扣子改成凹凸形的，使它们一个紧套一个。这样，金属牙就不会自己分开了，扣起来也非常方便。这非常类似于今天的拉链。经过改进后的扣件果然得到了人们的欢迎，很快就卖出了几千个。1923年，贾德森和桑德贝克设计的这种扣件终于以"拉链"的形式闻名于世。

204 祖冲之测算圆周率

祖冲之想，刘徽在书里不是明明写着割圆术吗？只要将圆不断地割下去，在圆内接上正多边形，只要能求出多边形的周长，不就能算出圆周率了吗？

祖冲之先是在书房的地上画一个直径为1丈的大圆，紧接着又照刘徽所用的割圆方法，在圆内作一个内接正六边形。每条边都与半径一样为5尺长。后来，祖冲之再把6条边所对应的6个弧平分，作出一个正十二边形。用尺一量，每条边长2尺6寸多。

"到底是多多少呢？"祖冲之想，"用尺量只是一个大概，要求出精确的数值，必须用数学计算才行。"于是，他让儿子祖暅用算筹帮助计算。儿子不停地做着加、减、乘、除运算，忙得不亦乐乎，每个数字都算得长长的一大串。每算完一步，祖暅便在一旁用笔记录下结果。父子俩算了半夜，才算到十二边形的边长和12条边的总长。第二天晚上，他们又算出二十四边形一边的长度。

经过几年的艰苦努力，父子俩把地上那个大圆一直割到24576份，终于算出了圆周率的数值介于3.1415926与3.1415927之间，并用22/7和355/113作为圆周率的疏率和密率。

祖冲之计算出小数点后面六位准确数字的圆周率，在当时世界上是独一无二的，他提出的密率值355/113要比欧洲早1000多年。所以，国际上许多数学家都主张把355/113称为"祖率"。

205 善于联想的企业家

他先与古比雪夫飞机制造厂进行协商，最后签订了易货贸易合同，用食品和服装等轻工业产品换购四架飞机。随后，他把飞机卖给四川航空公司，允许航空公司以运营收入支付飞机款，然后以飞机做抵押向银行申请了一笔不小的贷款。他用这笔钱分别与万县食品厂等300多家轻工业厂家进行交易，然后把货物运往莫斯科。经过这样一番策划，这位企业家大赚了一笔，同时还搞活了食品厂、飞机制造厂、航空公司三家的市场，可谓皆大欢喜。

可见，相关联想可以让思考者从宏观上把握事物之间的相互关系，从而做出对自己有利的决策。

206 杜朗多先生的"陪衬人"

这些"陪衬人"实际上都是廉价招募来的相貌丑陋的女佣人，杜朗多根据各人的特点对她们进行分类，然后定价出租。她们的服务内容主要是陪伴主顾以便衬托其美貌。不难想象，女士们为了满足虚荣心和炫耀的欲望纷纷前来租用"陪衬人"，一时间"代办所"门庭若市，生意兴隆，杜朗多很快就成了百万富翁。

虽然杜朗多不懂美学，但是他清楚美丑是相对的概念，一个长得丑的小姐，在比她更丑的人衬托下也会显得漂亮，"陪衬人"自然会大为抢手。利用相对联想，杜朗多在金融交易场中发了大财。相对联想就是让我们把正反两方面的事物放在一起进行考虑，一正一反，对比鲜明，可以是属性相反、结构相反或功能相反。通过对比，可以使事物的特征更加明显，往往能引起人们的注意。比如日本一家玩具厂生产的黑色"抱娃"不受欢迎，厂长运用相对联想，想到了一个主意：把黑色"抱娃"放在模特雪白的手腕上。这样一来果然非常醒目，很快就打开了市场。

207 绷带到输油管的联想

首先，他想到可以把长方体的冰块做成管子。在南极找到适合做管子的冰块并不难，但是如何才能穿透一个很长的冰块又不至于使它破裂呢？西崛荣三郎继续发挥联想，把医疗用的绷带缠在铁管子上，然后在绷带上浇水，等水结成冰之后，再把铁管抽出来，这样就可以做成一个冰管子了。

西崛荣三郎发挥了丰富的想象力，借助南极的冰，把绷带和输油管联系了起来，解决了一大难题。

208 水银矿的发现

他联想到画中的气氛可能与某种矿物质有关，但是沉思良久也想不出所以然来。他想找那幅画的作者帮他解开谜团，不幸的是那位画家在不久前去世了。几经周折，他找到了画家的遗孀，从她那里借到了画家的创作日记。根据日记中的描述，他找到了那幅画反映的实际地点，那是西伯利亚的一个人迹罕至的地方。在寸草不生的山边，他发现了一个奇特的小湖，湖水发出银色的光芒。走近一看，那根本不是湖，而是一个天然水银矿，静止的"湖水"全都是水银。他恍然大悟，原来画面中的荒凉神秘气氛是由水银造成的，有这么多的水银，草木根本无法生长。

普法利竟然从一幅画中发现了一个水银矿。为什么他能够看到那幅画的与众不同之处呢？因为他有地质工程方面的专业知识。这个案例告诉我们，要想具有出色的联想能力，必须丰富自己的知识。只有具备足够多的知识，我们的思维才能四通八达地展开自由联想。

209 保险柜的密码

原来，乔丽娜灵机一动，想到9时其实代表了两个时间点，一个上午9时，一个则是晚上21时。如果将9换

成 21，便凑够了保险柜的密码。而情况也正如她所料，保险柜的密码正是212519

创造力与想象力密不可分，超凡的想象力往往能开创出一片新的天地。运用联想思维，我们可以通过一些看似与我们无关的现象，了解到与我们密切相关的事实真相。乔丽娜就是这样找到密码的。

210 建筑师的联想

柚子的外形引起了伊罗·萨里的兴趣，他拿起柚子左看右看，柚子的形状真的很美，做一个这样的建筑怎么样呢？想到这里，他连饭都顾不上吃，拿着柚子走进了设计室，尽情发挥想象，把他在柚子上看到的美体现在建筑上。当这座建筑竣工的时候，他赢得了广泛的赞誉。那是一座完全流体的式样，让人想到鸟的飞翔。

211 拼地图的小孩

原来，地图的背面是一张人脸画，只要把人脸拼起来就行了。

212 王冠的秘密

第二天，阿基米德兴冲冲地来到皇宫，他还带来了做试验用的工具。阿基米德首先把两个容器装满水，分别放在两个盆子里。然后找来和王冠一样重的一块纯金，他分别把王冠和纯金放在两个容器里，于是两个容器都溢出了一部分水到各自的盆子里。然后，阿基米德分别量了一下两个盆子里的水，结果两个盆子里的水不一样多！

国王和围观的大臣们，还是一头雾水，不明白这个结果说明了什么问题。阿基米德大声向他们宣布：“王冠不是纯金的，如果王冠是纯金的，那

么它和这个金块体积是一样的，也就是说两个盘子里的水应该一样多。但是现在的结果是，盘子里的水不一样多，这就充分说明，王冠里掺了别的金属。”国王和大臣们听了，恍然大悟，纷纷称赞阿基米德：“不愧是最有才华的科学家啊！”

国王找来了狡猾的金匠，在事实面前，金匠只好承认了自己在王冠里掺杂其他金属的罪行。

王冠的重量和作为原料的黄金的重量是一样的，要检查王冠里是否掺杂了其他的金属，还不能损坏了王冠，怎么检查呢？这真是一个棘手的问题。聪明的阿基米德在洗澡时注意到了一个现象，当把物体放进装满水的容器里时，容器会溢出和物体的体积一样多的水。通过这个现象，阿基米德联想到纯金的王冠和非纯金的王冠，二者的体积一定是不同的，因为它们所用材料不同。就像相同重量的木头和铁块，体积相差很远一样。

这样，通过一个简单的实验，就轻松解决这个问题了。

213 盟军的“笨”办法

那位师长的“笨”办法便是在进攻的坦克上安上两把坚硬的钢刀，这刀就像是两把镰刀一样，其刀刃向外，水平张开，借助坦克的强大推动力，切断灌木树篱，铲平地埂。这位“农民”师长也是受到收割庄稼的镰刀的启发，才想到了这个办法。这办法看上去很笨，却的确非常有效，不仅使得机械部队顺利前行，也为后面的步兵扫清了道路。

这位师长所体现出来的便是一种形象思维和联想思维，他由镰刀的形象，进而想到将镰刀变大，从而解决了

这个难题。

214 伽利略发明钟摆原理

带着这些疑问，伽利略回到了他在学校的住所，开始在家中做实验。他找来了许多丝线、细绳和大大小小的铁球、石块等。他分别将这些不同的球块用丝绳吊起来，丝绳有长有短，球块有重有轻，然后他分别让这些球块摆动起来，再用他唯一的测时器——自己的脉搏跳动来测量摆动的时间。虽然这样的方法并不精确，但可以肯定的是，他的这个思路是正确的。经过反复的实验，伽利略发现，球块摆动的快慢与他们自身的重量无关，当摆长比较长时摆动得慢些，当摆长比较短时摆动得快些。而只要摆长不变，所有的球块，无论它是轻是重、是大是小，也不管它摆动的幅度如何，完成一次摆动的时间都是相同的。这就是摆的等时性原理。

伽利略是一位擅长形象思考的科学家，可以说他就是凭借着形象思考使科学实现了革命性的突破。他在用数学方法分析科学问题的同时，还用图像和图表使自己的思想形象化。和所有取得大成就的科学家一样，他也擅长类似白日梦的幻想和想象，并通过这种方式取得了很大的成就。

215 肩章轮廓的启发

参谋长肩章上的积雪融化后显示出肩章的轮廓，炮兵司令受其启发，想到随着气温的升高，德军掩体内的积雪也肯定会融化。为了防止掩体内的泥泞，德军必然会将掩体内的积雪提前清理到洞口。因此，通过判断对方地上的积雪堆积情况，便可知道对方兵力部署。于是，炮兵司令命令侦察兵对德军阵地进

行了大量的侦查和航空摄像，只花了3个小时便搞清楚了对方的兵力部署。

216 绑架案

劳拉经过仔细地研究发现，划痕上面的几个字可以组合成为"如要你女儿珍妮的性命，速备 50 万。"这是绑架者给女孩家长发出的通牒。

表面上看，劳拉所发现的一行字完全是一组毫无意义的"乱码"，正是由于劳拉能够充分地展开联想，才解出了其中所包含的秘密，进而在无意中帮助警察破获了一起绑架案。许多时候，发散思维都能够给我们带来意想不到的收获。

217 鸡蛋变大了

摩根的手又粗又大，蛋在他手里自然看起来小些。可是他妻子的手却又细又小，鸡蛋在她手里就显得大了。这里，摩根没有从常规思路去想，而是运用了一种求异思维。

218 极大思维

地球上最大的影子是黑夜。

提到影子，按照常规思路，我们肯定会去想象地球上尽可能大的物体。这其实便受到了惯性思维的限制，要知道，黑夜，其实便是地球本身的影子，自然比我们所看到的地球上的任何物体的影子都要大。而要想到这一点，是需要一种打破惯性思维的求异思维的。

219 摆直角

这个问题如果不能摆脱平面思维，便无法解决，而如果能够采用一种立体思维，将三根棒子相交于一点，并相互垂直，其中的每两根之间都会形成四个直角，总共便会有 12 个直角。从平面

转向立体思维，这是需要想象思维的。

220 踏花归来马蹄香

这幅画的作者独具匠心，他没有生硬地将诗句中的字词一一展现，而是在全面体会诗句含义的基础上，着重表现诗句末尾的"香"字。他的画面是：在一个夏天的落日近黄昏时刻，一个游玩了一天的器宇轩昂的年轻人骑着马回归乡里。马儿疾驰，马蹄高举，几只蝴蝶追逐着马蹄蹁跹飞舞。这就真正表现了"踏花归来马蹄香"的含义。在这句诗题里，"踏花"、"归来"、"马蹄"都是比较具体的事物，容易体现出来；而"香"字则是一个抽象的事物，用鼻子闻得到可用眼睛却看不见，而绘画是用眼睛看的，所以难于表现。没有选中的那些画，恰恰都没有体现出这个"香"字来；而被选中的这一幅，蝴蝶追逐马蹄，使人一下子就想到那是因为马蹄踏花泛起一股香味的缘故，所以这幅画是非常成功的。

其实，还有一则和此故事非常相似的故事，说的也是一次有关画家画功的考试，主考官也是出了一句诗为画题，这句诗是"竹锁桥边卖酒家"。结果最终胜出的是一位没有画出酒馆的画家。他画上的内容是：小桥流水潺潺、竹林繁茂青青，在绿叶掩映的林梢远处，露出古时候的一个常用酒帘子，上面写着一个大大的"酒"字。在这幅画中，画面上不见酒店，却使你似乎看到了竹林后面却有酒店，形象地体现出一个"锁"字来，同样达到了"无形胜有形"的效果。

221 西红柿和青椒有联系吗

雷安军试着把西红柿的老枝叶剪掉，然后悉心照料，及时浇水施肥。一星期之后，果然长出了新枝叶，又过了些时候就开始开花结果了。这种方法使西红柿的生产期延长了两个多月，大大提高了产量。残株再植带来的成果大约占到总产量的 1/5。

雷安军把西红柿和青椒联系起来，发现适用于青椒的原理同样适用于西红柿。形象思维给他带来了丰厚的回报。

222 太阳为什么能持久发光发热

在太阳内部高达 2000 万度的高温下，氢原子聚变为氦原子，在聚变过程中释放出巨大的能量。根据核聚变的原理计算出的太阳能量释放值与观测到的数值一致。

223 伞的发明

有一天，鲁班看到一群孩子在水边玩耍，每人头上戴一片荷叶。他想到荷叶既能遮阳又能挡雨，不就是一个移动的亭子吗？回家之后，他先用竹子做出一个支架，然后在顶上蒙上了一块羊皮，模仿荷叶的结构制作了第一把伞。后来，为了方便携带，他又发明了能开能合的伞。

伞被雨淋湿之后让人很厌烦。近年来，英国研究人员发明了一种纳米无水雨伞。这个创意同样来源于荷叶。下雨的时候，雨水会随着荷叶的摆动滚下去，不会把荷叶弄湿。研究人员用一种纳米材料制成的雨伞，水汽无法穿透伞面，因此只要轻轻一甩，就可以让伞面保持干燥。

224 "构盾施工法"的发明

布鲁内尔发现至木虫先用嘴挖出树屑，然后立即将自身的硬壳挺进去再继续深挖前进。他突然想到，这和挖隧道不是一样的道理吗？如果先将一个空心钢柱体打入松软岩层中，然后在这个"构盾"的保护下进行施工，不就安全多了吗？他把这个设想付诸实践，于是就有了世界上著名的"构盾施工法"。

225 听诊器的发明

他想到前些天在街上看到的一件事：几个孩子在木料堆上玩，一个孩子用铁片敲打木料的一端，让另一个孩子在另一端听有趣的声音，雷内克一时兴起，也听了听。想到这里他灵机一动，马上找来一张厚纸，将纸紧紧地卷成一个圆筒，一头按在小姐心脏的部位，另一头贴在自己的耳朵上。果然，小姐心脏跳动的声音连其中轻微的杂音都被他听得一清二楚。他高兴极了，告诉小姐的病情已经确诊，并且一会儿可以开好药方。

随后，他请人制作了一个中空的木管，长 30 厘米，口径 0.5 厘米，这就是世界上第一个听诊器。

226 薄壳结构的应用

鸡蛋以最少的材料营造出最大的空间，而且能承受强大的外界冲击力。建筑学上把这种具有曲线的外形，厚度很小，又能承受很大的外界压力的结构叫薄壳结构。建筑师把这种结构应用在建筑上，现在像鸡蛋那样的建筑已经很普遍了。

在文艺复兴末期，意大利罗马建成了圣彼得大教堂，圆圆的顶部很像竖放的鸡蛋，圆顶直径为 41.9 米，内部高 123.4 米，但厚度竟达 1.3 米，厚度与跨度之比为 1：40。那时人们并不敢把屋顶建得太薄。直到 1924 年，德国的半圆球形的蔡斯工厂天文馆才真正采用了薄壳结构。1925 年德国耶拿斯切夫玻璃厂厂房采用了球形薄壳，直径为 40 米，壳厚只有 60 毫米，采用钢筋混凝土为建筑材料，厚度与跨度之比为 1：667。

227 "理雅斯特号"潜水器的发明

平流层气球的原理很简单，在气球中充满比空气轻的气体，利用气球的浮力使吊在下面的载人舱升上高空。皮卡尔想到，如果在深潜器上加一个浮筒，不就可以像气球一样自行上浮了吗？他设计了一个船形的浮筒，里面充满密度比海水轻的汽油，为深潜器提供浮力。同时他还设计了一个钢制潜水球，在里面放入铁砂作为压舱物，使深潜器沉入海底。这样就不需要借助钢缆了，潜水器可以在任何深度的海洋中自由行动。后来，他设计了一艘"理雅斯特号"潜水器，能够潜到世界上最深的洋底。

228 杠杆原理的管理学应用

企业管理的成败主要取决于责任、权限和利益三者是否平衡。管理的过程就是透过责任人驾驭生产力要素来实现预定的生产目标。当我们准备把一项任务交给某人做的时候，首先要考虑他是否能够承担相应的责任，这个责任类似于杠杆的支点，责任越重大，支点离施力点越远，就越不容易撬起来。其次要考虑利益与权力的匹配关系，假定权力不变，就保证了支点到受力点的距离不变，那么利益越大，撬起来越容易。因此在一般情况下，企业中薪水越高的人承担的责任越大，他们的办事效率也是较高的。

229 变电器的发明

他想："把电线按照虎皮花纹那样排列成一个线圈，而电流通过线圈要产生磁场，磁场又能转化成电能，那么对于强如闪电般的瞬间电流，岂不可产生强大的电阻吗？"在这个想法的引导下，经过不断研究，他终于发明了变电器。这位物理学家正是运用了联想思维找到了解决问题的突破口。

230 冥王星的发现

19世纪末的天文学家猜测，在海王星的轨道范围之外，还应该有一个比海王星还远的行星，它的引力干扰着天王星的运动，于是人们开始寻找这个未知行星，到1930年，这颗新行星终于被劳威尔天文台的唐包夫（C.Tomaugh）所发现了，命名为冥王星。

天文学家之所以预测到还有一颗未知行星在影响天王星的运行轨道，是因为他们掌握了已知的行星运行规律，按理说应该能够准确地预测行星轨道，既然实际轨道出现了偏差，可能的原因就是受到未知天体的影响。他们把这种因果关系套用在天王星身上，推测出它可能受到另外一颗行星引力的作用，所以运行轨道会出现偏差。

231 人工牛黄

如果把"插片法"应用在牛身上，是不是也能产生牛黄呢？该公司马上进行立项研究，选择失去医用价值的残菜牛做试验，在牛胆囊中埋入异物。经过一段时间之后，果然培育出了胆结石。这种人工牛黄跟天然牛黄的医疗效果一模一样。

在这个案例中，医疗专家就是运用联想思维，把胆结石的形成过程与珍珠的形成过程联系起来的——既然用插片法可以培植珍珠，那么也应该能够培植牛黄。

232 "蝇眼照相机"的发明

制成了由上千块小透镜组成的"蝇眼透镜"。蝇眼透镜作为一种新型的光学元件，在很多领域都有价值。比如用"蝇眼透镜"作镜头可以制成"蝇眼照相机"，一次就能照出千百张相同的相片。这种照相机已经用于印刷制版和大量复制电子计算机的微小电路，大大提高了工作效率和质量。

233 日光灯的发明

科学家研究发现，萤火虫的发光器位于腹部，由发光层、透明层和反射层三部分组成。发光层拥有几千个发光细胞，细胞中含有荧光素和荧光酶两种物质。在荧光酶的作用下，荧光素与细胞内的水分和氧气化合便发出荧光。萤火虫之所以能发光，实质上是它把化学能转变成了光能。随后，人们根据对萤火虫的研究发明了日光灯，其发光原理是：通电后灯丝发热，使灯管中的水银蒸发成气体释放出大量电子，电子的高速撞击产生紫外线，紫外线作用于灯管内壁的荧光粉则会发出自然而柔和的灯光。

近年来，科学家已经从萤火虫的发光器中提取出了纯荧光素和荧光酶，并采用化学方法人工合成了荧光素。由荧光素、荧光酶、ATP（三磷酸腺苷）和水混合而成的生物光源，这种光源不依赖电源，不会产生磁场，适合在充满爆炸性瓦斯的矿井中当照明灯，或者在做清除磁性水雷等危险工作的时候使用。

234 一箭双雕

贤人解释说："之所以一个人要见国君时会梦见太阳，是因为太阳普照大地，任何一个东西都无法遮挡他的光芒，而国君也正像是太阳一样施与国人以恩泽。而灶，其光芒一个人就足以遮挡住了，其他人便再也看不到它的光芒了。我将要见到您，却梦见了灶，我想或许是有某一个人遮挡住了您的光芒吧？"

在这个故事里，贤人之所以能够讽谏成功，便是因为他善于使用一种形象思维。

235 门客的比喻

门客对田婴解释道："您有没有听说过海中大鱼的故事？它在大海中自由自在地遨游，渔民的网捕不住它，渔民的钩勾不住它。但是，如果它脱离了海水，那么就连蝼蚁和蚂蚁都能够欺侮它。现今的齐国，就是您的海水，只要齐国在，您便是安全的；而如果齐国不在了，您就算将城墙筑得同天一般高，也是没有用的。"

在这个故事中，田婴对于众多门客的劝阻感到厌烦，而对于这个门客的讽谏却轻易地接受了，就是因为他采用比喻的手段，使得道理听上去生动易懂，这就是形象思维的奇妙作用。

236 邹忌抚琴谏威王

邹忌对于发火的齐威王，从容地回答道："大王看我拿着琴却一直不肯弹奏有些不高兴吧！可是，齐国人眼看着大王拿着齐国这把大琴，九年来没有弹奏过一次，又该怎么想呢？"

齐威王一听，感到十分震动，忙站起来对邹忌说："原来先生是在用琴来劝寡人，寡人明白了。"之后，齐威王便和邹忌促膝长谈，相见恨晚。三个月后，齐威王又拜邹忌为相，加紧整顿朝政，改革政治，很快使得齐国摆脱了困境，诸侯震恐，纷纷归还抢走的齐国土地。

在这个故事中，邹忌之所以能够讽谏齐威王成功，与其高明的讽谏艺术是分不开的。其先是用自己拿着琴却不肯弹奏的事情比喻齐威王身居要位却无所作为的事情，激怒齐威王，然后再突然点破，使得齐威王对自己的过失认识得更加清晰。这里，邹忌便是利用了一种形象思维的艺术。

237 荀息巧谏晋灵公

荀息听晋灵公说"危险"，便一边仍旧摆放鸡蛋，一边慢条斯理地说："这并没有什么了不起的，还有比这更危险的呢！"晋灵公一听，更感兴趣了，说道："好，寡人非常想看一下，你快表演！"此时荀息却并没有做什么更危险的表演，而是突然立定身子，无限沉痛地说："启禀大王，请容我说几句话，臣死而无悔。您下令建造九层高台，劳民伤财，长达三年还未成功。现在，国内已经没有男人耕地、女人织布了；国家的仓库也已经空虚，如此一来，一旦邻国来侵犯，我们没有足够的物资来打赢战争。这样下去，国家迟早要灭亡。现在我们的国家，就正如眼前的累卵一样危险啊，请大王三思而行！"说完泪洒衣襟。

经荀息这么一比喻，晋灵公也马上意识到了自己的错误，再看荀息如此恳切的态度，便叹口气说："原来我的过失竟然严重到这步田地啊！"于是，便停止了高台的建造。

在这个故事里，荀息之所以能够让晋灵公从执迷中清醒过来，便是因为他借用了一种形象思维，借累卵来比喻晋国形势，使得晋灵公对建造高台的危害理解得更加透彻，而这也正是形象思维的妙处所在。

238 丘吉尔严守秘密

丘吉尔说："我也能！"

在这个故事里，丘吉尔便是使用了迂回思维方式。他用这样一种方式告诉对方，如果自己因为他的保证而告诉了他这个秘密，那么遇到同样的情况，即别人同样向他做出严肃的保证时，他不是会同样将秘密告诉下一个人吗？在这里，丘吉尔正是使用形象化的手段，先是站在了对方的立场上进行思考，并使对方也站在了自己的立场上进行思考，其高明之处便在于通过将枯燥的说教给情景化的方式，巧妙地将自己的逻辑展示给了对方，由此让对方对事情的本质一目了然。这正是形象思维的妙处。

239 富兰克林讲故事

富兰克林对杰弗逊讲了一个故事：他曾经有个朋友，在鞋帽店当学徒，三年之后，手艺学成的他决定回家自己开个礼帽店。一切布置得差不多的时候，根据他的经验，他知道一个醒目的招牌对生意会有很大的好处。于是，他便自己设计了一个，上面写道："约翰·汤普森帽店，制作和现金出售各式礼帽。"下面还画了一顶新颖的礼帽图样。但是，为了能达到更好的效果，他在送做之前，特意拿着草稿给朋友们看，请他们提意见。

有个朋友一看便觉得不好。"太啰唆了！"毫不客气地提出，"这么长的内容，过路的顾客路过时还没来得及看完便已经走过去了。'帽店'和后面就不必再重复'出售各式礼帽'意思明显重复，可以删去。"这个人一听，觉得有理，便删去了"帽店"两字。

又一位朋友看后，说道："'制作'一词也完全没有必要，因为顾客并不关心帽子是谁制作的，只要帽子的质量好，式样称心，谁制作的他们都会买。"这个人又点点头，照办了。

到了第三位朋友那里，他又指出："'现金'二字也完全可以删去，因为按照这里的规矩，基本上没有赊账的行为，不用你提醒，顾客理所当然地会付现金的。"这个人又照办了。

就这样，问了一圈朋友之后，最后这个招牌上只剩下了"约翰·汤普森出售各式礼帽"和那个礼帽的图样了。就在这个人准备送去制作的时候，又有朋友提出了意见："出售各种礼帽？谁也不指望你白送给他，你这不是废话吗？"说罢，他便将草稿上的"出售"二字划去了，歪着脑袋想了一下后，他将"各式礼帽"也删去了，"下面的礼帽图样已经告诉顾客你在卖什么了嘛！"

于是，最后，等这个人的礼帽店开张的那天，招牌挂出来的时候，上面仅写着："约翰·汤普森"几个大字，下面则是一顶款式新颖的礼帽图样，看上去简洁而令人耳目一新。来往的顾客，没有一个不称赞这个招牌做得好。

杰弗逊听完富兰克林的故事后，心情马上变得平静起来，不再急躁了。显然，他也明白富兰克林是在向他暗示什么。

在这个故事中，显然富兰克林给杰弗逊所讲的故事十分简单，但是这个简单的故事却十分有效地使得年轻气盛的杰弗逊接受了自己的（暗中）劝说。这个故事之所以能够起到这样良好的效果，当然首先是因为富兰克林没有直接劝说，而是采用了迂回的策略。不过，更主要的原因其实不在于富兰克林的迂回思维，而在于其形象思维。试想，富兰克林即使是拐着弯劝说，但是如果不具有说服力，杰弗逊恐怕仍旧会不为所动。而这个故事，则是非常生动地体现出了一个道理：一个人做一件事时，即使自己看上去已经做的很好了。但是因为旁观者清，别人的意见也往往能够使得事情更加的完美，对事情本身大有裨益。可以说，这个故事正是非常恰当地折射了杰弗逊起草《宣言》一事，他一听，自然便明白了。

240 心理学家"解决问题"的地方

原来，心理学家带商人去了一个公墓。心理学家指着那些墓碑对商人说："你只要躺在这里，你便任何问题都没有了，你愿意吗？"还没等商人有所反应，心理学家又继续说道，"朋友，只要是活着的人，谁会没有问题呢，人活着不就是不停地解决问题的过程吗？"

商人一听，恍然大悟，立刻又燃起了斗志，并对心理学家表示深深的感谢。

这个故事中，心理学家的道理其实并不高深，商人本人都不可能没有听到或从书上看到过这样的道理。但这样简单的道理之所以能使意志消沉的商人

恍然大悟，便在于心理学家利用了一种形象化的方法，他直接将带商人到公墓去，使得他的道理更加形象生动，进而一下子击中了商人的心灵，使其受到震颤。同样的道理，有的人讲道理之所以能够使其更容易让人接受，往往是因为其善于运用形象化思维，使其更生动的缘故。

241 刘伯温的巧妙比喻

此画的意思是："冠（官）杂发（法）乱"。马秀英解释道："一眼看去，这是个头发很乱，头上戴许多小帽子的人。请看这帽子，大小不一，哪朝哪代的都有，杂得很。"帽子又称"冠"，"官"、"冠"谐音，"发"、"法"谐音，因此此画的含义，可解为"官多法乱"。

正因为刘伯温的画可谓形象生动，说服力强，朱元璋当机立断，放下私情，以从国家的问题考虑问题。这正是形象思维的妙用。

242 智者点醒青年

智者对青年人说："如果你烧不开，就把壶里的水倒掉一些！要想把水烧开，你只能或者多加些柴，或者少放些水。砍柴又慢，只有少放些水才能让你更快地把水烧开。从最近的目标出发，才会一步步走向成功。"

水迟迟未开，不仅是因为柴少，更是因为水太多。青年人只从一方面考虑问题，忽视了另一个方面。智者用烧水这一形象的比喻，告诉了年轻人失败的原因。

243 小太监讽谏

阿丑答道："你真是孤陋寡闻，连王越、陈钺都不知道吗？"

聪明的小太监巧妙地运用戏曲来

向宪宗进谏，形象生动，明宪宗很容易便接受了。众大臣多次劝谏，明宪宗听不进去；而一个卑微的小太监，轻巧的几句话，便使得明宪宗接受了谏言。

244 碰到熟人

罗西尼说："我遇到熟人就会行脱帽礼，在听您的曲子的时候，我遇到了很多熟人，所以才频频起来行脱帽礼。"

青年一听，顿时满脸通红。

罗西尼的举动可谓形象而幽默地将自己的不满表达了出来。

245 暗示

商人斥责道："你这个畜牲，你走不走，都只有这一瓶了！"

有的时候，有些话必须得要对方明白，但是也不能说的那么直接，否则会伤害到别人。故事中的主人就很聪明地借用一个故事表明了自己的心意，这是一种形象思维。

246 苏格拉底的妙喻

苏格拉底说："我就知道，打雷过后，一定会有倾盆大雨的！"

苏格拉达又一次用自己的风趣幽默化解了尴尬，而苏格拉底的话之所以听起来会风趣幽默，便是因为他打了一个巧妙的比喻，这其实是一种形象思维。

247 农民的理由

班主任生气地说道："如果你不让他读书，你家里就有两头蠢驴了！"

农民的思维方式显然是过于狭隘了，可笑的是，他居然认为一头驴比孩子的将来更重要。班主任则在情急之下，顺势说出了一句气话，这气话将家长比作蠢驴的同时，也警告了家长，如果孩子不读书，将来也会像驴那样蠢。

248 父亲巧妙教子

父亲对画家说："其实，你就和这个漏斗一样，如果你一次不要求那么多，那么你就会很顺利，一旦你贪得太多，你就会受到阻碍。记住，永远不要过于贪婪，只有这样，你才会生活得开心快乐。"

249 墨子教徒

墨子把耕柱子比作快马，说明非常器重他，正因为如此，才时时鞭策他，才对他如此严格。而他的那些师兄弟相比之下就如同黄牛一般，没有什么前途希望，如果对他们要求太严格，也许他们会索性不学了。因此，别人对你严厉甚至苛刻，往往是因为别人对你期望高，认为你值得鞭策，其实是件好事。

250 老子释疑

当砖头和石头摆在老翁面前时，老子问道："如果这两者只能择其一，仙翁您是选择砖头还是石头呢？"

"当然是砖头。"老翁得意地拿起砖头说道。

"为什么呢？"老子抚须笑问。

"这石头没楞没角的，我取它何用？而砖头好歹还能有点用处。"老翁指着石头回答道。

"那么大家是取石头还是取砖头呢？"老子这时向围观的众人询问道。

众人皆答取砖而不取石，理由同于老翁。

"是石头寿命长还是砖头寿命长呢？"听清众人的回答后，老子回过头来问老翁。

"自然是石头。"老翁犹豫了一下说。

于是老子释然而笑道："石头寿命长而人们却不择它，砖头寿命短而人们却择它，不过是因为它们一个有用、一个没用罢了。"

251 坚持真理

苏格拉底举起苹果后，对学生们说："这是一个假苹果，什么味儿也没有。不过现在，你们应该知道什么叫坚持真理了吧。"苏格拉底用这个比喻形象地说明了坚持真理就是在所有人都和你的意见不同的时候，你也要顶住压力，相信自己真实的感受。

252 演讲家的比喻

演讲家说："我知道，无论我怎么对待这张钞票，只要它还能花得出去，便总会有人举手。因为，虽然它皱了、脏了，价值却一点不变，还是一百块钱。我们人，不也一样吗？无论挫折还是灾难，都只会改变我们的表面，而不会改变我们的实质，只要你能挺得住，不趴下，你就还是你，你的价值永远不会变。"

关于人应该认识到自我价值的道理，显然很常见，而演讲家之所以能够用一个并不新颖的观点获得大家热烈的掌声，并使众多人受到鼓舞，原因便是他将这个道理以一个形象的比喻阐述了出来，看来令人感到生动形象，更容易打动人心。

253 装杯子的顺序

其实，杯子之所以能够一次次地装进新的东西，其关键便在于教授装东西的顺序，试想，教授所装东西的顺序颠倒过来，恐怕就不会装进那么多种东西了。教授的用意便是向我们阐明这样一个道理——在人生当中，我们也要去做那些最为关键的事情，分清主次，这样我们的生命才能更加饱满。这就是教授此举想要教给学生们的道理。

254 命运在哪里

"你看，无论是哪条线，现在都在你自己的手心里了。"朋友把我的手握成拳头后，微笑着对我说。我瞬间领悟：可不是，命运线全在我自己的手里，而且，一直都在。

"你再看，"他微微转了转我的拳头说，"有一小部分线你还没有攥住，它们就是我们生命当中那些不由自己把握的东西。而'奋斗'的意义就是：把能把握的尽可能都把握住，把不能把握的尽可能减少一些。"

255 绝无错误的书

实际上，教授正是通过这一"古怪"的举动形象地告诉大家一个道理：没有书是十全十美、毫无错误的，创造总是伴随着错误的。

256 丑陋的兔子

"那，一个和尚行为不检点，你却以之为代表做宣传，对于我们来说，难道就不会产生误会吗？"和尚微笑着反问道。

养兔大户立刻脸红了。

在这个故事中，和尚正是通过故意挑选丑兔子的行为来类比于养兔大户因为一个和尚行为不良而否认所有的和尚的行为，使他认识到自己的错误。正是因为形象生动，养兔大户才一下子认识到了自己的错误。

257 特洛伊木马

木马进城的那天晚上，有个黑影趁人们都睡着了的时候，瞧瞧爬上城墙，向海面上发出信号光，然后他又跳下城墙，跑到木马前，敲了敲木马的腿。那个人就是赛农。接着，20多名全副武装的希腊士兵从木马里爬出来，快速跑向城门，并把城门打开，城外黑压压的希腊士兵一涌而入。这就是奥德修斯的那条计策——迂回取胜。

258 三夫争妻

宋通判采用的就是死而后生之计，他给小娇喝的不是毒药，而只是一种麻醉药。小娇的死是他故意安排的，为的是考验三个男人的诚心。从思维上讲，宋通判用的是一种迂回思维。

259 诸葛亮出师

先生的题目是够刁钻的，怎样才能得到先生的允许出了庄门呢？学生们各显神通，但是都是先生预料之中的答案，这些当然不能让先生满意了，要想顺利毕业，只能突破常规的思维，给先生来个出其不意——

诸葛亮跑进屋里大声质问先生："你这个刻薄的先生，想出这样的刁钻题目来故意难为我们，三年以来，我们光阴虚度，现在你还不让我们出师，还想再浪费我们的时间呀？我不认你这个师父了，还我三年学费！"先生听到诸葛亮说出这样绝情的话，再看他一脸愤怒的样子，没有作假的痕迹，顿时气得浑身发抖，立即叫学生把他赶出水镜庄。诸葛亮依然不依不饶，连声讨要学费，好歹被学生们拉出了水镜庄。来到庄外，诸葛亮立即从路边捡起一根荆棘，背在身上，又跑回庄内，跪倒在先生面前，赔罪说："先生，弟子为了考试，无奈冒犯恩师，实在是大逆不道，弟子甘愿受罚！"说着，从后背解下荆棘送给水镜先生。先生立刻明白了，他非但没有生诸葛亮的气，还高兴地拉起诸葛亮，对他说："你的能力已经胜过了为师，可以出师了。"

诸葛亮没有编造理由出庄，而是怒斥题目的刁钻，继而冤枉先生浪费了自己三年的光阴，把一场假戏演得像真的一样。满腹委屈的先生，顾不得自己的题目了，愤怒地把诸葛亮赶出了庄园。

260 别具匠心

当然了。

夫妻俩把宋湘的对联贴到了小店的门上，顿时蓬荜生辉，非常引人注目。附近的秀才见了，就过来鉴赏，可是，却发现"心"字少了一点，就问是谁写的。夫妻俩据实相告。"想不到著名才子宋湘，居然连'心'都不会写，实在是奇闻啊！"秀才大笑出门去，把这件事四处宣扬。一传十，十传百，听到这个消息的各式各样的人，都过来观赏，顿时小店门前热闹起来，小店的生意也红火起来了，本来大家是来看宋湘笑话的，却忍不住赞美起小店的点心来，都说："果然是上等点心！"如此一来，"上等点心"的名声越来越大，小店的生意也越来越红火，没过多久就重新翻盖了一栋气派的酒店。过了很久，夫妻俩才明白宋湘的一片苦心，宋湘少了一个点的"心"字，正是他独具匠心之处啊。宋湘其实是利用自己的名声，给小店做了一个广告。

261 毛姆的广告

费尽心血完成的著作，却没有人理会，其实只要人们能稍微留意，就会发现这确实是一部意义深刻的好书。但是，令人沮丧的是，忙忙碌碌的人们，根本不会注意到那本默默无闻的好书，所以，当前最重要的任务就是让人们注意到它——

第二天，伦敦各大报纸都在醒目的位置刊登了一条征婚广告："本人喜欢音乐和运动，是个年轻又有教养的百万富翁。希望能和毛姆小说中主角完全一样的女性结婚。"未婚的女士读者们，甚至来不及看第二遍广告，就冲进书店，四处搜索毛姆的小说。她们想立即知道，自己是不是年轻富豪所要找的目标。而男士朋友们也不甘落后，想了解一下令富豪痴迷的完美女士，到底是什么样的。三天以后，毛姆的小说销售殆尽，而购书的读者依然数量不减，书店的工作人员只好抱歉地说："书已经脱销三次了！现在正在向出版社增订呢。"

毛姆利用少女们渴望美满爱情的心理，和男士们好奇的心理，成功地实现了自己的目的。

262 孔子穿珠

孔子仔细想了想那位妇女有些神秘的话：密尔思之，思之密尔，'密'难道是蜂蜜的蜜？哦，孔子恍然大悟，终于明白了那位妇女的意思。孔子回头抓了一只蚂蚁，在蚂蚁的身上系上一根细线，把蚂蚁放在珠孔的一端，在珠孔的另一端涂上蜂蜜引诱蚂蚁，果然蚂蚁禁不住诱惑，带着细线，穿过了珠孔。这样就顺利地给珍珠串上线了。孔子把串上线的珍珠扔给流氓们，然后扬长而去了。流氓们拿着珍珠目瞪口呆，怎么也想不到小小的蚂蚁居然帮了孔子一个大忙。

263 别具一格的说服

次日一早，萨克斯如约来到白宫。刚在餐厅前坐定，还没等他开口，罗斯福便抢先说道："今天不谈爱因斯坦的信，一句也不提，明白吗？"

萨克斯对此已经有所准备，他只是微微一笑，并点了点头，然后他装作漫不经心地对罗斯福说道："好的，我一句也不谈。不过，我想您不会介意我谈一谈历史吧！众所周知，当年拿破仑的军队横扫欧洲大陆，无人能抵挡，但是，他虽然很想，却唯独没有征服英伦三岛，你知道这是为什么吗？"

罗斯福作为一个政治家，对于这个问题自然是十分感兴趣的，不禁两眼聚精会神地盯着萨克斯，等待他接下来的解说。

萨克斯于是清了下嗓子，便继续道："当年英法战争期间，拿破仑的军队虽然在陆地上所向披靡，但是在海上与英军作战时却是屡战屡败。鉴于此，当年美国发明蒸汽机船的科学家富尔顿曾经前来专程拜见过拿破仑，他建议拿破仑砍掉桅杆，撤去风帆，用钢板代替木板，然后装上蒸汽机，这样就可以大大提高船速和船的战斗力。

"当然从我们今天的眼光看来，拿破仑如果采用了这种蒸汽机船，英国海军也就不堪一击了。但是，在当时的拿破仑看来，这完全是个笑话，他训斥富尔顿道：没有帆的船怎么能航行，把木板换成钢板，船还不沉到海底去，这不是天大的笑话吗！最后把富尔顿当做一个来自美国的大骗子给赶了出去。

"总统先生，请您想一下，如果拿破仑当初肯冷静下来认真考虑一下富尔顿的建议，结果会如何？19世纪的历史必将重写！"萨克斯停顿了一下后严肃地看着罗斯福说道。

罗斯福听到这里，便陷入了沉默，几分钟后，他拿出一瓶法国白兰地，给萨克斯和自己斟上一杯，然后举杯说道：

"你胜利了,我不会犯拿破仑的错误!"

264 巧妙的劝阻

阿南·拉西勒斯见到乔治六世后,没有直接对其陈述利害,而是从另一个角度说道:"国王陛下,我听说您明天要和首相一起前去观看诺曼底登陆,这的确是件令人兴奋的事情。不过,作为您的秘书,我有必要提醒您,在您临走之前,您是不是应该对伊丽莎白公主交代一些事情。因为万一您和首相同时遭遇不测,王位由谁来继承?首相的人选是谁?"

听到阿南·拉西勒斯的话,正在兴头上的乔治六世像是被兜头泼了一盆凉水。他立刻清醒地意识到自己和首相的想法都实在是过于不负责任了,只考虑了个人的浪漫和荣誉,而完全忘记了自己对于国家所负的责任。

于是,他立刻给首相丘吉尔写信,他解释说自己虽然很想像古代国王那样,亲自率领英军作战。但是从目前的情况来看,这样做不仅对国家无益,反而是极不负责任的做法。因此宣称自己收回成命。并且,他也劝首相不要这样做。丘吉尔最终也接受了他的劝告。

265 郑板桥巧断悔婚案

郑板桥将财主打发走后,便将穷公子找来,问他道:"你愿意解除婚约吗?"穷公子流着泪说道:"学生自然不愿,这是家父当初为学生定下的婚姻。俗话说,父母之命,媒妁之言。我也并非贪图他家钱财,只是觉得这是父母当初定下的婚姻,想要给九泉之下的父母一个交代罢了!"郑板桥听这年轻人说得有礼有节,条理清晰,便更加欣赏他了,于是对他说道:"现在你的岳

父之所赖账,是因为你无钱无势。现在呢,我将他送给我的一千两银子转送给你,你就不穷了;我认了他的女儿为干女儿,你们成亲后,从今以后你就是我的干女婿了,你也就有势了。他也就没有理由解除婚约了。不过,我之所以这么帮你,也是因为看你人品不错,又有才学,将来肯定不会久居人下。你可不要辜负我和我的干女儿啊!"穷公子一听,又喜又感激,立刻给郑板桥口头谢恩,并保证一定努力上进,不辜负郑板桥和他的干女儿。

接下来,郑板桥又将财主以及他的女儿找来,对财主女儿说:"好了,你现在是我的干女儿,可要听从我的安排啊!"

财主女儿点点头。财主更是在一旁奉承:"那是当然,那是当然!"

然后,郑板桥便叫来了穷公子,对财主说:"现在,你这个女婿有了一千两银子,也不算很穷了。与小姐成婚后,就是我的干女婿,也算是有势了。这下你没有理由解除婚约了吧。况且,几个月后就是秋闱了,到时他一旦考中,更少不了高官厚禄,你这个岳父还有什么不满意的呢!"

财主这才知道,自己完全上了郑板桥的当了,这等于是自己搭了一千两银子嫁女儿。不过想想郑板桥的话也不无道理,这个女婿眼下虽然穷,倒也的确有些才学,是个上进之人。于是,财主便答应了这门亲事。

最后,郑板桥因怕财主反悔,便说道:"俗话说,择日不如撞日,我看就在今天我亲自为你们主持婚礼!"

财主也答应了。巧的是,这年秋闱,这个穷公子还真考中了,于是财

主以及小夫妻三人对郑板桥都十分感激。

266 记者装愚引总统开口

这个记者故意自言自语地说："想不到这里如今还在用锄头开垦土地呢！"

"胡说！"坐在一旁的胡佛一听，对于这位对美国农业"毫不了解"的记者感到十分愤怒，"这里早就用现代化的方法来进行垦伐了！"接着他便大谈特谈起美国的垦殖问题来了。就这样，这位记者达到了自己的目的。不久，一篇内容详尽的《胡佛谈美国农业垦殖问题》的新闻报道就见了报。

267 东方朔劝汉武帝

东方朔和方士一起来到了宫里后，声称自己已经上过天了，有方士作证，说罢示意方士证明。方士深恐别人指责他没有道术，于是便绘声绘色地向汉武帝描述了自己和东方朔一起在"天上腾云驾雾"的经历。不仅如此，为了证明自己的道术高明，他还添油加醋，说得神乎其神，还将与天神见面的场面说得十分真切。

没想到等方士说完，东方朔又反过来将老底兜了出来，对汉武帝从头到尾地讲述了事情的真实情况。最后告诉汉武帝："这下您明白这些方士是些什么人了吧？"汉武帝一听，便不再信任这帮方士了，也明白了根本不存在什么不死之药。

在这个故事里，东方朔从一开始便抱定了"项庄舞剑，意在沛公"的心思。他从拆穿方士骗人嘴脸的角度，使得汉武帝不再信任那帮方士，进而也就不再相信不死之药这回事，这是一种巧妙的迂回思维。

268 诸葛亮智激周瑜

诸葛亮到达东吴后，首先便是前来拜访周瑜。寒暄之后，周瑜问诸葛亮有何办法抵抗曹操。"曹操来势汹汹，兵多将广，其本人又善于用兵，硬拼恐怕难以抵挡。"诸葛亮假意沉思说道，"不过，愚倒有一计：只须派遣一名使者，送两个人给曹操，曹操得到这两个人后，定会引领百万大军北还。"

周瑜一听，很是好奇，问道："哪两个人，有如此大的作用？"

诸葛亮于是将着胡须煞有介事地说道："我尚在南阳隆中居住的时候，听说曹操曾在漳河之上建造了一座铜雀台，很是雄伟宏壮。曹操自称要搜集天下美女，置于台上，以供自己晚年享乐。那曹操一向是个好色之徒，他听说江东乔公有两个女儿，大女儿名叫大乔，小女儿名叫小乔，两人均有沉鱼落雁之容。因此，曹操曾经当众对文武大臣说过，他此生有两个愿望，一个便是荡平天下，统一海内；第二个便是得到江东二乔，将其安置于铜雀台上，此生死而无憾了。如今曹操雄兵百万，陈列江东，表面上是虎视江南，实则只是想得到二乔而已。因此，将军何不派人前去找到乔公，花重金买得此二女，送与曹操。岂不是简单！"

周瑜听罢，隐忍发问道："你说曹操想要得到二乔，可有什么凭证？"

诸葛亮假意一本正经地说："如果是子虚乌有，我也不敢到将军面前献此计。曹操的儿子曹植素有才华，当初铜雀台落成之际，他便曾奉父命作了一赋，名曰《铜雀台赋》。在该赋中，便表露他曹家要当天子，同时又想得到二乔的愿望。"

"先生可还记得此赋内容？"周瑜阴着脸问道。

"我因喜爱此赋文辞，曾熟读此赋，因此已能背下。"诸葛亮说罢，便背诵其该赋来。

当背诵到"立双台于左右兮，有玉龙与金凤。连二桥于东西兮，若长空之蝃蛛"几句时，诸葛亮舌头一转，将其改成了"立双台于左右兮，有玉龙与金凤。揽二乔于东南兮，乐朝夕之与共"。

周瑜一听到此句，勃然大怒，站起来指着北方大骂道："老贼欺我太甚！"

诸葛亮假意问道："从前匈奴人侵犯我汉朝边境，汉天子曾将自己的公主送与对方和亲，将军又何惜两个民间女子呢？"

周瑜于是说道："先生有所不知，这大乔是先主孙策将军的主妇，小乔则是我周瑜的妻子。"

诸葛亮此时立刻装出一副惶恐的样子，连连谢罪："我实在不知，刚刚失口胡言，实在是死罪！死罪！"

周瑜此时怒气还未消，仍旧说道："我周瑜一向就有心北伐，如今曹操公然南下犯我，我定然与老贼拼个鱼死网破。望先生能助我一臂之力，攻破曹贼！"

"如蒙将军不弃，愚愿效犬马之劳，早晚听从将军差遣！"

于是，在周瑜和诸葛亮对孙权的共同说服下，孙权同意与刘备结盟，共破曹操。

269 新知府"絮叨"问盗

新知府呵斥盗贼道："别人都说你狡诈，果然是不错。这三天来，我故意重复问你同一个问题，可是每天你的回答都不一样。对于这些家常小事，你尚且撒谎，在你犯罪这样重大问题上，你如何让人信你的话！现在你撒谎的记录已经明确记录在案，对于你这样的狠毒狡诈之徒，我现在就是将你当堂打死，到时也可用这个记录交代上级，得到理解，而不会受到责怪。现在你如不老实招供，我立刻就用大刑伺候你！"说罢，便喝令衙役用刑。强盗一看，顿时服软，表示愿意交代，并在书面上保证永不再翻供。

新知府之所以能够令强盗服软，便是他先迂回地证明了强盗狡诈、没有信用的本性，使得强盗心服口服，心理防线崩溃，进而老实交代了罪行。

270 魏徵巧劝唐太宗

魏徵说："臣以为陛下是在观献陵（唐高祖李渊的陵墓）呢！原来是昭陵，那臣早就看见它了！"

271 长孙皇后劝唐太宗

长孙皇后对唐太宗说："陛下，我之所以给您道喜，是因为我听说'主明臣直'。只有皇帝英明了，大臣才敢直言净谏；如果皇帝昏聩，周围的人便会是一些阿谀奉承之徒。如今我看到魏徵敢于当面提出您的缺点，甚至惹得您发怒，这正说明我们大唐有英明的皇帝，同时又有魏徵这样的刚直之臣，实乃我大唐之福，我如何能不祝贺呢！"

实际上，长孙皇后的这番话便是在拐弯抹角地为魏徵求情，同时也是在拐弯抹角地奉劝唐太宗要像以前那样虚心纳谏。通过这样一种方式迂回地说出来，显然令唐太宗更容易接受。

272 劝章炳麟进食

"老师您想一下，"王揖唐解释道，

"袁世凯如果真要杀您，他早就动手了，何必将您幽禁这么长时间？其实，他也不是不想杀您，但是，他是不敢啊！袁世凯这个人我是十分了解，其狡诈正像曹操一样，他是不想留下杀士的千秋万代骂名啊！而如果您自己绝食而死，则他既解决了心头之患，又不用落下骂名。因此老师您是用自己的性命成全了袁世凯啊！"

章炳麟一听，便立刻开始进餐了。

273 林肯迂回拆谎言

林肯说道："证人一口咬定是在10月18日的晚上11点清楚地看到了被告的脸。我请大家想一想，10月18日那天正是上弦月，晚上11时月亮已经落下去了，哪里还有月光？即使退一步说，证人所记的时间不够准确，就算将他时间提前一些。请诸位想象一下，当时的月光是从西往东照，草垛在大树的东边，如果被告的脸正对着草垛，他脸上显然是不可能有月光的，证人又是如何凭借月光看清被告的脸的？"

在故事中，林肯面对对方的谎言，没有直接进行驳斥，而是先逗引着对方将话说完，将自己的错误完整地暴露出来，以免其在后来抵赖。最后，林肯再运用严密的逻辑使得对方哑口无言。这里，林肯所用的也是一种迂回思维。

274 孙宝充称馓子

孙宝充命人到街上其他货郎那里买来一枚油炸馓子，当众称出重量，然后再叫人将王二的碎掉的馓子捧起来称出重量。然后，再将两者进行相除，即得出了王二的馓子数量。原来，总共只有120枚而已，王二脸红着接过青年赔的钱，向孙宝充道谢后离去。

这里，从正面看，馓子碎了，要想数出其个数，似乎是根本不可能的事情。但是，如果能绕着弯子想一下，办法是如此简单。孙宝充之所以能解决这个问题，便是因为他利用了一种迂回思维。

275 神甫的答案

神甫在盒子里放了一只老鼠。两人打开盒子，看到老鼠后，认为这就是神甫的答案，于是都迫不及待地扑上去想捉住神甫的"答案"。但老鼠一下子钻进洞里不见了。两个傻瓜一看自己让神甫的"答案"跑掉了，便不得不承认自己是真的傻瓜。

276 拥挤问题

智者这次对妇女说："好了，现在你回家去，不要让母牛再住在里面了，一个星期后来找我。"妇女于是回去了。一个星期后，她来到智者家里告诉智者："我按照你的办法做了之后，现在情况好多了！"然后，智者又告诉她："嗯，很好，现在你回去，也不要再让那些鸭子住在屋里了，一个星期后再来找我。"于是妇女回去了。一个星期后，她很高兴地告诉智者："现在，我和丈夫、孩子以及公婆都十分安乐地生活起来了。"

277 富翁教子

过了一星期，富翁的儿子回来了。其实，他自己攒了一些私房钱，他出去的这一星期，不过是到城镇里租了个旅馆住下来，然后白天在城镇里游玩，晚上回旅馆睡觉而已。一星期后，他玩腻了，便带着一块钱的硬币回到了家里。他将这一块钱递给了父亲，谎称这是他在伐木场伐木挣来的。但是，没想到父亲只是看了他一眼，便将这一块钱扔进了壁炉里，然后说："这钱不是你挣的。"儿子也不明白父亲为什么只看了一眼自己的钱就识破了自己的诡计。也不敢多问，他又出门了。

这次富翁的儿子同样是老办法，又是到城镇里玩了一星期，将自己的钱都玩没了，最后他只留下了一块钱的硬币，又带着回家了。路上，他心想，父亲之所以一眼看出来钱不是自己挣的，可能是因为自己身上太干净了，又没有一点疲惫的样子。所以，这次，他回家没有像上次那样坐车，而是徒步回家，并且还故意绕了远路，又故意将自己饿了一顿，使得自己看上去又累又疲惫。回到家后，他又将自己这最后的一块钱交给了父亲，谎称这是自己在农场给人干活挣来的。但是，没想到的是，父亲仍是看了一眼自己，然后便又将钱扔进了壁炉，并同样说道："这钱不是你挣的。"儿子一听，感到奇怪的同时又感到很沮丧。看来，是骗不了父亲了，他又出门了。

不过，这次他决定自己真的去挣一块钱交给父亲，况且，他的私房钱已经花光了，要想吃饭，他也不得不去自己挣钱。最后，他来到了一户农家，帮人家干家务，劈柴、挑水、割草，整整干了两天，累得身体快散了架，才赚到了一点零钱。第二天，他又来到了一个铁匠铺，帮铁匠拉了两天风箱，两只胳膊痛得快掉下来似的，又赚了一点零钱。因为他只是个少年，挣的钱本来就不多，再加上自己的吃饭用度，几天下来，他剩下的钱还是不够一块。于是，他牙一咬，还真的到一个伐木场，伐了两天木材。这样，他才最终凑够了一块

钱的零钱，并将它们换成了一个硬币，带着它高兴地回家了。

这次，他是充满骄傲地将一块钱递给了父亲。没想到父亲又是同样的举动，看了一眼自己后再次将钱扔进了壁炉，并说这钱不是儿子挣的。这下，儿子急了，立刻打开壁炉，用铲子将里面的灰烬都挖出来，然后从中艰难地找到那个硬币，小心翼翼地将它吹干净。他这次几乎急得快要掉泪了，看着父亲说道："爸爸，这次这一块钱真的是我挣的！"

这时，富翁笑了，对儿子说道："这次我信了！"接下来父亲又解释道，"只有你自己用汗水挣来的钱你才会珍惜啊！上两次我其实并不知道那钱不是你挣的，只是我将钱扔进壁炉后，你没反应，我才知道那钱不是你挣的。而这次，从你对这一块钱的爱惜中，我相信了这一块钱是你挣的了。现在，你该知道挣钱的艰辛了吧！"儿子信服地点了点头。

278 智断婆媳纷争案

原来，徐县令提前在面条里放了呕吐药。两人刚吃完面条，便感到腹中一阵难受，当场将胃里的东西吐了出来。徐县令命衙役上前查看两人各自吐出的都是什么，衙役回禀，婆婆吐的都是面条和鱼肉，而媳妇吐的都是面条和青菜萝卜。这时，徐县令将惊堂木一拍呵斥道："大胆刁老太太，分明是你自己虐待媳妇，却反过来倒打一耙，诬告媳妇。本官若不看你上了年纪，今天又是生日，决不饶你！回去后好生对待你的媳妇，若再有刻毒行径，本官定然连这次的账和你一起算。"老太太一听，便羞红着脸，灰溜溜地和媳妇一起回去了。

279 县令学狗叫

原来，读书人进了县衙后对县令说："大人，您新到任，对这里的情况恐怕不熟悉。这里的盗贼很多，因此我想请您下令，让家家户户都养狗。这样，盗贼一来，狗就会叫唤，久而久之，盗贼也就不敢来了！"

县令一听，点了点头说道："如果真是这样，你说的有道理。这么说我的府里也得养几条狗了，可是，一时之间这狗还不好找呢！"

读书人便回道："这个简单，我家里便养了一群狗，如果大人需要，我改天送几条到您府上便是！我家的狗还比较特别呢，它们的叫声和其他的狗还不太一样！"

县令好奇地问："怎么个叫法呢？"

读书人回道："是恸恸、恸恸地叫！"

县令便说："这样看来，你家的狗并非是什么好狗，恸恸叫的狗不好，好狗的叫声是汪汪、汪汪的！"边说县令边学起狗叫来。

280 花农的疑惑

植物学家让布兰科把自己罕见的花卉种子无偿地送给了邻居们，大家一起来种这种名贵的花卉，从而就避免了被本地花粉所"污染"。其实这也就是所谓的"资源共享"。

许多时候，自己想得到好处，首先要让别人得到好处，然后好处才会"回过头来"眷顾自己，这是一种迂回思维。

281 吃美金的"芭比"娃娃

"芭比策略"的实质其实是"诱敌术"，也就是变着法子掏消费者的钱。在现代的经销概念里面，经营者为消费者设置了环环相扣的营销计划。经营者先用很低廉的价格与漂亮的娃娃抓住了父母的眼睛。当他们把这个礼物送给孩子的时候其实正在一步步走进他们设置的圈套。从思维上来讲，"芭比策略"所体现的乃是一种迂回思维。

282 巧立石碑

明成祖到工地以后，他先叫人从别处运来土把龟埋起来，然后顺着土坡将碑拉上去，等到碑建好了之后，再将土去掉。这样就成功地把那座石碑弄到了龟的背上。

其实这就是古时候建筑上经常会使用的一种方法"推土法"。这个办法运用的就是一种"迂回思维"。这种思维办法就是借助另外的一种力量去解决问题，看似无法解决的问题，通过第三方的力量就会变得容易多了。迂回思维就是利用、改变或者自己创造适合的条件，间接地作用于事物上面，从而达到顺利解决问题的目的。这种办法在平时的生活工作中也偶尔会有遇到，我们应该学着利用这种思维方法去处理一些生活中遇到的难题。

283 特别的广告

格林想到的办法是改变一下妻子对于钓鱼的态度：

广告刊登出去的第一周，路易斯收到了来自不同地方的5位不同笔迹女性的来信，她们都说平时特别喜欢吃鱼，她们愿意出2倍的价钱从路易斯那里买下约翰先生。

第二周，先后又有不同地方不同姓名不同口音的10位寡妇打来电话说她们居室非常小，只放得下一张双人床，所以正想找一个不喜欢回家的丈夫，她们愿意出 3 倍的价格买下约翰先生。

第三周，又有 15 位"狩猎爱好俱乐部"的会员美女表示：因为和约翰有着相同的爱好，所以愿意出 10 倍的价钱买下约翰先生。她们说能和志同道合的人一起每天去钓鱼，那么将是这辈子最幸福的事情。

第四周，路易斯在家门口捡到了一张约翰和一位年轻貌美的女子的合影。照片上的他们依偎在河边钓鱼感觉非常甜蜜。

路易斯此时感觉到了事情的严重性，于是赶紧去撤销了"出售丈夫"的广告。接着她特意去买了一些关于钓鱼和狩猎方面的书，然后跟随丈夫约翰先生一起去钓鱼狩猎，寸步不离丈夫。一场濒临破亡的婚姻就这么被挽救回来了。

284 薛礼借麻雀攻城

薛礼先放出了第一批麻雀，它们爪子上面带的是硫磺和火药；紧接着，他又命令把第二批爪子上拴着点燃的香头的麻雀也放了出来。这些麻雀一样飞到了城里的草垛上面觅食，不一会儿，它们带来的香头就把装着硫磺和火药的小袋子点燃了。

很快城里的草垛就这样燃起了熊熊大火，而敌军此时根本就不知道什么原因让草垛着了起来。薛礼抓住了这个好的时机，带领士兵一举攻进了城里，结果大获全胜。

285 帅克打赌

帅克知道与警察打的那个赌，无论是谁都不会赢，因为人不会在一夜之间长出一只尾巴。所以当他和警察打完赌之后，就跑到了警察的父亲、舅舅、

叔叔面前和他们打赌说警察会愿意让帅克摸屁股，他们当然不会相信，于是每个人都赌了 100 元钱。

当警察让帅克摸了屁股之后，帅克就一下子赢了 300 元钱，虽然最后输给了警察 100 元，但是最后自己依旧是赢家，而且他还让警察在亲人面前丢了脸。由此，我们也明白了，帅克之所以打赌老是赢，并不是因为他运气好，而是因为他善于动脑筋。

286 纪晓岚吃鸭

假如按照常规思维纪晓岚无论怎么吃都不能在 10 天之内吃下 100 只鸭子。纪晓岚采用的是一种很特别的办法。

第一天，他杀了 30 只鸭子，然后把鸭子剁成了肉丁，撒给其余的 70 只鸭子吃；第二天，又杀了 20 只鸭子，采用同样的办法喂给了其余的 50 只鸭子；第三天，第四天……纪晓岚采取同样的办法，等到第十天的时候，就只剩下了 1 只鸭子，纪晓岚自己美美地吃了一顿。

287 整治治安的方法

这其实体现的便是一种迂回思维。因为警察发现，在一个干净的场合人们比较不容易犯罪，还发现通过抓逃票的人员能够有很大的收获。经过调查，他们发现每七个逃票的人当中就会有一个是通缉犯；每二十个逃票的人当中就会有一个携带武器，所以从抓捕逃票的人入手，能够很好地震慑歹徒。

歹徒们出门不敢携带武器，之后加上整个社会环境的改变，犯罪的恶性循环被打破了，因而社会治安便越来越好。

288 "傻"老板

大部分人对于接受新事物总是需要时间的。对于当时的人们来说，煤油炉和煤油是新事物。人们对新事物的接受还需要一个过程。正是因为这个公司的老板认识到了这一点，他才会想出聪明的办法——先让居民免费使用产品。这就是让居民接受新事物的第一步。等到家庭用完了免费送出的煤油之后，他们已经认识到了新产品的好处，如果他们又想继续使用该产品，自然就会向公司购买。这样，公司的销路就打开了。所以说，这个老板一点也不傻。这个老板正是使用了一种迂回思维，达到了自己的目的。

289 纪晓岚不死的理由

纪晓岚是这样说的："刚才臣正要去投湖，正巧遇见了屈原。屈原向我说道，他当年投河的原因，是因为楚王昏庸，听信小人谗言，然后问我为什么要投湖，问是不是当朝的皇帝也昏庸了。我就和他说，我们的皇帝是一代明君，明智到无人能及，生在这样的环境里，我们的臣子是不能有跳湖的想法的。所以，我就回来了。"

纪晓岚在这个很危急的时刻里，不仅没有乱了阵脚，还能机智地想起屈原投江的典故，并且巧妙地利用这个典故破解了皇帝的难题，保全了自己的性命。

290 诗没有被偷走

查尔斯是这样说的："一般情况下，我是不会轻易向别人道歉的。但这一次，确实是我错了。我原以为艾尔弗雷特的诗是从书上偷来的，但是，当我找到那本书的时候，我发现，那首诗依然

在那里，他并没有被偷走，所以，我就决定向你道歉了！"

很明显，查尔斯的道歉不是真的道歉，而是在讽刺艾尔弗雷特。对于这种厚颜无耻的人，讽刺才是最好、最有利的反击。

291 管仲买鹿

管仲这样做，是为了让楚人全都进山捕鹿，以致楚国的田地荒芜，无人耕种，到那时候，楚国就会出现大饥荒，然后大兵压境，还怕楚国不降吗？果然，管仲的策略起到了效果，两年之后，楚国果真出现了粮荒，面对齐国的进攻，楚王只好示好称臣。

管仲通过看起来毫不相干的买鹿行为，达到了迫使楚国称臣的目的，这是一种典型的迂回思维。

292 聪明的妻子

和尚对农民说："看到你们早上同出，晚上同归，一块吃饭，一起干活，有说有笑，恩恩爱爱，我羡慕得都准备还俗了，你怎么反过来想做和尚呀？"

原来，这一切都是农民妻子预料好的，她看自己的丈夫想要出家，心想如果直接阻拦，丈夫可能态度更加坚决。同时他知道，丈夫要拜在和尚庙里出家，首先要经过和尚的同意。于是，她便故意表现得和丈夫很恩爱，以让和尚看到。果然如她所料，和尚羡慕起了他们，劝阻了他的丈夫。另外，她知道，即使和尚不羡慕他们，在看到他们的恩爱情形后，出于出家人的慈悲，也一定会尽力劝阻丈夫出家的。

293 转达一下

主管说："最近，我发现年轻的女职工中有人说话有点随便，有损公司的

形象，请你代我转告一下好吗？"

主管充分尊重了职工的自尊心，只是让女职员转告其他女职员，但是，女职员肯定也知道主管也是在委婉地说自己。这样一来，既保留了和气，也收到了效果，一举两得。

294 催款妙招

原来商人在店前登了一个告示，上面写了一些欠款人的名字以及所欠的数额。其实，这些人名都是虚构的，那些真正欠钱的人一个都没有登上。这样一来，每一个欠商人钱的人都觉得商人因为跟自己的关系铁，故意给自己留了面子，于是都很感谢商人，并把借的钱还了。

催债确实是个麻烦事，如果硬催，很有可能会伤了感情，断了情谊；但有时又不能不催。那么，就迂回一下，看似麻烦的问题便瞬间解决了。

295 创意营销

厂商们面对一扇紧闭的"大门"，没有直接去推销自己的产品，而是顺应学校方面希望学生积极学习的心理，采用奖励成绩好的学生的方法，得到了学校的同意，打开突破口。然后，又一步步地扩大战果，自然而然地将这学校的禁令给化解掉了。

296 聪明的约瑟夫

约瑟夫的花生米里面放了盐，人们吃完花生米之后，不一会儿就会感觉到口渴，这个时候约瑟夫就把自己早就准备好的柠檬水拿出来了，转眼之间，约瑟夫的柠檬水就卖光了。

这样下来，约瑟夫一个晚上就挣了不少钱，而杂技团的票全部卖出，也赚了不少钱。

约瑟夫赠送花生米的行为，是为他后来的柠檬水的销售做铺垫，正是用这样一种迂回思维，约瑟夫挣到了钱。

297 巧取王冠

泰丝蕾·娜尔德媞把地毯从一端卷起来，这样，她稍一伸手就可拿到王冠了。

298 你需要割草工吗

"哦，我只是想知道劳伦太太对我做的活儿是否满意。"男孩说道。

299 林肯的回绝

林肯对老妇人说："尊敬的夫人，听完您的话我很感动。您一家三代为国家服务，我代表政府深表敬意。您的家族为国家所做的贡献已经够多了，我又怎么忍心让您的儿子再去从军冒险呢？另外，您也应该给别人一个为国家效力的机会，您说呢？"

老妇人来为儿子要上校头衔的理由很充分，林肯无法正面回她。然而，林肯知道怎样从对方的心理出发去考虑问题。他站在老妇人的立场，给出了体面而又恰当的拒绝理由。

300 一则广告

商人的广告是这样写的："上星期日傍晚，有人曾见某君从教堂取走雨伞一把，取伞者如不愿招惹麻烦，还是将伞迅速送回布罗德街 10 号为好。此君为谁，尽人皆知。"取伞者因为怕惹麻烦，所以把伞送来了。其实，这则广告还是有漏洞：既然知道是谁取伞了，那何必再登报呢？所以，商人说还伞的人还是老实的。

301 张良用蚂蚁计赚楚霸王

其实，石碑上由蚂蚁组成的"楚

霸王乌江自刎"这几个字并不是上天的意思，而是刘邦的谋士张良事先预测到项羽可能会逃到乌江边上，因此提前给他设置下了陷阱——他知道项羽有些迷信，因此利用了蚂蚁喜欢吃糖的习性，叫人把糖熬成了糖浆，然后用糖浆在乌江边的那座石碑上写了"楚霸王乌江自刎"这几个大字。蚂蚁闻到糖浆的气味，就沿着被涂了糖浆的这几个字吸食起来。生性鲁莽的楚霸王当时在紧急的情况下，便不辨真伪，没有仔细琢磨其中的奥妙，草率地作出了错误的判断，可怜他一世英雄就此殒命。

302 巧妙的谋杀

原来凶手为了摆脱嫌疑，故意制造出了一种自己不具备作案时间的假象。他在上午将卡尔雷诺绑在树上，用生牛皮在他脖子上密密地绕了三圈，但这些牛皮没有紧到会令人马上窒息的程度，然后凶手就离开了现场。生牛皮在烈日的照射下会渐渐干燥，慢慢地紧缩。由于中午和午后的阳光逐渐强烈，生牛皮在卡尔雷诺的脖子上也就越勒越紧，当生牛皮紧到会让人窒息的时候，卡尔雷诺呼吸也越来越难，终于在下午三点左右死去。而此时的凶手则故意找到一个别人能看到他的地方，以证明自己不在死亡现场。

303 雪地救女

玛丽尼在雪地里急中生智，她用一块岩石片割裂了自己的动脉血管，然后在雪地里爬行了十几米的距离。正是雪地上那道用血染成的红线，引起了救援人员的注意，他们立即赶到，救回了卡莎林，而玛丽尼由于失血过多，已经没有了气息。

304 兔子的论文

看看太阳快落山了，吃饱喝足的狮子从洞里走了出来，它抚摸着兔子的脑袋说："合作愉快，别忘了，明天接着在这里证明你的论文。"

305 珠宝老板妙招促销

珠宝店老板的解释是："新闻报道中并没有说那人就是戴安娜王妃，只是周围的观众把她错误地看成了戴安娜王妃而已。"

306 范西屏借店饲驴

范西屏把小毛驴给店主之后，就一个人过江去省亲了。

一个月过后，范西屏如约而至，店老板见是他，很高兴地摆下棋盘准备继续与他下棋，好再赢他点什么。但是让布店老板想不到的是，这次下棋，情况截然不同，从一开始，范西屏就占据着主动地位，并且很快就胜利了。败下阵来的店老板没办法，只好把小毛驴还给了范西屏。这样一来，自己就白白地替范西屏喂了一个月的驴。

307 女中学生智擒小偷

小梅想了一下，拿起自己刚买的那张门票，走到那个人面前问："先生，我刚买到这场演出的门票，现在有事去不了了，你要吗？"那个小偷得手后正好没事可干，听到有人主动让票就高兴地答应了。然后小偷安然无事地去看演出了。

小梅此时一口气跑到了附近的警察局，将事情一五一十地向警察说明白了，然后又把那张票的具体所在位置告诉了警察。警察赶到剧院正好抓了个正着。

308 声东击西

原来，这个商人是个新式胶水的

生产商，他正是通过这个办法来推销自己的胶水。在看到众人都无法揭下金币之后，他就借机站出来解释道，金币之所以被粘得如此牢固，就是因为使用了他所生产的胶水。自然，有事实佐证，他的胶水自然得到了大家的认可。并且，更为重要的是，因为这件事十分有趣，远近的人们都很快得知了这一事情，商人的胶水便迅速成为知名的产品，商人发财自然是顺理成章的了。

有时候，在报纸上登广告未必能够取得好的宣传效果，而一个好的点子则能够使得产品瞬间为大家所知并接受。

309 简雍妙谏刘备

原来简雍说的话是："这两个人有进行通奸的作案工具，自然便应该被抓。"显然，简雍是在借用比喻来讽谏刘备。

这里，简雍显然是以这件事来和抓捕私藏酿酒器具的百姓的事进行了类比，因为这对男女具有通奸的"工具"便将他们抓起来，自然是荒谬的。但是，因百姓拥有酿酒工具便将百姓抓起来显然也是同样的道理。显然，一个国家的法律必然只能是以事实为依据，而不能以人有某些犯罪的条件就认定其有罪。简雍用逻辑上的类比方法把这一道理说得极其透彻，又极其浅显，因而使刘备不能不采纳。

310 智者比尔巴

比尔巴带着一副金绞架和一副银绞架进宫后，对国王说："陛下，这副金绞架是给您做的，这副银绞架是给我做的，因为您和我也同样是丈母娘的女婿呀！"国王一听，哈哈大笑，立即取消了这个荒唐的命令。

311 望梅止渴

曹操想起了梅子，想起了梅子那酸酸的味道，不知不觉就流出了口水。顿时，曹操感觉好一些了，不那么渴了。曹操想：如果能让大家都想想梅子，不是也能解渴吗？于是，曹操骑上马，跑到一个小土坡上，大声对下面的士兵们喊道："前面有一片梅林，里面的梅子现在都熟了，大家赶紧走，去摘一些梅子解解渴。"士兵们听了，想起梅子那酸溜溜的味道，顿时生出许多口水，就不觉得那么渴了，于是，纷纷站起来，快步向曹操手指的方向前进。

312 聪明的一休

原来，一休一字一句地说："我的肚子是条平坦的大道，不过，并不是任何东西都能从大道上通过的。因为还有我的嘴作为这条大道的关卡。出家人不杀生，不尚武，喜欢和平清静的生活。因此，我绝不容许舞刀弄枪的武士从我的肚子里通过。"

在这个故事中，小一休先是通过将自己的肚子比作大道的比喻使自己吃荤的行为得到了解释，然后对于足利义满的趁机发难，则又通过将自己的嘴比作关卡的方式，使得自己转危为安。两个比喻都合情合理，令人信服，乃是对于形象思维的两次成功运用。

313 一把珍贵的雨伞

商人不动声色地在小镇上租了一间铺面，做起了修理伞的小生意，渴望有朝一日能见到自己那把伞。时间一天一天过去，凭借自己的热情和气、心灵手巧，商人的客户也越来越多了，他每天都要经手很多把伞，但是大半年过去了，还是没有发现自己的伞。商人依然不动声色。一天，商人到街上买菜，无意间听到两个人的对话，一个说："那把伞就不用再去修了，已经那么破了，修理费都要赶上一把新雨伞的钱了。"另一个说："就是，现在一把伞也值不了多少钱。"商人听了就想："也许我那把伞已经破的不值得修了，被人扔在角落里不用了呢。"商人沉吟片刻又有了一个好主意。

第二天，商人在铺面门前打出一条广告：油纸伞以旧换新。有这样的好事，行人们纷纷过来询问："老板，有这样的好事，我的旧伞，能换你的新伞？"商人笑着说："当然，特别是竹柄的油纸伞更能换得最好的伞。"人们得到肯定答复后，纷纷回家拿旧伞来换新伞。没过几天，商人的店里来了一个中年妇女，她小心翼翼地问："我这把竹柄油纸伞能换把好伞吗？"商人看到的正是自己日思夜想的那把伞，他强压着心中的激动，不动声色地收下伞，他用目光一扫，发现竹柄完好无损，转身从店里挑出最好的一把伞交给那妇女，目送着她高兴地离去，商人缓缓关上了店门。

打开竹柄，所有珠宝玉器，全部完好无损，商人顿时瘫倒在地，悲喜交集，半天缓不过劲来。当天夜里，商人就悄悄地走了。

面对巨大的不幸，商人没有顿足捶胸、号啕大哭，没有唉声叹气、听天由命，而是冷静、积极地寻找解决的办法。

314 巧用滑车逃命

巴莫先将30公斤重的铁锤放在筐里降下去，然后让重40公斤的侍女坐在空筐里降下去；巴莫再将升上来的铁锤从筐拿出来，叫依娜坐在空框里降下去，侍女则又升了上来；依娜到达地面后，从筐子里走出来，侍女也从筐子里出来，回到塔中；接下来巴莫再将铁锤放在筐子里放下去，到达地面后，依娜重新坐进放铁锤的筐里（50+30=80公斤），重90公斤的巴莫则坐在另一只筐里下到地面；这时，依娜先从筐中走出，留下铁锤在筐中，而另一个筐中的巴莫则从筐中走出；接着，带着铁锤的筐子再次落到地面上，这时，重40公斤的侍女则再次坐在筐中下降，到达地面；接下来筐中铁锤又升到了空中，塔中的依娜将铁锤从筐中拿出来，放在塔中；然后，塔中的依娜和下面的侍女分别坐在两个筐中，结果，依娜又下到了地面，侍女升到了空中，并回到塔中；最后，依娜走出筐子，塔中的侍女则将铁锤放在一个空筐中，将其降落到地面，然后侍女自己坐到另一个筐中，下降至地面。如此一来，三个人都成功地从高塔中下落至地面，并顺利地逃跑了。

315 智破假借据案

原来，李判官命令衙役拿来三份纸笔，分别交给原告张虎、证人刘老大和孙财旺，然后让他们分别站开，各自写下崔二借钱的时间是在上午、下午抑或是晚上。结果，崔二根本没有借钱，三人自然无法统一说法，最终露了陷。

316 哪个是真花

所罗门王把窗户开开，真花散发的花香立刻将蜜蜂吸引了进来，并落在了真花上。

317 侯白的笑话

老虎讲道："今天早上碰见了您父亲，现在又碰上了您。请让一让路，放我回家吧！我肚子里还没一点东西呢！"

318 海瑞审石头

海瑞升堂之后，严肃地用手指着青石训斥起来："你这可恶的石头，无事生事，你是如何用心歹毒，欺负老汉，从实招来。"恶少们本来是来看笑话的，看到海瑞如此严肃认真，并且那些指控明明是在指桑骂槐地影射自己，于是都大气也不敢出。

接下来，海瑞越审越认真，并且将惊堂木一拍，喝道："来呀，给我重重地打这石头四十大板。"左右的衙役也不敢违命，一五一十地打起来。打完之后，海瑞又指着石头喝斥到："你这厮还不肯招供，那好，我就一定要审问出个端倪来不可！"说完又打了一通。

这时，这些恶少看海瑞真的大动干戈地审问起石头来，并且总似乎是在影射自己，觉得也不是事，于是便奏请海瑞道："大人，证我们也做了，现在我们可以离开了吧。"没想到海瑞却说道："这怎么行，案情还没有大白，这厮还没有招供一个字，你们身为重要证人怎么可以离开呢，恐怕以后还得经常劳烦你们前来作证呢！"

这几个恶少一听，便说道："大人，这石头是个死东西，您怎么打他，他也不会招供啊！"

"住口！"海瑞这时突然一拍惊堂木，厉声呵斥道："既然这是个死东西，既不会说话，也不会走路，如何能够欺负老汉。分明是你们嫁祸于人，还欺骗本官，本官决不能轻饶你们！"说罢便要打这帮恶少的板子。这帮人一听，立刻跪在地上，表示愿意三倍赔偿老汉的损失，只求免打。

自此以后，这帮恶少再也不敢寻衅滋事了。

319 马下牛

农民说："谁知道那个畜牲怎么没下马，偏下头牛呢？"

农夫对县官没有下马问路很不满，但是迫于县官的权力，没敢直接骂他，而是通过一个巧妙的故事拐着弯骂了县官，精妙之极！

320 幸运的不幸

原来，船上的人看到远处的孤岛上冒着浓烟，便明白这个岛上肯定有落难的人居住，所以便立即前来小岛上查看。就这样，这个人得救了。

321 弦高救国

第二天，弦高装扮成郑国使臣的模样赶着十二头肥牛来到秦军驻地，要求见秦国的大将孟明视。孟明视接见了他，弦高对孟明视说："我是郑国的使臣，我们大王早就听说了将军要到郑国去，特地派我来这里迎接，并奉上十二头肥牛来慰劳将军和诸位将士，略表我们的心意"。

孟明视听了，大吃一惊，赶紧对弦高说："让你们费心了，我们不是到贵国去的，你们礼物我们领了，以后再登门拜谢吧。"于是收下了十二头肥牛，送走了弦高。

送走了弦高以后，孟明视对他的手下们说："看来这郑国早就得到消息了啊，现在一定做好了迎战的准备了，他们以逸待劳，我们恐怕不是他们的对手，还是先回国，再做打算吧。"于是秦军没有去郑国，就打道回府了。

这时候郑国的大王也接到了弦高的信，知道秦国的三个将军出卖了郑国，就毫不客气地把他们赶走了，秦国的算盘彻底落空了。

322 王羲之装睡脱险

不小心听到了一个惊天大阴谋，阴谋制造者之一王敦将军开始怀疑王羲之知道了谈话内容，意欲杀了小王羲之，情况十分紧急！王羲之没有选择逃跑或者是躲藏起来，那样不正是"此地无银三百两"，承认听到了谈话内容了嘛——王羲之赶紧吐了一口口水涂在自己脸上，然后往床上一躺，胡乱盖上被子，装作没睡醒的样子。王敦来到卧室，见王羲之仍然"沉睡不醒"，长舒了一口气，稍稍放松了一下。但是，还不太放心，于是趴在王羲之耳边小声喊道："羲之，羲之。"王羲之装做没听到，仍然紧闭双眼，呼呼大睡。这下王敦才放下心来，走出卧室对那个人说："没事，那小子睡得像头死猪。"天一亮，王敦就把王羲之给送回家了。这样，聪明的王羲之临危不乱，机智地躲过了一场大祸。

323 尔朱敞换衣脱难

尔朱敞拿出一块白玉，对小乞丐们说："看，这是上好的白玉，很值钱，谁能追到我，我就把白玉给谁。"说完，尔朱敞撒腿就跑，小乞丐们紧紧地跟在后面。跑到一个人少的地方，尔朱敞故意停下了脚步。他把白玉扔给那群乞丐，让他们去争抢。一个和尔朱敞身材差不多的小乞丐没抢到白玉，站在旁边暗自生气。尔朱敞走过来说："没关系，别生气了，要不，我把这身衣服换给你怎么样？"小乞丐看看尔朱敞漂亮的衣服，就高兴地和他换了衣服。

尔朱敞穿上乞丐的破衣裳，又弄来一些泥巴抹在脸上，完全不像一个富家公子了，和那群小乞丐已经没有区别

了。他大摇大摆地来到城门，守城的官兵看了，以为他是个小乞丐，没有盘问就把他放出城了。这样，聪明又勇敢的小尔朱敞就躲过了一场杀身之祸。

324 绝缨救将

楚庄王想了想，高声喊道："先别点蜡，今天我和大家畅饮，非常痛快，大家就不要拘于礼节、正襟危坐了，统统把帽子摘下来吧，咱们继续喝酒！"大家莫名其妙地摘掉帽子以后，楚庄王才命人点上蜡烛。这样，帽子都放在了桌子下面，连楚庄王和许姬也不知道刚才那位大胆的将军是谁。

散席后，许姬问楚庄王为什么不当场抓住那个人。楚庄王笑着说："今天这是庆功宴，大家都很高兴，喝多了之后，一时忘形也可以原谅。如果我真的追究起来，是能说明你的贞节，但是，弄得不欢而散，将士们会认为我太小气了，以后就不会为我出生入死了。所以，这次就委屈你了。"许姬听了，非常佩服。

后来，楚国和郑国打仗的时候，唐狡将军自告奋勇率领百余人充当先锋，为大军开路。他打起仗来非常勇敢，就像拼命一样，战无不胜，攻无不克，立下了赫赫战功。楚庄王见了，就要重重地奖赏他。唐狡却惭愧地说："大王不必重赏我，只要不治我的罪，我已经心满意足了。"楚庄王很奇怪，就问为什么。唐狡说："上次我喝醉了酒，一时冲动拉了许姬袖子，大王非但没有惩罚我，还替我隐瞒了过去，我感激不尽，所以，现在才舍命杀敌，来报答大王的恩德呀。"楚庄王听了，非常高兴，还是重重赏了他。

325 拿破仑救人

拿破仑举起手中的猎枪，瞄准落水的士兵，"你抓紧向岸边游过来，不要再瞎扑腾了，听到了没有，否则，我一枪杀了你！"拿破仑向士兵身边"叭！叭！"打了两枪，落水的士兵顿时惊出一身冷汗，拼命向岸边游过来，他的姿势不是很优美，但是看得出来，他会游泳。

落水的士兵爬到岸上，还没看清拿破仑的脸，就大声咆哮着："你这人是怎么回事，不想救我就算了，难道你还想杀了我吗？"拿破仑笑着说："傻瓜，这条文静的小溪，根本不会为难你的，是你自己太慌张，以至于忘了自己还会游泳。我知道你能行，所以鸣枪提示你。"

士兵看清了，站在自己面前的是皇帝！赶紧拜谢："我不小心掉进水里，吓得失魂落魄，根本就不知道该怎么划水了，要不是陛下出手相救，说不定现在就淹死了，而我刚才却对陛下无礼，请陛下原谅！"

拿破仑说："没关系，现在你要知道，你自己是能行的。"说着，拿破仑又兴高采烈地去打猎了。

326 老太太点房报警

老太太坚决地走进屋子，用力地推翻了火炉，炉火瞬间燃着了木制的家具，燃着了床单被褥，燃着了小屋里所有的东西。老太太吃力地爬出房子，看着自己住了几十年的心爱的小屋，燃起了熊熊大火，滚滚浓烟冲上天空，像狼烟一样向人们发出警告。

"不好了，着火了，着火了，大家快去救火呀！"庆典上响起了喊叫声，疯狂的人们，从狂欢中挣脱出来，来不及收拾东西，都快速地涌向老太太的房屋。

西北风呼呼地刮起来，滚滚浪涛立即把庆典现场变成了一片汪洋。

扑灭了火，人们站在镇子里，远望着海面上肆虐的台风，仍然心有余悸："幸亏老太太点燃了房子，否则现在我们都去喂鲨鱼了！"老太太没有了房子，镇子里的人们纷纷邀请她到自己家里去住。老太太成了小镇子里的大英雄。

327 与贼巧周旋

面对凶恶强大的强盗，而自己无力与他争斗，如果激起他的恶性，后果将是不堪设想的。瘦弱的周老师没有选择和强盗对抗，也没有选择转身逃跑，而是用另外一种思路来考虑问题，选择了第三种办法，利用强盗不认识自己这个条件，改变自己的身份，把自己变成了一个"问路人"，从而在表面上和强盗没有了矛盾，使强盗放松下来，为自己赢得了去找救兵的时间。

接下来的故事是这样的：

周老师微笑着问那个强盗："对不起，我不知道您在搬家，打搅了，我想问一下幼儿园的周老师是不是住这里？"听到"搬家"，强盗紧握着刀柄的手慢慢放松下来，顺水推舟地说道："是……是在搬家，不知道你是？""噢，我是幼儿园学生的家长，来找周老师有点事。"周老师镇定地回答。"她不住在这里，你找错地方了，再去找找吧。"强盗没好气地说道，他只知道抢劫，根本不知道这家主人是谁。

"原来是这样，看来是我走错门

了，好吧，那我再去找找。"周老师找了一个借口，转身就出了屋子。强盗长舒了一口气，以为不过是虚惊一场，突然他想起了一个细节，"那个女人手里拿着菜，哪有人去拜访老师的时候，手里会提着菜呢？"强盗觉得有点不对劲，他赶紧窜出房门，想去抓回周老师。

这个时候，周老师已经喊出了四周的邻居，把强盗团团围住了。强盗看到这种阵势，顿时吓倒在地上，当场被大家擒住了。

328 易卜生智斗警察

原来，易卜生急中生智，把所有的秘密文件全都随意扔在床上，而把那些书稿和书籍则整齐地码放在柜子里和箱子里。那些愚蠢的警察把所有的秘密地方都搜遍了，反而忘记了翻一翻眼皮底下东西，结果，易卜生惊险地逃过一劫。

正应了那句老话："最危险的地方，恰恰是最安全的地方。"一群傻乎乎的警察搜遍了所有的角落，甚至连老鼠洞都没有放过，但是，偏偏对眼皮底下的东西懒得一翻，结果当然是一无所获。

329 盟军飞行员脱险

盟军飞行员心一横，果断地走出来，大摇大摆地朝机场大楼走去。一路上，他也遇到了好几拨德军士兵，但是因为盟军飞行服和德军有些相像，尤其在夜里很难区分，加上敌人做梦也想不到盟军飞行员竟敢大摇大摆地与他们迎面走过，所以他们都认为盟军飞行员是机场工作人员。最后，盟军飞行员故作镇定地登上了正在等待起飞的德国客机的驾驶室，冷静地启动了飞机。到了空

中之后，他悄悄改变了航向，带着一架德军飞机和一群俘虏回到了自己的阵地。

330 曹操机智脱险

曹操灵机一动，表情镇定地双手举刀跪下说："近日得到宝刀一口，特意带来献给恩相。"董卓于是接过刀来，一看，此刀七宝嵌饰，锋利无比，果然是把宝刀，便将宝刀收下递给吕布。而曹操也慌忙解下刀鞘交给吕布。然后，董卓带着曹操到屋外看马，曹操假意对马十分喜欢，并请求骑上试一圈。董卓便命属下备好鞍辔，令曹操试骑。曹操牵马走出相府，直接骑上朝东南城门奔去了。

曹操离开后，吕布对董卓说："刚才看曹操似乎想要行刺您，只因被发现了，才假托献刀。"董卓一听，也觉得曹操刚才的举动很可疑。正说着，董卓的女婿李儒来了，他了解刚才的情况后，便说："曹操家人都不在京城，只一个人住在寓所。现在就去差人请他来，如果他来了，便是献刀；如不肯来，便是行刺，应该立刻抓起来。"董卓于是差兵士前去传唤曹操。过了一会儿，兵士回报："曹操没有回寓所，而是对守城士兵说丞相差遣他去办紧急公事，纵马从东门出去了。"这时，董卓才恍然大悟，立刻下令遍行文告，画影绘形，悬赏通缉曹操。当然，我们知道，曹操也并没有被捉到，这是后话了。

331 布鲁塞尔第一公民

他朝导火线上撒了一泡尿，将导火线给浇灭了。

后来人们为了纪念这个小英雄，

便请全国最杰出的雕塑家为他塑了一尊铜像，放在首都的一条街上。现在你在布鲁塞尔还能看到一尊铜像，一个光屁股小男孩正在撒尿，这就是小英雄于连。并且，这尊铜像还被命名为"布鲁塞尔第一公民"像。

332 聪明的丽莎

原来，丽莎保护项链是假，保护耳环是真。她刚才的表演正是为了将强盗的注意力从耳环上转移开而已。因为他的钻石耳环价值 530 英镑，而那个项链，则仅是花不到十英镑在地摊上买的而已。她在一则侦探故事中看过一个类似的故事，没想到今天真的用在了自己身上。

333 伊丽莎白的暗示

原来，罗伯特警官和伊丽莎白平时很熟悉，他知道伊丽莎白还根本没有结婚，哪来的丈夫？因此，他推断，肯定是伊丽莎白在以此向自己做暗示。于是，他假装离开，实际上则悄悄地叫了同伴，悄悄折回。

334 智取手稿

丹尼躲进邮局，把四张机密手稿装进信封里，寄往一个反抗法西斯地下组织者的家里。

335 林肯的反击

林肯回答说："我要到国会去。"

336 越狱犯和化妆师

原来，化妆师前几天在电视上曾经看到过另一个被通缉的杀人犯的面孔，他于是凭记忆将这个逃犯的面孔化装成了另一个通缉犯的样子。这样，在检票时，实际上两个便衣警察是将逃犯当成了另外一个通缉犯给抓捕的。

337 茄子的好坏

仆人回答说："因为我是您的仆人，不是茄子的仆人呀！所以在我眼里只有茄子的不对，绝对没有主人的不对。"

"不是茄子的仆人"后来就成了一个谚语，比喻那些见风使舵，机智圆滑的人。不过，这种随风倒的作风，当今社会似乎已经不再把它当作贬意来看待，而是当做一种巧妙的应变能力了。

338 巧用白手套

菲利普重返舞台之后，观众注意到他依旧是脸黑手白的上场的时候，不禁发出了一阵阵的起哄声。菲利普没有理会台下观众的起哄，而是很自然的说起了台词："真急死人了，戴斯特梦娜怎么还不来呢？外面起风了，会不会风将这位美人的船留在了海上？"他一边说着，一边摘下了白手套，露出了一双黑手。

下面的观众顿时停止了起哄，而菲利普偷偷地露出了笑容。

原来，菲利普这样的做法，不仅自己的白手变成了黑手，而且还巧妙地掩饰了之前的那双手之所以是白色的错误。

339 丘吉尔一语解尴尬

丘吉尔说："我们大不列颠的首相对美国总统是没有什么需要隐瞒的！"

这个场面的确是有些尴尬，而机智幽默的丘吉尔却巧妙地利用形象思维，由赤身裸体联想到坦诚相待，不仅成功化解了尴尬，而且增进了英美两国的友谊。

340 约翰逊公寓中的惊魂之夜

窗外根本没有阳台，一开始，约翰逊便是在误导罗伯特。罗伯特已经摔死了。

341 "顺藤摸瓜"

李茜灵机一动，迅速想到了一个办法，她用他同学王小毛的手机拨打了自己的手机号码。只听到一名身穿红色T恤的男青年口袋里响起了一阵和弦音乐声。李茜一听，正是自己的手机铃声，于是，她马上指出来："就是他偷了我的手机！"警察当即按住了那个青年，果然从他身上搜出了李茜的手机。

342 杨小楼机智"救场"

"关羽"说道："咳，小小年纪，要你无用，赶紧下去，唤你爹爹前来！"

那花脸赶紧回了句："领法旨！"然后便下场去，戴好了胡子，又上台来了。

343 机智的相士

相士这么说的目的只是虚晃一枪而已。大家听他这么一说，都很惊奇，条件反射性地朝其中的一个女子头上望去，那正是李德诚夫人。而李德诚的夫人本人也一下有些羞涩起来，脸上还泛起了红晕。相士于是走上前去指着这个女子说："这就是千岁夫人。"

344 村妇智退流窜犯

村姑的计策正是借用鞋子虚张声势，在心理上战胜对方，对于流窜犯的问题，她故意装作很随便地回答道："这几双鞋子是给在山南面的坡上干活的几个亲戚用的，现在种庄稼不挣钱，因此我当家的准备种植一些果树，因为人手不够，这几天我两个哥哥和两个妹夫一起过来帮忙。现在太阳已经快落山了，他们也马上要回来了，所以给他们准备好鞋子和洗脚水。今天晚上嘛，就只能委屈你跟他们一起打个通铺凑合一宿了，你不介意吧？"村姑故意礼貌地问道。"哦，不介意，不介意！"流窜犯机械地回答道。同时，他心里盘算着，如果真有这么多人，到时我一旦被识破，那可就麻烦了。他看村姑又回身去拿了足够五六个人吃的蔬菜到厨房去做饭，心里更是感到这里不可久留，于是趁村妇在厨房里，悄悄地溜走了。

345 心理学家智退强盗

原来，汤姆逊用可怜兮兮的声音对壮汉说："先生发发慈悲，给我几个钱吧！我饿得快发昏了。"

壮汉一听，骂了一句脏话，便离开了。

346 莎士比亚随机应变

莎士比亚非常自然地将女王丢在地上的手套捡起来，然后面对着观众说："纵然朕有要事需要处理，也得为皇妹捡起手套。"说完，她很自然地将手套递给了女王。这个情景看上去丝毫不显得突兀，仿佛就像是戏里本来有的情节，观众不禁拍手叫好。

347 善辩的罪犯

对于查理二世的问题，布勒特回答道："陛下，自从您对我下达通缉令之后，我没有一个地方可以安身。所以就在去年，我曾在家乡搞了一次假出殡，以使警方认为我已经死亡，进而不再追捕我。显然，这不是一个勇士的行为。因此，尽管我在旁人面前是勇士，但在尊敬的陛下您的面前，我只是一个儒夫。"

348 聪明小孩贾嘉隐

小孩辩解说："不是我改口，是因为鬼靠在树木上，正好是一个'槐'字。"

349 忘了台词

克洛普弗说道："我可是很久没有

听到她的消息了。"

350 陶行知改诗

陶行知将"大孩自动教小孩"改成了"小孩自动教小孩"。

351 爱因斯坦的司机

聪明的司机故作轻松地一笑，然后一边指着坐在台下的爱因斯坦一边说道："这个问题我回答得次数太多了，连我的司机都知道答案了，您不介意的话，就让他替我回答吧！"

352 吟鹤

冯诚修接下来的两句是："只因觅食归来晚，误落羲之洗砚池。"这两句诗不仅照应了前面的两句，又巧妙地借用典故将白鹤变成了黑鹤。乾隆见他巧借典故，将诗意补得天衣无缝，妙趣横生，便拍掌称赞说："冯才子真是诗中的状元啊！妙！妙！"

353 工程师救小狗

工程师毫不犹豫地跳进了海里。现在，有一个船客落入了海中，船长自然不得不停船了。于是，工程师和小狗都被救了起来。

354 工人智救画家

原来，这位聪明的工人迅速提起一桶油漆，跑到画作前装作要胡乱涂抹。画家一看，赶紧朝前奔到工人身边，要制止工人的举动。就这样，画家得救了。

355 消防车警笛寻人

原来，约翰警长根据老太太电话未挂断这个条件和留下的自己住在市区的一条马路边的信息，果断决定，将十几辆警车全部派出，拉响警报在全市各区沿街奔驰。一旦有等某辆警车正好经过老太太邻近的那条马路时，便会从警察局的听筒里听到警车的声音。然后再确认出经过老太太住宅的那辆警车。然后让警车上的警察在附近询问查找单独居住的老太太。就这样，半个小时后，警察找到了老太太家中，并迅速将其送往医院，将老太太从死神手里夺了回来。

356 聪明的农夫

农夫对国王说："陛下，一只公鸡献给您和王后，另一只献给两位王子，第三只献给两位公主。剩下的两只属于我——我从这么大老远赶来帮您分鸡，想必您不会介意赏赐我两只公鸡吧。好了，现在就很公平合理了，因为陛下、王后和一只公鸡加起来等于三；两位王子和一只公鸡加起来也等于三；两位公主和一只公鸡加起来又是三；而我和分到的两只公鸡加起来同样是三。"

357 卓别林的主意

卓别林在片名前加了个"大"字，使电影名字变为《大独裁者》。他幽默地对派拉蒙电影公司的人说："你们写的是一般的独裁者，而我所描写的则是一个超级大独裁者，这两者之间可不一样。"说完扬长而去。派拉蒙电影公司的人一个个目瞪口呆，垂头丧气，懊悔自己起初应该将价格开得低一点以多少得到些钱。事后，卓别林跟朋友提起这件事时，幽默地说："我只用一个'大'字，就省下了 2.5 万美元，真是一字值万金！"

358 英国间谍绝路逢生

浴室的水既然流不到外面去，杰克便将水一直放，等水升高至天花板的高度，他便从换气窗逃出去了。

359 巧妙报案

原来杰克在打电话时，一讲到无关的话时，他就用手掌握紧话筒，警局那边就听不到了；而讲到关键之处时，他再把手松开，所以，警方从电话中听到的是这样的间歇性的信息："我是杰克……现在……金星大酒店……和目标……在一起……请你……尽快赶到……"杰克正是通过自己的机智，巧妙地将信息传达到了警局。

360 急中生智

鲍洛奇打开罐子之后，迅速拿起勺子把那片卷着小蚂蚱的菜叶闪电般地吃了下去，并且这个时候故作轻松地对在场的专家说："这么美味的菜，打开了就忍不住先尝一口。"

361 聪明的诸葛恪

诸葛恪在那三个字上面加上了"之驴"两个字，这样一来，那几个字就变成了"诸葛瑾之驴"。诸葛恪用自己的聪明机敏让诸葛瑾摆脱了尴尬。

362 机智的女演员

女演员是这样说的："今天我能走到这个位置，实现我的梦想，确实不容易。这一路上，我跌倒了又爬起来，很是艰辛坎坷。"

将自己刚才的跌倒巧妙地嫁接到自己追求梦想的过程中，这样一来，自己刚刚的跌倒似乎正形象地为自己演艺生涯的坎坷做了注解。显得机智而幽默，自然能够赢得观众的微笑和赞许，尴尬也就烟消云散了。在那样一个隆重的场合，能够有如此急智，是非常不易的。

363 张作霖妙解错字

张作霖是这样对日本人说的："你

们还真是狗眼看人低啊，我还不知道'墨'字怎么写吗？我是故意这么写的，对付你们日本人就必须要黑，要'寸土不让'。"

张作霖的这个解释可谓机智之极了。虽然没有读过几年书，但是张作霖的圆滑、机智的确是令人刮目相看。事实上，在那个多方势力角力的乱世，张作霖能够左右周旋，既不逢迎日本人，也不得罪中国人，这种应对的能力不是一般人所具备的。

364 王世则殿试

他是这样说的："江山只有一统（桶），何来两统（桶）呢？"

显然，王世则的机智程度要胜谢文魁一筹，难怪他最终赢得状元称号了。

365 聪明的死囚

马固然不能飞，但是用这个承诺就可以为他争取缓刑一年的时间。这一年中，可能会发生各种变故，有可能皇帝驾崩，有可能国家被外敌侵占，也有可能天下大乱，皇帝改姓等。这些事情都可能给犯人带来转机。另外即使这些情况都没发生，犯人也可以多活一年。所以说，犯人的主意是包赚不赔的。而能在那么紧急的关头想出这个主意，也充分说明了犯人思维的灵活。

366 史都华机智自保

史都华把刺客使用过的酒杯连同保险柜的钥匙一同锁进了保险柜，这样便谁都无法拿出来。而那酒杯上留有刺客喝威士忌的指纹和唾液。史都华所说的"决定性的证据"，就是指刺客的指纹和唾液。

367 将军与二等兵

二等兵听将军说完，二话不说，飞一般地跑掉了。

368 萧伯纳的回应

萧伯纳微笑着对那个人说道："亲爱的朋友，您说的我都同意，但遗憾的是，全场这么多人，只有我们两个人反对，俗话说寡不敌众，我们的反对有什么用呢？"

面对别人无情的攻击和指责，唇枪舌剑、气急败坏地反击是下策，被动地解释是中策，巧妙地举重若轻、一带而过才是上策。萧伯纳可谓机智过人。

369 华盛顿找马

华盛顿蒙上马的两只眼睛，然后问偷马人："既然你口口声声说，这匹马是你从小养大的，那么，对于它的情况你一定非常熟悉吧。"偷马人不知道华盛顿葫芦里卖的是什么药，犹豫地说："这个当然。"

"好，那么你能告诉我，这匹不幸的马，哪只眼睛失明了吗？"华盛顿问道。"嗯，这个，应该是右眼。"偷马人抱着侥幸心理猜道。

华盛顿松开自己的右手，马的右眼不是很明亮，但是显然那是一只好眼，并没瞎。"哦，对了，你瞧我这脑子，是它的左眼瞎了，怎么我刚才说是右眼了吗？哦，那可能是我的口误，对，只是口误而已，华盛顿先生。"偷马人打算抵赖到底。

华盛顿又松开了左手，马的左眼很明亮，看起来视力应该不错。偷马人冷汗直冒，他继续抵赖："是的，这是匹好马，它没有残疾，眼是好的，华盛顿先生你怎么说它的眼睛是瞎的呢？是

的，我错了，刚才是我……"可是，警察已经没有耐性听他解释了，他对偷马人说："没错，小偷先生，是你错了，我看我们还是上警察局里去说吧！"

运用你的聪明和智慧，把狡猾的对手，引到错误的地方去，因为他的错误，就是你的胜利！

370 蔺相如完璧归赵

蔺相如说："大王，和氏璧上有一个小毛病，请让我指点给大王看。"

秦王信以为真，就把和氏璧交给了他。蔺相如拿到和氏璧，后退到柱子旁，他高举着和氏璧，大声说道："当初，大王派使者到赵国来，说愿意拿15座城池来换和氏璧。赵王诚心诚意地派我把璧送来。大王却在离宫别馆接待我，态度非常傲慢，而且拿了璧又传给美人看，故意来戏弄我。我看大王没有诚意割让城池，就设计把璧又拿了回来。大王如果逼急了，我宁可把脑袋同和氏璧一起撞碎在柱子上。"说完，就要把和氏璧往柱子上摔。

秦王怕他砸坏玉，赶紧说："先生误会了，我怎么会言而无信呢。"说着叫人拿来一张地图，随手指着地图上的城市说："这些城市都是要给赵国的。"

蔺相如知道秦王不过是在撒谎，就郑重地说道："和氏璧是天下难得的宝贝，赵王派我送和氏璧之前，虔诚地斋戒了5天，大王您果真有诚意，就请您也斋戒5天，在正殿上设九宾大典，我才能把和氏璧交给您。"秦王想：反正你也跑不了。就答应了蔺相如。

蔺相如回到住处，立即叫人装扮成商人的模样，带着和氏璧从小道偷偷地回到了赵国。

五天过去了，秦王按照蔺相如的要求在朝廷中设下了九宫大典，叫蔺相如上朝。蔺相如不慌不忙地来到大殿，向秦王行个礼，说道："我不相信大王，怕上当受骗丢了和氏璧，对不起赵王，就派人把和氏璧送回赵国了。"

秦王听了勃然大怒："你居然敢骗我，我要你重重地惩罚你！"

蔺相如说："大王请息怒，天下人都知道，秦国强，赵国弱，如果大王先割让城池，赵国怎么敢因为一块璧而得罪大王呢？蔺相如欺骗了大王，理应受到大王的惩罚，请大王治罪！"

秦王心想：就算杀了蔺相如也拿不到和氏璧了，反而和赵国结下了大仇，还让天下人笑我仗势欺人，实在是得不偿失。就假惺惺地说："不过是一块璧嘛，何必让它影响了两国的关系呢。"于是就叫人把蔺相如放了。

蔺相如完璧归赵用的就是博弈思维，在博弈过程中，蔺相如始终占着一个"理"字，使赵国站在道义的一方，而使秦国陷入理亏的一边——秦国派使者来，说要交换和氏璧，蔺相如答应了要求，使赵国不理亏；秦王请周围的美女和大臣把玩和氏璧，故意不理睬堂下的蔺相如，蔺相如立即就指出了秦王的无理；见到秦王无意交出城池，蔺相如当即派人把和氏璧送回了赵国，要求秦王先交出城池，赵国才能送上和氏璧，理由是"秦强、赵弱，赵国不敢对秦国抵赖。"同样也符合道理。正所谓有理走遍天下，无理寸步难行。博弈过程中，只要占有"理"字，再强大的对手也可能会无可奈何。

371 摸钟辨盗

谁也不会承认自己是小偷，如果没有证据，只是用大话来威吓的话，那么狡猾的小偷是不会轻易上当的。比如前一个县官，审了那么长时间，最后不是无功而返了吗？所以这种情况正面进攻是根本不可取的。陈述古先创设了一个虚假的情景，凭空捏造了一个神钟，让小偷疑神疑鬼，不敢轻易去碰，结果就露出了狐狸尾巴——

又过了一段时间，陈述古终于开始升堂审理案子了，县衙门外围了很多人看热闹。陈述古把那几个嫌疑人叫到大堂上来，对他们说："既然你们不肯承认，那么我只有让神钟来辨别谁是小偷了。你们每个人都进去摸一下神钟，到时候谁是小偷就一目了然了。"

神钟放在衙门后院里，用幔布给围了起来。捕头把几个嫌疑人带到幔帐里面，让他们每人摸一下神钟。但是，直到最后一个人摸完，神钟还是没响，外面的百姓开始议论纷纷："看来神钟也不怎么灵啊。"陈述古听了，神秘地笑了笑。

所有人都摸过神钟以后，捕头又把嫌疑人带到了大堂。陈述古说："好，现在把你们的手举起来。"几个嫌疑人都把手给举了起来，结果大家看到所有人的手都染上了黑黑的墨迹，只有一个人的手上什么也没有。陈述古大声对那个人说："大胆刁民，还不快快招来。"

原来，陈述古叫人在钟上涂上了墨水，只要去摸钟，手上就会沾上墨迹。如果谁的手上没有墨迹，那么他肯定是做贼心虚不敢去摸钟，也就是说，他就是那个小偷。

小偷听了陈述古的话，顿时瘫软在地上，一五一十地交代了他盗窃的经过。

再狡猾的狐狸也斗不过好的猎手，如果正面进攻不能成功的话，那么侧面的迂回进攻说不定就会让它露出狐狸的尾巴来，总有一个方法能解决问题，毕竟，贼总是心虚的。

372 晏子使楚

当无端受到他人不怀好意的侮辱的时候，特别是侮辱还涉及到国家尊严的时候，就要抓住对方语言中的漏洞，予以坚决反击——晏子站起来，离开酒席，郑重地对楚王说："我听说把橘树种植在淮河以南，就能长出又大又甜的橘子来，如果把橘树移植到淮河以北，那么结出的只是又小又苦的枳。这就是淮河以南和淮河以北水土不同的原因呀。而刚才过去的那个犯人，在齐国的时候，不会盗窃，是一个诚实善良的人。但是一到楚国就变成了一个盗窃犯，这恐怕也是受到楚国水土的影响了吧。"楚王听了，哭笑不得，只好尴尬地笑笑。

面对楚王的挑衅，晏子选择了不卑不亢的针锋相对，利用自己过人的聪明才智，反唇相讥，使楚王不仅没有达到目的，自己反受其辱。反唇相讥就是指受到别人无理侮辱的时候，接过对方的话柄，反过来责问对方。楚王三次处心积虑的侮辱，都被晏子抓住话柄，巧妙地予以反击，是典型的反唇相讥的例子。

373 郑板桥智惩盐商

郑板桥叫人拿来一块草席，在席上挖了几个洞，做成了一个伽子的样子。他又拿来几张纸，刷刷刷，在纸上画了青翠的竹子，写上了苍劲有力的字。写完后，把纸贴到"伽子"上，把

伽子戴在私盐贩子的头上。这个"伽子"轻飘飘的，戴在身上一点也不感到难受。最后，郑板桥叫人把盐贩子带到王冉干的店铺门口示众。

郑板桥画的竹子临风摇曳，多采多姿，件件都是上乘之作。大家见了，纷纷过来围观，一下子就把王冉干的店铺围了个水泄不通，大家一边欣赏一边议论，整整一天都闹闹哄哄的，根本没有办法做生意。王冉干终于明白了郑板桥的意图，他怀恨在心，但是没有办法，如果再过两天不做生意的话，那就赔大了。于是，他只好硬着头皮来找郑板桥。"郑大人，我看那个私盐贩子实在是太可怜了，就让他提前回家去吧，省得家里人担心。"王冉干假仁假义地说。郑板桥听了，笑着讽刺他说："怎么，王员外你也有于心不忍的时候呀，你难得大发慈悲，本官就答应你的请求。"王冉干苦笑着说："那就谢谢郑大人了。"说完，就灰溜溜地回去了。

郑板桥释放了私盐贩子，还把那几幅字画卖了几十两银子送给他。私盐贩子用这笔钱做起了小生意，再也不用贩卖私盐了。潍县的百姓听说这件事，纷纷称赞郑板桥是一个爱民如子的好官。

374 县令巧计除贼窝

原来，县令给两个盗贼的竹竿中间是通的，里面装满了石灰，两个强盗拄着它，在地上留下了一长串白斑点，县令就顺着白点找到了贼窝——聪明的县令通过一个不起眼的竹竿，就让盗贼自己留下了线索，从而一举端掉了"死不怕"的老窝。

我们来看看县令的思路，首先，县

令没有满足于暂时的小收获——两个盗贼，而是把目光放得更远，想要端掉贼窝。然后县令通过一桌酒席，麻痹盗贼，等到时机成熟的时候，理所当然地送上"追踪器"——装满石灰的空心竹竿。最后，在第二日清晨，顺藤摸瓜，通过石灰点，找到了盗贼的老窝，从而达到了目的。

这样一个简单的小故事里面，还蕴藏着这么多的智慧点。其中最关键的一点就在于，县令巧妙地给两个盗贼安装上了"追踪器"，有了这个追踪器，他想逃也逃不了了。

375 墨子退兵

在博弈过程中。如果能使对方知难而退，从而避免一场不必要的争斗，那么对于这件事情来说，无疑是最圆满的结局了。墨子就是这样做的——

公输般用云梯攻城，墨子就用火箭烧云梯；公输般用撞车撞城门，墨子就用滚木擂石砸撞车；公输般挖地道攻城，墨子就往地道里放烟熏……公输般一共用了九种方法攻城，把他知道的攻城方法都用完了，墨子都有应对的办法，而且他还有别的高招没有使用出来。公输般惊呆了，他恶狠狠地对墨子说："我还有一个办法来对付你，但是我不说出来。"墨子笑道："我知道你用什么方法来对付我，我已经有破解的办法了。"

楚惠王被他俩人的话给弄糊涂了，他不解地问道："你们俩人在说什么呀，我怎么听不懂呢？"墨子说："公输般是要把我杀了，他以为只要我死了，就没有人为宋国守城了。但是他不知道，我早就把我的三百个徒弟送到了宋国，他们每个人都会我守城的方法，所以就

算我被公输般杀了，楚国也别想轻易地攻下宋国。"楚惠王听了墨子的话，看到墨子的本领，觉得攻打宋国确实非常困难，于是他就对墨子说："先生说得很有道理，我决定不攻打宋国了。"

墨子凭借他的聪明才智，阻止了一场战争的发生。

376 西门豹治邺

原来西门豹是要好好整治整治巫婆和官绅。只听西门豹对巫婆说："你下去求见河伯，就说我们要重选一个漂亮的姑娘，过两天给河伯送去。"然后，不等巫婆说话，就叫卫士把巫婆扔到河里，巫婆马上就沉下去了。等了一会儿，西门豹说："巫婆怎么还不回来，让她的徒弟下去催一催。"卫士又把巫婆的一个徒弟扔到了河里，过了一会儿，西门豹又扔了一个徒弟下去。又过了一会儿，西门豹说："看来，女人干不了事，麻烦一个官绅下去给河伯解释一下。"说着，让卫士把带头的一个官绅扔到了水里。这时候官绅和巫婆们都害怕起来，他们战战兢兢地跪在地上，不停地给西门豹磕头。又等了一会儿，西门豹看看河里还没有动静，就说："看来，河神好客，把他们留下了，我们别等了，都回去吧。"官绅和巫婆们等西门豹走远了，才站起来，从此再也不敢提给河伯娶妻的事了。

377 徐童保树

做荒谬的事情，总有一个荒谬的理由，从根本上驳斥倒荒谬的理由，就能阻止荒谬的事情发生——徐童大声对老先生说："院子造得四方方，四四方方口字状，院子里面如住人，人在口中不吉祥，郭伯伯，口中一个人，是什么

字？"老先生说："是囚字。"徐童说："是囚禁、囚犯的'囚'，郭伯伯，你把树砍了，困字就变成了囚字，这个字比困字更不吉利呢，你是不是也要从院子里面搬出去了呢？"老先生听了，仔细想了想，然后笑着说："你这孩子，真是个机灵鬼，不过，确实是我错了。"说着，老先生向那群人摆摆手，让他们回去了，树就保存下来了。

378 射蒿识敌首

"擒贼先擒王"，只有射杀敌军的首领尹子奇，才能解了睢阳城的重重围困。但是，根本没有人认识尹子奇，更别提射杀他了，这个神秘的家伙，就是一个躲在阴影里的魔头。张巡想到了一个计谋：

张巡指挥士兵向敌人射箭，但是那箭射出去都轻飘飘的，根本不能伤人。原来，那些根本不是铁箭，是用木蒿削成的木箭。叛军们捡到木箭纷纷来向尹子奇报告，尹子奇拿着木箭正高兴着说："原来睢阳城里已经没有箭了，用这个木箭来吓唬人呀。"这时候，南霁云已经根据叛军们的举动认出了尹子奇，只见他弯弓搭上真正的箭，"嗖"地一声向尹子奇射去，箭正射在尹子奇的胸口，他应声倒下。叛军见主将被射到，都乱作一团，张巡率兵又杀了一阵，退回城里。尹子奇受了重伤，没法再指挥战斗，只好下令撤退了。

379 草船借箭

成功地解决问题，除了需要发挥自己的聪明才智，还需要恰到好处地利用外部条件。这一点诸葛亮做得非常好：

诸葛亮吩咐士兵朝北岸划船，这时候，江面上大雾弥漫，一船之内，只闻人声，不见人影。船靠近北岸曹营，

天还没亮，诸葛亮下令士兵擂鼓呐喊。鲁肃又惊又怕，颤声说道："先生这样做，不是送羊入虎口吗？如果曹军出来，我们都跑不了了。"

诸葛亮胸有成竹地说："曹操生性多疑，雾这么大，他肯定不会出兵的。"果然不出诸葛亮的预料，曹操听到鼓声，就命令士兵："江上雾大，我们看不清虚实，不要轻易出击，只管放箭，让敌军不能前进。"他派人调来所有弓弩手，一齐向江中放箭，顿时箭像下雨一样射过来。射满了一边的草人，诸葛亮就叫人调转船头，用另一边的稻草人去受箭，仍旧擂鼓呐喊。

天渐渐亮了，江面上的雾还没散去，船两边的草人身上都插满了箭。诸葛亮令士兵齐声高喊："谢谢丞相的箭！"接着叫人把船驶回南岸。曹操明白上当了，但是诸葛亮的船顺风顺水，转眼就驶出了二十里，要追也来不及了。

诸葛亮的船靠南岸的时候，正好周瑜派来搬箭的士兵也来到了，诸葛亮就叫他们上船取箭，每只船上有五六千只箭，二十只船总共十万余只箭。

利用鲁肃的忠厚善良，诸葛亮借来了二十只草船；利用清晨漫天的大雾，诸葛亮让曹军摸不清虚实；利用曹操多疑的性格，诸葛亮"借"来了十万支箭。

鲁肃的忠厚善良，曹操的谨慎多疑，以及第三天清晨漫天的大雾，这些外部条件，都被诸葛亮很好地加以利用，从而按期完成了周瑜的难题。

380 练箭突围

都昌城弹尽粮绝，急需救援。但是面对城外铁桶一样的层层敌军，贸

然出城求援，就好像是羊入虎群，拿鸡蛋撞击石头一样，后果一定不堪设想！怎么办呢？唯一的办法只能是先麻痹对人，然后趁其不备，突出重围——

天刚放亮，太史慈就带着两个人出了城门。黄巾军的将士见了，立即警惕起来，一面派人报告主帅管亥，一面密切观察太史慈的举动。太史慈叫那两个人把箭靶插到远处，自己弯弓搭箭向箭靶射去。原来他们在练箭呀，黄巾军松了一口气，但仍然不敢放松警惕。太史慈练了很长时间，才回到城里。

第二天一早，太史慈又带着两个人出来练箭。黄巾军官兵见了，有人稍稍起身议论太史慈的箭法，大多数人懒得动，根本就不看太史慈。太史慈一直练到太阳落山才回城。

第三天早晨，太史慈又带着两个人出城，黄巾军官兵见了，都各忙各的，不再理会太史慈。太史慈趁机冲出了包围圈，等黄巾军官兵醒悟过来的时候，太史慈已经跑远了。太史慈突出重围，来到平原相刘备处，借来3000救兵，解了都昌城之围。

太史慈连续两天出城练箭，每天都练到太阳落山，就是想麻痹敌人。果然，敌人中计了，刚刚两天就对太史慈练箭习以为常了，等到太史慈第三天出来的时候，根本没有人提防他了，愚蠢的敌人为自己的麻痹大意付出了代价。

381 把鸡蛋立起来

哥伦布当即拿起鸡蛋，他把鸡蛋往桌子上轻轻一磕，磕破鸡蛋的尖头，鸡蛋就竖在了桌面上。

贵族们像上当受骗了似的，纷纷说道："你没说可以磕破鸡蛋，如果这

样的话，谁都能办到，它非常简单。"哥伦布笑着说："是的，这是一件非常简单的事，但是如果我不说，你们谁也想不到。所以，即便是最简单的事，也需要你去证实，去发现。在后面夸夸其谈，那是没用的。关键的是你第一个发现了它。"说完，哥伦布昂首走出了宴会大厅。

把鸡蛋立在桌子上，鸡蛋是椭圆的，这根本不可能做到嘛！大臣们在考虑这个问题的时候都给自己设定了一个条件，就是"必须保证鸡蛋完好无损"，他们认为这是毫无疑问的。但是，事实上题目中并没有这个条件，哥伦布只是磕破了鸡蛋的尖头就解决了这个问题，这确实是很简单的问题，但是自以为是的贵族们却办不到。

382 鱼骨刻的老鼠

第二个木匠笑着说："大王，其实很简单，我只是用鱼骨雕刻老鼠罢了，猫在乎的是腥味，它才不管像不像老鼠呢。"

由猫来当评委，第一个工匠注定是要落选的，因为无论把作品外表雕刻的多么惟妙惟肖，也改变不了它的本质——一块木头，就算是上好的檀香木，它散发出的幽香也不足以抵挡鱼骨的腥臭。这是猫的本性，是谁也改变不了的自然定律，人要按照自然规律办事，否则只能是一败涂地。

383 巧计追金印

第二天，巡抚的衙门上挂了一块写着"巡抚有病，暂停办公"的牌子，巡抚大人只说是身体欠佳，不能办公，对于金印的事只字不提。

这样又过了两天，到了第三天夜

里，巡抚大人的卧室突然失火，烈焰冲天，巡抚手下的官吏、士兵们纷纷跑来救火，那位副将也来了。忽然，巡抚一把抓住副将，把手里的印箱交给他，当着众人的面，大声喊道："你带着大印回家，一定要妥善保管好大印。"说完，就打发副官回去了。

副将心里有数，知道印箱里根本没有大印，但是他又不敢表现出来，只得把空空的大印箱抱回了家。副将心想：好啊，现在大家都看到巡抚把大印交给了我，到时候，如果我交不出大印，他一定会趁机治我的罪，好厉害的计谋啊。副将思来想去，没有别的办法，只好把偷来的大印放进印箱里。

过了没几日，巡抚大人便前来讨要印箱，副将只好乖乖地把大印装在箱子里交给了巡抚。

巡抚大人的难题，被夫人一脚踢给了副将，让副将去面对两难的境地，最后终于得到了理想的结果。

384　最好的和最坏的

客人们又一次来到富人家里，富人赶紧叫厨师上菜。这回厨师上的第一道菜还是舌头，客人们见了都皱起了眉头，第二道菜还是舌头，这次富人愤怒起来，他不顾体面和身份，大声斥责厨师："怎么又是舌头？你太过分了，我要把你解雇，一分钱的工资都不付给你！"

厨师无辜地说："舌头就是最坏的东西呀，人们用它搬弄是非，造谣撞骗，它造就了多少人间悲剧，害死了多少善良的人们，如果遇到糊涂的领袖，它甚至能挑起一场战争。它罪大恶极，难道世界上还有比它更坏的东西吗？"富人哑口无言，欲哭无泪。

最好的东西是舌头，最坏的东西还是舌头，聪明的厨师一连做了两天的舌头菜，而且道理说得头头是道，让狡猾的富人哑巴吃黄连——有苦说不出。

385　和什么样的人做邻居

是和邻居做朋友，还是和邻居做敌人？牧场主遇到了艰难的抉择，而法官的一个主意使牧场主摆脱了困境——使对手和自己拥有共同的利益，就好像两人同在一条船上，谁也不会故意使船沉掉一样。

从镇上回来以后，牧场主立即挑了3只雪白可爱的小羊羔，分别送给猎人的3个儿子。看到可爱的小羊羔，3个调皮的小家伙如获至宝，一有空就带着羊羔在院子里玩耍。猎人怕猎狗伤害了小羊羔，就造了一个大铁笼子，把猎狗全关了起来。

为了感谢牧场主的好意，猎人经常给他送来一些野味，牧场主也经常把羊肉、奶酪之类的东西回赠给猎人，久而久之，原来的一对冤家对头就变成了推心置腹的好朋友了。

386　真假稻草人

虚虚实实、真真假假，对方怎会识破其中的玄机呢！也许当对方最自以为是的时候，就是他倒大霉的时候——

第二天，养鱼人趁池塘里没有鱼鹰的时候，偷偷地把稻草人撤了下来。而自己戴上斗笠，穿上蓑衣，拿起长竹竿，装成稻草人的样子，一动不动地站在池塘里。

鱼鹰们吃饱了后，又像往常一样站在稻草人的斗笠和肩膀上休息，养鱼人趁鱼鹰不注意，一伸手抓住了两只鱼鹰，其他鱼鹰惊恐地"嘎嘎"叫着，好像在说："不好了，假人变成了真人。"养鱼人拿着两只鱼鹰，笑开了怀："哈哈，开始是假的，现在是真的了，真真假假看你们还敢来吗？"从此以后，鱼鹰见到稻草人，就不敢再轻易去偷鱼了。

387 所罗门判子

没有什么爱，比母亲对自己的孩子的爱更为刻骨铭心的。真正的母亲，绝不能容忍自己的孩子受到一点点伤害，为了挽回孩子的生命，母亲愿意付出任何代价。这是人的天性。所罗门王就是利用母亲的这一天性断的案：

一听所罗门王说要把孩子分成两半，两个年轻妈妈中的一位顿时哭倒在地。她嘶哑着说道："不要大王！我承认孩子不是我的，你判给她吧，请您一定保全孩子的性命。"

而另一个母亲则无动于衷，她甚至有点幸灾乐祸：我的孩子死了，你的孩子也死了，谁都别想要孩子，这样我们才是公平的。她镇定地对所罗门王说："大王判得非常公平。"

看到两个母亲截然不同的反应，所罗门王已经知道了谁是孩子的母亲，他指着替孩子求情的母亲说："把孩子给她，她才是这孩子的母亲。"然后对另一个母亲说："你胆大包天，想偷走别人的孩子，还拿谎话来骗我，如果不是考虑到你刚刚失去儿子，我定要狠狠地惩罚你，现在姑且饶了你，快回去吧。"

真正的母亲抱着自己的孩子，高兴地回家了。

388 巧计讨工钱

遭到荒谬的刁难，就要想办法将计就计把难题踢给对方，让他陷入自己设计的陷阱。长工媳妇就是从这个角度

思考问题并想出制服地主的方法的——

第二天，长工按照媳妇交待的方法，不慌不忙地来到地主家，他对地主说："我可以给你买像山一样重的牛，但是你得先告诉我山有多重，这样我才能按照你的要求去买呀。"

地主听了顿时哑口无言，他怎么能知道山的重量呀，总不能拿着秤一点一点去称吧。地主只好摇摇头说："好，这件事就不让你办了，还有两件事呢？"

长工旗开得胜，更加镇定地说："你要告诉我天有多大，我才能去买那么大的布呀。"

地主望了望高远的蓝天，比划了一下，显然他无能去丈量长天，但是地主还是不死心地说："那么还有第三件事呢？"

长工拿过一个酒壶递给地主，说："你先去量量河里的水有多少壶吧！"

地主一屁股坐在地上，好像源源不断的河水向他冲过来，那怎么能装得完呢！地主有气无力地说："好了，三件事你都不要做了，就算你通过了。"说完，地主像割掉心头肉一样，把双倍的工钱付给了长工。

389 赶走淘气的小孩

老太太一脸慈祥地走过来，和蔼地对孩子们说："我住在这里，原来还害怕冷清呢，幸亏有你们这群可爱的孩子，每天在这里玩耍，把这个地方弄得热热闹闹的，一点也不冷清。为了感谢你们，以后只要你们过来玩耍，我每天给你们每人一元钱。"

孩子们听了，高兴极了，没想到玩耍还能赚到钱，于是每天更加起劲地

吵闹了。

过了几天，老奶奶愁眉苦脸地对孩子们说："不知道怎么回事，我这个月的养老金还没有发，身上钱不多了，以后每天我只能给你们五角钱了，真是对不起了。"

孩子们听了，虽然心里不高兴，但是觉得五角钱还可以接受，仍然每天过来玩耍，只不过没有以前那么起劲了。

又过了几天，老奶奶显得非常愧疚地对他们说："孩子们，现在物价上涨，我不得不重新制定开支计划，实在是抱歉，以后我只能给你们一毛钱了。"

孩子们听了，觉得一毛钱根本不能接受，他们吵吵嚷嚷地说："一毛钱太少了，我们才不会为了一毛钱在这里浪费时间呢，除非你把钱提高到一元钱，否则我们再也不来了。"说完，孩子们都跑走了。

老奶奶当然不会给他们涨"工资"的，所以，从此以后，那群孩子再也没有来过。这对老夫妻终于过上了清静的生活。

老太太成功地转变了孩子们玩耍的动机，然后削弱了动机，从而达到阻止孩子吵闹的目的。

390 聪明的姑娘

为了讨好姑娘，可怜的小伙子使出了看家本领，甚至主动制定了对自己明显不公平的游戏规则，聪明的姑娘利用这个不公平的规则，很快为自己赢得了有利地位。姑娘问了一个根本没有答案的问题，小伙子当然回答不出来，当他反问的时候，姑娘也不过是笑着摇摇头，一个回合下来，姑娘赢了95块——

姑娘问："4只眼睛、8个鼻子，还有9个尾巴的是什么动物？"

小伙子想了半天也没想到答案，就从兜里掏出100块钱递给姑娘，然后疑惑不解地问："你说的是什么动物呀？"

姑娘笑着掏出5元钱给小伙子，然后继续看她的杂志。

小伙子又问："太阳距离地球有多远？"

姑娘连想都没想，立即掏出5块钱递给小伙子。

小伙子呆呆地望着姑娘，彻底明白了姑娘的态度，只好悻悻地离开了。

得了95块钱，根据游戏规则，姑娘至少可以19次不理睬小伙子的提问。试想，游戏继续下去，小伙子只能是越来越无趣。

391 死里逃生的囚徒

国王的规则看起来滴水不漏，似乎无论囚犯说什么话，都难逃一死。而一个聪明的囚犯却从中找到了漏洞，一句"你们要砍我的头！"顿时让国王陷入了两难的境地，用绞刑也不是，砍头也不是，最后不得已，只好把他释放了。

接下来的故事是这样：

忽然有一个囚犯大声说道："你们要砍我的头！"

国王听了，不觉一怔，这算什么话呢？如果真砍他的头吧，那么这句话就是真话，按照规则，说真话是要用绞刑的；如果给他用绞刑，那么他说的那句话就成了假话，按照规则，说假话是要砍头的。这句话既不是真话，又不是假话，无论是用绞刑还是砍头，都不符合规则。怎么办呢？国王想了半天，也没有头绪。大臣们也都连连摇头。

无奈，国王只好挥挥手，说："算了，放了他吧。"

国王立即宣告废除自己别出心裁的规则，一切程序还按照以前的规矩进行。这样，只有这个聪明的囚犯逃脱了惩罚。

392 伍子胥过关卡

原来，伍子胥对那个斥候说："的确，我是在被楚王全国通缉，不过，你知道楚王为什么要抓我吗？是因为有人告诉楚王，说我有一颗稀世罕见的宝珠。楚王想得到我的宝珠，但我的宝珠已经丢失了。楚王却不肯相信，以为我在欺骗他，要杀死我。我别无他法，才只好逃跑。现在既然你抓住了我，还要把我交给楚王，那我就会在楚王面前说是你夺去了我的宝珠，并吞到肚子里去了。到时，你猜楚王是先杀你还是先杀我？不仅你会先被杀，而且还会被剖开肚子，被人扯出肠子，并一寸一寸地剪断以寻找宝珠。这样一来，虽然我活不成，你也会死得更惨。"斥候一听，信以为真，感到十分恐惧，赶紧把伍子胥放了。伍子胥于是逃出了楚国。

这里，伍子胥便是将一种博弈思维用得炉火纯青了，硬是在子虚乌有的情况下使自己摆脱了劣势，占据了主动。其实那个斥候也未必就完全相信伍子胥的话，但是伍子胥的谎言的厉害之处就在于，如果你不相信他说的前提（即他出逃的原因是因为宝珠的事）也就算了，一旦你相信，其后面的逻辑便布置得严丝合缝，十分具有说服力，因

此威慑性就很强。之所以能够如此，是得力于伍子胥准确揣摩透了双方的心理和态势。那个斥候即使是不太相信伍子胥的话，也不愿拿自己的命去冒险，抱着宁可信其有不可信其无的态度，最后白白放走了伍子胥。

393 狄更斯剃头

狄更斯说："上次你马马虎虎给我剃头，我也马马虎虎付钱；这次你认真给我剃头，我也认真付钱。"

394 半夜电话

这个人在电话里所说的是："夫人，我刚才忘了告诉您了，我家里没有养狗。另外，顺便说一句，我也不喜欢那种满身异味的东西，我们在这一点是一致的。"

在这个故事里，那个女邻居的错误并不在于找错了狗的主人，而是在于她不该在半夜打别人电话跟别人谈这个并不紧急的事情。而这个被骚扰的人自然也不该在凌晨时间给别人打电话去说一件无关紧要的事情，尽管他表现得彬彬有礼，其实都是无礼的。当然，这是他的有意报复。而他的这种报复手段便是博弈论中常见的以其人之道还治其人之身。那个女邻居之所以哑口无言，就是因为是她首先对别人采取了这样的无礼之举。

395 机智的女乘务员

女乘务员假装看了一下包之后，突然问男青年："那么，这个包里的手枪也是您的吗？"

小伙子一听，慌忙回答说："不！不是我的！"说完便低着头回到了自己的座位。

这时，满车的人都盯着男青年看，

他恨不得从车窗跳下去。

显然，提包里并没有手枪，这只是女乘务员设下的一个圈套。因为是在猝不及防的情况下被询问，男青年一听说有枪这种犯罪的东西，必然是条件反射性地赶紧和这种东西撇清关系，于是便将实话说了出来。而如果他是包的主人的话，他肯定会这样回答："不，这包里肯定没有枪。"现在他这样回答，只能说明他对包里有什么并没有数，因此包并不是他的。这个女乘务员可谓十分机智了！

396 孙叔敖的遗命

如果仅从眼前来看的话，孙叔敖的遗命看起来有些不可理解，但是从长远来看，你就看出孙叔敖的遗命的高明之处了。按楚国规定，封地延续两代，如有其他功臣想要，就改封其他功臣。并且，后来楚国连续几代政治动乱，许多好的封邑都被抢来抢去，主人遭到杀戮，只有寝丘因为土地贫瘠且地名不祥，无人理会，孙叔敖的子孙因此得以安然无恙，守此封邑一直到汉代，长达十代之久。

其实，孙叔敖在此所体现出来的便是一种高明的博弈思维。博弈思维的关键就在于能够通过预测别人的举动，进而决定自己的举动，以使自己最大限度地趋利避害。这里，孙叔敖的博弈思维体现在了更长的时间里，也就更显得高明。

397 曹操计除袁氏兄弟

曹操分析道："公孙康一向对袁尚等人心存疑惧，一旦我们攻打辽东，他们就会联合起来对付我们；如果我们暂时不去进攻，他们就会自相残杀起来，二袁被杀也就势在必然了。"事实

确如曹操所分析的那样，当袁氏兄弟刚逃到辽东时，公孙康担心曹操来攻，想借助二人力量抵御曹操，就暂时接纳了二人。后见曹操并不来攻，而是班师回去了，便感到袁氏兄弟成了自己最大的威胁了。他担心袁氏兄弟夺走自己的地盘，便为袁氏兄弟设下了"鸿门宴"，将其捉起来杀死了。而回过头来，曹操将袁谭也给杀死了。

在除掉袁氏兄弟的过程中，曹操利用了一种典型的多方博弈的思维。在面对不止一个敌人的时候，进攻便不可操之过急，否则便会造成他们联合起来对付你。而如果能够以静制动，等待敌人之间矛盾激化后再出手，便可坐收渔翁之利。在博弈论中，有一个专门的模型来描述这种情况，叫做枪手博弈模型。

398 两家杂志的博弈

事实上，两家杂志最终都会选择做"司法部长丑闻"的选题作为封面专题。因为从《新闻周刊》的角度来讲的话，他有两个方案，第一个方案是自己选择"司法部长丑闻"的选题。在这个方案里，如果《时代》选择了"美日贸易摩擦"，自己可以得到70%的客户；如果《时代》也选择了"司法部长丑闻"的选题，那么自己可以得到35%的客户。第二个方案是选择"美日贸易摩擦"的选题。在这个方案里，如果《时代》选择了"司法部长丑闻"，自己可以得30%的客户。如果《时代》同样选择了"美日贸易摩擦"的选题的话，自己则只能得到15%的客户了。可以看出，不管《时代》选择什么，《新闻周刊》选择"司法部长丑闻"选

题所得到的客户都会多于选择"美日贸易摩擦"选题时的客户，即其第一方案是一个优势方案，无论对方将来选择了什么，自己选择这个方案都会具有更好的结果。而反过来，从《时代》的角度来讲的话，也同样是如此。这就是为何两者最终都会选择"司法部长丑闻"的选题作为封面专题。

实际上，博弈思维的精髓就在于参与各方的策略相互影响、相互依存。而博弈论研究的主题，便是找到那种无论对方如何做自己都能得到更好的效果的最优策略。

399 徐盛用计守南徐

徐盛的计策之所以能够成功，并非计策本身多么无懈可击，可以想象，一旦曹丕派一小路先头部队渡江察看，那么徐盛的计谋瞬间便会被拆穿。实际上，徐盛的计策成功的关键在于巧妙地利用了当时的大形势和曹丕的心理。徐盛知道，曹丕心里十分清楚，比自己高明许多的父亲曹操尚且遭遇了赤壁之辱，自己便更没有把握灭掉东吴，之所以出兵东吴，更多的是表示一种示威的姿态罢了。况且，根据当时魏蜀吴三国相互牵制的大形势，魏军一旦进攻东吴，蜀军必然会从汉中骚扰魏国后方，令其后院起火。曹丕显然也是深知这一点的，所以他必定不会贸然对东吴死拼。正是基于对这种对大形势和曹丕心理的精确把握，徐盛才敢于行此冒险的计策，吓退曹丕。

通过这个故事我们可以知道，在博弈的过程中，谋略并不在于高明，而在于能够建立在准确把握对方心理的基础上。

400 两家报纸的博弈

事实上，《每日新闻》马上便将自己的零售价也提升至了50美分。

实际上，这件事的结果，基本上没有更多的可能性，《每日新闻》只能老老实实地提高零售价。因为它能够预期，如果自己坚持原来的价格，那么《纽约邮报》必定将价格回调，甚至调得更低，到时双方谁也没好处。事实上，就在1993年9月，就发生过一起这样事件，当时，《时代》从45美分降到了30美分，迫使《每日电讯》也降价，结果两者的利润都大幅下降。而《每日新闻》如果将零售价提至50美分，自己和《纽约邮报》的利润都会有所提高。

这便是一种典型的博弈思维，双方都能准确地预测出对方的行动，同时也知道对方能够准确地预测自己的行动，并以此决定自己的行动，最终两者通过一种妥协达到一种使双方利益最大化的优势策略。

401 卢循兵败

卢循之所以会失败，便是因为他没有选择自己的最优策略。从当时的局势来看，他的部队一路势如破竹，士气正盛，因此他最好的策略便是充分利用自己的这一优势一鼓作气渡过长江，攻下建康。实际上，作为进攻一方的叛军来说，刚开始的气势正是其关键所在，一旦不能一鼓作气，失去了这股气势，便很容易被官军所击溃。因此，卢循不应该根据敌方的状态来决定自己的策略，而是无论对方状态如何，他都应该渡过长江，以保证自己的锐气不被挫伤。

实际上，通过这个故事，我们还可以总结出一个重要的博弈法则，即：假如你有一个优势策略，就不要管对方如何决策，果断地选择它；假如你没有一个优势策略，而你的对手有，那么就假定他会采用这个优势策略，相应选择你自己最好的策略。

402 陆逊回兵的原因

事实上，迫使当时陆逊放弃了灭蜀机会，班师回兵的真正原因乃是魏文帝曹丕。我们知道，当时的大形势是魏、蜀、吴三国鼎立。而三国之间的局面，在常态下，乃是吴国和蜀国两个相对弱小的国家共同对抗当时强大的魏国，从而保持一种平衡。但这绝非是唯一的局面，一旦形势有变，三国之间实际上还存在着一些其他的可能性。比如在当时的情况下，蜀国因为在夷陵之战中惨遭失败，面临着被吴国灭国的危险。这时，一直被视作敌人的魏国在客观上便成为了蜀国的朋友。吴国之所以不敢一举灭亡蜀国，非其不想，更非因诸葛亮，而是因为吴国一旦大举进入蜀国腹地灭蜀，便必然要从北部与曹魏接壤的边境抽调兵力。如此一来，魏文帝曹丕必然不会坐视吴国吞并蜀国，变成一个更强有力的对手。其次吴国一旦兵力空虚，他绝对不会放过偷袭这样一个曾经在赤壁之战中大败其父亲的敌人的机会。深有谋略的陆逊正是考虑到魏国的后顾之忧，才不得不忍痛放弃了灭掉蜀国的机会。而事实上，也正如陆逊所预料的那样，在其回兵的途中，他便接到线报，称魏文帝曹丕已经派遣了三路大军南下攻吴。而这也是为什么吴国在夷陵之战中大获全胜的情况下却遣使向刘备求和的原因。

403 李宗仁灭敌顺序之安排

实际上，在面对多个敌人的时候，确定对付敌人的先后顺序是十分有讲究的。而故事中，李宗仁所确定的"先陆后沈"的决策其实也是一种最常见的策略，在面对多个敌人的时候，一般而言，弱小者都会选择这种"联弱抗强"的策略。比如三国时期的蜀国和东吴联合抗击强大的魏国；另外，元末农民起义中，朱元璋面对长江上游的张士诚、东南邻方国珍和南邻陈友谅，也同样是选择了先进攻实力最强的陈友谅，然后再对付其他相对弱小的势力。当然，也有例外，比如宋太祖赵匡胤在统一全国的过程中，出于稳妥起见，首先歼灭了相对实力弱小的南唐、吴越两国，然后才谋取北边相对强大的北汉。总之，在对付多个敌人的时候，在对于进攻敌人的先后顺序方面，在具体问题要具体分析的前提下，是充满了博弈论的安排的。

404 帆船决赛策略选择

美国队的丹尼斯·康纳船长的策略表面上看起来无可厚非，实际上是错误的。因为作为领先者，其要做的便应该是模仿对方的策略，以和对方保持在同等客观条件之下，如此，自己只要维持住自己的领先优势即可获得胜利。而如果不模仿对方策略，一旦对方的策略产生了效果（比如对方借助风向改变），自己的领先优势便很容易被超过。而澳大利亚队的约翰·伯特兰的策略显然是高明的。因为在当时自己明显落后又追上无望的形势下，如果自己的策略不改变，那么即使自己通过奋力拼搏缩小了被领先的距离，也正是量变而非质变，并不能赢得比赛，并无意义。因此，索性不如冒险赌一把，失败了，只是落后得更多一些而已；而万一赌赢了，则可以一举扭转败局，产生的就是有意义的质变了。

405 果敢的随何

原来，随何趁九江王正在接待项羽的使者时，突然闯入现场，并直接坐到项羽使者的上首，并对使者说："九江王已经归附汉王，楚王凭什么让他发兵？"在坐的九江王十分愕然，而楚国使者也是大吃一惊，起身准备离开。随何这时拔剑上前，刺死了他，然后回头对九江王说："现在项王使者死在了您这里，您已经没有退路，请尽快与汉王联手！"这下，本来犹豫不决的九江王看到木已成舟，便只好宣布叛楚联汉。

在这个故事里，随何便是很好地利用了一种博弈思维。他明白，如果仅凭口舌之辩，最多只能暂时稳住英布，与楚使者打一个平手。而如果冒着触怒英布的危险，杀掉楚国使者，到时九江王在项羽那儿便再也说不清楚，没有了退路可走，那时他便只好放弃摇摆的态度，明确地叛楚联汉。可以说，这正是一次摸透了对方心理之后然后出牌的博弈思维的运用。

406 张巡退敌

叛军因为张巡每天夜里用草人假扮士兵，便产生了麻痹心理，对其不再理睬，这显然是不智的。因为虽然张巡每天夜里都坠下草人，但一旦其在某一天夜里突然坠下真的士兵，便会对叛军构成致命威胁。因此，尽管就某一次而言，张巡坠下的很可能又是草人，但也

应该射上一些箭，以确认这是些草人，从而避免遭到其偷袭。这样的话，只是损失一些箭，却可以保证营垒的安全，显然是值得的。而为了省一些箭，拿营垒冒险，是得不偿失的。

这个故事便体现出了一种典型的博弈思维。博弈的特点就是相互猜测，你对对手的策略进行猜测，对手也在对你的策略进行猜测，取胜的基本思路是要考虑对手的思路。张巡之所以能取胜，便是因为他故意在叛军面前暴露出自己的行动规律，然后突然打破规律，使得对方措手不及。

407 空城计

司马懿退兵后，众官对诸葛亮很是佩服的同时，也感到迷惑不解，问诸葛亮道："司马懿是魏国名将，如今带领十五万大军来到城下，为何就这么退去了呢？"诸葛亮解释说："司马懿知道我一生谨慎，不肯冒险；他听我琴声悠扬，丝毫不乱，便以为我必然是胸有成竹；再加上我故意设立的一些令其生疑之处，最后，他便以为我城中必然埋伏有重兵，所以才退兵离去。其实，这次我也是逼不得已才冒了一次险，因为我军这点人数，如果弃城而去，又没有断后，肯定很快就会被魏军追上。"

实际上，诸葛亮之所以能够成功，便是他对于博弈思维进行了一次成功的运用。通过司马懿和诸葛亮各自的解释，可以看出，诸葛亮是紧紧地扣住了司马懿的心理，进而采取了相应的对策，从而取得了这场心理战的胜利。所谓博弈思维，实质上就是一种心理战。

408 海涅的还击

"那太简单了，只要我们两个改天

一起到小岛上去一趟，就可以弥补这个缺陷了。"海涅说道。

409 庞振坤戏县令

原来，坐在轿子里的"新娘"是个穿着花衣裳的泥胎女菩萨。对于县令的指责，庞振坤说道："你看，她不是完全符合你的'樱桃小口杏核眼，月牙眉毛天仙脸，不讲吃喝不讲穿，四门不出少闲言'的标准吗？"县令一听，哑口无言。

410 郭忠恕作画

原来，郭忠恕在绢头上画了一个小孩，在绢尾上画了一个风筝，然后，又画出一根线将两者连接了起来，就这样很快将一匹绢画完了。

411 赖账案

晚饭后，大家一起来到湖边后，比尔巴重新开始审问。他指着月亮问无赖道："你抬头看看，天上是什么？"

无赖从容地看了看月亮，回道："回禀老爷，那是月亮。"

"那你再看看湖里，看到了什么？"比尔巴又指着湖里月亮的投影问道。

"……月亮。"无赖沉默了一阵之后回答。

"那好，现在不是有两个月亮吗，你不是该还邻居的钱了吗？"

无赖一听，顿时哑口无言，只好答应马上还钱。

412 老实的山里人

其实，山里人根本没有找回落水的那把刀，而是事先带了两把一模一样的刀到船上。下水捞刀时，他已经将这个刀事先藏在了身上。实际上，山里人并不傻，他在被骗了第一次工钱后，将

计就计装傻，以引诱船主上钩。这也是博弈思维中常见的计策。

413 女秘书的回应

秘书小姐说："倒杯开水，谈不上服侍。"

414 巧捉小偷

原来，麦克警探让化学家罗斯在当天的报纸上刊登了一则声明，内容如下：我是化学家罗斯。今天回家后，我发现我家大厅中桌子上的绿色酒瓶里的液体给人喝了半瓶。在这里我要严肃说明，那不是酒，而是我用来做实验的一种有毒化学溶液。请喝了这种液体的人在三天之内到我这里来取解药，否则有生命危险。请读到此则声明的人也多多转告身边的人，性命悠关，十分感激！

结果那个小偷读到这则声明后，果然感到十分紧张，在经过一番激烈的内心斗争之后，他还是主动来到了化学家的家中，毕竟，命比钱要重要。

415 阿凡提"种金子"

阿凡提说："既然您知道金子不会被太阳晒死，为何会相信金子种在地里会生金子呢？"

这里，阿凡提是利用了一种"以子之矛攻子之盾"的策略，这在博弈的过程中是常见的。

416 旅馆经理耍赖

领队是这样说的："好吧，你既然想不到办法，那么我替你出出主意。其实，你现在有两个办法可以选择，一是叫来你的锅炉工，二是你为每个房间各提两桶热水，不然就请立即退钱，你自己选择吧。"

很明显，旅馆既想赚钱，又不想

让旅客洗澡。对付这样的商人就该软硬兼施，道理讲不清的时候，可以强硬点。当提到要求退钱时，旅馆经理就着急了。领队抓住了他的这一心理弱点，为游客们争取来了应有的热水。

417 诗人的反击

乔治是这样说的："既然你父亲是位绅士，看来你也没有子承父业呀！你的父亲怎么没有把你也培养成绅士呢？"

纨绔子弟嘲笑乔治没有子承父业，不过他也不想想，人家乔治没有继承父业，是因为自己的成就超过了父亲。而乔治再用同样的一句话来诘问他时，可就不一样了，他的没有继承父业所包含的则是"一代不如一代"的意思，这自然令他感到羞愧。同时，乔治巧妙的反问本身便显示出了一种高超的智慧，这就更使他感到不如乔治优秀。借用对方的话来反驳对方，在博弈思维中是一种常用的方法，往往有很好的效果。

418 作家职业的妙用

狄更斯是这样说的："我是作家，虚构故事是我的工作，我刚才就是在虚构故事，昨天钓到鱼的事，纯属虚构罢了。"

狄更斯在不知情的情况下，被管理员套出了实话。但是，螳螂捕蝉，黄雀在后，笑到最后才是真正的赢家。狄更斯巧妙地运用他的职业特征，聪明地逃掉了一次处罚。

419 县令巧拆大盗阴谋

李明正想，假如李新鬼供出的窝主是真的，那他肯定能够认出他所提供的这些名单上的"窝主"们的样子。于是他对李新鬼说："本官一向以断案清明为名，不想冤枉一个好人，我现

在按照你提供的线索，把这些'窝主'都抓来啦，现在你来认认，看是不是这些人。"

李新鬼只是大致看了一眼这几个人，便信誓旦旦地说："回禀大人，正是他们这几个人。"

李明正于是便指着跪在前排的其中一人问李新鬼说"好，那我问你，这个人叫什么名字？"

李新鬼一听，一下子傻了，他没有想到李明正县令竟然这样问他，他结结巴巴地支吾起了半天，也说不上来。

"那么，这个人是谁？"李明正又指着另一个"窝主"问李新鬼。自然，李新鬼还是回答不出来。

就这样，一连问了几个人，李新鬼一个也回答不出来名字。这时，李明正厉声呵斥道："这些人的名字，你能一口气背出来，却不认识其中的一个，这岂不是怪事？到底怎么回事，给本官从实招来，不然，小心你的皮肉！"李新鬼这时不得不承认李明正果然名不虚传，十分精干，为免受皮肉之苦，只得老实交代事实的真相。

在这个故事中，面对狡猾的李新鬼，李明正能够精确地分析出漏洞，并通过这个漏洞拆穿了其阴谋，获得了这场博弈的胜利。在博弈思维中，准确地找到对方的弱点或漏洞，是十分关键的。

420 巧辩"皮箱"案

肖恩耶是这样辩护的："法官先生，请问这是什么表？"法官鉴证后回答道："这是法国巴黎出产的金表。可是，这与本案有什么关系呢？""有关系"，肖恩耶高举金表，面对法庭上所有人

问道，"这是金表，已无人怀疑。但请问，这块金表除表壳是镀金之外，内部机件都是金制的吗？"旁听者齐声答道："当然不是。"肖恩耶断续说道："那么，人们为什么又叫它金表呢？"稍作停顿后，他又高声道："由此可见，'莉儿'皮箱店的皮箱案，不过是原告无理取闹，存心敲诈而已。"

弗朗西斯将"皮箱"的概念故意曲解为全部是用皮来做的箱子，这是一种胡搅蛮缠。律师肖恩耶面对这种情况，则用"金表"并非由纯金做成的例子与其进行了类比，一下子将对方的无理逻辑驳倒了，轻松地赢得了官司。

在博弈思维中，巧用类比也是一个重要的手段，其往往比直接说理更能驳倒对方。

421 治猫有术

鼠王阴沉着脸问道："办法是好，可是，谁去执行？"

422 巧妙的走私

原来这个人走私的物品就是自行车，每次他推着自行车入境，卖掉之后再步行空手回来，他以稻草为幌子，利用了人们的思维定势，谁能想到走私的东西就是这个狡猾的农民光明正大地推着的自行车呢？

423 开锁专家走不出的牢笼

原来牢门根本就没有锁，那个看似很厉害的锁，其实只是一个装饰。牢门没有上锁，胡汀尼自然也就无法用自己高超的技术去打开那把锁。

许多时候，实在无法解决问题时，就要打破惯性思维。在这个故事里面，牢门没有上锁，但是胡汀尼的心却上了锁。

424 如何证明杰米有罪

因为在律师说完那句话后，几乎所有的人都因为以为那扇门里会出现布拉德，所以将都往那扇门看去。但是，杰米却因为明知道布拉德已被自己杀死，不会在那里出现，所以没有去看那扇门。而陪审团的人发现了这一点，并由此判定杰米有罪。

425 刘徽戏财主

池塘的形状是固定的，面积是恒定的，它有多少亩就是多少亩，怎么会越画越大呢？

426 懒汉的发财梦

原来，懒汉在打独眼人主意的同时，独眼人也在打懒汉的主意，他同样想将这个两只眼的"怪物"关进笼子里展览，好发财。

懒汉跟随独眼人到他的家中后，主人的几个兄弟马上将懒汉围住了，并惊讶地说："你从哪里捉到这么个怪物，看，他有两只眼睛！"

"说来话长，你们先将他捆起来再说，别让他跑了！"独眼人焦急地说道。

就这样，懒汉被一群独眼人捆了起来。然后，独眼人对兄弟们说："好了，我早就说过，我的祈祷不会白费的，现在好了，神终于赐福给我了，我们把这个怪物关进笼子里，到处去展览，肯定能赚大钱，人们一定会对这样的怪物感兴趣的！"

结果，可怜的懒汉不仅没有发财，反而永远地失去了自由。

427 聪明的哥哥

抱来的孩子走上前去对弟弟说："你今天怎么又输得这么惨，这样吧，我今天还替你把输的赢回来。不过，你得帮我将这封信送给城外的独眼人。"弟弟知道哥哥擅长这种游戏，便高兴地接过信走了。

弟弟来到独眼人家中，把信交给了他。独眼人一直都没有钱还给财主，一看信上的内容，感到十分高兴，立刻就要用绳子将财主的亲生儿子勒死。财主的亲生儿子吓得大哭，就在这时，哥哥气喘吁吁地赶了来，对独眼人说："住手，你竟敢杀害我的弟弟！"独眼人于是便指着信告诉他这是财主的意思。哥哥看了下信后对独眼人说："肯定是搞错了，你放了我弟弟，我保证你欠我父亲的钱同样不用还了。"独眼人一听，才放了财主的亲生儿子。

回家后，财主的亲生儿子将事情一五一十地告诉了财主夫妇。财主夫妇一听，都十分感激抱来的儿子，并且也都很佩服他做事的果敢，从此不再敌视他了。

428 猴子难以模仿的动作

老者让农夫闭上眼睛再睁开。因为如果菜农紧闭双眼的话，猴子也会学着双眼紧闭。可是，菜农什么时候会睁开眼睛，那些急于模仿的猴子却是永远不知道的。所以，菜农再睁开眼睛的动作就无法模仿。

429 苏秦临终布下车裂计

其实，正是齐国的一些大臣嫉妒苏秦的才华，暗中派人去行刺的。他们见苏秦已经死了，就来到皇宫，看看齐王是什么态度。

齐王恨恨地说："刚才我才明白，原来苏秦是燕国派来的奸细，他一直在密谋颠覆齐国的统治，现在，虽然他死了，但是我还是要把他的尸体车裂了，

来解我心头之恨。"说着，齐王立即下命令，车裂苏秦的尸体。苏秦尸体的四肢和头颅分别被绑在五辆马车上，一声令下，五辆马车朝着五个不同的方向奔跑，顿时苏秦的尸体被撕成了五个部分。

齐王强忍着心中的悲痛，刚要回宫。突然，围观车裂苏秦的人群中，挤出一个高大的人来，他高声对齐王说："大王，我就是杀死奸细苏秦的刺客。"

齐王问："真的是你杀了苏秦？好，你描述一下当天刺杀的经过，如果真是你，我重重有赏。"刺客详细地描述了当日刺杀苏秦的经过。齐王听了，厉声说道："果然不出先生所料，到底把这个凶手引出来了，来人哪，把杀害苏先生的刺客拿下。"

刺客眼见中计了，拔出宝剑就来刺齐王，齐王的卫士一拥而上，把刺客剁成了肉酱。

六国宰相苏秦被刺杀，而刺客就像一团雾一样，消失得无影无踪。要找到刺客简直就像大海捞针一样困难。齐王按照苏秦的计策，正话反说，把劳苦功高的宰相，说成了一个死有余辜的间谍，并扬言要重赏"英雄"刺客，为将事情做得更加逼真，还对苏秦实施了残忍的车裂。刺客在名利的诱惑下，终于浮出水面，真是踏破铁鞋无觅处，得来全不费工夫。

430 樵夫诱敌

绞国的都城坚不可摧，都城的将士众志成城。怎样才能攻下绞国的都城呢？硬攻已经证明是行不通的了，于是，屈瑕建议楚武王，让士兵装扮成樵夫的模样，诱使敌军从最有利的位置上

离开，进入了楚军的包围圈中，另一面的楚军趁虚而入，迫使绞国的国王举旗投降。

接下来的故事是这样的：

第二天，天刚蒙蒙亮，楚军的几十个士兵就脱下铠甲，到北门外的山上砍柴。绞国的岗哨看到了，赶紧来报告国王。

绞国的国王下令道："来人哪，去把那些不怕死的楚兵给我抓过来。"于是，一队绞国骑兵像离弦的箭一样冲出北门，生擒了30多名楚兵。

第三天，楚武王派了更多的兵到山上去砍柴。绞国的国王见了，就要派大军去捉拿楚兵。一个大臣赶紧过来跪在国王面前说："大王，那是楚军的诱饵呀。"

国王瞟了大臣一眼，没好气地问："你怎么知道是诱饵？"

"昨天，我们轻而易举地抓住了30个楚兵，今天，他们又派来了更多的樵夫，而且没派士兵来保护，就是想诱惑我们去抓的呀。"大臣回答说。

"什么诱饵不诱饵的，楚兵是没有木柴做饭了，不来砍柴，他们总不能生吃大米吧。至于没派兵来保护，是他们一时疏忽了。现在他们的大部分兵力都在南门，我们装作重兵把守南门的样子，悄悄地调大军上山去抓樵夫，让他们措手不及。"国王得意地说完，不顾大臣们的劝阻，就派大军到山上去抓樵夫。

绞军冲出北门，刚要爬到山上抓人，忽然听到金鼓齐鸣，从山林中冲出无数楚兵。原来楚兵早已藏在树林里，等候多时了。绞军还没回过神来，就被楚军杀了个片甲不留。

南门外，楚军趁绞军兵力薄弱的时机，加紧攻城。眼见都城守不住了，绞国的国王只得举白旗投降了。

431 包拯断牛

罪犯都有他们的心理特征，聪明的审判者会利用罪犯的心理，布下一个圈套，让罪犯自投罗网。这就是包拯的用意。请看故事的结局：

刘全走后，包拯立即起草了一个通告，通告上写道：因为春耕繁忙，县里的耕牛已经不够用了。所以，村民们必须爱护好耕牛，不准随意宰杀，如果发现谁不顾本县的规定，私自宰杀耕牛，将受到严厉的惩罚。请大家互相监督，发现谁违反了规定，及时向官府报告，如果情况是真的，官府将奖励举报人300贯铜钱。通告写完后，立即发了下去。

第二天，刘全的邻居李安就过来向包拯报告："包大人，刘全他违反了您的规定，昨天宰杀了一头大黄牛，那可是我们村最能干的牛啊，大人，刘全太过分了，您一定要惩罚他。"

包拯心想：刘全的牛早已奄奄一息了，还能干什么活啊，你是他的邻居一定知道这个情况，却还来诬告他，可见你很恨刘全啊。于是，包拯打发走了李安，派人暗中调查他，果然找到了他偷割牛舌头的证据，把他绳之以法了。

包拯用了一招"引蛇出洞"，轻而易举地使坏蛋李安自投罗网了。

432 应聘者的纸条

纸条上写着："先生，我排在队伍的第19号，在看到我之前，请您不要匆忙做出决定！"毫无疑问，佛兰克用这种办法赢得了面试官的注意，为自己争取到了机会。

433 师爷诱供

师爷上前问刘小四道："你和李飞约好在村外路口见面，你没见到他。你于是到李飞家去叫他，是这样吗？"

"是这样，老爷。"刘小四从容地回道。

"那么你到李飞的家时是怎么叫门的呢？"师爷似乎是不经意地问。

"我是这样叫的。"李飞边回忆边回道："嫂子，我和李大哥五更在村外的路口碰头，怎么到现在他还没去呢？"

"你再想想，有没有说错的地方？"

"回老爷，我发誓事情就是这样，没有说错的地方！你可以问李大嫂，是不是这样！"

师爷于是又回头问李飞妻子，是不是这样，李飞妻子点了点头。

师爷于是便问刘小四："那么，我来问你，你等李飞不见他来，按照常理，你到了他家后，肯定应该叫李飞才对。你为何直接就喊起了嫂子，难不成你已经提前知道李飞不在家？"

"这……这……"刘小四此时慌了神，张嘴结舌，说不出话来。

这时堂上的府尹也已经听出了眉目，将惊堂木一拍，大喝一声："大胆刁民，你既然如此叫门，分明已经知道李飞不在家中，不是你害了李飞又是谁！还想怎么狡辩？再不招供，就大刑来伺候你！"

此时的刘小四见对方逻辑严密，牢牢地抓住了自己的破绽，自己再抵赖下去，恐怕只是白白多些皮肉之苦，便只好老实招供了。

434 拷打羊皮

刺史大人当然没疯。他知道判断

是非最重要的是要找到证据，无论采用什么方法，只要能得到确凿的证据，就能做出正确的判断，所以，他才拷打羊皮。是不是还不明白？那就看接下来的故事吧：

两边的衙役不知道老爷今天演的是哪出戏，也不敢问，只得用力地拷打羊皮。不一会儿，三十大板就打完了。只见，羊皮上掉下来薄薄的一层盐粒。大家顿时明白了老爷的用意：如果这张羊皮是贩盐人的，因为贩盐人常年累月地用羊皮垫背，那么羊皮里一定有很多细小的盐粒。如果羊皮是樵夫的，那么羊皮里就不会有盐粒。如此看来，这张羊皮是贩盐人的，樵夫是撒谎的。樵夫看到地上的盐粒，一下子瘫倒在地上，没有话说了。贩盐人高兴地拿着羊皮走了。

435 孙亮辨奸

孙亮检查了一下老鼠屎，然后笑着对大臣们说："如果老鼠屎在密封之前就浸在蜂蜜里，它里外都应该是湿的，那就是小官员的罪过；如果老鼠屎外面是湿的，而里面是干的，就说明它是刚刚被放到蜂蜜里的，那么就是太监做的手脚。现在，大家看看，老鼠屎里面是干的，一定是这个太监为报私仇陷害小官员。"太监听了，慌忙跪在地上，拼命地磕头，请求孙亮从轻发落。

436 焚猪辨伪

张举来到死者身前，检查了一下死者的身体，没有什么可疑之处，又撬开死者的嘴看看，看到嘴里什么都没有。被火烧的时候，活人必然大喊大叫，嘴里应该吸入很多灰尘才对。而死者嘴里什么都没有，说明着火之前，他已经死了。想到这里，张举冷眼看看刘氏，刘氏忽闪着眼睛，似乎是在躲闪什么。张举决定做个实验让刘氏心服口服。

张举叫人找来两头大肥猪，一头立即宰杀了放在火上烤，一头直接扔在火里烧。那头活猪在火里不停地喊叫、挣扎，过了好一会儿才死去。张举叫大家过来看，那只活活烧死的猪嘴里满是灰尘，而那只死猪嘴里什么都没有。张举厉声问刘氏："你丈夫嘴里什么都没有，正说明在着火之前就已经被人害死了，刘氏你还有什么话说！"

刘氏顿时瘫软在地上，不得不招认了自己伙同奸夫谋杀亲夫的罪行。

437 和尚捞铁牛

到哪里去打捞铁牛呢？人们想当然地认为，要到下游去打捞，因为大家都有这样的生活经验，一段木头掉进河里，马上就会被河水带走，从没见过什么东西还能逆流而上的，大家认为铁牛和那些轻飘飘的东西是一样的，一定是被河水冲到下游去了。可事实上，笨重的铁牛却是与众不同的，它就能够逆流而上。所以，当知府听了和尚的话才会大感出乎意料："大师不是说笑吧，黄河发水冲走铁牛，当然是冲到下游去了，怎么反到上游去找？"

怀丙回答："大人有所不知，这铁牛不同于别的东西，它重过千斤，掉在河里，洪水并不能冲走它，只能把它前面的淤泥冲走，渐渐铁牛前面就被冲出一个大坑来，铁牛就翻到坑里，洪水接着再冲一个坑，铁牛就再往前翻一个坑，这样翻着翻着，铁牛就翻到上游去了。所以，大人在下游找不到。"

知府觉得怀丙说的有理，就请他抓紧去打捞铁牛。按照怀丙的指点，果然在上游摸清了铁牛的位置。但是，现在还需要解决一个问题，就是怎么能把重达千斤的铁牛，从淤泥里拔出来。知府忧心忡忡地看着怀丙，怀丙不慌不忙地说："大人，请放心，是水把铁牛冲走的，我就让水把铁牛送上来。"知府听了，半信半疑。

怀丙叫知府找来两条大船，在船上装满泥沙、石块，一直装到船沿贴近水面才停止。慢慢划到铁牛旁边，把船停稳，两只船保持适当距离，把事先做好的打捞架安放在两只船之间，命令一伙会水的年轻人，潜到水里把打捞架上的绳索牢牢地绑到铁牛身上。然后，收紧打捞绳，把船上的泥沙慢慢往黄河里铲，船慢慢浮升起来，那绳索也越绷越紧，铁牛也慢慢拔出污泥，等到铲尽船上的泥沙的时候，铁牛已经完全脱离淤泥了。怀丙叫大家奋力向岸边划去，终于把铁牛拖上了岸。按照同样的办法，怀丙又把其他七只铁牛捞了上来。

438 路边的李树

路边有一颗挂满李子的李树，鲜红的李子，让人垂涎三尺。但是王戎却很快判断出了李子是苦的。他是怎样得出这个结论的呢？

细心的王戎发现了一个奇怪的地方，李子就长在路边，伸手就可以摘到，怎么来来往往的行人没有去摘呢？根据这个奇怪的现象，王戎进行了简单的推理，如果李子是甜的，那么一定被路人摘光了，而事实是树上的李子根本没人动，所以假设是错误的，李子是苦的。

439 分粥的故事

他们指定一个人分粥，规定分粥人只能要其他六个人挑剩下的那一碗粥。显然，谁都会挑粥最多那一碗，最后剩下的只能是粥最少的那一碗。所以，为了能多分到一点粥，分粥人只能把粥平均分到七个碗里，这样每碗粥都是一样多的，就是最后挑也没关系了。有了最后一个办法，再也没有出现过分粥不公平的现象。

440 谁偷了小刀

原来，查尔发现朱利安的书房里都是北极的东西，只有那只企鹅是南极的动物，而朱利安从没到过南极，企鹅标本肯定是别人送的。而且他还发现罩着标本的玻璃罩开了一条缝，显然有人动过它。这只是一个无关紧要的细节，大多数人都是这么认为的，然而就是这样一个细节，暴露了小偷的蛛丝马迹——小刀藏在身上简直就是不打自招，而藏在标本里就安全多了，然后再以赠送人的身份要回标本，这样偷到小刀，就是神不知鬼不觉了。

秘密就隐藏在一个毫不起眼的事物后面，只有善于发现和推理的人，才能根据这个不起眼的发现，寻找到事情的真相。

441 伽利略破案

伽利略是这样对女儿说的："望远镜是索菲娅的弟弟送给她的，里面装有毒针。那天晚上，索菲娅趁你们睡着了，偷偷地登上凉台，想用这架望远镜观测星星。她把眼睛紧贴镜筒，当她调节焦距的时候，一只毒针'嗖'的一声，射进她的眼中，索菲娅猛地一惊，失手把望远镜掉进河里，她忍着剧痛把毒针拔了出来，慢慢地毒液蔓延开来…"

伽利略的女儿问："她为什么不大声呼救呢？"

伽利略说："她是看了我那本《天文学对话》后，为了证实一下，才用望远镜来观测的，这事当然不能让院长知道，所以她选择了自己治疗，但是很快就毒性就发作了，她支持不住了。"

后来，索菲娅的弟弟供认了自己的罪行，证明伽利略的推理是完全正确的。

442 目击者的谎言

用右勾拳击打对面的人时，只会击中对方的左下巴，而死者的下巴右侧有一块淤青，显然是这个目击者在撒谎。

443 猜帽子游戏

崔闪戴的是黄颜色的帽子。下面是崔闪的推理过程：

如果小明和王志中的任何一人看到两顶蓝帽，那么就会马上知道自己戴的是黄帽。既然他们都无法推测自己的帽子的颜色，便说明他们都没有看到2顶蓝帽。因此至少有两个黄帽，至多1个蓝帽。

而如果小明和王志中有人看到1顶蓝帽，那么他就知道自己头上是黄帽，但是仍然没有人能猜出自己帽子的颜色，说明没有人戴蓝帽，因此崔闪可以肯定自己一定带着黄帽。

444 《木偶奇遇记》续

今天是星期四。

小木偶是通过逻辑推理的方式推算出来的，其步骤大致可分为两步：

小木偶先针对长颈鹿的话进行

推测。

假设今天是星期一，那么长颈鹿今天说谎，而昨天说真话，那么正好，长颈鹿对小木偶的问题会回答："昨天是我说谎话的日子。"所以今天可能是星期一；

假设今天是星期二，那么长颈鹿今天说谎，昨天也说谎，因此其回答应该是"昨天是我说真话的日子"，而不是"昨天是我说谎话的日子"。由此推测，今天不是星期二。同理，可以推断出今天不是星期三；

假如今天是星期四，那么长颈鹿今天说真话，昨天说假话，所以，对于小木偶的问题，它会回答"昨天是我说谎话的日子"。所以今天可能是星期四；

假设今天是星期五，那么长颈鹿今天说真话，昨天也说真话，所以，长颈鹿对小木偶的回答应该是"昨天是我说真话的日子"，而不是"昨天是我说谎话的日子"。由此推测，今天不是星期五。同理，可以推出今天不是星期六和星期天。

因此，根据长颈鹿的回答，可以推出今天是星期一或星期四。而用同样的方法对斑马的话进行分析，可以推出今天是星期四或星期天。

进一步，对于小木偶的问题，长颈鹿和斑马都回答"昨天是我说谎话的日子"的时间，只能是星期四。所以，聪明的小木偶断定，今天是星期四。

445 聪明的托雷

托雷于是答道："其实这只需要对前面的条件进行推理就可以了。既然父汗已经告诉我们满楚古得将军的说法是对的，而满楚古得将军说的或是帖良古惕将军或是兀良哈将军。那么，我们先假设是兀良哈将军射中的，那么，这五位将军中的孛尔只斤将军、汪古惕将军、兀良哈将军、帖良古惕将军便都错了，只有满楚古得将军说对。如此一来，四错一对，便不符合我父所说的条件，因此这个假设是错的，也就可以得出结论，不是兀良哈将军射中的。既然兀良哈将军、帖良古惕将军二人中有一人射中，兀良哈将军已排除，当然非帖良古惕将军莫属了。"众人一听，都心服口服，成吉思汗也因此更加喜欢小儿子托雷了。

446 皮埃尔智抱美人归

皮埃尔·居里所提的问题有两个，第一个是："你愿意嫁给我吗？"第二个则是："你对于这个问题的回答，和对第一个问题的回答是一样的吗？"思维敏捷的玛莉一下子陷入了窘迫。因为对于第一个问题，她可以回答"不"。但是，接下来对于第二个问题，不论她回答"是"还是"不"，都会陷入逻辑悖论。所以，她只好认输，嫁给难住了自己的皮埃尔·居里。

447 一封充满逻辑错误的家信

一、"来信早已收到，为免你久等，我当即就给你写了这封回信"。既然来信早已收到，已经让对方久等了，便不能说是"当即"写了回信了；

二、"我知道你读的速度不快，因此，我也写得尽量慢一些"。她写信速度的快慢对儿子读信的速度快慢并无影响。

三、"你一定急于知道我们新家的地址，不过，很遗憾地告诉你，我暂时还无法告诉你。因为先前住在这里的那户人家,不想改变他们的地址,把门牌拿走了。"即使门牌号被拿走了,但是史密斯新家的地址并不会改变,是可以告诉儿子新家的地址的。另外,拿走门牌号的那户人家,显然也有些糊涂,他们将老的门牌号拿走,他们新家的地址也仍旧是要改变的。

四、"我还不知道这是个男婴还是女婴,所以你究竟是当了舅舅还是姑父我现在还无法告诉你"。无论史密斯的姐姐生了男孩还是女孩,史密斯都是孩子的舅舅,而不会是姑父。

五、"上周就下了两场,第一场从周一下到周五,第二场又从周五下到星期天"。"第一场雨"和"第二场雨"之间没有间隔,那么这便是一场雨了,而非两场雨。

六、"附言:我本来还想告诉你关于新邻居的事情,但我已经将信封上了"。既然已经将信封上,怎么还会写上"附言"?

448 罗宾逊的解释

罗宾逊的说法显然是站不住脚的。罗宾逊显然是机械地理解了统计资料。实际上,统计资料并不能准确地反应事情的因果关系。打个比方,根据统计资料,每年绝大部分的交通事故都是出在时速在150公里以下的中速行驶过程中,而很少有交通事故出在时速大于150公里的高速行驶中。那么,是否可以由此推出高速行驶比中速行驶更安全?显然不能!而罗宾逊所说的情况与此类似,之所以过去10年间每年很少有人死在90岁或90岁以上的年龄,是因为大部分人都根本活不到这个年龄。事实上,在90岁或90岁以上的老人死

亡的几率肯定是要低于这个年龄的人的。因此,罗宾逊向这些人推销人寿保险,恐怕公司只会赔钱。

449 杰克的怪诞做法

杰克先生的谬误属于对概率的一种错误理解。其实,在现实生活中,犯杰克先生这样错误的人固然几乎是没有,但是这种类似的心理还是普遍存在的。比如在农村的一些重男轻女的夫妇,他们在前面一连生了几个女婴之后,总以为接下来产生的孩子是男婴的几率要大一些。而实际上,生男孩子的几率仍旧只是50%,不会有任何改变。还有,当一个人在地上掷钱币时,如果一连几次都掷的是同一面,那么他便总以为接下来再掷出同一面不大可能,而掷出相反一面的概率则大大增强。这也仅仅是一种心理错觉,事实上,他接下来掷出的两个面的概率同样是各占50%,而不会受到前面的投掷结果的影响。

为进一步解释这种现象,让我们引入概率论中的两个基本概念:互不相容事件与相互独立事件。如果一件事和另一件事之间存在互斥关系,即不能同时发生,那么才会彼此产生影响,这种事件称作互不相容事件(或称互斥事件),这样的两件事会影响到彼此发生的概率。而如果两件事彼此是独立的,互不影响,便不会对彼此的概率产生影响。就比如你明天是去郊外度假还是呆在家里,便是两件互不相容事件,会彼此影响对方发生的概率。而你明天穿什么颜色的衣服和明天伦敦的天气如何之间便是彼此独立的事件,不会相互影响彼此的发生的概率。显然,杰克带不

带炸弹和与他同机的其他旅客是否会带炸弹便是属于互相独立事件。因此，杰克带炸弹并不会影响别的旅客带炸弹的概率。

450 母亲与鳄鱼

这位母亲想了一下之后，回答说："我想，鳄鱼先生您肯定会吃掉我那可怜的孩子的！"

"哈哈，算你聪明，竟然猜到我会吃掉你的孩子！哈哈，你以为我真的会无缘无故地放弃一顿美餐吗？我只不过是在逗你玩罢了。"

说完，鳄鱼便要张开血盆大口吞下孩子。

没想到就在这时，母亲制止鳄鱼道："鳄鱼先生，根据我们的约定，只有我回答错了时，你才能吃掉我的孩子。现在，如果你吃了我的孩子，不就证明我的猜测是正确的吗，你不就失信了吗！"

鳄鱼一听，顿时愣住了，它转了转自己的大眼睛，心想：这女人说得不错啊，我如果将孩子吃了，那她不就是猜对了吗？我就失信了。于是，它心有不甘地准备将孩子放回岸上。

但是，就在孩子快要被放到岸上时，鳄鱼转念一想，如果我把孩子放了，不就又证明她猜错了吗？那我不就可以名正言顺地吃掉孩子了吗？于是，鳄鱼又将要将孩子吃掉。但是，这样一来，孩子母亲的猜测就又是正确的了，还是吃不了。鳄鱼一下子懵了。就在这时，孩子的母亲趁机将自己的孩子从鳄鱼嘴中夺了出来，孩子得救了。

在故事里，这位母亲凭借自己的聪明，给鳄鱼编造了一个逻辑学上的

陷阱，使得鳄鱼无论判定她的回答是"对"还是"错"，都无法吃掉自己的孩子，从而救下了自己的孩子。于是，直到今天，那条鳄鱼一有空时还在琢磨着这个问题：为何那个女人的回答使得我无法吃掉那孩子呢？当然，它永远都琢磨不明白了。因为这个问题是个悖论，即使是进入了21世纪的人类，目前也没有答案破解。

451 失窃案

原来，只要附近有直升机的干扰，电视图像一定会出现紊或者是"雪花"。但是卡斯特声称电视没有出现一点紊乱。因此，在刚才电视受直升机干扰期间，他肯定是出了自己的房间，所以才没有看到电视受干扰的情况。而他却称自己没有出房间。既然撒谎，便肯定有动机，因此他就是小偷。

452 约翰的诡辩

实际上，约翰在这里便是犯了一个辩论中常见的偷换概念的错误。偷换概念是违反逻辑同一律的规则而产生的逻辑错误。同一律指的是在同一思维过程中，要保持论述的同一性，即概念必须保持同一，不能任意变换。而许多诡辩产生的共同原因便是在论述的过程中，概念没有保持前后统一。比如在这个故事是，约翰的错误便在于没有保持"知道东西在什么地方"的意思的统一。在这个语境当中，约翰在"我想问您的是，如果您知道一个东西在什么地方，那能说这件东西丢了吗"这句话中，"知道一个东西在什么地方"，指的是知道东西在什么地方并且能够拿回来。而接下来他所说的"知道茶具在大海里"所包含的意思是这套茶具已经不能再拿回来了。

概念不同一，所以约翰的说法是不能成立的，事实上，船长的茶具已经丢了。

其实，在古希腊还有一个类似的经典的论辩题，叫做"有角的人"。其内容便是：你没有丢的东西就是你还有的东西，因为你没有丢掉你的角，所以你是有角的人。显然，这个论题与事实违背，是不能成立的。但其逻辑上的问题在哪儿呢？就在于"你没有丢掉的东西"这个概念的含义，可以表示"你本来就没有的东西"，也可以表示"你本来是有的而以后还有"。"有角的人"的论题却在推论的小前提中使用后一种含义，而在大前提中则使用前一种含义。经过这个偷换概念的过程，"你是有角的人"的荒唐结论便出来了。

453 助手的错误判断

卡斯特因为钥匙上留下的死者拇指和食指的指纹而判断死者是自己锁上了门，所以判定他是自杀。但是，你可以想象一下自己用钥匙来开门或锁门时的情景，我们虽然都会使用食指和拇指，但是所使用食指的部分并非是指尖部分，而是关节旁边部分，这样才能发上力。因此如果真是死者自己锁的门，那么钥匙上只会留下他拇指的指纹，而不会留下食指的指纹。

现在，钥匙上留下了拇指和食指的指纹，只能说明是有人故意（很可能是在死者死后）将钥匙放在死者手中捏了捏，使得钥匙上留下死者的指纹，以制造死者自杀的假象。所以说，助手卡斯特的判断是轻率的，死者死于他杀。

454 马克·吐温的道歉声明

从逻辑学上讲，"美国国会中的有些议员是婊子养的"是一个"有些S是

P"结构的特称肯定判断。而马克·吐温后来在道歉声明中所更正的"美国国会中的有些议员不是婊子养的"则是一个"有些S不是P"的特称否定判断。事实上，"有些S是P"和"有些S不是P"这两种结构是可以等同的，具有同样的意思。所以说，议员们是搬起石头砸自己的脚，被马克·吐温骂了两次。

455 被害者的提示

怀特警探分析道："一个人的职业往往对于一个人的思维习惯有着决定性的作用，死者是一名高中数学老师，你们想，牌又可以称为圆周率Ⅱ，代表314，因此，凶手很可能就是住在314房间的简。"

456 劫持犯逃窜的方向

斯诺之所以断定是上午8点的那辆车劫持了女画家，是因为牵牛花是一种早上才开的花种。一过上午9点，就开始萎缩。女画家既然画了盛开的牵牛花，而又没有画完，因此她肯定是在牵牛花盛开的时段里被劫持的，所以劫持她的车应该是上午8点的那辆。

457 公园里的凶杀案

托马斯教授之所以断定是这个姑娘杀了罗杰斯，是因为她说开枪者从背后射击了罗杰斯。而按照正常的情理，一个人在看到罗杰斯胸前的大片血迹时，应该习惯性地认为他是前胸中弹的。姑娘准确判断出罗杰斯背后中枪，只能说明他提前知道罗杰斯被袭击时的情景，最有可能开枪者就是她。

458 嫌犯的破绽

杰拉德声称自己不知道韦斯特的住址，这是第一次来。但是，麦克和他

一起进屋时没有看到房子有后门，但是在看到前门没人敲门时，杰拉德却径直到后门去开门。麦克由此断定杰拉德称自己以前没有到过这里是在撒谎，极有可能杰拉德杀死了韦斯特。

459 凶手惯用哪只手

该推理的关键就在于被害者当时是坐在灯光的垂直下方。凶手只有站在被害者和窗户之间的位置，才会在窗户上出现他的投影。因为如果他是站在相反一面的话，他的影子便不会投射在窗户上，而是会投射在他身后的墙上。窗户上既然出现了凶手的投影，则可以推断他必定是用右手举起了酒瓶，将被害者打死。所以，目前可以推断，凶手是个惯用右手的人。

460 弄巧成拙的"自杀"

一个破绽是：富商的手枪拿在右手里，脑袋上的弹孔则是在左太阳穴。一个人基本上不会用这么别扭的姿势自杀；另一个破绽则是：杀手为防留下自己的指纹，将打印机上指纹全部擦去了，但同时他也擦去了富商在打印机上留下的指纹。富商既然在"自杀"前用打印机打印了遗书，怎么会没有在打印机上留下指纹，除非富商擦去了指纹，而他显然没有理由这么做。

461 陶渊明考子

公鸡4只，母鸡18只，小鸡78只；或公鸡8只，母鸡11只，小鸡81只；或公鸡12只，母鸡4只，小鸡84只。

462 福尔摩斯的判断

医生的出诊包中放有温度计，烘烤时的温度必然会反映在体温计上。体温计里面的水银柱，一旦上升，不用手甩，是不会自动下降的，这个温度记录会一直保存在体温计上。而医生即使在死前发高烧，也不可能达到将近50度，因此福尔摩斯判断其尸体受到过烘烤。

463 简单的测试方法

爱丽丝声称自己也吃了龙虾和蘸酱吃的法制蛋糕，但是她醒来后，其牙齿却洁白光洁，所以罗茨警探怀疑她在撒谎。而要想知道爱丽丝刚刚吃了什么，只要让爱丽丝漱下口，然后将其漱口水接住，看里面有没有龙虾和蛋糕以及酱的碎屑就知道了。

464 智辨小偷

公狗和母狗的撒尿习惯是不一样的，只有公狗才会抬起后腿撒尿。小青年刚才称这条狗名叫"公主"，这显然是个母狗的名字，说明他和这条狗并不熟悉。老张正是凭借此断定他是小偷的。

465 女孩智捉小偷

安娜回答说："假如我当时那一脚踩到的是其他的旅客，那么他们一定大喊大叫，说不定还会大骂我一顿，因为那一踩我确实很用力。但是那个被踩的人却一直默不作声，这说明，他一定是小偷，因为自己的偷盗行为所以即使被我用力踩了也不会声张。"

466 "拆半仙"授徒

徒弟说道："师傅，那个小媳妇的拆字让我来试着解释一番吧！她自称下午一直在院子里做针线活，只回过两次屋，没去其他地方。如果簪子在院子里，会很显眼，她很容易找到。因此，簪子一定在屋子里。她又称屋子该找的地方都找过了，那么簪子一定在人容易忽略的地方。从逻辑上推理，现在是夏季，为防蚊虫，她屋子必定是挂了帘子的。而她带着簪子进屋几次，来往时簪子肯定容易绊在帘子上，很可能不知不觉间门帘便将簪子给勾下来了。而对于她抽的'酉'字，我可以这样解释：门帘挂起像个'酉'字，门帘偷了簪子后，便成了'酉'字。"

467 警官课堂上的考题
此人驾驶汽车时掉进了水里。

468 威茨弗格救仆人
想知道这个答案，我们首先要了解毛玻璃的性质。毛玻璃从两面看有不同的效果：从光滑的那面看，看到的只是打了沙的那面，也就是只能看到不光滑的那面，根本就不能透过毛玻璃看到对面的较远的东西，这是由于视觉的障碍造成的。因此，从艾尔玛斯所在左边的等候室是不可能看到司文思长官办公室的，可是从右边的秘书室却能隐约地看到司文思长官办公室的一切，所以最有嫌疑的是长官的秘书。之所以司文思长官不怀疑自己的秘书，因为从他所在的位置来看，他能看清楚艾尔玛斯所在的等候室的一切，就以为从等候室里也能看到自己所在办公室里发生的一切，而事实恰巧相反，从秘书室看司文思长官办公室的效果才和他从办公室看等候室的效果一样。

469 贵妇人的小狗
名狗是在德国接受的训练，只听得懂德语，所以回到贵妇人身边之后，听不懂贵妇人所说的英语，做不出来任何动作也是正常的。

470 县令智判捡钱案
县官假装捋着胡子思索了一下，

然后便说道："如此看来，事情就很清楚了。被告拿着钱袋站在原地不曾离开，也不曾打开过钱袋。那肯定是没有动过里面的银子了。里面既然只有10两银子，而原告的钱袋里有20两银子。那么，这个钱袋肯定不是原告的。现在这个钱袋找不到失主，本县为表彰被告拾金不昧的品格，就将这个钱袋判给你。而原告，你再去别的地方找找你的钱袋吧。"听审的人一听这个判决，顿时哄堂大笑。而这个财主也只好灰溜溜地离去了。

471 被冤枉的县官
李勉断定是两个抬瓮的衙役动了手脚。因为现在按照土块大小才制造了一半的铜铁金属块，其重量就已经达到了300斤，当初金子的重量肯定要远远大于600斤。如果当初抬来时，真的是金元宝，如此重的重量，两个衙役当初根本就不可能抬得动。由此可以推测，在瓮被抬到县官家中之前，金子就已经被掉了包。而最有可能的显然是两个衙役。

李勉推断的关键环节，便是通过假设真是金元宝的话，两个衙役根本抬不动，而他们既然抬动了，便可反推出他们当初抬的不是金元宝。

472 一桩奇案
刘知府得到新娘的下联后，便不再微服，而是以知府的身份高调亮相。这天，他声称想要从光山县的青年才俊中寻找几个有才学的人，以辅助自己治理信阳。并且，对于成绩突出者，还会表奏朝廷以推荐其做官。许多书生闻到消息后都纷纷来到光山县衙前。刘知府与书生们见面并客气一番后，告诉他们，为了测试他们的才学，自己将出一个比较难的上联让他们对，能够对出下联者，便会被选中。于是，刘知府出了自己的上联：移椅倚桐同赏月。对联说出后，书生们纷纷挠头沉思，但最终还是无人能够对出好的下联。就在这时，突然有位年轻书生声称自己能对，他的下联是：等灯登阁各攻书。正是新娘的那个上联。刘知府一听，立刻命人将这个书生抓了起来。审问之下，果然正是他在那天晚上冒充了新郎。原来，这个人是新郎的学友，那天晚上，他也在学堂读书。新郎将自己的遭遇告诉他了之后，才思敏捷的他立刻想到了一个工整的下联，于是便悄悄前去浑水摸鱼。而新娘则因天黑不辨真伪，以致酿成了悲剧。不过幸亏刘知府明察秋毫，不然这个人命案的悲剧成分就更浓了。

473 谁毁的瓜田

胡乞买开始用舌头一张一张地舔铁锹，舔完之后，他从中拿出一张来，让衙役们也舔一舔。胡乞买问衙役们有什么异味没有，衙役们均回答说有股苦涩的味道。胡乞买听了便笑着点了点头。然后他看那铁锹上标注的名字是王二，于是便从村民中找出王二，问他是做什么的。王二回答："小人也是种瓜的。"胡乞买一听，便点头说道："这就是了，正是你破坏了李武的瓜园！"王二却连声喊冤。胡乞买说道："还敢狡辩！铁锹铲断那么多的瓜瓢，必然会留下瓜瓢上的汁水，尝起来便会有苦涩的味道。你也看到了，我刚才已经尝了所有的铁锹，唯独你的铁锹上有瓜瓢的苦味。你告诉本官，你这铁锹上的苦味是从哪里来的？难不成你曾用他铲断你自

己的瓜瓢？""这……这……"王二顿时说不出话来，周围的人则是一片叫好声。原来，这个王二的瓜田和李武的瓜田挨得不远，因为嫉妒他每年的瓜都要比自己的早熟几天，眼看今年他又要抢在自己前面卖瓜了，便起了歹念。只是没想到仅仅半天工夫便被这位胡知县破了案。最后，胡乞买让两人互换瓜田一年，让王二自食其果。

474 争烟袋

县令是根据两人抽烟时的习惯动作判断出来的。他看到，张财旺每当遇到烟灰吹不来时，便习惯性地将烟袋头在地上磕，按照他这样的抽烟习惯，这种黄藤制作的精致烟袋必然早就用坏了，不可能像他说的用了十几年。所以张财旺必然是想赖取别人的烟袋。

475 诸葛亮猜箭数

原来诸葛亮预先估出余下的箭比1000支多一些，于是先问："你想报的箭数比1024大还是比1024小？"士兵回答说："比1024小。"接着，诸葛亮取1024的半数512，又问了第二个问题："你想报的箭数比512大还是小？"士兵答："比512大。"这样，诸葛亮接着在512与1024之间取中数768与箭数比大小……重复上面的问题，接下去是896、960、1008分别与箭数比大小，结果箭数都比这些数大。诸葛亮再把箭数与1008和1024的中数1016比大小，知道箭数比1016小。这时他知道，箭数在1008与1016之间，取中数1012，比箭数小，而1012与1016的中数是1014，再次比较，知道箭数比1014小时，就可以断定箭数是1013。

476 "阿尔昆过河难题"

猎人先带着羊过河，把狼和白菜留在岸这边，然后猎人乘船回来；接下来，猎人把狼带到对岸去；现在狼和羊在岸的另一端，为了避免等猎人回去运白菜时单独在一起的狼把羊给吃了，猎人在返回时要把羊一同带回来；接着，猎人又将白菜带到对岸，这下，白菜和狼在一侧，不会出现问题，猎人便可放心地又回到岸这边，将羊再次带回来。这样，猎人便将三样东西都带到了对岸。

477 死亡原因

要想猜出这个问题的答案，必须将自己的思维拉开——因为司机陈三杰所开的车是一辆灵柩车，死者正是他所运送的尸体。所以，警察对他的"一面之词"很轻易地就相信了。

478 巧分袜子

原来张玉成想到的方法就是：把每双袜子都拆开，每人分一只，然后再把袜子上的商标也撕下来，每人分一半。然后，两人在第二天各自在自己家里再将这些袜子组合成双。因为新袜子是不分左右脚的，并且所有袜子的质地和大小是相同的，所以这样分的结果自然就正好是每人各有 25 双黑袜子和 25 双白袜子。

479 兄弟巧过关卡

这三兄弟每人各赶 1 只或 2 只羊，分别通过关卡。按照李玄城的规定，兄弟三人被扣留的数量正好等于被返还的数量，所以，三兄弟一只羊也没有损失。

480 高斯算法的进一步运用

其实，这里将小高斯前面的方法

做一变通之后，仍旧可以快速得出结论。具体做法是：在 10 亿个数前面加"0"，然后再把 10 亿个数两两分组，即 999999999 和 0；999999998 和 1；999999997 和 2；999999996 和 3。依此类推，则一共可分成 5 亿组，各组数字之和为 9+9+9+9+9+9+9+9+0=9+9+9+9+9+9+9+8+1……=81。最后，会剩下一个数字——1000000000 找不到配对，可单独算出它的数字之和为 1。

如此，这 10 亿个数的数字之和为：（500000000×81）+1=40500000001。

481 自私的五兄弟

可以借用一元一次方程的方式逐个求出。首先，可以求出五个人所偷的珠宝总数是 32×5=160。然后，设老大偷的珠宝数为 a，那么其余四人偷的珠宝数为（160−a），而老大在悄悄塞给别人珠宝后，余下的珠宝数为 a−（160−a）=2a−160；而在老二塞给他之后，他的珠宝数又变为 2（2a−160）；老三又塞给他后，他的珠宝数是 4（2a−160）；老四塞给他后，他的珠宝数是 8（2a−160）；老五塞给他后，他的珠宝数是 16（2a−160）。由此可得出方程：16（2a−160）=32，解得 a=81；

设老二偷的珠宝数为 b，同理可得方程：8（4b−160）=32，解之得 b=41；

设老三、老四、老五原来偷的珠宝数分别为 c、d、e，依次列出方程：

4（8c−160）=32，

2（16d−160）=32，

32e−160=32

分别解出得到 c=21、d=11、e=6

所以，老大、老二、老三、老四、老五所偷盗的珠宝数分别是 81、41、

21、11、6。

482 辅币制度改革

官员儿子所设计的辅币品种减少到了 16 种，分别是：1 分、3 分、4 分、9 分、1 角 1 分（简称 11 分，下同）、16 分、20 分、25 分、30 分、34 分、39 分、41 分、46 分、47 分、49 分、50 分。显然，很容易验证出，一元以下的任何一个零钱数额都可以用 2 枚辅币来表示出。比如，82=41+41；36=11＋25。

需要指出的是，这道题目本来是由德国数学家鲁朗·斯普莱格所设计的，后来，英国伦敦大学的彼得·瓦格纳先生曾经花了很大的工夫，力图改进设计，可最终也没有找到更好的方案。或许读者朋友可以想出一个更好的方案。

483 福克纳买东西

根据美丽的收银小姐给排在福克纳前面的五个顾客所报的商品名称和总价，可以列出总共有五个未知数的五元一次方程组。然后利用代入法即可算出五种食品的价格分别是：一瓶水果沙拉价格是 10.5 美元，一包香肠价格是 16.5 美元，一罐蚕豆价值 5 美元，一包泡泡脆 9 美元，一瓶酱油 19 美元。福克纳总共付了 24 美元，因此，他必然是买了一瓶酱油和一罐蚕豆。

484 爱因斯坦的电话

爱因斯坦的老号码是 2178，新号玛则是 8712。

485 台历上的线索

罪犯是杰森。台历上的数字"7891011"，可以换算成月份：7 月、8 月、9 月、10 月、11 月。这些月份的英文写法就是：July、August、September、October、November，每个单词取首个字母，就是 JASON——杰森。显然，是西蒙在知道对方将要绑架自己时，想要留下一些信息，但如果直接写下对方名字的话，对方肯定会将其毁去。于是他才留下来这个略微有些隐晦的信息，以麻痹对方。所幸，这个信号还是被史莱特警探破译了。

486 发财机会

杰瑞的根据乃是植物学的知识，他指出，一棵树的生长是从顶端不断向上生长，而非从根部往上长。因此，爱德华当年留下的记号不会随着树的生长而升高，而应该还是在原来的高度。所以大家在树干十几米高度看到的记号肯定不是爱德华留下的记号，而是约翰逊自己刻上去以骗大家的钱的。

487 离奇的火灾起因

火灾的原因是：当时牛顿没有擦脸便去改稿子，水珠掉在了稿子上的同时，也落在了那块用来压稿子的玻璃板上。由于表面张力的缘故，水在玻璃上成了半圆形，这便形成了一个简易凸透镜，阳光透过水滴形成焦点，使稿纸着了火。

488 邮票失窃案

罗宾逊警官将正在转动的风扇关掉，便找到了邮票。原来，邮票被哈里斯用胶水粘在了风扇的叶轮上。风扇转动起来后，便看不到邮票了。罗宾逊正是在反复看了转动的风扇和放在桌子上的胶水之后，突然顿悟。电扇一停下来，邮票便出现了。

489 狡猾的银行职员

银行职员用玉米棒子做了凶器，

他先将玉米棒子冰冻起来，使其变成了坚硬的凶器。到早上时，他又将玉米煮熟吃掉，这样警察便会因为他没有作案凶器而将其排除。

490 数学不好的店主

店主一共损失了 100 元，即给那位顾客的 38 元的商品钱和找给他的 62 元钱。

491 商业间谍

这个人是史密斯小姐。因为只有她穿着没有声响的球鞋，所以录音机里刚开始时才会是一片寂静。

492 草原失火

火海使其上空的温度升高，空气因受热而迅速上升，变得稀薄，而火海周围没有烧起的地方的空气较冷，密度较大，如此，便形成了气压，使得冷空气朝着火海那边流过去。如此一来，便形成了一股与风向相反的气流，将老猎人放的火吹向火海方向。

493 悬赏启事

原来，虽然爱德华觉得古德利这次应该不会把事情办砸了，但是，这个笨蛋还是将事情给办砸了。他在寻人启事上只留下了电话，却没有留地址。而这个前来送表的年轻人并没有通过电话询问爱德华的地址，就直接找到了这里，因此他肯定来过这里，显然他就是几天前前来"拜访"爱德华的贼。他那次没有偷到什么值钱的东西，这次看到寻物启事，便大着胆子准备前来领到赏金。只是没想到他栽在了一个笨蛋（古德利）的手里。

494 阿基里斯追不上乌龟

实际上，按照芝诺的说法，不仅仅是阿基里斯追不上乌龟，任何慢跑者只要在快跑者前一段，则快跑者就永远赶不上慢跑者，因为追赶者必须首先跑到被追者的出发点，而当他到达被追者的出发点，慢跑者又向前了一段，又有新的出发点在等着它，有无限个这样的出发点。另外，芝诺还曾提出过类似的"飞天不动"，"运动场"等一系列悖论，进而得出了"运动是不存在的"的结论。

其实，芝诺悖论的逻辑本身并不错，其之所以会得出与实际情况相违背的结论，是因为他采用了与我们通常情况下不同的时间系统。归根结底，这是一个时间的问题。通常情况下，人们都将运动看做时间的连续函数，而芝诺的解释则采用了离散的时间系统。按照通常的时间系统来算的话，假设阿基里斯每秒的速度是 10 米，乌龟是一米，那么在 100/9 秒之后，阿基里斯便会追上乌龟；但是按照离散的时间系统来算的话，这 100/9 秒可以无限细分，似乎永远都过不完。比如如果我们要过完 1 秒的时间，先要过一半即 1/2 秒，再过一半即 1/4 秒，再过一半即 1/8 秒，这样下去我们可以无限细分下去，似乎永远都过不完这 1 秒。但实际上我们真的就永远也过不完这 1 秒了吗？显然不是。因为时间的流动是匀速的，1/2、1/4、1/8 秒……这些看上去无穷无尽的时间段，加起来总归是个常数而已，也就是 1 秒。所以说，芝诺悖论的基础，即时间的离散系统是不存在的，所以说芝诺悖论是不存在的。

495 约瑟芬脱险

当汽车灯光从后面射过来的时候，

坐在前面的人是无法逆着灯光看清后面车里的人的。而哈里斯声称自己看到了大胡子罗伯特，这显然是在别有用心地撒谎。

496 安全位置

第 976 个位置是安全位置。

497 谁是真凶

案发当晚天气是大雪。女子屋子里面瓦斯炉烧得通红，这个时候按照常理，屋子里面温度很高，这个时候窗户上面会蒙上一层雾气，所以在外面的人透过窗子是看不清楚屋子里面的人长得什么样子的，即便是窗口开了一半，但是也看不清楚人的脸，更别说是银发和蓄胡须这样的细节了。所以很明显，那个提供证据的年轻人是在说谎。

498 闭合的郁金香

郁金香有个特点，每到了晚上的时候，花瓣就会自然闭合起来，但是等灯光照射了十几分钟之后，花瓣就会自然地张开。

侦探刚进门的时候，看到郁金香的花瓣当时是闭着的，但是过了一会儿竟然张开了。这些能充分地说明在侦探进来之前屋子里面一直都是没有灯光的，瑞恩说自己一直在屋子里面读书明显是在说谎，他是不可能在黑暗中读书的，所以他是在说谎。

499 吹牛吹砸了

在圣诞节那天，根本无法利用太阳在北极圈内生火，因为从当年的 10 月份到第二年的 3 月份，北极圈里根本没有太阳。所以，科拉小姐和康斯坦丝凭此足以判断布伦达在吹牛皮。

500 一句话露馅

因为按照常理判断，旁人看到手枪的第一反应应该是被杀者是被枪杀的，但是哈琳达的丈夫在没有看到妻子尸体的情况下，一看到这把手枪，竟然说"如果你们能抓到那个敲死我妻子的凶手"，这说明他知道自己的妻子是被敲死而不是被枪杀的。所以奇奥特就做出了判断，认为必定是这位丈夫杀死了自己的妻子，才会如此未卜先知。

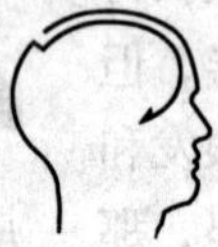